U0369923

高等院校生命科学专业基础课教材

微 生 物 学

林稚兰　罗大珍　编著

北京大学出版社
PEKING UNIVERSITY PRESS

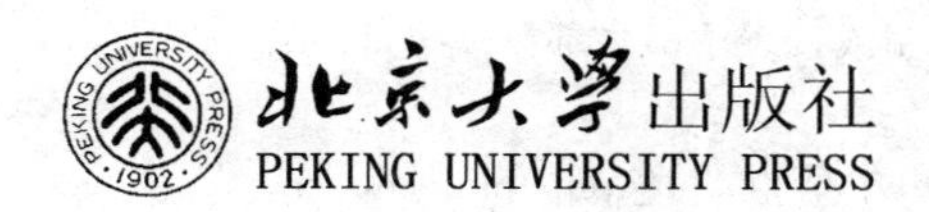

图书在版编目(CIP)数据

微生物学/林稚兰,罗大珍编著.—北京:北京大学出版社,2011.1
(高等院校生命科学专业基础课教材)
ISBN 978-7-301-16014-5

Ⅰ.微… Ⅱ.①林…②罗… Ⅲ.微生物学—高等学校—教材 Ⅳ.Q93

中国版本图书馆 CIP 数据核字(2009)第 187705 号

书 名:微生物学
著作责任者:林稚兰 罗大珍 编著
责 任 编 辑:黄 炜
美 术 编 辑:张 虹
标 准 书 号:ISBN 978-7-301-16014-5/Q·0122
出 版 发 行:北京大学出版社
地 址:北京市海淀区成府路 205 号 100871
网 址:http://www.pup.cn 电子信箱:zpup@pup.pku.edu.cn
电 话:邮购部 62752015 发行部 62750672 编辑部 62752038 出版部 62754962
印 刷 者:三河市富华印装厂
经 销 者:新华书店
787 毫米×1092 毫米 16 开本 26.5 印张 2 插页 700 千字
2011 年 1 月第 1 版 2011 年 1 月第 1 次印刷
定 价:54.00 元

序

微生物学是当代生物科学中的一门重要学科，因为它既是一门应用广泛的学科，又是一门基础理论的学科。追溯微生物学的历史，至今已300余年，但大部分的历史是偏向人类在生活中积累的有关工业、农业和医学的一些规律，是游离于生物学之外的。直至20世纪中叶，由于生物化学、遗传学等学科的发展，学科间的相互渗透、相互促进，并且由于微生物独特的个性：个体小、结构简单、生长快、繁殖速、分布广、易变异，以及有独特的分离培养方法，费用低廉，又能迅速、大量地获得单细胞的均一拷贝等特点，使它被广泛使用作为最好的实验材料和微型的模式生物，用于研究和解决生物学的基本问题。许多生命科学中的重大理论问题都受到以微生物为对象的研究中得到结果的启发。随着DNA双螺旋结构的发现，遗传学经历了巨大的发展，基因测序方法的建立，人类基因组测序工作计划的提前完成，200多种微生物基因组测序及研究工作的蓬勃发展，生物工程学的发展，当今微生物学业已进入崭新的现代微生物学发展时期。同时，微生物学的发展也推动了生命科学的发展，如促进分子遗传学的诞生，推动分子生物学的研究等，可见微生物学在生命科学发展中作出的巨大贡献。

微生物学也是一门实践性很强的学科。微生物虽小，但对地球和人类的影响极大。人类生活离不开微生物，我们的衣、食、住、行、疾病和环境等所有方面均和微生物有紧密联系。微生物的生态多样性更为突出，许多微生物可以在一般动植物不能生存的高温、低温、强酸、强碱、高盐、高压，甚至无氧的极端环境条件中生活。微生物的代谢方式多种多样，具有许多独特的功能。微生物世界真是奥妙无穷，具有取之不尽、用之不竭的资源。然而，现在我们身边还有大量确实存在、但尚未能培养出的微生物等待我们去发掘。对微生物的利用、开发和深入研究，必将为人类的生存和国民经济的可持续发展作出更大贡献。所以，高等院校生物学科的学生必须掌握微生物学的基本知识。

林稚兰、罗大珍两位教授在总结多年教学与科研工作基础上，参考国内外大量相关资料编写的《微生物学》，以微生物多样性(包括物种、营养、代谢、遗传、生态类型等多样性)为主线，对微生物学的基本原理及其在工、农、医、环保领域中的应用作了较为系统、详尽的阐述，并对微生物学科发展的最新水平进行了简介。全书内容丰富、重点突出、由浅入深、循序渐进，图文并茂、可读性强，让学生在掌握基础知识的同时，了解现代微生物学的最新动态和发展趋势。该书适合作为我国高等院校生物学科的基础微生物学教材，也可作为生物相关领域科技人员的参考用书。

2009年5月

前　言

微生物个体虽小、结构简单，但生长旺、繁殖速、适应强、易变异、种类多、分布广，微生物世界奥妙无穷，有“取之不尽、用之不竭”的资源，微生物材料、研究方法也都很独特，因此，微生物学是生命科学发展中具有最大贡献的学科之一。微生物学也是一门实践性很强的学科，它对人类的生存和社会经济的发展，业已并还将作出巨大的贡献。由此，微生物学是高校生命科学相关专业的一门重要专业基础课。

在长期微生物学的教学工作中，深感大学生平日课程较多、生活繁忙、负担过重，能够主动学习、研究问题的较少。因此，提供一本概念清楚、重点突出、简明扼要、通俗易懂、图文并茂、可读性强的教材，是我们编写这本书的目的和指导思想。在教学过程中也特别感受到学生对微生物学在生命科学发展和人类实践活动中的贡献这两方面知识的急切渴望和热忱关注，这也是我们编写这本书所关注的重点。

《微生物学》概括了基础微生物学的主要领域和最新进展。为了不过分繁杂或赘述，有一些内容被省略，如真核微生物中的原生动物、黏菌和藻类、传染与免疫、生物化学、DNA 的复制、转录和翻译、基因工程及基因的表达调控等，这些内容在生命科学的其他课程中，包括“普通生物学”、“免疫学”、“生物化学”和“分子生物学”中均有详细介绍，这些课程将会帮助读者学习和了解有关知识。

本书分 11 章，是以微生物学入门的层次编写的。第 1 章绪论，概要介绍了微生物领域的相关知识及其作用；第 2～4 章介绍了原核微生物（细菌、古菌、放线菌等）、真核微生物（酵母菌、霉菌等）、病毒的形态和结构；第 5～7 章介绍了微生物的生理，包括营养、代谢、生长与环境条件；第 8 章介绍了微生物的遗传与变异，包括基因突变、基因重组及育种等；第 9 章介绍了微生物的生态，包括微生物在自然环境中的作用、微生物与其他生物的关系等；第 10 章介绍了微生物进化与分类，包括微生物的多样性及进化、分类系统、分类鉴定方法等；第 11 章介绍了微生物的应用，包括微生物发酵技术、农业微生物技术、医药微生物技术、环境微生物技术、微生物能源的开发与利用和微生物在其他领域中的应用等。为帮助读者学习，激励读者继续钻研，我们在每章前设置内容要点，章后有复习思考题，全书后附有“主要参考书目”、“常见微生物名称索引”和“常用微生物学名词索引”。

本书由北京大学生命科学学院微生物学教研室林稚兰、罗大珍执笔。罗大珍编写第 9 章和第 11 章的 1，2，4，5 节，其他章节由林稚兰编写。

我们衷心感谢在本书编写过程中给予我们大力支持和帮助的同事和朋友，北京大学钱存柔教授为本书写了序言，对本书提出了宝贵的修改意见。在编写过程中北京大学袁洪生、臧淑萍等同志提供了实验材料和部分插图照片，本书编写得到北京大学出版社黄炜等同志的热情支持和辛勤劳动。在此一并表示诚挚的谢意。

由于我们的能力和水平有限，本书缺陷和不当之处，敬请专家和广大读者指正。

编者

2009 年 1 月

目　录

1

1 绪　　论

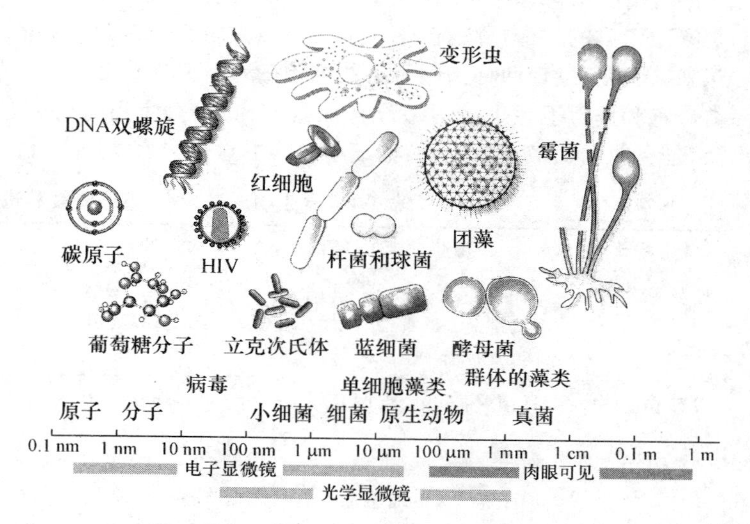

图 1-1　微生物世界纵览(注意各类微生物形态和大小)

(仿 Pommerville J C,2004)

微生物通常为形体微小、结构简单、进化地位低等的微小生物的统称。它们包括病毒、真细菌、古菌、真菌(酵母菌、霉菌等)、原生动物和原生藻类,占据了生物界中的 4 个界:病毒界、原核生物界、真菌界和原生生物界。微生物有五大特点:体积小,比表面积大;吸收多,转化快;生长旺,繁殖速;适应强,易变异;种类多,分布广。它们虽小,但对地球和人类的影响却极大。微生物学家列文虎克、巴斯德、科赫等为微生物学的发展作出了巨大贡献。微生物学的发展不仅促进了整个生物学的发展,而且仍将为人类的生存和社会经济的可持续发展作出更大贡献。

1.1　微生物及其特点

人类生活离不开微生物,我们的衣、食、住、行、疾病和环境等各方面均和微生物有紧密联系。微生物学是当代生物科学中的一门重要学科,为生命科学的发展和国民经济的繁荣作出了巨大的贡献。35 亿年前地球上就已经繁衍了最早的细菌,但是,在没有发明显微镜以前,人类并不认识微生物。

1.1.1　什么是微生物?

微生物(microorganism,microbe)并非分类学上的名称,通常是指一切不借助显微镜,用肉眼看不见的、个体微小(直径小于1 mm)、结构简单(单细胞、结构简单的多细胞或没有细胞结构)、进化地位低等(原核生物类、真核生物类、非细胞生物类)的微小生物的统称。原核生物中的细菌,真核生物中的真菌、原生动物和某些原生藻类以及非细胞结构的病毒等构成微生物世界。现今的原核生物与细菌几乎就是同义词,细菌又分两个域:真细菌和古菌(最初被定为古细菌Archaebacteria,Woese重新命名为古菌或古生菌,现通用)。除古菌外,真细菌中包括细菌、蓝细菌、放线菌、螺旋体、衣原体、立克次氏体和无细胞壁的支原体等。绝大多数杆菌约为(0.5~1.0)μm×(1~5)μm,比真核生物细胞小10倍。微生物个体微小,一般必须借助光学显微镜或电子显微镜才能看清其形态和结构,但在温暖潮湿的有机质或固体培养基上,也会看到由单个或少数细胞生长繁殖而成的群体,称为菌落。但有少数微生物是肉眼可见的,如真菌的子实体和原生藻类。近年来,人们还发现两种肉眼可见的细菌(参见图2-4c及2.1.1节)。非细胞类的病毒,包括病毒、类病毒和病毒卫星等。病毒没有细胞结构,只有蛋白质外壳包裹着的遗传物质,且不能独立存活,是目前已知最小的生物,如细小病毒的直径只有20 nm。各类微生物简单总结见表1-1。

表1-1 微生物形态大小、细胞特性和进化地位

微生物类型	微生物类群名称	大 小	细胞特性	进化地位
原核微生物	真细菌、古菌、蓝细菌、放线菌、螺旋体、衣原体、立克次氏体、支原体、蛭弧菌等	微米(μm)级 0.1~750 μm	单细胞	原核生物界
真核微生物	真菌(酵母菌、霉菌)	微米(μm)级 2~>1000 μm	单细胞或 简单多细胞	真菌界
	原生动物、黏菌 原生藻类(单细胞藻类)	2~1000 μm 1 μm~几米		真核原生生物界
非细胞生物	病毒、类病毒、病毒卫星等	纳米(nm)级 0.01~0.25 μm	非细胞 (分子生物)	病毒界

1.1.2 微生物的特点

除病毒外,微生物除了具有其他生物所共有的生命特征外,还因其具备的五大共同特点而著称于生物界,即其惊人的比表面积、惊人的转化能力、惊人的繁殖速度、惊人的适应性、惊人的分布范围。

(1) 体积小,比表面积大。微生物的比表面积(表面积/单位体积)远比其他生物大,1500个杆菌首尾相接只有一粒芝麻长,90.72 kg体重的人的比表面积为0.3倍,而鸡蛋为1.5倍,乳酸杆菌为12万倍!粗略估计真核微生物、原核微生物、非细胞微生物、生物大分子和原子的大小大约都以10:1比例递减,生物体积越小,比表面积越大,接触环境越充分,吸收养料、能量和信息交换越快,其代谢活性越强,这是微生物五大特点中最基本的特性。

(2) 吸收多,转化快。微生物代谢类型多样,既有利用CO_2为碳源的化能自养型,又有利用有机物为碳源的化能异养型,还有利用光能为能源的光能自养和异养型。微生物"食谱"如此广泛,代谢速率如此快速,也是任何其他生物所不能比拟的。在适宜条件下,微生物细胞24 h所合成的营养物质相当于原来质量的30~40倍;而一头体重500 kg的乳牛,一昼夜只能合成0.5 kg蛋白质,即其体重的1/1000!微生物比动物转化能力快2500倍,这是微生物生长繁殖快和提供大量发酵产品的基础。

(3) 生长旺,繁殖速。在适宜条件下,细菌 20 min 繁殖一代,24 h 繁殖 72 代,经 24 h 由最初的 1 个细胞繁殖成 $1\times2^{72}=4.7\times10^{21}$(约 4 万亿亿)个细胞;一般细菌增重 1 倍约需 0.5 h,而其他生物增重 1 倍,藻类需 2～48 h,牧草类约需 1～2 周,牛约需 1～2 月,这样,细菌比植物繁殖率快 500 倍,比动物繁殖率快 2000 倍。

(4) 适应强,易变异。微生物营养和代谢类型的多样性,使微生物抗严寒酷暑,耐酸、碱、盐的惊人适应力,堪称“生物界之最”。如太平洋深海沟热泉周围 350℃环境中的嗜热菌,南极 1000 个大气压下、−18℃环境中的嗜冷菌,pH 0.5(1 mol/L H_2SO_4)有色金属浸矿水中的嗜酸硫杆菌,pH 12～13 环境下的极端嗜碱菌,甚至 32%(或 5.2 mol/L)盐溶液中的嗜盐菌等。总之,其他生物难以生存的各种极端环境下,皆有微生物的踪迹。微生物的变异能力更是惊人,以牵动世人的禽流感病毒(avian influenza virus,AIV)H1N5 和甲型 H1N1 为例,它们是由相对分子质量不同的 8 个不连续的单股负链 RNA 片段组成(图 4-9b),每个片段分别转录和复制 10 个不同的蛋白质。当 2 个或多个不同流感病毒的毒株同时感染同一个动物细胞并开始复制时,这些片段就可能发生随机重组。如果每个病毒的 8 个 RNA 片段同时发生重组,则可互相重组而装配成 256 个组合以上的不同子代病毒(株),从而产生出新的病毒变异株。构成流感病毒遗传基因的核糖核酸的突变,比人体的脱氧核糖核酸突变快 100 万倍。大约每隔 10～40 年就会出现一种高致病性病毒。若病毒每年平均有 10 次突变,30 年就有 300 次,大概在 300 次突变中,就会有一次突变使之成为强毒型。

(5) 种类多,分布广。目前已知微生物种类有 10 万多种,但当前研究和应用的微生物,不超过自然界微生物总数的 10%,能被培养出来的微生物种类还不到自然界微生物数量的 1%。还有许多活的但不可培养的微生物(viable but nonculturable microorganisms, VBNC),或称为未培养微生物(uncultivable microorganisms),如超嗜热古菌。微生物的物种多样性、遗传多样性,由进化而带来的营养和代谢类型多样性,蕴藏着大量的微生物资源,特别是其他生物难以存活条件下的极端环境微生物的开发,更具诱人前景。

1.2 微生物在生物界中的地位

据推测,最早的细菌繁衍于 35 亿年前(最早发现的原核微生物化石),加拿大冈弗林特(Gunflint)燧石层中发现的球状微生物化石是最早的真核单细胞微生物(大约 19 亿年前),这表明在没有真核生物前,原核生物就已在地球上独领风骚 15 亿年了。现已查明多细胞的动物和植物的化石大约出现于 6 亿年前,也就是说,微生物占优势的时期几乎达 30 亿年。从进化角度看,微生物是一切生物的老前辈。如果假设地球的年龄为 1 年,则微生物约在 3 月 20 日诞生,而人类约在 12 月 31 日下午 7 时许才出现(图 1-2)。

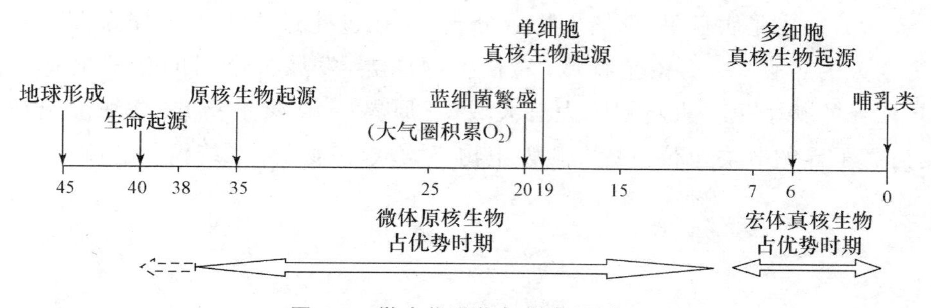

图 1-2 微生物进化年代表(亿年)

随着电子显微镜和细胞超显微结构研究的进展，最初发现地球上的生物细胞基本分为两种类型：原核生物和真核生物，它们代表生物进化史上两个基本阶段。原核细胞无核膜和复杂的双膜系统，细胞质中有游离环状的DNA，细胞以二分裂法进行无性繁殖；真核细胞具核膜和复杂的内质网、微管，有线粒体、叶绿体、微粒体、高尔基体等细胞器，复杂的染色体包围在核膜中，细胞以有丝分裂和减数分裂方式进行繁殖。从系统发育看，生物进化在两个方面显示了巨大的进展：① 细胞结构复杂化。出现核膜，细胞分化为细胞核、细胞质、细胞器，增加了变异性，为真核生物进化创造了有利条件。② 实现了控制系统复杂化。细胞核——具有复杂的染色体装备，成为遗传中心；细胞质——具有复杂的双膜系统，进行蛋白质合成，成为新陈代谢的中心。建立了核酸与蛋白质(遗传与代谢)所组成的控制体系。生物进化实现了从简单到复杂的一次大跃进，即从原核生物→真核单细胞生物→真核多细胞生物。从空间发展看，生物进化以营养方式为核心分化为三大方向：即吸收营养型(真菌界)、光合自养型(植物界)、摄食异养型(动物界)。1969年魏塔克(Whittaker)将自然界中有细胞结构的生物分为五界，即原核生物界、原生生物界、真菌界、植物界、动物界。1977年我国学者王大耜建议将无细胞结构的病毒另立为一界——病毒界。微生物占据其中4界，即原核生物界、真核生物的真菌界、原生生物界及病毒界。

核糖体RNAs是古老的分子，其功能稳定，分布广泛，具有适当的保守性。两个生物之间rRNA序列的相似程度可以说明两个生物之间的进化关系。其中某些生物大分子是进化的时钟，可以通过两个物种的同源大分子的核苷酸或氨基酸序列之间的差别显示两个物种间的进化变化。原核生物的16S rRNA或真核生物的18S rRNA的寡核苷酸序列因一级结构保守、含可变区、相对分子质量适中、信息量大、分离简便等特点，被用来作为探测生物进化和亲源关系的指征。

20世纪70年代，Woese等人对近400种原核生物(细菌)的16S rRNA(靠近910核苷酸序列处)和真核生物中18S rRNA(1500核苷酸序列处)序列比较其同源水平后，发现了极为有趣的现象。细菌中截然分成了两大类：一类称为真细菌，序列是**AAACU[C]AAA**；另一类称为古菌，序列是**AAACU[U]AAA[G]**。而且古菌16S rRNA的这段短序列与真核生物18S rRNA中的短序列一致。1977年，由Carl Woese和George Fox根据超微结构和分子生物学证据，提出了生命三域分类学说(三原界学说，Urkingdom hypothesis)。即生物是由古菌域(Archaea)、真细菌域(Bacteria)和真核生物域(Eukarya)所构成。在生物进化过程的早期，存在一类各生物的共同祖先，它们最初先分成两支：一支为真细菌域(真细菌原界，发展为今天的真细菌)；另一支是古菌域-真核生物域分支，它在进化过程进一步分为古菌域(古菌原界，发展为今天的古菌)和真核生物域(真核生物原界，发展为今天的真核生物)两支。这样，即将自然界的整个生物重新划归为三大域(三原界)：真核生物域、真细菌域和古菌域，域被定义为高于界的分类单位。图1-3为生物三大域(三原界)系统树示意图。

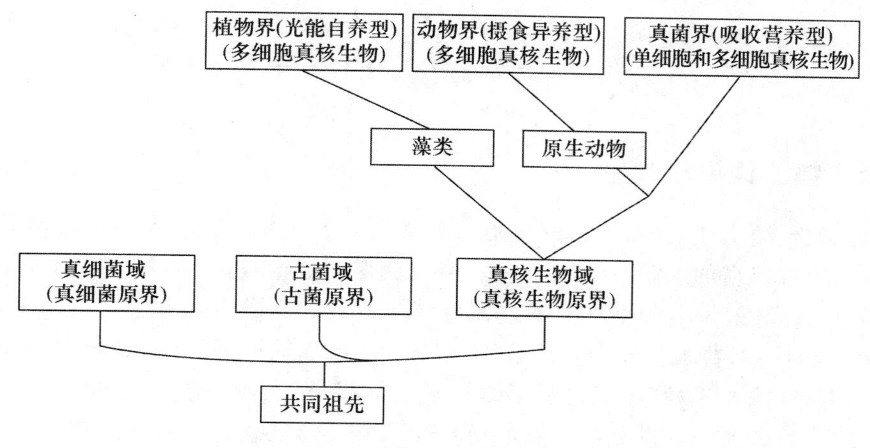

图 1-3　生物三大域(三原界)系统树示意图

(仿 Pommerville J C，2004)

1.3　微生物学及其分科

1.3.1　微生物学

微生物学(microbiology)是研究各类微小生物及其生命活动规律的科学。包括原核细胞结构的真细菌、古菌、放线菌等；真核细胞结构的真菌(酵母菌、霉菌等)、单细胞藻类、原生动物等和无细胞结构不能独立生活的病毒、亚病毒等。

1.3.2　微生物学研究内容及分科

微生物学研究内容包括微生物的形态结构、分类鉴定、生理生化、生长繁殖、遗传变异、感染与免疫、生态分布和微生物进化等规律及其在工业、农业、医疗卫生、环境保护和生物工程等方面的应用。

随着微生物学的发展，逐渐形成了基础微生物学和应用微生物学等学科。按照研究内容和目的不同，又相继建立了许多分支学科(表 1-2)。

表 1-2　微生物学的主要分支学科

分科依据	微生物学分支学科名称
基础微生物学	
研究对象	细菌学、真菌学、病毒学、菌物学、藻类学、原生动物学等
研究范围	微生物形态学、微生物分类学、微生物生理学、微生物遗传学、微生物生态学、细胞微生物学、分子微生物学、微生物基因组学、免疫微生物学等
应用微生物学	
生态环境	土壤微生物学、海洋微生物学、环境微生物学、水生微生物学、宇宙微生物学等
应用范围	工业微生物学、农业微生物学、医学微生物学、药学微生物学、兽医微生物学、食品微生物学、预防微生物学等
技术与工艺	分析微生物学、微生物技术学、发酵微生物学、生物工程等

1.4 微生物学的发展

1.4.1 微生物的认识和利用

早在人类发现微生物之前,就已经开始利用微生物了。我国劳动人民在应用微生物方面有着悠久的历史和丰富的经验。8000年前已有曲蘖酿酒的记载,4000年前"龙山文化"时期酿酒已很普遍,而埃及在2000年前才有酿造葡萄酒的记载。用微生物方法制酱、酿醋也为我国首创,3000年前(周朝)酱油已相当发达,2500年前(春秋战国期间)开始酿醋,公元6世纪(北魏时期)贾思勰《齐民要术》就详细记载了酿造酱油需接种"黄衣"(黄曲霉的孢子)和制酢(酿醋)的33种方法。公元前1世纪西汉农学专著《汜胜之书》记载肥田要用熟粪、瓜与小豆轮作等;《齐民要术》也详细记载了豆类和谷类作物的轮作制。相比之下,1730年英国才施行"Norfolk rotation"(诺福克轮作制),比中国晚1000多年。公元998～1022年,宋真宗期间,《医宗金鉴》就有用鼻苗法种人痘的记载,16世纪中叶(明朝隆庆年间)种人痘法广为流传,后经土耳其传至欧洲,比1796年英国琴那(Edward Jenner)医师采用接种牛痘预防天花的方法早800年。公元1034年(宋仁宗期间),许申就以"胆水浸铜",采用细菌浸出法炼铜;而1670年西班牙里奥廷托(Rio Tinto)被誉为细菌炼铜的创始人,比许申"胆水浸铜"晚600年。在应用微生物方面,也证实了"中国是世界文明发达最早的国家之一"。

1.4.2 微生物的发现

真正第一个看到并描述微生物的人是荷兰的安东·列文虎克(Anthony van Leeuwenhoek,1632—1723),他一生制作了400架显微镜,可放大50～300倍。他用自制的显微镜观察污水、牙垢、血液、酒、醋、腐败有机物浸液,找到了许多称为"animalcules"(微动体)的微小生物,先后发给英国皇家学会376封信,对"animalcules"作了极其精确的描述:"比最小的沙粒细,千分之一沙粒大小,比我们的头发尖、跳蚤眼睛还要小几百倍!",并描绘了细菌、原生动物的种种形态和活动方式。列文虎克的发现,虽然首次揭示了微生物界,但未能将微生物的生理活动与人类的实践相联系,因而受到冷遇。但由于他的划时代贡献,1680年列文虎克仍当选为英国皇家学会会员。此后200年,微生物学研究基本停留在形态描述和分类阶段。

1.4.3 微生物学奠基时期

在发现微生物后200年,直到19世纪中叶,微生物学才从形态学描述阶段发展到生理学研究阶段。其中最为杰出和最大的贡献应归功于法国的巴斯德和德国的科赫两位科学家。

1. 巴斯德(Louis Pasteur,1822—1895)

巴斯德是微生物学真正的奠基人,是一位多方面有杰出贡献的科学家。他的发现用于生产,创造了大量财富;他的发明用于医学,拯救了亿万人的生命。他的主要贡献包括:

(1) 彻底否定19世纪前广为流传的"自然发生说"。该学说认为生命可以随时从非生命物质直接产生。列文虎克发现微生物后,许多学者认为这些小生物是可以自然发生的,其他生物则是从这些小生物进化发展而来。1864年巴斯德发表了著名的"鹅颈瓶"试验,他将营养液(如肉汤)装入带有弯曲细管的瓶中,空气可从弯管开口处无阻碍地进入瓶中,而空气中微生物则受阻而沉积于弯管底部,不能进入瓶中。巴斯德将瓶中液体煮沸,杀死其中的微生物,静置冷却后,瓶中没有微生物,肉汤不腐败变质。如果将曲颈管打断,管外空气则不经弯管的沉积处理而直接进入瓶中,不久肉汤中出现微生物。

(2) 证实"微生物发酵学说"。19 世纪中叶酒类酸败变质影响当时的经济发展,巴斯德研究发现葡萄酒发酵是由酵母菌将糖转化为酒精,而酸败是细菌进行乳酸和醋酸发酵的结果,由此提出"不同微生物进行不同发酵"的论点。1859 年研究丁酸发酵时,巴斯德还发现了发酵作用是在没有氧气的条件下进行的。以后的实验也证实了梭菌厌氧丁酸发酵和酵母菌厌氧酒精发酵,终于提出了和当时流行的"氧就是生命"的论点相对抗的著名"发酵原理——无氧发酵"。巴斯德还是一位从基础学科走向应用学科的典范,为了防止食品腐败,他于 1864 年提出著名的巴斯德消毒法,以消灭不需要的微生物,该法一直沿用至今。

(3) 在传染病防治和免疫学方面。1865～1870 年巴斯德带病奔赴蚕区,进行蚕粒子病的研究,提出隔离病原、防止传染的有效措施。此后巴斯德拖着中风后遗症留下的跛腿和不灵活的手臂,又为科学献身 20 年。1877～1885 年巴斯德将各种病原体减毒,分别制成减毒疫苗,用于预防鸡霍乱病、牛和羊炭疽病及人类狂犬病。他提出钝化病原体,诱发免疫性,进而奠定了免疫学基础。当时外科手术如屠宰场,死亡率高达 85%,巴斯德建议用灼烧法消毒手术器械,无人理睬;而英国医生李斯特(Lister)却从中受到启迪,他用石炭酸洗手、消毒手术器械、喷洒手术室,使外科手术死亡率下降至 15%。李斯特对前来祝贺的人说:成绩应该属于巴斯德,是他告诉世人腐败是微生物引起的。李斯特还给巴斯德写了热情洋溢的感谢信。巴斯德的名言:"字典里最重要的三个词,就是意志、工作、等待。我将要在这三块基石上建立我成功的金字塔"、"机遇只偏爱那些有准备的头脑的人"。这些话至今仍给我们以深刻,启示,可以说,大自然泄露的"信息",总是被勇于实践、勤于思索的人获得的,这就是取得重大科学成果的关键。

2. 科赫(Robert Koch,1843—1910)

科赫是细菌学的奠基人,在病原菌的研究和微生物学研究技术和方法方面作出杰出贡献。

(1) 提出确证病原微生物的科赫法则(Koch's postulates)。巴斯德的功绩在于指出牛、羊炭疽病由炭疽杆菌引起,而科赫则分离到许多病原体,如炭疽杆菌(1877)、结核杆菌(1882)、霍乱弧菌(1883),并建立了一套科学的验证方法,确证了它们是炭疽病、结核病和霍乱病的病原菌。1905 年科赫因发现结核杆菌及对结核病研究方面的贡献而获得诺贝尔医学或生理学奖。

科赫确证病原微生物的验证程序称为科赫法则,即:① 病原微生物只存在于患病动物体内;② 病原体可从患病寄主体内分离和纯培养;③ 分离的微生物接种到健康寄主,可出现相同病症;④ 从人工接种患病的寄主中重新分离出相同的微生物。随着分子生物学的发展,该项法则虽有所改进,但至今仍是鉴定未知病原菌的常规方法。

(2) 建立分离和纯化微生物的技术。科赫助手 Hesse 的夫人第一个提出用琼脂配制固体培养基,解决了凝固剂问题;科赫的另一位助手 Petri 设计了装培养基的培养皿(双碟),称 Petri 皿,解决了微生物的纯培养和观察难题;科赫第一个把灭菌的肉汤加琼脂和马铃薯制成斜面,用于分离接种纯化细菌。

(3) 创立了许多显微技术。如使用油浸镜头、简单染色法(美蓝染色)、鞭毛染色法、悬滴培养法和显微摄影技术等。

巴斯德曾当面称赞科赫:"最伟大的进步,先生!"

1.4.4 微生物学发展时期

19世纪末至20世纪初，微生物学进入全面发展时期，尤其在微生物生物化学、土壤微生物学、医学微生物学和病毒学的发展上有了巨大进步。

(1) 1897年德国人布赫那(Büchner，1860—1917)用酵母菌的无细胞压榨汁进行酒精发酵成功，建立了现代酶学，从此微生物学进入了生化研究阶段。

(2) 俄国微生物学家维诺格拉德斯基(Вннорадский，1856—1953)首先发现和研究了硫细菌、铁细菌、硝化细菌等自养微生物，提出了既不同于异养菌和动物，又不同于植物的一类营养新类型——化能无机营养型，并创造了一套用硅胶平板分离培养自养菌的技术。他还第一个分离了厌氧自生固氮菌——巴斯德梭菌(*Clostridium pasteurianum*)，为土壤微生物学和微生物生态学的研究奠定了基础。荷兰微生物学家贝哲林克(Beijerinck，1851—1931)首先采用选择培养基和加富培养基分离纯化出好氧固氮菌——褐球固氮菌(*Azotobacter chroococcum*)、根瘤菌、硫酸盐还原菌、发光杆菌和丁酸梭菌(*Clostridium butyricum*)等，在土壤微生物学、微生物生态学的研究和微生物学技术建立和发展方面做出巨大贡献。

(3) 1929年英国细菌学家弗莱明(Alexander Fleming，1885—1955)偶然发现培养葡萄球菌的平板在污染的青霉菌菌落周围不长葡萄球菌，后来在青霉菌(*Penicillium*)的培养液中发现了一种对动物无毒的抑菌物质，定名为青霉素。当时该发现未引起人们的注意，第二次世界大战期间，美国人弗洛里(Howard Florey)和柴恩(Ernst Chain)提纯了青霉素，用于治疗革兰氏阳性细菌引起的疾病，很有成效，从而开辟了化学治疗的新途径。寻找抗生素的高潮也由此掀起。1944年美国土壤微生物学家瓦克思曼(Selman Waksman)发现了产生链霉素的链霉菌，并首先将这些由青霉菌和放线菌产生并抑制或杀死其他微生物的物质定名为抗生素(antibiotic)。随后，科学家们陆续发现了氯霉素、地霉素、四环素、金霉素、土霉素等数百种抗生素，并建立了深层发酵大规模生产抗生素的工业生产体系。

(4) 1892年俄国微生物学家伊万诺夫斯基(Ивановский)观察到用烟草花叶病株汁液的过滤液感染健康植株，健康植株仍可患病，由此发现一种能通过细菌滤器的生物的存在。当时将该生物称为过滤性病毒。1931～1935年美国微生物学家斯坦利(Wendell M. Stanley，1904—1971)首先从烟草花叶病株汁液中提取了一种具有感染性的蛋白质结晶，引导人们从分子水平认识生命本质，开辟了病毒学研究的新纪元。1977年他获得诺贝尔化学奖。

1.4.5 现代微生物学时期

遗传学、生物化学等多学科的交叉、渗透，使微生物学迅速进入分子研究水平，成为生物学科中发展最快、影响最大的前沿学科之一。微生物材料、研究方法都很独特，微生物学也推动生命科学的发展，是生命科学发展中贡献最大的学科。据统计，20世纪诺贝尔医学或生理学奖获得者中，从事微生物研究的约占1/3，由此看出微生物学在生命科学发展中的位置。

1. 促进分子遗传学的诞生

20世纪30年代以来，微生物学、遗传学、生物化学、生物物理学和计算机等领域学科交叉结合诞生了分子遗传学。1928年格里菲斯(Griffith)在肺炎链球菌(*Streptococcus pneumoniae*)研究中发现转化现象；1941年比德耳(Beadle)和塔图姆(Tatum)通过对粗糙链孢霉(*Neurospoea crassa*)营养缺陷型突变株的研究，提出"一个基因一个酶"假说；1944年埃弗里(Avery)确认细菌的转化物质是 DNA，证实了 DNA 是遗传的物质基础；1953 年沃森(Watson)和克里克(Crick)提出了 DNA 双螺旋结构模型，1958 年 Crick 又提出了“中心法则”学说，促进了分子遗传学的诞生；1961 年雅各布(Jacob)和莫诺(Monod)发现大肠杆菌乳糖诱导酶的基因调控机制，提出乳糖操纵子学说；1965 年尼伦伯格(Nirenberg)等在对大肠杆菌无细胞蛋白质合成体系研究中破译了 DNA 碱基组成的三联体密码，提出遗传密码子学说。随后，DNA 的序列分析、DNA 的复制、RNA 和蛋白质合成机制等生命科学中许多重大理论研究的突破，都是通过以微生物为研究材料而发现的。

2. 推动分子生物学研究

1995 年美国首先完成了流感嗜血杆菌(*Haemophilus influenzae*)全基因组序列测定及分析，开创了分子生物学和信息学的新时代。从 1995 年至今，已有 200 多种微生物完成全基因组序列分析，包括真细菌(如流感嗜血杆菌)、古菌(如嗜热甲烷杆菌 *Methanobacterium thermoautotrophicum*)、放线菌(如天蓝色链霉菌 *Streptomyces coelicolor*)和单细胞真核微生物(如酿酒酵母 *Saccharomyces cerevisiae*、粟酒裂殖酵母 *Schizosaccharomyces pombe*)等，目前，数百株微生物全基因组测序工作正在进行中。微生物全基因组序列分析，由于包括了菌株的全部遗传信息，因此，是研究系统发育最准确和最可靠的方法。微生物全基因组序列分析的数据，是对 Woese 的系统发育树更好的补充和修正。因 Woese 只考虑和分析 16S rRNA(或 18S rRNA)在生物演化中的地位和作用。如通过对海栖热袍菌(*Hermotoga maritima*)的全基因组分析，发现其中有 1/4 的基因与古菌类似，表明该菌与古菌之间可能存在横向基因转移。另外，微生物基因组远远小于多细胞的真核生物，而且细菌和酵母菌基因组中基本没有内含子，近年来研究发现某些微生物中存在一些与人类遗传疾病相类似的基因序列，利用细菌为模型来研究这些基因，必然快且容易。研究人类病原微生物基因组，对于疫苗的设计和新型抗病原微生物药物的开发，也必将产生巨大推动力。由此可见，微生物是“取之不尽，用之不竭”的资源，对微生物的利用、开发和深入研究，必将为人类的生存和可持续发展作出更大贡献。

1.5 微生物学的重要性

微生物学是一门实践性很强的学科，微生物与人类生活的各个方面均有紧密联系。

1.5.1 微生物的应用方面

以人们对微生物的应用方式来划分，主要包括三方面：① 微生物菌体的生产和应用；② 微生物代谢产物的应用；③ 微生物机能的利用。微生物学在环境、医药、食品、农业、能源等各方面的应用不胜枚举，仅举几例(表 1-3)。

微生物中多数不是有害菌，而对地球上生活的生物和人类有益，但某些微生物却是毁灭农作物和严重威胁人类健康的重要病原体。病毒，如引起人类天花的天花病毒、引起获得性免疫综合征(即艾滋病，acqurie immuno-deficiency syndrorme，AIDS)的人类免疫缺陷病毒(human immuno-deficiency virus，HIV)、引起传染性非典型肺炎(严重急性呼吸道综合征，servere acute respiratory syndrome，SARS)的新冠状病毒、肆虐全球引起禽流感的高致病性禽流感病毒；细菌，如引起霍乱、白喉、伤寒、破伤风、结核的霍乱弧菌、白喉杆菌、伤寒杆菌、破伤风杆菌、结核杆菌等；原生动物，如引起疟疾的疟原虫等，迄今为止还未发现古菌作为人类病原体的例子。但微生物也能向我们提供许多农用的生物防治剂和可用的疫苗、抗毒素、抗血清、抗生素，帮助我们有效控制、预防和治疗疾病。

表 1-3　微生物的应用举例

微生物的应用方式	应用领域	应用项目和课题
微生物菌体的生产和应用	食品	单细胞蛋白 SCP(酵母菌)、宇航员食品(氢细菌)、真菌蛋白(禾杀镰刀菌)、食用菌(蘑菇)
	农业	微生物饲料(酵母菌、霉菌)、微生物肥料(固氮菌、根瘤菌)、生物农药(苏云金芽孢杆菌)
	医药	疫苗(病毒、细菌)等
微生物代谢产物的应用	食品	酒类酿造(黑根霉、酿酒酵母)、有机酸(黑曲霉)、氨基酸(细菌)、纤维素、烃类、甲醇等代粮发酵(霉菌、酵母菌、细菌)
	医药	抗生素(放线菌等)、核苷酸(细菌)、生理活性物质和基因工程药物(胰岛素等)开发
	工业	酶制剂(细菌、霉菌等)
微生物机能的利用	食品	酱油酿造(黄曲霉)、酸乳制品(乳酸菌或双歧杆菌乳酸发酵)
	能源	石油二次开采(黄单胞菌的黄原胶)、沼气发酵(产甲烷菌)、光能转换(盐细菌)、产氢微生物(氢细菌)、酒精发酵(绿色木霉纤维素和半纤维素分解)、细菌冶金(氧化硫硫杆菌等)
	环境	生活污水、农药、染料、炸药、石油化工等污染治理(红螺菌等有机废液治理、假单胞菌等烃类化合物降解) 微生物在碳、氮、硫、磷、铁等地球化学循环中的主要作用

1.5.2　促进生物工程技术的发展

20 世纪 80 年代后，分子微生物学的发展，在微生物中发现了许多基因工程载体(质粒、病毒等)、工具酶(限制性内切酶、连接酶、逆转录酶等)、基因工程受体(大肠杆菌、酿酒酵母等)，促进 DNA 重组技术和生物工程的诞生。生物工程即为按人们预先的设计对生物体进行不同层次的控制和改造的技术以及生物模拟技术，包括基因工程、细胞工程、酶工程、发酵工程、生化工程。生物工程虽以基因工程为核心和主导，但均离不开发酵工程这个基础。基因的正确表达和产物的获得也离不开微生物，微生物的消毒灭菌、分离培养等技术也适于动植物细胞，也可从发酵罐中培养人参细胞或杂交瘤细胞。目前国内外一些科学家正在开展蚕丝心蛋白转基因棉纤维及其基因工程菌的研究和试产；美国与法国分别报道鸡的卵清蛋白基因在大肠杆菌和酵母菌中表达成功。我们今天看到蚕吃桑叶吐的是蚕丝，鸡吃谷、米而产出的是鸡蛋，可以预见不远的将来，我们将可以穿发酵罐中捞取的丝制品，可以吃发酵罐中发酵的不带壳的鸡蛋蛋白。

1.5.3　基础理论研究

微生物个体小、结构简单，比复杂的动植物细胞培养、操作容易；生长快，繁殖速，能迅速、大量地获得单细胞均一的拷贝；有独特的分离培养方法，费用低廉，作为模式微生物已被广泛使用，它们是研究和解决生物学基本问题的最好的实验材料。

由此看出，微生物世界奥妙无穷，是“取之不尽，用之不竭”的源泉。微生物学对人类的生存和社会经济可持续发展将会做出更大的贡献。

复习思考题

1. 什么是微生物？微生物包括哪些类群？

2. 微生物有哪五大特点？其中最基本的是哪一个？微生物的五大特点对我们开发利用有益微生物有什么影响？对我们控制或消灭有害微生物会造成什么困难？你能否从其特点解释为什么现今的微生物是地球上数量最多、分布最广的一类生物？

3. 什么叫三原界学说？谁提出来的？根据什么提出来的？为什么选择 16S rRNA (18S rRNA)为分析对象？主要论点是什么？

4. 现今一般把生物分为哪几界？微生物学研究对象跨越哪几界？请注明微生物主要类群(细菌、放线菌、酵母菌、霉菌、病毒)在生物界中的位置。

5. 我国古代对微生物的认识和利用方面有哪些主要成就？

6. 请说出微生物学发展史上贡献最大的三位科学家列文虎克、巴斯德、科赫的主要成就。从他们的成就中我们获得什么启示？

7. 以人们对微生物的应用方式划分，微生物应用大体分为哪几类？结合微生物在工业、农业、医药、环境等方面的应用请你举例说明。

8. 微生物学对生命科学基础理论研究有何重大贡献？为什么？你认为还会在哪些领域有重大发展？

9. 什么是生物工程学？包括哪几个工程？微生物与生物工程的关系是什么？

10. 在生命科学重大理论研究的突破或工业、农业、医药、环境、能源的应用方面，你认为微生物学在哪些领域可继续深入研究？有哪些特点？

2 原核微生物

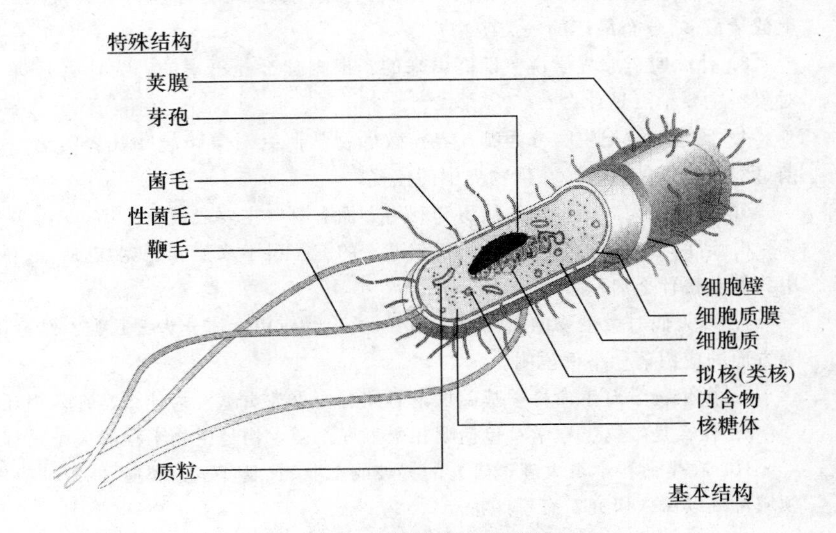

图 2-1 细菌细胞模式图

(仿 Pommerville J C,2004)

原核微生物细胞核无核膜包裹,细胞壁含肽聚糖,细胞内除共有的细胞质膜、细胞质、核区和内含物等基本结构外,无细胞器和内部结构。有些种类原核生物细胞壁外有特殊结构:多糖包被(微荚膜、荚膜、黏液层)、毛状物(鞭毛、菌毛、性菌毛)和芽孢或孢囊,各有其不同功能。原核微生物包括真细菌和古菌两大类。古菌细胞壁、细胞质膜等结构与真细菌稍有不同。真细菌中除真细菌外还有放线菌、蓝细菌、螺旋体、立克次氏体、支原体、衣原体和蛭弧菌等。

原核微生物(prokaryotic microorganism)是指一大类没有核膜和复杂的内部细胞器,仅有一个裸露 DNA 分子原始核区(nuclear region)的原始单细胞微生物。与有真正细胞核的真核微生物(eukaryotic microorganism)有显著差别(图 2-2)。两类细胞的主要差别比较见表 2-1。近年来发现在进化谱系上与真细菌(eubacteria)和真核生物并列的古菌(archaebacteria, archaea),其细胞结构与真细菌更为接近,属于原核生物。因为真细菌的细胞结构和功能研究较为深入,本章以其为原核微生物的代表加以详尽介绍。

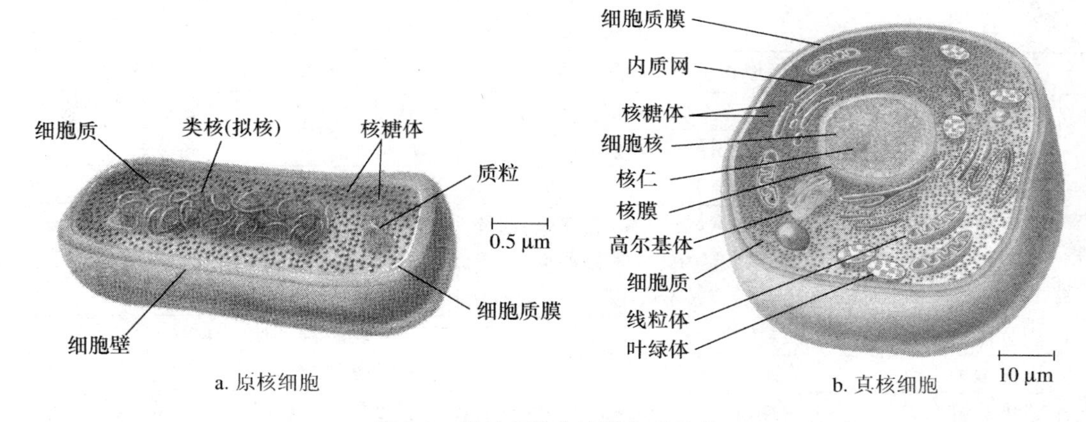

a. 原核细胞　　b. 真核细胞

图 2-2　原核细胞与真核细胞比较

(引自 Michael et al, 2006)

表 2-1　原核生物与真核生物比较

比较项目		原核生物(细菌、古菌等)	真核生物(酵母菌、霉菌等)
细胞大小		较小(一般直径＜2 μm)	较大(直径 2～100 μm)
细胞壁		多数为肽聚糖(支原体除外,古菌为不同的多聚糖),含有脂多糖和磷壁酸	主要成分为纤维素或几丁质(酵母菌为甘露聚糖),不含脂多糖和磷壁酸,大多数原生动物没有细胞壁
细胞质膜		膜中无甾醇(支原体除外),含类何帕烷(hopanoid)(古菌除外);膜中含呼吸与光合组分	膜中含甾醇(sterol);不含类何帕烷 膜中不含呼吸与光合组分
细胞质	核糖体	70S,在细胞质中	80S,在细胞质中;70S,在某些细胞器中
	间体	部分有,与细胞分裂有关	无
	细胞器	无	有线粒体、高尔基体、溶酶体、叶绿体等(光合生物有)
	内质网、微管系统	无	有内质网膜和微管系统
	真液泡	无	有些有
	细胞质流	无流动性	有流动性
	贮藏物	PHB 等	淀粉、糖原等
细胞核	核膜	无,DNA 在细胞质中游离	有,DNA 被核膜包裹
	核仁	无	有
	组蛋白	DNA 与类组蛋白连接	DNA 与组蛋白连接
	染色体数目	一般为一个,也有例外	多于一个染色体,每个染色体为双倍体
	DNA 含量	高(约 10%)	低(约 5%)
生理特性	呼吸链位置	细胞质膜或间体一部分	线粒体
	光合作用部位	载色体或类囊体	叶绿体
	化能合成作用	有些有	无
	营养类型	自养型(化能自养型、光能自养型)、异养型(化能异养型、光能异养型)、兼性异养型	异养型(化能异养型)

（续表）

比较项目		原核生物(细菌、古菌等)	真核生物(酵母菌、霉菌等)
生理特性	与氧关系	专性好氧、兼性好氧与专性厌氧等	好氧、兼性厌氧，少数酵母菌专性厌氧
	固氮能力	有些有固氮能力	无固氮能力
	生长 pH	中性或微碱性	偏酸性
	对药物敏感性	对青霉素、链霉素、氯霉素、四环素、磺胺等敏感，对灰黄霉素、多烯类抗生素不敏感	与原核微生物相反
遗传特性	染色体外遗传物质	质粒	很少发现质粒，细胞器内含 DNA
	无性生殖	裂殖，无有丝分裂	为有丝分裂，有微管、纺锤体
	遗传重组方式	不连续过程，无减数分裂，只有部分 DNA 遗传重组(如转化、转导、接合等)	连续过程，有减数分类，全部染色体遗传重组(多种有性生殖、准性生殖方式)
	内含子	mRNA 中很少发现内含子(古菌除外)	所有基因中都发现内含子
运动结构和运动方式		由一种鞭毛蛋白组成的简单鞭毛，单丝、中空状结构，无膜；鞭毛运动旋转马达式	鞭毛为“9＋2”型微管排列的复杂结构，有膜；鞭毛运动挥鞭式

2.1 细 菌

细菌(bacteria)是一大类群结构简单、种类繁多、主要以二分裂法繁殖的单细胞原核微生物。

2.1.1 细菌的个体形态

1. 细菌的形态和排列

细菌个体微小，一般必须借助光学显微镜和电子显微镜观察，显微镜观察得到的特征常称为镜检特征。

细菌主要有三种形态，即球状、杆状和螺旋状(图 2-3)。杆菌最为常见，球菌次之，螺菌较少。

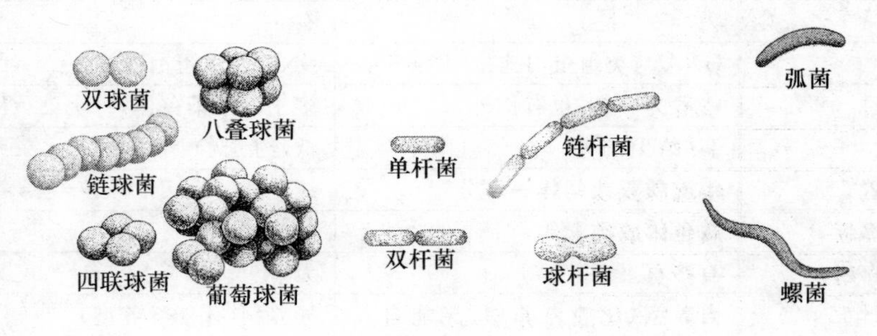

图 2-3 细菌的三种基本形态(模式图)

(引自 Prescott et al,2005)

（1）球菌(coccus,复数为 cocci)

细胞球状。根据细胞分裂方向和分裂后排列方式分为：单个的单球菌(single cocci)、成对的双球菌(diplococci)、链状的链球菌(streptococci)、4个相连的四联球菌(tetrad)、立方体形的八叠球菌(sarcina,复数为 sarcinae)和细胞经多次不定向分裂聚集成串的葡萄球菌(staphylococcus,复数为 staphylococci)等,如金黄色葡萄球菌(*Staphylococcus aureus*)(彩图1～3)。

（2）杆菌(bacillus,复数为 bacilli)

细胞杆状或圆柱状。杆菌形态多样,长宽相近的短杆菌或球杆菌,如产谷氨酸短杆菌(*Brevibacterium glutamigenes*);长宽相差较大的长杆或棒杆状,如枯草芽孢杆菌(*Bacillus subtilis*(彩图5、6);杆菌两端也有差别,如两端平截的炭疽芽孢杆菌(*B. anthracis*)、钝圆的蜡状芽孢杆菌(*B. cereus*)、两端稍尖的巴斯德梭菌、一端分叉的双歧杆菌属(*Bifidobacterium*)和一端有柄的柄杆菌属(*Caulobacter*);杆菌细胞沿长轴面垂直分裂的链杆菌属(*Streptobacillus*)。

（3）螺菌(spirillum,复数为 spirilla)

螺菌中类似逗号者称弧菌(vibrio),如弧菌属(*Vibrio*)的霍乱弧菌(*Vibrio cholerae*);类似开塞钻头、只有或少于6个螺旋圈、菌体僵硬、以鞭毛运动的称螺旋菌(spirillum,复数为 spirilla),如引起严重胃溃疡的幽门螺杆菌(*Helicobacter pylori*)。

除上述三种基本形态外,还有星形和方形(极端嗜盐古菌)等罕见形态(图2-4a,b)。

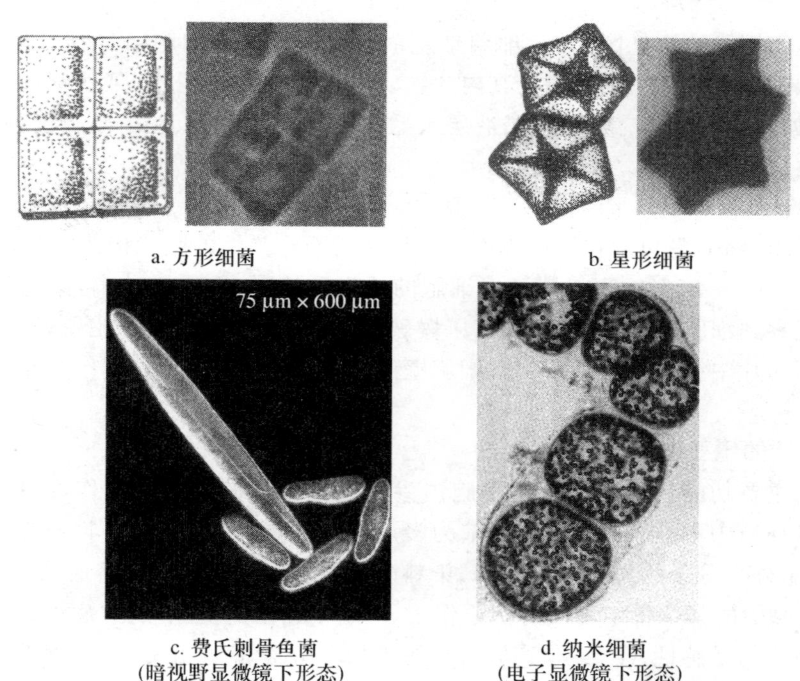

a. 方形细菌　　b. 星形细菌

c. 费氏刺骨鱼菌（暗视野显微镜下形态）　　d. 纳米细菌（电子显微镜下形态）

图2-4 罕见的细菌类型

（引自 Prescott et al,2005）

2. 细菌的大小和重量

（1）细菌的大小

细菌细胞大小一般用显微测微尺测量。微生物的测量单位为微米(μm,1 μm=10^{-6} m)或纳米(nm,1 nm=10^{-9} m)。球菌以直径表示,杆菌和螺旋菌以宽×长表示。不同细菌大小差别很大，球菌直径一般 0.5～1.0 μm，杆菌一般(0.5～1.0)μm×(1～5)μm。最近红海水域发现能在热带棕色刺骨鱼肠中共生的费氏刺骨鱼菌(*Epulopiscium fishelsoni*)，大小为(75～80)μm×600 μm(图 2-4c)，而在纳米比亚海岸的海底沉积物中发现的纳米比亚嗜硫珠菌(*Thiomargarita namibiensis*)，长度为 100～300 μm，最大可达 750 μm，是普通细菌的 100 倍，是唯一以硫化物为能源、硝酸盐为电子受体的最大细菌。这两种细菌均为肉眼可见的细菌。最近芬兰科学家 Kajander 等发现的一种能引起尿结石的最小纳米细菌(nanobacteria)，细胞直径为 50～100 nm，比最大的病毒还小(图 2-4d)，3 天才分裂一次。这种比病毒还小的纳米级细菌，在如此小的空间里究竟怎样维持生命活动，这引起科学界的关注。

细菌细胞的大小和形态受环境条件影响，异常条件时受各种理化因子刺激，发育受到阻碍，细胞变形(畸形)；衰老的培养物中，因营养缺乏和代谢物积累，细胞呈现膨大、丝状或分叉等衰退形。一般形态特征观察采用对数期的细胞。

(2) 细菌的重量

一个大肠杆菌细胞的重量约为 10^{-9}～10^{-10} mg，大约 10^9 个大肠杆菌才 1 mg(105℃烘烤 4 h)。

2.1.2 细菌的细胞结构与功能

细菌细胞的模式结构见图 2-1。细菌细胞的基本结构为：细胞壁、细胞质膜、拟核(或核区)与间体及其他内膜结构、细胞质及其内含物。在长期进化过程中，某些细菌还形成了一些特殊结构，例如，糖被(荚膜、微荚膜、黏液层)、毛状物(鞭毛、菌毛、性菌毛)、芽孢，有的细菌细胞内尚含有质粒等。

1. 细胞壁

细胞壁(cell wall)是包围在细菌表面的一层坚韧而有弹性的膜状构造。其厚 10～80 nm，约占细胞干重 10%～25%。高渗溶液中细胞的原生质体脱水，质壁分离，染色后在普通光学显微镜下可观察到细胞壁；用超声波或高压爆破法破碎细胞，提取出细胞壁，冰冻蚀刻后可用电镜观察超薄切片中细胞壁精细结构。细胞壁的主要成分为肽聚糖，其作用是使细胞壁具有弹性和强度。

(1) 细胞壁的主要功能

细胞壁的主要功能包括：① 抵抗细胞内渗透压和外界的机械性损伤，维持细胞外形，保护细胞在低渗环境中不被胀破；② 细胞壁为多层网状结构，是细胞内外物质交换的一个天然屏障，阻止细胞外大分子物质(抗生素、酶、染料)或颗粒进入细胞，允许溶液和小分子物质自由进出；③ 细胞壁中的某些特定物质有抗原作用，决定了细菌的抗原性、致病性(如内毒素)和对抗生素及噬菌体的敏感性；④ 细胞壁与细胞的生长和分裂密切相关，还是鞭毛着生和运动的可靠支点(失去细胞壁的鞭毛细菌不能运动)。

(2) 细胞壁的化学组成

细菌中除支原体外，皆有细胞壁。革兰氏阳性菌(Gram positive bacteria，G^+ 细菌)与革兰氏阴性菌(Gram negative bacteria，G^- 细菌)在细菌细胞壁的化学组分和结构上有显著差异。见表 2-2 和图 2-5。

(3) 细胞壁的结构

G^+ 细菌、G^- 细菌、古菌和抗酸细菌的细胞壁各有特点，本节主要介绍 G^+ 细菌和 G^- 细菌的细胞壁。

Ⅰ G^+ 细菌的细胞壁

由表 2-2 和图 2-5a 可知 G^+ 细菌细胞壁主要成分为肽聚糖和磷壁酸。

表 2-2 G^+ 细菌与 G^- 细菌细胞壁组成、结构和某些生理特性的主要区别

项目	G^+ 细菌	G^- 细菌	
		内壁层	外壁层
细胞壁厚度/nm	20～80	2～3	8
肽聚糖成分	占细胞干重 40%～90%	占细胞干重 5%～10%	无
肽聚糖结构	多层(20～40 层)、亚单位交联度大(75%)、网格小	单层(1～3 层)、亚单位交联度小(25%)、网格大	
磷壁酸	多数含有，约 50%	无	
脂多糖	无	无	有，11%～22%
脂蛋白、孔蛋白	无	有或无	有
周质空间	无或极窄	有	
溶质通透性	强	弱	
细胞硬度	坚硬	柔软	
产芽孢	有的产芽孢	不产芽孢	
鞭毛	紧密坚固，基粒上着生 2 个套环	较疏松，基粒上着生 4 个套环	
产毒素	外毒素为主	内毒素为主	
对青霉素、磺胺药物	敏感	不够敏感	
对链霉素、氯霉素等药物	不够敏感	敏感	
对干燥抗性	强	弱	
对碱性染料、阴离子去污剂	敏感	不敏感	
溶菌酶处理	形成原生质体	形成原生质球	

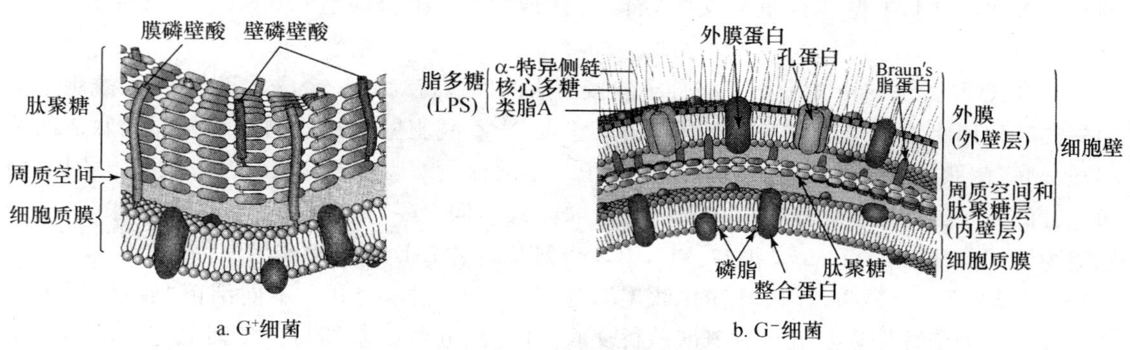

图 2-5 细菌细胞壁模式图

(引自 Prescott et al，2005)

① 肽聚糖(peptidoglycan)。或称胞壁质(murein)、黏肽(mucopeptide)或黏肽复合物(mucocomplex)。除古菌外，肽聚糖为所有原核生物细胞壁的主要化学成分。肽聚糖单体由 3 部分组成(图 2-6)：

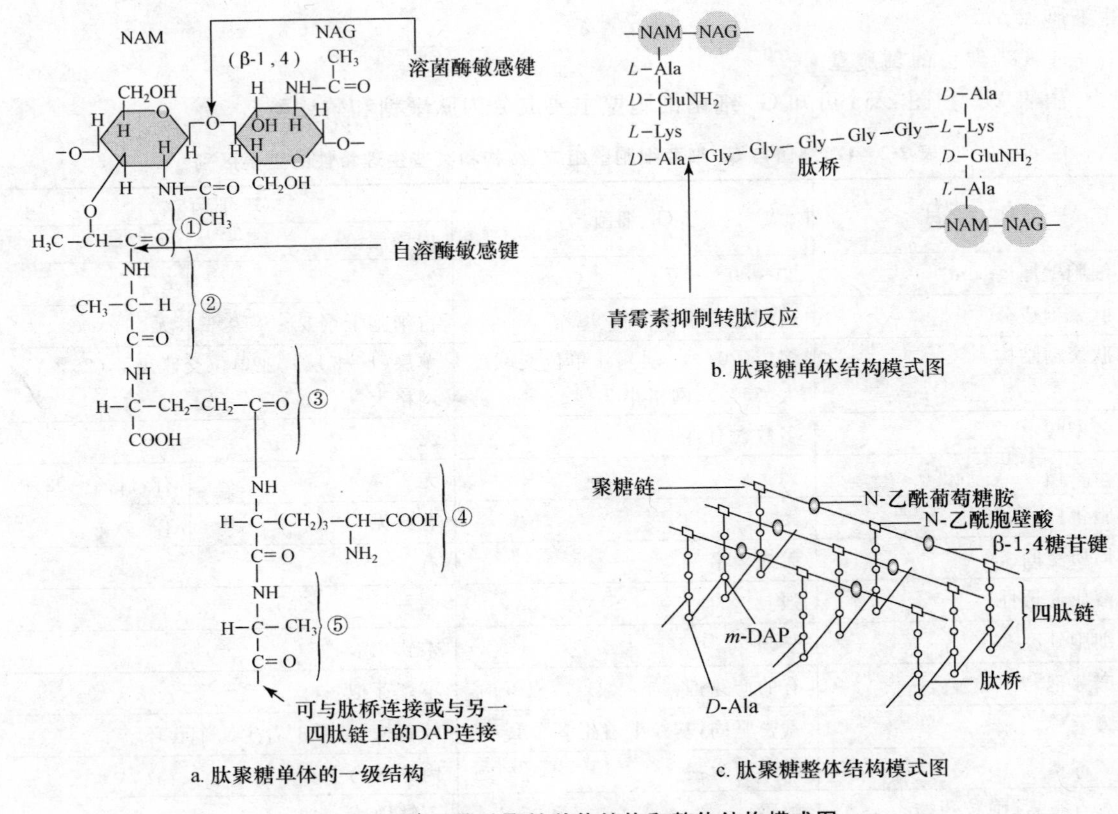

图 2-6　G^+ 细菌肽聚糖单体结构和整体结构模式图

① *D*-乳酸,② *L*-丙氨酸,③ *D*-谷氨酸,④ 内消旋二氨基庚二酸,⑤ *D*-丙氨酸

(引自 Prescott et al,2005)

a. 双糖单位。由两种糖衍生物 N-乙酰葡萄糖胺(N-acetylglucosamine,简写为 NAG 或 G)和 N-乙酰胞壁酸(N-acetylmuramiac acid,简称 NAM 或 M)组成,N-乙酰胞壁酸与 N-乙酰葡萄糖胺通过 β-1,4-糖苷键重复交替横向连接成聚糖(glycan)链(10～65 个肽聚糖单体)骨架。

b. "肽尾"。纵向由 4 个氨基酸分子连接而成的四肽链通过一个酰胺键与 N-乙酰胞壁酸的乳酰基相连。再通过两条不同聚糖链骨架上与 N-乙酰胞壁酸相连的两条相邻四肽链间的相互交联,使肽聚糖单体聚合成肽聚糖大分子。不同种类细菌肽聚糖聚糖链骨架基本相同,但四肽链的氨基酸组成及两条相邻四肽链的交联方式不同。G^+ 细菌(如金黄色葡萄球菌)的四肽链为 *L*-Ala、*D*-Glu、*L*-Lys 和 *D*-Ala,第 3 个氨基酸是 *L*-Lys(图 2-6b)。

c. "肽桥"。相邻两条四肽链的"肽尾",通过"肽桥"互相交联。不同细菌"肽桥"类型不同。金黄色葡萄球菌通过五聚甘氨酸肽桥交联,甘氨酸五肽氨基端与一条四肽链尾的第 4 个氨基酸(*D*-Ala)的羧基连接,而甘氨酸五肽的羧基端则与另一条四肽链尾的第 3 个氨基酸(*L*-Lys)的氨基相连(图 2-6b,图 2-6c)。

肽聚糖由横向双糖单位聚糖链和纵向四肽链聚合,再经肽桥连接而成多层、三维空间的网状结构的大分子化合物。肽聚糖中任何一个键断裂,都使细菌丧失细胞壁的保护作用。如图 2-6a 所示为溶菌酶(lysozyme)、自溶酶(autolytic enzyme)的细胞壁裂解位点,使细胞壁解体;

青霉素分子与肽聚糖"肽尾"末端的酰基 *D*-丙氨酰-*D*-丙氨酸构象相同，而后者正是转肽反应中转肽酶(transpeptidylase 或 peptidyl transferase)所催化裂解的部位，转肽酶误与青霉素结合，抑制肽聚糖合成最后阶段的交联作用(转肽反应)，肽聚糖不能正常合成，使正在生长的细菌不能形成细胞壁，但对休止细胞无作用。

② 磷壁酸(teichoic acid)。或称壁酸、垣酸。是 G^+ 细菌所特有的化学成分。磷壁酸是一种酸性多糖，为多聚磷酸甘油或多聚磷酸核糖醇的衍生物。

按成分不同，磷壁酸分为两种类型：a. 甘油型磷壁酸，是由多个分子(10～20 个)的甘油以磷酸二酯键连接起来的分子(图 2-7a)；b. 核糖醇型磷壁酸，是由若干分子(10～50 个)的核糖醇以磷酸二酯键连接而成的分子(图 2-7b)。甘油或核糖醇上还含有 *D*-丙氨酸和葡萄糖、半乳糖或鼠李糖等。

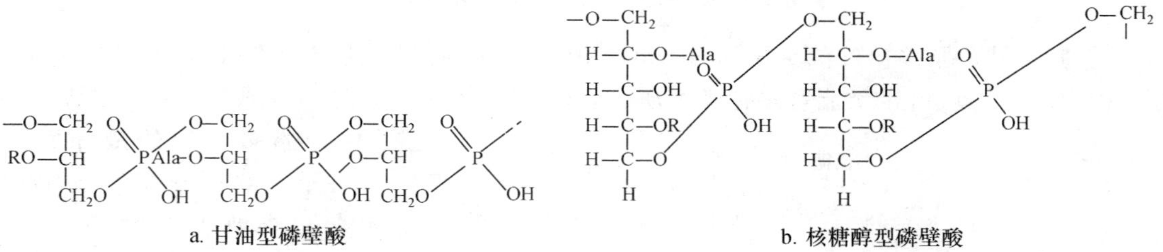

a. 甘油型磷壁酸　　b. 核糖醇型磷壁酸

图 2-7 磷壁酸的结构模式

按结合部位不同，磷壁酸还可分为两种类型：a. 壁磷壁酸，甘油型磷壁酸或核糖醇型磷壁酸通过磷酸基与肽聚糖 NAM 第 6 位上的羟基结合，纵向上增强了肽聚糖的结构；b. 膜磷壁酸，又称脂磷壁酸，只有甘油型磷壁酸可直接连接在膜的糖脂上，从而增强膜的负电荷，加强细胞膜对二价离子(如 Mg^{2+})的吸附。

磷壁酸的主要功能：a. 壁磷壁酸加固细胞壁，增强细胞膜稳定性；b. 磷壁酸带负电性，吸附高浓度的 Mg^{2+} 离子，有利于维持细胞膜的完整性和提高细胞壁合成酶的活性；c. 磷壁酸是 G^+ 细菌表面抗原(C 抗原)的主要成分；d. 酸性多糖常是某些噬菌体的吸附位点；e. 磷壁酸通过调节自溶素(autolysin)，防止菌体自溶；f. 磷元素为贮藏性物质。

Ⅱ G^- 细菌的细胞壁

由表 2-2 和图 2-5b 可知，G^- 细菌细胞壁比 G^+ 细菌细胞壁薄，但结构和成分较复杂。

G^- 细菌细胞壁有外壁层和内壁层(图 2-5b)。内壁层紧贴细胞质膜，由肽聚糖组成，占细胞干重的 5%～10%。外壁层又称外膜(outer membrane)，厚约 8～10 nm，在结构和化学组成上与细胞质膜相似，在磷脂双分子层中主要镶嵌有脂多糖、脂蛋白和外膜蛋白等特有成分。外膜与细胞质膜之间有周质空间。外膜是 G^- 细菌的一层保护性屏障，阻止或减缓抗体、其他有害物质侵入，也可阻止细胞成分外流。

① 肽聚糖。G^- 细菌的肽聚糖层埋藏在外膜层之内，又称内壁层。厚度仅 2～3 nm，由 1～2 层较为稀疏、机械强度较弱的肽聚糖网状分子构成(图 2-5b)。其单体结构与 G^+ 细菌基本相同，差别在于：a. "肽尾"：G^- 细菌(如大肠杆菌)的四肽链为 *L*-丙氨酸、*D*-谷氨酸、*m*-二氨基庚二酸(*m*-DAP)和 *D*-丙氨酸，第 3 个氨基酸是 *m*-DAP；b. 大肠杆菌(*E. coli*)中无特殊的肽桥，前后两个单体间的联系，通过甲链四肽尾的第 4 个氨基酸(*D*-Ala)的羧基与乙链四肽尾的第3 个氨基酸(*m*-DAP)的氨基直接连接而成(图 2-8a，b)。

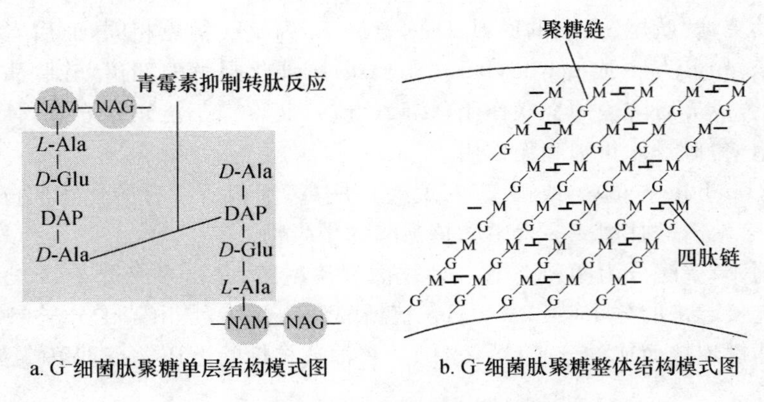

a. G⁻细菌肽聚糖单层结构模式图　　b. G⁻细菌肽聚糖整体结构模式图

图 2-8　G⁻ 细菌肽聚糖分子的结构模式图

② 脂多糖。脂多糖(lipopolysaccharide,LPS)是 G⁻ 细菌细胞壁特有成分,在细胞壁最外层,为厚约 8～10 nm 的类脂和多糖类物质。它由三部分组成(图 2-5b,图 2-9):a. *O*-特异侧链:位于脂多糖层的最外面,由4～5 种重复的低聚糖组成(如甘露聚糖-鼠李糖-半乳糖等),因其具有抗原性,故又称 *O*-抗原或菌体抗原。*O*-侧链中多糖种类、顺序、构型因菌株而异,遂构成了各菌株特异的 *O*-抗原。如沙门氏菌(*Salmonella*)按 *O*-抗原可细分为1000 多个血清型。*O*-抗原的鉴定在临床诊断中有重要意义。b. 核心多糖:由外核心区和内核心区两部分组成。外核心区有 5 个己糖(包括葡萄糖、半乳糖和葡糖胺);内核心区有 3 个 2-酮-3-脱氧辛糖酸(2-keto-3-deoxyoctonate,KDO)和 3 个庚糖(*L*-甘油-*D*-甘露庚糖,Hep)。核心多糖一边通过葡萄糖残基与 *O*-特异侧链相连,另一边通过 KDO 残基与类脂 A 连接。同属细菌的核心多糖相同。

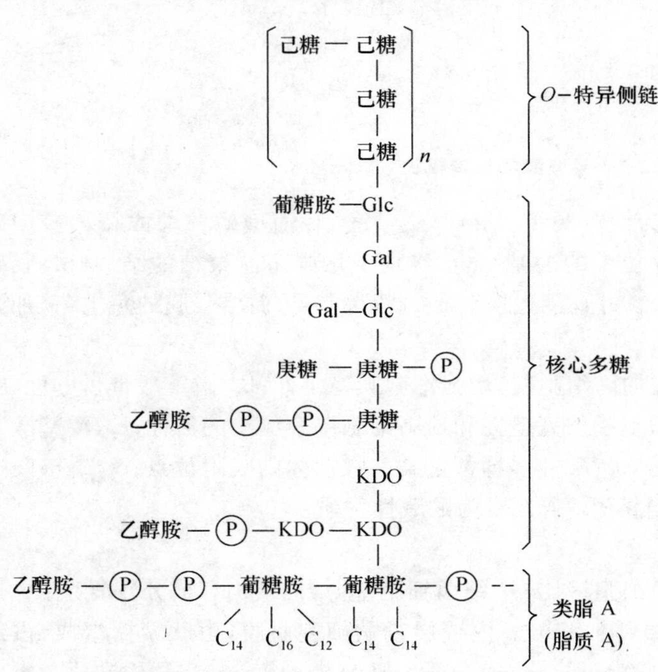

图 2-9　鼠伤寒沙门氏菌(*Salmonella typhimurium*)脂多糖结构

KDO:2-酮-3-脱氧辛糖酸;Glc:葡萄糖;Gal:半乳糖;
P:磷酸;C_{12}、C_{14}、C_{16}:12 碳、14 碳、16 碳饱和脂肪酸

c. 类脂 A:或称脂质 A,为一种糖磷脂,由 2 个 N-乙酰葡萄糖胺、5 个不同长链饱和脂肪酸和磷酸组成,是 G⁻ 细菌内毒素的主要成分。各种 G⁻ 细菌类脂 A 的结构和成分相似,无种属特异性。

脂多糖的主要功能:a. G⁻ 细菌内毒素的主要成分;b. G⁻ 细菌细胞壁表面抗原的决定因子;c. 许多噬菌体的吸附受体;d. 吸附 Ca^{2+}、Mg^{2+} 等离子,提高细胞壁的稳定性;e. 外膜屏障作用,阻止抗生素、溶菌酶、染料等大分子物质进入菌体。

③ 外膜蛋白。外膜蛋白(outer membrane protein)是指嵌合在外膜脂多糖层和外膜磷脂层上的蛋白。约有 20 余种。功能较清楚的有 3 类(图 2-5b)。

a. 脂蛋白(lipoprotein)：位于 G^- 细菌外膜内侧，相对分子质量约 7200，其蛋白部分末端游离氨基酸残基与肽聚糖网眼中的 DAP 残基形成肽键，共价结合；其脂质部分与外膜的磷脂相结合。通过脂蛋白使脂多糖层“牢固连接”在肽聚糖层上。

b. 孔蛋白(porin)：位于 G^- 细菌外膜的外壁层中，是一种由 3 个相同蛋白亚基(相对分子质量 36000)组成的三聚体跨膜蛋白，中间孔道直径约 1 nm。有非特异性孔蛋白(nonspecific porin)和特异性孔蛋白(specific porin)两类，前者是“充水”通道，可允许相对分子质量小于 800～900 的任何亲水性分子通过，如双糖、氨基酸、二肽或三肽；后者蛋白上有一种或多种物质专一性的结合位点，只允许一种或少数几种物质通过。最大的孔蛋白允许相对分子质量大于 5000 的物质进入，如维生素或核苷酸等。

c. 其他外膜蛋白：与噬菌体的吸附或细菌素作用有关。

④ 周质空间。周质空间(periplasmic space)或称周质间隙或壁膜间隙。指 G^- 细菌细胞壁与细胞质膜之间的狭窄空间(宽约 12～15 nm)，肽聚糖的薄层夹在其中(图 2-5b)。周质空间中有多种周质蛋白(periplasmic protein)，通过渗透压休克法(osmotic shock)可提取出周质蛋白。这些蛋白包括：a. 水解酶类：如蛋白酶、核酸酶、青霉素酶、磷酸化酶等；b. 合成酶类：如肽聚糖合成酶等；c. 结合蛋白：如促进扩散中运送营养物的蛋白；d. 受体蛋白：细菌趋化作用的敏感器。

(4) 细胞壁与革兰氏染色

细菌个体微小、细胞较为透明，不易观察。1884 年丹麦医生 Hans Christian Gram 发明了一种差别染色法，将所有的细菌分为两大类。主要步骤为：草酸铵结晶紫初染，碘液媒染，95%乙醇脱色，再用番红花红(沙黄)染料复染。染成蓝紫色的细菌称为革兰氏阳性细菌(G^+)，染成浅红色的细菌称为革兰氏阴性细菌(G^-)。该法称为革兰氏染色法。

革兰氏染色机理在于，革兰氏染色结果与细菌细胞壁的结构和组分有关。G^+ 细菌细胞壁较厚，肽聚糖含量高，交联度大，层数多，脂含量低甚至缺乏，经乙醇处理脱水，肽聚糖网孔径变小，渗透性降低，结晶紫-碘复合物不能透出，结果保留初染的紫色(彩图 2,5)。而 G^- 菌细胞壁较薄，肽聚糖含量低，交联度小，层数少，而且脂含量高，经乙醇处理后，脂质被溶解，肽聚糖网孔径变大，渗透性增高，结果结晶紫-碘复合物外渗，细胞再经番红花红复染时呈现红色(彩图 8)。

革兰氏染色的培菌时间和染色方法必须严格掌握。一般采用培养 18～24 h 的菌种，培养时间过长，肽聚糖易被自溶酶断裂，G^+ 细菌肽聚糖网孔径变大，结晶紫-碘复合物漏出，误认为 G^- 细菌。染色涂片不能太厚，否则脱色不完全，G^- 细菌被误认为 G^+ 细菌。脱色也不能过度，过度则会使 G^+ 细菌被误认为 G^- 细菌。

(5) 细胞壁缺陷型细菌

实验室或宿主体内某些菌种会发生自发突变而产生缺细胞壁的类型，实验室中也可用人为的方法抑制或破坏细胞壁的合成，获得缺壁细菌。除长期进化过程中形成的无细胞壁的支原体外，缺壁细菌主要有 3 类。

① L-型细菌(L-form bacteria)。1935 年英国李斯特(Lister)研究所发现念珠状链杆菌(*Streotobacillus moniliformis*)自发突变形成细胞壁缺损的细菌,细胞膨大,对渗透敏感,在固体培养基上形成"油煎蛋"样小菌落,因李斯特研究所首先发现而命名为 L-型细菌。随后在实验室或宿主体内发现许多 G^+ 细菌或 G^- 细菌均可自发突变形成遗传性稳定的 L-型细胞壁缺陷菌株。细胞呈球状、杆状、丝状等多形态,除去诱因后,在一定条件下(如恢复等渗、琼脂浓度由 0.8%增至 2%～3%、培养基中不加血清或血浆等)可恢复形成细胞壁的能力,回复原来的细菌,称为 L-型回复。有的细菌不能回复。L-型细菌有利于 DNA 及质粒的提取,也可提高外源细菌 DNA 进入受体菌(L-型细菌)的转化率。

② 原生质体(protoplast)。人工条件下用溶菌酶除尽原有的细胞壁或用青霉素抑制细胞壁合成后,所获得的仅由细胞质膜包裹的对渗透压敏感的细胞。一般由 G^+ 细菌形成。

③ 原生质球(sphaeroplast)。又称球状体,采用同样方法处理,但还残留部分细胞壁,一般由 G^- 细菌形成。

用原生质体或原生质球进行细胞转化和融合,可以提高遗传重组频率,是进行遗传规律研究和育种的极好实验材料。三种细胞壁缺陷型细菌的主要区别见表 2-3。

表 2-3 缺陷型细菌主要性状比较

项　目	L-型细菌	原生质体	原生质球
处理方法	自发突变,形成无完整细胞壁的细菌	溶菌酶或青霉素处理,脱壁后剩下的原生质体	溶菌酶或青霉素处理,去壁不完全,保留脂多糖、脂蛋白部分的原生质体
对象	细菌	G^+ 细菌、植物细胞	G^- 细菌
在低渗培养基上生长能力	不能生长	不能生长	生长缓慢
在高渗培养基上生长能力	可生长	可生长	可生长
繁殖能力	无繁殖能力	无繁殖能力	有繁殖能力

2. 细胞质膜

细胞质膜(cytoplasmic membrane)或称细胞膜(cell membrane)、原生质膜(plasma membrane)、质膜(plasma lemma)。紧靠细胞壁内侧、围绕细胞质外面的柔软而有弹性的半透性薄膜,厚约 7～8 nm。电镜下呈 3 层,两层暗的电子致密层(厚 2 nm),中间是稍明亮的透明层(2～5 nm)。

(1) 细胞质膜的成分和结构

细胞质膜占细胞干重的 10%,主要成分为脂类(20%～30%)和蛋白质(50%～70%),还有少量糖类(1.5%～10%)、DNA、RNA 和微量金属离子等,原核生物中除支原体外,细胞质膜一般不含胆固醇。

生物细胞中"液态镶嵌模型"结构的膜统称为单位膜(unite membrane)。液态的磷脂双分子层中镶嵌着可移动的球形蛋白。采用溶菌酶破壁,自低渗溶液中制取原生质体时,经差速离心法可分离纯化出细胞质膜。液态镶嵌膜特征:① 细菌细胞质膜的脂类主要为磷脂。磷脂分子在水溶液中是一个两性分子,每分子都由磷脂酰碱基的极性部分(亲水端,排列在脂双层的外表面)和脂肪酸碳氢链的非极性部分(疏水端,碳氢链向着脂双层的内部)组成。② 脂双层特点：不连续、不对称性（内外两层非对称排列）和可流动性（横向扩散：每个脂分子每秒移动 1 μm 距离，移动速度很快，相当于 10^7/s 分子互相交换；纵向翻转：每秒 1 次）。使膜上出现小孔，允许水和溶于水的物质通透。③ 膜上镶嵌的蛋白质依其位置分两大类：整合蛋白（integral protein）和周边蛋白（peripheral protein）。前者又称为内在蛋白（intrinsic protein）、跨膜蛋白（transmembrane protein），后者称为膜外蛋白（extrinsic protein）或周缘蛋白。紧密结合于膜的蛋白称为整合蛋白，它们插入或贯穿磷脂双分子层，贯穿膜的蛋白称为跨膜蛋白，整合蛋白占膜蛋白 70%～80%；分布于双分子层的内外表面、疏松附着在膜上的称为周边蛋白，周边蛋白占膜蛋白 20%～30%。蛋白质分子也可在脂双层中移动，但比脂分子移动速度慢 10～100 倍。整合蛋白作沉浸运动，而周边蛋白做漂浮运动。膜蛋白功能除了作为结构成分起支持作用外（微管、微丝），许多蛋白是物质转运过程的运输载体（如转运蛋白）、代谢活动的重要酶系（如 ATP 合成酶、电子传递蛋白等）和受体（如各种化学受体、物理受体和免疫功能受体等）。

细胞质膜中的磷脂种类因菌种和培养条件而异。真核生物与原核生物的细胞质膜中磷脂等成分不同（表 2-4，图 2-10）；原核生物中真细菌和古菌的磷脂也有明显差异（表 2-12，图 2-25）；即使在真细菌中，G^+ 细菌与 G^- 细菌的膜磷脂等组分也有区别（表 2-5）；古菌和无细胞壁的古菌细胞质膜（图 2-25）、放线菌的细胞质膜、嗜盐菌的紫膜成分和结构也各有特点。因生长温度不同，细菌细胞质膜中饱和与不饱和脂肪酸比例也不同，温度低时，不饱和脂肪酸比例增加；温度高时，不饱和脂肪酸比例降低。磷脂、类脂、脂肪酸等常是鉴别细菌、放线菌属的重要指征之一。

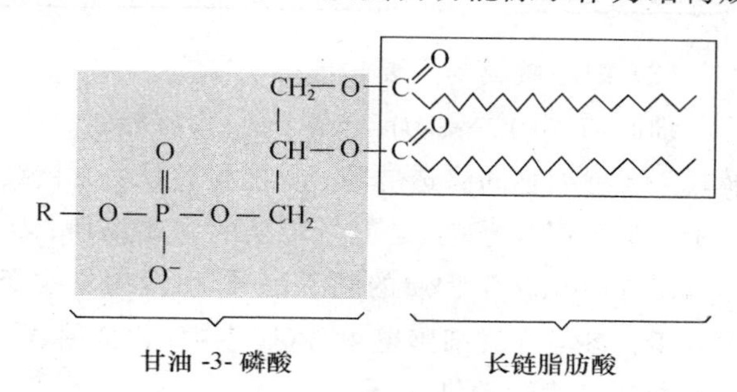

R有多种形式：① —H(磷脂酸)

② $-CH_2-CH_2-NH_3^+$ (磷脂酰乙醇胺)

③ $-CH_2-CH_2-N(CH_3)_3$ (磷脂酰胆碱)

④ $-CH_2-CHOH-CH_2OH$ (磷脂酰甘油)

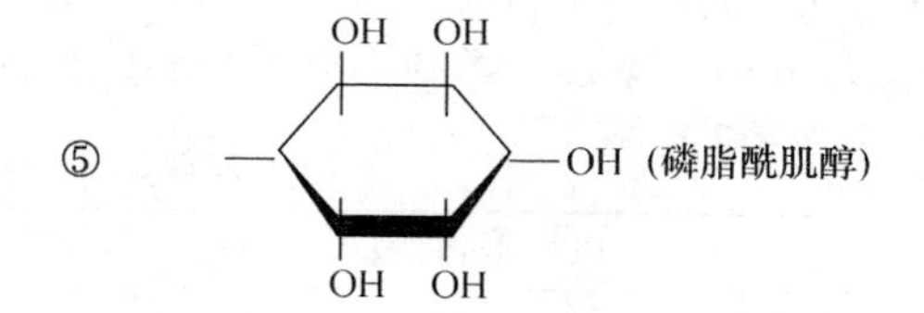

图 2-10　磷脂的分子结构

表 2-4　原核生物与真核生物细胞质膜主要成分比较

项　　目	原核生物	真核生物
成分	较多蛋白	较多脂类
磷脂种类	主要为脑磷脂（磷脂酰乙醇胺）和磷酸甘油酯	主要为卵磷脂（磷脂酰胆碱）
脂肪酸	除饱和与不饱和脂肪酸外，尚含支链的脂肪酸和含环丙烷型脂肪酸	主要为饱和与不饱和脂肪酸
甾醇	无（支原体除外）	有（胆甾醇、麦角甾醇）
糖脂	无	有（可在细胞间识别受体）

表 2-5　G^+ 细菌与 G^- 细菌细胞质膜磷脂含量和种类

项　　目	G^+ 细菌	G^- 细菌
磷脂含量	磷脂含量低,有的菌(如棒杆菌)含甘油酯等中性脂多	磷脂含量高,占脂类80%～90%
磷脂的极性头部分(磷脂酰碱基部分)	多样化,含有40%～50%磷脂酰乙醇胺(PE)、磷脂酰肌醇(PI)、磷脂酰甘油(PG)、磷脂酰甘油的氨基酸脂(aa-PG)	比较简单,几乎全部(80%～90%)是磷脂酰乙醇胺(PE)
磷脂的非极性尾部分(脂肪酸部分)	含较多的 C_{15}、C_{17} 支链脂肪酸,不含环丙烷型脂肪酸(乳酸杆菌除外)	含较多的 C_{17}、C_{19} 环丙烷型脂肪酸,不含支链脂肪酸

(2) 细胞质膜的主要功能

细胞质膜的主要功能包括：① 物质转运：控制细胞内外营养物质和代谢废物的转运、交换;② 维持细胞的渗透屏障;③ 能量转换：原核细胞质膜上有许多氧化磷酸化、光合磷酸化和电子传递磷酸化酶类,是能量转换的主要场所;④ 传递信息：细胞质膜上的某些特殊蛋白质能接受光、电、化学物质的刺激信号,引发构象改变,从而引起一系列的应答反应;⑤ 合成生物大分子：参与合成细胞壁组分(脂多糖、肽聚糖、磷壁酸)和荚膜组分(多糖);⑥ 鞭毛基粒着生部位和鞭毛旋转的供能部位。

3. 拟核与质粒

(1) 拟核或核区

细菌没有真核生物那样的真正细胞核,在细胞质中只有一条染色体较集中分布的特定区域,无核膜和核仁,这种原始形态的核称为核区或拟核(nucleoid,或称类核)或原核生物基因组(genome)。原核生物和真核生物细胞核的主要区别见表 2-6。

表 2-6　原核生物和真核生物细胞核的主要区别

原核生物(拟核、类核)	真核生物(完整核)
无核膜、核仁	有核膜、核仁(rRNA 合成场所)
染色体数目(拟核)1个,生长旺盛细胞 DNA 复制提前,1个细胞内可发现多个拟核;最近在霍乱弧菌中发现有大、小2个染色体(小染色体仅为大的1/4)	染色体数目不等
DNA 大小为 3×10^9,多数细菌为共价闭合环状双链 DNA,个别为线状 DNA(如布氏疏螺旋体)。长度为 1000～1400 μm	DNA 大小为 $(1.2\sim1.4)\times10^{10}$,比原核生物染色体 DNA 大 10 倍
$(4\sim5)\times10^3$ 个基因在一条染色体上	$(5\sim7)\times10^4$ 个基因分散在不同染色体上

细胞核的主要功能为传递遗传信息和生化反应控制中心。

原核生物(细菌)与真核生物染色体结构的差别见表 2-7 和图 2-11。

表 2-7 原核生物和真核生物染色体结构比较

项 目	原核生物	真核生物
亚单位	细菌染色体 DNA 两种不同水平压缩： 1. 较大 DNA 片段(约 100 kb)结合在膜支架(scaffold)上，构成 50～100 个超螺旋结构域(domain)或环(loop)，膜支架与内膜系统的间体相连 2. 较小 DNA 片段(60～120 kb)与类组蛋白(histone-like protein，简称 HLPs)结合，使 DNA 形成超螺旋，DNA 与类组蛋白构成类核小体，类核小体不规则分布在部分 DNA 链上	真核生物染色体是由核小体组成重复的、规则的结构： 1. 4 种组蛋白构成八聚体，DNA 双螺旋与八聚体再相互缠绕两圈半构成直径约 10 nm 的核小体 2. 八聚体为：$H_2A\times2$，$H_2B\times2$，$H_3\times2$，$H_4\times2$，核小体中间另有组蛋白 H_1 与 DNA 双螺旋相连
组织结构	染色体中心有膜蛋白似支架结构，45～100 个环附在支架膜蛋白上，类核小体不缠绕成螺管	核小体细丝进一步缠绕成螺管，间期螺管再度盘旋成中空螺管，中期、后期依次盘旋成更大的螺管
张力	大部分细菌 DNA 似有扭曲张力	无扭曲张力

DNA 在不同水平上被有组织地不同程度地高度压缩。如大肠杆菌的菌体长度仅 2～3 μm，而其染色体 DNA 约含 4700 kb 碱基对，染色体 DNA 长约 1000 μm，由此可见，DNA 只有反复折叠形成高度缠绕超螺旋致密结构，才能塞在只有 DNA 几百万分之一的菌体中(图 2-11)。

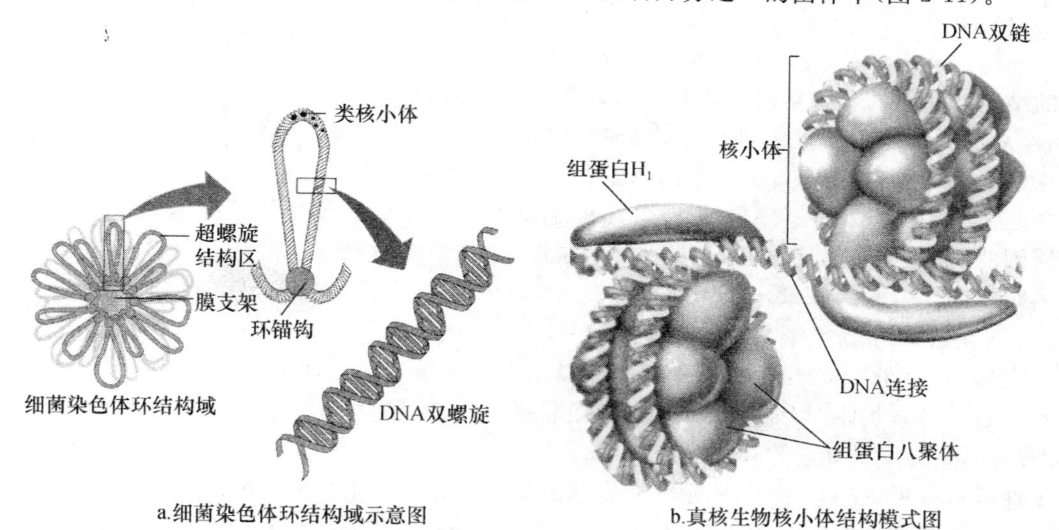

图 2-11 原核生物与真核生物染色体比较

(引自 Michael et al，2006)

(2) 质粒

质粒(plasmid)是细菌染色体以外能独立自主复制的遗传物质，通常为共价闭合环状的超螺旋小型双链 DNA(图 2-12a，b)。但也有例外，如在链霉菌和疏螺旋体中发现有线形双链 DNA 质粒，在枯草芽孢杆菌、梭状芽孢杆菌、链球菌和链霉菌中发现环状单链 DNA 质粒。质粒相对分子质量比染色体小，约 1×10^6～6×10^6(1～300 kb)之间，约含几个至上百个基因。质粒上携带某些遗传特性基因，如接合或致育、抗药性(抗生素、重金属)、烃类降解、致病性、产生次级代谢产物(产毒、抗生素、色素)、生物固氮、植物结瘤或芽孢形成、抗原获得等。不知功能的质粒称隐蔽质粒。质粒特性有:独立复制、整合至染色体中与染色体一起复制、细胞之间传递、质粒能被消除或自愈(curing)、有的质粒DNA中有插入序列(insertion sequence,简称IS)或转座子(transposon,Tn),能在质粒之间或质粒与染色体之间跳跃,介导细菌间的基因交换和遗传重组(详见8.1节)。

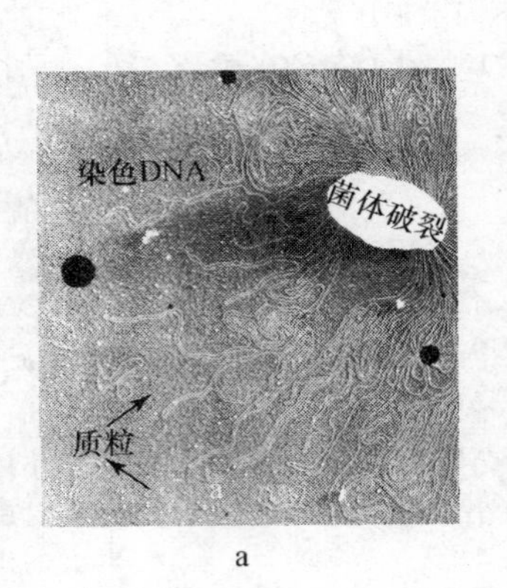

a

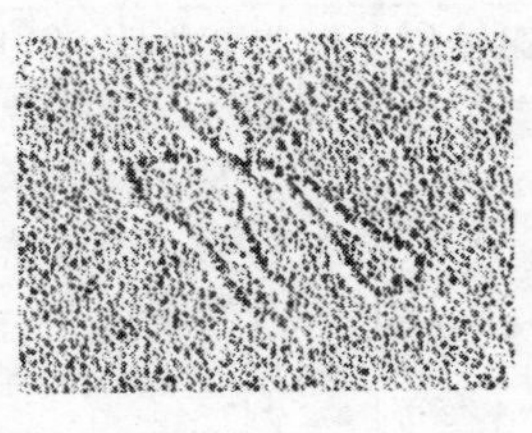
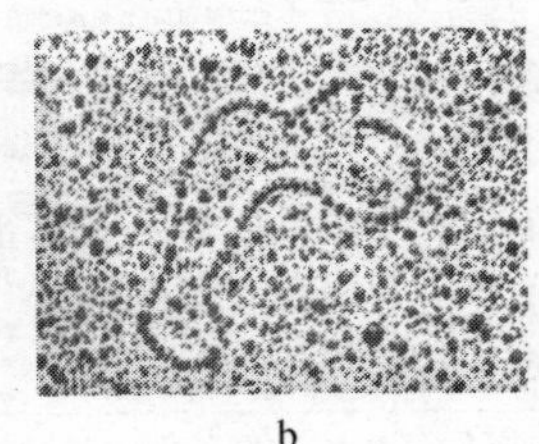
b

图 2-12 大肠杆菌染色体和质粒电镜照片(a)及多黏芽孢杆菌(*Bacillus polymyxa*)质粒电镜照片(b)

注意:a中菌体破裂后释放大团缠绕的染色DNA和共价开环小质粒DNA(引自Michael et al, 2006)

4. 间体及其他内膜结构

细菌的细胞质中没有由单位膜包裹形成的,如线粒体、叶绿体等复杂的细胞器,但许多类群细菌的细胞质膜能内凹延伸或折叠形成各种特殊的结构,与真核生物细胞器不同的是,一般这些内膜系统与细胞质膜没有完全脱离。

(1) 间体

间体(mesosome)或称中间体,是细胞质膜局部内陷形成的一个或几个片层状、管状或囊状的结构。间体的生理功能:① 位于细胞中部的间体,是细菌DNA复制时的结合位点,参与DNA复制和细胞分裂的控制中心,中部的间体还与横隔壁、膜形成有关;② NADH氧化酶、琥珀酸脱氢酶、细胞色素等含量丰富,推测是细胞呼吸时氧化磷酸化的中心,类似真核细胞线粒体的作用,又称拟线粒体;③ 可能参与细胞内物质和能量的传递及芽孢的形成;④ 位于细胞周围的间体,可能是分泌胞外酶的场所(如青霉素酶)。但也有学者认为间体只是电镜制片时因脱水操作引起的假象。

(2) 类囊体和载色体

类囊体(thylakoid)是蓝细菌中细胞质膜多次重复折叠而形成的片层状结构,是原核生物中唯一独立的囊状体,与细胞质膜没有直接联系。含有叶绿素、藻胆红素等光合色素和光合作用的酶系,是蓝细菌光合作用的场所。载色体(chromatophore)是紫色光合细菌中细胞质膜内陷延伸或折叠形成的片层状、微管状或囊状的结构。在绿色光合细菌中,细胞质膜下也有许多不与细胞质膜相连的独立的膜囊,称为色素囊(chlorosome)或绿体。载色体或绿体膜上含有菌绿素、类胡萝卜素等光合色素和光合磷酸化所需的酶系及电子传递体,是光合作用的场所,类似真核细胞中的叶绿体。

(3) 羧酶体

羧酶体(carboxysome)或称多角体(polyhedral body),是自养细菌所特有的多角形或六角形内膜结构。由蛋白质为主的单层膜包围,直径约100 nm,内含固定CO_2所需的1,5-二磷酸核酮糖羧化酶和5-磷酸核酮糖激酶,是自养细菌固定CO_2的场所。

(4) 气泡

气泡(gas vesicle)是某些水生的光能营养型细菌(如蓝细菌、紫色与绿色光合细菌和盐细菌等)细胞内贮存气体的泡囊状特殊结构。气泡大小、种类和数目不等,每个细胞中的气泡数目可有几十到几百个。气泡膜不具常规膜结构，没有磷脂，只由片状排列的蛋白质组成，约 2 nm 厚。气泡膜允许气体透过，水和溶质不能渗透。气泡能使细菌保持浮力，所以也是一种运动工具。无鞭毛的水生细菌可借助气泡漂浮至最适宜的水层，以获取所需的氧、光和营养。

5. 细胞质及其内含物

细胞质(cytoplasm)是指细胞质膜内除核区外无色、透明、黏稠的胶状物质，主要成分为水分(约占 70%～80%)、蛋白质、核酸、脂类、糖类、无机盐。颗粒部分主要为核糖体和贮藏性物质，水溶性物质主要为可溶性酶类和 RNA。

(1) 核糖体

核糖体(ribosome)或称核蛋白体，为 15～25 nm 单球或链状多聚核糖体构成的颗粒状结构，是合成蛋白质的场所。核糖体的成分为 60%的 RNA 和 40%的蛋白质。以蔗糖密度梯度离心的沉降常数划分，原核生物的核糖体为 70S 的颗粒，由 30S 和 50S 两个亚基组成；真核生物的核糖体为 80S 的颗粒，由 40S 和 60S 两个亚基组成。真核生物线粒体、叶绿体内的核糖体与原核生物相似。两种核糖体对抗生素敏感性上有显著差别，链霉素等抗生素作用于细菌核糖体 30S 亚基，能抑制细菌蛋白质合成，而对人类 80S 核糖体不起作用，这正是链霉素能治疗细菌引起的疾病，而对人体无害的原因。细菌中 90%RNA 在核糖体内。原核生物中的核糖体 80%～90%串联在 mRNA 上，以多聚核糖体状态或以游离状态分散在细胞质中，而真核生物中的核糖体既可以游离状态存在于细胞质中，又可结合在内质网上。

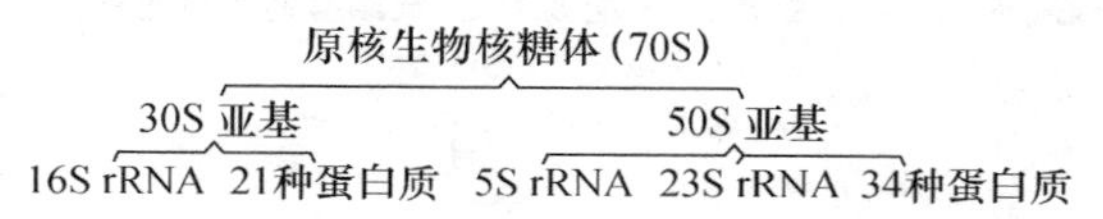

真核生物核糖体 (80S)

40S 亚基　　60S 亚基

18S rRNA　30~50 种蛋白质　5S rRNA　5.8S rRNA　28S rRNA　50~70 种蛋白质

(2) 内含物

很多细菌在营养物质过剩时，细胞内会积累各种贮藏性颗粒，大多数为细胞的贮藏物(reserve material)，当营养缺乏时又被分解利用。这些颗粒被单层膜包围，经适当染色后可在光学显微镜下观察到，这类贮藏性颗粒常称为内含物(inclusion body)。贮藏性颗粒随菌种、菌龄和培养条件而异。依据其化学性质和功能，常见的贮藏性颗粒见表 2-8 及图 2-13a，b 所示。

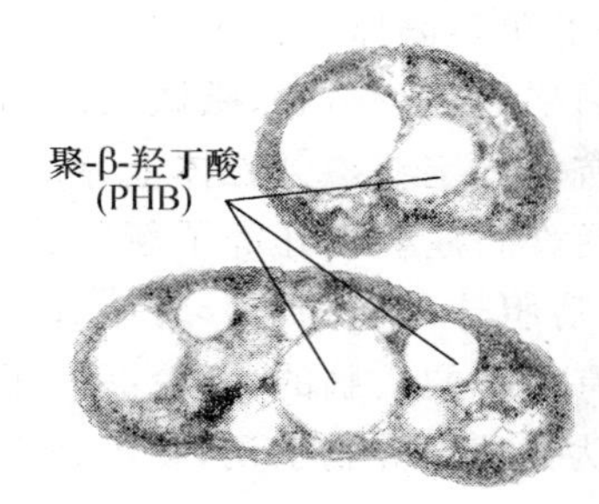

a. 红弧菌属一种 *Rhodovibrio sodomensis* 的PHB

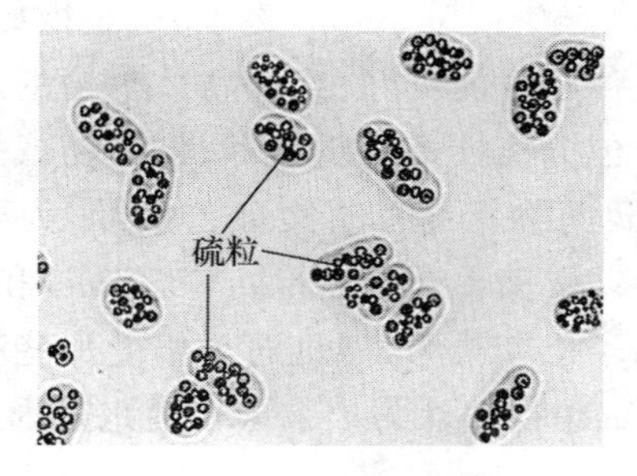

b. 紫色硫细菌的硫粒
(注意：硫粒在细胞内)

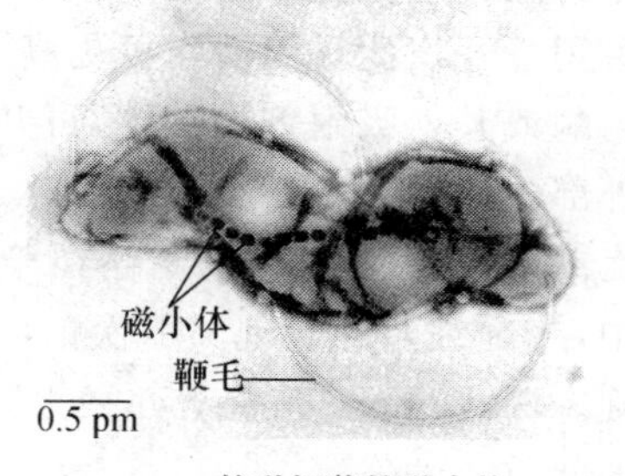

c. 趋磁细菌的磁小体

图 2-13　细菌细胞质中的内含物电镜照片

(引自 Prescott et al，2005)

表 2-8 细菌细胞质中常见的各种贮藏性颗粒

名称	化学成分、结构和性质	功能	举例	应用
聚β-羟丁酸(PHB)(poly-β-hydroxybutyrate)	由单层膜包围的β-3-羟丁酸直链聚合物(苏丹黑染成黑色)	碳源和能源性贮藏物,相当于真核细胞中的脂肪	根瘤菌属(*Rhizobium*)、固氮菌属(*Azotobacter*)、产碱杆菌属(*Alcaligenes*)等 60 属以上细菌	生物降解性塑料、医用塑料研发
异染粒(metachromatic-granule),又称迂回体或捩转菌素(volutin granule)	与脂类和蛋白质结合的多聚磷酸盐颗粒,另含 Mg^{2+} 和 RNA(甲烯蓝染成红色)	磷和能源的贮备物,核酸合成受阻时积累,可降低细胞渗透压	迂回螺菌(*Spirillum volutans*)中首先发现,常在白喉棒杆菌(*Corynebacterium diphtheriae*)和结核分枝杆菌(*Mycobacterium tuberculosis*)中见到	用于细菌鉴定
肝糖粒(glycogen)	葡聚糖(碘液作用糖原呈红色)	碳源和能源性贮藏物 C/N 比高时大量糖原积累	肠道细菌细胞质中常见 20~100 nm 小颗粒	
淀粉粒(starch grain)	类似支链淀粉(碘液作用淀粉呈蓝色)	碳源和能源性贮藏物	有些细菌如蓝细菌中可见光合作用积累的淀粉粒	
硫粒(sulfur granule)和硫滴(sulfur droplet)	硫细菌等氧化 H_2S 获得能量,同时积累固态硫(硫粒)或液态硫(硫滴)于细胞内或细胞外	紫色非硫细菌、紫硫细菌、绿硫细菌、蓝细菌等贮存的硫源与能源物质,环境缺乏 H_2S 时,再将其氧化成硫酸盐	贝氏硫细菌属(*Beggiatoa*)、发硫菌属(*Thiothrix*)、紫硫细菌等硫滴细胞内积累,绿硫细菌硫滴细胞外积累	

(3) 磁小体

磁小体(megnetosome)是趋磁细菌细胞内磁铁矿 Fe_3O_4 晶体颗粒,磁小体由一层含磷脂、蛋白质和糖蛋白的膜包围,呈方形、长方形或刺状,直径约 40~100 nm。磁小体沿细胞长轴排列成行(图 2-13c),使细胞有两极磁性,可沿地球磁场转向和迁移,帮助趋磁细菌游向最需要的海水和淡水深度,以获得最丰富的营养。趋磁细菌是 1975 年美国学者 Blakemore 从马萨诸塞州的海泥中首先发现的一种折叠螺旋体(*Spirochaeta plicatilis*),在培养液中该菌能在 15 min 内直向南极方向迁移 1 μm,是趋化性或趋光性吗?不是,最后他发现该菌细胞内有两条“粒子”组成的链,粒子由三层小泡包围,小泡内的晶体成分为 Fe_3O_4,含铁量竟为正常细菌的 100 倍!这种趋磁菌细胞内 12~20 个 50~100 nm 的磁小体,是极好的单畴晶体,具有超常磁性。可用于开发比目前清晰度更高、传真性能更好、容量高数十倍的新磁性记录材料;磁微粒体作为酶或其他吸附剂的载体,可开创分离技术的新篇章;将药物或抗体固定在磁微粒体上,可在外部磁场诱导下,变成一支“运载药物火箭”,直接轰击病灶,为疑难病症解决开辟了新思路。目前发现趋磁细菌主要存在于磁螺菌属(*Magnetospirillum*)和嗜胆球菌属(*Bilophococcus*)中,趋磁细菌的发现又一次证明了巴斯德名言“机遇只偏爱那些有准备的头脑的人”论断的正确。Blakemore 当初若熟视无睹,想当然认为小细菌往南跑是因为光或营养物引诱,就不会有如此重大的发现。

6. 糖被

某些细菌细胞壁外分泌一层厚度不同的、透明或不透明的、黏液状物质,称为多糖包被(糖萼)(glycocalyx)。根据其在细胞表面的状态(包裹细胞程度)、厚度、可溶性分为荚膜

(capsule)、微荚膜(microcapsule)、黏液层(slime layer)和菌胶团(zoogloea)四类。荚膜类物质不易着色,可用负染色法在光学显微镜下观察,也可用冷冻蚀刻技术在电子显微镜下观察(图2-14)。四类黏液状物质比较见表2-9。

表2-9 荚膜、微荚膜、黏液层、菌胶团比较

项　目	荚　膜	微荚膜	黏液层	菌胶团
包裹细胞程度	单个细胞外	单个细胞外	单个细胞外	包裹于细胞群外
外形	稳定附着细胞壁外,有外缘、有固定形态	稳定附着细胞壁外,有外缘、有固定形态	未附着细胞壁上,较荚膜疏松、无外缘、无固定形态	细胞分裂后子细胞不分开,多个细胞包围在共同的荚膜中
厚度	层次厚,200 nm～数微米	层次薄,<200 nm	悬浮在基质中,易溶解	层次厚
与细胞表面结合程度	结合较差	结合较紧	不结合	结合较差
光学显微镜下观察	负染色法光学显微镜下可观察	不易见到,用免疫学方法证实	不易见到,可增加培养基黏度	负染色法光学显微镜下可观察
应用举例	黏附作用,有利于致病菌寄生,抗吞噬,增强致病菌毒力	大肠杆菌K抗原,增强致病力	生产右旋糖酐,血浆代用品的主要成分	污水治理中活性污泥

荚膜的主要成分因菌种而异。细菌荚膜成分除90%水分外,大部分细菌的荚膜由纯多糖或杂多糖组成,如肠膜明串珠菌(*Leuconostoc mesenteroides*)荚膜的葡聚糖、变异链球菌(*Streptococcus mutans*)荚膜的果聚糖、大肠杆菌荚膜的多糖酸(colominic acid)为纯多糖;而棕色固氮菌(*Azotobacter vinelandii*)荚膜的海藻酸、某些链球菌(*Streptococcus* sp.)荚膜的透明质酸为杂多糖;野油菜黄单胞菌(*Xanthomonas campestris*)黏液层为胞外多糖(黄原胶)。有些类群细菌的荚膜是多肽或多糖-多肽-磷酸复合物。如炭疽芽孢杆菌荚膜是聚-*D*-谷氨酸,而痢疾志贺氏菌(*Shigella dysenteriae*)的荚膜是多糖-多肽-磷酸复合物,巨大芽孢杆菌(*Bacillus megaterium*)的黏液层是多糖和多肽,鼠疫耶尔森氏菌(*Yersinia pestis*)糖被成分却是蛋白质。荚膜形成与环境有关,碳氮比高有利于荚膜形成,炭疽芽孢杆菌只在动物体内才形成。荚膜形成受遗传控制。产荚膜细菌菌落表面光滑、透明、呈黏液状,为光滑型(S型)菌落;不产荚膜的细菌菌落表面粗糙、无光泽,为粗糙型(R型)菌落。

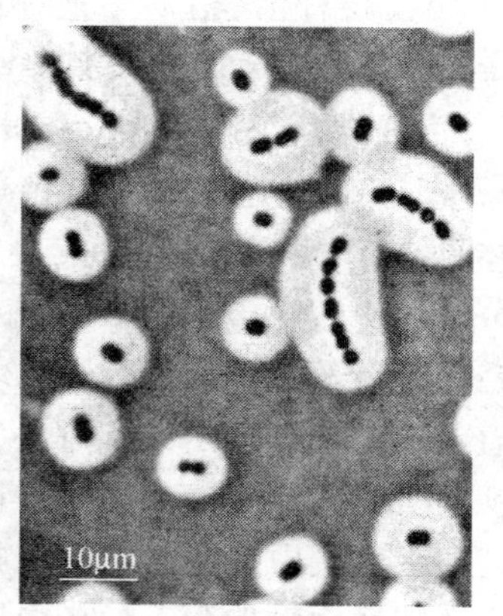

a. 不动杆菌(*Acinetobacter* sp.)荚膜(光学显微镜照片)

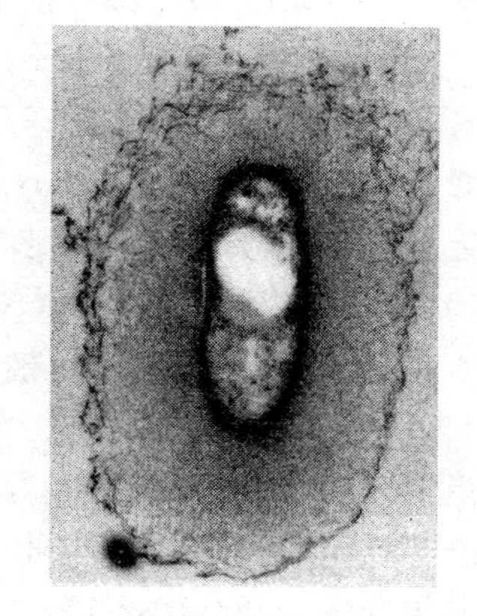

b. 不动杆菌(*Acinetobacter* sp.)黏液层(电子显微镜超薄切片照片)

图2-14 细菌的荚膜和黏液层

(a. 引自Pommervillec J C,2004,b. 引自Michael et al,2006)

荚膜的主要功能:① 保护作用。因富含水分,保护细胞耐干燥,细菌荚膜等糖被物质亲水性强、且带正电荷,可保护菌体免受

噬菌体、溶菌酶等的侵害和抵抗白细胞的吞噬。如，炭疽芽孢杆菌 B(若被恐怖分子利用可作为细菌武器)芽孢侵入机体后萌发繁殖，由于炭疽芽孢杆菌有荚膜，可抵抗巨噬细胞吞噬，在血液中释放 3 种外毒素，造成患者代谢紊乱而休克致死。② 增强致病力：细菌荚膜等糖被物质为主要的表面抗原，是某些病原菌的毒力因子，如肺炎链球菌有荚膜的 S 型可致病，而无荚膜的 R 型为非致病菌。③ 贮藏养料：营养缺乏时提供细菌的碳源和能源。④ 某些致病菌的黏附因子：如黏附牙齿表面的变异链球菌依靠其荚膜附着引起龋齿；又如引起肠致病的大肠杆菌，只有在大肠杆菌毒力因子——肠毒素存在，并在酸性多糖荚膜(K 抗原)黏附于小肠上皮时才能引起腹泻；伤寒沙门氏菌的微荚膜 Vi 抗原，也是表面抗原。⑤ 细菌间的信息识别：如根瘤菌属的胞外信号分子。⑥ 堆积某些代谢废物。

有些产生荚膜物质的细菌，有一定的应用价值，如肠膜明串珠菌荚膜葡聚糖，用于生产血浆代用品的原料右旋糖酐；野油菜黄单胞菌的胞外多糖，是用于石油开采中钻井液的添加剂和印染、食品等工业的黄原胶(xanthan，或 Xc)；而不动杆菌属(*Acinetobacter*)、动胶菌属(*Zoogleoa*)等细菌的菌胶团的活性污泥在污水治理中发挥重要作用。荚膜组成的差异和某些荚膜的抗原性还可用于种以下细菌血清型分类鉴定。但产荚膜类糖被物质的细菌，也常给食品和制糖工业带来一定危害。

7. 鞭毛、菌毛、性菌毛

细菌表面常有由蛋白质亚基构成的、毛(丝)状物结构——鞭毛、菌毛和性菌毛。

(1) 鞭毛

鞭毛(flagellum，复数 flagella)是自细菌细胞质膜表面着生，从细胞内延伸出的、一端游离的、细长、波曲的丝状物。鞭毛较细(但三种毛状物相比鞭毛较粗)，直径仅 10～20 nm，但长度可超过菌体许多倍，达 15～20 μm。借助特殊鞭毛染色法使鞭毛加粗后可在光学显微镜下观察，用电子显微镜可清楚地观察到鞭毛形态。另外，根据暗视野显微镜可观察水浸制片或悬滴法制片，或观察半固体琼脂穿刺培养、固体琼脂平板培养的菌落来判断鞭毛有无。球菌一般不生鞭毛；杆菌有些生鞭毛，有些无鞭毛；弧菌和螺旋菌大多数有鞭毛。

鞭毛数目不等。根据鞭毛生长的位置和数目，分四种主要类型：① 周生鞭毛菌(peritrichaete)：周身都有鞭毛，如大肠杆菌、枯草芽孢杆菌、奇异变形菌(*Proteus mirabilis*)等。② 一端单毛菌(monotrichaete)：在其菌体一端只生一根鞭毛，如霍乱弧菌、侵肺军团菌(*Legionella pneumophila*)等。③ 偏端丛毛菌(lophotrichaete)：菌体一端丛生一束鞭毛，如铜绿假单胞菌(*Pseudomonas aeruginosa*)、恶臭假单胞菌(*Pseudomonas putida*)等。④ 两端鞭毛菌(amphitrichaete)：菌体两端各生一根或一束鞭毛，如鼠咬热螺旋体(*Spirochaeta morsusmuris*)、深红红螺菌(*Spirillum rubrum*)、迂回螺菌等。

在电子显微镜下观察，鞭毛由鞭毛丝、钩形鞘和基粒 3 部分组成(图 2-15)。

① 鞭毛丝(filament)：为直径 13.5 nm 伸出细胞壁外波浪形纤细丝状部分，由 8～11 条鞭毛蛋白(flagellin)亚基螺旋排列而成的中空单管状结构(图 2-15b，c，d)，与真核微生物较粗、"9+2"结构的鞭毛显著不同；其鞭毛丝蛋白亚基的装配也有差别，原核微生物鞭毛丝蛋白亚基在尖端合成、装配(图 2-15c)，而真核微生物的鞭毛丝蛋白亚基在基部合成、装配。

② 钩形鞘(hook，或鞭毛钩)：是鞭毛丝与基粒间的筒状连接部位，直径较鞭毛丝粗(约 17 nm×45 nm)，是由与鞭毛蛋白不同的单一相对分子质量为 4.2×10^4～4.3×10^4 的蛋白质亚基组成(图 2-15a，b，d)。

③ 基粒(basal body,或称基体):鞭毛基部埋在细胞壁与细胞质膜中的部分,由一个鞭毛杆(或称中心杆)和连接其上的套环组成。鞭毛杆直径 7 nm,长 27 nm,G^- 细菌鞭毛的基粒上有两对套环,L 环埋在细胞壁的脂多糖的外壁层,P 环在肽聚糖层,S 环在细胞质膜表面,M 环则在细胞质膜中(图 2-15b,c)。而 G^+ 细菌鞭毛的基粒上只有 2 个套环,S 环在细胞质膜表面,M 环在细胞质膜中(图 2-15d)。鞭毛杆相当于发动机马达的轴承,S 环相当于轴封,而 M 环相当于转子,S-M 环周围有一对驱动鞭毛 M 环快速旋转的 MotA、MotAB 蛋白,位于 S-M 层下面还有一组起开关作用的 Fli 蛋白(图 2-15b),Fli 蛋白接受细胞内传递的信号,控制鞭毛顺时针旋转或逆时针旋转,为"马达式"运动。而真核微生物的鞭毛是"挥鞭式"运动。

鞭毛的主要功能:① 鞭毛丝抗原为 H 抗原。② 鞭毛是细菌的运动器官(趋避性运动)。细菌鞭毛类似轮船的螺旋桨,以旋转方式推动细菌高速运动。鞭毛逆时针旋转,菌体向前运动;鞭毛顺时针旋转,菌体翻滚运动。每秒移动距离为其自身长度的 5~40 倍,一般可达 20~80 μm/s,比世上最快的小汽车、最快动物猎豹的相对速度还快得多,而螺菌转速可达 40 转/s,令世上最佳的芭蕾舞明星也叹为观止!

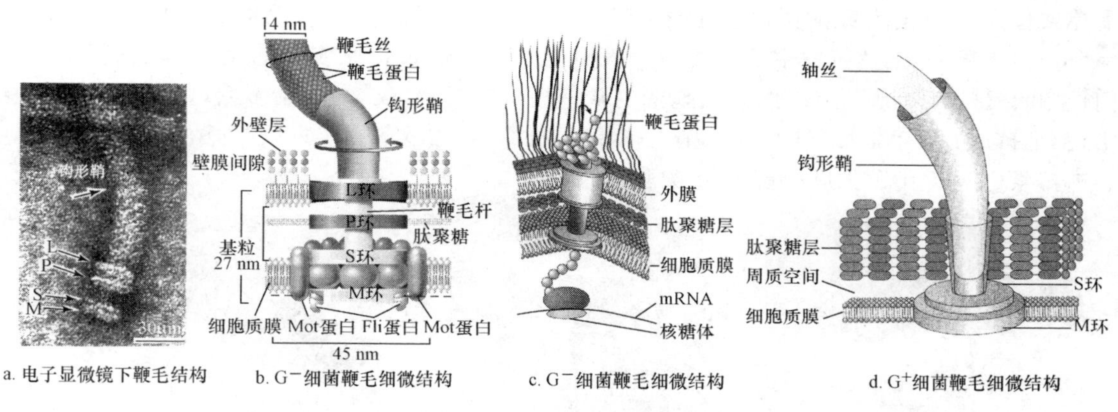

a. 电子显微镜下鞭毛结构　b. G^- 细菌鞭毛细微结构　c. G^- 细菌鞭毛细微结构　d. G^+ 细菌鞭毛细微结构

图 2-15　细菌鞭毛细微结构电镜照片和示意图

(a,d 引自 Prescott et al,2005;b,c 引自 Michael et al,2006)

鞭毛驱动机理主要有两种假说:① 以细胞膜上质子动势(proton motive potential)为能量。由膜上的呼吸酶系提供 H^+,H^+ 进入膜内时驱动 S 环对 M 环的反向旋转而启动鞭毛杆,接着连动鞭毛丝旋转而使菌体运动。② 基粒上的蛋白质亚基接受 ATP 提供的能量,构象随之发生改变而收缩,由此产生鞭毛丝的波形旋转运动。鞭毛的运动也与环境有关,表现有趋化性(chemotaxis),即鞭毛向着某些化学吸引剂或有害化学物质以折线方式趋向或逃离。也有趋光性(phototaxis)、趋磁性(magnetotaxis)等。

(2) 菌毛

菌毛(pilus,复数 pili)或称纤毛(fimbria,复数 fimbriae)、伞毛。某些 G^- 细菌(如大肠杆菌、铜绿假单胞菌等)和个别 G^+ 细菌(如链球菌属和棒杆菌属 *Corynebacterium* 等)菌体表面的一些比鞭毛更细、短而直、且数量更多的(150~500 根/细胞)细毛状物(图 2-16a,b)。菌毛直径约 3~7 nm,长度约 0.2~6 μm,有些菌毛可长至 20 μm。菌毛由相对分子质量为 1.7×10^4 的菌毛蛋白(pilin)亚基螺旋排列而成。与鞭毛不同的是,每个横切面只有 3 个亚基。菌毛与鞭毛相似,由细胞质膜内侧基粒向外长出,菌毛不具运动功能,菌体是否产生菌毛由染色体基因控制。

菌毛主要功能：① 提高菌体的黏附和聚集能力。肠道细菌的（如沙门氏菌、霍乱弧菌）Ⅰ型菌毛，可牢固吸附在动植物、真菌或人类的消化道、呼吸道、泌尿生殖道的上皮细胞上，使动植物和人类致病，而无菌毛的上述细菌则不会引起感染；突变丧失菌毛的致病菌，致病性也随之消失。有的菌毛能吸附在红细胞上引起红细胞凝集。② 有利于好氧菌或兼性厌氧菌借助菌毛聚集，在液体表面形成菌膜（醭），以充分获取氧气。③ 菌毛是许多噬菌体的吸附位点。④ 菌毛也是许多 G^- 细菌的抗原。

（3）性菌毛

性菌毛（sex pilus，复数 sex pili，或称性丝或 F 菌毛）是大肠杆菌与其他肠道细菌的雄株（F^+ 或 Hfr 株）表面传递游离基因的“器官”（图 2-16c）。决定性菌毛的遗传基因位于接合型质粒（F 因子）上，故又称 F-菌毛（F-pili）。性菌毛的结构与普通菌毛相似，但比普通菌毛较宽、较长、数目较少（1～10 根/细胞）。

性菌毛的主要功能：① 细菌接合时 DNA 遗传物质转移的通道，如抗药性和毒力因子等遗传特性的转移。② 大肠杆菌的性菌毛是 f1、f2、M13、MS2、Ⅰf1、Ⅰf2 等噬菌体的特异吸附受体或位点。③ 有些致病菌通过性菌毛附着在人体组织上。④ 性菌毛也是一种细菌抗原。

由以上可知，细菌抗原主要 4 类：① 表面抗原：荚膜（K 抗原或 Vi 抗原）、微荚膜（伤寒沙门氏菌）。② 菌体抗原：G^+ 细菌细胞壁的磷壁酸（C 抗原）、G^- 细菌脂多糖（O 抗原）。③ 鞭毛、菌毛抗原：鞭毛抗原（H 抗原）、菌毛抗原（F 抗原）。④ 外毒素（如 G^+ 细菌肉毒杆菌毒素）和内毒素（如 G^- 细菌大肠杆菌 LPS 类脂 A）。

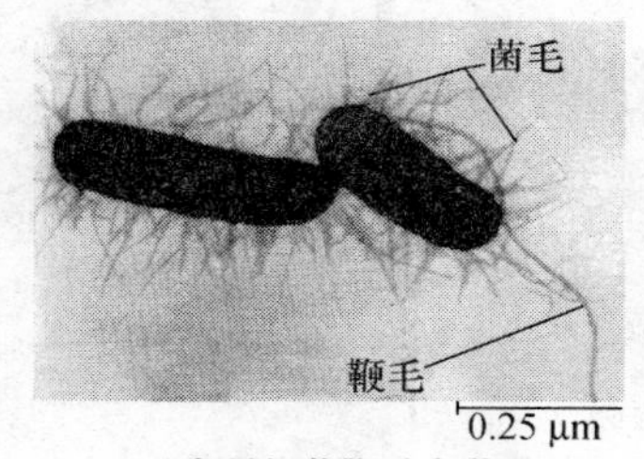

a. 大肠杆菌鞭毛和菌毛

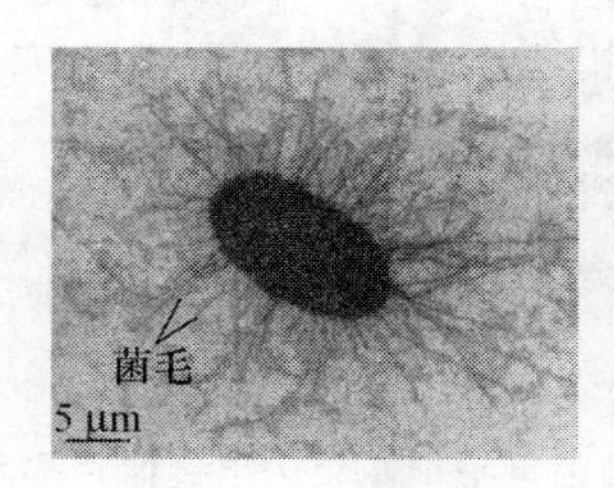

b. 大肠杆菌菌毛

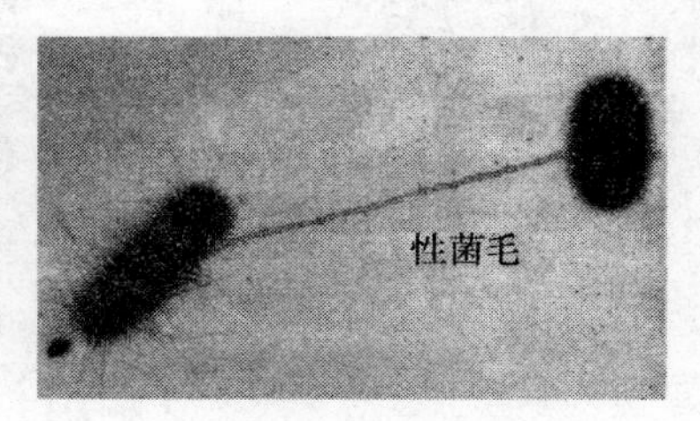

c. 大肠杆菌性菌毛

图 2-16　细菌的鞭毛、菌毛与性菌毛

（a. 引自 Campbell et al，1997；b. 引自 Pommervile J C，2004；c. 引自 Michael et al，2006）

8. 芽孢

某些细菌生活史的一定阶段，在营养细胞内形成一个圆形、椭圆形或圆柱形的，壁厚、含水量低的、结构特殊的休眠体，称为芽孢（endospore，spore）。含有芽孢的菌体细胞称为孢子囊（sporangium，复数 sporangia）。芽孢成熟后脱落，遇到适宜环境萌发形成新菌体。由于每个细菌的细胞只产生一个芽孢，所以芽孢和真菌的孢子不同，不是繁殖方式（不是由细胞核结合形成的合子），而是对不良环境具有极强抗性的特殊结构，使细菌能在恶劣环境下存活。最近美国科学家发现史前二叠纪代号称为“21913”（该菌基因序列）的芽孢杆菌的芽孢，它在休眠 2.5 亿年后竟然萌发了。

芽孢形状、大小、位置和表面特征等因菌种而异，是细菌分类鉴定的一个重要指征。产芽孢的细菌多为杆菌，绝大多数为 G^+ 杆菌，主要有好氧的芽孢杆菌属（*Bacillus*）、厌氧的梭菌属（*Clostridium*）和其他芽孢乳杆菌属（*Sporolactobacillus*）等；芽孢杆菌属的芽孢多数位于菌体中央,通常直径小于细胞直径,芽孢形成后细胞不变形,如枯草芽孢杆菌;梭菌属的芽孢多数端生或近端生,其直径大于菌体宽度,芽孢形成后使菌体膨大呈梭形或鼓槌形,如破伤风梭菌(*Clostridium tetani*)、醋酸氧化脱硫肠状菌(*Desulfotomaculum acetoxidans*)和肉毒梭菌(*Clostridium botulinum*)。球菌和螺旋菌中只有少数能形成芽孢,如芽孢八叠球菌属(*Sporosarcina*)、颤螺菌属(*Oscillospira*)等;G^- 细菌中只有脱硫肠状菌属(*Desulfotomaculum*)和椎柱杆菌属(*Metabacterium*)产生芽孢。

成熟的芽孢具有致密的多层结构(图 2-17)。光学显微镜下为折光性很强的小体,不易着色,可用特殊染色法在光学显微镜下观察,芽孢囊超薄切片在电子显微镜下显示 7 层结构,由外至内依次为:① 芽孢外壁(exosporium,复数 exospore)或外孢子衣(outer coat),为部分芽孢最外层、由脂蛋白和糖类所组成的薄而致密的保护层;② 芽孢衣(spore coat,或称孢子衣),1 至数层,主要成分为蛋白质(多数为抗蛋白酶分解的角蛋白,富含半胱氨酸和疏水性氨基酸),占芽孢干重 30%～60%,芽孢衣致密,通透性差;③ 皮层(cortex),皮层较厚,约占芽孢总体积的一半,皮层含芽孢所特有的肽聚糖(肽聚糖单体由 Ala 亚单位、四肽亚单位、胞壁酸内脂亚单位组成,不含磷壁酸)和吡啶二羧酸(dipicolinic acid,DPA)与大量 Ca^{2+} 结合的吡啶二羧酸钙(DPA-Ca),DPA-Ca 约占芽孢总量的 15%,皮层渗透压很高,使芽孢具有极强的抗热特性;④ 芽孢壁;⑤ 芽孢膜;⑥ 芽孢质;⑦ 芽孢核区(DNA)。其中,后几种(④～⑦)构成芽孢核心(core)。芽孢质内含核糖体、DNA 和大量的酸溶性芽孢蛋白。

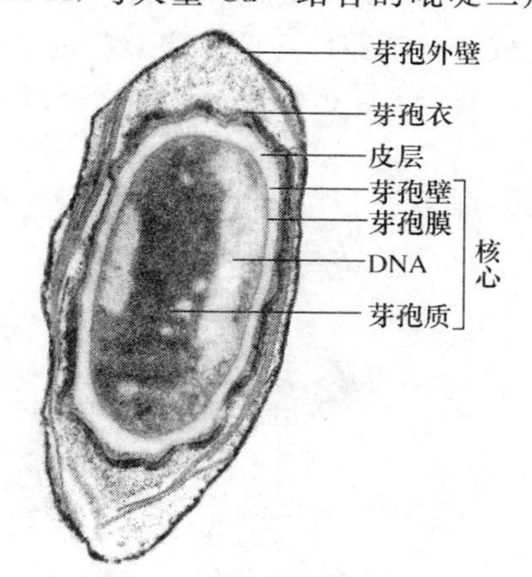

图 2-17 巨大芽孢杆菌成熟芽孢的透射电镜照片

(示细微结构,引自 Michael et al,2006)

芽孢代谢活性低,有抗热、抗辐射、抗干燥、抗化学药物等特性。特别能耐高温,一般细菌的营养细胞 60℃时 5～10 min 死亡,而芽孢均能抵抗 70～80℃高温,如枯草芽孢杆菌 100℃沸水煮 1～2 h 后仍有活力,肉毒梭菌芽孢能抗 180℃、10 min 高温,甚至在沸水中能存活数年。芽孢抗热原因的"渗透调节皮层膨胀学说"(osmoregulatory expanded cortex theory)现多为大家所接受。主要认为与芽孢皮层高浓度的 DPA-Ca 及低含水量有关,DPA-Ca 是一种耐热的凝胶类物质,芽孢衣对多价阳离子和水分的渗透性差,皮层的高离子强度使皮层渗透压高,造成皮层膨胀、核心脱水(10%～25%),芽孢因而具有极强的耐热性。芽孢萌发时,两价阳离子进入皮层,置换出单价阳离子,皮层渗透压降低,造成皮层收缩,核心充水,致使芽孢萌发成营养细胞时不耐热。此外,芽孢的抗热性也与芽孢中的某些物质和芽孢中的一些酶结合,而使酶改变构型,增高抗热性有关,如蜡状芽孢杆菌中的丙氨酸消旋酶,附在芽孢衣上时抗热,与芽孢衣分离后就不抗热。又如芽孢中因 Ca^{2+}、Mg^{2+}、Mn^{2+} 等二价阳离子增高,可增加芽孢的抗热性和稳定性。芽孢抗辐射特性与芽孢衣中富含二硫键的氨基酸(如半胱氨酸)有关。芽孢质内所含的大量酸溶性芽孢蛋白与 DNA 紧密结合,也可防止紫外线、干燥和干热的损害,芽孢萌发成新营养细胞时,这些物质又可为其提供碳源和能源。芽孢抗化学药物等特性与芽孢衣的渗透性差有关。芽孢上述抗逆的特性皆与其结构和化学特性有关。

从形态上看芽孢形成(sporegensis)划分为 7 个阶段(图 2-18):

0 期：形成芽孢前，DNA 复制，营养细胞先出现两个核区。

Ⅰ期：轴丝形成。在细胞中央两个核区中的拟核物质逐渐聚集、浓缩、融合成一条连续的、丝状结构——轴丝(axial filament)，并通过中间体与细胞质膜连接。

Ⅱ期：隔膜形成。细胞一端的细胞膜内陷，向心延伸，形成横隔膜(septum)，将细胞分成大小两部分，轴丝也分成两份。

Ⅲ期：前孢子形成。较大部分的细胞膜迅速延伸将小部分包围形成具有双膜的前孢子(forespore)。其中的芽孢膜(内孢膜)将来发育成新营养细胞的细胞膜，芽孢壁(外孢膜)将来发育成新营养细胞的细胞壁。

Ⅳ期：原皮层形成。新合成的芽孢肽聚糖沉积在前孢子的两层极性相反的细胞膜之间，然后合成 DPA，并吸收大量 Ca^{2+}，产生 DPA-Ca 复合物，形成原皮层(primordial cortex, primordial cuticle)，芽孢外壁(孢子外壁)开始出现。

Ⅴ期：芽孢外衣形成。皮层形成过程中，先合成半胱氨酸和疏水性氨基酸，并沉积于皮层外表，逐渐形成一个连续的芽孢外衣的致密层。

Ⅵ期：芽孢成熟。形成芽孢内衣，芽孢衣形成结束，外皮层发育完毕，芽孢合成过程全部完成。枯草芽孢杆菌芽孢形成过程约 8 h，参与基因 100 个。芽孢出现抗热特性和复杂结构。

Ⅶ期：芽孢释放。芽孢囊裂解，释放出成熟的芽孢。

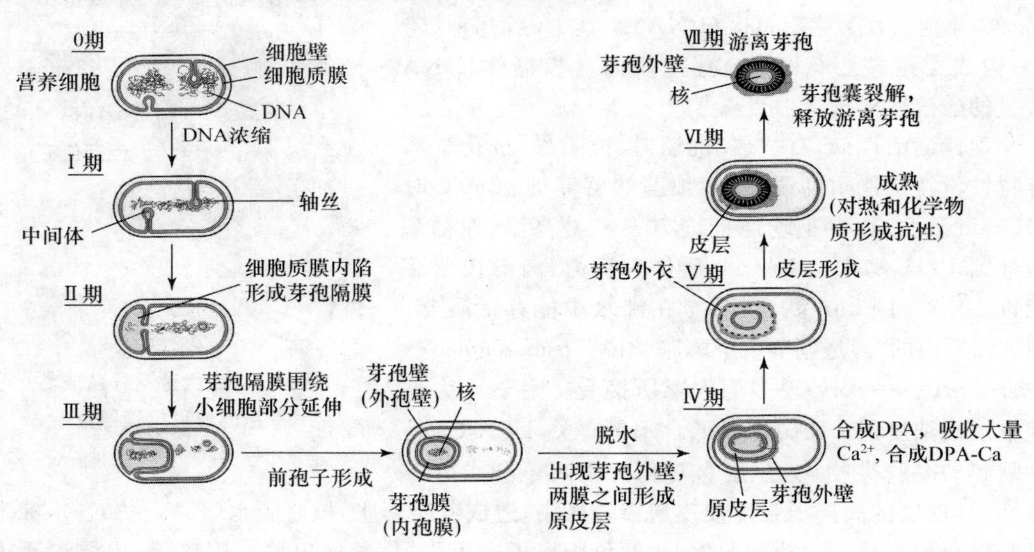

图 2-18 细菌芽孢形成的几个阶段(模式图)

(引自 Michael et al，2006)

芽孢遇到适合条件(包括水分、营养物质、适宜温度、氧浓度、加热 80～85℃数分钟等)可萌发，芽孢先吸水膨胀，随后失去折光性和抗性，接着呼吸和代谢活性增强，DPA-Ca 复合物外流，芽孢皮层肽聚糖分解，新细胞壁合成，芽孢囊破裂，皮层迅速破坏，外界阳离子进入皮层，皮层渗透压降低，核心吸收水分，呼吸活力增强，长出芽管，芽孢内酶活力升高，同时伴随 DNA、RNA、蛋白质等大分子物质合成，细胞逐渐增大，发育成新的营养细胞。

某些芽孢杆菌，如苏云金芽孢杆菌(*Bacillus thuringiensis*)，在其形成芽孢的同时，在芽孢旁边还形成一颗菱形或双锥形的碱性蛋白晶体，称为伴孢晶体(parasporal crystal)(图 2-19)。

图 2-19　苏云金芽孢杆菌的芽孢和伴孢晶体
（引自 Pommerville J C,2004）

伴孢晶体是一种内毒素，能杀死 100 多种鳞翅目幼虫。当其进入昆虫体内后，被昆虫肠液溶解成晶体蛋白片段，随后肠液蛋白酶将其激活成毒素核心片段而杀死昆虫。伴孢晶体对人畜毒性很低，广泛用作微生物杀虫剂。

细菌的休眠体除芽孢外，有些细菌如固氮菌也能在不利环境下，由整个细胞转化形成一种球形、壁厚的休眠体，称为孢囊(cyst)。孢囊虽能抗干燥、机械损伤、紫外线和电离辐射等，但没有耐热特性。

细菌芽孢和真菌孢子在生理功能、抗热特性、形成部位和数目等方面均有显著差别(表 2-10)。

表 2-10　细菌芽孢和真菌孢子的区别

项　目	细菌芽孢	真菌孢子
功能	不是繁殖方式，是休眠体	最重要的繁殖方式
抗热性	抗热性极强，100℃数十分钟才能杀死	抗热性不强，60～70℃易杀死
产生菌	少数细菌可产生	绝大多数真菌可产生
形成部位	只在细胞内形成	在细胞内外均可形成
大小和数目	小，一个细胞只产生一个	大，一条菌丝或一个细胞产生多个
细胞核	原核	真核

2.1.3　细菌的繁殖

细菌繁殖方式主要为裂殖(fission)，即由一个母细胞产生两个或多个子细胞的过程。裂殖过程包括四步(图 2-20)：① DNA 复制和分离，细胞壁扩增，细胞伸长或膨大；② 细胞赤道附近的细胞质膜内陷，伴随新合成的肽聚糖插入，细胞壁扩增，横隔壁也开始向心生长；③ 垂直细胞长轴形成横隔壁，细胞质分成两部分，两个子 DNA 分离；④ 最后子细胞分离成两个独立的菌体。

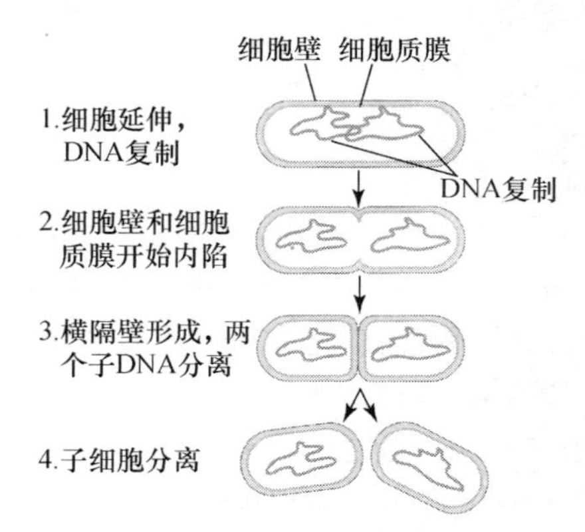

图 2-20　细菌的裂殖(模式图)
（引自 Pommervillec J C,2004）

分裂后的子细胞有的可单独存在(如单球菌、杆菌或弧菌等)，有的根据分裂方向和分裂后子细胞排列形式不同，形成各类群体(如双球菌、四联球菌、八叠球菌、链球菌、葡萄球菌和链杆菌等)。

裂殖后的子细胞形态相似，大小相等，则为同形裂殖；个别种类的细菌，如柄细菌(caulobacteria)，或在陈旧培养基中培养的细菌有时也会出现大小不等的两个子细胞，则为异形裂殖。繁殖方式除二分裂(binary fission)外，少数细菌还有多种形式的分裂方式：三分裂(trinary)，如暗网菌属 *Pelodictyon*；劈裂(snapping division)，如节杆菌属 *Arthrobacter*，分裂时细胞壁不内陷，横隔壁中只有内壁层相连，而使两个子细胞呈“V”形排列；多分裂(multiple fission)，又称为复分裂，如蛭弧菌属

Bdellovibrio 侵入宿主菌后，在壁与膜间的空隙处生长、变长，分裂时产生多个子细胞。此外，少数芽殖细菌通过出芽方式繁殖，称为芽殖（budding）。如直接出芽的巴斯德菌属（*Pasteuria*）和芽生杆菌属（*Blastobacter*），间接出芽的生丝微菌属（*Hyphomicrobium*）等。

细菌中也存在有性繁殖遗传重组现象（如接合、转化、转导等），但频率极低。

2.1.4 细菌的群体形态

细菌个体微小，必须借助光学显微镜或电子显微镜才能看清其形态和结构。在平板固体培养基上由单个或少量细胞为中心生长繁殖而来的、肉眼可见的子细胞群体，称为菌落（colony，彩图 1,4,7），一个菌落有几百万个细菌的细胞。在固体培养基表面菌落连成一片的多个细胞群体称为菌苔（lawn）。一定条件下形成的菌落和菌苔，有其独特和稳定的特征，称为菌落特征或培养特征，它是分类鉴定的依据。若由一个细菌细胞繁殖而来的菌落，就是一个克隆（clone）。在菌种的分离、纯化和选育中广泛应用。

1. 菌落特征

细菌菌落的共同特征为：① 菌落小；② 菌落表面湿润、黏稠；③ 菌落质地均匀、各部位颜色一致，菌落颜色多样；④ 接种针易挑起，菌落与培养基结合不紧密；⑤ 常有特殊臭味等。

菌落形态是细胞结构、代谢产物状况、运动性和需氧性等特征的综合表现，如无鞭毛、不运动的球菌，菌落较小、较厚、边缘较为整齐；有鞭毛的细菌，菌落较大、扁平、边缘波浪状、锯齿状或树枝状；无荚膜的细菌表面粗糙；有荚膜的细菌，菌落大而光滑；有芽孢的细菌菌落表面多皱褶、不透明等。在标准状态下各种细菌有一定的菌落特征（彩图 1,4,7）。菌落特征也因培养基成分、培养条件和培养时间而变化，菌种鉴定时应注意检测条件一致。一般细菌在 30～37℃培养 24～48 h 观察结果。

2. 液体培养特征

细菌在液体培养基中不能形成菌落，好氧细菌在液体表面常形成菌膜（菌醭或菌圈），兼性厌氧菌使培养液变混浊，厌氧菌在底层生长，往往产生絮状沉淀。有的还产生气泡，分泌色素等。

2.2 放 线 菌

放线菌（actinomycete）是真细菌中唯一的单细胞、分支丝状体和形成分生孢子的类群。由于放线菌的细胞构造和细胞壁化学组成、生长的 pH 以及对抗生素、噬菌体和溶菌酶的敏感性等皆与细菌相似，放线菌又有以菌丝状态生长和菌丝断裂或孢子丝、外生孢子形式繁殖的特点，与真菌中的霉菌特征相似，放线菌曾被认为是一类介于细菌和真菌之间的微生物。随着微生物分子生物学的深入研究和对微生物的不断认识，人们才将放线菌放在细菌中。绝大多数放线菌为 G^+，其 DNA 的（G+C）mol% 为 63%～78%，为细菌内高（G+C）mol% 值类群的原核微生物。放线菌最适生长温度为 23～37℃（少数类群可在 20～23℃或 50～60℃的高温堆肥中生长）。多数放线菌喜在中性至微碱性、水分含量少的环境中生长。放线菌的分生孢子耐干燥，可随风尘、水滴传播，放线菌在自然界分布广泛，土壤中最多，可达 10^5～10^6 个/g，也存在于河流、湖泊、海洋、空气、食品以及动植物的体表和体内。绝大多数放线菌为好氧性或微好氧性腐生菌，少数为厌氧、兼性厌氧寄生菌。

放线菌在自然界物质循环和提高土壤肥力等方面有重要作用，与人类生产和生活关系极为密切，其中最重要的贡献是能产生多种抗生素。至今在医药、农业上使用的抗生素，大多数由放线菌产生，最著名的是链霉菌属（*Streptomyces*）。已经分离得到的由放线菌产生的抗生素就有4000种以上，如链霉素、土霉素、金霉素、卡那霉素、氯霉素、庆大霉素和利福霉素等。有些放线菌还可用于生产维生素、酶制剂，如弗氏链霉菌（*Streptomyces fradiae*）生产的蛋白酶用于皮革脱毛、游动放线菌（*Actinoplanes* sp.）生产的葡萄糖异构酶制取葡萄糖，有的放线菌用于生产微生物肥料，如泾阳链霉菌 *Streptomyces jingyangesis* 生产的"5406"；有的放线菌可与非豆科植物结瘤固氮，如放线菌中的弗兰克氏菌属（*Frankia*）能与8科192种乔木或灌木共生形成根瘤并固定空气中的氮气；此外，在甾体转化、石油脱蜡、污水治理等方面放线菌也发挥着重要作用。但少数寄生型放线菌可引起人类和动植物疾病，主要有放线菌病（actinomycosis）和诺卡氏菌病（nocardiosis）。如多种放线菌（*Actinomyces* sp.）可引起人类皮肤病、脑膜炎、肺炎，诺卡氏菌（*Nocardia* sp.）可引起人畜共患的皮肤病、肺感染和足菌病等。放线菌还可引起植物病害，如马铃薯疮痂病和甜菜疮痂病等。

2.2.1 放线菌的形态

放线菌的菌体为单细胞，形态极为多样。最简单的放线菌为杆状或有原始菌丝，大多数放线菌由有分支的丝状体组成。菌丝无隔膜，直径1 μm，与杆菌相似。放线菌细胞结构与细菌相同，细胞壁主要成分是肽聚糖，其中含有与细菌相同的N-乙酰胞壁酸和二氨基庚二酸，而不含纤维素与几丁质。细胞质膜为磷脂双分子层，不含固醇。细胞核为拟核，无核膜、核仁，一条染色体。70S核糖体分散在细胞质中，无细胞器。链霉菌属是研究得最多、最深入、放线菌中发育较为高等的代表，现以链霉菌为例阐述放线菌的一般形态构造。

1. 放线菌的个体形态

放线菌的菌丝根据形态与功能分为三类：基内菌丝、气生菌丝和孢子丝（图2-21，彩图10、11）。

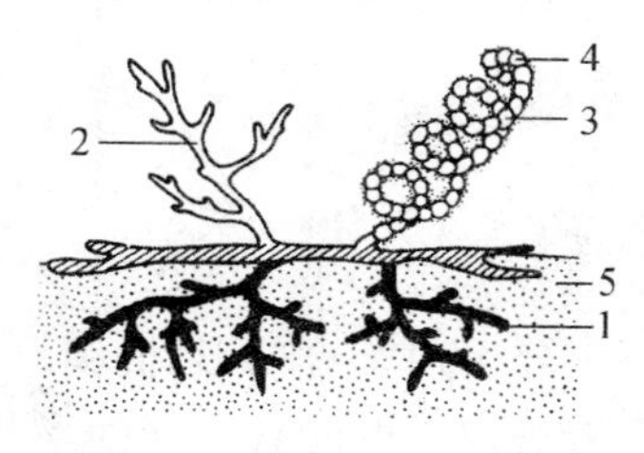

图2-21 链霉菌一般形态结构

（模式图）1. 基内菌丝；2. 气生菌丝；3. 孢子丝；4. 分生孢子；5. 固体基质

① 基内菌丝（substrate mycelium），也称营养菌丝（vegetative mycelium）或初级菌丝（primary mycelium）。它伸入培养基内或在培养基表面匍匐生长。一般无横隔膜，直径为0.2～1.2 μm，长度不定（100～600 μm）。有单分支、双分支，生长方式有互生或对生。无色或能产生水溶性或脂溶性色素，呈红、橙、黄、绿、蓝、紫、褐、黑等不同颜色，水溶性色素渗入培养基内，使培养基或菌落底层染成特征性的颜色（彩图12），脂溶性色素可能与菌落表面分生孢子的特征性颜色有关。其功能为吸收营养物质和排泄废物。

② 气生菌丝（aerial mycelium），也称为二级菌丝（secondary mycelium）。基内菌丝发育到一定阶段，长出培养基外伸向空间的菌丝体称为气生菌丝，直或弯曲或分支。直径较基内菌丝粗，为1.0～1.4 μm，有些类群可产生色素。其功能为分化形成孢子丝。

③ 孢子丝（sporophore）。放线菌生长发育到一定阶段，由气生菌丝顶部分化而形成孢子的菌丝。孢子丝通过横隔分裂法形成单个或成串的分生孢子（彩图13）。孢子丝的形态和排列方式随菌种不同而异（图2-22），为放线菌菌种鉴定的依据。孢子丝的形状有直形、波浪弯曲形或螺旋形3种，螺旋大小、疏密程度、数目和方向也是一种重要的分类指征。孢子丝排列

有交替互生、丛生、簇生或轮生，从孢子丝的一个部位长出 3 个以上的孢子丝者，称为轮生枝，有一级（单）轮生和二级（双）轮生、直形与螺旋形之分，这些也均为放线菌鉴定的重要指征。孢子丝功能为产生孢子，进行繁殖。

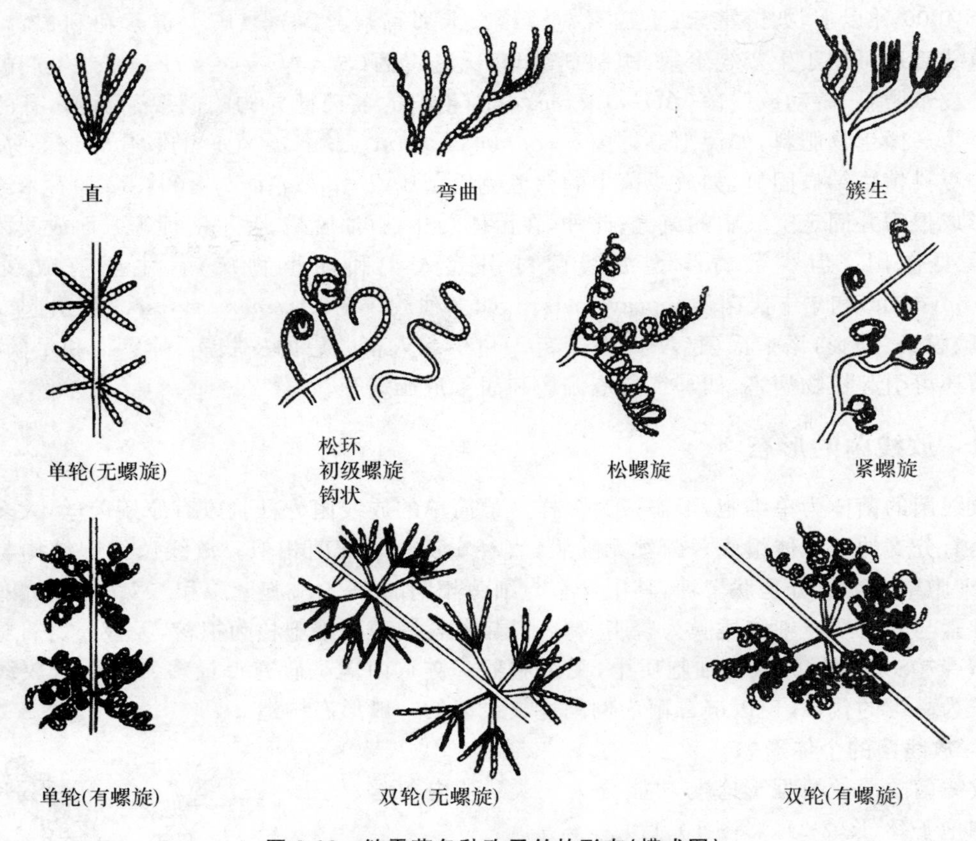

图 2-22　链霉菌各种孢子丝的形态（模式图）

分生孢子有球形、椭圆形、圆柱形、瓜子形、梭形或半月形等不同形状，由一个孢子丝分化而来的孢子可能有不同的形状，非种的鉴定依据。在电子显微镜下可观察到孢子表面的结构，有的表面光滑，有的有刺、小疣或毛发等，有些孢子还含有色素。分生孢子的表面结构往往与孢子丝形态有关，如直形、波浪弯曲形的孢子丝一般形成表面光滑的分生孢子，而螺旋形孢子丝形成的分生孢子，有的种表面光滑，有的表面带刺或毛。孢子表面结构、孢子颜色均为种的鉴定特征。

2. 放线菌的群体形态

放线菌菌落的共同特征：① 菌落小（菌丝细）而圆（不扩展）。因以菌丝生长和孢子繁殖为特点，其菌落周围有放射状菌丝，背面（底面）呈放射状同心圆，放线菌也因此而得名。② 菌落表面分为两类，致密干燥或粉状。产生大量分支基内菌丝和气生菌丝的类群，如链霉菌的菌落，生长缓慢，菌丝细，分支多，互相缠绕，形成的菌落质地致密。随着气生菌丝、孢子丝和分生孢子的形成，表面坚实、干燥、常有辐射状皱褶（彩图 10）。不产生大量菌丝体的类群，如诺卡氏菌属的菌落，一般只有基内菌丝，结构松散、质地粉状，黏着力差（彩图 15）。③ 菌落颜色多样，菌落正反面由于基内菌丝和孢子所产生的色素不同，而呈现不同颜色，正面常覆盖的不同颜色为孢子的颜色，菌落底面颜色是基内菌丝分泌水溶性色素渗入培养基的结果(彩图 12)。④ 大多数放线菌基内菌丝伸入培养基中生长，菌落与培养基结合紧密，不易被接种针挑起，若挑起时整个菌落也不易破碎。只有基内菌丝的类群，用接种针挑起时菌落粉碎。⑤ 多数放线菌能产生土腥味素(geosmins)，带有放线菌的土壤常有泥土腥味。

放线菌的液体培养特征：液体静置培养时，可在瓶壁与液面交接处形成斑点或菌膜，少数厌氧放线菌也可在瓶底生长，但培养基不混浊。液体振荡或通气培养时，一般形成菌丝团或颗粒。

2.2.2 放线菌的繁殖

主要以无性孢子及菌丝片段进行繁殖。电镜超薄切片表明：大多数放线菌气生菌丝顶端弯曲形成孢子丝，然后产生横隔膜，细胞壁加厚、收缩，分裂成成串的分生孢子。如链霉菌属和链轮丝菌属(*Streptoverticillium*)类群所形成的各种形态的孢子丝和分生孢子(彩图 13)。小单孢菌属(*Micromonospora*)无气生菌丝，分生孢子较小，单生，或直接从基内菌丝产生，或在基内菌丝上产生短的分生孢子梗，顶端着生单个、成对或短链状的孢子。少数放线菌可在基内菌丝或气生菌丝上形成孢子囊，在孢子囊内形成孢囊孢子(sporangiospore)和游动孢子(planospore)，如链孢囊菌属(*Streptosporangium*)和游动放线菌属(*Actinoplanes*)。较低等的放线菌，如放线菌属(*Actinomyces*)、分枝杆菌属(*Mycobacterium*)和诺卡氏菌属(*Nocardia*)，它们不产生特化的孢子，而是形成短小的分支或基内菌丝断裂成短杆状细胞方式繁殖。在液体振荡培养和工业发酵时，放线菌很少产生分生孢子，而是利用菌丝片段进行繁殖。放线菌繁殖方式见表 2-11。

表 2-11 放线菌繁殖方式

基内菌丝生长、发育状态	孢子或新细胞着生方式、状态	举例
基内菌丝不断裂，产生分生孢子	孢子着生在长链孢子丝上	链霉菌属、链轮丝菌属等
	孢子着生在短孢子梗上	小单孢菌属、高温单孢菌属等
	孢子着生在孢囊内	游动放线菌属、链孢囊菌属等
基内菌丝断裂，形成新菌体	断裂为球形或柱形细胞	诺卡氏菌属等
	断裂为 VYT 型	放线菌属等
基内菌丝向纵横隔分裂	形成立方体细胞	嗜皮菌属、弗兰克氏菌属等

放线菌的分生孢子和孢囊孢子在适宜环境中可吸水膨胀，萌发出 1～3 个芽管，芽管伸长、分支，形成新的菌丝体，伸入培养基中即基内菌丝。基内菌丝发育到一定阶段，伸向空间长出的菌丝体即气生菌丝。部分气生菌丝分化形成孢子丝。

2.3 古　菌

2.3.1 古菌独特的生物学特性

如前所述，古菌是一类具有独特的生理学和分子生物学特性，与真细菌和真核生物均有所不同的原核生物类群。从表 2-12 中看出，古菌是具有真细菌的形式，又具有真核生物的内涵(启动子、转录因子、DNA 聚合酶与真核生物相同)的原核生物。

表 2-12　真细菌、古菌和真核生物主要特征比较

特　征	真细菌	古　菌	真核生物
细胞结构	原核细胞	原核细胞	真核细胞
细胞壁	含胞壁酸和 *D*-氨基酸 主要成分肽聚糖	不含胞壁酸和 *D*-氨基酸 主要成分假肽聚糖或复杂聚合物，有的壁外有 S 层	不含胞壁酸和 *D*-氨基酸 主要成分葡聚糖、几丁质
细胞质膜类脂	以酯键连接甘油 具磷脂双分子层膜	以醚键连接甘油 单分子层或单双分子层混合膜	以酯键连接甘油 具磷脂双分子层膜
核膜	无	无	有
染色体 DNA	单个共价闭合环状 DNA	共价闭合环状 DNA	双螺旋 DNA 与组蛋白构成核小体
DNA 大小	$(2.5\sim3)\times10^9$	$(0.8\sim1.8)\times10^9$	$(1.2\sim1.4)\times10^{10}$
基因数目、基因组	$(4\sim5)\times10^3$(5000 个)	有的类似真细菌、有的类似真核生物、有的为二者混合	$(5\sim7)\times10^4$(65000 个)
内含子	无	无	大多数基因有内含子
操纵基因	有	有	无
组蛋白	无(有类组蛋白)	有	有
质粒	有	少数有	罕见
DNA 复制	一种类型	与真核生物相似	多位点，双向复制
mRNA 顺反子	可能为多顺反子	可能为多顺反子	单顺反子
mRNA 帽、多聚(A)尾	无	无	有
RNA 聚合酶(全酶)	单个，含 5 个亚基 $\alpha2\beta\beta'\sigma$	多个，每个含 8～13 个亚基	3 个，每个含 12～14 个亚基
rRNA	5S，16S，23S	5S，16S，23S	5S，5.8S，18S，28S
tRNA 起始密码子	甲酰甲硫氨酸	甲硫氨酸	甲硫氨酸
转录	一般转录起始通过脱阻抑	类似真核生物转录机制	一般转录起始通过激活
启动子结构	－10 和－35 序列(prinow 区)	TATA 区	TATA 区
转录因子	需 mRNA 上 SD 序列正确定位	有时需 mRNA 上 SD 序列正确定位	扫描机制
对药物敏感性	核糖体对白喉毒素不敏感 对链霉素、氯霉素、卡那霉素敏感	核糖体对白喉毒素敏感 对链霉素、氯霉素、卡那霉素不敏感	核糖体对白喉毒素敏感 对链霉素、氯霉素、卡那霉素不敏感
生理特性			
化能无机营养	有	有	无
甲烷产生	无	有	无
硝化作用	有	无	无
反硝化作用	有	有	无
固氮作用	有	有	无
叶绿素光合作用	有	无	有(在叶绿体内)
极端生境	能在 80℃以上生长	古菌为极端环境微生物，如嗜热菌、嗜冷菌、嗜酸菌、嗜碱菌、嗜盐菌等	不能

2.3.2 古菌的系统发育

根据 16S rRNA 序列分析，古菌域可再细分为 4 个亚群(图 2-23)：泉古菌门(Crenarchaeota)，包括超嗜热菌(hyperthermophiles)中的硫化叶菌属(*Sulfolobus*)、硫还原球菌属(*Desulfurococcus*)、热变形菌属(*Thermoproteus*)、热球菌属(*Pyrococcus*)、热网菌属(*Prodictium*)等；广古菌门(Euryarchaeota)，包括产甲烷菌(methanogen)中的甲烷杆菌属(*Methanobacterium*)、甲烷嗜热菌属(*Methanothermus*)、甲烷极端嗜热球菌属(*Methanocaldococcus*)、古生球菌属(*Archaeoglobus*)、甲烷八叠球菌属(*Methanosarcina*)、甲烷螺菌属(*Methanospirillum*)和极端嗜盐菌(extreme halophiles)中的盐杆菌属(*Halobacterium*)、盐球菌属(*Halococcus*)、嗜盐碱球菌属(*Natronococcus*)、嗜盐甲烷菌(halophilic methanogen)、海洋广古菌(marine euryarchaeota)以及极端嗜酸菌(extreme acidophile)中的热原体属(*Thermoplasma*)、铁原体属(*Ferrplasma*)、嗜酸菌属(*Picrophilus*)等；古生古菌门(Korarchaeota)，如超嗜热古菌，该类菌为目前只能用荧光原位杂交技术检测证实其存在，实验室中尚不可培养的微生物(VBNC)；2005 年德国科学家在北冰洋海底发现了一种寄生超嗜热古菌中的最古老、最简单、最微小的细菌 nanoarchaeum equitans，称为“骑火球的超级小矮人”，它只有大肠杆菌的 1/160，与天花病毒大小相当、拥有 500 万个碱基对(比最小支原体还少 8 万个)。建议分类为纳古菌门(Nanoarchaeota)。

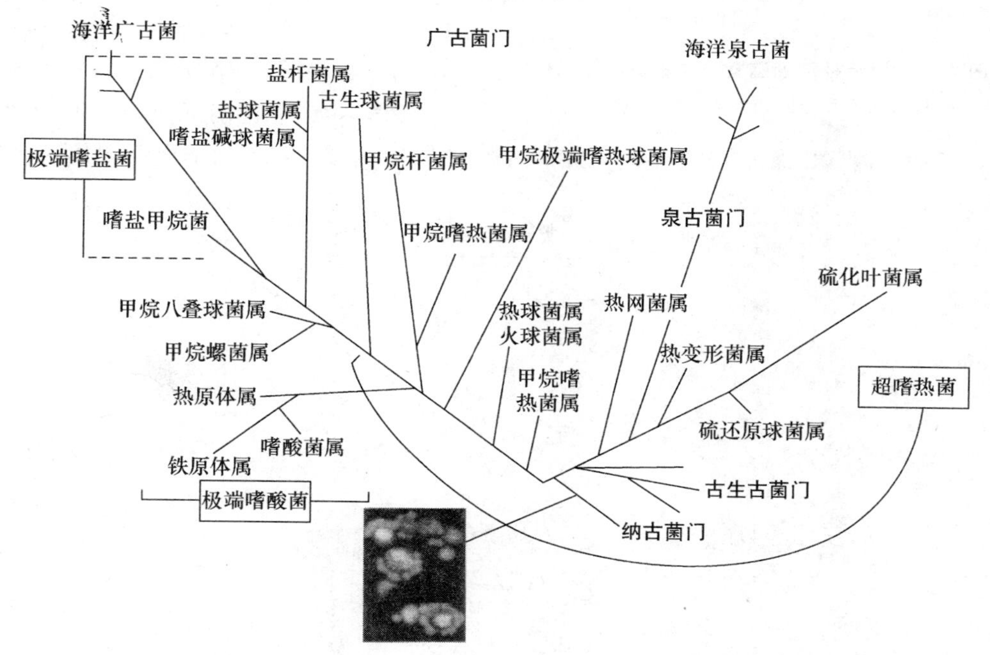

图 2-23 古菌系统发育树(根据 16S rRNA 和 18S rRNA 序列分析比较)

(引自 Madigan et al,2006)

2.3.3 古菌的主要类群和细胞结构

古菌栖息的环境对现代生物都是极其严酷的。其中许多类群可在极端环境条件下生长，又称为嗜极菌(extremephile，嗜极端环境微生物)。微生物对极端环境的适应，也是自然选择的结果。各类古菌的祖先通过自然选择,生存繁衍下来,进化成为现代的各类古菌。古菌对生命起源、系统发育、遗传机制和地球外生命的研究都有重要的理论意义;古菌独特生物学特性的研究,对生物技术的开发也有诱人的前景。根据其生理学特性,古菌可分为5个类群:产甲烷古菌群、极端嗜盐古菌群、极端嗜热代谢元素硫的古菌群、还原硫酸盐的古菌群和无细胞壁的古菌群。

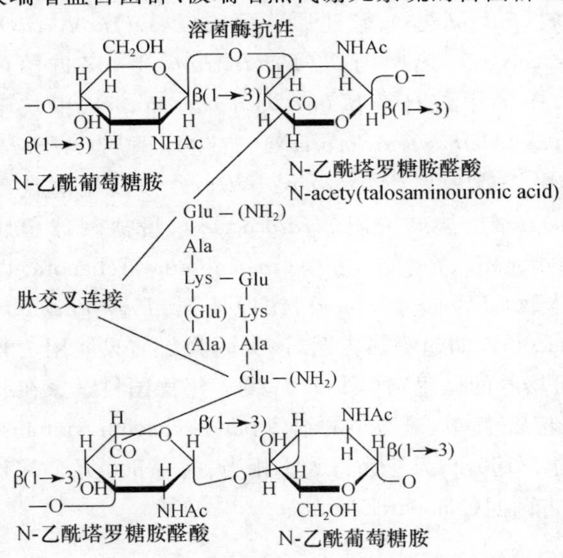

图 2-24 甲烷杆菌细胞壁假肽聚糖单体结构

Glu,葡萄糖;Ala,丙氨酸;Lys,赖氨酸

① 产甲烷的古菌群:广古菌门,如甲烷球菌属(*Methanococcus*)、甲烷微菌属(*Methanomicrobium*)等。这一类群严格厌氧,能以H_2、甲酸、甲醇、甲胺或乙酸还原CO_2产生沼气。细胞多形态,为化能自养或化能异养菌。产甲烷细菌的细胞壁没有真正的肽聚糖,而是由假肽聚糖(pseudopeptidoglycan)(图 2-24)、糖蛋白或蛋白质构成,细胞质膜一般是由甘油二醚(glycerol diether)和二甘油四醚(diglycerol tetraether)分子组成的单分子层膜或单、双分子层混合膜(图 2-25),单分子膜机械强度更高。产甲烷古菌 DNA 很小,约为大肠杆菌 DNA 的 1/3。该类菌碳源为CO_2、氮源为NH_4^+,在H_2存在时,CO、CO_2、甲酸经C_1载体辅酶 M、辅酶F_{320}等还原产生甲烷。甲烷是一种清洁能源(参见 11.5 节);但煤矿或废物堆积场、沼泽地放出的甲烷,会造成严重矿难或引起鬼火。

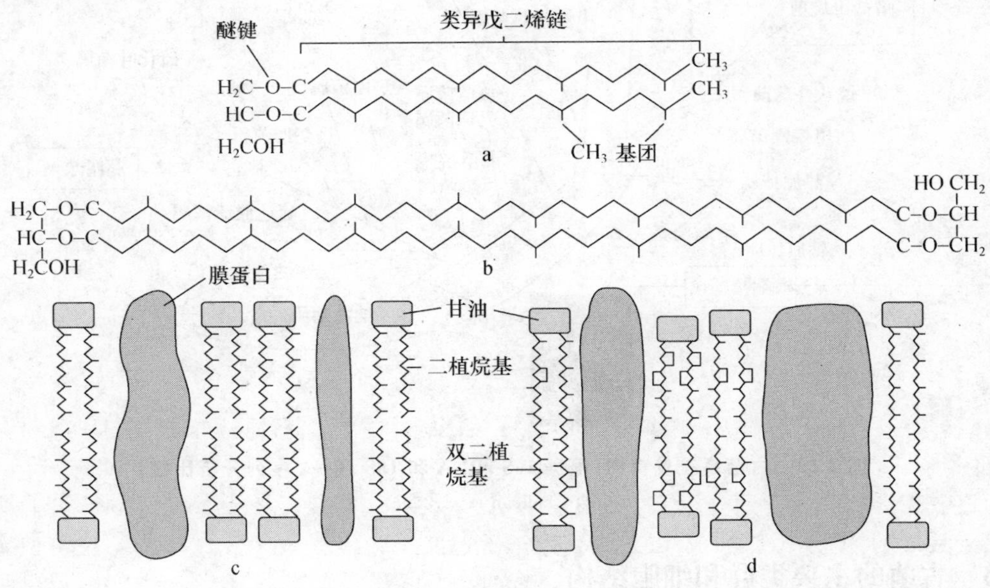

图 2-25 古菌细胞质膜结构

a. 甘油二醚;b. 二甘油四醚;c. C_{20}的二植烷基甘油二醚双分子层膜;d. C_{40}的双二植烷基二甘油四醚单分子层膜

(引自 Prescott et al,2005)

② 极端嗜盐的古菌群：广古菌门盐杆菌目(Halobacteriales)盐杆菌科(Halobacteriaceae)，包括盐杆菌属、盐球菌属等15个属。这一类群为在高盐、接近饱和盐浓度中生活的古菌(需要2～4 mol/L NaCl)，主要分布于盐湖、晒盐场、高盐腌制食品中，细胞多形态，好氧或兼性厌氧，为化能有机营养型。细胞壁不含肽聚糖，由酸性氨基酸的糖蛋白组成，保持细胞稳定性，其细胞质膜由红膜和紫膜两部分组成。

③ 极端嗜热代谢元素硫的古菌群：泉古菌门，包括3个亚群12个属，如热变形菌属、热球菌属(*Thermococcus*)、硫化叶菌属等。这一类群为极端嗜热(最适生长温度70～105℃)或超嗜热菌(90℃以下不能生长，细胞分裂最高温度113℃！)，生长pH为1～3，甚至低于pH 1！分布于硫黄热泉、火山口或燃烧的煤矿中。营养类型多样，包括化能自养、化能异养和兼性营养等，多数为专性厌氧菌，其能量代谢中利用元素硫为电子供体或受体，在自然界硫素循环中发挥重要作用。极端嗜热或超嗜热古菌为商业微生物酶的最好资源，如聚合酶链式反应中使用的*Pfu* DNA聚合酶(水生栖热菌*Thermus aquaticus*、激烈热球菌*Pyrococcus furiosus*中制备的*Taq*酶)。

④ 还原硫酸盐的古菌群：古生古菌门，古生球菌目(Archaeoglobales)，古生球菌科(Archaeoglobaceae)，古生球菌属。这一类群为极端嗜热菌(最适生长温度83℃)，元素硫抑制该类菌生长，严格厌氧，营养类型多样，包括化能异养、化能自养或化能混合营养等。生长需求NaCl浓度为0.9%～3.6%，主要分布于深海海底和热泉中。

⑤ 无细胞壁的古菌群：广古菌门，包括热原体属、嗜苦菌属、铁原体属。这一类群的热原体属具独特细胞质膜(四醚类脂聚糖结构及糖蛋白)(图2-26)抗高温、低pH极端环境；嗜苦菌属质膜外S层，比热原体属耐受更极端环境，最适生长pH为0.7！热原体DNA基因组很小，约1100 kb，与碱性蛋白结合成核小体，其碱性蛋白氨基酸序列与真核生物细胞核组蛋白氨基酸序列有显著同源性。

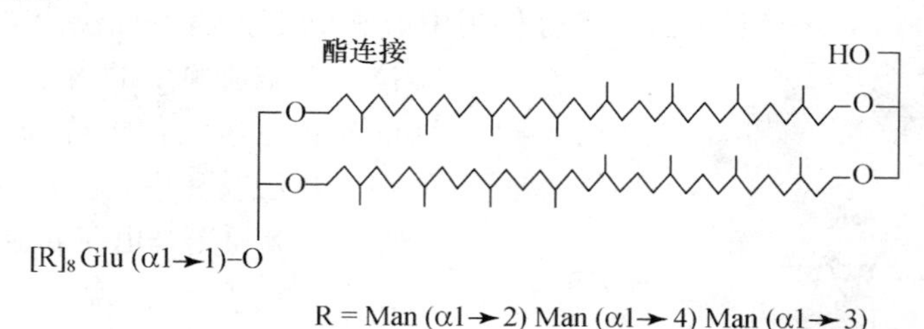

图2-26 嗜酸热原体四醚类脂聚糖结构

Glu：葡萄糖；Man：甘露糖(引自Madigan et al, 2006)

2.4 蓝 细 菌

蓝细菌(cyanobacteria)旧称蓝绿藻(blue-green algae)，是一类能进行产氧光合作用的、古老的原核微生物。放氧型的、光能自养型原始蓝细菌，诞生于20亿年前的元古宙时期，其后的10多亿年时间，称为“蓝菌时代”。蓝细菌通过光合作用释放大量的O_2，从而改变了地球面貌，当大气圈中的游离O_2积累到一定浓度时(约达到现代大气氧含量的10%)，生物便实现了由厌氧水域的生存环境转向需氧陆地的生存环境的跨越，这样蓝细菌就为一切需氧生物的起源和发展开辟了广阔的前景，也为动植物起源创造了条件。为此，蓝细菌在生物进化史中发挥了极其重要的作用(参见10.1节)。

蓝细菌分布广泛，栖居在淡水、海水和土壤中。湖泊或水库中常见到的水华(water bloom)，如2007年我国太湖流域水体严重富营养化(eutrophication)，经历一场饮用水发源地水质恶化、腥臭难饮的生态灾难，这正是蓝细菌大规模爆发，使氧气需求超过供给，迅速缺氧导致好氧生物大量死亡的结果。许多蓝细菌(约120多种)还有固定空气中氮素的能力，在岩石风化、土壤形成及保持土壤氮素营养水平上有重要作用。有些蓝细菌还能与真菌、苔藓、蕨类和种子植物共生，如与真菌共生的地衣(lichen)、与蕨类植物满江红共生的链鱼腥蓝细菌(*Anabaena azollae*，又称红萍)等。

2.4.1 蓝细菌的形态与结构

蓝细菌细胞形态多样，分为单细胞和丝状体两大类。单细胞类群有单生的球状、椭圆状、杆状，如黏杆菌属(*Gloebacter*)；或由共同胶质层包裹的团聚体，如皮果蓝细菌属(*Dermocarpa*)。丝状蓝细菌为许多细胞排列而成的群体，通常也有称为鞘的胶质外套包裹，如不分支丝状体中二分裂法繁殖的颤蓝细菌属(*Oscillatoria*)和形成异形胞的鱼腥蓝细菌属(*Anabaena*)；分支的丝状蓝细菌如飞氏蓝细菌属(*Fischerella*)；只有少数蓝细菌如螺旋蓝细菌属(*Spirulina*)和鱼腥蓝细菌属中螺旋鱼腥蓝细菌(*Anabaena spiroides*)的细胞呈螺旋状，前者是没有异形胞的丝状蓝细菌。蓝细菌的细胞比常见的细菌大，直径一般为3～10 μm，最大的巨颤蓝细菌(*Oscillatoria princeps*)细胞直径达60 μm，最小的细胞直径0.5～1 μm，如细小聚球蓝细菌(*Synechococcus parvus*)。

蓝细菌的细胞结构与G^-细菌相似，但其细胞壁比普通的G^-细菌厚。细胞壁外层是脂多糖层，许多蓝细菌的外壁产生大量黏液层或鞘，包裹细胞或丝状体。内层为肽聚糖层，含有二氨基庚二酸。壁下面是单层细胞质膜。细胞核为原核(拟核或核质)。核周围是含有色素的细胞质部分(图2-27)。单细胞蓝细菌的光合作用中心和电子传递系统位于细胞质膜上，藻胆红素位于细胞质膜下的内褶层中；而大多数蓝细菌的光合色素则位于称为类囊体的较为复杂的多层片层膜片中，类囊体中含有叶绿素a及β-胡萝卜素和光合电子传递链的有关组分(包括光合系统Ⅰ和Ⅱ，见6.1.5节)。类囊体的外表面整齐地排列着藻胆蛋白体(phycobilisome)颗粒，其中含有蓝细菌所特有的辅助色素——藻胆蛋白(phycobiliprotein，PBP，一种光能捕获色素，将吸收的光能转移到光合系统Ⅱ中，再由光合系统Ⅰ中的叶绿素a进行产O_2光合作用)。PBP含有3种色素：藻蓝素、异藻蓝素和藻红素，由于各种色素比例不同，使蓝细菌因环境条件改变(特别是光照条件的变化)而呈现从绿、蓝到红不同的颜色的变化。因藻蓝素在大多数蓝细菌细胞中占优势，蓝细菌也因此得名。而蓝细菌的脂肪酸由一个双键的单一饱和脂肪酸组成，普通细菌中脂肪酸由两个或多个双键不饱和脂肪酸组成。细胞核为原核(拟核或核质)。蓝细菌的核蛋白体也是70S。多数蓝细菌细胞内含有气泡，使细胞漂浮在光线最多的上层水面，以利光合作用。蓝细

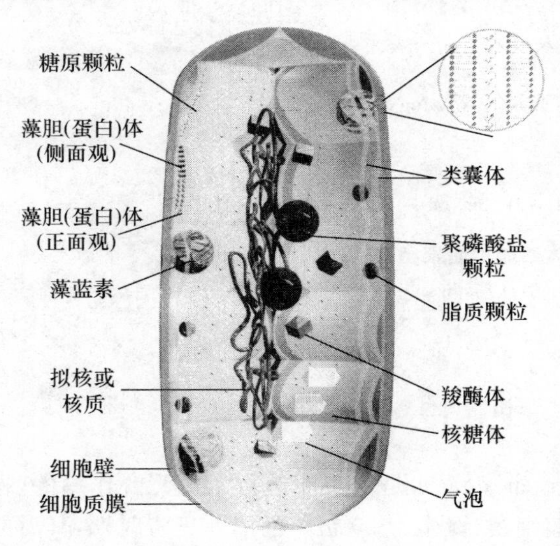

图2-27 蓝细菌的细胞结构

菌无鞭毛，已知许多蓝细菌细胞表面有大量不同类型的伞毛，使蓝细菌可在固体或半固体表面借助黏液滑行。蓝细菌的运动也表现有趋光性和趋化性。蓝细菌细胞中常有聚磷酸盐颗粒、糖原颗粒和脂质颗粒等。有些丝状蓝细菌的中部或一端还有一种比营养细胞稍大、壁较厚而透明的特化圆形细胞，称为异形胞(heterocyst)，是蓝细菌固氮的场所。异形胞由营养细胞转化而来，其特点是细胞壁中含有大量糖脂，使 O_2 缓慢扩散进细胞，为对 O_2 敏感的固氮酶创造一个微氧环境；另外，异形胞的藻胆蛋白含量也低，缺乏光合系统Ⅱ，不能产 O_2 和固定 CO_2。异形胞和相邻的营养细胞间不仅有细胞间的连接，还有营养物质的相互交换(图 2-28)，光合作用的产物有机碳化合物(作为固氮还原剂)由营养细胞移入异形胞，而固氮作用的产物谷氨酰胺从异形胞输入营养细胞。有些不形成异形胞的蓝细菌采用其他途径创造厌氧环境固氮(见 6.2.2 节)。

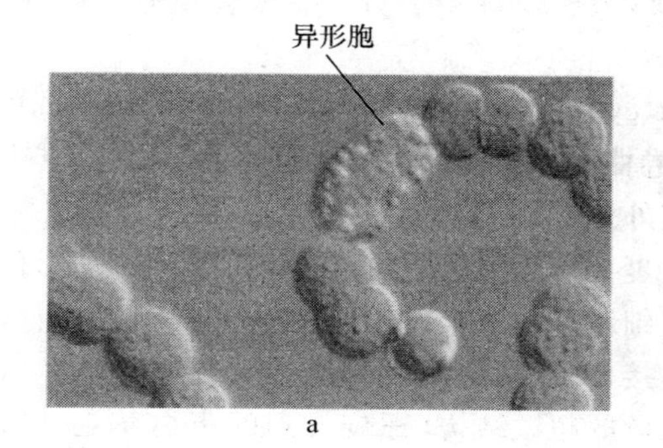

a

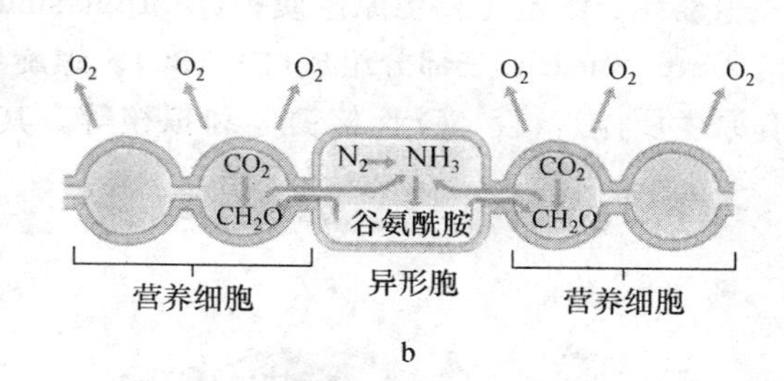

b

图 2-28 蓝细菌的异形胞与营养细胞间关系

a. 鱼腥蓝细菌(示异形胞，固氮作用的场所)；b. 蓝细菌中异形胞和普通营养细胞间的关系

(引自 Michael et al，2006)

2.4.2 蓝细菌的繁殖

蓝细菌以无性方式繁殖。单细胞的类群采用二分裂法，如黏杆菌属的单细胞形成；或复分裂法，如皮果蓝细菌属团聚体的单细胞形成。不分支的丝状类群蓝细菌的细胞分裂通过单平面的裂殖，使丝状体加长或形成 5～15 个细胞连接的连锁体(hormogonium，或称段殖体)，连锁体自丝状体断裂，随后，短片段滑行离开长成新的丝状体，如鱼腥蓝细菌属和颤蓝细菌属(图 2-29a)；分支的丝状蓝细菌则以多平面方向分裂，如飞氏蓝细菌属。但也有些蓝细菌可以通过复分裂的方式在细胞内形成小孢子，以释放小孢子的方式繁殖或在母细胞顶端缢缩，以类似芽殖方式繁殖。许多有异形胞的丝状蓝细菌类群还能形成静息孢子(akinete)(图 2-29b)，在丝状体的中间或末端，由营养细胞分化，在老细胞壁外面形成厚壁，具有抗干旱和低温能力，当环境适宜时，静息孢子外壁破裂而萌发成新的丝状体。

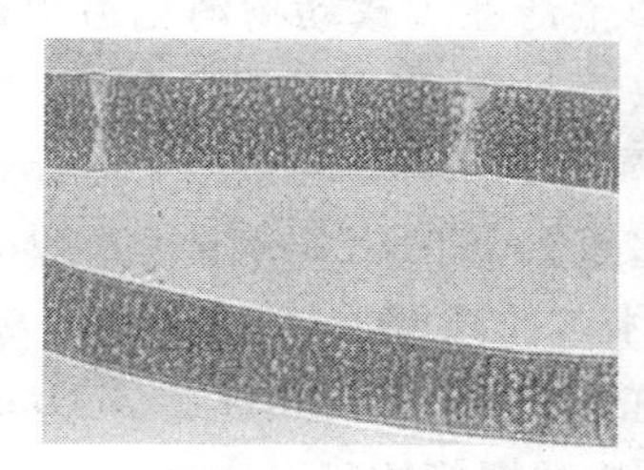

a. 颤蓝细菌属的连锁体

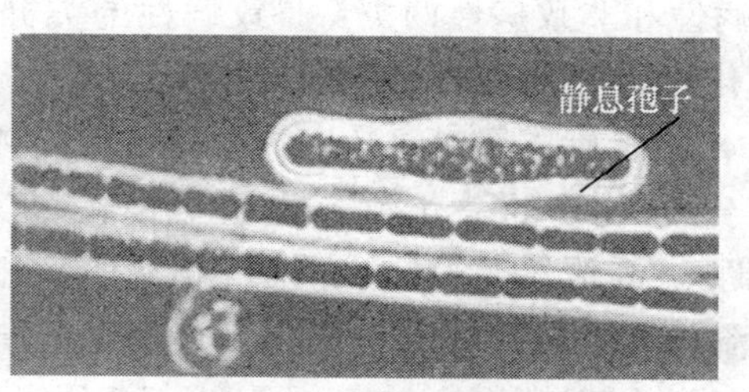

b. 鱼腥蓝细菌属的静息孢子

图 2-29 丝状蓝细菌的结构分化

(引自 Michael et al，2006)

2.5 其他原核微生物

本节简要介绍某些形态结构、生理特征较为特殊,并与人类关系极为密切的其他原核微生物。

2.5.1 螺旋体

螺旋体(spirochaeta)是一类形态结构和运动方式独特的单细胞、原核微生物类群。细胞弯曲成螺旋状,细而长,大约为(0.1～3.0)μm×(3.0～5.0)μm。G^-菌,菌体虽有细胞壁,但不僵硬,极柔软,无鞭毛,借助轴丝收缩运动。

螺旋体的细胞主要由原生质柱(protoplasmic cylinder)、轴丝(axial fiber, axial filment)和外鞘(outer sheath)三部分组成(图2-30)。螺旋卷曲的原生质柱构成细胞的主要部分,其中包含有原生质体、微管、液泡、核糖体和拟核等。其外包裹细胞质膜和细胞壁,最外面由外鞘包裹。每个细胞的轴丝有2～100条以上,位于细胞壁和外鞘之间,它们一端与细胞顶端连接,另一端游离(延伸2～3个细胞长度),轴丝的超微结构(螺旋排列的蛋白质亚基)、运动方式等均与细菌的鞭毛相似。螺旋体通过紧密缠绕的轴丝旋转或收缩而运动,如果游离生活,细胞沿螺旋纵轴旋转游动(原生质柱体刚性强,外鞘则柔软,运动方向相反,细胞屈曲摇动);如果在固体表面固着,细胞则像蛇行一样向前爬行。螺旋体的运动是一种变形的鞭毛式运动。

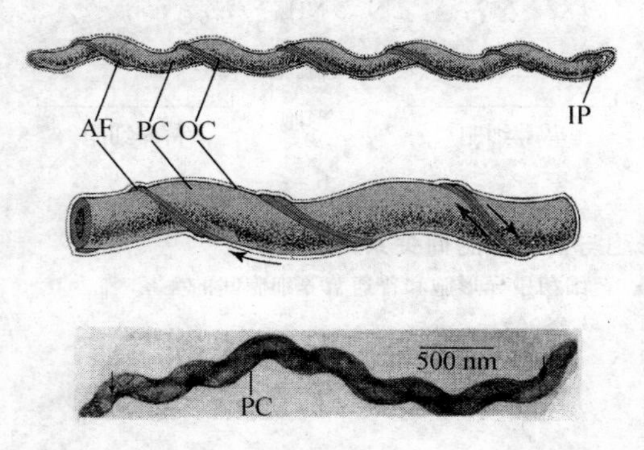

图2-30 朱氏密螺旋体(*Treponema zuelzerae*)结构图

AF,轴丝;OC,外鞘;PC,原生质柱;IP,插入孔

(引自 Prescott et al, 2005)

螺旋体通过横向二分裂法繁殖。细胞壁内原生质体分裂,随后细胞分裂成两个子细胞。每个子细胞自母细胞中分得轴丝中一组纤丝,然后,在新形成的子细胞极端合成新的轴丝。

螺旋体广泛分布在自然界(江湖、河塘、海水、污泥等水生环境)和动物的消化道中。分为腐生和寄生两类。螺旋体主要有5个属,好氧、腐生类群的有螺旋体属(*Spirochaeta*),如引起人类梅毒(syphilis)和莱姆氏病(Lyme disease)的朱氏螺旋体(*Spirochaeta zuelzerae*)。寄生类群又分致病性和非致病性两类:非致病性的类群如生活在人或动物消化道中或淡水、海水软体动物消化道中的脊螺旋体属(*Cristispira*)。致病性的类群包括3个属:密螺旋体属(*Treponema*)、疏螺旋体属(*Borrelia*)和钩端螺旋体属(*Leptospira*)。后4属皆为厌氧类群。如主要寄生于人、动物的消化道或生殖器中、引起梅毒的苍白密螺旋体(*Treponema pallidum*);多借助虱、蜱传播,引起人类莱姆氏病的病原体布氏疏螺旋体(*Borrelia burgdorferi*)和引起人类流行性回归热(epidemic relapsing fever)的病原体回归热螺旋体(*Borrelia recurrentis*);引起人类钩端螺旋体病(leptospirosis)的问号钩端螺旋体(*Leptospira interrogans*)。

2.5.2　支原体

支原体(mycoplasma),又称菌形体,是一类没有细胞壁、能离开生活细胞而独立生长繁殖的最小原核微生物。1898年发现、分离得到牛胸膜肺炎病原体,命名为胸膜肺炎微生物(pleuropneumonia organism,PPO),随后从其他动物和人体中分离的这类菌,便称为类胸膜肺炎微生物(pleuropneumonia-like organism,PPLO),现统称为支原体。

支原体的特点:① 细胞小,直径一般0.1～0.25 μm(丝状体细胞长度为几微米至150 μm),光学显微镜下可见。② 无细胞壁,细胞柔软,形态多变,有球形、扁圆形、丝状至高度分支(图2-31a),能通过细菌滤器。革兰氏染色阴性,对青霉素等抗生素、溶菌酶不敏感,对四环素等抗生素、表面活性剂和醇类敏感。③ 由于没有细胞壁,由三层细胞质膜包裹,内层、外层为蛋白质和脂聚糖(lipoglycan),中层为类脂和胆固醇,还含有其他原核微生物中所没有的甾醇。对作用于固醇类的多烯类抗生素敏感。④ 大多数支原体以二分裂方式繁殖,也有芽殖等繁殖方式。⑤ 支原体在人工培养基上生长缓慢,即使在添加甾醇、牛心浸汁、酵母浸汁等特殊成分营养丰富的基质中,在30℃和pH 7.8条件下,也需几天到几个月才能长成中央较厚、边缘较薄的"煎鸡蛋"状小菌落,直径一般0.1～1.0 mm(图2-31b)。

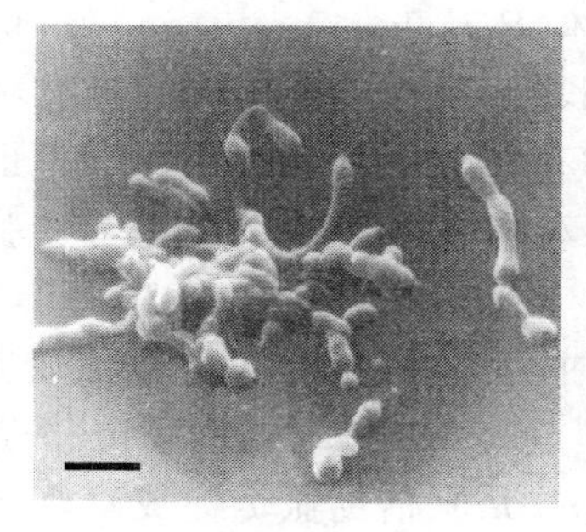

a. 肺炎支原体(图中标示为2.5 μm)
(注意:细胞形态多变特征)

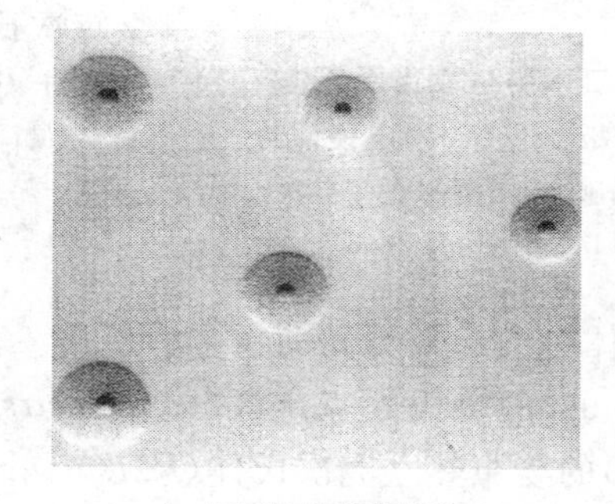

b. 支原体的菌落照片
(注意:菌落呈"煎鸡蛋"形状)

图2-31　支原体菌落和细胞形态

(引自Pommerville J C, 2004)

支原体广泛分布在污水、土壤和堆肥以及昆虫、脊椎动物和人体中,一般为腐生或共生菌,少数为寄生的致病菌。如引起支原体肺炎(mycoplasmal pneumonia)的肺炎支原体(*Mycoplasma pneumoniae*)(图2-31a)和引起支原体尿道炎(mycoplasmal urethritis)的人型支原体(*Mycoplasma hominis*)等。根据对固醇的需求,支原体分为两个类群:需固醇类群,如支原体属(*Mycoplasma*)、螺原体属(*Spiroplasma*)等;不需固醇类群,如无胆甾原体属(*Acholeplasma*)和热原体属。支原体还常是动物细胞和组织培养的污染菌。

寄生在植物维管束细胞内的类似支原体的病原体,称为类支原体(mycoplasma-like organisma,简称MLO)。形态、大小、菌落特征与支原体相似。类支原体不易人工培养。

支原体与无细胞壁的L-型细菌在个体形态、菌落特征和对环境需求等方面皆相似,只是支原体从不形成细胞壁,生长需要甾醇;而经过诱发产生的无细胞壁的L-型细菌,能再回复突变为形成细胞壁的正常细菌,且能在较简单的培养基上生长。

2.5.3 立克次氏体

立克次氏体(rickettsia)是一类形体微小、杆状或球杆状、革兰氏阴性、能量代谢系统不完全、绝大多数专性细胞内寄生的原核微生物。立克次氏体是1909年美国医生Rickettsia在研究落基山斑疹伤寒(Rocky Mountain Spotted Fever)时首先发现的病原体,后他因斑疹伤寒感染而献身,立克次氏体的命名是世人授予这位科学家的永久荣誉,也是人们对他最好的纪念。

立克次氏体的特点:① 细胞大小为(0.3～0.6)μm×(0.8～2.0)μm。② 细胞呈球状、杆状或丝状,有的具多种形态(图2-32)。③ 细胞壁含有胞壁酸、二氨基庚二酸和脂多糖,但脂质含量高于一般细菌。细胞结构和化学组成与细菌相似。但立克次氏体不能独立生活,推测其原因为:细胞膜较疏松,细胞质膜通透性过大,细胞内物质易渗漏;其能量代谢系统不完全,不能氧化葡萄糖、6-磷酸葡萄糖或有机酸,只能氧化谷氨酸;酶系统也不完全,缺少新陈代谢必需的脱氢酶(如NAD)和辅酶A。④ 立克次氏体以二分裂法繁殖,但繁殖速度较一般细菌慢,9～12 h繁殖一代。⑤ 立克次氏体有严格细胞内寄生特性,除五日热立克次氏体(*Rickettsia quintana*)外,均不能在人工培养基上生长,必须借助蚤、蜱、螨等吸血节肢动物为媒介,在动物和人之间以传代方式繁殖,也可通过鸡胚卵黄囊、敏感动物组织细胞和鼠、猴等实验动物进行传代培养。

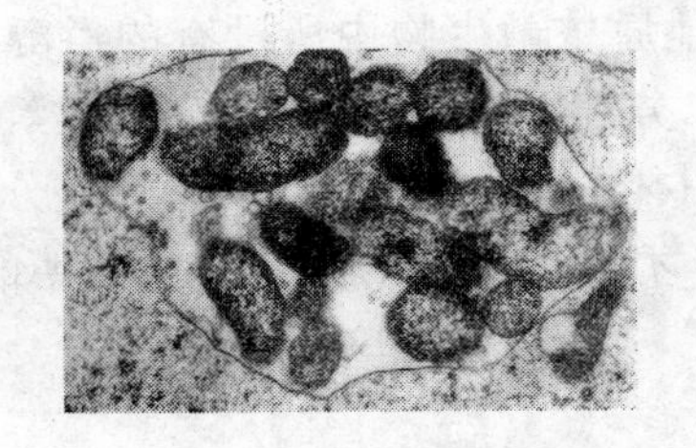

图2-32 日本甲虫立克次氏体(*Rickettsiella popilliae*)电镜照片

(注意:在宿主细胞液泡中生长的立克次氏体)

(引自Michael et al, 2006)

立克次氏体可引起人类和动物多种疾病。其主要类群有:借助体虱传播流行性斑疹伤寒(epidemic typhus)的普氏立克次氏体(*Rickettsia prowazekii*)、借助螨传播姜虫热斑疹伤寒(scrub typhus)的姜虫热立克次氏体(*R. tsutsugamushi*)、借助虱传播战壕热(trench fever)的五日热罗卡利马氏体(*Rochalimaea quintana*)和借助蜱或直接传播Q热病(Q fever)的伯氏科克次体(*Coxiella burnetii*)。

寄生在植物组织中的类似立克次氏体的病原体,称为类立克次氏体(rickettsia like-organisms,简称RLO)。已报道有30多种类立克次氏体,如可引起柑橘绿化病、甘蔗矮小病等。只有几种类立克次氏体可在体外培养。

2.5.4 衣原体

衣原体(chlaymdia)是一类能通过细菌滤器、缺乏独立产能代谢系统、专性活细胞内寄生的致病性原核微生物。由于没有产能代谢系统,需借助宿主的ATP,曾有"能量寄生物"之称,过去误将衣原体认为是"大型病毒",现根据衣原体的形态结构、化学组成、生化特性和繁殖方式,确定为原核微生物。

衣原体的特点:① 个体微小,比立克次氏体细胞还小。② 细胞呈球形或椭圆形。革兰氏染色阴性,细胞壁结构、组成与G^-菌相似,但很少或没有胞壁酸。DNA的相对分子质量很小(约5×10^8),仅为大肠杆菌的1/4。③ 具有独特的生活周期,衣原体生活史中交替存在大小两种细胞类型。小细胞(直径0.2～0.3 μm)称原体(elementary body,或基体),球形、壁厚、中央有致密的类核(拟核)结构、RNA/DNA=1,非生长型细胞,具有感染性。较大(直径0.5～

1.0 μm)、较疏松的细胞，称网状体(reticulate body)或始体(initial body)，多形态、壁薄而脆、无致密的类核(拟核)结构、RNA/DNA=3，生长型细胞，不具感染性。衣原体感染循环从原体开始，具高度感染性的原体吸附在易感宿主细胞表面特异性受体上，宿主细胞吞噬(phagocytosis)原体，形成吞噬空泡，阻止原体与吞噬溶酶体融合。空泡中原体细胞壁逐渐变软、细胞增大，随之转变为始体，从原体到始体的变化是逐步的，有中间类型(中间体)存在。电子显微镜观察始体中已无类核(拟核)结构，染色质分散成纤细的网状结构。始体不具感染性。空泡中始体以二分裂方式反复繁殖，形成大量子细胞，然后转变成新的原体，原体积聚在细胞质内时可形成各种形状的包含体(inclusion body)，当宿主细胞破裂时原体释放，重新感染宿主细胞(图 2-33)。衣原体每完成一次生活周期约需 48 h。④ 衣原体虽有一定的代谢能力，但缺乏独立的产能系统，生物合成能力也比立克次氏体差得多，必须从宿主细胞获得能量、酶系和一些低分子化合物，既不能独立生活，也难于人工培养。⑤ 衣原体对热敏感，50～60℃仅能存活5～10 min。对化学药剂和抗生素也敏感，常用消毒剂可迅速灭活衣原体，四环素、氯霉素、红霉素可抑制其生长。

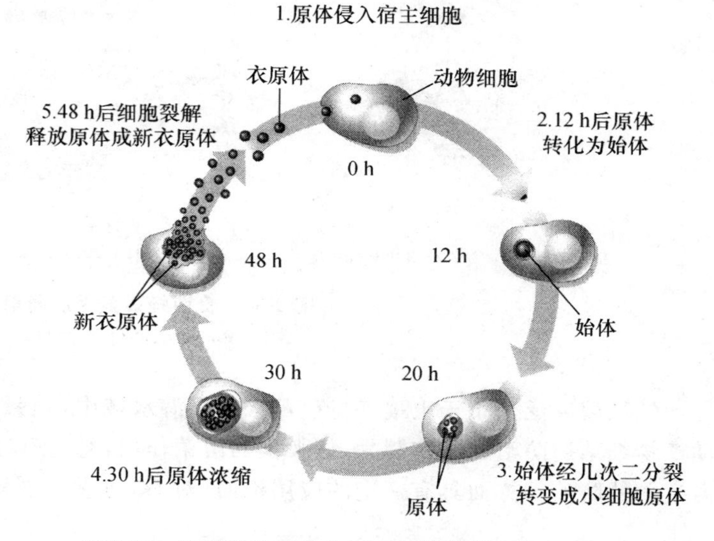

图 2-33　衣原体在细胞空泡中的微菌落及其生活周期

(引自 Pommerville J C，2004)

衣原体不需要媒介可直接感染人类或动物。如引起人类砂眼(trachoma)的病原体砂眼衣原体(*Chlamydia trachomatis*)、引起各种呼吸道综合征的肺炎衣原体(*Chlamydia pneumoniae*)和引起鸟疫(ornithosis)的鹦鹉热衣原体(*Chlamydia psittaci*)。我国微生物学家汤飞凡首先用鸡胚分离培养成功砂眼衣原体，并两次将分离的病原体接种自己眼中实验，这种勇于实践为科学献身的精神深受世人赞誉。

2.5.5　蛭弧菌

蛭弧菌(bdellovibrio)是 1963 年美国科学家 Stolp 和 Starr 发现的一类个体微小、能附着、侵入和繁殖，并在各种 G^- 细菌和某些 G^+ 细菌中寄生和裂解的特殊类群细菌，它们有类似噬菌体的作用，可通过细菌滤器，形成噬菌斑，俗称"能吃细菌的细菌"。蛭弧菌具有细菌的基本特征，单细胞，弧形或逗号状，有时呈螺旋状，大小为(0.3～0.6)μm×(0.8～1.2)μm，革兰氏染色阴性，多数为极生单鞭毛，运动活跃。常见的蛭弧菌为食菌蛭弧菌(*Bdellovibrio bacteriovorus*)。水生类群蛭弧菌的鞭毛外还附有由壁延伸形成的鞘膜，它们能吸附在寄主细胞的表面，依靠特殊的"钻孔"效应(包括酶的作用)，侵入寄主细胞的壁膜间隙的周质空间内，被侵染的寄主细胞膨大成球形，蛭弧菌侵入后杀死寄主细胞，分解其原生质，并在周质空间内生长、繁殖成为螺旋状结构的蛭弧体(bdelloplast)。蛭弧体最后同时均匀分裂为多个具有鞭毛的子细胞,随寄主细胞裂解而释放。重新进入新的生活周期,自蛭弧菌附着、侵入、繁殖至寄主细胞裂解,全过程约需 2.5～4 h(图 2-34)。蛭弧菌与其寄主细菌间的寄生有一定的特异性。有独特的双相生活周期(兼性菌株,即寄生性菌株和非寄生性菌株)。

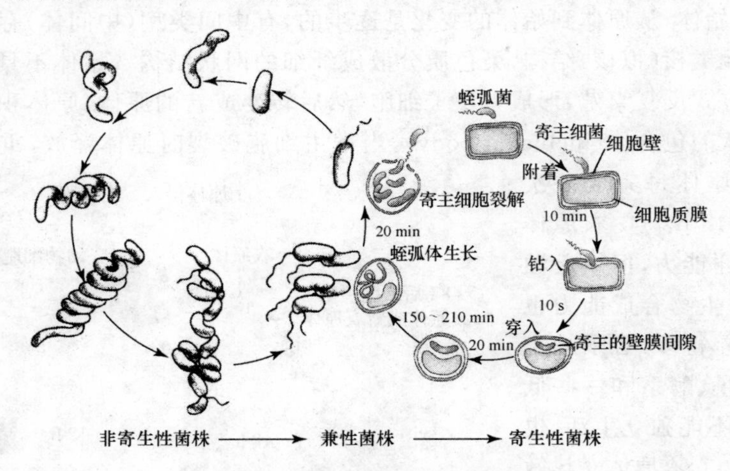

图 2-34 食菌蛭弧菌生活周期

(引自 Pommerville J C,2004)

蛭弧菌广泛分布于土壤、河流、污水和近海水域中,蛭弧菌的微生物生态制剂是一种用于动植物细菌病防治的生物制品,蛭弧菌的溶菌作用,对污染环境的净化和控制农业及人畜病原微生物的防治等方面具有一定的应用价值(对 G^- 细菌的裂解率可达 97.33%)。

复习思考题

1. 什么是原核微生物?列表比较原核微生物与真核微生物的主要区别。

2. 细菌有几种形态?测量原核微生物大小主要采用哪种工具?用什么单位表示?能否用形象比喻一般细菌的大小、重量和运动速度?

3. 螺旋体与螺菌有何不同?

4. 试绘出细菌细胞构造的模式图,注明一般构造和特殊构造,并扼要注明各部分的名称和主要生理功能。

5. 试图示 G^+ 细菌和 G^- 细菌细胞壁的构造,并简要说明其成分和功能(包括磷壁酸和脂多糖)。

6. 什么叫肽聚糖?其化学结构如何? G^+ 细菌和 G^- 细菌的肽聚糖结构有什么不同?

7. 什么是革兰氏染色法?它的主要步骤是什么?哪一步是关键?试从 G^+ 细菌与 G^- 细菌细胞壁结构通透性来说明革兰氏染色机理。

8. 试列表比较溶菌酶、自溶酶和青霉素破坏细菌细胞壁作用对象、作用机制和作用结果的差异。

9. 什么是细胞质膜、间体和核糖体?它们有哪些成分和功能?原核微生物和真核微生物细胞质膜和核糖体的结构有何区别?

10. 细菌细胞壁缺陷型有哪几类?列表比较各类缺陷型的形成、特点和实践意义。

11. 原核微生物细胞的拟核和染色体与真核微生物的细胞核和染色体有何区别?

12. 什么叫质粒?有什么功能?

13. 细菌中常会有哪些内膜结构？与真核生物的细胞器相比有何差别？细菌细胞内可形成哪些内含物？列表比较各种内含物在组成和功能上的区别。

14. 试列表比较细菌的鞭毛、菌毛(纤毛)和性菌毛(性纤毛)的异同。

15. 比较原核微生物和真核微生物鞭毛的基本构造、装配和运动方式。细菌鞭毛着生方式有哪几类？试各举一例。

16. 什么是荚膜、微荚膜、黏液层和菌胶团？其化学成分和生理功能如何？

17. 什么是芽孢？芽孢是怎样形成的？其结构如何?.细菌芽孢有哪些特性？简述芽孢各种抗逆性的原理。细菌的芽孢与真菌的孢子有何区别？什么是伴孢晶体？研究芽孢和伴孢晶体有何实践意义？

18. 细菌细胞中哪些物质有抗原作用？这些物质存在于哪些细胞结构中？

19. 细菌的繁殖方式有哪几种？

20. 什么是放线菌？为何放线菌属于细菌而不属于霉菌？什么叫基内菌丝、气生菌丝和孢子丝？各自的特点和功能是什么？放线菌繁殖有哪些方式？请举例说明。

21. 列表比较细菌与放线菌的异同。

22. 什么叫菌落？什么叫菌苔？细菌和放线菌的菌落特征如何？试从细胞的形态结构分析细菌与放线菌的菌落特征。

23. 古菌有哪些独特的生物学特性？为什么说古菌是具有细菌的形式，又具有真核生物的内涵的原核生物？

24. 根据16S rRNA序列分析古菌域可再细分为哪几个亚群(门)？根据其生理学特性，古菌可分为哪几个类群？其细胞内各含有哪些特殊的结构和成分？有何特殊的研究意义？

25. 蓝细菌作为光合原核微生物有哪些不同于真细菌的独特细胞结构与成分？各有何功能？

26. 原核微生物有哪些类群？试列表比较细菌、放线菌、螺旋体、立克次氏体、衣原体和支原体、蛭弧菌等各类原核微生物的主要特征。

3 真核微生物

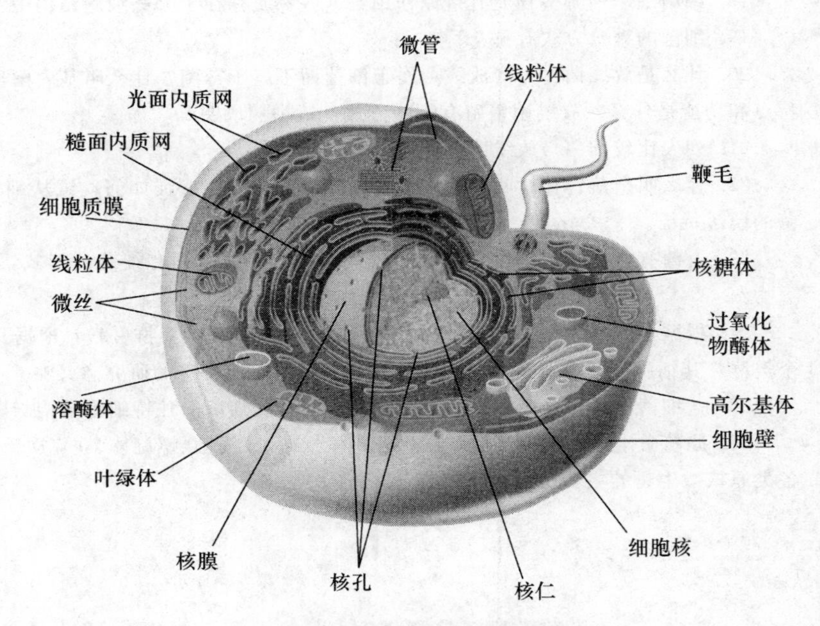

图 3-1 真核微生物细胞结构模式图

(引自 Michael et al,2006)

真核微生物是指具有真正细胞核(有核膜、核仁分化)、细胞能进行有丝分裂、细胞具有与原核微生物不同成分和结构的细胞壁、细胞质膜,细胞质中含有线粒体、叶绿体、高尔基体和微体等细胞器和内质网等复杂内膜结构的一大类群微生物。水生真菌具有“9+2”结构的鞭毛。真核微生物的繁殖方式有无性繁殖和有性繁殖。真核微生物主要包括真菌(酵母菌、霉菌、黏菌)、单细胞藻类和原生动物。本章主要介绍酵母菌和霉菌。

3.1 概　述

3.1.1 真核微生物及其分类地位

具有真正细胞核,核膜、核仁分化明显,有线粒体等细胞器和内质网等复杂内膜系统的生物,称为真核生物(eukaryon)。真核生物与原核生物的差别已在表 2-1 中详细介绍。真核生物主要依据其细胞组织分化程度的特性进行分类。

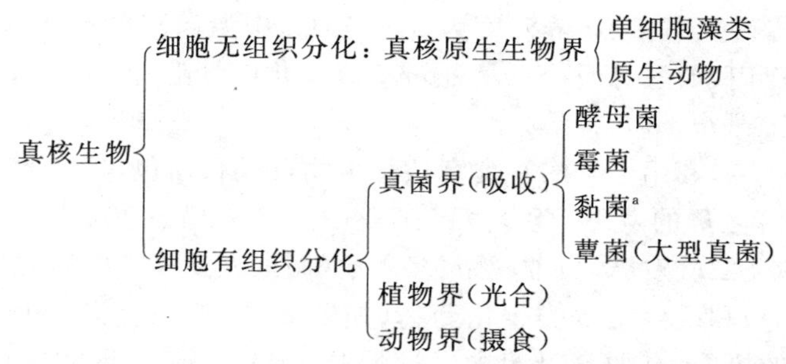

a. 黏菌既像真菌，又像原生动物，为介于真菌与原生动物之间的真核微生物，有的学者建议归属原生动物。

3.1.2 与真菌相关的几个概念

1. 真菌

真菌(fungi)为分化地位较为低等的真核微生物。出现于9亿年前元古宙晚期，4.3亿年前，某些水生、有鞭毛的真菌伴随着植物由水域来到陆地。真菌是自然界中分布极其广泛、类群繁杂多样的一大类群真核生物，估计约有10万多种，已了解和确认的约有7万余种。

真菌的主要特点：① 大多数真菌有细胞壁(明显与动物不同，少数真菌在生活史的某一阶段细胞裸露，类似原生动物)和1至多个细胞核(在其他真核生物中少见)；② 无叶绿体，营养方式为异养吸收型，直接从环境中吸收营养物质，既不同于植物的光合作用，又不同于原生动物的吞噬作用；③ 只少数类群是单细胞，一般都具有发达分支的菌丝体，没有叶绿素(与藻类很易区分)；④ 有性细胞分化，以产生大量无性和有性孢子进行繁殖。因此，真菌独立于植物和动物之外，成为微生物的一个类群。

真菌目前仍以形态特征和有性繁殖方式作为分类的特征。真菌界分为真菌门(Eumycota)和黏菌门(Myxomycota)，真菌门又分5个亚门：鞭毛菌亚门(Mastigomycotina)、接合菌亚门(Zygomycotina)、子囊菌亚门(Ascomycotina)、担子菌亚门(Basidomycotina)和半知菌亚门(Deuteromycotina)。

2. 菌物界

菌物界(myceteae)是指除一般真菌外，还包括一些既不宜归属动物，也不宜归属植物，而又不同于一般真菌的真核生物，如黏菌、卵菌等，是与动物界和植物界并行的一大类真核生物。“菌物界”是近年我国学者提出的建议(可参考裘维蕃等著《菌物学大全》)。

3. 真菌中常用的几个名词

从实用角度出发，可将真菌分为大型真菌(蘑菇、木耳、香菇等)和小型真菌(酵母菌、霉菌)两大类：

丝状真菌(filamentous fungi)是指酵母样真菌之外的其他真菌，其生活史的某一阶段以丝状体形式存在。特指的小型低等丝状真菌是霉菌(mould)。

3.2 酵 母 菌

酵母菌(yeast)是以单细胞、芽殖为主(无性繁殖也有裂殖，少数可产生子囊孢子进行有性繁殖)的一类低等真菌的统称。它不是分类学上的名词。

酵母菌必须以有机碳(葡萄糖等单糖)为碳源和能源，通常分布于糖含量较高和偏酸性的环境中，如花蜜、果实、树汁和叶子表面，故有“糖菌”之美称。大部分为腐生菌，少数为寄生菌，为好氧、兼性厌氧和专性厌氧菌，培养温度为25～30℃，中温菌。已知酵母菌56属，共500多种，分别属于子囊菌亚门，如酵母属(*Saccharomyces*)；半知菌亚门，如掷孢酵母属(*Sporobolomyces*)、隐球酵母属(*Cryptococcus*)等。

酵母菌是人类认识和利用最早的一类真核微生物，酿酒、面包等发酵食品制造已有几千年的历史，“yeast”即发酵之母的意思，至今发酵工业中酵母菌仍占重要地位。如工业上有机酸生产、甘油、甘露醇和癸二酸发酵、石油脱蜡，多种酶(制取人造蜂蜜的转化酶、制造炼乳的乳糖酶和脂肪酶、果胶酶等)和维生素等类生化药物(如辅酶A、细胞色素c、麦角甾醇、凝血质、核酸和核苷酸制剂等)的提取，有的酵母菌含大量蛋白质(占细胞干重50%)，可用于饲料、药用或食用单细胞蛋白(single cell protein，简称SCP)生产。酵母菌个体较大、易于培养，又是典型的单细胞真核微生物，目前酵母菌，尤其是酿酒酵母已成为遗传工程基因表达中最有发展前途的生物模型，酵母菌的生理生化和遗传学方面的研究已取得很大进展。但少数酵母菌可在人类和动物体内寄生，是人、畜的病原菌，如引起人类肺部、泌尿系统等感染的多种疾病，甚至引起艾滋病患者败血症的白假丝酵母(*Canidida albicans*，又称白色念珠菌)和引起人类脑膜炎的微荚膜新隐球酵母(*Cryptococcus neoformans*)等。日常生活中某些食品的变质也与酵母菌活动有关，如酿酒业中的有害菌粉状毕赤酵母(*Pichia farinosa*)、引起果酱变质的嗜糖的鲁氏酵母(*Saccharomyces rouxii*)等。

3.2.1 酵母菌的个体形态

1. 酵母菌的细胞形态

大多数酵母菌为单细胞，细胞形态多样，主要为球形、卵圆形或圆柱形，也有特殊形态，如柠檬形、瓶形或三角形等。有些酵母菌，如假丝酵母属(*Candida*)的热带假丝酵母(*Candida tropicalis*)或产朊假丝酵母(*Candida utilis*)在芽殖过程中芽体未与母细胞断裂前，又在芽体上长出新的芽体，子细胞不与母细胞脱离，其间以极狭小的面积相连，呈藕节状细胞，称为假菌丝(pseudohypha)。酵母菌的细胞形态如图3-2所示。酵母菌假菌丝与霉菌真菌丝的区别见表3-1。

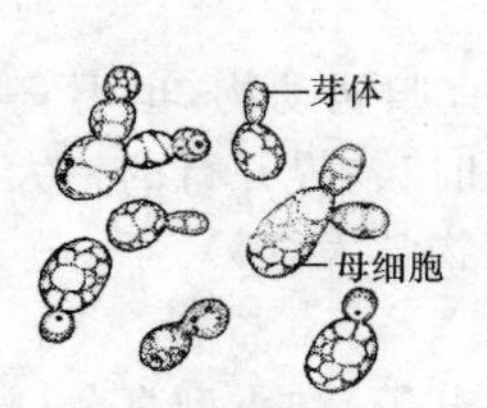

a. 酿酒酵母模式图

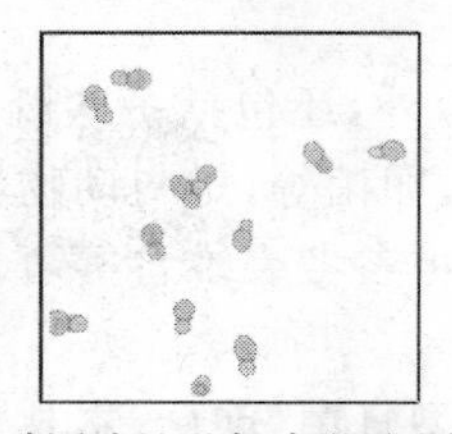

b. 酿酒酵母形态(光学显微镜)

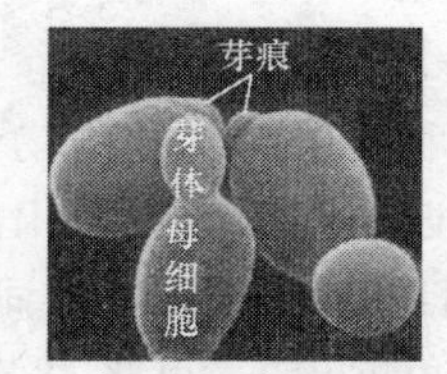

c. 酿酒酵母形态(扫描电镜)

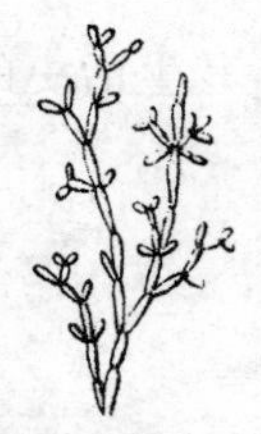

d. 热带假丝酵母模式图

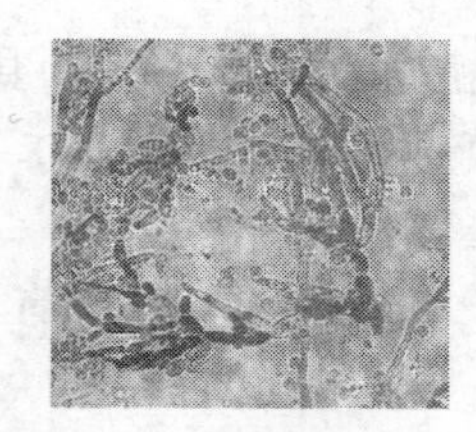

e. 热带假丝酵母形态(光学显微镜)

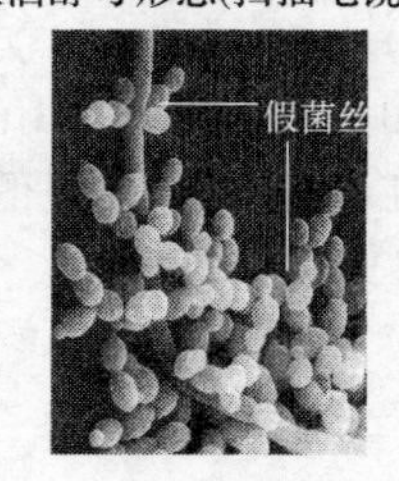

f. 白假丝酵母形态(扫描电镜)

图 3-2 酵母菌的形态

a～c，酿酒酵母(卵圆形)；d～f，热带假丝酵母和白假丝酵母(假菌丝)

(f. 白假丝酵母扫描电镜照片引自 Ronald M A，1984)

表 3-1 假菌丝和真菌丝区别

性 状	假菌丝	真菌丝
细胞串	藕节状	竹节状，细胞间原生质流通
胞间相连面积	极狭小	横隔面积与细胞直径一致
功能	芽体与母细胞没有分化，可独立生活	特化为营养菌丝、气生菌丝和繁殖菌丝

2. 酵母菌的细胞大小

酵母菌细胞大小约为(1～5)μm×(5～30)μm，一般宽度变化较小(最宽达 10 μm)，长度可达 100 μm。比细菌大 5 到 10 多倍。在普通光学显微镜下可直接观察酵母菌的芽体和母细胞(图 3-2b)；经特殊染色后还可区分出酵母菌细胞内的细胞核、脂肪滴、肝糖粒和液泡等特殊结构；经扫描电子显微镜可清晰地观察到酵母菌细胞的立体构象和表面结构(图 3-2c,f)；用透射或扫描电子显微镜观察酵母菌的超薄切片，更可区分内部的详细结构(图 3-3b,3-5)。为获得重复性较好的结果，细胞形态和大小的测定，常采用在麦芽汁或合成培养基上培养的酵母菌细胞。

3.2.2 酵母菌的细胞结构

酵母菌的细胞结构与其他真核生物细胞结构相似(图 3-3)，有细胞壁、细胞质膜、细胞核、细胞质、一个或多个液泡、线粒体、内质网、微体、核糖体和贮藏物质等。有的种还有黏性荚膜、芽痕和诞生痕。但没有高等动植物中的高尔基体和植物中的叶绿体。

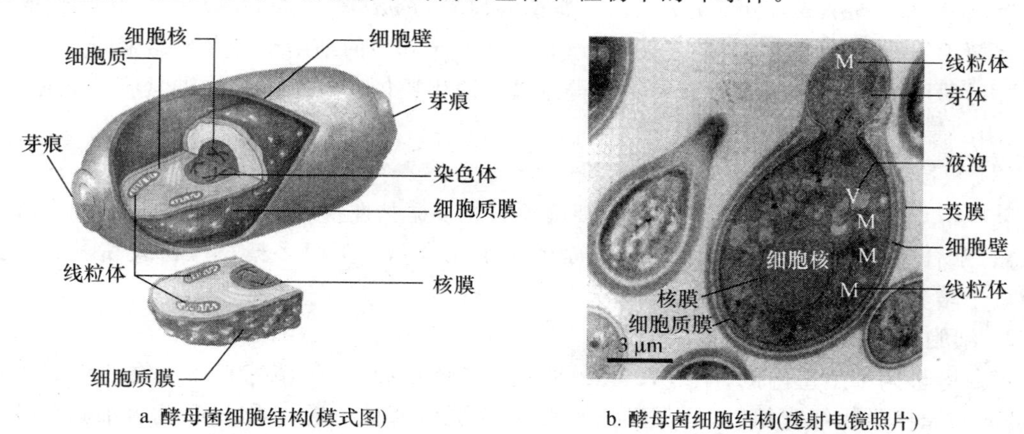

a. 酵母菌细胞结构(模式图)　　b. 酵母菌细胞结构(透射电镜照片)

图 3-3 酵母菌细胞结构图

(a. 引自 Prescott et al 2005，b. 引自 Pommerville J C,2004)

1. 细胞壁与荚膜

(1) 细胞壁

酵母菌细胞壁厚约 25～70 μm，重量约为细胞干重的 25%，主要成分为葡聚糖(35%～45%)、甘露聚糖(40%～50%)、蛋白质(5%～10%)、脂类(3%～8%)和少量几丁质(壳多糖 1%～2%)、无机盐(1%～3%)等。细胞壁由内至外分三层结构(图 3-4)：

① 葡聚糖(glucan)位于细胞壁的内层，与细胞质膜相邻。该层葡聚糖由两类葡聚糖分子组成：β-(1→3)葡聚糖和 β-(1→6)葡聚糖。它们作为细胞骨架，维持细胞形状。

② 中间层为甘露聚糖-蛋白质复合物。蛋白质夹在内层葡聚糖和外层甘露聚糖中间，呈三明治状，蛋白质常与甘露聚糖共价键结合形成一种复合物，蛋白质含量为甘露聚糖的1/10。多数蛋白质为与细胞壁结合的酶，如与细胞壁扩增和结构变化有关的酶(葡聚糖酶、甘露聚糖酶、蔗糖酶、碱性磷酸酯酶、脂酶等)及帮助细胞摄取营养物质的酶(如淀粉酶)等。

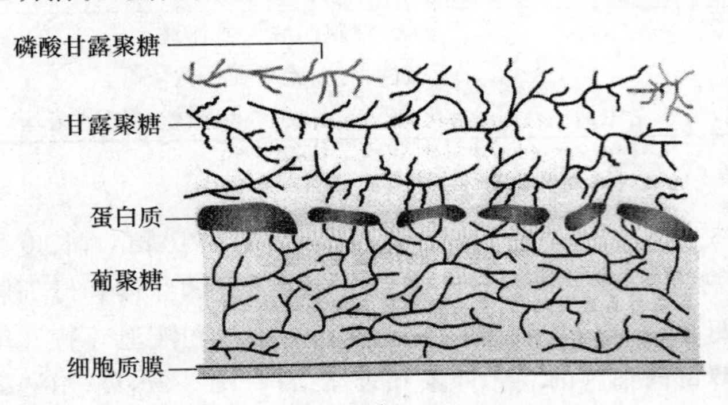

图 3-4　酵母菌细胞壁的化学结构(模式图)

③ 甘露聚糖(mannan)。甘露聚糖是甘露糖分子以 α-(1→6)糖苷键相连的分支状聚合物，呈网状，在细胞壁最外层，除去甘露聚糖，细胞外形不变化。外层还有磷酸甘露聚糖。

几丁质(chitin，或称壳多糖)是一种线状的 N-乙酰氨基葡萄糖的多聚体，单体间以 β-(1→4)糖苷键相连接。几丁质在酵母细胞中含量很低，只在芽体形成时合成，分布于芽痕周围，芽发育成熟与母细胞分开时，含几丁质的隔膜脱离母细胞，初生的隔膜被葡聚糖和甘露聚糖覆盖，故不出芽的子细胞没有几丁质或含量极微。但某些酵母菌中几丁质含量却很高，如红酵母属(*Rhodotorula*)、隐球酵母属、掷孢酵母属等。

不同种属酵母菌的细胞壁成分差异很大，并非所有酵母菌细胞壁都含葡聚糖和甘露聚糖。如点滴酵母(*Saccharomyces guttulatus*)、荚膜内孢霉(*Endomyces capsulata*)，其细胞壁成分以葡聚糖为主；而一些裂殖酵母(*Schizosaccharomyces* sp.)的细胞壁不含甘露聚糖。

酵母菌用蜗牛酶(snailase)破壁后获得酵母菌原生质体。蜗牛酶是一种具有葡聚糖酶、蛋白酶、脂酶等 20 多种酶的复合酶。

(2) 荚膜

某些酵母菌在细胞壁外覆盖有类似细菌荚膜的多糖黏性物质。荚膜主要成分为：磷酸甘露聚糖、杂合多糖和类似鞘类脂的成分复杂的疏水化合物。荚膜多糖黏性物或黏附于细胞上或释放于培养基中。

2. 细胞质膜

紧贴酵母菌细胞壁内侧、厚约 7.5 nm 的膜是细胞质膜，酵母菌等真核生物的细胞质膜结构、成分与原核生物细胞相似，是典型的单位膜，主要由磷脂和蛋白质组成，两者细胞质膜主要成分区别参见表 2-4。因真核生物已有膜分化的细胞器，膜的功能就不及原核生物细胞质膜那样多样化，原核生物细胞质膜上载有电子传递链和基团转移运输系统；而酵母菌细胞质膜上仅有吸收糖或氨基酸的酶、出芽时与细胞壁合成有关的壳多糖合成酶和合成细胞壁多糖骨架结构的 1,3-β-葡聚糖合成酶。

酵母菌和霉菌等真菌的细胞质膜表面有一种特殊的膜折叠结构，称为质膜体(plasmalemmasome)。质膜体沿细胞质膜可扩展长达(20～30)nm×300 nm，位于细胞壁内膜的外表面。

3. 细胞核及核外遗传物质

(1) 细胞核

酵母菌细胞核(nucleus，复数 nuclei)较小、球形，2 μm。在普通光学显微镜下，用特殊染色法(Feulgen 染色法或荧光染色法)可清楚看到细胞核的形态。在电子显微镜下观察冰冻蚀刻法制片或用相差显微镜观察在18%～21%明胶培养基中生长的酵母菌细胞时，多可在细胞中央看到与液泡相邻并被核膜(nuclear envelope)包围的细胞核(图3-5)，核膜是双层膜，约7～8 nm厚，外层与内质网紧密连接，两膜间的空间约10～15 nm，称为核周间隙(perinuclear space)。核膜上有许多直径约40～70 nm的小孔，称为核孔(nuclear pore)，或核膜孔，是细胞核与细胞质间进行物质交换的选择性通道。

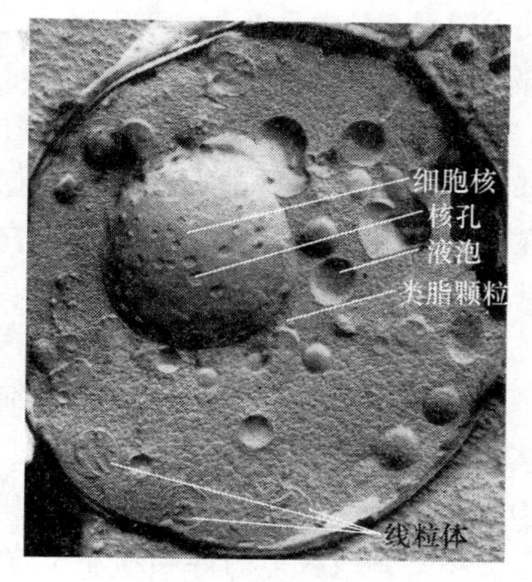

图3-5　酵母菌细胞扫描电镜照片

(引自 Michael et al, 2006)

当细胞核处于静止状态时，看到染色最深、没有膜包裹的新月形或椭圆形小体，称为核仁(nucleolus，复数 nucleoli)，是rRNA(核糖体RNA)合成和装配的场所，每个核内一至数个。细胞有丝分裂前期消失。充满整个细胞核空间的是核基质(nuclear matrix，旧称核液 nuclear sap)，为蛋白纤维组成的网状结构，支撑细胞核和提供染色质附着点。

酵母菌细胞核由DNA、组蛋白、其他蛋白和少量RNA组成线形复合结构的染色质(chromatin)，细胞有丝分裂或减数分裂时，染色质丝进一步盘绕、折叠、浓缩呈棒状结构的染色体(chromosome)。真核生物细胞核及染色体与原核生物细胞核及染色体差别见表2-6和2-7，真核生物染色体的基本结构核小体(nucleosome)模式图见图2-11。染色体数目因种而异，酿酒酵母的单倍体细胞含16条染色体，DNA的相对分子质量(1.2～1.4)$\times 10^{10}$，是细胞质中DNA量的100倍，总长度13 500 kb，约有4000～6500个基因，已全部完成测序工作。其他酵母菌染色体数目较少，有两种汉逊酵母(*Hansenula* sp.)的单倍体细胞含3条染色体，而异常汉逊酵母(*Hansenula anomala*)只有2条染色体。核内还有承担染色体分离和移动功能的纺锤体极体(spindle pile body，简称SPB)。核膜外有由蛋白质细丝结构组成的中心体(microcentrum，或称中心粒团)，可能与有丝分裂和出芽有关。

染色体是遗传信息的主要载体，细胞核是细胞的遗传控制中心，在控制代谢和繁殖中起重要作用。

(2) 线粒体DNA

线粒体DNA为环状分子，DNA相对分子质量为50×10^{6}，类似原核生物DNA，比高等动物线粒体DNA大5倍，占酵母菌DNA 15%～23%，独立复制，只控制线粒体内若干呼吸酶的合成。

(3) 2 μm质粒

2 μm质粒为环状分子，DNA相对分子质量为5×10^{6}，约2 μm长，在细胞核中拷贝数达50～100个/细胞，占酵母菌基因组2%～4%，自主复制，可作外源DNA的载体，通过转化组建工程菌。

4. 内质网、细胞器及其他结构

(1) 内质网和核糖体

内质网(endoplasmic reticulum，ER)是细胞质中由双层膜围绕而成彼此互相连通的囊腔和细管的复杂内膜系统。内质网外侧与细胞质膜相连，内质网内侧与核膜的外膜相连，内质网内外侧相距20 nm。内质网分两类：① 糙面内质网(rough endoplasmic reticulum，ER)，膜上附着核糖体颗粒,具有合成和运送胞外分泌蛋白至高尔基体的功能;② 光面内质网(smooth endoplasmic reticulum,SR),膜上不含核糖体,具有脂类、脂蛋白合成功能,是合成磷脂的主要部位。提供细胞质中所有细胞器(organelle)的膜。

核糖体(ribosome)又称核蛋白体,酵母菌的核糖体沉降常数为80S,由40S和60S两个亚基组成。真核生物与原核生物核糖体比较见2.1.2节。大多数核糖体形成多聚核糖体,分布在细胞质和内质网上,是合成蛋白质的场所。另外,线粒体中有与原核生物相同的70S核糖体。

(2) 线粒体

线粒体(mitochondria)是紧靠细胞四周,分布在细胞质中,由双层单位膜包围的杆状或球状结构。出芽时,线粒体变为丝状,或有分支,随后线粒体分裂进入芽体(图3-3b)。比细菌稍大,约(0.3～1)μm×(0.5～3)μm。每个细胞有10～20个线粒体。好氧条件生长的酵母菌的电镜制片很易观察到线粒体的内膜和外膜结构,内膜向内折叠形成嵴(crista,复数cristae),并扩展到线粒体基质内,嵴上着生ATP合成酶复合体,构成基粒(elementary particle,或F_1颗粒),是传递电子的基本功能单位,每个线粒体约有10^4～10^5个基粒。线粒体外膜通透性强,可透过相对分子质量为5.0×10^7的较大分子;内膜仅能透过小分子及不带电荷的稍大分子。线粒体膜系统内含有许多磷脂、脂类和麦角甾醇,还含有DNA、蛋白质、RNA聚合酶和若干参与三羧酸循环、β-氧化和电子传递氧化磷酸化的酶系。线粒体是酵母菌细胞的“动力房”和“发电站”。

线粒体所特有的DNA链,占细胞DNA总量的5%～20%,线粒体DNA为长达25 μm的环状结构,相对分子质量为5.0×10^7,类似原核生物中的染色体,比高等动物大5倍,能独立自我复制,但只控制合成专供线粒体呼吸的酶类。无氧条件下,酵母菌形成的线粒体很小,只有外膜而无内膜和嵴,称为前线粒体(promitochondria,或称原线粒体)。

(3) 微体

微体(microbody)是酵母菌细胞质中由一种单层膜包裹的球形细胞器。比线粒体小,内含DNA。酵母菌中的微体为过氧化物酶体(peroxisome),是单层膜包裹的含一种至数种氧化酶类的细胞器,主要有两种酶:依赖黄素FAD的氧化酶和过氧化氢酶。可分解细胞中的H_2O_2,使其免受H_2O_2毒害。在糖液中生长的酵母菌,微体小而少,在烃类为碳源时,微体较多而大,微体可能在甲醇等烃类为碳源的代谢中起重要作用。另外,生长在脂肪酸培养基中的酵母菌,微体也非常发达,可迅速将脂肪酸分解成更好利用的乙酰辅酶A。

(4) 液泡

在普通光学显微镜下观察成熟酵母菌细胞时,经常看到一个或多个大小不等的直径约0.3～3 μm的球形液泡(vacuole)。幼龄细胞液泡很小,老龄细胞液泡较大,位于细胞中央,出芽时大液泡分隔成几个小液泡,分配至子细胞和母细胞中。液泡由一单层膜包裹,液泡中含有糖原、脂肪、聚磷酸盐等贮藏物,精氨酸、鸟氨酸和谷氨酰胺等碱性氨基酸,以及蛋白酶、磷酸酯酶、纤维素酶、核酸酶等各种水解酶类和金属离子等。液泡的功能:① 维持细胞渗透压;② 贮藏营养物质;③ 具有溶酶体(lysosome)的功能,将蛋白酶等水解酶与细胞质隔离,防止细胞损伤。

(5) 诞生痕和出芽痕

诞生痕(birth scar)是子细胞与母细胞分离时子细胞细胞壁上的位点,通常在细胞长轴的末端。

出芽痕(bud scar)是母细胞出芽细胞壁上与子细胞分开的位点。酵母菌细胞表面的芽痕稍微突起,面积约 3 μm。酿酒酵母细胞一般可出芽 20 个,最多 40 个。诞生痕与出芽痕含有几丁质成分(图 3-2c)。

(6) 微丝

微丝(fimbria,复数 fimbriae)是酵母菌细胞表面一种像头发丝一样的,直径约 5～7 nm,长度 0.1 μm 的短而细的丝,主要成分为蛋白质,与酵母属的酵母菌凝聚性有关。

5. 细胞质及其内含物

(1) 细胞质

细胞质是酵母菌细胞中一种透明、黏稠、流动性的胶体溶液,为细胞进行新陈代谢的场所。幼龄细胞的细胞质均匀、稠密,老龄细胞的细胞质出现较大液泡和各种贮藏物质。

(2) 内含物

内含物主要有三类化合物——脂质、多糖和多磷酸,可作为碳源和能源的贮藏物质,光学显微镜下常见为颗粒状内含物质(cytoplasmic ground substance)。包括脂肪粒、肝糖粒、海藻糖和聚磷酸盐等。

3.2.3 酵母菌的繁殖

酵母菌的繁殖方式有无性繁殖和有性繁殖两类。以无性繁殖为主。无性繁殖又分芽殖、裂殖、芽裂和其他无性孢子;有性繁殖包括接合生殖和孤雌生殖,形成子囊孢子。

1. 无性繁殖

(1) 芽殖

芽殖是酵母菌无性繁殖的主要方式,如酿酒酵母(图 3-6a 及彩图 16)。出芽过程:成熟酵母菌细胞邻近细胞核中心粒产生一个小突起,称为芽体;随后母细胞核与细胞质分裂,并分别进入芽体和母细胞内;当芽体逐渐长大与母细胞体积接近时;在芽体基部形成隔壁层;最后,子细胞与母细胞自隔壁处分离,子细胞从母细胞中脱落,同时母细胞表面保留脱落的痕迹,称为芽痕或出芽痕。一个成熟的酵母菌细胞一生芽殖可产生 9～43 个子细胞(平均 24 个子细胞)。出芽部位因菌种而异,大多数酵母菌自母细胞各个方向出芽,称为多边芽殖,形成的子细胞呈球形、椭圆形或腊肠形;有的酵母菌在母细胞的两端出芽称为两端芽殖,子细胞为柠檬形;少数在母细胞三端出芽,子细胞呈三角形或瓶形。

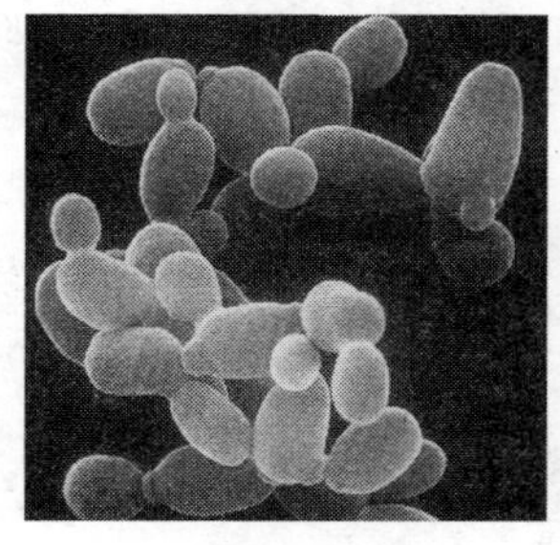

a.酿酒酵母出芽生殖
(扫描电镜照片)

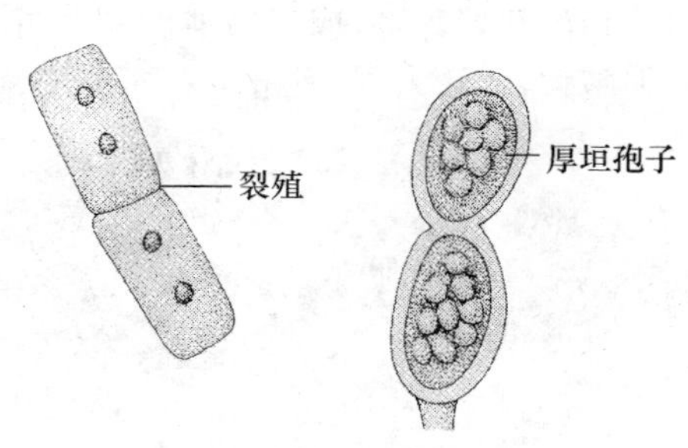

b.裂殖和厚垣孢子(模式图)

图 3-6　酵母菌无性繁殖

(a 引自 Prescott et al,2005)

当环境条件适宜、生长繁殖迅速时，芽殖形成的子细胞未与母细胞分离前，又在芽体上长出新芽，从而形成了藕节状成串的酵母细胞，类似霉菌菌丝，故称假菌丝(图 3-2d,e,f,彩图 17,18)。

真菌中因培养条件改变而变更细胞形态的特性称为双相型真菌(dimorphic fungi)或双态性真菌。条件致病菌白假丝酵母是典型的双相型单细胞酵母菌，正常情况下在人体内寄生时，细胞单个，出芽生殖，呈酵母型(Y 型，yeast)；侵犯组织和出现症状时，细胞呈假菌丝状，称菌丝型(M 型，mycelial)。

(2) 裂殖

裂殖是少数酵母菌中以细胞横分裂繁殖的一种方式(图 3-6b)。如裂殖酵母属，酵母菌细胞生长到一定体积后，细胞核分裂，细胞径间产生横隔膜，然后，横向裂开形成两个单独的子细胞，但快速生长时，细胞分裂而暂时不离开，形成类似菌丝的细胞链。

(3) 芽裂殖

芽裂殖(又称芽裂或半裂殖)是芽殖与裂殖的中间类型。少数酵母菌于一端出芽的同时，在芽基处形成隔膜，将子细胞与母细胞分开，如类酵母属(*Saccharomycodes*)、拿逊酵母属(*Nadsonia*)等。

(4) 无性孢子

有些酵母菌可形成其他无性孢子，如掷孢酵母属的掷孢子(ballistospore)、白假丝酵母的厚垣孢子(chlamydospore，图 3-6b)。

2. 有性繁殖

经过两个不同性细胞接合而产生新个体的过程称为有性繁殖。酵母菌有性繁殖为接合生殖。凡能进行有性繁殖产生子囊孢子的酵母菌称为真酵母。尚未发现有性繁殖的酵母菌称为假酵母。

(1) 接合生殖

接合生殖(conjugation)分两个阶段：质配与核配，子囊孢子形成。

① 质配与核配。酵母菌发育到一定阶段，分化出性别不同的两个细胞(a 和 α 细胞)，a 和 α 细胞接近，各伸出一个哑铃状小突起而相互接触，接触区的细胞壁和细胞质膜溶解，形成一个管道，两个细胞内的细胞质接触融合，称为质配(图 3-7a)。此时两个细胞核并未融合，而是一个细胞里含有两个不同遗传性状的核，称为异核体阶段。此段时间不长，随后两个单倍体的核在融合管中融合形成二倍体的核，此时称为核配。二倍体接合子在融合管垂直方向形成芽体，二倍体核随即移入芽内(图 3-7b)。芽体从融合管脱离，成为二倍体细胞。酵母菌的二倍体细胞可以进行多代营养生长和出芽繁殖，形成二倍体的细胞群。酵母菌的单倍体和二倍体细胞都可以独立生存。二倍体细胞大，生活力强，发酵工业多采用二倍体酵母菌细胞进行生产。

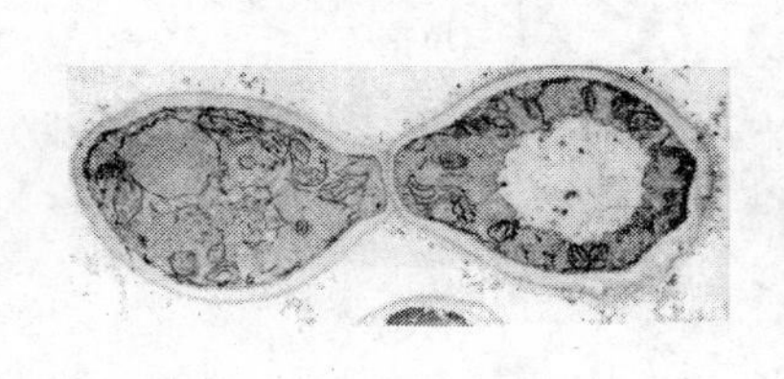

a. 细胞已融合

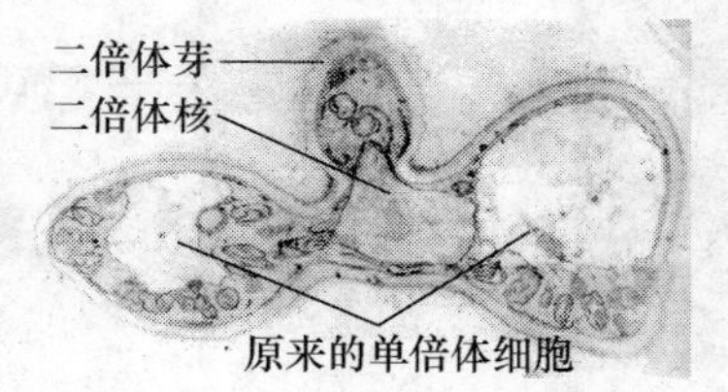

b. 核已融合并出芽(透射电子显微镜照片)

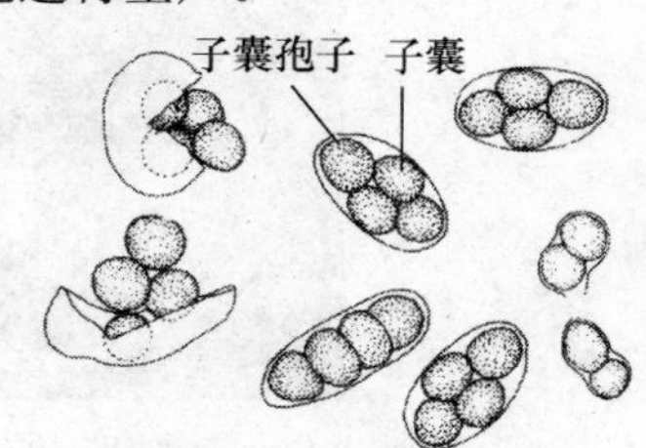

c. 酵母菌子囊及子囊孢子(模式图)

图 3-7 酵母菌有性繁殖

(a,b 为温奇汉逊酵母接合生殖过程，引自 Michael et al,2006)

② 子囊与子囊孢子。在合适条件下(如营养贫乏的醋酸钠产孢培养基)二倍体($2n$)细胞停止营养生长,转变成原子囊,囊内原接合子的核进行减数分裂,成为4或8个核(一般4个核),以核为中心的原生质浓缩,在其表面形成一层孢子壁,最终形成单倍体(n)子囊孢子(ascospore),子囊孢子外面包裹的一层膜称为子囊(ascus)(图3-7c及彩图19)。酵母菌子囊孢子形状因菌种而异,是酵母菌分类的重要依据。

(2) 孤雌生殖

偶尔发生非性细胞接合,酵母菌细胞核自行经过1~3次核分裂,形成子囊孢子。这种生殖方式称为孤雌生殖(parthenogenesis),或称为单性生殖、单亲生殖。

3. 酵母菌生活史

不同性状的两个单倍体酵母菌细胞经过质配、核配形成子囊孢子,子囊孢子萌发形成单倍体细胞。单倍体细胞再接触、融合,往复循环,其间单倍体和二倍体的酵母菌又可独立营养生长和出芽繁殖,这就是酵母菌的生活史。酵母菌的生活史有三种类型:

① 单倍体型。生活史中单倍体阶段长,二倍体阶段短,如八孢裂殖酵母(*Schizosaccharomyces octosporus*);

② 双倍体型。生活史中单倍体阶段短,二倍体营养阶段较长,如路德类酵母(*Saccharomycodes ludwigii*);

③ 单双倍体型。生活史中单倍体阶段和二倍体阶段同样重要,均能以出芽方式进行繁殖,生活史形成了明显的世代交替(图3-8),如酿酒酵母。主要过程为:

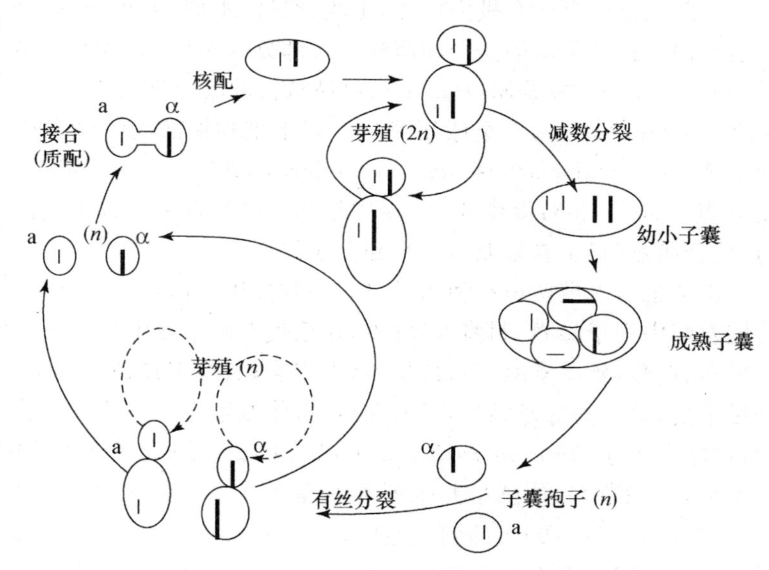

图3-8 酵母菌生活史(单双倍体型)(模式图)

a. 单倍体营养细胞以出芽繁殖(二倍体营养细胞也可出芽繁殖);

b. 两个单倍体营养细胞接合,质配,核配,形成二倍体核;

c. 二倍体细胞不立即进行核分裂,以出芽方式进行无性繁殖,成为二倍体营养细胞;

d. 二倍体营养细胞在适宜条件下转变为子囊,二倍体核经减数分裂形成4个子囊孢子。

3.2.4 酵母菌的群体形态

1. 菌落特征

酵母菌大多数为单细胞,非菌丝体,固体培养基上形成的菌落与细菌相似。酵母菌菌落的共同特征为:① 菌落大而厚(细胞大、无鞭毛,细胞堆积而突起);② 表面光滑、湿润、黏稠(单细胞,如酿酒酵母,彩图20),少数培养时间较长或有假菌丝的酵母菌(如异常汉逊酵母,彩图21),表面稍皱缩;③ 菌落不透明,颜色较单调,多数呈乳白色,少数呈红色(如红酵母)、粉红色

(如掷孢酵母)或黑色;④ 与培养基结合不紧密(无菌丝),易被接种针挑起等。菌落颜色、光泽、质地、表面和边缘等特征是酵母菌种鉴定的依据。

2. 液体培养特征

不同酵母菌在液体培养基中生长情况不一。有的在液体培养基底部生长,易于凝集沉淀(工业发酵将易凝集沉淀、发酵度较低的酵母称下面酵母);有的在液体培养基中均匀生长,清亮培养液变为混浊;有的则在液体表面生长,形成菌膜或菌醭(工业发酵将发酵度较高,浮在液面的酵母称为上面酵母)。菌醭形成与厚薄等特征也具一定分类意义。

3.3 霉　菌

霉菌是所有小型丝状低等真菌的统称,不是分类学上的名称,凡在固体培养基上生长成绒毛状、棉絮状或蜘蛛网状菌落的真菌统称霉菌。

霉菌在自然界分布极为广泛,土壤、空气、水域、人类或动植物体内外,可以说地球表面任何地方都可找到霉菌的孢子和菌丝。大部分为腐生菌,少数为寄生菌,有些为共生菌,如口蘑属(*Tricholoma*)、桩菇属(*Paxillus*)与松属、栎属植物共生的外生菌根(ectomycorrhiza),内囊霉科(*Endogonaceae*)与全球几乎90%以上植物根部或假根部形成的泡囊-丛枝菌根或囊丛枝内生菌根(vesicular arbuscular mycorrhiza,VAM菌根)。霉菌为好氧菌、兼性厌氧菌;培养温度为20～30℃,相对湿度85%,是中温菌。已知霉菌约有4万种,分别属于真菌中的鞭毛菌亚门、接合菌亚门、子囊菌亚门和半知菌亚门。

霉菌也是人类认识和利用最早的一类微生物,与人类生产、生活关系极为密切。霉菌除在传统发酵中用于酿酒、制酱、腐乳外,在近代发酵工业中广泛用于生产酒精、有机酸(柠檬酸、葡萄糖酸、曲酸、延胡索酸等)、抗生素(青霉素、灰黄霉素、制霉菌素等)、酶制剂(淀粉酶、蛋白酶、纤维素酶、果胶酶等)、维生素、麦角碱、甾体激素等。农业上用于生产发酵饲料;植物生长刺激素,如藤仓赤霉 *Gibberlla fujikuroi* 的赤霉素(gibberelin,GA);杀虫农药,如白僵菌 *Beauveria* 的孢子粉剂;除草剂,如感染并杀死顽固性杂草的黑腐病菌 *Xanthomonas campestris* 和防治菟丝子效果达70%～95%的刺盘孢属 *Colletotrichum* 等。另外,霉菌在生物防治、污水治理等方面也广泛应用。腐生型霉菌有分解复杂有机物的能力,在自然界物质转化和堆肥腐熟中发挥重要作用。霉菌在理论研究中也具有很高价值。粗糙脉孢菌在生化遗传学建立中的作用已被公认。作为基因工程受体菌,霉菌因其有很高的蛋白质分泌能力,能进行各种翻译后加工,与细菌、酵母菌相比,有更加独特的优点;某些传统发酵中常用的米曲霉(*Aspergillus oryizae*)和黑曲霉(*A. niger*)已被世界卫生组织确认为安全菌株(generally regarded as safe,GRAS),且有成熟的发酵和完善的后处理工艺,可安全地生产医用蛋白质。目前,已有不少基因工程受体菌成功例子的报道。

霉菌是一类腐生型和寄生型的微生物,对人类也会造成极大损害。霉菌是造成农副产品、衣物、食品、器材、工业原料木材、橡胶、皮革等发霉变质的主要微生物。全世界每年由于霉变而不能食用或饲用的谷物约达总产量的2%,经济损失巨大。不少种类霉菌是人类和动物的致病菌,少数种类还能产生毒素,严重威胁人畜健康,如表皮癣菌、毛癣菌引起的癣症;黄曲霉(*Aspergillus flavus*)毒素(aflatoxin)诱发的肝癌;拟分枝孢镰孢霉(*Fusarium sporotrichioides*)的单端孢烯族毒素 T_2 引起人、畜白细胞急剧下降,骨髓造血机能破坏等(已有战争罪犯将 T_2 制成生物武器"黄雨"，威胁人类的报道!)。霉菌对植物体的病害也数不胜数，如19世纪马铃薯晚疫病流行时，就曾迫使爱尔兰岛居民背井离乡外出逃生，尖孢镰孢霉(*Fusarium oxysporum*)就是棉花枯萎病的病原菌。

3.3.1　霉菌的个体形态

大多数霉菌的营养体由分支和不分支的菌丝(hypha)组成。相互交织缠绕的菌丝，称为菌丝体(mycelium)。在光学显微镜下，菌丝呈管状，直径约2～10 μm，与酵母菌直径相似，但比细菌直径和放线菌菌丝宽几倍至十几倍。幼龄菌丝无色透明，老龄菌丝常呈各种色泽。

1. 菌丝的一般形态

(1) 根据功能上的分化，霉菌的菌丝分为两种类型：

① 营养菌丝(或称基内菌丝)，伸入固体培养基吸收营养。

② 气生菌丝，由营养菌丝向空中生长的菌丝，其中部分气生菌丝发育到一定阶段，分化成繁殖菌丝，产生各种孢子。

(2) 根据有无隔膜，霉菌的营养菌丝分为两种类型(图3-9)：

① 有隔菌丝。菌丝内有隔膜，被隔膜隔开的每一段是一个细胞，整个菌丝由多细胞组成，每个细胞内含一个或多个细胞核，隔膜上有一个或多个各种小孔(图3-9a)。小孔使细胞间的细胞质和营养物质自由流通和交换，每个细胞功能相同。菌丝伸长时，顶端细胞随之分裂，细胞数目不断增加。菌丝断裂或菌丝中一个细胞死亡，小孔立即封闭，避免生活细胞质外流或死细胞降解产物逆流。大多数霉菌的菌丝属于此类，如青霉属、曲霉属(*Aspergillus*)和木霉属(*Trichoderma*)等。

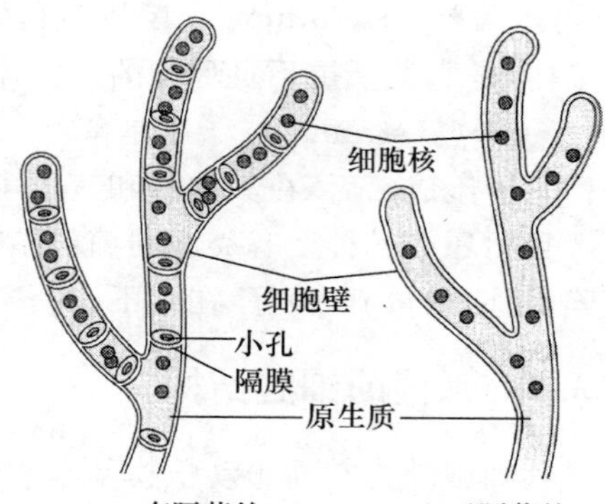

图3-9　霉菌的营养菌丝

(引自 Pommerville J C，2004)

② 无隔菌丝。整个菌丝为长管状单细胞，细胞质内含多个细胞核(图3-9b)。其生长表现为菌丝伸长、细胞质增加和细胞核分裂、增多。此为少数低等真菌菌丝的特征。如毛霉属(*Mucor*)和根霉属(*Rhizopus*)的菌丝。

2. 菌丝的特化形态

为了适应环境，有些霉菌的营养菌丝可分化成许多特化的变态类型，如匍匐丝、假根、吸器、菌索和菌核等。

① 匍匐丝(stolon)和假根(zhizoid)。匍匐丝是毛霉目(Mucorales)真菌中通常在两丛孢子囊梗间连接的、在固体培养基上由营养菌丝蔓延伸出的菌丝(图3-10a)。假根是接合菌亚门真菌中通常由营养菌丝扎向固体培养基内的须根状结构，用以吸收营养、支撑孢子囊梗和孢子囊(图3-10a)。

② 吸器(haustorium)，或称吸胞。专性寄生真菌在侵染植物根组织后，从菌丝侧生出短枝，深入寄主细胞内吸收营养，供真菌生长的特殊菌丝(图3-10b)。吸器形态多种。

③ 菌索(rhizomorph)。菌索是大量真菌菌丝聚集缠绕植物根部形成的呈绳索状、多囊状或根状体的结构，菌索有助真菌侵染寄主，抵抗不良环境，并可帮助植物从土壤中吸收更多营养。如松树根部疣革菌(*Thelophora terrestris*)形成的分叉状外生菌根(图3-10c)、松树根部

乳牛肝菌(*Suillus bovinus*)形成的发育极其繁茂的扇形外生菌根(图 3-10d)。

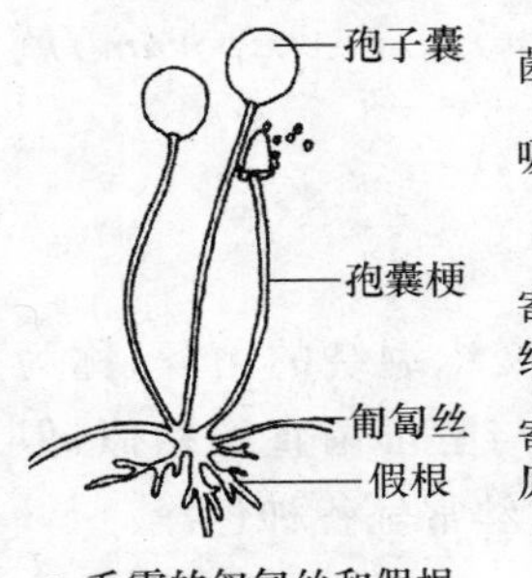

a. 毛霉的匍匐丝和假根(模式图)

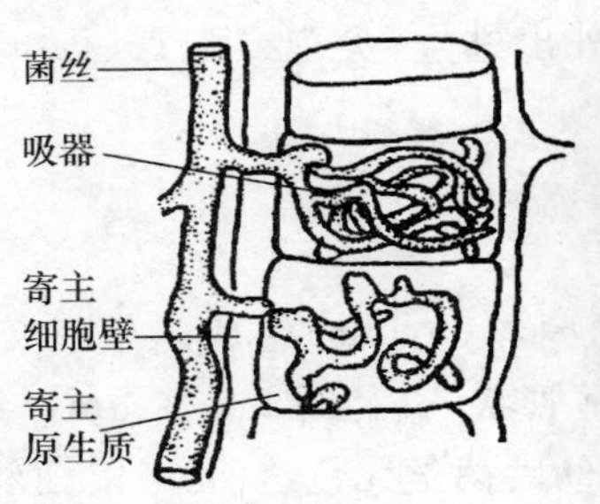

b. 霉菌的吸器(模式图)

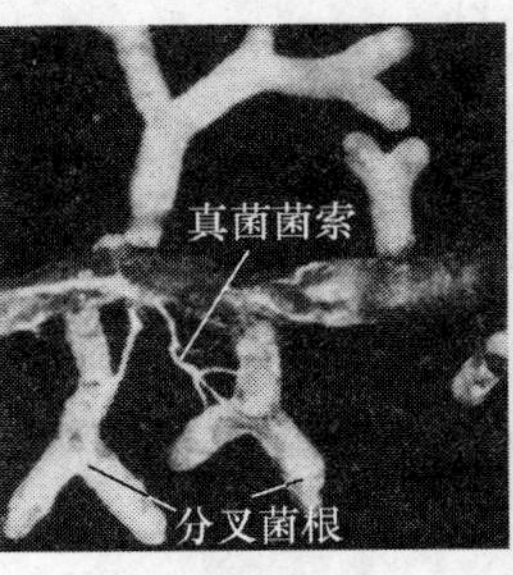

c. 疣革菌在松树根部形成的菌索和分叉菌根

d. 乳牛肝菌在松树根部形成的扇形外生菌根

图 3-10 霉菌菌丝特化的变态类型

(b 引自 Alexopoulos et al,1979;c,d 引自 Michael et al,2006)

④ 菌核(sclerotium)。菌核是真菌发育到一定阶段,菌丝分化并密集缠绕形成坚硬的团状结构,是真菌抵抗不良环境的坚实休眠体。

⑤ 子座(stroma)。子座是菌丝分化并密集缠绕形成的膨大的团块状、垫状和头状等组织结构。子座成熟后,在其内部和表面可发育出无性繁殖和有性繁殖的结构。

真菌还有各种变态类型的菌丝结构,如附着枝(hyphopodium)、附着胞(appressorium)、菌丝陷阱(hyphal trap)等,在此不一一赘述。

3.3.2 霉菌的细胞结构

其细胞结构与高等动植物基本相似。仅就差异较大部分介绍如下。

1. 细胞壁

真菌细胞壁主要成分是几丁质(壳多糖),另有少量蛋白质和脂类。壳多糖是 N-乙酰葡萄糖胺分子以 β(1→4)糖苷键连接而成的多聚糖,与纤维素分子结构相似,纤维素分子与葡萄糖上第二个碳原子相连的是羟基,而几丁质是乙酰氨基(图 3-11)。纤维素和几丁质构成真菌细胞壁的网状结构——微原纤维(microfibril),类似建筑物的钢筋,使细胞壁保持坚韧;微纤维包埋在无定形的基质(matrix)中,类似混凝土等填充物,由 β(1→3)、β(1→6)甘露聚糖和 α(1→3)葡聚糖及少量蛋白质组成。细胞壁所含糖的种类因菌种而异,低等真菌以纤维素为主,酵母菌以葡聚糖为主,而高等陆生真菌则以几丁质为主。

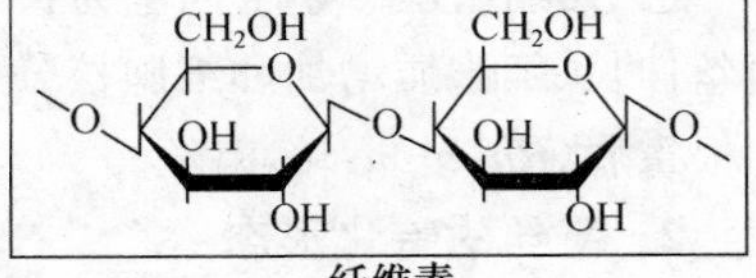

纤维素

几丁质

图 3-11 纤维素和几丁质分子结构

粗糙脉孢菌细胞壁化学组成及结构研究得最为清楚,其菌丝尖端细胞壁结构如图 3-12 所示。最外层厚约 87 nm,由 β(1→3)、β(1→6)无定形葡聚糖组成,次外层是镶嵌在葡聚糖基质中的蛋白质网架,厚约 49 nm,再内层是蛋白质层,厚约 9 nm,最内层是由放射状排列的壳多糖微纤维与蛋白质组成的混合层,厚约 18 nm。真菌细胞壁的多糖成分在真菌的化学分类中具有重要作用,依照细胞壁多糖成分分为 8 个分类群。即便同一菌种,菌丝尖端生长点部分的结构与菌丝成熟区部分的结构也略有差别。

真菌因细胞壁化学组成上的差异，制备原生质体时所选择的破壁酶为各种裂解酶，通常是蜗牛酶、纤维素酶、几丁质酶等几种酶的复合酶制剂。细胞壁保持菌体形状，保护细胞免遭外界不良因子损伤，并具有抗原性，为某些酶的结合位点。

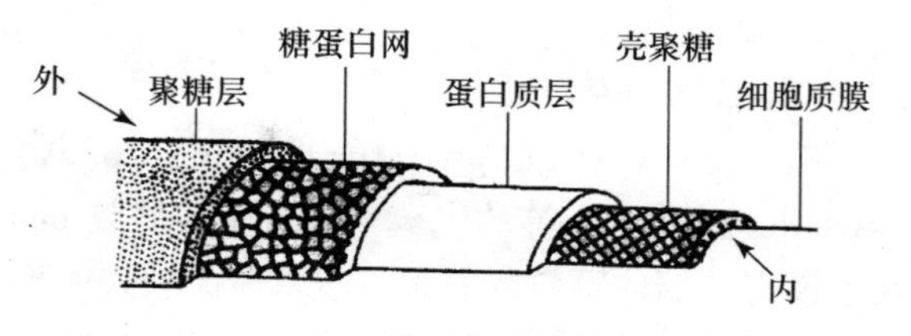

图 3-12 粗糙脉孢菌细胞壁结构模式

2. 细胞质膜和内质网膜

膜组成与酵母菌基本相同，中层为磷脂，外层为糖类，内层为蛋白质。主要差别是构成膜的磷脂和蛋白质种类不同。

霉菌等真菌的细胞质膜表面也可观察到特殊的膜折叠结构——质膜体。

3. 细胞核与质粒

真菌细胞核较小，直径 2～3 μm。但也有些真菌有相当大的核，如虫霉目(Entomophthorales)蛙粪霉(*Basidiobolus ranarum*)的核直径约 25 μm，木蹄层孔菌(*Fomes fomentarius*)的核直径约为 20 μm。真菌细胞核与高等生物相似，由核膜包围(常为 2～3 层)，核膜上也有许多核孔，核孔的数目常随菌龄递增，核中含有染色体、核质和核仁。每一种真菌的 DNA 含量、染色体数目和大小依菌种而异，如构巢曲霉(*Aspergillus nidulans*)含有 8 条染色体，粗糙脉孢菌有 7 条染色体，里氏木霉(*Trichoderma reesei*)含有 6 条染色体，裂褶菌(*Schizophyllum commune*)有 3 条染色体，双孢蘑菇(*Agaricus bisporus*)为 13 条染色体等。真菌核中的 DNA 相对分子质量约为 6×10^9 ～ 30×10^9，比高等动植物小得多。

真菌与高等生物细胞核不同的特点是：① 真菌染色体的基本结构核小体(图 2-11)间的距离为 10～20 bp，而高等生物核小体的间距约为 50～60 bp；② 真菌有丝分裂期间核膜和核仁不消失，核膜最后分裂成两个子核的核膜，核仁也缢缩分裂；③ 真菌有丝分裂和减数分裂期间着丝粒微管的复制和移动与动植物细胞稍有差异；④ 真菌的基因组较小，约为大肠杆菌的 7 倍。与酵母菌基因组类似，丝状真菌的基因组较紧密，间隔序列短；虽有约一半基因含有内含子，但与哺乳动物相比，丝状真菌内含子短，平均约长 70 bp，而且，许多基因成簇存在，便于某些代谢产物基因的克隆。

质粒是核外的遗传物质，丝状真菌中发现的质粒还不多，主要在线粒体中，如在链孢霉线粒体中发现的可能由线粒体染色体衍生而来的两类质粒；另外，在线粒体中还发现与线粒体无关的真正的质粒；丝状真菌中还发现与某些病毒特征相似的核外遗传物质。

4. 细胞质与细胞骨架

① 细胞质是细胞质膜与细胞核间悬浮各种细胞器的由蛋白质、糖类、盐类组成的透明、黏稠、流动的胶体溶液，也称为细胞基质(cytomatrix，cytoplasmic matrix)或细胞溶胶(cytosol)。其中富含各种酶、中间代谢产物和内含物，是细胞新陈代谢活动的重要场所。

② 细胞骨架(cytoskeleton)由 3 种蛋白质纤维构成：a. 微管(microtubule，直径 25 nm)，由微管蛋白(tubulin)的 α 和 β 两个亚基双分子按螺旋缠绕成的单层微管；b. 微丝(microfilament)，或称肌动蛋白丝(actin filment)，直径 4～7 nm，是肌动蛋白组成的实心纤维；c. 中间纤丝(intermediate filament)，或称中间丝，直径 8～10 nm，由角蛋白等组成。细胞骨架不但有支持细胞的功能，还可通过细胞质环流(cytoplasmic streaming)运输营养物质、支持黏菌运动和支持细胞核、细胞分裂的功能等。

5. 细胞器

(1) 高尔基体

高尔基体(Golgi apparatus,或 Golgi body)是由一系列(4～8 个)平行堆叠的扁平膜囊(saccule)和大小不等的泡囊(cisterna,复数 cisternae,或称为潴泡)堆积所组成的膜聚合体。其上没有核糖体颗粒附着。高尔基体的顺式或形成面接受从糙面内质网来的蛋白质,经高尔基体浓缩、加工,形成糖蛋白和脂蛋白,再从该细胞器的反式或成熟面或其边缘以出芽方式释放分泌泡。可见,高尔基体是合成、分泌糖蛋白和脂蛋白等物质的细胞器,也是合成新细胞壁和细胞质膜原料的重要细胞器。霉菌中的高尔基体不甚发达,有时有几个或单个潴泡,称为分散高尔基体(dictyosome)。

(2) 溶酶体

溶酶体是真核微生物中一种由单层膜包裹的、含酸性水解酶的囊泡状细胞器,内含 40 种以上的酸性水解酶。溶酶体内的 pH 为 3.5～5,可以水解外来的蛋白质、多糖、脂类及 DNA 和 RNA 等大分子。溶酶体的主要功能是细胞内的消化作用,其种类、大小、数目因菌种而异。当细胞坏死时,溶酶体膜破裂,其中酶释放,导致细胞自溶(autolysis)。

(3) 氢化酶体

氢化酶体(hydrogensome)是在缺少线粒体的厌氧性真菌和原生动物细胞中发现的唯一细胞器,是由单层膜包裹的球形细胞器。其作用类似线粒体,内含氢化酶(hydrogenase)、氧化还原酶(oxido-reductase)、铁氧还蛋白(ferredoxin)和丙酮酸,即由氢化酶转运电子到最终电子受体生成分子氢和 ATP 的电子转运途径(electron-transport pathway)。

(4) 几丁质酶体

几丁质酶体(chitosome),又称壳体,是活跃于丝状真菌顶端细胞中的微小泡囊,直径 50～70 nm,内含几丁质合成酶,可将 UDP-N-乙酰葡萄糖胺合成几丁质微纤维。几丁质酶体的功能是合成几丁质合成酶,并不断将该酶向菌丝尖端细胞壁处运送,使几丁质微纤维不断在菌丝尖端细胞壁处合成,并使菌丝尖端不断延伸。

(5) 膜边体

膜边体(lomasome),又称边缘体或质膜外泡,是位于丝状真菌细胞四周的细胞质膜与细胞壁间的、由单层膜包裹的细胞器。膜边体形态多样,有管状、囊状、球状或多层折叠膜状,内含颗粒或泡状物。膜边体在高尔基体或内质网的特定部位形成,其功能不详,可能与细胞壁合成或水解酶分泌有关。

6. 鞭毛与纤毛

鞭毛与纤毛是真核微生物细胞表面生长的毛发状结构,具运动功能。较长(150～200 μm)、数目较少者称为鞭毛;较短(5～10 μm)、数目较多者称为纤毛。真核微生物鞭毛与原核微生物鞭毛在运动功能上虽然相同,但在结构、装配机制、运动和耗能方式上有显著差别(参见图 2-15,图 3-13)。

鞭毛是细胞质膜的延伸物,由鞭杆(伸出细胞外的结构)、基粒(埋于细胞质膜内,将鞭毛固定在细胞质中)和鞭毛外膜等连接结构(细胞质膜包裹整个鞭杆,使鞭杆和基粒连接)三部分组成。鞭毛的化学组分主要是蛋白质。

① 鞭杆(shaft)或称轴丝(axoneme)。其横切面是“9+2”型,即 9 对微管二联体(doublet)束状排列围绕在鞭毛的外缘,中心有一对不断运动的、包在中央微管鞘内且相互平行的中央微

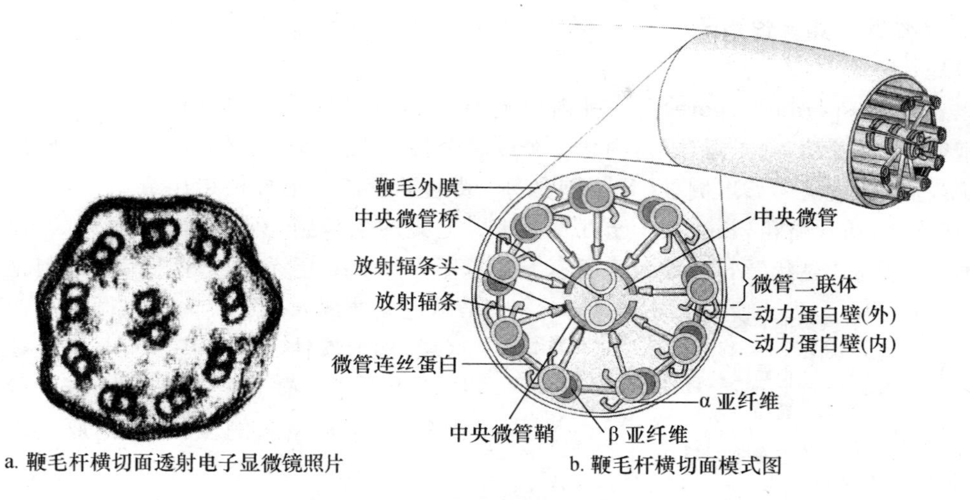

a. 鞭毛杆横切面透射电子显微镜照片　　b. 鞭毛杆横切面模式图

图 3-13　真核微生物的“9＋2”型鞭毛

（引自 Prescott et al,2005）

管。每对微管二联体由 α、β 两条中空的亚纤维螺旋环绕而成，α、β 亚纤维的每一圈各由 13 个球形微管蛋白亚基环绕。微管蛋白亚基在鞭毛基部合成并装配、延伸，由 α 亚纤维上伸出内外两条动力蛋白臂(dynein arms)，这种蛋白是 Ca^{2+}、Mg^{2+} 激活的 ATP 酶，可水解 ATP，释放并转换供鞭毛运动的能量。通过动力蛋白臂与相邻的微管二联体作用，使鞭毛弯曲运动。相邻的微管二联体间有微管连丝蛋白(nexin)使之联结，每条微管二联体上还有伸向中央的放射辐条(radil spoke)，但微管的端部是呈游离状态的。

② 基粒(kinetosome)，或称基体(basal body)、毛基体。基粒与鞭杆结构类似，直径约 120～170 nm，长约 200～500 nm，但在电镜下其横切面为“9＋0”型，即中央没有微管和微管鞘，外围是 9 个二联体微管。

纤毛内部结构与鞭毛相同，只是纤毛更短更多，通过挥鞭式波动，协调推动细胞运动。

原核微生物鞭毛与真核微生物鞭毛比较见表 3-2。

表 3-2　原核微生物与真核微生物鞭毛的比较

项　目	原核微生物鞭毛	真核微生物鞭毛
结构	较细，中空单管状结构	较粗，“9＋2”结构
装配	蛋白质亚基在鞭毛尖端合成、装配	蛋白质亚基在鞭毛基部合成、装配
运动	旋转马达式运动	挥鞭正弦波浪式运动
能量来源	细胞质膜质子动势提供鞭毛运动能量，或基粒蛋白亚基接受 ATP 改变构象	动力蛋白水解 ATP 提供鞭毛运动能量

3.3.3　霉菌的繁殖方式

霉菌繁殖能力很强，方式多样。菌丝断片除了可直接发育成新的菌丝体，称为断裂增殖外，霉菌主要通过无性或有性繁殖方式产生各种无性和有性孢子。菌丝结构、孢子的形成方式和特点皆为霉菌类群分类鉴定的指征。

1. 无性繁殖和无性孢子

(1) 孢囊孢子

孢囊孢子(sporangiospore)是一种内生孢子,孢子产生于囊状结构的孢子囊中。单细胞,有细胞壁,不能游动,孢子近球形,内含1个或多个核。无隔菌丝体在基质上或内蔓延,发育到一定阶段后,由菌丝体长出侧枝,称为孢囊梗(或孢子囊柄),孢囊梗单生或丛生,分支或不分支,单细胞,较菌丝略粗,长达几十至几百微米。孢囊梗生长到一定长度时,顶端膨大成球形、椭圆形或梨形的"囊状"结构,称为孢子囊。在囊下方形成一层无孔隔膜将孢囊梗与孢子囊分开,孢囊梗深入孢子囊内部呈圆柱形的无孢子区域,称为囊轴。囊轴基部有与孢囊梗隔开的膜称为囊托。孢子囊逐渐长大,囊中的核经多次分裂,形成密集的多核,囊内原生质也分化成许多小块,每一个核外包围着原生质,再生出孢子囊的膜和壁,最后发育成孢囊孢子。孢囊孢子成熟后,孢子囊壁破裂,孢子分散出来(图3-14)。脱落孢囊孢子后在孢囊梗顶端可见囊轴或囊托。有些霉菌的孢子囊脱落后残留的部分称囊领。孢囊孢子靠气流传播,在适宜条件下萌发成新菌丝体。如黑根霉(*Rhizopus stolonifer*)、高大毛霉(*Mucor mucedo*)等。

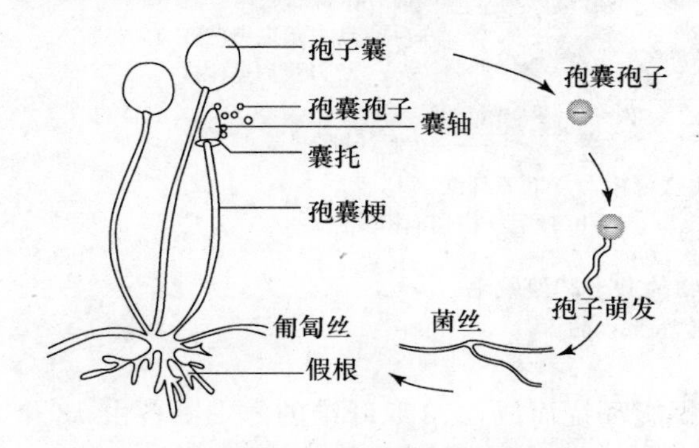

图 3-14 根霉无性繁殖简图

毛霉和根霉是发酵工业中常用的菌种,二者的比较见表3-3。

表 3-3 毛霉和根霉主要特征比较

名称(属)	菌落	菌丝	无性孢子	有性孢子	主要特征	主要用途	代表菌
毛霉	棉絮状	无隔	孢囊孢子	接合孢子	孢囊梗单生或分支较少,无假根、无匍匐丝、无囊托	蛋白质分解菌,制腐乳、豆豉,甾体转化	高大毛霉 鲁氏毛霉
根霉	蜘蛛网状	无隔	孢囊孢子	接合孢子	孢囊梗群生,有假根、有匍匐丝、有囊托	淀粉分解菌,产多种有机酸,甾体转化	黑根霉 米根霉

孢囊孢子按其运动方式分为两类:① 具鞭毛、在水中能游动的孢囊孢子,称为游动孢子(zoospore),靠水传播,是水生霉菌的特点。② 陆生霉菌所产生的无鞭毛、不能游动的孢囊孢子,又称不动孢子或静孢子,在空气中传播。

(2) 分生孢子

分生孢子(conidium)是霉菌中最常见的一类无性孢子,由菌丝分割(断裂法)或缢缩(由菌丝顶端出芽法)而形成单个或成簇的孢子,因生于细胞外,故称外生孢子。靠空气传播。分生孢子通常产生于菌丝分化形成的分生孢子梗上。根据分生孢子梗的分化程度不同,可分为两种类型:① 分生孢子梗分化不明显,分生孢子着生在菌丝或分支顶端,分生孢子单生、成链或成簇,如红曲霉属(*Monascus*)和交链孢属(*Alternaria*)。② 分生孢子梗分化明显,如青霉属和曲霉属(图3-15)。但分生孢子着生方式两者又有区别:青霉的分生孢子梗直立于气生菌丝或埋伏型菌丝上,分生孢子梗顶端多次分支,形成扫帚状分生孢子穗,分生孢子梗顶端着生梗基,梗基上着生小梗,小梗上形成成串的分生孢子,如产黄青霉(*Penicillium chrysogenum*,图

3-15a 及彩图 22、23）。曲霉的分生孢子梗顶端膨大形成顶囊，顶囊表面着生一层或两层以辐射状排列的柱形或瓶形小梗，小梗末端形成分生孢子链，分生孢子穗菊花状，如黄曲霉（图 3-15b 及彩图 24、25）。分生孢子的形态、颜色、大小、结构、着生方式也因菌种而异，是菌种鉴定和分类的依据。

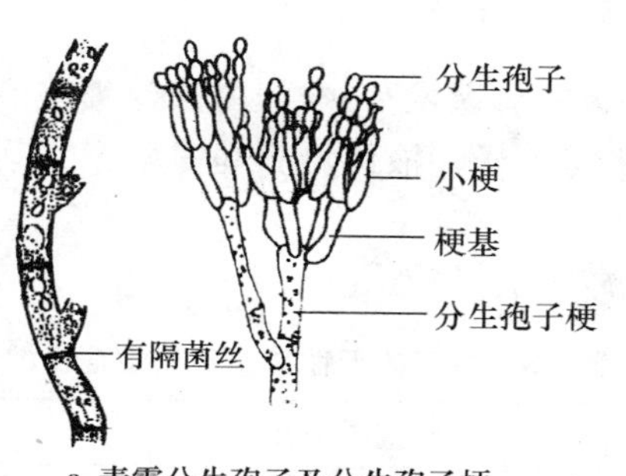

a. 青霉分生孢子及分生孢子梗（模式图）

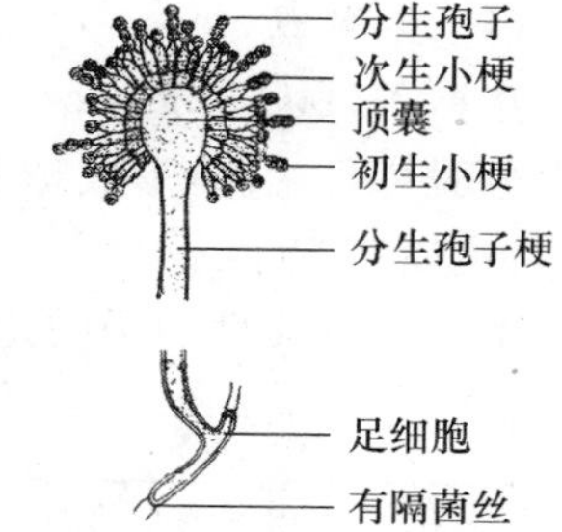

b. 曲霉顶囊、分生孢子梗及分生孢子(模式图)

图 3-15　霉菌分生孢子及分生孢子梗

青霉和曲霉是发酵工业中常使用的菌种，二者的比较见表 3-4。

表 3-4　青霉和曲霉主要特征比较

名称(属)	菌落	菌丝	无性孢子	有性孢子	主要特征	主要用途	代表菌
青霉	绒毯状	有隔	分生孢子	子囊孢子（少数产）	分生孢子梗多次分支，小梗顶端串生分生孢子，分生孢子穗扫帚状，无足细胞	生产青霉素、纤维素酶、有机酸等	产黄青霉[a] 点青霉
曲霉	绒毯状	有隔	分生孢子	子囊孢子（少数产）	分生孢子梗顶端膨大成顶囊，着生小梗及分生孢子，分生孢子穗菊花状，基部有特化的足细胞	生产果胶酶、有机酸等，也可产生对人体有害的毒素，如黄曲霉毒素等	黑曲霉 米曲霉 黄曲霉[a]

a. 产青霉素的产黄青霉和黄曲霉未发现有性生殖。

（3）节孢子

节孢子(arthrospore)或称粉孢子。菌丝生长到一定阶段，菌丝上出现许多横隔膜，随后从横隔膜处断裂，形成许多筒状、短柱状或两端钝圆形的节孢子。如菌落类似酵母菌，称酵母状霉菌的白地霉(*Geotrichum candidum*)，常见老龄菌丝顶端产生成串的节孢子（图 3-16）。节孢子脱离菌丝后，又形成单独生活的酵母状细胞。

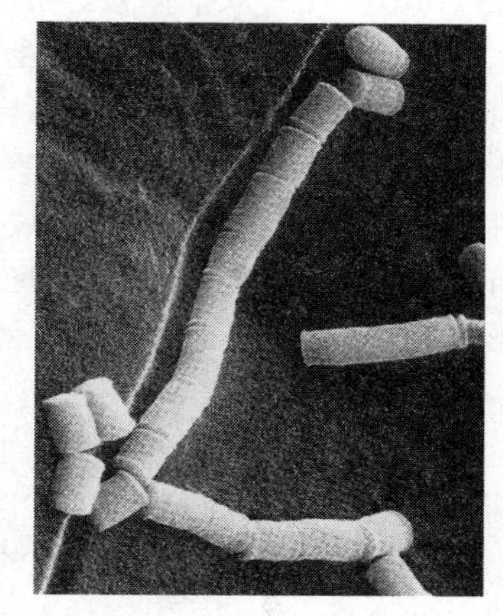
图 3-16　白地霉节孢子
（扫描电镜照片）
（引自 Ronald M A，1984）

（4）厚垣孢子

厚垣孢子或称厚壁孢子，是许多霉菌形成的一类孢子壁很厚的孢子。菌丝生长到一定阶段，在菌丝顶端或中间个别细胞膨大，原生质浓缩、变圆，类脂质密集，其四周生长出厚壁或原细胞壁加厚形成球形、纺锤形或长柱形的厚垣孢子（图 3-6），为抵抗热与不良环境的一种休眠体。菌丝死亡后，其上的厚垣孢子仍存活，待条件适宜时，再萌发成菌丝体。但有的霉菌在营养丰富、环境条件正常时也形成厚垣孢子。

(5) 芽孢子

芽孢子(budding spore)像酵母菌发芽一样,由菌丝细胞产生小突起,随后细胞壁紧缩,突起部分脱离母细胞,形成球形芽孢子。液体培养基中培养的毛霉、根霉所形成的一种"酵母型"细胞,也属芽孢子。

霉菌各种无性孢子的比较见表3-5。

表3-5 霉菌的无性繁殖及无性孢子的类型

孢子名称	孢子形成方式	孢子形成过程	代表菌举例(分类地位)
孢囊孢子	内生孢子	在菌丝的特化结构孢子囊内形成	毛霉、根霉(藻状菌纲、毛霉目)
游动孢子	内生孢子	有鞭毛、能游动的孢囊孢子	水霉(卵菌纲、水霉目)
分生孢子	外生孢子	由分生孢子梗顶端细胞特化而成的单个或簇生的分生孢子	曲霉、青霉(丝孢菌纲、丛梗孢目)
节孢子	外生孢子	由菌丝断裂而成的裂生孢子	白地霉(内孢霉纲、内孢霉目)
厚垣孢子	菌丝细胞浓缩	由部分菌丝细胞质变圆、浓缩,周围生出厚壁而成的厚垣孢子	总状毛霉(藻状菌纲、毛霉目)
芽孢子	菌丝细胞发芽	菌丝如发芽一样产生球状小突起	液体中培养的根霉、毛霉(藻状菌纲、毛霉目)

2. 有性繁殖和有性孢子

经过两个性细胞结合而产生新个体的过程称为有性繁殖。霉菌的有性繁殖一般分为3个阶段:

① 质配(plasmogamy):两个不同性细胞接触后细胞质融合,细胞核不融合,两个性细胞的核同在一个细胞中,每一个核的染色体数目都是单倍的,用 $n+n$ 表示。称为双核细胞。

② 核配(karyogamy):质配后,双核细胞中的两个核融合,产生二倍体的结合,其染色体数目是双倍的,用 $2n$ 表示。在低等真菌中,质配后立即核配;而在高等真菌中,质配后需经过很长时间才能核配。双核在同一细胞中甚至可同时自行分裂。

③ 减数分裂(meiosis):大多数真菌核配后立即发生减数分裂,其双倍体只限于接合子(zygote)阶段。双倍体核经过减数分裂,其染色体数目又恢复到单倍体状态。

霉菌的有性繁殖不如无性繁殖普遍。在自然条件下发生的较多,一般培养基上不常出现。有性繁殖方式多样,因菌种而异。有的霉菌有两条异性营养菌丝便可直接接合;但多数霉菌需由菌丝分化成特殊的"性器官"(如孢子囊或配子囊),然后,经交配才形成有性孢子。一般的有性孢子是核配以后由双倍体核的细胞直接发育而成,这种含双倍体核的有性孢子萌发时再进行减数分裂,如接合孢子和卵孢子。另一种方式是核配以后,双倍体核立即进行减数分裂,再形成有性孢子,这种有性孢子的核处于单倍体阶段,如子囊孢子。

(1) 接合孢子

接合孢子(zygospore)是由菌丝长出的结构、形态基本相似或略有差异的两个配子囊接合而成的。通常将接合的雌、雄性细胞用"+"和"-"菌丝表示。

接合孢子形成过程:① 当有亲和性的"+"和"-"两个菌丝体相遇时,进入远距离刺激变形反应阶段,两菌丝体诱发产生棒状短分支,称为接合梗;② 两个接合梗成对相互吸引,逐渐接近,直至两个接合梗接触,此期称原配子囊;③ 两个接合梗顶端膨大,每个梗中形成一个横隔膜,梗前端的细胞称为配子囊,含多个核,基部的细胞称为配囊柄;④ 随后,两个接触的配子囊在连接处膜消失，发生质配与核配，继续发育形成厚壁、色深、体大的接合孢子。接合孢子经过休眠期后，在适宜条件下萌发长成新的菌丝体(图 3-17)。接合孢子的核是二倍体，有的于接合孢子萌发前进行减数分裂，有的在萌发时进行减数分裂。

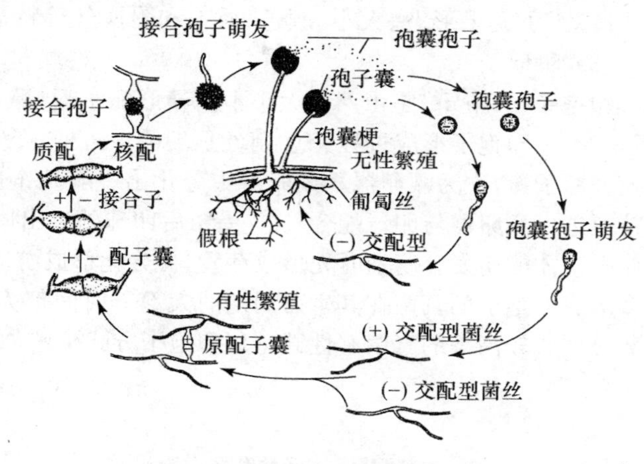

图 3-17 黑根霉的生活史(模式图)

根据产生接合孢子菌丝来源和亲和力不同可将接合分为两种类型：① 同宗接合：凡由同一个体的两个配子囊所形成的接合孢子称为同宗接合，如有性根霉(*R. sexualis*)；② 异宗接合：凡由不同个体的两个配子囊所形成的接合孢子称为异宗接合，如高大毛霉、匍枝根霉等。

(2) 子囊孢子

在子囊中形成的有性孢子称为子囊孢子，是真菌中子囊菌的主要特征。子囊的形成有两种形式：

① 两个单倍体的营养细胞接合后直接融合成一个细胞(即为子囊)，形成单个、分散的子囊，外面无菌丝包裹(称为裸子囊，不形成子囊果)，是最简单的类型，子囊中发育成 2～8 个子囊孢子。如酵母菌(图 3-7c，彩图 19)。

② 子囊的形成过程较复杂，是通过异型配子囊配合后产生的(图 3-18)。步骤为：a. 先由同一菌丝或相邻两个菌丝分化出两个异形配子囊，产囊体(ascogonium)(大)和雄器(小)，各自含有多个核。b. 两个异性细胞接触，雄器的细胞核、细胞质通过受精丝转入产囊体。c. 产囊体上生出许多产囊丝(ascogenous hypha)，随后，多对核移入产囊丝内，产囊丝生长到一定阶段后，由其钩顶细胞发育成子囊。d. 子囊中两个细胞核融合，双倍体核经过一次减数分裂和一次有丝分裂。形成 8 个单倍体的核。每个细胞核周围产生膜，包围细胞质和细胞核，逐渐长出细胞壁，发育成子囊孢子(2^n 个)。如子囊菌纲的红曲霉。

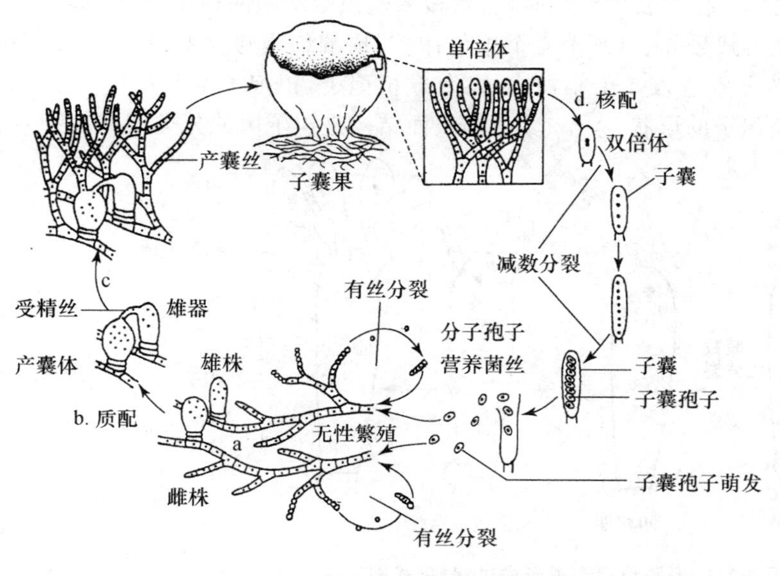

图 3-18 子囊菌的生活史(模式图)

由图 3-18 可见，子囊和子囊孢子发育过程中，每个产囊体上可长出许多产囊丝，其上再长出侧枝，由于许多子囊丛生，子囊外部被许多相互缠绕的不孕菌丝包围，形成一种保护结构的子实体，称为子囊果。子囊果一般分 3 种类型(图 3-19)：

即闭囊壳(cleistothecium,完全封闭)、子囊盘(discocarp,开口盘状)和子囊壳(perithecium,留有孔口)。子囊果形态、大小、颜色、质地和附属丝等特征因菌种而异,是分类的主要依据。

(3) 卵孢子

卵孢子(oospore)是由两个大小不同异形配子囊(藏卵器和雄器)结合发育而成的有性孢子(图 3-20)。卵孢子形成过程:① 菌丝顶端侧生短柄,产生小型配子囊,称为雄器;柄顶端膨大,产生大型配子囊,称为藏卵器。藏卵器中分化出一至几个卵球。② 雄器中的细胞质、细胞核通过受精丝进入藏卵器与卵球配合。③ 受精后卵球外生出厚膜,发育成卵孢子。卵孢子必须经过一个休眠期才能萌发。萌发时先形成芽管,再分化形成游动孢子囊和游动孢子。卵孢子为双倍体,许多形成卵孢子的真菌在其生命周期的大部分时间都为双倍体,只在发育雄器和卵球时才进行减数分裂。较高等的真菌有性繁殖用卵孢子方式生殖,如卵菌纲(Oomycetes)水霉目中水霉属。

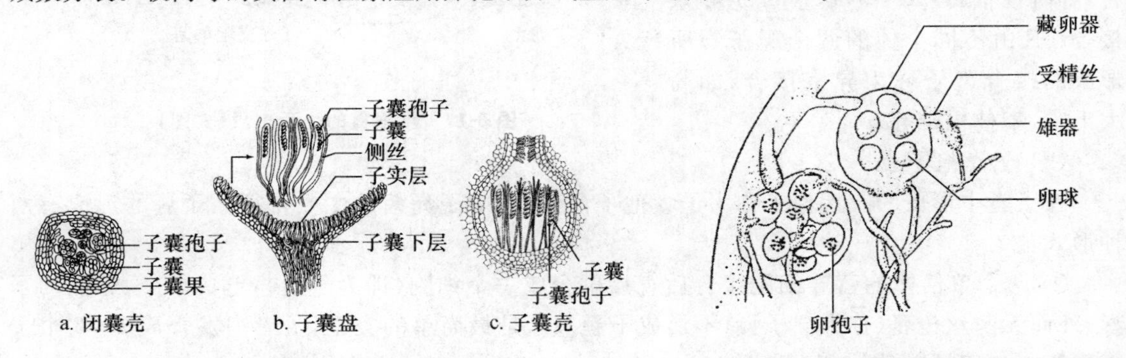

图 3-19　子囊果的类型(模式图)

图 3-20　雄器、藏卵器及卵孢子(模式图)

(4) 担孢子

担孢子(basidiospore)是有隔菌丝通过菌丝联合、两性细胞核配后在菌丝尖端形成的有性孢子,外生于称为担子的细胞上,是担子菌的独有特征。担子菌有两种菌丝,由担孢子萌发的是单倍体菌丝,称为初生菌丝;另一种是初生菌丝联合后生成的双核菌丝,称为次生菌丝。双核菌丝并不立即发生核配。当担子菌生长到一定时期,双核菌丝顶端细胞两核配合,形成二倍体核,经过两次分裂(其中一次为减数分裂)产生 4 个单倍体核,顶端细胞膨大变成担子,担子上突出 4 个担孢子梗,4 个小核分别进入 4 个小梗内,发育成担孢子,担孢子都是单核单倍体的单细胞(图 3-21)。担子和担孢子的形状、大小、颜色和表面结构是担子菌的分类依据。

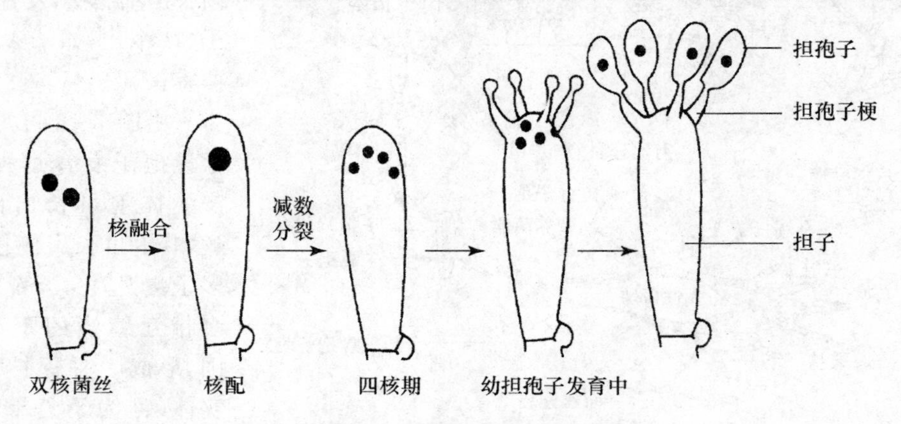

图 3-21　担子和担孢子形成过程(模式图)

霉菌常见的有性孢子类型见表 3-6。

表 3-6 霉菌的有性繁殖及有性孢子的类型

孢子名称	孢子形成过程	代表菌举例(分类地位)
接合孢子($2n$)	两个配子囊接合后发育成接合孢子,有两种类型: (1) 异宗配合:两种不同质的菌结合 (2) 同宗配合:同一菌体的菌丝自行结合	接合菌纲、毛霉目(匍枝根霉、大毛霉、性殖根霉)
子囊孢子(2n)	子囊形成有两种类型: (1) 两个营养细胞直接交配,外面无菌丝包裹 (2) 在产囊丝上产生子囊,多个子囊外面被菌丝包裹,称为子囊果,又分 3 种类型:① 子囊壳;② 子囊盘;③ 闭囊壳	半子囊菌纲、内孢霉目(酵母菌) 子囊菌纲(红曲霉)
卵孢子(2n)	由大小两个不同的配子囊结合、发育而成,大配子囊称藏卵器,小配子囊称雄器	卵菌纲、水霉目(同丝水霉)
担孢子(2n)	担子菌的次生菌丝(双核菌丝)顶端细胞核配,经两次分裂,形成 4 个单倍体核,发育成担孢子	担子菌门、银耳目、木耳目

3.3.4 霉菌的群体形态

1. 菌落特征

霉菌菌落的共同特征为:① 霉菌菌丝较粗且长,菌丝蔓延菌落大,比细菌和放线菌菌落大几倍到十几倍;② 由分支状菌丝组成的菌落,菌落表面呈蜘蛛网状(如黑根霉菌落),或由直立菌丝组成的菌落,菌落表面呈绒毯状(如黄曲霉和产黄青霉菌落,彩图 26、27)或棉絮状(如毛霉菌落);③ 固体培养基上最初形成的菌落常为白色或浅色,当菌落长出孢子后,由于各种孢子颜色、形状、构造不同,使菌落表面呈现不同的颜色和结构,如黄、绿、青、黑、红、橙等,而且菌落中央与边缘往往颜色不同,中央为孢子穗的颜色,边缘为不育菌丝的颜色,另外,有些霉菌的菌丝能分泌一些水溶性色素扩散至培养基内,使培养基正反面颜色不同;④ 霉菌与培养基结合较牢固,接种针不易挑起;⑤ 培养物常有霉味。霉菌菌落常因培养基成分改变而使菌落特征发生变化,但各种霉菌在固定的培养基上形成的菌落特征是稳定的,为此,菌落特征也是鉴定霉菌的重要依据之一。

2. 液体培养特征

在液体培养基中培养的霉菌,振荡培养时,菌丝呈球形生长;静止培养时,菌丝在培养液表面生长,培养液不浑浊,可据此检查培养物是否被细菌污染。

菌落特征是微生物鉴定的主要形态指征,微生物的菌落特征又与微生物细胞的形态特征密切相关。为此,将细菌、放线菌、酵母菌和霉菌的菌落与细胞形态特征简单比较(表 3-7)。

表 3-7　四大类微生物细胞形态和菌落特征比较

项目		细菌	放线菌	酵母菌	霉菌
细胞特征	细胞大小	小(0.2～2 μm)	菌丝细(0.5～1 μm)	大(5～20 μm)	菌丝粗(2～10 μm)
	细胞形态	单细胞,球、杆、螺旋或弧形	无隔菌丝,分基内菌丝、气生菌丝、孢子丝	单细胞,一般球形、卵圆形、圆柱形	无隔或有隔菌丝,分营养菌丝、繁殖菌丝
	细胞相互关系	单个分散或一定方式排列	菌丝交织	单个分散或假丝状	菌丝交织
	细胞生长速度	一般很快(24～48 h)	慢(5～7 天)	较快(2～3 天)	一般较快(3～5 天)
菌落特征	菌落大小	小而突起或稍大平坦	小而紧密	大而突起	大,菌丝蔓延、疏松
	菌落表面	湿润、黏稠 透明或稍透明	致密干燥或粉状 不透明	较湿润、黏稠 稍透明	蜘蛛网状、绒毯状、棉絮状,不透明
	菌落颜色	颜色多样 正反面颜色一样	颜色十分多样 正反面颜色不同	颜色单调 多为乳白色、乳脂色	颜色十分多样 正反面颜色一般不同
	与培养基结合程度	不结合 接种针易挑起	牢固结合 接种针不易挑起	不结合 接种针易挑起	较牢固结合 接种针不易挑起
	培养物气味	常有臭味	常有泥腥味	多有酒香味	常有霉味

复习思考题

1. 列表比较细菌、放线菌、酵母菌、霉菌细胞壁成分差异,并介绍制备各类原生质体时分别采用哪些酶。

2. 列表比较细菌、放线菌、酵母菌、霉菌的个体形态、细胞结构、生殖方式的特点,如何在显微镜下区分四大类微生物?

3. 列表比较细菌、放线菌、酵母菌、霉菌的菌落特征,菌落特征与其细胞形态有何联系?如何从平板上区分四大类微生物?

4. 解释下列名词:真菌丝,假菌丝,真酵母,假酵母,真菌,霉菌,酵母菌,菌物界,丝状真菌,大型真菌,小型真菌。

5. 酵母菌有哪些细胞结构?各有何功能?

6. 霉菌有哪些细胞结构?各有何功能?

7. 霉菌菌丝依形态和功能可划分哪几种类型?各种菌丝各有何特点?由它们可以分化出哪些特殊结构?有何生理意义?

8. 酵母菌与霉菌细胞内有哪些细胞器?各有何功能?

9. 真菌的鞭毛与细菌的鞭毛有何不同?

10. 酵母菌有哪几种繁殖方式?

11. 绘制酿酒酵母的生活史,并分析其生活史的特点。

12. 试述霉菌的无性繁殖与有性繁殖方式,列表比较霉菌的各类无性孢子和有性孢子的特点。

13. 绘制毛霉、根霉的无性孢子和有性孢子形成过程,并注明各种孢子的结构名称,列表比较毛霉和根霉形态异同和工业上的应用。

14. 绘制青霉、黄曲霉的无性孢子形成过程,并注明其分生孢子各部分的结构名称,列表比较青霉和黄曲霉形态异同和工业上的应用。

15. 举例说明细菌、放线菌、酵母菌和霉菌四大类微生物与人类的关系(工农业中的应用和理论研究意义以及对人类的危害)。

4 病　　毒

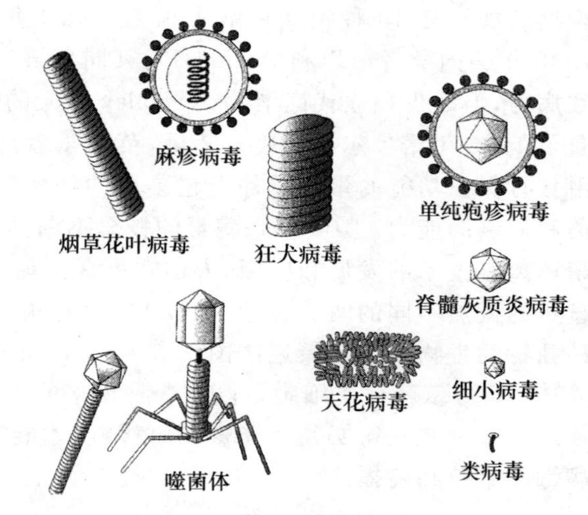

图 4-1　常见各种病毒的形态
(仿 Pommerville J C，2004)

病毒是生活在有生命和无生命物质之间的绝对细胞内寄生的、非细胞型大分子生物。毒粒(细胞外的病毒颗粒)极其微小(以纳米量度)、形态多样、结构简单，只含有 DNA 或 RNA 和蛋白质的壳体，有些毒粒还有包膜。皆需要宿主细胞帮助才能复制和传播。

各类病毒增殖过程基本相似，包括：吸附、侵入与脱壳、大分子生物合成、装配和释放 5 个阶段。病毒群体增殖的规律称为一步生长曲线，分为潜伏期、裂解期、平衡期 3 个阶段。噬菌体感染细菌有三种感染状态：非杀细胞感染、杀细胞感染(裂解感染)、整合感染。其中在细胞内增殖并引起细胞裂解的噬菌体称为烈性噬菌体，被感染的细菌称为敏感菌；能将其 DNA 整合到宿主菌的基因组上，并随宿主菌染色体复制而复制的称为温和噬菌体，染色体上整合有原噬菌体，并能正常生长繁殖的宿主菌，称为溶源性细菌。病毒的非增殖性感染方式有 3 种类型：流产感染、限制性感染和潜伏感染。

本章还对病毒的分离、纯化、测定和鉴定方法，病毒的分类与命名，亚病毒的发现等内容也进行了简介。

病毒与人类的关系极为密切，对人类传染病防治、工农业及畜牧业生产有重要影响，病毒是很好的基因工程载体和分子生物学研究重要的实验材料，对发展以基因工程为核心的生物高新技术产业，有特别可喜的应用前景。

4.1 概　　述

4.1.1 “病毒”概念的演变

由于病毒与疾病的关系，最早人们认为病毒是“毒药”，“Virus”一词来源于拉丁语的“毒药”。100 年前俄国学者伊万诺夫斯基(Ivanovski)和荷兰学者贝依林克(Beijerinck)先后发现病毒可以通过滤器与细菌分开而感染疾病，人们称之为“滤过性病毒”(filterable virus)。随后相继发现约有 40 种疾病由病毒引起。几十年中人们一直为病毒是否具有生命而困惑。1935 年美国学者斯坦利(Stanley)及其同事第一次结晶了烟草花叶病毒，并证实该结晶具有致病力，但缺少独立代谢能力。Stanley 等人的发现是分子生物学中的重大突破，并因此荣获了 1946 年诺贝尔化学奖。随后，英国学者鲍顿(Bawden)和皮里(Pirie)发现病毒结晶是由具有保护功能的蛋白质外壳包裹着的核酸(DNA 或 RNA)组成的，其中只有核酸具有感染和复制的能力。100 年来病毒的概念不断演变，20 世纪 30 年代以后，由于电子显微镜和超速离心技术的发展和应用，人们才更深入地了解病毒的本质。现在根据病毒在细胞内外显示的截然不同的两重属性(表 4-1)，病毒被看成是处于生命与非生命之间边缘线上的一种独特的生物类群。最近法国学者 Regenmortel 和 Mahy 对病毒提出更具诗意、恰如其分的描述：病毒依赖宿主细胞，过着“一种借来的生活”(或“借来的生命”)。也就是说，病毒只有依靠宿主细胞获得必须的能量和原材料，才能完成核酸和蛋白质的合成、加工和运输，实现病毒的繁殖和传播。

表 4-1　病毒性质的两重属性

细胞外	细胞内
病毒的结晶型	病毒的非结晶型(生命活动型)
病毒以颗粒形式存在	病毒以基因形式存在
保持感染性，不具复制性	借细胞内环境条件，以独特生命活动体系进行复制

4.1.2 病毒的定义和特点

现在认为，病毒是一种严格活细胞内寄生、非细胞型(亚细胞)的感染性介质(因子)，成熟的胞外病毒颗粒称为病毒粒子(virion)。病毒粒子是由一种核酸(DNA 或 RNA)和环绕的由蛋白质组成的衣壳或核衣壳装配而成，有些病毒还含有脂质包膜。病毒粒子显示出生命的特性，具有特殊的潜能——复制能力，感染细胞后依靠宿主细胞的代谢系统，完成核酸的复制和蛋白质的合成，并装配、增殖成新的病毒。所以，病毒是既能在活细胞内增殖，又能在活细胞外以无生命的、超显微的、大分子侵染性病毒粒子状态存在，既可作为致病因子，也可作为遗传基因成分的非细胞型微生物。

病毒以其颗粒微小、结构简单、代谢和繁殖方式特殊及专性活细胞内寄生等特点显著区别于其他原核微生物。病毒与其他原核微生物比较见表 4-2。

表 4-2　病毒与其他原核微生物性质比较

性　质	病　毒	其他原核微生物
大小	直径小于 300 nm，电镜下可见	直径大于 300 nm，光学显微镜下可见
细胞结构	非细胞结构，只含有 DNA 或 RNA 没有核糖体，核酸具感染性	有细胞结构，含有 DNA 和 RNA 有核糖体，核酸不具感染性
代谢系统	缺乏独立代谢能力	一般可独立代谢
繁殖	只能在活细胞中增殖，在无生命的培养基上不能生长	可独立繁殖（裂殖），除立克次氏体和衣原体外，皆能在无生命的培养基上生长
对抗生素的敏感性	不敏感（除利福平抑制痘病毒复制外）	敏感

4.1.3　病毒与实践

1. 病毒与人类疾病

病毒可引起疾病，尤其是人类疾病。约 50%～60%的人类和动植物疾病由病毒引起，如病毒性肝炎、天花、流行性感冒、麻疹、狂犬病、登革热和严重威胁人类健康的严重急性呼吸道综合征（SARS）、禽流行性感冒（即禽流感，avian influenza，AI）等。病毒引起的疾病传染性强，传播广，寻找只杀病毒、不杀宿主细胞的高效抗病毒药物又较困难。诺贝尔奖获得者、著名遗传学家莱德伯格（Joshua Lederberg）曾生动地比喻说："我们生活在与微生物进化进行竞赛的年代，无法担保我们会是幸存者。"特别是病毒 DNA 比人体 DNA 突变快 100 万倍，大约每隔 10～40 年就会出现一株高致病性流感病毒；病毒 DNA 或 RNA 又可整合到宿主细胞核中，刺激细胞不受控制地增殖引起肿瘤，为害尤甚。已知 15%的人类肿瘤是由致癌病毒（oncogenic virus）或肿瘤病毒（tumor virus）感染诱发的，如引起皮肤癌、宫颈癌的疱疹病毒（herpes virus）、人乳头瘤病毒（human papillomavirus）、引起鼻咽癌的 EB 病毒（Ebola virus）和被称为"现代瘟疫"——艾滋病的人类免疫缺陷病毒等。

2. 病毒与农畜牧业

几乎所有类型的农作物都会受到病毒的危害，经济损失巨大。如烟草花叶病毒（tobacco mosaic virus）、大麦条纹花叶病毒（barley stripe mosaic virus）、芜菁丛矮病毒（turnip bushy stunt virus）、花椰菜花叶病毒（cauliflower mosaic virus，CaMV）、马铃薯卷叶病毒（potato leafroll virus）、番茄斑萎病毒（tomato spotted wilt virus）等。畜牧养殖业中动物病毒危害也极为常见，如口蹄疫病毒（foot-and-mouth disease virus，FMDV）、禽流感病毒等。但利用昆虫病毒虫媒传播的特点，采用昆虫病毒进行生物防治，也有较好的应用前景。

3. 病毒与工业

噬菌体的侵染，特别是溶源性细菌自发裂解释放噬菌体，常给发酵工业带来严重威胁，人们对此极为关注。

为防御病毒感染，人们在了解宿主防御病毒侵袭的适应性免疫系统的基础上，针对特异病毒设计疫苗接种方法。现广泛应用的疫苗包括 3 类：活病毒疫苗、灭活病毒疫苗、DNA 疫苗等（参见 11.3 节）。

4. 病毒学研究的意义

病毒学研究对有效控制和消灭人类、动植物病毒病害，发展以基因工程为核心的现代生物技术产业有特别重要的意义。仅在1946～1997年间病毒的研究成果中就有17项获得诺贝尔奖(其中包括3项化学奖)。以下仅列举几个热点:

(1) 外源基因表达载体

基因工程的核心构成是外源载体与宿主系统。随着分子生物学技术的发展,已测出大量病毒基因组序列,对基因组复制、启动子功能、病毒mRNA的翻译和子代基因组包装机制等都有更为深刻的认识,同时建立了许多克隆和操作病毒基因组的方法,使病毒可能作为外源基因的表达载体。如*E. coli*的λ噬菌体常为原核生物基因工程的载体,猿猴空泡病毒(simian virus 40,SV_{40})为动物基因工程的载体,花椰菜花叶病毒(CaMV)为植物基因工程的载体,痘病毒(poxvirus)、腺病毒(adenovirus,AV)、反转录病毒(retrovirus,RV)、脊髓灰质炎病毒(poliovirus)等都是目前用于临床试验的病毒载体系统。

(2) 基因工程疫苗

采用重组DNA技术,克隆并表达病毒的保护性抗原基因,利用表达的抗原产物或重组体本身制备疫苗,称为基因工程疫苗。主要包括:① 载体疫苗,② 核酸疫苗,③ 基因缺失活疫苗,④ 基因工程亚单位疫苗,⑤ 蛋白质工程疫苗(参见11.3节)。

(3) 基因治疗

基因治疗或称基因药物或DNA药物。许多遗传病是由于人体缺乏某种或某些多肽或蛋白质而引起的,若将有治疗作用的基因重组进入真核表达载体,直接移入人体细胞,人体细胞便可合成和分泌出这种具有治疗作用的多肽或蛋白质,随血液循环流至局部或全身发挥功能,从而达到治疗疾病的效果。病毒作为表达载体用于基因治疗,有许多可喜的成果,而且病毒介导的基因转移体系,具有高效、长效、经济实用等优点。目前,生物介导的基因转移方法占基因治疗方法的80%以上(参见11.3节)。被研究和采用基因治疗的遗传病包括:血友病A和B、重组联合免疫缺损(SCID)、家族性高胆固醇血症、囊性纤维化(CF)、地中海贫血、遗传性肺气肿、Gaucher病和Duchenne型肌营养不良症等。被研究的获得性疾病有:肿瘤、神经性疾病、心血管疾病、感染性疾病和类风湿性关节炎等,这些疾病患者每年全世界也有几亿人。基因治疗的临床试验虽然还不成熟,但其前景诱人。

4.2 病毒学研究的基本方法

4.2.1 病毒的分离、培养与纯化

1. 病毒的分离

待分离病毒的标本(如污染噬菌体的发酵废液,可疑病毒感染患者的体液、血液、粪便等临床标本,可疑病毒感染植株枯斑的叶片等)应含足够量的活病毒。为使细胞或组织内的病毒充分释放,分离噬菌体前,拟在发酵废液中添加几滴氯仿;分离动物病毒前,在细胞悬液中添加胰蛋白酶或用超声波预处理破碎细胞;分离植物病毒前,采用机械研磨法破碎细胞。为了避免杂菌污染,病毒标本一般需加入抗生素除菌或采用离心法和细菌滤器过滤法除菌。由于病毒在室温中很易被灭活,采集和运送病毒标本时注意冷藏。

2. 病毒的接种与培养

① 寄主接种。噬菌体一般接种于生长在培养液或平板的敏感细菌培养物中,观察培养后

的培养液是否变清亮或平板上是否出现噬菌斑(plaque)。动物病毒可接种于敏感动物的特定部位,病毒接种后隔离饲养,定期观察动物发病后细胞堆积形成的感染病灶(focusof infection)。植物病毒接种于敏感植物的叶片,观察叶片上形成的枯斑(lesion)或坏死斑。

② 鸡胚培养。鸡胚接种途径多种,不同种类的病毒接种鸡胚不同的敏感部位,接种后继续培养,不同时间观察致细胞的病变效应(cytopathic effect,CPE)。

③ 细胞培养。选择适当的原代培养细胞(敏感性高)和传代细胞系(便于在实验室保存)作病毒分离培养。用胰蛋白酶或机械方法将离体的活组织分散成单细胞,在玻璃或塑料长颈瓶中制成贴壁单细胞层(monolayer),无菌接种动物病毒悬液,继续培养,观察细胞裂解出现的病变、蚀斑(plaque)或感染病灶。若第一次接种后未出现病毒感染症状,需重复接种,进行盲传,以提高病毒的毒力(virulence)或效价(title)。若盲传 3 代后仍无感染症状出现,可判定标本中无病毒存在。

④ 实验动物培养。这是一种古老的方法,用于病毒病原性的测定、疫苗效力试验、疫苗的生产、抗血清制造及病毒性传染病的诊断等。实验动物难于管理,成本高,个体差异大。该法目前已经很少采用。

3. 病毒的纯化

自上述方法收获培养的病毒含有大量组织或细胞成分、培养基成分、污染的杂菌和杂质,需要进一步的纯化。

(1) 病毒的稀释

重复地采取一个空斑、蚀斑、噬菌斑、灶斑、痘斑或枯斑中的病毒,经适当稀释,接种到新制备的单层细胞、病毒敏感的菌悬液或植株上,从中获得纯系病毒。最少需连续三次分离纯化,每次所观察到的斑块大小、形态特征和病毒粒子的大小、形状、密度、化学组成、抗原性质、感染性等应该保持均匀和一致,方可认为已经达到纯化。

(2) 病毒的理化性质

按病毒的理化性质,纯化病毒的方法很多,不同病毒采用不同方法,同一病毒宿主系统不同也需采用不同方法。① 按蛋白质提纯方法纯化病毒,如盐析、等电点沉淀、有机溶剂沉淀、凝胶沉淀和离子交换等;② 按病毒粒子的大小、形状和密度,采用超速离心技术纯化病毒。

4.2.2 病毒的检测

1. 病毒的物理颗粒计数

通常被感染细胞中每产生一个具感染性的病毒颗粒(viral particle,VP),就会产生 100 个或更多的非感染性病毒颗粒。在电子显微镜下直接计数的是病毒的物理颗粒数目,即全部数目,包括"活"(有感染性)和"死"(无感染性)病毒颗粒的总量。常采用的有参考粒子法和血细胞凝集法。除在电子显微镜下计数病毒颗粒外,还可通过紫外分光光度计测定提纯病毒的核酸和蛋白质含量对病毒进行定量分析;也可根据病毒的抗原性质,采用血清学检测法(serological method)、酶联免疫吸附法(enzyme-linked immunosorbent assay,ELISA)进行定量。但这些方法所测定的是病毒的物理颗粒数目,即为有感染性和无感染性病毒数量的总和。除电镜计数外,这些方法测定的都是样品中病毒颗粒的相对数量。

2. 病毒侵染性测定

病毒感染性检测(infectivity assays)可以采用检测感染病灶(如噬斑测定)的方法,也可以采用“有或无”的方法（如半组织培养的感染剂量 $TCID_{50}$）进行定量分析。引起宿主或宿主细胞发生一定特异性反应的病毒的最小剂量称为病毒感染单位(infectious units，IU)。

(1) 噬斑(蚀斑)测定

① 噬菌体效价测定。噬菌体的效价是指 1 mL 培养液中含侵染性噬菌体的粒子数。一般采用双层平板法，即将一定量经系列稀释的烈性噬菌体(virulent phage)悬液与高浓度对数期敏感菌悬液混合，加入适量半固体营养琼脂上层培养基中，混匀后涂布在含较高浓度营养琼脂的下层固体培养基上，30～37℃保温培养 6 h，由于噬菌体侵入菌体后复制而引起宿主细胞裂解，释放出的子代噬菌体又继续侵染周围的宿主细胞，在连成片的敏感菌株的菌苔上，出现肉眼可见的、分散的、单个噬菌斑(图 4-2，彩图 28)。理论上一个噬菌体粒子可形成一个噬菌斑，但可能少数活噬菌体未引起感染，噬菌斑计数结果往往比实际活噬菌体数目低，噬菌体效价并非悬液中噬菌体粒子的真实数目，而是噬菌斑形成单位(plaque forming unit，PFU/mL)的数目。

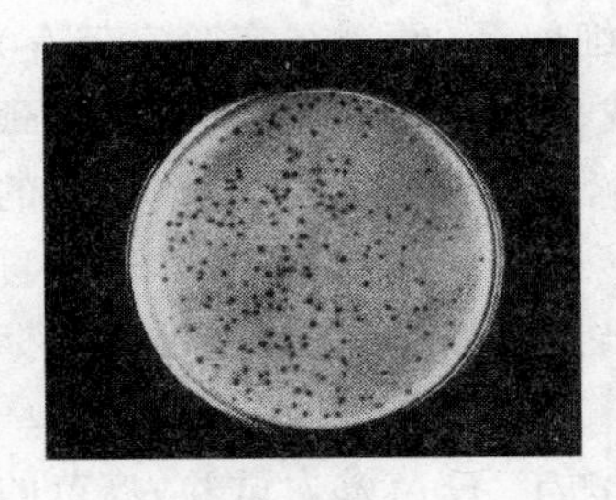

图 4-2　烈性噬菌体的噬菌斑(多黏芽孢杆菌)

② 动物病毒效价测定(动物病毒的蚀斑测定法)。动物病毒接种在单层的动物细胞培养或组织培养时，病毒感染引起细胞裂解，在单层细胞上会出现类似噬菌斑的蚀斑或空斑。通过计算细胞病变形成的空斑数，测定动物病毒的效价，以蚀斑(空斑)形成单位(PFU/mL)表示。

③ 植物病毒效价测定(植物病毒的枯斑测定法)。植物病毒的枯斑测定亦称坏死斑测定。用一定量的植物原始病毒与金刚砂等研磨，摩擦接种于植物的茎、叶上，病毒感染后会在植物茎、叶上形成单个退绿或坏死的斑块，称为坏死斑或枯斑。一般每一个枯斑是由单个病毒粒子侵染造成的，在一定的病毒浓度范围内，枯斑数与侵染性病毒粒子的浓度成正比。根据枯斑的数值，就可计算出原始病毒液中有侵染性病毒粒子的浓度，以枯斑形成单位(PFU/mL)来表示。

(2) 终点测定法

终点法(end point method)测定是对不能用蚀斑法或枯斑法测定的动、植物病毒所采用的方法。其测定过程是：取等体积经 2 倍或 10 倍稀释的病毒系列稀释液，分别接种于相同的测试单位(如实验试管或培养瓶内，其中宿主细胞延展成片形成健康单细胞层)，通常每个稀释度做 5 个或 10 个平行样。经过一定时间培育，病毒复制、释放的子代病毒粒子，又去感染单细胞层上的其他健康细胞，用显微镜观察单细胞层，以被感染的测试单位群体中的半数(50%)个体出现细胞病变效应(CPE)所需的病毒剂量来确定病毒样品的效价，称为半数效应剂量，并以 50%被感染的测试单位出现 CPE 的病毒稀释液的稀释度倒数的对数值表示。半数组织培养物遭受感染产生细胞病变效应的病毒剂量，称为半数组织培养感染剂量(50% tissue culture infective dose，$TCID_{50}$)，或组织半数感染量。$TCID_{50}$ 为病毒毒价单位，常以“病毒毒价”每 mL 或每 mg 可使 50%的细胞孔出现 CPE 时所需病毒的 TCID 表示(即将病毒稀释至 10^x 滴度，接种 100 μL，可使 50%的细胞发生病变)。

半数效应剂量还可有不同的表示方法，如：半数致死剂量(50% lethal dose，LD_{50})，即使半数实验宿主细胞死亡的病毒剂量；半数感染剂量(50% infective dose，ID_{50})，即使半数实验宿主细胞发生感染的病毒剂量。

4.2.3 病毒的鉴定

1. 细胞病变效应

病毒在细胞内感染、增殖，致使细胞发生各种病变效应，如光学显微镜下在宿主细胞质或细胞核内可见包含体(inclusion body)和宿主细胞中出现细胞融合现象等。细胞的病变效应也作为病毒的感染指标。

① 包含体。宿主细胞被病毒感染后，在光学显微镜下，宿主细胞质或细胞核内可见的具有一定形态的小体即为包含体。多数位于宿主细胞的细胞质内，如痘病毒和狂犬病毒的包含体；少数位于细胞核内，如疱疹病毒和腺病毒的包含体；有的既可在细胞质内，又可在细胞核内，如麻疹病毒(measles virus)的包含体。

包含体的化学组成为蛋白质。多数包含体是完整病毒粒子的聚集体，如昆虫核型多角体病毒(nuclear polyhedrosis virus，NPV)、质型多角体病毒(cytoplasmic polyhedrosis virus，CPV)的包含体或腺病毒的包含体；也可以是尚未装配的病毒结构蛋白与感染有关的蛋白质等病毒组分的聚集体，如人类巨细胞病毒的致密体(dense body)；少数包含体是宿主细胞对病毒感染的反应产物。

包含体多为圆形、卵圆形或不定形态。不同病毒其包含体大小、形态、组成及在宿主细胞中的部位不同，所以，包含体可用于病毒的快速鉴别和某些病毒病的辅助诊断指标。

② 细胞融合现象。细胞融合现象(phenomenon of cell fusion)是指病毒感染宿主细胞时出现的细胞聚集成团、肿大、圆缩、及融合而形成的多核细胞现象。细胞融合现象受细胞种类和病毒种类、数量影响，也与温度、离子强度等因素有关，如仙台病毒在 Hela 细胞和猪肾继代细胞内可诱发细胞融合现象，而在人类二倍体成纤维细胞中便不能诱发细胞融合现象。

2. 理化性质鉴定

利用电镜技术、超速离心技术，利用热、紫外线、脂溶剂、化学药物等理化因子对病毒感染性的作用，可检查病毒粒子的大小、形态和结构等特征。测定病毒组分的沉降系数、浮力密度和相对分子质量，测定病毒的核酸类型，都是病毒鉴定常用的方法。

3. 血细胞凝集性质鉴定

许多病毒能吸附于某些种类哺乳动物或禽类红细胞表面而使红细胞凝集，称为血细胞凝集现象(hemagglutination，HA)。可根据病毒凝集的血细胞种类和凝集条件(如温度和 pH 等)不同而鉴定病毒。也可通过测定病毒悬液中血细胞凝集颗粒(hemagglutinating particles)的数目，按终点测定法来检测病毒的效价。

4. 免疫学方法

免疫学方法是利用病毒的性质来进行抗原-抗体的特异性反应，为病毒鉴定中极为重要的方法，它不仅关系到病毒性疾病的诊断，而且往往是最终鉴定，对同型病毒株间分类、探索病毒间的亲缘关系都至关重要。免疫学方法包括：沉淀反应、凝集反应、酶联免疫吸附试验(ELISA)、血凝抑制实验、中和实验、免疫荧光、免疫电镜(IEM)、放射免疫(RIA)和单克隆抗体实验等，由于这些方法准确、精细，在病毒的鉴定中得以广泛应用。

5. 分子生物学方法

分子生物学检测法能够检测病毒的侵染能力。此法灵敏度最高，能检测到 pg 级甚至 fg 级($1\ fg=1\times10^{-15}\ g$)的病毒，特异性强，检测速度快，操作简便，可用于大量样品的检测。常用的分子生物学方法，如核酸分子杂交技术、双链 RNA(dsDNA)电泳技术、聚合酶链式反应(polymerase chain reaction, PCR)、序列测定等技术。

4.3 病毒的形态结构

4.3.1 病毒的形态和大小

1. 病毒的形态

病毒形态多样，基本形态为球状，多为动物病毒和真菌病毒，如腺病毒、脊髓灰质炎病毒、蘑菇病毒等，但花椰菜花叶病毒、噬菌体 MS2 等也为球状；杆状，多为植物病毒，如烟草花叶病毒等；蝌蚪状，多为微生物病毒，如大肠杆菌 T 偶数噬菌体和 λ 噬菌体等；还有砖状，如痘病毒；丝状，如噬菌体 M13 和 fd；弹状，如狂犬病毒(rabies virus)等。另外，有的病毒表现为多形性(pleomorphic)，如流感病毒(influenza virus)新分离出的毒株呈丝状，在细胞内稳定传代后，转变为拟球形的颗粒。

2. 病毒的大小

病毒个体极其微小，常以纳米(nm)表示，一般只能用电子显微镜观察，大多数病毒能通过细菌滤器。病毒大小相差悬殊，最大的病毒曾认为是痘类病毒(poviruses)，体积为(300～450) nm×(170～260)nm，最小的病毒是菜豆畸矮病毒(bean abnormal dwarf virus)，其直径只有 9～11 nm，比血清蛋白分子(22 nm)还小。最近在变形虫中发现寄生的“巨病毒”(mimivirus，米米病毒，原意为“酷似细菌的病毒”)，直径约 800 nm，而一般病毒只有 10～100 nm。病毒大小可借超速离心沉降、分级过滤、凝胶电泳和电镜观察等方法测定。病毒与其他细胞比较见图 4-3。

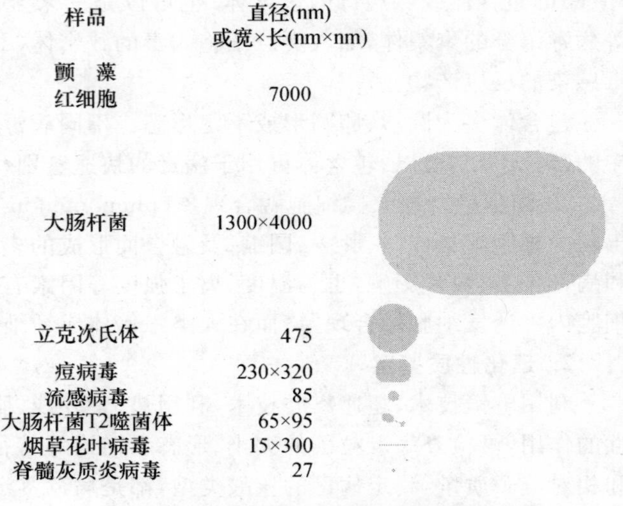

图 4-3　病毒与其他细胞比较

(引自 Pommerville, 2004)

4.3.2 病毒的结构

1. 病毒的基本结构

病毒粒子的基本结构是由一种核酸(病毒基因组，DNA 或 RNA)和蛋白质环绕的壳体(capsid，或称为衣壳)组成，病毒核酸位于毒粒中心，构成核心，四周的壳体由大量的蛋白质亚基(protein subunit)以次级键结合而成的壳粒(capsomer)组成。病毒的壳体与核心构成的复合物称为核衣壳(nucleocapsid，或称为核壳)。病毒的壳体若没有膜包裹，称为裸露病毒(naked virus)。

壳体功能是保护病毒基因组，帮助病毒吸附敏感细胞，引导基因组进入新的宿主。有些病毒在核衣壳外，还含有较复杂、松散的、由脂类、蛋白质和多糖组成的包被物，称为包膜(envelope)，如流感病毒。有的包膜外还有刺突(spike)，它们是包膜表面突起的多糖蛋白质复合物，刺突因病毒种类而异，是病毒分类鉴定的依据。有包膜的病毒称为包膜病毒（enveloped virus）。病毒粒子的基本结构见图 4-4。

2. 毒粒的壳体结构

病毒粒子核衣壳的蛋白质亚基基本排列成 3 种三维结构。

① 螺旋对称。螺旋对称（helical symmetry）壳体的病毒，其蛋白质亚基构成的衣壳粒有规则地沿中心轴呈螺旋排列，形成高度有序、稳定的壳体结构。在螺旋对称的壳体中，病毒核酸以多个弱键与蛋白质亚基结合，不仅控制螺旋排列的形式、壳体的长度，而且核酸与壳体的结合还增加了壳体结构的稳定性。烟草花叶病毒（TMV）是螺旋对称的典型代表（图 4-5），长杆状，直径 18 nm，长 300 nm，由 2130 个壳粒以逆时针方向排列成 130 个螺旋，每 3 圈螺旋结合 49 个壳粒，螺距 2.35 nm，中间轴孔直径为 4 nm，每个核衣壳内含有一条由 6395 个核苷酸组成的单链 RNA 分子，它以螺旋方式环绕在蛋白质壳体内侧的沟内，每 3 个核苷酸结合 1 个壳粒。

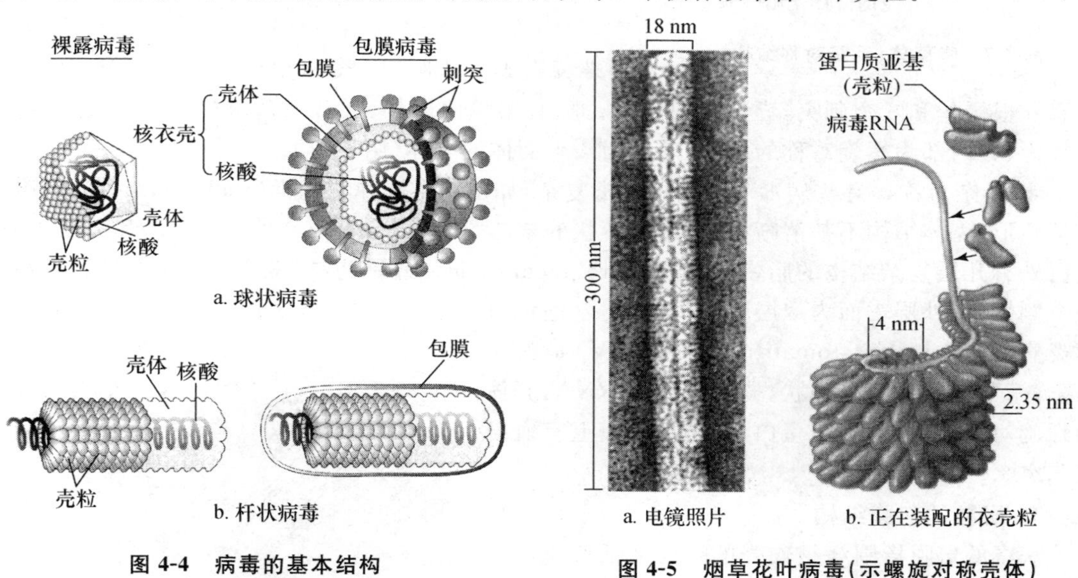

图 4-4　病毒的基本结构

（引自 Pommerville，2004）

图 4-5　烟草花叶病毒（示螺旋对称壳体）

（引自 Michael et al，2006）

② 二十面体对称。二十面体对称（icosahedral symmetry，或称为立方体对称）的壳体是蛋白质亚基有规律地排列成立方体对称的正二十面体，大致为球形。腺病毒的壳体是二十面体的典型代表。蛋白质亚基聚集形成壳粒，若干个壳粒结合构成壳体。壳粒由 5 个或 6 个蛋白质亚基聚集而成，分别称为五聚体（pentamer）和六聚体（hexmer）。因五聚体或六聚体与 5 个或 6 个其他壳粒相邻，故分别称为五邻体（penton）和六邻体（hexon）（图 4-6）。五邻体位于顶角，六邻体位于棱和边上，20 个等边三角形组成的二十面体的壳体有 12 个顶角，20 个面和 30 个棱。12 个五邻体的壳粒和 240 个六邻体壳粒，总共 252 个衣壳粒。12 个顶角上的五邻体壳粒伸出一根末端带有顶球的蛋白纤维刺突（图 4-6）。病毒的核酸高度卷曲盘绕在壳体中间，核酸的结合有助于增加二十面体的稳定

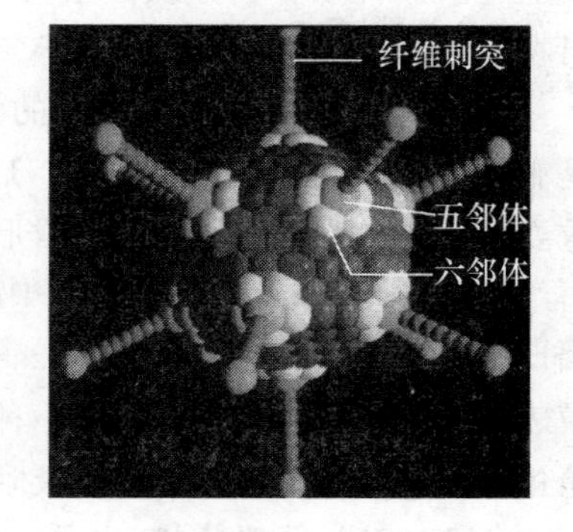

图 4-6　腺病毒（示二十面体对称）

（引自 Prescott et al，2005）

性。二十面体病毒的衣壳粒因种而异，如 ΦX174 噬菌体总衣壳粒 12 个；脊髓灰质炎病毒总衣壳粒 32 个。SV40 病毒衣壳粒 72 个。

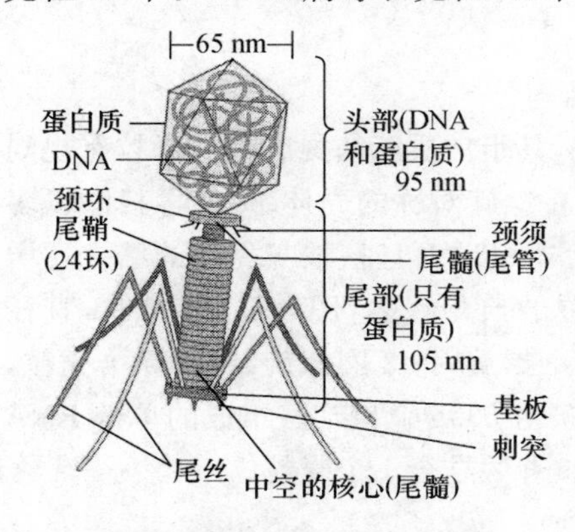

图 4-7　噬菌体(示双对称结构)

③ 双对称型。病毒壳体兼有螺旋对称和二十面体对称，称为双对称(binary symmetry)，或称为复合对称。有尾噬菌体(tailed phage)如大肠杆菌 T4 噬菌体是双对称的典型代表。由二十面体的头部和螺旋对称尾部组成(图 4-7，彩图 29、30)。椭圆形二十面体的头部由 212 个衣壳粒组成，线状双链 DNA 位于头部蛋白质的壳体内。头尾相连处为颈环和颈须，颈须功能为裹住吸附前的尾丝。尾部由尾髓(尾管)、尾鞘、基板、刺突和尾丝组成。尾髓(尾管)由 144 个衣壳粒螺旋排列成为 24 个圈螺旋，中空，是头部 DNA 进入宿主细胞的通道。尾鞘也由 24 个圈螺旋组成。基板是一个六角形的盘状结构，中空，上面有 6 根尾丝和 6 个刺突，皆具吸附功能。除有尾噬菌体外，反转录病毒(如 HIV)也是双对称结构，其内部为螺旋对称的核心，外部为二十面体的壳体(图 4-9a)。

④ 复杂对称。有些病毒对称结构非常复杂，如痘病毒和弹状病毒(rhabdovirus)。痘病毒多呈砖形，壳体结构不甚清晰，中心为哑铃状的核芯，核芯内含有双链线形 DNA 和蛋白质，核蛋白外有几层复杂结构的脂蛋白外膜(core“membrane”，或称为核“膜”)包裹，核芯两侧各有一个侧体，最外层表面为双层膜(图 4-8)。水泡性口膜炎病毒(vesicular stomatitis virus，VSV)是弹状病毒，病毒粒外形呈枪弹状，核芯为单链 RNA，壳体为螺旋对称型，外面有脂蛋白包膜包裹，膜上有血凝素刺突。

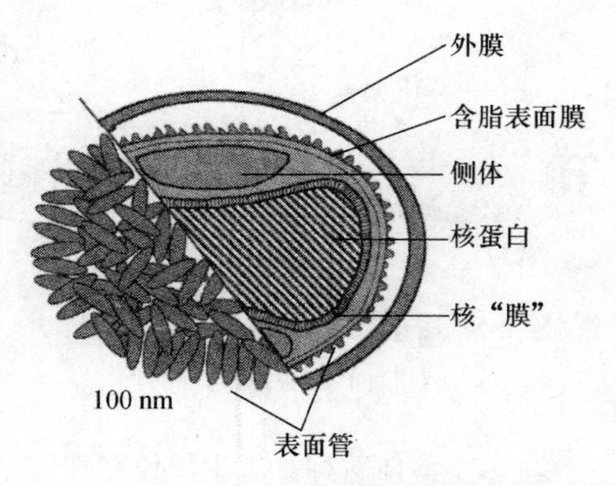

图 4-8　痘病毒(示复杂对称结构)

(引自 James et al，2002)

3. 毒粒的包膜结构

病毒的包膜指围绕核衣壳的一层从活细胞脱离时携带的细胞质膜或核膜组分构成的含脂质的被膜(图 4-8，4-9)，而包膜蛋白由病毒编码。痘病毒含有两层脂质包膜(图 4-8 所示的表面膜和外膜)。有的被膜上还镶嵌许多称为刺突或囊膜粒(peplomere)的突出物。

近年来严重威胁人类健康的病毒性传染病中，HIV、SARSCoV 和 H5N1 型禽流感病毒都是有包膜的病毒。HIV 和 H5N1 型禽流感病毒结构示意图见图 4-9。HIV 是反转录病毒中重要的一员，其病毒粒子为圆球形，外层有类脂和糖蛋白组成的囊膜，囊膜上镶嵌着两种糖蛋白组成的刺突 gp120 和 gp41。P18 和 P24 两种蛋白组成两层衣壳，核心含有 2 条(+)RNA 和反转录酶(reverse transcriptase)(图 4-9a)。H5N1 禽流感病毒也是有包膜的 RNA 病毒，囊膜表面镶嵌两种重要的刺突，一种是血细胞凝集素(hemagglutinin，HA)，形如棍棒状，是一种糖蛋白多聚体；另一种是能将吸附在细胞表面的病毒粒子解脱下来的神经氨酸酶(neuraminidase，NA)，NA 呈蘑菇状，也是一种糖蛋白多聚体。囊膜的里面膜蛋白(基质蛋白层)，紧紧地包裹着呈螺旋对称排列的核衣壳，核衣壳由 RNA、核蛋白及 3 个聚合酶组成(图 4-9b)。

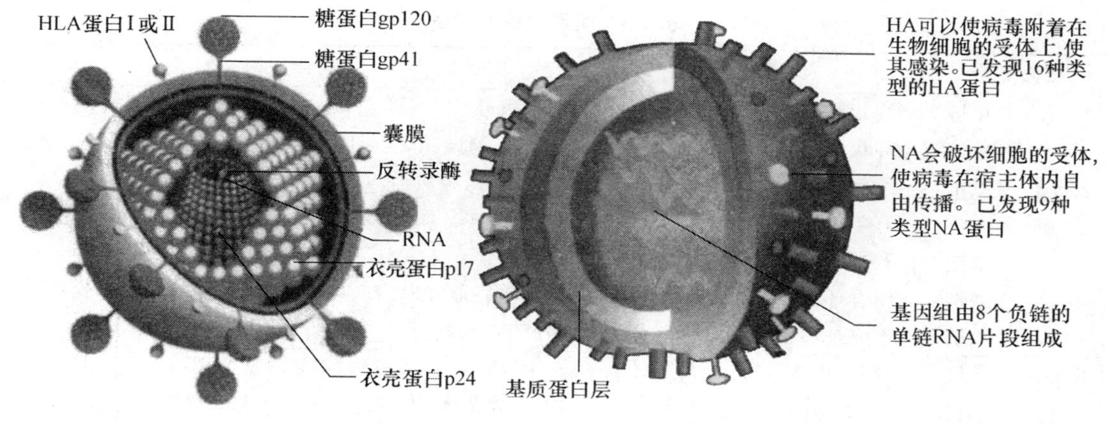

a. HIV病毒结构示意图　　b. H5N1型禽流感病毒结构示意图

图 4-9　HIV 病毒和 H5N1 型禽流感病毒结构示意图(示有包膜复杂对称结构)

(b 引自生物网站 Bioclass. Cn/QQ:249937286,2005)

4.4　病毒的化学组成

病毒的基本化学组分为核酸和蛋白质,有的病毒还含有脂类、糖类、聚胺类化合物和极微量的离子等。

4.4.1　病毒的核酸

病毒核酸是病毒遗传信息的载体。一种病毒的粒子只含一种核酸(DNA 或 RNA)。病毒核酸的组成、基因组大小和结构都是极其多样的。噬菌体的核酸多数为 DNA;真菌病毒的核酸绝大部分为 RNA;藻类病毒核酸都是 DNA;植物病毒的核酸多数为 RNA;少数为 DNA,动物病毒的核酸部分是 DNA,部分是 RNA。

1. 病毒核酸类型

病毒核酸类型极其多样,主要 4 种类型:单链 DNA(ssDNA)、双链 DNA(dsDNA)、单链 RNA(ssRNA)和双链 RNA(dsRNA)。除双链 RNA 外,其他各类核酸,又有线状和环状两种类型(表 4-3),还有正链(+)与负链(－)的分别。ssRNA 碱基排列顺序与 mRNA 相同,可以作为 mRNA 直接进行翻译,为正极性(+,称为正链);与 mRNA 序列互补的定为负极性(－,称为负链);个别病毒的 RNA 是双义(ambisense)的,即部分为正极性,部分为负极性。

2. 病毒核酸含量

病毒 DNA 的相对分子质量约$(1\sim200)\times10^6$,病毒 RNA 的相对分子质量约$(2\sim15)\times10^6$。不同种的病毒核酸含量差别也很大,通常在 1%～50%之间,如流感病毒核酸含量约为 1%,而大肠杆菌 T 系偶数噬菌体核酸含量>50%。一般含 100～250 000 个核苷酸,最小病毒如 MS2 噬菌体仅有 3 个基因,而最大病毒如米米病毒("巨病毒")有 1260 个(或 911 个)基因,其中 50 个基因的功能(包括 DNA 修复和 mRNA 翻译成蛋白质的能力)从未在病毒中发现过,还能自行制造 150 种蛋白质。可能这是它在其进化过程中不断与宿主或周边生物交换而来的,至今仍保留许多自我复制的"装备",推测其曾有独立繁殖的能力。

表 4-3　病毒的核酸类型

核酸类型		核酸结构	病毒举例
DNA	单链	线状单链	细小病毒
	单链	环状单链	ΦX174、M13、fd 噬菌体
	双链	线状双链	疱疹病毒、腺病毒、T 系大肠杆菌噬菌体、λ 噬菌体
	双链	有单链裂口的线状双链	T5 噬菌体
	双链	有交联末端的线状双链	痘病毒
	双链	闭合环状双链	乳多空病毒、PM2 噬菌体、花椰菜花叶病毒、杆状病毒
	双链	不完全环状双链	嗜肝 DNA 病毒
RNA	单链	线状、单链、正链	小 RNA 病毒、披膜病毒、杯状病毒、黄病毒、冠状病毒
	单链	线状、单链、负链	RNA 噬菌体、烟草花叶病毒和大多数植物病毒
	单链	线状、单链、分段、正链	弹状病毒、副黏病毒
	单链	线状、单链、二倍体、正链	雀麦花叶病毒(多分体病毒)
	单链	线状、单链、分段、负链	反转录病毒
	单链	线状、单链、分段、负链	正黏病毒、副黏病毒、布尼亚病毒、沙粒病毒
	单链	线状、单链、分段、负链	(布尼亚病毒、沙粒病毒有的 RNA 节段为双义)
	双链	线状、双链、分段	呼肠孤病毒、噬菌体 φ6、植物伤瘤病毒、许多真菌病毒

3. 病毒核酸结构特征

大多数毒粒仅含 1 个核酸分子，少数病毒基因组由几个分开的核酸分子片段组成，分担不同的遗传功能，称为分节段基因组(segmented genome)。如大多数流感病毒由 8 个分开的单链 RNA 片段组成(图 4-9b)，布尼亚病毒(Bunyavirus)基因组由 3 个单链 RNA 片段组成。RNA 片段只编码 1 个或几个病毒多肽。少数病毒基因组含有双链 RNA 分开的片段，如呼肠孤病毒(Reovirus)基因组含有 10～12 个片段。除反转录病毒为二倍体基因组外，病毒的基因组都是单倍体。

4.4.2　病毒的蛋白质

病毒蛋白质依据其在病毒中存在与否分为结构蛋白(structure protein)和非结构蛋白(non-structural protein)两类。前者指在成熟的有感染性的病毒颗粒中存在的蛋白质，包括：壳体蛋白、包膜蛋白、基质蛋白和毒粒酶等。后者指在病毒复制过程中有一定作用，但又不是病毒粒子的结构，通常具有酶的活性，是对启动病毒的感染和关闭宿主细胞的核酸与蛋白质合成起作用的蛋白质。两类病毒的蛋白质都是由病毒基因组编码的。有的病毒只含一种蛋白质，如烟草花叶病毒；而大多数病毒有多种蛋白质，如流感病毒结构复杂，由 8 个不连续的单股负链 RNA 片段构成，分别转录和合成 10 种不同的蛋白质，包括 P_1(起始转录蛋白)、P_2(帽-结合蛋白)、P_3(延长转录的蛋白)、HA(血凝素)、NA(神经氨酸酶)、NP(核衣壳蛋白)、M_1(基质蛋白Ⅰ)、M_2(基质蛋白Ⅱ)、NS_1(非结构蛋白Ⅰ)和 NS_2(非结构蛋白Ⅱ)。

1. 结构蛋白

① 壳体蛋白。壳体蛋白(capsid protein，或衣壳蛋白)是包裹在病毒核酸外，构成病毒基本结构核衣壳蛋白的最小单位，由一条或多条多肽链折叠形成的蛋白质亚基构成。简单病毒的壳体蛋白仅由一种或几种蛋白质亚基构成，如脊髓灰质炎病毒的壳体由 4 种蛋白构

成;而复杂病毒有20余种蛋白,如呼吸道、肠道病毒的壳体蛋白就由双壳的二十面体结构组成。不同的壳体蛋白有不同的蛋白质亚基的组成和数目。壳体蛋白的功能一是构成病毒的壳体,在装配过程中与病毒的基因组相互作用,通过核酸与壳体蛋白间化学键紧密结合,将大片段的核酸包装在一个有限空间内,形成病毒粒子的结构;二是保护病毒的基因组。无包膜病毒的壳体蛋白参与病毒的吸附(如噬菌体的尾丝蛋白),有的壳体蛋白还是病毒的表面抗原。

② 包膜糖蛋白。在病毒包膜上有两类病毒蛋白质,即包膜糖蛋白和基质蛋白。包膜糖蛋白(envelope glycoprotein)的大部分结构位于包膜外侧,包膜内有相对较短的"尾部"与基质蛋白相连,包膜糖蛋白可分为简单型糖蛋白和复合型糖蛋白两类。包膜糖蛋白是病毒的主要表面抗原,它们多为病毒的吸附蛋白,与细胞受体相互作用,启动病毒感染,介导病毒的进入。有的病毒包膜上有与受体识别有关的外糖蛋白和作为转运通道的跨膜蛋白,有的病毒(如流感病毒)包膜上还有使脊椎动物红细胞凝集的血凝素等。有时包膜上也会发现连接有少量宿主细胞产生的蛋白质。

③ 基质蛋白。基质蛋白(matrix protein)是病毒包膜上的一种非糖基化的内在蛋白,或称内膜蛋白。其作用是将内部的核衣壳与外部的包膜连接,支撑包膜,维持病毒的结构;另一重要作用是介导核壳与包膜糖蛋白之间的识别,在病毒以出芽方式释放时发挥作用。

④ 毒粒酶。毒粒酶指在病毒粒子内存在的酶。参与病毒感染、复制的酶除毒粒酶外,还有两个来源:一是宿主细胞的酶或者经病毒修饰改变的宿主细胞酶;二是病毒的一些非结构蛋白,如正链RNA病毒复制时产生的依赖于RNA的RNA聚合酶。

2. 非结构蛋白

非结构蛋白或存在于病毒粒子中,或出现在被侵染的宿主细胞内。所含非结构蛋白数量及功能因种而异,差别较大。如反转录病毒的反转录酶、单纯疱疹病毒的DNA聚合酶具有酶的活性;HIV和HSV的Tat蛋白、间层蛋白(tegument protein)具转录调节作用;HCV的DNA解旋酶(DNA helicase)、DNA结合蛋白(DNA binding protein)参与核酸合成;致癌病毒的癌基因(viral oncogene)参与癌细胞转化;SV40病毒、埃巴二氏病毒(Ebola virus,EB病毒)的大T细胞抗原、EBNA蛋白参与细胞转化等。另外,有些病毒粒子的非结构蛋白在衣壳装配过程中可作为骨架蛋白发挥作用;有的非结构蛋白与抗细胞凋亡(anti-apoptosis)、抗细胞因子(anti-cytokine)的活性有关,可以干扰主要组织相容性复合体(major histocompatibility complex,MHC)抗原的免疫逃避作用。

4.4.3 病毒的脂类

包围病毒颗粒外的包膜,是病毒释放时通过出芽方式从宿主细胞的核膜、细胞质膜或内质网膜获得的,其中50%～60%的脂质化合物为磷脂,其余为胆固醇和中性脂肪,构成病毒包膜的脂双层结构。少数无包膜病毒,如虹彩病毒科(Iridoviridae)的某些病毒、大肠杆菌T系噬菌体和λ噬菌体也发现有脂质存在。

4.4.4 病毒的糖类

一些结构复杂(有包膜)的病毒毒粒,在包膜表面常含有少量糖类,主要为糖蛋白和糖脂,如HIV病毒包膜上的gp120刺突和H5N1病毒包膜上的HA刺突(图4-9a,b)。这些糖蛋白常以多个单聚体形成的刺突位于膜外,是包膜病毒的主要抗原。另一些复杂病毒的毒粒还含有内部的糖蛋白或糖基化的壳体蛋白。

4.4.5 病毒的其他成分

某些动物病毒、植物病毒和噬菌体的病毒粒子内,存在一些聚胺类阳离子化合物,如丁二胺、亚精胺、精胺等。某些植物病毒中还含有金属阳离子,这类含量极微的有机或无机阳离子与病毒核酸结合,对核酸构型有一定影响。

4.5 病毒的分类

4.5.1 病毒的宿主范围(病毒的宿主谱)

最初根据病毒能感染并在其中复制的宿主种类与致病性对病毒分群归类。每类病毒有其特定的宿主范围。根据宿主的不同,可分为三大类:

① 噬菌体(phage)。原核微生物中分离的病毒称为噬菌体。噬菌体近 3000 种,其中感染细菌的病毒称为噬菌体(bacteriophage),感染放线菌的病毒称为噬放线菌体(actinophage),感染蓝、绿藻的病毒称为噬蓝(绿)藻体(cyanophage),感染柔膜细菌(支原体和螺旋体)的病毒称为支原体病毒(mycoplasma virus)。酵母菌中分离的病毒称为噬酵母体(zymophage)。真菌中分离的病毒或类似病毒的粒子,称为真菌病毒(mygovirus)或噬真菌体(mycophage)。

② 植物病毒(plant virus),包括种子植物为宿主的植物病毒和藻类植物中分离的病毒,后者称为噬藻体(phycophage)等。已鉴定出的植物病毒约 1000 余种,其中以种子植物为宿主的植物病毒最为普遍。

③ 动物病毒(animal virus),包括原生动物病毒(protozoal virus)、无脊椎动物病毒(invertebrate virus)和脊椎动物病毒(vertebrate virus)。无脊椎动物(包括昆虫)病毒约 1700 种,主要在昆虫中发现,称为昆虫病毒(insect virus)。脊椎动物(包括人类)病毒近 1000 种,其中感染人类并引起致病的病毒划归医学病毒(medicine virus),而感染家养和野生动物的病毒划归兽医病毒(veterinary virus)。

除病毒外,还有比病毒更小、更简单的亚病毒介质,严格意义上说它们不是真正的病毒,而是植物和包括人在内的动物的重要病原体(参见 4.7 节)。

这种分类方法因实用性强而沿用至今,但并未反映出病毒的本质特征。

4.5.2 病毒的分类与命名

1. 病毒的分类依据

病毒分类主要以病毒粒子的特征、抗原和生物学特征为依据,尽量采用广范围的特征,朝向自然系统方向发展。

2. 病毒的命名规则

20 世纪 50～60 年代,分离出成百个新病毒,传统分类法满足不了需求,过去病毒的命名又十分混乱。1966 年在墨西哥国际微生物学会议上,成立了国际病毒命名委员会(International

Committee on Nomenclature of Viruses, ICNV)；1998 年在国际病毒分类委员会(International Committee on Taxonomy of Viruses, ICTV)第 7 次会议上确定了病毒命名的 41 条规则，主要内容为：病毒分类系统依次采用目(order)、科(family)、属(genus)、种(species)的分类等级。

① 目。目是一群具有共同特征科的总称，目名的词尾是"-virales"。

② 科。科是指具有一群共同特征的属，科名的词尾是"-viridae"，大部分科具有独特的病毒粒子形态、基因结构和复制方式。科以下可设立或不设立亚科，亚科名的词尾是"-virinae"。

③ 属。病毒的属是一群具有共同特征种的总称，属名的词尾是"-virus"，不同科内的属设定标准不同，需包括基因组、结构和其他特性差别。

④ 种。病毒的种构成一个复制谱系，是指占据特定生态环境，并具有多原则分类特征(polythetic class)的病毒，包括基因组、毒粒结构、生理生化特性和血清学性质等。病毒种的命名与株名一起应有明确含义，不涉及属或科名，已广泛使用的数字、字母或其组合可作种名的形容词，但新提出的数字、字母或其组合不再被接受。

类病毒科名的词尾是"-viroidae"、属名的词尾是"-viroid"。一些属性不很明确的属称为暂定病毒属，用引号和后缀"-like viruses"表示，如"Norwalk-like viruses"(汉译为"诺瓦克样病毒属")。表中"-"表示尚未确定目、科或属(Pringle CR, 1999)。

4.5.3　病毒的分类系统

2001 年国际病毒分类委员会(ICTV)公布的病毒分类与命名的第 7 次报告中，病毒分类系统设立 3 个目：单组分负义 RNA 目(Mononegavirales)、有尾噬菌体目(Candovirales)、成套病毒目(Nidovirales)；66 个病毒科(包括 2 个类病毒科)，9 个病毒亚科；共 244 个病毒属(包括 32 个暂定属和 7 个类病毒属)；亚病毒因子类群，不设科和属，包括卫星病毒和朊病毒传染性蛋白颗粒或朊粒。

现在的分类系统将已发现的 4000 余种病毒分为 8 大类，即 dsDNA 病毒、ssDNA 病毒、DNA 和 RNA 反转录病毒、dsRNA 病毒、反义 ssRNA 病毒、正义 ssRNA 病毒、裸露 RNA 病毒和类病毒(viroid)等。表 4-4 概括了主要病毒科(仅包括典型种类和宿主)及其分类特征。

表 4-4　主要病毒科及其分类特征

核酸类型	病毒科	包膜	对称[a]	壳体大小[b]/nm	基因组大小/kb	宿主范围	举　例
dsDNA	痘病毒科(Poxviridae)	+	C	(200～260)×(250～290)(e)	130～375	动物、昆虫	天花病毒、鸡痘病毒
	疱疹病毒科(Herpesviridae)	+	I	100，100～200(e)，162 壳粒	120～230	动物	单纯疱疹病毒(HSV)
	虹彩病毒科	+	I	130～180	170～400	动物、昆虫	虹彩病毒
	杆状病毒科(Baculoviridae)	+	H	40×300(e)	90～230	昆虫	核型多角体病毒
	腺病毒科(Adenoviridae)	−	I	60～90，252 壳粒	36～48	动物	腺病毒

（续表）

核酸类型	病毒科	包膜	对称[a]	壳体大小[b] /nm	基因组大小 /kb	宿主范围	举　例
	乳多空病毒科 (Papovaviridae)	—	I	55～95,72 壳粒	79	动物	人类多瘤病毒 (HuPV)
	肌尾噬菌体科 (Myoviridae)	—	Bi	80×100	170	细菌、古菌	T_4、P_1、P_2 噬菌体
	长尾噬菌体科 (Siphoviridae)	—	Bi	60×570	48.5	细菌、古菌	λ 噬菌体
	多瘤病毒科 (Polymaviridae)	—	I	45,70 壳粒	5	动物	猿猴空泡病毒 40(SV40)
	乳头瘤病毒科 (Papillomaviridae)	—	I	50～55	6.8～8.4	动物	人乳头瘤病毒 (HPV)
	非洲猪瘟病毒科 (Asfarviridae)	+	I	200	170～190	动物	非洲猪瘟病毒
	脂毛噬菌体科 (Lipothrixviridae)	—	H		15.9	古菌	热变形菌噬菌体
ssDNA	细小病毒科 (Parvoviridae)	—	I	20～25,12 壳粒	6～8	动物、昆虫	红病毒 B19
	双粒病毒科 (Geminiviridae)	—	I	18×30 (成对颗粒)	2.5～3.0	植物	玉米条纹病毒
	丝杆病毒科 (Inoviridae)	—	H	6×900～1900	4.4～8.5	细菌	M13 噬菌体
	微噬菌体科 (Microviridae)	—	I	25～35	4.4～6.50	细菌	ΦX174 噬菌体
反转录 DNA 和 RNA	嗜肝 DNA 病毒科 (Hepadnaviridae)	+	C	28(核心), 42(e),42 壳粒	3	动物	乙型肝炎病毒
	花椰菜花叶病毒科 (Caulimoviridae)	—	I	50	8	植物	花椰菜花叶病毒
	反转录病毒科 (Retroviridae)	+	I	100(e)	7～10	动物	人类免疫缺陷病毒(HIV)
dsRNA	囊噬菌体科 (Cystoviridae)	+	I	100(e)	10～12	细菌	假单胞菌噬菌体
	呼肠孤病毒科 (Reoviridae)	—	I	70～80,92 壳粒	16～27	动物、植物	轮状病毒、水稻矮缩病毒
	双 RNA 病毒科 (Birnaviridae)	—	I	60	25.9	动物	传染性胰脏坏死病毒
ss(+) RNA	冠状病毒科 (Coronaviridae)	+	H	14～16(h), 80～160(e)	28～33	动物	禽流感病毒
	披膜病毒科 (Togaviridae)	+	I	45～75(e), 32 壳粒	10～13	动物	风疹病毒、虫媒病毒

（续表）

核酸类型	病毒科	包膜	对称[a]	壳体大小[b] /nm	基因组大小 /kb	宿主范围	举　例
	黄病毒科 (Flaviviridae)	+	I	40～50(e)	10～12	动物	黄热病毒
	小 RNA 病毒科 (Piconarviridae)	—	I	22～30,32 壳粒	7～8.5	动物	甲型或丙型肝炎病毒、登革热病毒、脊髓灰质炎病毒
	光滑噬菌体科 (Leviviridae)	—	I	23～27,32 壳粒	—	细菌	MS2 噬菌体
	雀麦花叶病毒科 (Bromoviridae)	—	I	25	三分体基因组	植物	雀麦花叶病毒
	星状病毒科 (Astroviridae)	—	星形	28～30	7～8	动物	人星状病毒
	杯状病毒科 (Caliciviridae)	—	I	30～40	8	动物	杯状病毒
ss(—) RNA	副黏病毒科 (Paramyxoviridae)	+	H	18(h), 125～250(e)	15～16	动物	副流感病毒、麻疹病毒
	正黏病毒科 (Orthomyxoviridae)	+	H	9(h), 80～120(e)	13	动物	流感病毒
	弹状病毒科 (Rhabdoviridae)	+	H	18(h),70～80×130～240	13～16	动物、植物	狂犬病毒、莴苣坏死黄化病毒
	布尼亚病毒科 (Bunyaviridae)	+	H	2～2.5(h), 80～100(e)	12～23	动物、植物	汉坦病毒、番茄斑萎病毒
	沙粒病毒科 (Arenaviridae)	+	H	100～130(e)	1	动物	沙粒病毒
	波纳病毒科 (Bornaviridae)	+	I	90	8.9	动物	波纳病毒
	线状病毒科 (Filoviridae)	+	H	80×800～1000	13～19	动物	马尔堡病毒、绿猴病毒

a. 壳体对称类型：I,二十面体对称；H,螺旋对称；C,结构复杂；Bi,双对称。

b. 螺旋壳体直径(h)；(e),有包膜毒粒直径。

4.6　病毒的增殖

病毒增殖(viral multiplication)是病毒基因组复制与表达的结果。病毒在细胞外是无生命的、亚显微的大分子颗粒，不能生长和分裂，但它们是能够侵染特定活细胞的遗传因子。一旦进入特定的活细胞，它们便借助宿主细胞的能源系统、tRNA、核糖体和复制、转录、翻译等生物合成体系，复制病毒的核酸和合成病毒的蛋白质，最后装配成结构完整、具有侵染力的成熟的病毒粒子。

4.6.1 病毒的复制过程

各种病毒复制（viral replication）过程基本相似，大致包括吸附、侵入与脱壳、大分子合成、装配、释放等五个阶段（图 4-10）。

1. 吸附

吸附（adsorption）是指病毒表面蛋白与宿主细胞受体特异性结合。病毒与细胞表面的吸附是个相互过程。

（1）病毒吸附蛋白

病毒吸附蛋白（viral attachment protein，VAP）是指能特异性识别宿主细胞受体并与其结合的病毒表面结构蛋白，又称反受体（antireceptor）。无包膜病毒的吸附蛋白常是壳体的组成部分，如大肠杆菌 T 偶数噬菌体的尾丝蛋白和刺突；有包膜病毒的吸附蛋白为包膜糖蛋白，如流感病毒包膜表面的血凝素等；结构复杂的病毒有几种吸附蛋白或几个功能结构域，如痘苗病毒（vaccinia virus）、单纯疱疹病毒（herpes simplex virus，HSV）等。无特殊吸附结构的动物病毒，通过以吞噬作用或胞吞作用进入宿主细胞。植物病毒除莴苣坏死黄化病毒（lettuce necrotic yellows virus，LNYV）等有刺突外，皆无专门的吸附结构。如果编码吸附蛋白的基因突变，可灭活或破坏其中的蛋白水解酶、β-糖苷酶、中和抗体等活性，影响病毒的感染性。

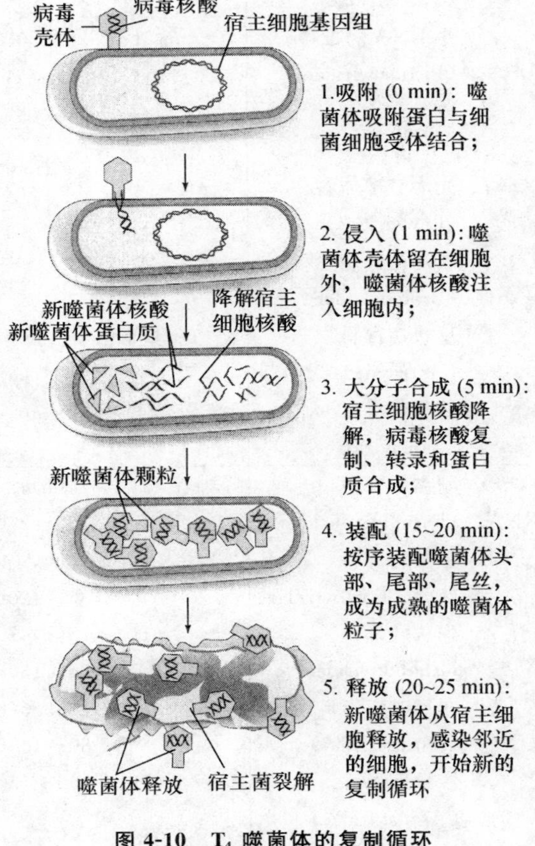

图 4-10　T_4 噬菌体的复制循环

（引自 Pommerville，2004）

（2）细胞受体

细胞受体（cellular receptor），又称病毒受体，是指能特异性识别病毒吸附蛋白并与之结合，介导病毒侵入宿主细胞的表面成分。细胞受体大多数为蛋白质，也可能是糖蛋白或磷脂。但它们并非病毒感染所特异表达的受体，常是细胞特定受体外的细胞蛋白，如单纯疱疹病毒的受体是硫酸乙酰肝素、狂犬病毒的受体是乙酰胆碱受体。有些病毒感染需要辅助受体（co-receptor）参与，称为第二受体，如人类免疫缺陷病毒（HIV）。植物表面至今尚未发现病毒的特异受体。噬菌体以尾丝尖端的尾丝蛋白吸附于菌体细胞表面的特异性受体上。不同噬菌体吸附位点不同，如大肠杆菌 T_3、T_4、T_7 噬菌体吸附在脂多糖受体上，T_2 和 T_6 噬菌体吸附在脂蛋白受体上，枯草芽孢杆菌 SP-50 噬菌体吸附在磷壁酸受体上；沙门氏菌的X 噬菌体吸附在细菌的鞭毛上，丝状噬菌体 M13 吸附在大肠杆菌性菌毛的顶端，而二十面体噬菌体 MS2 吸附在性菌毛的侧面。

（3）吸附过程

由于病毒粒子的随机碰撞和布朗运动，与宿主细胞的初始结合并不紧密，而是一个可逆的过程。随后由于静电引力等作用与敏感细胞表面接触，通过病毒的吸附蛋白与宿主细胞受体间的结构互补性和相互间的吸引、氢键、范德华力、疏水性相互作用，病毒的吸附蛋白与宿主细胞表面特异受体结合。不同病毒吸附速率差异很大。影响病毒吸附蛋白和细胞受体活性的因素，如细胞代谢抑制剂、蛋白酶、糖苷酶、脂溶剂、抗体和温度（最适生长温度）、pH（pH 5～10）等；离子浓度（Na^+、Ca^{2+}、Ba^{2+}、Mg^{2+}促进吸附，Al^{3+}、Fe^{3+}、Cr^{3+}使病毒失活）等因素也都影响病毒的吸附过程，缺Mg^{2+}噬菌体尾丝成堆，缺色氨酸噬菌体尾丝不张开等现象皆有报道。

2. 侵入与脱壳

侵入（penetration）指病毒或其一部分进入宿主细胞的过程，这是一个依赖能量的感染步骤。不同病毒侵入宿主细胞机制不同。脱壳（encoating）是指病毒侵入后，脱去包膜和（或）壳体，释放病毒核酸的过程。

（1）噬菌体

长尾噬菌体尾丝蛋白吸附于宿主细胞表面受体处，尾丝收缩使尾髓触及细胞壁，刺突固着在细胞表面，尾髓顶端携带的溶菌酶将细胞壁的肽聚糖溶成小孔，尾鞘收缩（由 24 环变成 12 环），将尾髓推出穿透细胞壁和细胞质膜，将头部的核酸（DNA 或 RNA）通过尾髓注入宿主细胞内，而噬菌体的壳体留在细胞外。尾鞘中的 ATP 酶水解 70％的 ATP 提供尾鞘收缩所需的能量。无尾鞘的噬菌体，如 T_1、T_5 也能将 DNA 注入细胞，但速率降低。丝状噬菌体 fd 的 ssDNA 和壳体可进入宿主细胞。每个细胞多次吸附的噬菌体可达 250～300 个，但只有 1 个噬菌体进入细胞。适宜条件下，一般噬菌体吸附至侵入 DNA 历时 30 min，而 DNA 注入仅需 15s。T 偶数噬菌体侵入与脱壳同时发生，仅病毒核酸和结合蛋白进入细胞，壳体留在细胞外。

（2）动物病毒

动物病毒侵入和脱壳有三种方式：a. 裸露的病毒通过直接穿过细胞质膜转位（translocation）侵入，病毒壳体上的吸附蛋白和细胞质膜上的受体结合转位，病毒壳体留在细胞外，核酸侵入胞内，如腺病毒（图 4-11a）。b. 有包膜的病毒通过与宿主细胞质膜融合，脱掉包膜，核衣壳释放到细胞质，随后脱去壳体游离出病毒核酸，如流感病毒和反转录病毒（图 4-11b）。c. 具有包膜的复杂病毒通过胞吞作用（endocytosis）侵入。病毒侵入细胞后，被细胞质膜凹陷形成的衣被小泡（吞噬泡）包围，通过溶酶体的作用脱壳，随后启动病毒的部分基因转录、翻译出脱壳酶，最后将病毒核酸从核心中释放，多数病毒依此方式侵入，如痘类病毒。脱壳方式和发生的位置因病毒种而异，可一步或两步脱壳，也可在细胞质或细胞核中脱壳（图 4-11c）。

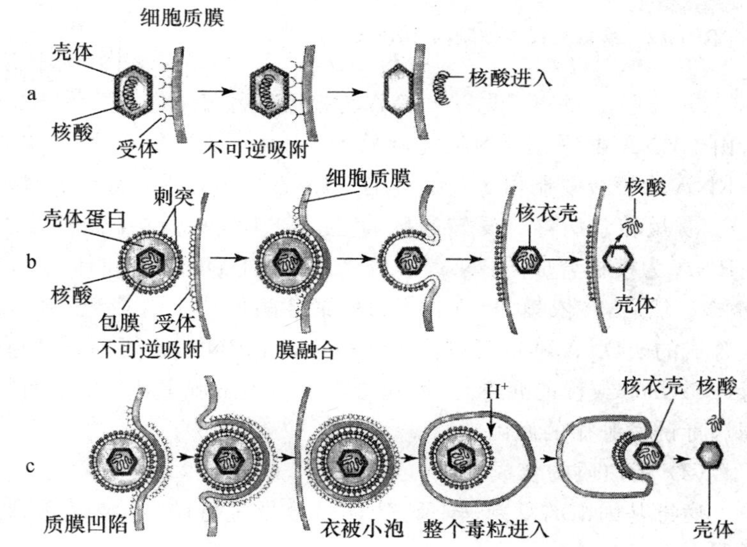

图 4-11　动物病毒侵入和脱壳的三种方式

（引自 Prescott et al，2005）

(3) 植物病毒

植物病毒的侵入通常由机械摩擦形成的表面伤口或昆虫咬食口器感染，并通过植物细胞的胞间连丝(plasmodesmata)、植物韧皮部的伴胞、筛胞和导管在细胞间甚至整个植株中扩散。

3. 大分子合成

病毒大分子合成包括核酸的复制、转录和蛋白质的生物合成。

(1) 核酸的复制、转录

根据病毒核酸的类型，病毒核酸的复制、转录分为 6 类(图 4-12)：

① ±DNA 病毒。通过半保留复制方式复制出子代±DNA，以其中－DNA 为模板转录出 mRNA。如 T 偶数噬菌体、多瘤病毒、腺病毒、痘病毒、花椰菜花叶病毒等。

② ＋DNA 病毒。通过半保留复制方式复制出互补的±DNA，再以新合成的－DNA 为模板转录出 mRNA。如ΦX174 噬菌体、细小病毒等。

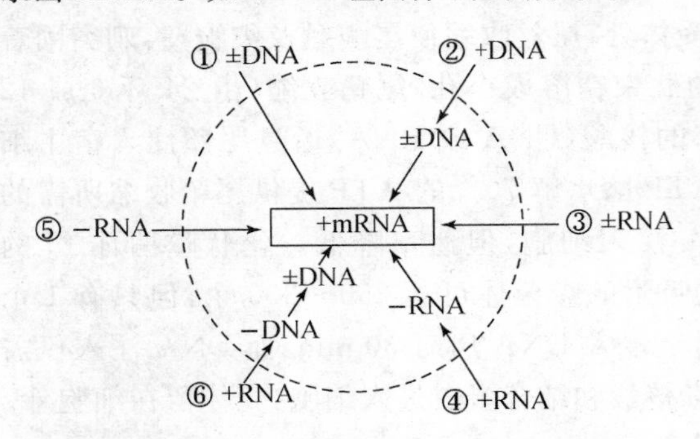

图 4-12 病毒在宿主细胞内 mRNA 合成方式

③ ±RNA 病毒。先以－RNA 为模板复制出＋RNA，即 mRNA；再以±RNA 的＋RNA 为模板复制出－RNA；新合成的＋RNA 和－RNA 组成子代病毒的双链±RNA 分子。如呼肠孤病毒、水稻矮缩病毒等。

④ ＋RNA 病毒。其＋RNA 既可作为 mRNA 翻译成蛋白质，又可作为模板；先复制出－RNA，再以－RNA 为模板，合成子代的＋RNA。如 f2 噬菌体、烟草花叶病毒、脊髓灰质炎病毒、细小 RNA 病毒等。

⑤ －RNA 病毒。先以－RNA 为模板利用病毒粒子所携带的转录酶转录出＋RNA(mRNA)，再由＋RNA 翻译出 RNA 复制酶，在 RNA 复制酶作用下，以－RNA 合成＋RNA，再以此＋RNA 为模板复制出子代病毒的－RNA。如流感病毒、狂犬病毒、正黏病毒、副黏病毒等。

⑥ 反转录病毒。反转录病毒也是＋RNA 病毒，在病毒的反转录酶作用下，以病毒的＋RNA 为模板合成－DNA，形成＋RNA/－DNA 中间体，随后将＋RNA 删除，形成单链－DNA。然后，在依赖 DNA 的 DNA 聚合酶催化下合成出＋DNA，形成双链±DNA。由此方式合成的±DNA 不仅可以作为模板合成 mRNA，还可整合到宿主细胞 DNA 分子上形成原病毒(provirus 或称前病毒)。原病毒可随宿主细胞 DNA 复制而复制，许多学者认为，这就是肿瘤病毒诱发肿瘤的原因。

(2) 蛋白质的合成

病毒基因组的复制、转录、翻译是分批进行的，合成的蛋白质分 3 类，以 T_7 噬菌体为例说明。

① 早期蛋白(early protein)。为病毒侵染细胞 4 min 后开始合成的蛋白质，主要包括参与病毒核酸复制、调节病毒基因表达、改变或抑制宿主细胞大分子合成的蛋白质。如 T7 噬菌体 RNA 聚合酶。早期蛋白是病毒利用宿主细胞 RNA 聚合酶转录出 mRNA 并翻译而形成的。

② 中期蛋白(middle protein)。是指病毒侵染细胞后 6～15 min 转录、合成的蛋白质，主要包括解开 DNA 双链的核酸酶、催化 DNA 片段合成的 DNA 聚合酶以及连接 DNA 的 DNA 连接酶等。

③ 晚期蛋白(late protein)。是指病毒核酸复制开始或复制后所进行的转录、合成的蛋白质，主要包括子代毒粒所需的结构蛋白，如噬菌体的头部蛋白、尾部蛋白、装配蛋白等。T_7 噬菌体基因组及其蛋白质合成顺序见图 4-13。

动物和植物病毒基因组的结构类型多样，每一种病毒都有其独特的复制、转录和翻译策略。大部分 DNA 病毒在宿主细胞核内合成 DNA，在细胞质内转录、翻译合成蛋白质，但也有少数例外，如嗜肝 DNA 病毒(hepadnavirus)、痘病毒 DNA 在细胞质内复制。而绝大部分 RNA 病毒基因组的复制和转录都在细胞质中进行，但正黏病毒基因组的复制在细胞核内进行，反转录病毒基因组的复制在细胞核和细胞质中进行，烟草花叶病毒的 RNA 在细胞核内复制。

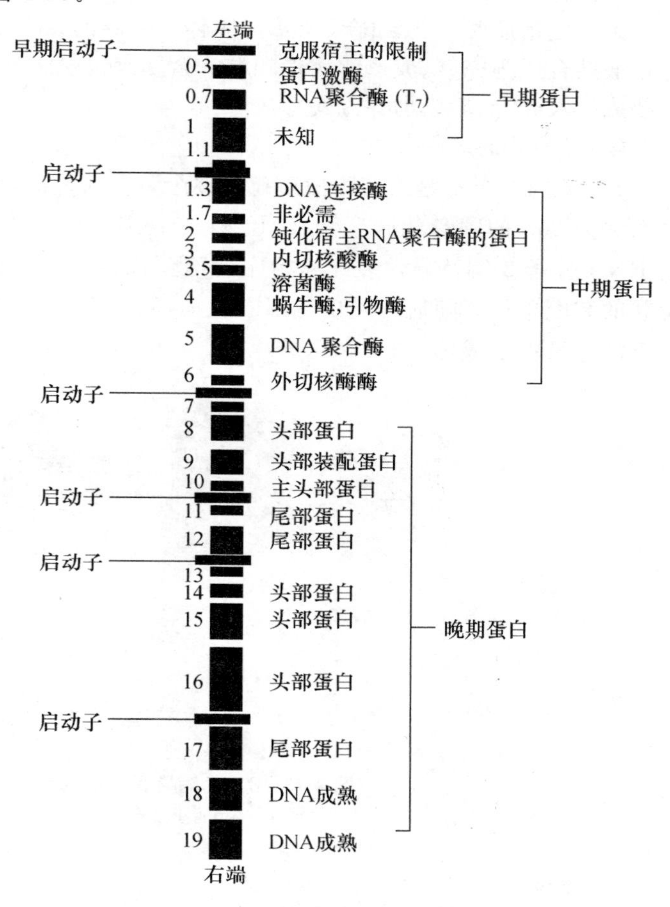

图 4-13　T_7 噬菌体基因组及其蛋白质合成顺序

(数字为基因编码)

4. 装配

装配(assembly)就是将分别合成的病毒核酸和病毒蛋白质组装成完整的病毒粒子的过程。

(1) 噬菌体的装配

T_4 噬菌体的装配较为复杂，大致分为 4 步(图 4-14)：① 壳体包裹 DNA 成为头部；② 颈环、颈须与头部连接；③ 由基板、尾髓和尾鞘装配成无尾丝的尾部，头部与尾部自发结合；④ 单独装配成的尾丝与噬菌体尾部连接，组装成完整成熟的噬菌体。整个装配过程为一种有序的装配反应，至少有 50 种蛋白质和 60 多个基因参与，每一种结构蛋白在装配时都发生构型改变，为后一种蛋白质的结合提供识别位点，且需一些非结构蛋白参与，装配完成后删除。

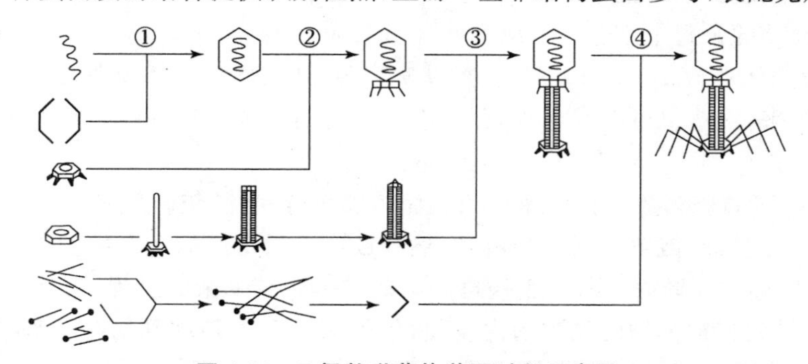

图 4-14　T 偶数噬菌体装配过程示意图

（2）动物病毒的装配

装配方式与病毒在宿主细胞中的复制部位以及有、无包膜相关。除痘类病毒外，DNA 病毒在细胞核内装配，RNA 病毒与痘类病毒在细胞质内装配。动物病毒晚期基因编码的壳体蛋白达到一定浓度时自我装配聚集形成壳体。裸露的二十面体病毒，先装配成空的前壳体，然后与核酸结合成为完整、成熟的病毒颗粒。全部有包膜病毒的装配，一般先在细胞核或细胞质内组装成核衣壳，然后以出芽方式释放。

（3）TMV 的装配

TMV 的衣壳不是由其蛋白质亚基逐个装配而成的，而是先聚集形成许多双层平盘（其沉降系数为 20S 的圆盘状聚合物，每层 17 个亚基，共 34 个亚基），随着 pH 降低，圆盘与 TMV 的 RNA 分子 3′端特异性装配起始序列结合，RNA 贯穿螺旋的中心孔，圆盘逐渐变成双圈螺旋状的装配单位。随后装配单位不断叠加，螺旋壳体分别先后向 5′端和 3′端延伸、包装，直至完整的病毒粒子成熟（图 4-15）。

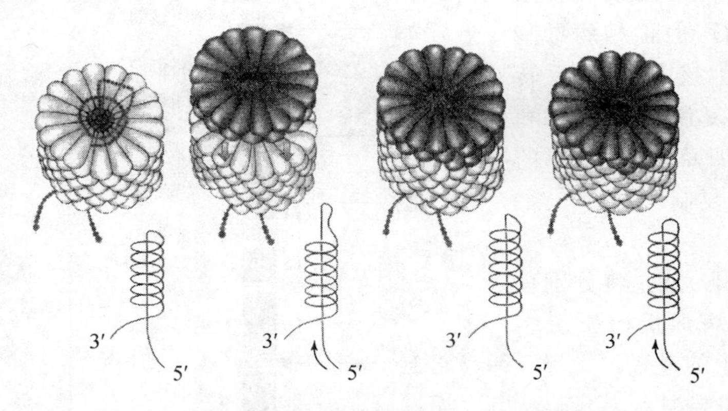

图 4-15　TMV 病毒蛋白亚基装配过程示意图

（引自 Prescott et al，2005）

5. 释放

释放（release）是病毒粒子从感染的宿主细胞转移到细胞外的过程。

（1）噬菌体

T 偶数噬菌体成熟时产生两种后期蛋白质，即破坏细胞质膜的蛋白质和溶菌酶，当细胞质膜被破坏后，溶菌酶穿过细胞质膜破坏细胞壁的肽聚糖层，使细胞壁逐渐变薄，最后宿主细胞因渗透膨压突然破裂。如 T_4 噬菌体、单链 DNA 噬菌体中 ΦX174 等大多数噬菌体都是借宿主细胞裂解而释放的。每个细胞释放的噬菌体数目是相对固定的，如 T_4 噬菌体释放 100 个/细胞，ΦX174 噬菌体释放 1000 个/细胞。丝状噬菌体 fd 成熟后并不破坏细胞壁，而是不断从宿主细胞中钻出来，细菌仍可继续生长，此乃噬菌体与宿主细菌的一种共生关系。

（2）动物病毒

① 无包膜病毒破胞释放。如裸露的二十面体腺病毒、脊髓灰质炎病毒借助病毒自身编码的溶菌酶，通过细胞质膜溶解或局部裂解，突然释放出大量游离的病毒粒子。

② 有包膜病毒出芽释放。有包膜病毒的释放是一个较复杂的过程，当其核壳成熟和装配裹入核酸后，便排列在宿主细胞质膜的内表面；包膜糖蛋白也转移到宿主核膜或细胞质膜上，与装配好的核衣壳蛋白特异性地结合，核衣壳在芽出细胞质膜的过程中被裹上细胞质膜而释

放(图 4-16)。有的包膜上还带有神经氨酸酶的刺突,也可裂解细胞,如流感病毒。若在细胞核内装配的病毒,出芽时会从核膜上获得包膜,如疱疹病毒。有些病毒很少释放到胞外,而是通过胞间连丝或细胞融合方式,从感染的细胞直接进入另一个正常细胞,如巨细胞病毒。

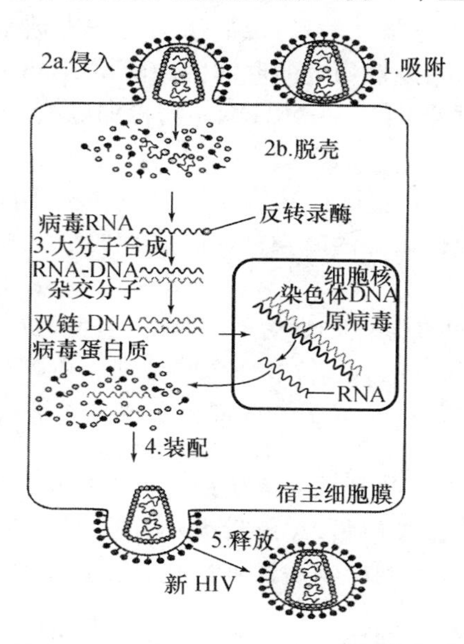

图 4-16　HIV 在宿主细胞内的生活周期

(改绘自 Campbell,1996)

1. 吸附;2. 侵入脱壳;3. 大分子合成:以病毒 RNA 为模板反转录出互补的 DNA 链,形成 DNA-RNA 杂合体;再以杂合体中 DNA 链为模板,合成双链 DNA;双链 DNA 转移进入细胞核,整合至宿主染色体上成为原病毒(或称前病毒),感染进入潜伏期;当受感染细胞被激活后,原病毒 DNA 就立即转录成病毒 RNA 及病毒各组分;4. 装配形成大量新的病毒粒子;5. 通过出芽方式从细胞释放,再攻击其他 T_4 淋巴细胞

(3) 植物病毒

植物病毒通过宿主细胞的溶解或破裂而释放。有些植物病毒很少释放到细胞外,而是靠病毒编码的运动蛋白协助,通过胞间连丝在细胞间传播。

4.6.2　一步生长曲线

一步生长曲线(one-step growth curve)是研究病毒复制的一个经典实验,最初应用于噬菌体复制的研究,后推广至动物病毒和植物病毒的复制研究中。方法是将适量病毒接种于高浓度敏感细胞培养物,或高倍稀释病毒培养物,或以抗病毒抗血清处理病毒细胞培养物,建立同步感染(避免二次吸附),然后继续培养,以感染时间为横坐标,病毒感染效价为纵坐标,绘制出病毒特征性繁殖曲线,即一步生长曲线(图 4-17)。一步生长曲线分为 3 个时期:潜伏期、裂解期、平衡期。

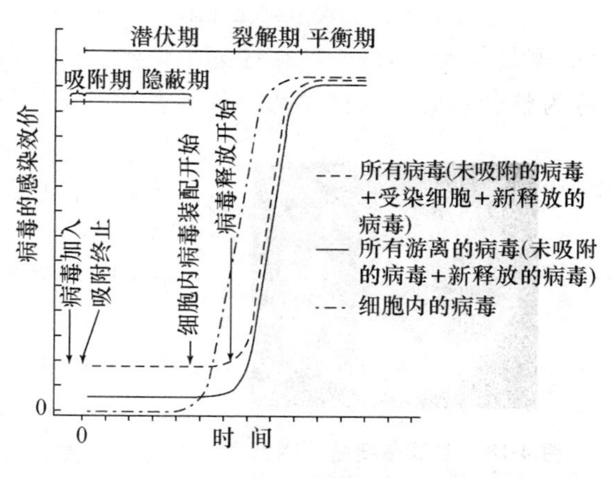

图 4-17　病毒复制的一步生长曲线

1. 潜伏期

潜伏期(latent period)是指毒粒吸附于细胞到受染细胞释放出子代毒粒所需的最短时间。不同病毒的潜伏期长短不同,噬菌体一般几分钟,动物病毒和植物病毒几小时或几天。潜伏期的前一段,受染细胞内检测不到感染性病毒,之后感染性病毒数量才急剧增加,从病毒在受染细胞内消失至细胞内出现新的感染性病毒的时间为隐蔽期(eclipse period)。不同病毒的隐蔽期长短不同,如 RNA 病毒的隐蔽期 2～10 h,DNA 病毒的隐蔽期为 5～20 h。

2. 裂解期

裂解期(rise phase)或称成熟期,是指潜伏期后宿主细胞合成新的病毒核酸和蛋白质,并装配成病毒粒子而大量释放子代病毒的时期。此时病毒效价急剧增加。

3. 平衡期

平衡期(plateau phase)是指成熟期末,受染细胞将子代病毒粒子全部释放出来,病毒效价最高处稳定的时期。裂解量(burst size)是指每个受染细胞所产生的子代病毒粒子平均数目,其数值等于平衡期受染细胞释放的全部子代病毒粒子数除以潜伏期受染细胞的数目,即

$$裂解量=\frac{平衡期病毒效价}{潜伏期病毒效价}$$

通过一步生长曲线可测定出裂解量,裂解量大小取决于病毒和宿主细胞。噬菌体的裂解量一般为几十到几百个,动物病毒和植物病毒可达几百到几万个。

4.6.3 温和噬菌体和溶源性细菌

1. 噬菌体感染宿主细胞的生物学效应

不同噬菌体感染宿主细胞的生物学效应有很大差别。噬菌体与细菌有三种感染状态:

① 非杀细胞感染(noncytocidal infection)。有些噬菌体对受染细胞影响很小,如单链 DNA 噬菌体 fd、f1 等,感染宿主细胞后,与细菌表现为共生的特性,子代病毒以分泌方式释放,并不杀死细胞。最近发展起来的噬菌体展示技术(phage display techniques)之所以能用于基因工程噬菌体表达载体构建,正是利用了这一特点。

② 杀细胞感染(cytocidal infection)或裂解感染。大部分噬菌体感染敏感菌宿主细胞,都能以裂解循环(lytic cycle)方式在细胞内增殖,并产生大量子代噬菌体,最终杀死或裂解细胞。这类噬菌体称为烈性噬菌体(virulent phage)。

③ 整合感染(integrated infection)。噬菌体的 DNA 整合到宿主菌的基因组上,随宿主菌 DNA 复制而复制,既不在细菌中增殖,也不裂解细菌,而是表现与细菌共存的特性,这类感染称为整合感染。这种噬菌体称为温和噬菌体(temperate phage),如大肠杆菌 λ 噬菌体等。个别噬菌体如大肠杆菌噬菌体 P1,附着在细胞质膜的某一位点上,呈质粒状态存在。宿主细菌基因组上整合有原噬菌体,并能正常生长繁殖而不被裂解的细菌称为溶源性细菌(lysogenic bacteria),这种现象称为溶源状态(lysogenic state),双层琼脂平板上出现透明噬菌斑中心的菌落(图 4-18)。而在这段整合到宿主菌基因组上的整合状态的噬菌体基因组或以质粒形式存在的温和噬菌体基因组称为原噬菌体(prophage,或前噬菌体)。溶源性不局限于噬菌体,许多动物病毒和其宿主间也有类似的关系。

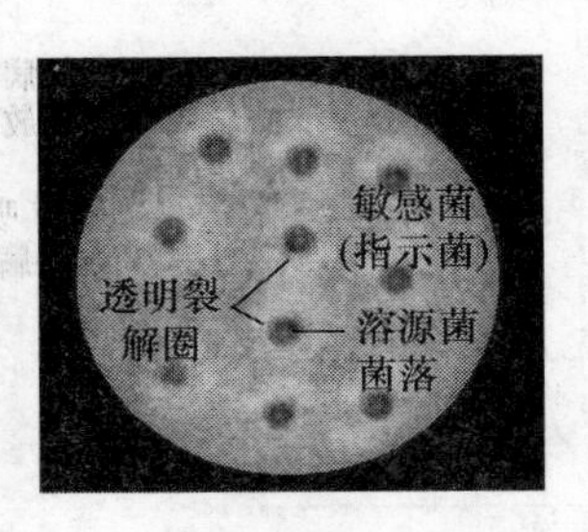

图 4-18 溶源性细菌的噬菌斑(钝齿棒杆菌)

2. 溶源性细菌特性

(1) 遗传稳定性(具有产生原噬菌体能力)

温和噬菌体的基因组整合到细菌染色体时,在整合酶作用下发生特异性重组。原噬菌体携带编码一种称为阻遏蛋白的基因 *c*1,这种阻遏蛋白阻止噬菌体所有有关增殖基因的表达,使其不能进入增殖状态,另外,原噬菌体还有一些基因控制阻遏蛋白的合成,以维持稳定的溶源状态。这样,原噬菌体基因组与宿主菌染色体同步复制,并随细胞分裂传递给子代细胞,仍为溶源性细菌,代代相传,进入溶源性周期(图 4-19)。

(2) 裂解

在一定条件下原噬菌体可以离开染色体进入裂解性周期,在宿主菌内产生大量成熟的子代噬菌体,引起宿主细胞裂解。自然状态下溶源性细菌的裂解称为自发裂解(spontaneous lysis)。自发裂解频率约为 $10^{-5}\sim10^{-2}$。溶源性细菌自发裂解释放噬菌体,常给发酵工业带来威胁,人们极为关注。某些适量紫外线、X 射线、氮芥、环氧化物、丝裂霉素 C 等诱变剂、致畸剂、致癌物等处理溶源性细菌,可以诱发原噬菌体脱离宿主细胞的染色体,裂解释放大量具有侵染力的噬菌体颗粒,这种现象称为诱发裂解(inductive lysis),也称为诱导裂解(图 4-19)。诱发裂解频率较高,约为 10^{-2}。紫外线对 λ 噬菌体

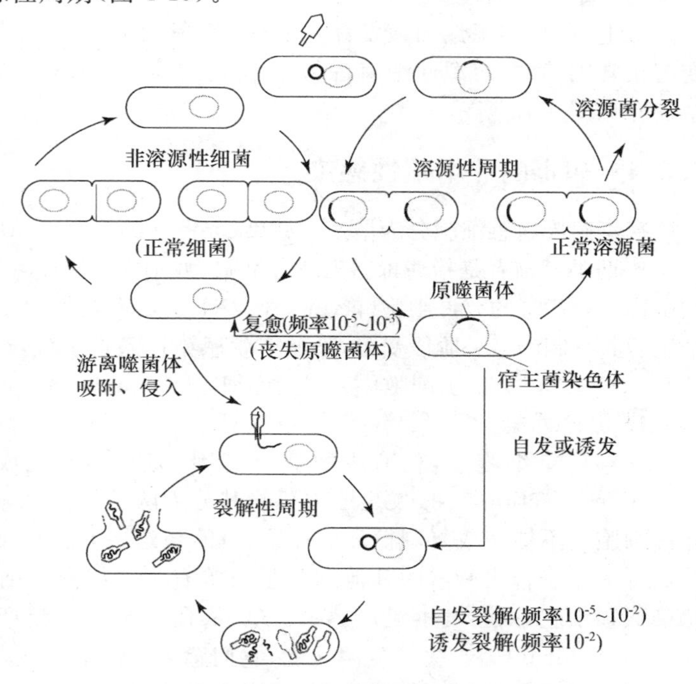

图 4-19　噬菌体与宿主菌细胞间关系(示意图)

的诱发裂解机制是由于紫外线照射,使阻遏蛋白(cI蛋白)间接受到破坏,从而原噬菌体被诱导进入早期,导致原噬菌体脱离宿主细胞染色体,最终使细菌裂解。自发裂解机制可能相同。

(3) 复愈

经过诱发裂解后存活下来的少数溶源性细菌,有时会失去其中原有的前噬菌体,恢复成非溶源性细胞,这种现象称为复愈(cure)(图 4-19)。复愈的菌株丧失了产生噬菌体的能力和对噬菌体的免疫性,当然既不能发生自发裂解,也不能发生诱发裂解。复愈频率也很低,约为 $10^{-5}\sim10^{-3}$。

(4) 免疫性

溶源性细菌对自身所携带的原噬菌体的同源噬菌体具有特异的免疫性。溶源菌的免疫性是由于原噬菌体基因编码的阻遏蛋白也同样阻遏原噬菌体的同源噬菌体基因表达,抑制噬菌体 DNA 复制和蛋白质合成,使其不能在该细菌内复制。如含 λ 噬菌体的大肠杆菌 K12 的溶源性细菌对 λ 噬菌体具有免疫性。

(5) 溶源转换

溶源转换(lysogenic conversion),也称为溶源转变,是指溶源性细菌除因原噬菌体引起的免疫性以外的其他表型性状改变,包括溶源性细菌细胞表面性质的改变和致病性改变。如原

来不产毒素的白喉棒杆菌，由于被β原噬菌体溶源化时，β原噬菌体携带有毒素蛋白结构基因 *tox*，才转变为产白喉毒素的致病菌；又如肉毒梭菌产生的肉毒毒素、酿脓链球菌(*Streptococcus pyogenes*)产生的引起猩红热的红斑毒素、金黄色葡萄球菌产生的某些溶血素、激酶等都与溶源性细菌携带原噬菌体有关。沙门氏菌、痢疾杆菌等的抗原结构和血清型别也与溶源性有关。原噬菌体诱发的致病性转变是细菌致病机制的重要原因之一，受到医学界的重视。原噬菌体诱发的致病性转变与肿瘤病毒使正常细胞转化为肿瘤细胞相似，细菌的溶源性也是研究肿瘤病毒的一个很好的模式。

综上所述，溶源性细菌发育基本有三种途径：① 正常分裂，仍为溶源性细菌；② 复愈，转变为正常细菌(非溶源性细菌)；③ 自发或诱发，释放烈性噬菌体。噬菌体与宿主菌细胞间关系简介见图 4-19 所示。

4.6.4 病毒的非增殖性感染

病毒感染敏感细胞分为增殖性感染(productive infection)和非增殖性感染(non-productive infection)两类。前者是指病毒感染宿主细胞，可完成复制循环，并产生感染性子代病毒，此类宿主细胞称为该病毒的允许细胞(permissive cell)。后者是指由于病毒或细胞的原因，病毒进入敏感细胞后其复制的某一阶段受阻，不能产生感染性病毒子代，造成病毒感染的不完全循环(incomplete circle)。此类宿主细胞称为非允许细胞(nonpermissive cell)，主要有以下三种类型：

1. 流产感染

病毒侵染细胞后，仅有少数病毒基因表达，不能完成病毒的复制循环，称为流产感染(abortive infection)。按发生原因可将其分为两类：① 依赖于细胞的流产感染。病毒感染非允许细胞而不能完成复制循环的原因，可能与这些非允许细胞缺乏参与病毒复制的酶、tRNA 或病毒大分子合成所需的其他细胞蛋白等有关。如猴肾细胞是 SV40 的允许细胞，人腺病毒感染猴肾细胞，则会发生流产感染。② 依赖于病毒的流产感染。基因组不完整的缺损病毒(defective virus)因丧失了复制功能，它们感染允许细胞或非允许细胞，都不能完成复制循环。如在流感病毒和麻疹病毒的流产感染宿主细胞内，发现有大量病毒核壳堆积，不能与病毒核酸装配，所以不能产生有感染性的子代病毒。

2. 限制性感染

限制性感染(restrictive infection)是指病毒感染后虽能完成复制循环，但病毒增殖水平很低的一种感染方式。导致限制性感染的原因可能有两种：一是这类受染细胞产生瞬时允许性，病毒持续存在于受染细胞内不能复制，直到细胞成为允许性细胞，病毒才能增殖；二是细胞群体中只有少数细胞产生病毒子代。如人乳头瘤病毒感染上皮细胞，其早期基因的转录可在各分化期的上皮细胞中进行，但晚期基因的转录只能在分化成熟的鳞状上皮细胞中进行，只有进入终分化的鳞状上皮细胞才能完成病毒增殖。

3. 潜伏感染

潜伏感染(latent infection)是指病毒基因组在受染细胞内持续存在，但不释放出完整的感染性病毒粒子，受染细胞也不被破坏的一种感染方式。这种携带病毒基因组，但又不产生有感染性病毒粒子的细胞称为病毒基因性细胞(virogenic cell)。如单纯疱疹病毒经神经轴突达神经元后，或形成增殖性感染或形成潜伏感染；若形成潜伏感染后也可由细胞内外环境的改变，病毒基因组被激活转变为增殖性感染。潜伏感染的危险是由于病毒基因的功能表达会引起宿主细胞基因表达的改变，导致正常细胞转化为恶性细胞。

4.7 亚病毒因子

亚病毒(subvirus)因子是一类比病毒更小和更为简单的、侵染动物(包括人在内的)、植物的致病因子。许多感染介质是亚细胞的,其中一些不能独立复制,需依赖辅助病毒,如卫星病毒、卫星 RNA、缺陷干扰(DI)病毒等的复制;另一些虽能独立复制(如朊病毒),但使用非常规的方式(没有基因组核酸)。亚病毒包括类病毒、拟病毒、卫星病毒、卫星 RNA、缺陷干扰(DI)病毒和朊病毒(朊粒)等。各类亚病毒因子特性比较见表 4-5。

表 4-5　各类亚病毒类群特性比较

	类病毒	拟病毒	卫星病毒	卫星 RNA	DI 颗粒	朊病毒
依赖辅助病毒复制	−	+	+	+	+	−
包被于特异性壳体内	−	−	+	−	−	−
包被于辅助病毒壳体内	−	−	−	+	+[a]	−
抑制辅助病毒复制	−	−	+	+	+	−
与辅助病毒序列同源性	−	−	−[b]	−[c]	+	−
在体内和体外 RNA 的稳定性	高	低	低	高	低	−
组成成分	RNA	RNA	RNA	RNA	RNA	蛋白质
独立感染性	+	−	−	−	−	+
相对分子质量	约 10^5	约 10^5	约 10^5	约 10^5	2～25 kb	约 10^4

a. 因缺失部位的不同而不同,脊髓灰质炎病毒 DI 颗粒 RNA 能复制,但不被壳体化;

b. STMV(卫星烟草花叶病毒)的基因组 3′端与辅助病毒有序列和结构的相似性;

c. 某些嵌合的卫星 RNA 与其辅助病毒基因组在 3′端有广泛的序列同源性。

4.7.1 类病毒

类病毒是已知最小的可传染的致病因子,比最小病毒还小 80 倍。能独立感染宿主植物,现已发现近 20 种类病毒可引起马铃薯、番茄、黄瓜、柑橘、椰子树等 50 种植物严重病害。类病毒的传染力强,潜伏期长,侵入后自我复制,不需辅助病毒,而且呈持续性感染。最近动物中也发现有 DNA 类病毒的报道。

类病毒没有蛋白质外壳,只有裸露的 246～375 个核苷酸组成的单链环状 RNA 分子,为感染某些专性寄生植物的病原体。相对分子质量为(0.5～1.2)×10^5,大小仅是最小 RNA 噬菌体(如 MS2)RNA 的 1/10。其 RNA 分子呈棒状结构,由碱基配对的双链区和不配对的单链环状区相间排列而成。类病毒 RNA 共同特点是没有三级结构的折叠,在其二级结构分子中央处有一段保守区(可能与其复制有关)。如第一个发现的马铃薯纺锤块茎类病毒(potato spindle tuber viroid,PSTV)就是由 359 个核苷酸组成的单链共价闭合环状 RNA 分子,长约 50～70 nm(图 4-20)。

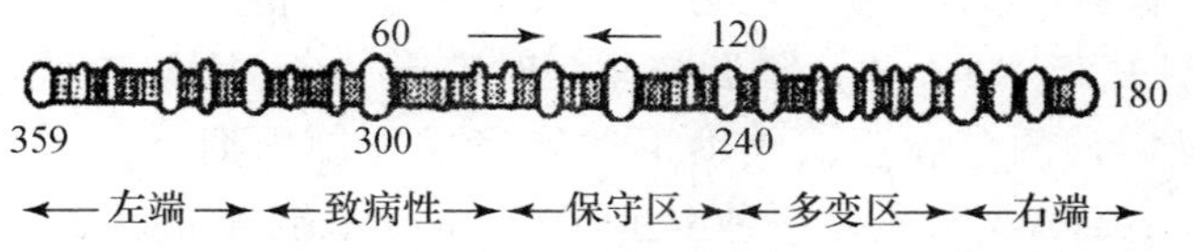

图 4-20　马铃薯纺锤块茎类病毒的结构示意图

类病毒的RNA没有mRNA活性,不编码任何多肽或蛋白质,复制是由类病毒RNA首先进入宿主细胞核,借助宿主的RNA聚合酶Ⅱ催化,以滚环方式复制出多体的反基因组有义RNA分子,随后在细胞核中进行RNA到RNA的直接转录,再获得多体的基因组有义RNA,最后经过剪切和环化生成子代类病毒。值得提出的是,还发现少数类病毒,它们不需要任何外界因子参与,依靠RNA自我剪切(self-cleavage)、复制和传递遗传信息,这种具有催化功能的RNA称为"核酶"(ribozyme)。类病毒及核酶的发现是20世纪下半叶生物学上的重大突破,不仅开辟了病毒学的一个新领域,而且类病毒的研究可能为生命起源研究提供材料(现多数学者认为地球上出现的第一批基因和酶,不是DNA和具催化功能的蛋白质,而是在非生物世界中能开始自我复制的短链RNA)。

4.7.2 拟病毒

拟病毒(virusoid)相对分子质量约为10^5,是一大类裸露的、由约350个核苷酸组成的单链线状或共价闭合环状RNA分子,其结构和大小与类病毒相似,与类病毒不同的是拟病毒RNA不能独立侵染和复制。拟病毒的复制机制可能与类病毒相似,以本身的侵染性RNA分子为模板,但需借助宿主细胞内依赖于RNA的RNA聚合酶,通过滚环方式复制。有些拟病毒RNA也能自我剪切。有的学者也将拟病毒称为卫星RNA。现已发现的拟病毒有莨菪斑驳病毒(SNMV)、苜蓿暂时性条纹病毒(LTSV)、地下三叶草斑驳病毒(SCMoV)和绒毛烟斑驳病毒(velvet tobacoo mottle virus,VTMoV)等。

4.7.3 卫星病毒

卫星病毒(satellite virus)是一类基因组缺损、需要依赖辅助病毒(helper virus)基因才能复制和表达的小分子RNA病毒。植物病毒、动物病毒和噬菌体中都有卫星病毒的报道。

(1) 植物病毒的卫星病毒

卫星烟草坏死病毒(satellite tobacco necrosis virus,STNV)是较小的病毒,直径17 nm,单链RNA相对分子质量为4×10^5,所携带的基因只编码本身的壳体蛋白,不能单独复制,没有侵染性。其辅助病毒烟草坏死病毒(tobacco necrosis virus,TNV)直径26 nm,单链RNA相对分子质量为4×10^5,其壳体蛋白相对分子质量为3×10^4,基因组携带全部遗传信息,具有侵染性。卫星病毒STNV依赖辅助病毒TNV提供的复制酶时才能复制,而且两者间的依赖关系是有高度特异性的(TMV就不能做STNV的辅助病毒)。常见的植物卫星病毒还有卫星烟草花叶病毒(satellite tobacco mosaic virus,STMV)、卫星玉米白线花叶病毒(satellite maize white line masaic virus,SMWLMV)、卫星稷子花叶病毒(satellite panicum mosaic virus,SPMV)等。

(2) 动物病毒的卫星病毒

δ型肝炎病毒或称为丁型肝炎病毒(hepatitis D virus,HDV)是乙型肝炎病毒(hepatitis B virus,HBV)的卫星病毒。HDV基因组为1.7 kb的单链共价环状RNA分子,只能在细胞内复制子代基因组RNA;但RNA进入细胞核复制时需要一个HDV抗原,所以需随HBV感染而感染,在乙型肝炎病毒的包膜蛋白辅助下才能完成复制周期。又如腺联病毒的伴随病毒(adeno-associated virus,AAV)也是一种卫星病毒,本身不能独立复制,只有与腺联病毒共同感染宿主细胞时才能复制,腺联病毒是AAV的辅助病毒。

(3) 噬菌体的卫星病毒

如大肠杆菌噬菌体 P_4 是一种复杂的卫星病毒，它缺乏编码壳体蛋白的结构基因，必须依赖能合成壳体蛋白的大肠杆菌 P_2 噬菌体(辅助病毒)。两者同时感染时，利用 P_2 合成的壳体蛋白，装配 P_4 DNA 才能复制出成熟的噬菌体颗粒。

4.7.4 卫星 RNA

卫星 RNA(RNA satellite，sat-RNA)是一类寄生于辅助病毒壳体内，与辅助病毒基因组无同源性，必须依赖于辅助病毒才能复制的、小的、自我剪接的单链 RNA 分子。与卫星病毒完全不同。

许多卫星 RNA 都能以线状和环状两种形式存在于被感染组织中，这些辅助病毒的蛋白质衣壳内都含有大、小两种卫星 RNA 分子，一种相对分子质量为 1.5×10^6 的线状 RNA1，如番茄黑环病毒(tomato black ring virus，TobRV)的卫星 RNA 长 1372～1376 个核苷酸；另一种为相对分子质量约为 10^5 的环状 RNA2，如黄瓜花叶病毒(cucumber mosaic virus，CMV)，其卫星 RNA 相对分子质量仅 0.12×10^6 的小分子，含有 335 个核苷酸。许多卫星 RNA 可干扰辅助病毒的复制，改变病毒在宿主感染时的症状，如烟草环斑病毒(tobacco ring spot virus，TobRSV)，其卫星 RNA 可减轻 TobRSV 在烟草上引起的环斑症状；而南芥菜花叶病毒(arabis mosaic virus，ArMV)的卫星 RNA 却能加重其辅助病毒在南芥菜上引起的花叶症状。由于卫星 RNA 能减轻其辅助病毒所引起的宿主症状，已被用来防治植物病毒病害。最近已有将卫星 RNA 的 cDNA 转入植物构建抗病毒的转基因植物的成功报道。

4.7.5 缺陷干扰(DI)病毒

DI 病毒(defective interfering virus)或称 DI 颗粒(defective interfering particles)是病毒复制时产生的一类亚基因组缺失的突变体(subgenomic deletion mutant)。由于病毒基因组复制过程的重组和重排，丧失了复制所需的基因片段，不能合成壳体蛋白，包裹在典型病毒壳体内的只有病毒 RNA。所以不能完成复制循环，DI 病毒在感染细胞时需要有与其同源的病毒共同感染(即辅助病毒参与，提供复制必需、又缺失的基因产物)才能复制。但 DI 病毒基因组比其正常病毒小，复制迅速，在与其正常病毒共同感染时占优势，因而干扰正常病毒复制。动物病毒、植物病毒和噬菌体感染宿主细胞时，都可产生各自相关的 DI 病毒。

4.7.6 朊病毒(朊粒)

朊病毒(prion)，也称为朊粒，是一类能引起哺乳动物亚急性传染性海绵样脑病(transmissible spongiform encephalopathy，TSE)的致病因子。该病典型的病征是神经元损耗，脑中部分组织出现海绵状退化，并常伴有淀粉样蛋白斑块或纤维。已证实 10 多种与痴呆有关的致命性脑病和朊粒有关。已知任何的 TSE 都没有免疫应答，也不产生抗体。该病潜伏期长，从感染到发病，潜伏期约 28～40 年，一旦出现症状，通常 6 个月～1 年内 100%死亡。人的朊病毒病，如库鲁病(Kuru)、克雅氏病(Creutzfeldt Jacob disease，CJD，一种早老年痴呆病)、GSS 综合征(Gerstmann-Staussler-Scheinker Syndrome，GSS)、胎儿家族失眠症(fatal familial insomnia，FFI)、胎儿偶发失眠症(fatal sporadic insomnia，FSI)等；动物朊病毒病，如羊搔痒症(scrapie)、牛海绵状脑病(Bovine spongiform encephalopathy，BSE，俗称疯牛病)、传染性水貂脑病(transmissible mink encephalopathy,TME)、慢性虚损病(chronic wasting disease,CWD)、猫海绵状脑病(feline spongiform encephalopathy,FSE)、EUE脑病(Exotic ungulate encephalopathy,EUE)等。

朊粒与已知的病毒和亚病毒因子不同,其组分和致病因子是蛋白质,而不是核酸。1982年美国学者Prusiner等发现了羊搔痒症的致病因子,其具有耐热性(90℃处理30 min仍具侵染性,不失活),抗紫外线和电离辐射,抗DNA酶和RNA酶水解,但对尿素、苯酚、SDS等蛋白变性剂敏感。后又分离出相对分子质量为$3.3\times10^4 \sim 3.5\times10^4$的膜糖蛋白。朊粒在电子显微镜下呈杆状(100～200 nm),丛状排列。确定病原体是一种蛋白质侵染颗粒(proteinaceous infectious particle),定名为朊粒prion,由"proteinaceous infection"的"pr"、"i"及on(单元)组成。Prusiner也因此获得1997年的诺贝尔医学或生理学奖。

正常人和动物细胞DNA中有编码朊蛋白(prion protein,PrP)的基因(定位于人的第20号染色体短臂、小鼠第2号染色体、牛的第13号染色体上),能编码合成一种正常的糖蛋白,称作PrP^c蛋白。正常细胞表达的PrP^c糖蛋白与有侵染性的羊搔痒症的PrP^{sc}蛋白(由于该蛋白来源于羊搔痒症,故用PrP^{sc}表示)为同分异构体(图4-21)。PrP^c与PrP^{sc}氨基酸序列相同,只是构象存在差异。正常细胞的PrP^c有43%的α螺旋和3%的β折叠(PrP^c的结构含有较多的α螺旋,能被蛋白酶降解);而有侵染性的PrP^{sc}约有34%的α螺旋和43%的β折叠(PrP^{sc}产生多个β折叠,溶解度降低,对蛋白酶抗性增加,因而在病灶区聚集呈现淀粉样蛋白斑块)。

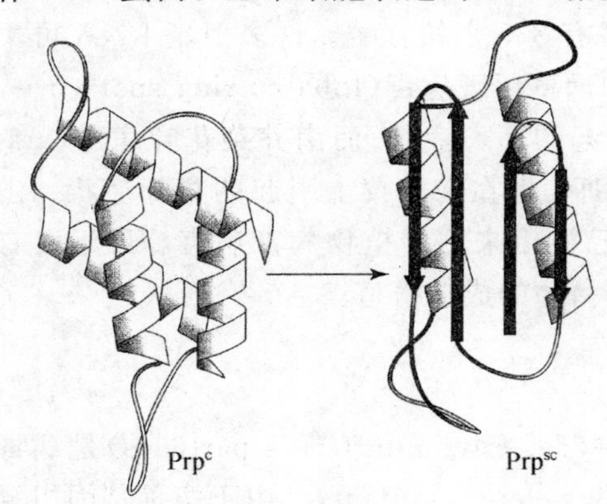

图4-21 朊粒蛋白PrP的构象变化示意图

PrP^c:正常型朊粒蛋白;PrP^{sc}:致病型朊粒蛋白

(引自Nicklin et al,2004)

在酿酒酵母中鉴定出2个朊粒,也有致病性特征,酵母菌朊粒蛋白称为"URE3"和"PSI",前者干扰细胞的氮代谢,后者终止蛋白质合成过程多肽链的形成。在一种柄孢壳属(*Podospora* sp.)的真菌中也发现朊粒。*Podospora*的朊粒执行正常的细胞功能,控制异核体相容性(heterokaryon compatibility)。

朊粒或朊病毒是病毒,还是正常人和动物细胞中的PrP基因表达的正常蛋白质PrP^c的异构体PrP^{sc}?至今仍有争论。朊病毒病是一种构象病,也称为丧失折叠疾病。究竟PrP^c如何转变为错误折叠的PrP^{sc}?蛋白质翻译过程是否有"第二套遗传密码"(折叠密码)存在?PrP^{sc}这种有侵染性的蛋白质颗粒既然没有核酸,本身又不能复制,在人体或动物细胞内如何复制、传播,这些都是当前分子生物学研究的热门课题。朊粒的本质、繁殖、传播和致病机理也待进一步研究和阐明。

复习思考题

1. 病毒有哪些不同于其他生物的特点?你认为病毒最恰当的定义是什么?
2. 根据病毒与实践的关系,试述病毒学的深入研究在应用领域和基础理论探索上的前景。
3. 病毒学研究的基本方法有哪些?请列表小结方法的基本原理和适用范围。

4. 请图示病毒粒子的基本结构，标示出毒粒、核心、壳体、核衣壳、包膜、刺突的位置，并说明其间的关系。

5. 病毒壳体结构有哪几种对称类型？试举例说明(图示各种结构类型，并指出各部分的名称、特点和功能)。

6. 病毒的核酸有哪些类型和结构特征？试举例说明。

7. 病毒的蛋白质有哪几类？有何功能？病毒还有哪些主要化学组成？并简述其功能。

8. 病毒的分类原则和病毒的命名规则最主要有哪些？按宿主范围划分病毒可分哪几类？现在病毒的主要分类系统依据是什么？病毒是怎样分类的？

9. 病毒复制循环包括哪几个阶段？比较噬菌体、动物病毒、植物病毒在增殖过程中各阶段(吸附、侵入、复制、装配、释放)的特点。

10. 病毒的一步生长曲线含义是什么？包括哪几个时期？各有何特点？

11. 噬菌体感染宿主细胞有哪几种状态？试举例说明。

12. 什么是烈性噬菌体？什么是敏感菌？以T偶数噬菌体为例简述烈性噬菌体的增殖周期，发酵工厂遇到异常发酵时，你怎样设计实验证明检出的噬菌体是烈性噬菌体？你可以提出哪些防范措施控制噬菌体的污染？

13. 什么是温和噬菌体？什么是原噬菌体？什么是溶源性细菌？溶源性细菌发育有哪三条途径？溶源性细菌有哪些特性？如何检出溶源性细菌？发酵工厂遇到异常发酵时，你怎样设计实验证明工厂生产使用的菌种是溶源性细菌(即证明检出的噬菌体是温和噬菌体)？

14. 病毒的非增殖性感染有哪几类？试举例说明造成病毒各类非增殖性感染的原因。

15. 什么是亚病毒？亚病毒有哪几类？各类有何特点？能引起什么疾病？

16. 朊粒(朊病毒)是正常细胞基因编码蛋白质 PrP 的异构体，还是特殊的亚病毒介质？你支持哪种论点？请检索文献资料进一步说明理由。

5　微生物的营养

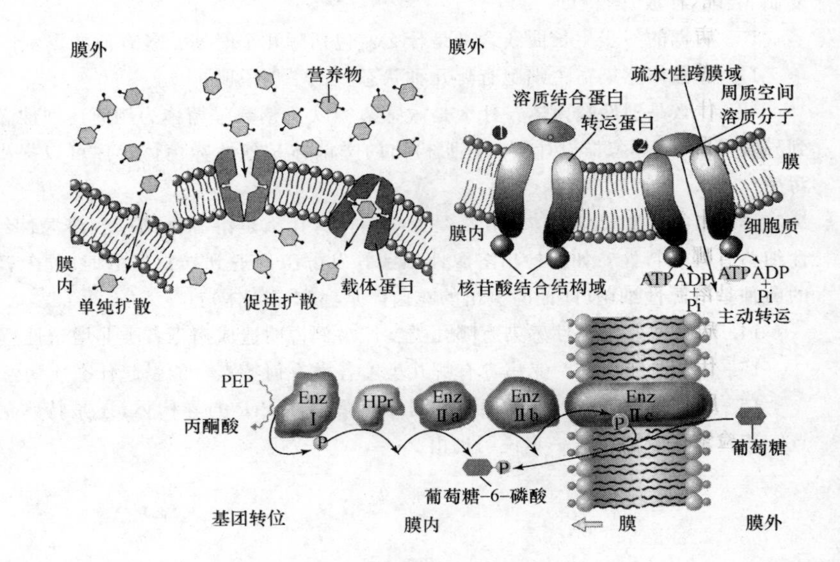

图 5-1　营养物质吸收 4 种方式的示意图

（引自 Prescott et al,2005）

营养是微生物从外界环境摄取其生命活动所必需的营养物质和能量的过程，是一切生命活动（包括生长、繁殖和新陈代谢）的基础。微生物需要不断从环境中吸收碳源、氮源、能源、生长因子、无机盐和水等 6 大类营养物质，构建细胞的蛋白质、多糖、核酸和脂肪等生物大分子。

根据碳源、能源及氢供体或电子供体性质的不同，微生物可分为 4 种营养类型：光能无机自养型、光能有机异养型、化能无机自养型、化能有机异养型。

由于细胞质膜的选择性渗透屏障作用，微生物吸收营养物质主要有单纯扩散、促进扩散、主动转运和基团转位等 4 种方式。

人工配制的、适合微生物生长繁殖或积累代谢产物的营养基质称为培养基。依据研究目的和培养用途不同，可配制各种不同的培养基。

5.1　微生物的营养要求

5.1.1　微生物细胞的化学组成

微生物细胞由各种化学物质组成。分析微生物细胞的化学组成和含量，是了解微生物营养需求的基础。微生物细胞的化学组成与高等动植物细胞相似，包括碳、氢、氧、氮、磷、硫等6种主要元素(macroelement)和锌、锰、钠、氯、钼、钴、硒、铜、钨、镍和硼等微量元素(trace element)。

微生物细胞主要元素的含量因微生物种类、生理状态和环境条件而异，不仅细菌、酵母菌、丝状真菌的6种元素含量不同，某些细菌，如硫细菌(sulfur bacteria)、铁细菌(iron bacteria)和海洋细菌(marine bacteria)，其细胞中就含有较多的硫、铁、钠和氯。微生物细胞化学元素组成也随菌龄、培养条件而变化，如幼龄菌较老龄菌含氮量高，氮源丰富的培养基上生长的细胞含氮量高。

微生物细胞中的各种元素主要以水、有机物、无机物形式存在。细胞的含水量为细胞湿重与干重之差，常以百分率表示：(湿重－干重)/湿重×100%。细胞外表面所吸附的水分除去后称量所得重量即为湿重，以单位培养液中所含细胞重量表示(g/L或mg/mL)，但由于除去吸附水的程度不同，常采用高温干燥(105℃烘干)、低温真空干燥和红外线快速烘干等方法，将细胞干燥至恒重即为干重。高温干燥法会导致细胞物质分解，一般采用后两种方法。水占细胞湿重的70%～90%，微生物细胞含水量因微生物种类和生长期而有所区别，细菌的含水量为细胞湿重的75%～85%，酵母菌为70%～85%，丝状真菌为85%～90%。而细菌芽孢的含水量比营养细胞低1倍以上。

细胞脱水后的有机物主要包括蛋白质、多糖、脂类、核酸、维生素以及它们的降解产物和一些代谢产物(表5-1)。有机物成分分析一般采用化学法直接抽提细胞内的各种有机成分，然后进行定性和定量分析；也可对细胞破碎后获得的亚显微结构进行化学成分的分析。

表5-1 细菌细胞中主要有机物含量

有机物类别	占细胞干重/(%)	种　类
蛋白质	55	1852
多糖	5	2(主要为肽聚糖和糖原)
脂类	9.1	4(随细胞种类和生长条件不同而变化)
DNA	3.1	1
RNA	20.5	660
氨基酸及其前体	0.5	350
糖类及其前体	2.0	100
核苷酸及其前体	0.5	50

细胞中的无机物是指与有机物相结合或单独存在于细胞中的无机盐等物质。一般将干细胞在高温炉(550℃)焚烧成灰，称为灰分，所得灰分物质为各种无机元素的氧化物。采用常规分析法定性和定量分析灰分中各种无机元素含量。微生物细胞中灰分含量占3%～10%，主要为磷、硫、钾、钠、钙、镁、氯、铁、铜、锰、钼等元素。

5.1.2 营养物质及其生理功能

营养(nutrition)是指微生物从外部环境吸收生命活动所必需的化学物质，满足其生长、繁殖所需要的能量及其结构组分的一种生理过程。环境中微生物细胞生长、繁殖和构成细胞结构组分、提供能量、完成各种生理活动所需的物质称为营养物质(nutrient)。营养物质是微生物生命活动的物质基础，其生理功能主要为：

① 构成细胞化学组成及代谢产物来源。

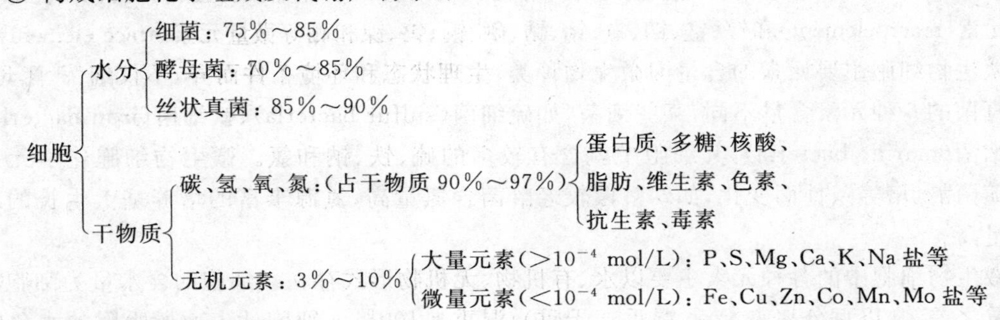

② 提供微生物生命活动的能量。

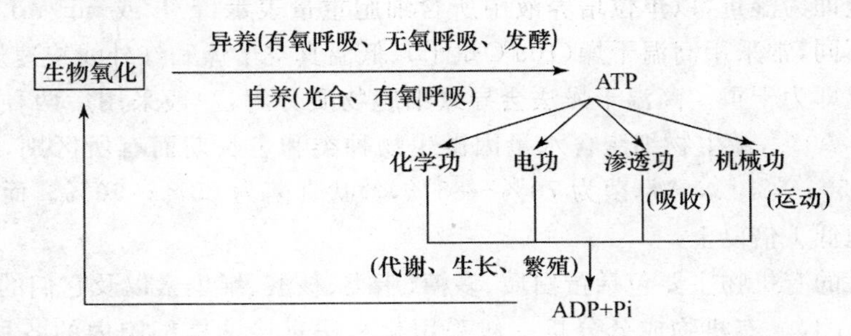

③ 维持酶的活性，调节新陈代谢。

④ 营养物质运输。

按照在微生物体内的生理功能不同，营养物质分为碳源、能源、氮源、无机盐、生长因子和水分等 6 大要素。

1. 碳源

凡可构成微生物细胞结构或代谢产物中碳架来源的营养物质称为碳源(carbon source)。一般细菌中碳占细胞干重 50%。微生物可利用的有机含碳化合物约有 700 多万种。有机含碳化合物是一种双功能营养物质，既是异养型微生物的碳源，又是能源。异养型微生物也能同化 CO_2，若 CO_2 缺乏，微生物生长延缓或停止；自养型微生物则以 CO_2 和非—C ═C—键化合物为唯一或主要碳源，能源来自光能和无机物的氧化。

微生物能利用的碳源物质种类极为多样，从简单的无机碳化合物，如 CO_2 和碳酸盐等，到复杂的天然有机碳化合物，如糖与糖的衍生物、有机酸、醇类、脂类、烃类、芳香族化合物及各种含氮、碳有机化合物(表 5-2)。

微生物利用碳源物质具有选择性，糖类为大多数异养型微生物较易利用的碳源和能源物质，其次是有机酸、醇类和脂类等。对不同的糖类物质的利用也有差别，例如，在葡萄糖和半乳糖的培养基中，大肠杆菌优先利用葡萄糖(称为速效碳源)，然后利用乳糖(称为迟效碳源)，呈现二次生长现象(参见 6.4 节)。微生物利用碳源物质的能力也有差别，有的微生物可广泛利用各种不同类型的含碳化合物，如假单胞菌属(*Pseudomonas*)的某些种可利用 90 种以上的碳源；有的微生物只能利用少数几种碳源物质，如某些甲基营养型(methylotrophy)细菌只能利用甲醇或甲烷等一碳化合物，而甲烷细菌、自养型细菌仅可利用 CO_2 和非—C ═C—键化合物为唯一或主要碳源。

实验室中常用于微生物培养基的主要碳源有：葡萄糖、果糖、蔗糖、淀粉、甘露醇、甘油、有机酸等。微生物工业发酵所利用的主要碳源有：糖蜜（制糖工业副产品）、淀粉（山芋粉、玉米粉、面粉、麸皮、米糠、野生植物淀粉等）。

表 5-2 微生物利用的碳源物质

种 类	碳源物质	备 注
糖及糖衍生物	葡萄糖、果糖、蔗糖、麦芽糖、乳糖、半乳糖、甘露糖、淀粉、纤维二糖、果胶质、纤维素、半纤维素、甲壳素、木质素等	微生物对糖类物质利用有差别：单糖优于双糖，己糖优于戊糖，淀粉优于纤维素，纯多糖优于杂多糖
有机酸	葡萄糖酸、丙酮酸、乳酸、柠檬酸、丙二酸、延胡索酸、低级及高级脂肪酸、氨基酸等	环境中缺乏碳源物质时，有机酸和氨基酸可作为微生物的碳源
醇类	甲醇、乙醇、丙醇等	在低浓度下被某些酵母菌和醋酸菌利用，生产甲醇蛋白
脂类	脂肪、磷脂等	先将脂肪、磷脂分解为甘油和脂肪酸，再被利用
烃类	天然气、石蜡油、石油、烷烃、环烷烃、石油馏分等	微生物利用烃类降解菌，探索石油代粮发酵新途径
芳香族化合物	苯、苯酚等单环芳烃、多环芳烃、卤代芳烃等	为化能异养有机营养型芳香烃微生物降解菌的碳源，用于三废的治理
无机碳化物	CO_2、碳酸盐（$NaHCO_3$、$CaCO_3$、白垩等）	为自养型微生物的主要碳源和唯一碳源
其他有机含碳化合物	对氨基苯甲酸、丁胺、氰化物（KCN）、蛋白质、肽、核酸等	为化能异养有机营养型氰化物降解菌的碳源，用于三废治理

2. 氮源

凡是构成微生物细胞物质或代谢产物中氮素来源的营养物质称为氮源（nitrogen source），其需要量仅次于碳和氧元素。一般不作为能源，但也有例外，如，少数化能无机自养营养型微生物能利用铵盐、硝酸盐作为氮源与能源（硝化细菌）；某些厌氧微生物在碳源物质缺乏时，可利用某些氨基酸为能源物质。

微生物能利用的氮源物质极其广泛，包括蛋白质、核酸及其不同程度的降解产物（胨、肽、氨基酸和嘌呤、嘧啶等有机氮化合物）、铵盐、硝酸盐、分子态氮和氨等（表 5-3）。

表 5-3 微生物利用的氮源物质

种 类	氮源物质	备 注
蛋白质及其降解产物	蛋白质（鱼粉、黄豆饼粉、花生饼粉、蚕蛹粉、玉米浆、牛肉膏、酵母浸膏、豆芽汁）、蛋白胨、肽、氨基酸等	蛋白质大分子难进入细胞，某些微生物可分泌蛋白酶将其分解，多数细菌只能利用相对分子质量较小的降解产物
氨及铵盐	NH_4Cl、$(NH_4)_2SO_4$、NH_4NO_3 等	大多数微生物易吸收、利用
硝酸盐	KNO_3、NH_4NO_3、$NaNO_3$ 等	大多数微生物易吸收、利用
分子氮	N_2	少数固氮微生物可以利用 N_2，但环境中有化合态氮源时，固氮微生物失去固氮能力
其他有机含氮化合物	嘌呤、嘧啶、尿素、胺、酰胺、氰化物等	仅有某些微生物[a]可以利用嘌呤、嘧啶为氮源、碳源和能源。微生物对其他有机含氮化合物可不同程度地作为氮源加以利用

a. 如尿酸发酵梭菌（*Clostridium acidurici*）和柱孢梭菌（*C. cylindrosporum*）只能利用嘌呤、嘧啶为碳源、氮源和能源。

微生物利用氮源物质也具有选择性，例如，土霉素产生菌在玉米浆、豆饼粉、花生饼粉同时存在时，玉米浆利用速度快，为速效氮源；豆饼粉、花生饼粉利用慢，为迟效氮源。其原因在于，玉米浆中的氮源物质为较易吸收的蛋白质降解产物和氨基酸，可直接被微生物吸收和利用；而黄豆饼粉和花生饼粉中的氮主要以蛋白质大分子形式存在，需进一步降解为小分子的肽和氨基酸后，才被微生物吸收。土霉素发酵过程按比例配制两种混合氮源，利用玉米浆控制菌体生长，通过黄豆饼粉控制代谢产物的积累，从而达到提高土霉素产量的目的。

微生物利用氮源物质(N_2、NH_4^+、NO_3^-、有机氮)能力也有差异。只有少数固氮菌能直接固定 N_2，固氮菌既可利用无机氮，又可利用有机氮，若有机氮存在，便不能固氮。微生物吸收、利用铵盐和硝酸盐能力较强，一般铵盐利用率比硝酸盐利用率高，铵盐如$(NH_4)_2SO_4$、NH_4Cl、NH_4NO_3 中的 NH_4^+ 被细胞吸收后直接利用，称为速效氮源。其中，NH_4^+ 被微生物吸收、利用后，培养基 pH 下降，因而被称为生理酸性盐；NO_3^- 被吸收后，需先被还原成 NH_4^+，再被利用，在此期间，培养基 pH 上升，因而被称为生理碱性盐；而对于 NH_4NO_3，微生物利用 NH_4^+ 时，培养基 pH 下降，再利用 NO_3^- 时，培养基 pH 再上升，因而被称为生理中性盐。某些营养缺陷型菌株生长必须补充某种氨基酸或嘌呤、嘧啶碱基。许多腐生型细菌、肠道细菌、动植物致病菌等可利用铵盐或硝酸盐为氮源，放线菌利用硝酸钾为氮源，而霉菌利用硝酸钠为氮源。为避免培养基 pH 变化造成对微生物生长的伤害，培养基中需添加缓冲物质。

3. 能源

提供微生物生命活动最初能量来源的物质称为能源(energy source)。微生物的能源物质因种而异。主要为一些无机物、有机物或光。

4. 无机盐

无机盐是除碳源、氮源、能源外，微生物生长、繁殖必不可缺少的一类营养物质。依据微生物生长、繁殖对无机盐需求量的大小，可分为大量元素和微量元素两类。凡生长所需浓度为 $10^{-3}\sim10^{-4}$ mol/L 的元素，称为大量元素，如 S、P、K、Na、Ca、Mg、Fe 等；凡生长所需浓度为 $10^{-6}\sim10^{-8}$ mol/L 的元素，称为微量元素，如 Cu、Zn、Mn、Co、Ni、Sn、Se 等；Fe 是介于两者之间的元素。无机盐的主要生理功能见表 5-4。

表 5-4 无机盐的主要生理功能

类	别	生理功能	元素
大量元素	一般功能	细胞结构物质的组分	P、S、Ca、Mg、Fe 等
	一般功能	生理调节物质：维持调节细胞渗透压	Na^+ 等
	一般功能	生理调节物质：酶的激活剂	Mg^{2+} 等
	一般功能	生理调节物质：pH 和氧化还原电位稳定剂	K^+、Na^+、P 等
	特殊功能	化能自养菌的能源	S、Fe^{2+}、NH_4^+、NO_2^- 等
	特殊功能	化能异养菌无氧呼吸的受氢体或电子受体	NO_3^-、SO_4^{2-} 等
微量元素	酶的激活剂		Mg^{2+}、Mn^{2+}、Zn^{2+} 等
	特殊分子结构成分	维生素 B_{12}、某些酶辅助因子、固氢酶等组分	Co、Mo 等

配制培养基时，对于大量元素，可以加入磷酸盐(K_2HPO_4、KH_2PO_4)、硫酸镁($MgSO_4$)、氯化物($NaCl$、$CaCl_2$、KCl)，因为它们可提供磷、硫、钾、镁、钠等 5 种大量元素。培养基中加入含有磷、

硫、钾、镁、钠等无机盐化合物的量约为0.1%～0.5%。若过量亦不合适，如铁的含量对细菌毒素形成影响很大，白喉棒杆菌在铁含量充足的培养基中不形成白喉毒素，在缺铁的培养基中则形成大量毒素。故在白喉棒杆菌所存在的组织中，铁的浓度控制毒素的产生和疾病的症状。

微生物对微量元素的需求量极微，培养基中含量0.01%～0.001%即可，一般没有特殊原因，配制培养基时没有必要加入，因微量元素常混杂在其他营养物质和水中。微生物所需的微量元素应控制在正常浓度范围内，微量元素缺乏，细胞生理活性降低，甚至停止生长。但许多微量元素是重金属，过量引起毒害，若单独一种微量元素过量，产生的毒害作用更大。因此，微量元素要求适量并控制恰当比例。

5. 生长因子

某些微生物生长所必需，但其自身又不能合成，需外界提供的微量有机化合物称为生长因子(growth factor)。根据其化学结构和在机体中的生理功能分为维生素、氨基酸、嘌呤和嘧啶3大类。生长因子的主要功能是提供微生物细胞重要物质蛋白质、核酸、脂类和辅酶、辅基、某些酶活性的必需组分并参与代谢。微生物对各类生长因子的需求量不同(表5-5)。能提供生长因子的天然物质有：酵母膏、牛肉膏、蛋白胨、麦芽汁、玉米浆、动植物组织或细胞浸液和微生物生长环境的浸提液等。

表5-5 微生物生长因子的需求量

生长因子	需求量
维生素	1～50 μg/L
氨基酸	20～50 μg/mL
嘌呤、嘧啶	10～20 μg/mL
长链脂肪酸	1～60 mg/mL
胆碱、肌醇	10～20 mg/mL

① 维生素是最先发现的生长因子。狭义的生长因子一般仅指维生素；广义的生长因子除维生素外，还包括氨基酸、嘌呤、嘧啶及脂肪酸等。大多数维生素是辅酶或辅基的成分，一般需求量很少。

② 不同微生物合成氨基酸的能力差别很大。有些细菌，如大肠杆菌自身能合成全部氨基酸，不需补充；有些细菌，如伤寒沙门氏菌能合成所需的大部分氨基酸，只需补充色氨酸；但也有些细菌合成氨基酸能力极弱，如肠膜明串珠菌需外界提供17种氨基酸和多种维生素才能生长。一般G^-细菌合成氨基酸能力比G^+细菌强。*L*-氨基酸是蛋白质和酶结构的主要成分，细菌细胞壁的合成需*D*-氨基酸，氨基酸需求量较维生素需求量大几千倍。配制培养基时必须控制所需氨基酸浓度，一种氨基酸浓度过高，会影响其他氨基酸的吸收，这称为氨基酸的不平衡。

③ 嘌呤、嘧啶的主要功能是构成核酸和辅酶。许多微生物可以从环境中吸收嘌呤、嘧啶，然后通过直接形成单磷酸核苷酸的途径合成；或先合成核苷，再形成单磷酸核苷酸的间接途径。具有第一条途径的微生物，能利用游离嘌呤和嘧啶碱基；若存在第二条途径，游离嘌呤、嘧啶碱基和核苷均可作为生长因子。有些微生物既不能自己合成嘌呤或嘧啶核苷酸，也不能利用外源嘌呤或嘧啶来合成核苷酸，必须供给核苷或核苷酸才能生长。满足这些微生物生长所需核苷、核苷酸量较大，约为200～2000 g/mL。

④ 脂肪酸等类脂。有些微生物，如支原体、某些细菌、放线菌和原生动物，不能合成组成细胞质膜类脂成分的脂肪酸，必须添加这类物质于培养基后微生物才能生长。需求量一般为1～60 mg/mL，高浓度的长链脂肪酸对微生物有毒害；固醇、胆碱、肌醇等是组成细胞质膜磷脂的成分，许多支原体、原生动物生长需要某些固醇，酵母菌需要内消旋肌醇，某些肺炎链球菌生长需要胆碱。

不同类群微生物合成生长因子能力不同,对生长因子的需求量与种类有明显差别,微生物依据其与各种生长因子的关系可分以下几类:

① 生长因子自养型微生物(auxoautotroph)。不少细菌、放线菌和多数真菌,具有自己合成所需全部生长因子的能力,为不需外界提供生长因子的生长因子自养型微生物。

② 生长因子异养型微生物(auxoheterotroph)。需外界提供多种生长因子的异养型微生物,例如,乳酸菌生长需要提供多种维生素或需提供嘌呤和嘧啶用以合成核苷酸;根瘤菌生长需要提供生物素(0.006 μg/mL);克氏梭菌(*Clostridium kluyveri*)生长需要提供生物素和对氨基苯甲酸;而某些光合细菌需要烟酸、对氨基苯甲酸、生物素、维生素 B_2、B_6、B_{12} 等作为生长因子。

③ 生长因子过量合成型微生物。有些微生物代谢过程可分泌大量维生素,为维生素产生菌。如维生素 B_2 产生菌阿舒假囊酵母(*Eremothecium ashbyil*)和棉阿舒囊霉(*Ashbya gossypii*),维生素 B_{12} 产生菌谢氏丙酸杆菌(*Propionibacterium shermanii*)和橄榄链霉菌(*Streptomyces olivaceus*)、灰色链霉菌(*S. griseus*)与巴氏甲烷八叠球菌(*Methanosarcina barkeri*)等。

④ 营养缺陷型微生物(nutritional deficiency)。某些微生物因为基因突变丧失合成某种物质(如氨基酸、维生素、嘌呤或嘧啶碱基)的能力,必须外源提供该类物质才能正常生长,称为营养缺陷型微生物。②中提及的乳酸菌、根瘤菌即属于营养缺陷型微生物。它们可作为氨基酸或维生素产生菌的检测指示菌,通过氨基酸或维生素产生菌对样品中氨基酸或维生素进行定量,称为"微生物分析"(microbiological analysis)。那些凡是以葡萄糖或其他有机化合物为唯一碳源和能源,以无机氮为唯一氮源的化能有机异养型微生物,称为野生型(wild type)微生物。

6. 水

水是维持微生物生命活动不可缺少的物质。水在细胞中的主要生理功能为:① 水是微生物细胞的重要组成成分,占细胞湿重70%~90%,水还供给微生物氢和氧元素;② 水是营养物质和代谢产物良好的溶剂,营养物质的吸收和代谢产物的分泌都必须以水为介质;③ 水参与细胞内许多生化反应,并使原生质保持溶胶状态,保证新陈代谢正常运行;④ 水的比热高,汽化热高,是良好的热导体,能有效地吸收代谢过程释放的热量,控制细胞内的温度变化;⑤ 水通过水合作用与脱水作用保持生物大分子结构的稳定性,例如,DNA 结构的稳定、蛋白质结构的稳定,以及由多亚基组成的细胞结构的稳定性(如酶、微管、鞭毛、病毒颗粒的组装与解离等);⑥ 维持细胞的正常形态,含水量减少时,原生质由溶胶变为凝胶,生命活动减缓,质壁分离;含水量过多时,原生质胶体破坏,菌体膨胀死亡。

微生物细胞中的水分有游离水和结合水两部分,游离水是可被微生物利用的水,结合水是水与溶质或其他分子形成的水合物,不能被微生物利用。因此,必须用水的活度值来表示水的有效浓度。

水的活度值(water activity,α_w)是指在一定的温度和压力条件下,溶液的蒸汽压力与同样条件下纯水蒸气压力之比,即

$$\alpha_w = \frac{P_w}{P_w^0} = \frac{溶剂摩尔数(n_1)}{溶剂摩尔数(n_1)+溶质摩尔数(n_2)}$$

式中:P_w 代表溶液蒸汽压力,P_w^0 代表纯水蒸气压力。纯水 α_w 为 1.00,溶液中溶质越多,α_w 值越小。微生物一般 α_w 在 0.60~0.99 之间。微生物在限制水活度之下(α_w 值过低),生长的迟缓期延长,比生长速率和总生长量减少。

如果生长环境的 α_w 大于菌体生长的最适 α_w，细胞吸水膨胀，甚至破裂；如果生长环境的 α_w 小于菌体生长的最适 α_w，细胞水分外渗，质壁分离，代谢受阻，甚至死亡。微生物不同，其生长的最适的 α_w 也不同(表 5-6)，一般细菌 α_w > 酵母菌 α_w > 霉菌 α_w；而嗜盐细菌和嗜盐真菌以及嗜高渗酵母菌生长最适 α_w 最低，表明其对水活度需求最不敏感。培养基成分复杂，精确表达 α_w 较为困难，常以测定的相对湿度表示。相对湿度 $B = P_w / P_w^0 \times 100\%$。同一微生物，不同温度和不同溶质 pH 生长所需的最低 α_w 也不相同。

表 5-6 微生物生长最适 α_w

微生物种类	α_w
一般细菌	0.93～0.99
酵母菌	0.81～0.91
霉菌	0.80
嗜盐细菌	0.76
嗜盐真菌	0.65
嗜高渗酵母菌	0.60

5.2 微生物的营养类型

微生物的多样性不仅包括物种的多样性，由于进化原因，其营养类型(nutritional type)和代谢类型(metabolic type)的多样性更为突出。微生物营养类型划分的角度和侧重点不同，常有不同的标准。根据生长所需的碳源来源不同，微生物可分为自养型(autotroph)与异养型(heterotroph)两大类；根据生长所需的能量来源不同，可分为化能营养型(chemotroph)与光能营养型(phototroph)；根据电子供体不同，分为无机营养型(lithotroph)与有机营养型(organotroph)。

通常，人们根据碳的来源、能量来源及氢供体或电子供体性质的不同，将微生物划分为 4 种营养类型：a. 以 CO_2 或非—C ═C—键化合物为唯一或主要碳源、以光为能源的称为光能无机自养型(photolithoautotrophy)；b. 以 CO_2 或非—C ═C—键化合物为主要碳源、利用无机物氧化获得能量的称为化能无机自养型(chemolithoautotrophy)；c. 而能源来源于光、碳来源于有机物的称为光能有机异养型(photoorganoheterotroph)；d. 大多数微生物只能依靠有机物氧化获得能源和碳源，则称为化能有机异养型(chemoorganoheterotrophy)(表 5-7)。

表 5-7 微生物的营养类型

营养类型	基本碳源	能 源	电子供体	举 例
光能无机自养型	CO_2 和非—C ═C—键化合物	光	H_2，H_2S，S 或 H_2O	非放氧型光合作用：紫硫细菌、绿硫细菌 放氧型光合作用：蓝细菌
光能有机异养型	CO_2 及简单有机物	光	有机物	红螺菌
化能无机自养型	CO_2 和非—C ═C—键化合物	无机物氧化(化学能)	H_2，H_2S，S，Fe_2^+，NH_4^+ 或 NO_2^-	氢细菌、硫化细菌、铁细菌、硝化细菌、产甲烷菌等
化能有机异养型	有机物	有机物(化学能)	有机物	绝大多数细菌和全部真核微生物

5.2.1 光能无机自养型

这类微生物以 CO_2 或非—C ═C—键化合物为唯一或主要碳源，以光为能源，通过光合磷酸化产生 ATP，以 H_2O 或还原性无机化合物 H_2、H_2S、$Na_2S_2O_3$ 为氢供体或电子供体，使 CO_2

还原为细胞物质。其反应式为：蓝细菌含叶绿素，在光照下以 H_2O 为氢供体，同化 CO_2，并释放 O_2。

$$CO_2 + H_2O \xrightarrow[\text{叶绿素}]{\text{光照}} [CH_2O] + O_2 \uparrow$$

紫硫细菌和绿硫细菌含菌绿素，以还原性无机化合物 H_2S、$Na_2S_2O_3$ 为氢供体或电子供体，在严格厌氧条件下，进行不放氧的光合作用。产生的元素硫或分泌到细胞外（如绿硫细菌），或积累在细胞内（如紫硫细菌）。

$$CO_2 + 2H_2S \xrightarrow[\text{菌绿素}]{\text{光照}} [CH_2O] + H_2O + 2S \downarrow$$

5.2.2 光能有机异养型

这类微生物具有光合色素，以光为能源，以有机碳化物（甲酸、乙酸、丁酸、甲醇、异丙醇、乳酸和丙酮酸）为氢供体或电子供体，利用光能还原 CO_2 合成细胞物质。紫色非硫细菌中的红螺菌属（*Rhodospirillum*）的细菌为这种营养类型的代表。其反应式为

$$2CH_3OH + CO_2 \xrightarrow[\text{光合色素}]{\text{光}} 3[CH_2O] + H_2O$$

与光能无机自养型微生物的主要区别在于氢和电子供体来源不同。它们不能以硫化物为唯一电子供体，必须有简单有机物和少量维生素同时存在才能生长。紫色非硫细菌中的一些类群，在有光、厌氧条件下营光能有机异养生长；在黑暗、好氧条件下停止合成光合色素，在少量有机物存在下，可通过有机物的氧化获能，营化能有机异养生长。这类细菌为兼性光能型，并已应用于高浓度有机废水的净化中，同时，它们还可用于生产单细胞蛋白。

5.2.3 化能无机自养型

这类微生物利用无机化合物氧化过程释放的化学能，以 CO_2 或非—C═C—键化合物为唯一或主要碳源，以无机物，如 NO_2^+、H_2、H_2S 或 Fe^{2+} 等，为电子供体或氢供体，还原 CO_2 合成细胞物质，它们不需要有机物质，有机物甚至对其有毒害作用。按照氧化无机物的种类，化能无机自养型微生物分为 4 个类型：

1. 硝化细菌

将氨氧化为硝酸盐的过程称为硝化作用（nitrification）。硝化细菌（nitrifying bacteria，或 nitrobacteria）为化能无机自养型主要生理类群之一，它包括两个连续的阶段：氨氧化为亚硝酸阶段和亚硝酸氧化为硝酸阶段，前者在亚硝化细菌（nitrosobacteria，nitrosifier）中进行，后者在硝化细菌（nitrifying bacteria，nitrifier）或亚硝酸氧化细菌（nitriteoxidizing bacteria）中进行。它们都为好氧的化能自养菌，其产能反应式为：

① 氨氧化为亚硝酸（亚硝化细菌）：

$$NH_3 + O_2 + 2e^- + 2H^+ \xrightarrow{\text{氨单加氧酶}} NH_2OH(\text{羟胺}) + H_2O$$

$$NH_2OH + H_2O + O_2 \longrightarrow NO_2^- + 2H_2O + H^+$$

② 亚硝酸氧化为硝酸（硝化细菌）：

$$NO_2^- + \frac{1}{2}O_2 \xrightarrow{\text{亚硝酸氧化酶}} NO_3^-$$

两类细菌除在土壤氮素养分转化及自然界氮素循环中起重要作用外，由硝化细菌组装的

亚硝酸微生物传感器可快速检测大气和水中的亚硝酸浓度,广泛应用于环境监测中。

2. 硫化细菌

氧化还原态无机硫化物(如 H_2S、S、$S_2O_3^{2-}$、SO_3^{2-})获得能量,并将 CO_2 或非—C═C—键化合物还原合成细胞物质。如细菌浸矿中广泛应用的氧化亚铁硫杆菌(*Thiobacillus ferrooxidans*)和氧化硫硫杆菌(*Thiobacillus thiooxidans*),它们均为典型的好氧化能自养菌。细菌冶金原理见 11.6.1 所述。其反应式为:

氧化亚铁硫杆菌将 $FeSO_4$ 氧化成高铁 $Fe_2(SO_4)_3$,从中获得能量:

$$2FeSO_4 + H_2SO_4 + \frac{1}{2}O_2 \longrightarrow Fe_2(SO_4)_3 + H_2O + 能量$$

氧化硫硫杆菌从 S 氧化成 H_2SO_4 获得能量:

$$2S + 3O_2 + 2H_2O \longrightarrow 2H_2SO_4 + 能量$$

3. 氢细菌

这类细菌具有氢化酶,氧化氢气生成水,释放能量,同化 CO_2 为细胞物质。氢杆菌属(*Hydrogenobacter*)为严格的化能无机自养型细菌。该菌只利用 H_2、O_2、CO_2 和 N_2,就可合成细胞物质。由氢细菌生产的单细胞蛋白,有望成为宇宙飞行中的食物来源。其产能反应式为

$$H_2 + \frac{1}{2}O_2 \longrightarrow H_2O + 能量$$

氢单胞菌属(*Hydrogenomonas*)细菌亦能利用有机物氧化获得能量,因此为兼性自养型。

4. 铁细菌

通过氧化 Fe^{2+} 为 Fe^{3+} 获得能量,并同化 CO_2,合成细胞物质。铁细菌有自养和兼性两类。亚铁杆菌属(*Ferrobacillus*)和嘉利翁氏菌属(*Gallionella*)为代表菌。铁制品氧化腐蚀多为铁细菌所致,每年全世界铁损失达 10%左右。其产能反应式为

$$2Fe^{2+} + \frac{1}{2}O_2 + 2H^+ \longrightarrow 2Fe^{3+} + H_2O + 能量$$

5.2.4 化能有机异养型

这类微生物以有机碳化合物(一个以上的—C═C—键有机化合物)为碳源,以有机化合物氧化释放的化学能为能源,以有机物为氢供体或电子供体而生长的微生物称为化能有机异养型。对于这些微生物,有机碳化合物既是能源,又是碳源。根据最终电子受体不同,有机物氧化过程中氧化磷酸化产生的 ATP 可通过有氧呼吸、无氧呼吸和发酵三种途径进行(参见 6.1 节)。

绝大多数微生物都属于这一营养类型,包括大多数细菌、古菌、放线菌、酵母菌、霉菌、原生动物。发酵工业中绝大多数微生物和所有致病微生物都是化能有机异养型。根据化能有机异养型微生物利用有机物的性质,可分为腐生型(metatrophy)和寄生型(paratrophy)两类,利用无生命的有机物(如动、植物尸体和残体)为生长的碳源和能源的微生物为腐生型;必须从活细胞或组织中吸收营养物质,离开寄主就不能生存的为寄生型。在腐生型和寄生型之间还存在一些中间过渡类型,如兼性腐生型(facultive metatrophy)和兼性寄生型(facultive paratrophy),如结核分枝杆菌和痢疾志贺氏菌等就是以腐生为主、兼营寄生的兼性寄生菌。一些肠道细菌既寄生于人和动物体内,又能在土壤中营腐生生活。腐生菌和兼性腐生菌在自然界物质循环中起重要作用。寄生菌和兼性寄生菌大多数为致病微生物,可引起人、畜、禽、农作物的病害。腐生菌可使食品、粮食、饲料、衣物,甚至工业品霉变,有的还可产生毒素,引起食物中毒。

应该指出的是：上述营养类型的划分不是绝对的，在自养型和异养型、光能型和化能型之间，均有过渡的和兼性类型。如前面提到的红螺菌，在有光和厌氧条件下进行光合磷酸化合成ATP营自养生活；在黑暗和有氧条件下进行有机物氧化磷酸化产生ATP营异养生活，因此，此类细菌为兼性光能型。又如氢细菌，它在完全无机营养的环境中，直接氧化氢获得能量，将CO_2还原成细胞物质，营自养生活；当环境中存在有机物时，利用氧化有机物获得能量，营异养生活，因此，此类细菌为兼性自养型。另外，许多异养微生物能通过有机酸羧化方式吸收CO_2（参见6.3节，固定CO_2至丙酮酸生成草酰乙酸），表明化能有机异养型微生物也能同化CO_2，只是不能以CO_2作为唯一或主要碳源。

5.3　营养物质的吸收

微生物只有不断从环境中吸收营养物质到细胞内，并将产生的多种代谢产物及时排到细胞外，避免其在细胞内积累造成的毒害，才能正常生长繁殖。影响营养物质进入细胞的速率主要取决于下列3个因素。

① 营养物质本身的性质。这些性质包括物质的相对分子质量、溶解性、电负性、极性、结构类型等，它们都影响营养物质进入细胞的难易程度。气体（如O_2和CO_2）与小分子物质（如乙醇）都易透过细胞质膜，但多糖、氨基酸、核苷酸等大分子物质，H^+、Na^+、K^+、Ca^{2+}等离子，非脂溶性或极性的许多细胞代谢产物，不能直接透过细胞质膜。营养物质进入微生物细胞速率：1价离子＞2价离子＞3价离子；小极性分子＞大极性分子；脂溶性大的分子＞脂溶性小的分子；环境中被运输物质的结构类型也会影响微生物细胞对其吸收速率。

② 微生物细胞所处的环境。环境中的影响因素包括pH、温度、渗透压、表面活性剂等。pH和离子强度通过影响营养物质的电离程度而影响其进入细胞的能力。温度通过影响营养物质的溶解度、细胞质膜的流动性和运输系统的活性而影响微生物的吸收能力。环境中渗透压高时，水分子易进入；环境中存在诱导运输系统形成的物质时，利于微生物吸收营养物质；环境中存在代谢过程的抑制剂、解偶联剂和与细胞质膜上的蛋白质、脂类物质发生作用的物质（如巯基试剂、重金属离子等）时，都可影响物质的运输速率。

③ 微生物细胞的渗透屏障（permeability barrier）。微生物细胞的渗透屏障主要是细胞质膜、细胞壁、荚膜及黏液层等结构。荚膜与黏液层的结构疏松，对细胞吸收营养物质影响较小；细胞壁对营养物质的吸收有一定影响，G^+细菌细胞壁主要由网状结构的肽聚糖组成，相对分子质量大于10 000的葡聚糖分子难以通过；G^-细菌细胞壁外由外膜和很薄的肽聚糖组成，外膜上存在由3个非特异性孔蛋白组成的通道，可允许相对分子质量小于800～900的溶质（如单糖、双糖、氨基酸、二肽、三肽等）通过，而维生素B_{12}、核苷酸、铁-铁载体复合物必须通过特异性孔蛋白通道才能进入周质空间。酵母菌与霉菌的细胞壁更为复杂，只能允许相对分子质量较小的物质通过。细胞质膜是由磷脂双分子层和镶嵌的蛋白质组成，是控制营养物质进入和代谢产物排出微生物细胞的天然屏障，是营养物质交换的关口。一般水溶性和脂溶性的小分子物质直接吸收，大分子的营养物质（如多糖、蛋白质、核酸、脂肪等）必须经相应的胞外水解酶水解成小分子物质，才能被微生物细胞吸收。营养物质的跨膜运输（transport across membrane）主要有单纯扩散、促进扩散、主动运输、基团转位4种方式。

5.3.1 单纯扩散

单纯扩散(simple diffusion),又称简单扩散,是一种最简单的营养物质进出细胞的方式。扩散过程不消耗能量,分子结构本身也不发生化学变化,物质扩散的动力是参与扩散物质膜内外的浓度差(即浓度梯度),营养物质通过细胞质膜中的含水小孔,由细胞外高浓度的环境向细胞内低浓度的环境扩散,直到细胞质膜内外营养物质的浓度相等,即达到动态平衡时才终止,但细胞内由于营养物质不断消耗,推动单纯扩散持续进行。单纯扩散是非特异性的,但细胞质膜上的小孔大小和形状对参与扩散的营养物质分子大小有一定的选择性。被运输营养物质膜内外的浓度差、分子的大小、溶解性、极性、膜外 pH、离子强度、温度等也影响单纯扩散的速度。

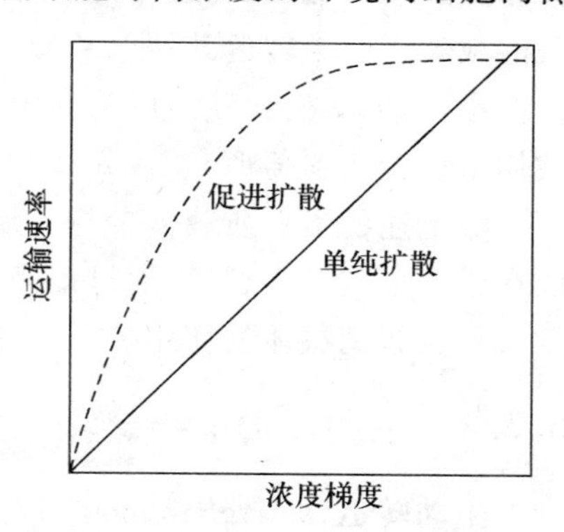

图 5-2　单纯扩散与促进扩散中营养物质浓度与进入细胞速度的关系
(引自 Prescott et al,2005)

单纯扩散不需要膜上的载体蛋白参与,不能逆浓度梯度运输营养物质,扩散的速度慢,因此不是微生物细胞吸收营养物质的主要方式。扩散的主要物质是水、溶于水的气体(O_2、CO_2)、小的极性分子(如乙醇、甘油、脂肪酸、尿素、苯)、某些离子(如大肠杆菌就以单纯扩散方式吸收 Na^+ 离子),某些氨基酸也可通过单纯扩散进出细胞(图 5-2)。

5.3.2 促进扩散

促进扩散(facilitated diffusion),又称协助扩散、易化扩散,它也是一种被动的物质跨膜运输方式。与单纯扩散过程相同的是,促进扩散不消耗细胞的能量,参与运输物质本身分子结构也不发生化学变化,不能逆浓度梯度运输营养物质,营养物质运输速度与细胞质膜内外营养物质浓度差成正比,物质扩散的驱动力也是参与扩散物质膜内外的浓度差(图 5-2);主要差别是实现促进扩散跨膜运输的物质需要与位于膜上的特异渗透酶(permease)或称载体蛋白(carrier protein)可逆性结合与分离,营养物质才能通过细胞质膜进入细胞。渗透酶大都是诱导酶,当环境中存在这种营养物质时,才能诱导合成相应的渗透酶,且渗透酶的活性受环境 pH 和温度影响。

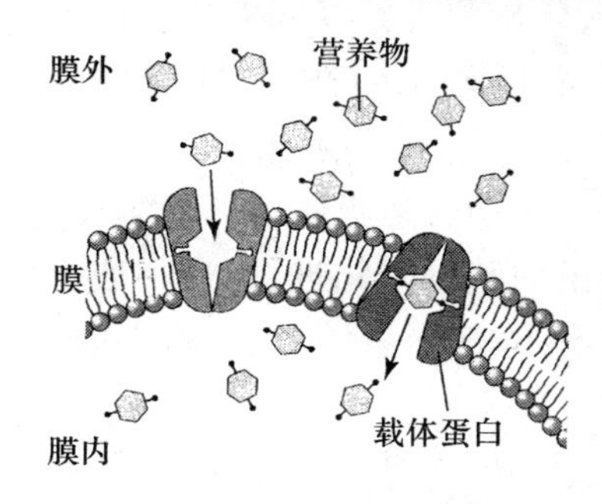

图 5-3　促进扩散示意图
(引自 Prescott et al,2005)

载体蛋白是位于细胞质膜上的蛋白质,类似“渡船”作用,将营养物质从高浓度的膜外转运至膜内(图 5-3)。营养物质在膜外与载体蛋白亲和力高,易于结合;进入细胞后,载体蛋白构型改变,与营养物质亲和力低,将营养物质释放而进入细胞内。载体蛋白构型改变不需提供代谢能量,载体蛋白本身运输前后并不发生改变,但被运输物质的类似物对载体蛋白促进扩散也有抑制作用。由于载体蛋白协助,促进扩散速度要比单纯扩散速度快,提前达到动态平衡,当营养物质浓度过高而使渗透酶或载体蛋白饱和时,运输速率不再增加,类似酶的特征,表现出饱和效应(图 5-2)。为此,单纯扩散与促进扩散均属于被动扩散(passive diffusion)或被动运输(passive transport)。

促进扩散进入细胞的营养物质有氨基酸(以促进扩散为辅)、单糖(酵母菌吸收糖)、水溶性维生素及无机盐等,甘油也可通过促进扩散方式进入沙门氏菌、志贺氏菌等肠道细菌。一般每种载体蛋白只能运输相应的物质,如真核微生物细胞的葡萄糖载体蛋白只转运葡萄糖分子;但有些载体蛋白可转运一类分子,如大肠杆菌的 1 种载体蛋白可同时进行 3 种氨基酸(亮氨酸、异亮氨酸和缬氨酸)的运输,但载体蛋白对 3 种氨基酸的转运能力有差别,且转运芳香族氨基酸的载体蛋白不转运其他氨基酸。另外,微生物也有转运一种营养物质需要 1 种以上的载体蛋白参与,如鼠伤寒沙门氏菌利用 4 种不同的载体蛋白转运组氨酸;酿酒酵母利用 3 种不同的载体蛋白转运葡萄糖。

除上述的蛋白质载体参与的促进扩散外,一些抗生素分子(如短杆菌肽 A、缬氨霉素)也可以在膜上形成含水通道,通过提高膜的离子(K^+)通透性,促进离子的跨膜运输。在这里,抗生素实际也起到载体的作用。

5.3.3 主动转运

主动转运(active transport)是微生物吸收营养物质的主要方式。与被动运输的单纯扩散和促进扩散方式不同,主动转运除需要特异性载体蛋白外,载体蛋白还可以像"泵"一样,将特异性的营养物质逆浓度梯度由细胞质膜外转运至细胞质膜内(大肠杆菌 K^+ 离子膜内外浓度差竟达 3000 倍!)。这种需要提供能量、由载体蛋白参与、能改变营养物质转运反应平衡点、逆浓度梯度的营养物质转运过程称为主动转运。载体蛋白主动转运营养物质的机制与促进扩散过程相似,也是载体蛋白通过构型变化,改变与被转运营养物质间亲和力的大小,使两者之间发生可逆性结合与分离,从而达到相应营养物质的跨膜转运。与促进扩散相比,主动转运的载体蛋白构型变化(吸能与放能、磷酸化与去磷酸化)需要细胞提供能量,引起膜的激化,再使载体蛋白构型变化或直接影响载体蛋白构型变化。如大肠杆菌吸收乳糖通过主动转运方式进行,若加入代谢抑制剂叠氮化钠至培养液中,能量代谢终止,大肠杆菌乳糖吸收停止。而促进扩散的载体蛋白,其构型变化是通过载体蛋白与被转运的物质之间相互作用引起的,不需要细胞提供能量。

主动转运中被转运的营养物质本身不发生化学变化。通过主动转运吸收的营养物质有:一些糖类(乳糖、半乳糖、阿拉伯糖等,葡萄糖在一些细菌中以主动转运方式进行,另一些细菌中以磷酸盐转移酶系统进行)、氨基酸、有机酸、核苷和许多无机离子(磷酸盐、硫酸盐、K^+、Ca^{2+})等。

微生物主动转运营养物质所需的能量来源因微生物不同而异,主要有质子动力(proton motive force,PMF)型和 ATP 动力型两种方式。前者如专性好氧微生物、兼性厌氧微生物直接利用呼吸作用中电子传递时产生的质子动势,专性厌氧微生物利用 ATP 水解时产生的质子动势,光合微生物利用光能,嗜盐细菌通过细胞质膜上的紫膜(purple membrane)中视紫红质转换的光能。质子被排出膜外,由于完整的膜不允许 H^+ 透过,遂产生了膜内外质子浓度差,利用质子浓度差进行主动转运。而 ATP 动力型则直接利用 ATP 水解产生的能量,故微生物主动转运营养物质的方式多种,包括:初级主动运输、次级主动运输、ATP 结合性盒式转运蛋白系统、Na^+,K^+-ATP 酶系统。

(1) 初级主动运输

初级主动运输(primary active transport)是指在不同能源下(呼吸能、化学能和光能)质子运输的方式。在呼吸能、化学能和光能的消耗过程中,促进电子传递,遂造成质子由膜内侧向膜外侧排出,建立膜内外质子的浓度差,形成能化膜(energized membrane),使膜处于一种充能的状态。不同微生物的初级主动运输方式不同。

(2) 次级主动运输

通过初级主动运输造成膜内外质子浓度差,建立的能化膜处于激化状态,引起载体蛋白构象变化,载体蛋白在膜外与营养物质亲和力高,膜内与营养物质亲和力低,在膜内外质子浓度差的消失过程,偶联其他物质的运输称为次级主动运输(secondary active transport)。按质子移动方向与被运送物质的移动方向分 3 种方式:

① 同向运输(symport),又称协同运输,是指某种物质与质子通过同一载体向同一方向运输(图 5-4a,c,e)。在大肠杆菌中通过同向运输方式运输的营养物质有:糖(如乳糖、阿拉伯糖、岩藻糖、蜜二糖)、大部分氨基酸(如丙氨酸、丝氨酸、甘氨酸、谷氨酸)、有机酸(如乳酸、葡萄糖醛酸)和某些阴离子(如 HPO_4^{2-}、HSO_4^-)等。粗糙脉孢菌也是通过同向运输方式吸收葡萄糖的。

② 逆向运输(antiport),又称反向运输或交换运输,是指某种物质与质子通过同一载体向相反方向运输,像旅馆和商店的“转门”。通过逆向运输方式运输的物质,如 H^+ 进入细胞时将 Na^+ 离子排出(图 5-4b)。然后再由 Na^+ 与营养物质一起同向运输进入膜内,如大肠杆菌中的谷氨酰胺和极端嗜盐古菌中的谷氨酸、亮氨酸都是通过和 Na^+ 同向运输进入膜内的。

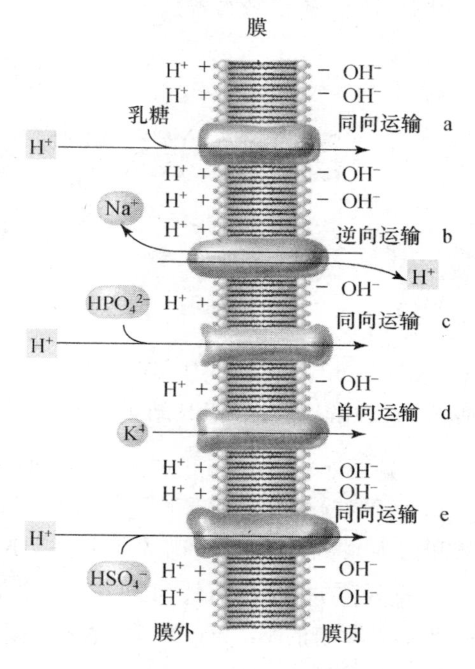

图 5-4 次级主动运输示意图

(引自 Michael et al,2006)

③ 单向运输(uniport),是指质子浓度差消失过程,促使某种物质或离子通过一种载体进入或排出细胞(图 5-4d)。一般运输结果阳离子(K^+)在胞内积累,而阴离子向胞外移动。

(3) ATP 结合性盒式转运蛋白系统

在细菌、古菌和真核生物细胞中还存在一种不利用质子浓度差,而是 ATP 水解直接偶联进行的主动运输系统,称为 ATP 结合盒式转运蛋白(ATP-binding cassette transporter),简称 ABC 转运蛋白(ABC transporter)。ABC 转运蛋白通常由位于质膜上的两个疏水性跨膜结构域与位于质膜内表面的两个核苷酸结合结构域组成复合物(图 5-1)。两个疏水性跨膜结构域在质膜上形成孔道,两个核苷酸结合结构域可与 ATP 结合。G^+ 细菌和 G^- 细菌的溶质结合蛋白位于周质空间和附着在质膜外表面,ABC 转运蛋白可与专一性的溶质结合蛋白结合,当溶质结合蛋白结合并携带被转运的溶质分子在质膜外表面与 ABC 转运蛋白的跨膜结构域结合时,ATP 便结合在 ABC 转运蛋白的核苷酸结合结构域上,ATP 水解产生的能量使跨膜结构域构型改变，驱动营养物质转移至细胞内。

细菌(如大肠杆菌)通过此系统转运糖类(如阿拉伯糖、麦芽糖、半乳糖、核糖)、氨基酸(如谷氨酸、组氨酸、亮氨酸)、维生素 B_{12} 等溶质。

(4) Na^+,K^+-ATP 酶系统

Na^+,K^+-ATP 酶系统(Na^+,K^+-ATPase)，又称钠钾泵，它也是利用 ATP 水解产生的能量改变 ATP 酶构型，将 Na^+ 高效排出细胞外，并将 K^+ 吸入细胞内的一种运输方式。钠钾泵实际就是 Na^+,K^+-ATP 酶。Na^+,K^+-ATP 酶有两种构型：E_1(非磷酸化酶)和 E_2(磷酸化酶)；Na^+,K^+-ATP 酶对 ATP 水解涉及两种反应：依赖于 Na^+ 激活的 ATP 酶磷酸化反应和依赖于 K^+ 的磷酸酶水解去磷酸化反应。其运输机制包括 3 步(图 5-5)：

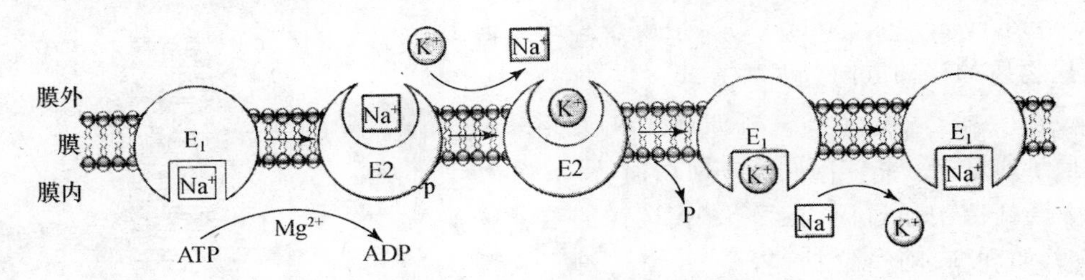

图 5-5　Na^+,K^+-ATP 酶系统示意图

① E_1 与 Na^+ 亲和力大，与 K^+ 亲和力小，与 Na^+ 结合位点在膜内，在 Mg^{2+} 存在下，Na^+ 激活 ATP 水解，E_1 与 ATP 结合磷酸化，引起 E_1 构象变化，转变为 E_2～p。

$$E_1 + ATP \xrightarrow{Na^+, Mg^{2+}} E_2 \sim p + ADP$$

② 磷酸化的 ATP 酶(E_2～p)与 Na^+ 结合位点转向膜外，E_2～p 与 Na^+ 亲和力小，与 K^+ 亲和力大，将 Na^+ 释放细胞外，同时与 K^+ 结合。

③ K^+ 的结合位点转向膜内，K^+ 激活磷酸化的 ATP 酶(E_2～p)去磷酸化，构象再次变化，而恢复成原来的 E_1，Na^+ 将 K^+ 置换下来，K^+ 释放到细胞内。

$$E_2 \sim p + H_2O \xrightarrow{K^+, Mg^{2+}} E_1 + Pi$$

5.3.4　基团转位

基团转位(group translocation)是一种既需要载体蛋白参与，又需要消耗能量的主动运输方式。与主动转运方式不同的是需要一个复杂的运输酶系统来完成物质的运输，而且营养物质在运输过程发生化学结构变化。

从大肠杆菌对葡萄糖和金黄色葡萄球菌对乳糖吸收的研究中发现，这些糖在进入细胞质膜的同时发生磷酸化，且磷酸糖的磷酸来自磷酸烯醇式丙酮酸(PEP)，转运糖的运输系统是磷酸烯醇式丙酮酸-磷酸糖转移酶系统(phosphotransferase transport system，PTS)，简称磷酸转移酶系统。该系统由 5 种不同蛋白质组成，即酶Ⅰ、酶Ⅱ(有 a、b、c 3 个亚基)、HPr(一种相对分子质量低的耐热蛋白)。酶Ⅰ和 HPr 是非特异性的可溶性蛋白，主要起能量传递作用，HPr 为一种高能磷酸载体；酶Ⅱa 也是一类可溶性蛋白，亲水性Ⅱb 与细胞质膜上的酶Ⅱc 结合；酶Ⅱc 是对糖有特异性的酶，对糖有专一性，只能被特定糖诱导产生；酶Ⅲ(又称因子Ⅲ)对糖也有特异性，但酶Ⅲ只在少数细菌中发现。除酶Ⅱ位于膜上外，其余 3 种成分都在细胞质中。

PEP上的磷酸基团逐步通过酶Ⅰ、HPr磷酸化与去磷酸化，随后经酶Ⅱa、酶Ⅱb磷酸基团传递作用，最终在酶Ⅱc的识别和作用下将磷酸基团转移到糖，直接生成磷酸糖释放于细胞内。基团转位运输机制包括3步(图5-6)：

(1) PEP＋HPr $\xrightarrow[\text{(细胞质中)}]{\text{酶1,}Mg^{2+}}$ HPr～p＋丙酮酸

(2) HPr～p＋酶Ⅱa $\xrightarrow[\text{(细胞质中)}]{}$ 酶Ⅱa ～p＋HPr

↓

酶Ⅱb～p ⟶ 酶Ⅱc～p

(3) 酶Ⅱc～p＋糖 $\xrightarrow[\text{(细胞质膜上)}]{}$ 糖～p＋酶Ⅱc

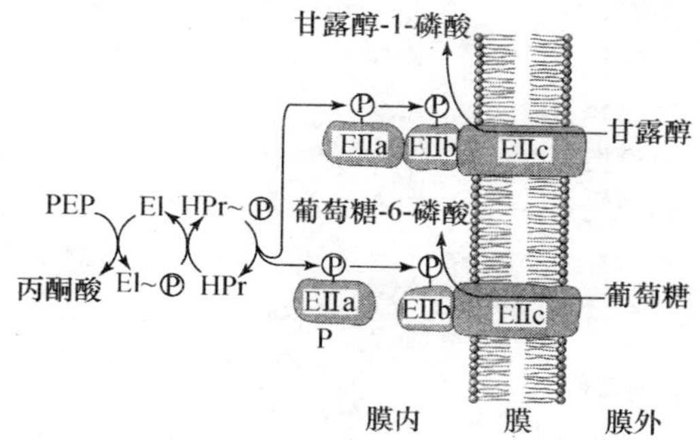

图5-6 糖的基团转位运输机制示意图

PEP：磷酸烯醇式丙酮酸；HPr：耐热蛋白；

E1：酶1；EⅡ：酶Ⅱ；p：磷酸

(引自Prescott et al,2005)

基团转位运输方式主要存在于厌氧和兼性厌氧微生物中，主要用于糖类(如葡萄糖、乳糖、甘露糖等单糖，果糖、麦芽糖等双糖，N-乙酰葡萄糖胺等糖的衍生物)的运输和脂肪酸、碱基、核苷(嘌呤、嘧啶)、核苷酸等。但嘌呤与嘧啶的基团转位是通过5-磷酸核糖-焦磷酸的磷酸核糖转移酶系统来进行的，嘌呤与嘧啶是以单核苷酸形式积累于细胞内的。

嘌呤或嘧啶(细胞外) $\xrightarrow[\text{磷酸核糖转移酶系统}]{\text{5-磷酸核糖焦磷酸}}$ 嘌呤(或嘧啶)单核苷酸(细胞内)＋PPi

综上所述，不同微生物转运营养物质的方式不同。即使同一营养物质，不同微生物的吸收方式也不一样。最突出的是葡萄糖的转运，不同微生物吸收葡萄糖基团转位、主动转运、促进扩散3种运输方式均有(表5-8)。营养物质运输方式小结见表5-9，表5-10所示。

表5-8 不同微生物吸收葡萄糖的方式

基团转位	主动转运	促进扩散
大肠杆菌	铜绿假单胞菌	酵母菌
枯草芽孢杆菌	维涅兰德固氮菌(*Azotobacter vinelandii*)	
巨大芽孢杆菌	藤黄微球菌(*Micrococcus luteus*)	
金黄色葡萄球菌	耻垢分枝杆菌(*Mycobacterium smegmatis*)	
巴氏芽孢梭菌		
丁酸梭菌(*Clostridium butyricum*)		
一些肠道细菌		
节杆菌属的一些种		

表5-9 营养物质跨膜运输4种方式比较

比较项目	单纯扩散	促进扩散	主动转运	基团转位
特异载体蛋白	无	有(渗透酶)	有(结合蛋白)	有(PTS酶系)
运输速度	慢	快	快	快
溶质运输方向	高浓度→低浓度(顺浓度差)	高浓度→低浓度(顺浓度差)	低浓度→高浓度(逆浓度差)	低浓度→高浓度(逆浓度差)
平衡时膜内外浓度	内外相等	内外相等	膜内浓度高得多	膜内浓度高得多
能量消耗	不需要	不需要	需要(初级主动运输供能)	需要(如PEP～p供能)

（续表）

比较项目	单纯扩散	促进扩散	主动转运	基团转位
运输的分子	无特异性	有特异性	有特异性	有特异性
运输前后溶质分子	不变	不变	不变	改变
载体饱和效应	无	有	有	有
与溶质类似物	无竞争性	有竞争性	有竞争性	有竞争性
运输抑制物	无	有	有	有
被运输物质举例	水、气体（O_2、CO_2）、极性小分子（乙醇、甘油等）、脂溶性维生素（A、D、K）、盐类、少数氨基酸等	糖（酵母菌）、氨基酸（为辅）、水溶性维生素、无机盐等	乳糖等糖类、氨基酸（为主）、K^+、Na^+、Ca^{2+}、SO_4^{2-}、PO_3^{2-}等	一些糖类（葡萄糖、果糖、甘露糖）、碱基（嘌呤）、核苷、短链脂肪酸等

除上述4种营养物质运输方式外，还发现两种重要运输系统：铁载体运输系统和阳离子外流系统。

5.3.5 铁载体运输系统

铁是细胞色素和许多酶的组分，但铁及其衍生物非常难溶，吸收困难。许多细菌和真菌可分泌低相对分子质量的铁载体(siderophore)，与Fe^{3+}结合形成复合物，将Fe^{3+}转入细胞内。运输铁的载体有真菌产生的环状氧肟酸盐（高铁色素）和大肠杆菌产生的儿茶酚盐（肠杆菌素）。

3个铁载体可与一个Fe^{3+}结合，形成铁-铁载体复合物（图5-7），当铁-铁载体复合物到达细胞表面后，与铁载体受体蛋白结合，随后被铁载体释放转运至细胞内，或通过ABC转运蛋白将铁-铁载体复合物转运至细胞内。

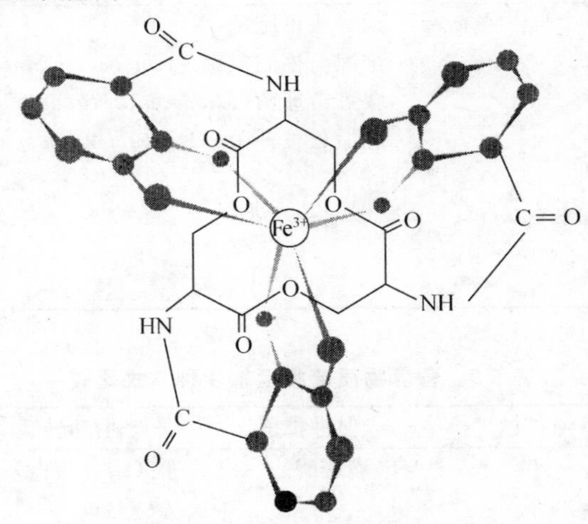

图5-7 铁-铁载体复合物示意图

5.3.6 阳离子外流系统

营养性的阳离子转运还有一些由染色体基因编码的蛋白质转运系统，如参与磷酸基团转运的Pit系统和Pst系统、参与钾离子转运的Trk系统和Kdp系统、参与镁离子转运的Cor系统和 Mgt 系统等。

某些金属离子,如锌、铜、锰、镁、钙、钾、钴等,在其摩尔浓度低至纳摩尔级时,是微生物生长必需的微量元素;但当其浓度高至微摩尔级或毫摩尔级时,对微生物生长和发育会造成毒害。有些金属离子(如镉、银、锇等)即使很低浓度,也会对微生物细胞产生很强的毒性。这样,只靠单纯调节阴、阳离子转运系统的转运蛋白的合成或活性,是不能降低这些金属离子在细胞内的浓度而达到解毒效果的。通常微生物通过阳离子外流系统(cation efflux system)促进阳离子排放。如金黄色葡萄球菌中发现由质粒和染色体编码的 3 种 Cd^{2+} 抗性决定子(Cad 结合蛋白),Cad 结合蛋白位于膜上,并在膜内有通道,Cad 结合蛋白上有 ATP 结合位点,当 ATP 结合至 Cad 结合蛋白的结合位点后,ATP 水解下来的磷酸基团结合至 Cad 结合蛋白的结构域上,ATP 水解释放出的能量使 Cad 结合蛋白构象改变呈高能态,高能态再次降低时,使阳离子转运出细胞质膜外。如真养产碱杆菌(*Alcaligenes eutrophus*)中发现排放 Zn^{2+}、Co^{2+}、Cd^{2+} 的 czc CBAD 系统,czc A 蛋白可较慢地排放 Co^{2+},czc B 蛋白有排放 Zn^{2+} 的功能。

另外,微生物细胞尚可诱导合成某种螯合剂或结合因子(binding component),将有毒金属离子螯合成复合物,避免细胞的毒害,作为拮抗重金属离子毒害的第二道防御线。如细菌和酵母菌中常见的金属硫蛋白(metallothionein,MT)、类金属硫蛋白(metallothionein like protein,类 MT)或重金属螯合肽(phytochelatin,PCs 或 chelatin)等。

表 5-10　营养物质运输方式小结

营养物质	淀　粉	蛋白质	脂　肪	核　酸
胞外运输前处理	由淀粉酶将其分解为单糖	由蛋白酶、肽酶作用生成氨基酸	由脂肪酶将其分解为甘油+脂肪酸	由核酸酶将其分解为核苷、核苷酸
运输方式	促进扩散(酵母菌、一些细菌) 基团转位(一些细菌) 主动转运(一些细菌)	促进扩散(为辅) 主动转运(为主)	单纯扩散(甘油) 基团转位(脂肪酸)	基团转位
营养物质	**维生素**	**无机盐**	**H_2O、O_2、CO_2**	
胞外运输前处理	—	—	—	
运输方式	单纯扩散(脂溶性维生素) 促进扩散(水溶性维生素)	促进扩散 主动转运 K^+、Na^+、Ca^{2+} SO_4^{2-}、PO_3^{2-}	单纯扩散	

5.4　微生物的培养基

培养基(medium,复数为 media,或 culture media)是人工配制的、适合微生物生长繁殖或积累代谢产物的营养基质。它是实验室进行微生物学研究和工业生产中微生物发酵的基础。

5.4.1　配制培养基的原则

由于微生物种类、营养类型、代谢途径多样化、培养目的和用途不同,培养基的种类也很繁多,但各类培养基的配制均需遵循共同的原则。

1. 选择适宜的营养物质

微生物生长繁殖和积累代谢产物的培养基必须含有碳源、能源、氮源、无机盐、生长因子及水。微生物的营养类型不同，营养需求不同，还要根据其用途——用于实验室研究还是发酵工业生产，是为了获得菌体还是需要代谢产物——配制不同的培养基。

细菌、放线菌、酵母菌与霉菌四大类微生物培养基不同。病毒、立克次氏体、衣原体与某些螺旋体等专性寄生微生物一般不能在人工制备的培养基上生长，可用鸡胚培养、细胞培养、组织培养与动植物培养等方法。

自养型微生物有较强的生物合成能力，可利用简单的无机盐和 CO_2，合成自身所需多糖、脂肪、蛋白质、核酸、维生素等复杂的细胞组分。培养自养型微生物的培养基只由简单无机物组成，如培养化能自养型硝化细菌的培养基(参见表 5-12)，其碳源来自空气中的 CO_2。培养光能自养型微生物除与培养化能自养型微生物相同的简单无机盐和 CO_2 外，还需光照提供能源。

异养型微生物合成能力弱，不能以 CO_2 为唯一碳源，其培养基中至少需一种有机物(参见表 5-12)。有些异养型微生物的培养基成分非常复杂，如肠膜明串珠菌的培养基，需要添加 33 种生长因子。

2. 营养物质协调

各类营养物质的比例及其浓度均需控制适当，尤其是碳源与氮源的比例(即 C/N 比)。严格说 C/N 比是指培养基所含碳源中碳原子的摩尔数与氮源中氮原子的摩尔数之比，但通常以还原糖与粗蛋白含量之比取代。一般微生物需要 1 份碳源构成细胞物质，4 份碳源提供能源。碳源若不足，菌体早衰；氮源若不足，菌体生长缓慢；氮源若过量，菌体生长过盛，不利代谢产物积累。不同的微生物要求不同的 C/N 比，细菌和酵母菌培养基 C/N 比约为 5，霉菌培养基中 C/N 比约为 10。在微生物发酵生产中，各营养物质的配比，直接影响菌体生长和代谢产物产量，如用于微生物细胞或种子培养基，需 C/N 比较低；生产含碳量较高的代谢产物，配制的 C/N 比要高些；生产含氮量较高的代谢产物，C/N 比要低些。如谷氨酸发酵中，当培养基 C/N 为4 时，菌体大量增殖，谷氨酸积累减少；当培养基 C/N 比为 3 时，菌体增殖受抑制，谷氨酸产量大增。另外，在抗生素发酵中，控制培养基中速效碳源(速效氮源)与迟效碳源(迟效氮源)比例来协调菌体生长与抗生素合成。

营养物质浓度要适当，浓度过低不能满足其生长需求，浓度过高又抑制其生长。高浓度糖类物质、无机盐、金属离子不仅不能维持和促进微生物的正常生长繁殖和代谢产物积累，反而能抑菌和杀菌。如适量蔗糖是培养异养微生物的良好碳源和能源，高浓度蔗糖则抑制微生物生长；金属离子是微生物代谢中许多酶不可缺少的辅基，但浓度过大，特别是重金属离子，会对微生物产生毒害作用。

3. 控制环境条件

不同类型微生物生长繁殖或代谢产物积累所要求的最适 pH 和氧化还原电位(redox potential，φ)不同。

(1) 控制培养基 pH

每种微生物都有其生长最适 pH，配制培养基时必须按各类微生物的要求调节 pH。另外，由于营养物质的消耗和代谢产物的积累，培养基 pH 会不断发生变化，若不及时调整，将会降低微生物生长速度和代谢产物产量。通常配制培养基时加入缓冲剂或不溶性碳酸盐以维持培养基 pH 的相对恒定。

培养基中亦可加入氨基酸、肽、蛋白质等两性电解质，起缓冲剂的作用。

$$H_3N^+—\underset{\displaystyle R}{\underset{|}{CH}}—COOH \underset{+H^+}{\overset{-H^+}{\rightleftharpoons}} H_2N—\underset{\displaystyle R}{\underset{|}{CH}}—COOH \underset{+H^+}{\overset{-H^+}{\rightleftharpoons}} H_2N—\underset{\displaystyle R}{\underset{|}{CH}}—COO^-$$

如果微生物活动产生大量的酸或碱，超出缓冲剂或碳酸盐已调节的范围，可在培养过程中不断添加酸或碱调节。注意，菌体生长和代谢产物积累常要求不同的 pH(参见 7.3.2 节及表 7-4)。

(2) 控制氧化还原电位

不同微生物所要求的氧化还原电位不同，φ 值与氧分压及 pH 有关，也受某些微生物代谢产物的影响。在 pH 相对稳定的条件下，如通过振荡培养、搅拌，增加通气量提高培养基的氧分压，或加入氧化剂，以增加 φ 值；若降低通气量，或在培养基中加入抗坏血酸、半胱氨酸、谷胱甘肽、二硫苏糖醇、硫化氢等还原性物质，可降低 φ 值。

4. 原料来源廉价

所选培养基在满足微生物生长与积累代谢产物需要的前提下，尽可能用价格低廉、资源丰富的原料，特别是大规模生产用的培养基。如废糖蜜(制糖工业中含有蔗糖的废液)、乳清废液(乳制品工业中含有乳糖的废液)、豆制品工业废液、纸浆废液(造纸工业中含有戊糖、己糖的亚硫酸纸浆)、各种发酵废液及酒糟、酱渣发酵废弃物等；另外，大量的农副产品，如米糠、麸皮、玉米浆、豆饼、花生饼等，都可以作为发酵工业的原料。

5. 灭菌处理恰当

为防止杂菌污染，培养基配制后必须及时严格灭菌，培养基一般采用高压蒸汽灭菌，常用 0.1013 MPa，121.3℃，15～30 min，即可灭菌彻底。长时间高温灭菌会使某些不耐热的物质被破坏，如使糖类物质转变为氨基糖或焦糖，在高温、高压下与培养基中的蛋白质、氨基酸结合，产生抑制微生物生长的褐色物质。为此，含糖培养基常用 0.056 MPa，112.6℃，15～30 min 灭菌。若某些对糖类要求更高的培养基，可先将糖过滤除菌或间歇灭菌，再与其他已灭菌的成分混合。长时间高温灭菌也会引起磷酸盐、碳酸盐与钙、镁、铁等阳离子结合，形成难溶性化合物沉淀。为避免形成沉淀，可先将磷酸盐、碳酸盐与这些离子分别灭菌，冷却后再混合；也可在配制培养基时添加少量螯合剂(如加入 0.01% 乙二胺四乙酸，EDTA)。高压蒸汽灭菌后一般培养基 pH 会降低，应在灭菌前适当调节培养基的 pH。

5.4.2 培养基的类型

培养基种类很多，可按培养基成分、物理状态、培养用途和培养目的区分。培养基类型见表 5-11。

表 5-11 培养基类型

分类指征	培养基名称
培养基成分	天然培养基、合成培养基、半合成培养基
物理状态	固体培养基、半固体培养基、液体培养基
培养用途	基础培养基、加富培养基、选择培养基、鉴别培养基
培养目的	种子培养基、发酵培养基、菌种保藏培养基、基本培养基、完全培养基、补充培养基

1. 按培养基成分分类

(1) 天然培养基

天然培养基(complex medium)是指由化学成分还不清楚或化学成分不恒定的天然有机物质配制的培养基,又称化学成分不确定的培养基(chemically undefined medium)。常用的天然有机物质有:牛肉膏、蛋白胨、酵母膏、豆芽汁、麦芽汁、甘蔗或甜菜糖蜜、玉米粉、麸皮、牛奶、血清、稻草浸汁、羽毛浸汁、土壤浸液、胡萝卜汁等。天然培养基的优点是取材方便,营养丰富,种类多样,成本低廉,适用于实验室常用的微生物培养和工业上大规模微生物发酵生产。缺点是其营养成分难于控制,精细科学实验结果重复性差。

常用于培养细菌的牛肉膏蛋白胨培养基(表 5-12)、培养酵母菌的麦芽汁培养基就属此类。基因克隆技术中常用的 LB(Luria-broth medium)培养基也属天然培养基。

(2) 合成培养基

合成培养基(synthetic medium)是指由化学成分完全清楚的物质配制而成的培养基,又称化学成分确定的培养基(chemically defined medium)。合成培养基优点是化学成分精确,实验重复性高,适用于实验室中进行微生物营养、代谢、遗传分析、菌种选育、分类鉴定和生物测定等方面的研究工作。缺点是成本较高,配制手续烦琐,微生物生长缓慢。

常用于培养放线菌的高氏一号培养基和培养酵母菌和霉菌的察氏培养基皆属此类型。常用的化能自养微生物和化能异养微生物天然培养基、合成培养基、半合成培养基见表 5-12。

(3) 半合成培养基

半合成培养基(semisynthetic medium)是指在天然培养基基础上适当加入无机盐类的培养基或在合成培养基的基础上添加某些天然成分的培养基,即化学成分部分确定的培养基。该培养基配制简便,成本低廉,常用于实验室或生产中。如培养酵母菌和霉菌的马铃薯蔗糖培养基。

表 5-12 各类培养基成分

营养类型	化能异养型	化能异养型	化能异养型	化能自养型	化能异养型
培养对象	细菌	放线菌	酵母菌、霉菌	硝化细菌	酵母菌、霉菌
培养基名称	牛肉膏蛋白胨培养基	高氏 1 号培养基	察氏培养基	硝化细菌加富培养基	马铃薯蔗糖培养基
培养基类型	天然型	合成型	合成型	合成型	半合成型
培养基成分	牛肉膏 0.3% 蛋白胨 0.5% NaCl 0.1% 琼脂 1.5%～2% pH 7.2～7.4	可溶性淀粉 2% K_2HPO_4 0.05% NaCl 0.05% $FeSO_4$ 0.001% KNO_3 0.1% $MgSO_4$ 0.05% 琼脂 1.5%～2% pH 7.2～7.4	蔗糖 3% $NaNO_3$ 0.3% K_2HPO_4 0.1% $MgSO_4$ 0.05% KCl 0.05% $FeSO_4$ 0.001% pH 6.0	KNO_2 0.2% KH_2PO_4 0.07% $MgSO_4$ 0.05% $CaCl_2$ 0.05% 硅胶(1 mL 培养液加 10 mL 硅胶) pH 7.0～7.2	马铃薯浸汁 20% 蔗糖 2% 蛋白胨 0.5% KH_2PO_4 0.1% $MgSO_4$ 0.05% 琼脂 1.5%～2% 自然 pH

2. 按培养基物理状态

(1) 固体培养基

在液体培养基中添加一定量的凝固剂,使之凝固成固体状态称为固体培养基(solid medium)。

常用的凝固剂有琼脂、明胶、硅胶 3 种。比较理想的凝固剂(gelling agent)应具备的条件为:① 微生物不能分解利用;② 微生物生长温度范围内,保持固态不被液化;③ 微生物易于生长,凝固点温度不能太低;④ 对微生物无毒害;⑤ 灭菌过程不被破坏;⑥ 透明度好,黏着力强;⑦ 价格低廉,配制简便。

常用的凝固剂为:① 琼脂(agar),又称洋菜,由某些红藻(如石莱花)提取,其理化性能优良、应用广泛;② 明胶(gelatin),用于检验微生物分解某些蛋白质的性能(明胶液化);③ 硅胶(silica gel),硅胶凝固后不能再被融化,常称为非可逆性凝固培养基,如病原微生物分离、检测中常使用的血清培养基及用于化能自养细菌分离、纯化与培养的硅胶培养基。常用凝固剂理化特征比较见表 5-13。

表 5-13 常用凝固剂理化特征比较

项目	化学组成	营养价值	分解性能	融化温度	凝固温度	耐高温灭菌	常用浓度
琼脂	聚半乳糖硫酸酯	极微	罕见	96℃	40℃	强,不被破坏	1.5%~2.5%
明胶	蛋白质	氮源	较易	25℃	20℃	弱	5%~12%
硅胶	HCl 和硅酸钠及硅酸钾[a]	无	无	一旦凝固不再融化		强	1∶10

a. 将硅酸钾或硅酸钠配制成密度为 1.10 g/mL 的溶液,过滤澄清。取密度为 1.09 g/mL 的盐酸,与等体积的上述溶液混合。操作时将硅酸钠缓慢加入盐酸内,搅拌均匀,倒入培养皿内。每皿 20~25 mL,静置 24 h 透析,高压蒸汽灭菌或过滤除菌。

根据固态的性状固体培养基,又分 4 种类型:

① 固化培养基(solidified medium),即液体培养基中加入琼脂、明胶或硅胶等凝固剂的培养基;制备简便,实验和生产广泛应用。实验室中常用来制成培养微生物的平板或斜面,用于微生物的分离、鉴定、活菌计数及培菌和菌种保藏等。

② 非可逆性固体培养基,如硅胶或血清培养基,凝固后就不可再被融化。

③ 天然固体培养基,即由天然固态营养基质直接制备的培养基。如分离纤维素分解菌用的滤纸条等,还有如制曲和饲料发酵采用的大米、玉米粉、麦粒、大豆,生产纤维素酶采用的麦麸,培养食用菌采用的米糠、木屑、植物秸秆纤维粉、棉子壳,以及培菌常采用的马铃薯片、胡萝卜条等天然原料。此类培养基取材和制备方便。生产上亦可用天然固体营养基质,灭菌后直接接种,培养微生物。

④ 滤膜,一种较坚韧并具有无数微孔的醋酸纤维素薄膜,灭菌后覆盖在营养基质或浸有液体培养基的纤维素衬垫上,遂构成了固体培养基的培养条件,滤膜主要用于对含菌量很少的水样、食品或药品的微生物检测。过滤、浓缩后揭取滤膜,置于适宜培养基平板上培养,根据长出的菌落数,计算样品中的含菌量(图 7-8)。

(2) 半固体培养基

半固体培养基(semisolid medium)是指在液体培养基中加入少量凝固剂(如 0.3%~0.7%琼脂)制成硬度较低、柔软的半固体状态的培养基。常用于微好氧菌、厌氧菌的培养,细菌运动性及趋化性的观察,抗生素效价和噬菌体效价测定,菌种保藏等方面。

(3) 液体培养基

液体培养基(liquid medium)是指未加凝固剂、呈液体状态的培养基。液体培养基由于进行振荡和搅拌,增加培养基通气量,使营养组分均匀,微生物可充分利用全部的营养基质。取材和操作简便，实验室中进行的微生物生理、代谢的理论研究和大规模工业化生产中培养微生物细胞或积累微生物的代谢产物，均广泛应用液体培养基进行发酵。

3. 按培养基用途

(1) 基础培养基

含有一般微生物生长繁殖所需基本营养物质的培养基称为基础培养基(minimum medium, MM)，或称基本培养基。其主要成分包括碳源、氮源、生长因子、无机盐、水分等，如用于分离、培养细菌的牛肉膏蛋白胨培养基就是最常用的基础培养基。在基础培养基上添加某些微生物特殊需求的营养成分，还可构成不同用途的其他培养基。

(2) 加富培养基

加富培养基(enrichment medium)，也称富集培养基或增殖培养基，是指在基础培养基中加入某些特殊营养物质(如血液、血清、酵母浸膏、动植物组织液等)配制而成的营养丰富的培养基。加富培养基中，一类主要用于培养某些营养要求苛刻的异养型微生物，如百日咳博德氏菌(*Bordetella pertussis*)的培养需要含有血液的加富培养基；另一类主要用于富集和分离某种微生物，即在培养基中加入某种微生物所需的特殊营养物质后，使原本劣势的某种微生物得到富集培养而优势增长，其他微生物被逐渐淘汰，从而达到分离该种微生物的目的。如分离苯酚降解菌时，在无碳源培养基中加入苯酚作为唯一碳源；若分离硝化细菌时，则在无氮源的培养液中加入硝酸盐作为唯一氮源。

(3) 选择培养基

选择培养基(selective medium)是指从混杂的微生物群体中选择性地分离出某种或某类微生物而配制的培养基。根据所分离微生物的特性不同，又分两种类型：

① 正选择培养基。根据微生物的特殊营养要求，在培养基中加入某种或某类微生物所需的特殊营养物质，以分离能利用该类营养物质的微生物。如，将纤维素或石蜡油作为选择培养基的唯一碳源，从混杂的微生物群体中分离纤维素或石蜡油分解菌时；以蛋白质作为唯一氮源，分离蛋白酶产生菌；选择缺乏氮源的选择培养基，分离固氮微生物。

② 反选择培养基。根据微生物对某种化学物质敏感性不同，在培养基中加入某种或某类微生物生长抑制剂，对所需分离的微生物无害，但可抑制或杀死其他微生物，以便从混杂的微生物群体中分离出不被抑制的所需微生物。常用的反选择培养基见表5-14。

表5-14 常用于分离各类微生物的反选择培养基

筛选分离的微生物	加入的抑制剂	抑制的微生物
放线菌	在菌悬液中加入数滴10%苯酚	抑制细菌和霉菌生长
G^+细菌	在培养基中加入孔雀绿	抑制G^-细菌生长
G^-细菌	在培养基中加入结晶紫	抑制G^+细菌生长
酵母菌和霉菌	在培养基中加入青霉素、四环素、链霉素	抑制细菌和放线菌生长
伤寒沙门氏菌	在培养基中加入亚硫酸铋	抑制G^+细菌和绝大多数G^-细菌生长
金黄色葡萄球菌	在培养基中加入7.5% NaCl、甘露糖醇和酸碱指示剂	高浓度盐抑制其他大多数细菌生长
带有抗生素标记基因的基因工程菌或转化子	在培养基中加入相应抗性选择标记的抗生素，又称为选择压力培养基	淘汰非重组菌

(4) 鉴别培养基

鉴别培养基(differential medium)是指加入某种特殊化学物质或指示剂,以便于将在同一平板上目的或待分离的微生物菌落与其他微生物菌落区分开来的培养基。其原因是由于微生物生长时在培养基中产生的某种代谢产物可与培养基中的某种特殊化学物质发生化学反应,从而产生明显的特征性变化,根据这种变化,对微生物进行鉴别。伊红美蓝培养基(eosin-methylene blue agar,EMB)是最常见的鉴别肠道细菌的培养基。EMB培养基中的伊红和美蓝为苯胺类染料,既可鉴别染色,又可抑制某些细菌(G^+细菌和一些难培养的G^-细菌)生长,同时在低pH条件下,两种染料结合形成沉淀,起产酸指示剂作用。EMB培养基主要成分为乳糖、蔗糖、蛋白胨、无机盐和两种染料,培养基初始pH 7.4。大肠杆菌强烈分解乳糖,进行混合酸发酵,产生大量有机酸,因而菌落周围pH变为4.8,菌体由于带正电荷,易于摄取染料,两种染料结合结果使大肠杆菌形成带有金属光泽的深紫色小菌落;产气杆菌分解乳糖,进行丁二醇发酵,产生有机酸能力低,菌落周围pH为5.2,结果使产气杆菌形成红棕色大菌落;而肠道内的沙门氏菌和志贺氏菌不发酵乳糖,形成无色菌落。这样,通过EMB培养基可区分大肠杆菌、产气杆菌和致病性细菌,在饮用水检验、牛乳的细菌学检验及遗传学研究上有重要用途。常见的微生物鉴别培养基见表5-15、生理生化试验检测见图5-8和彩图31～33,35～39。

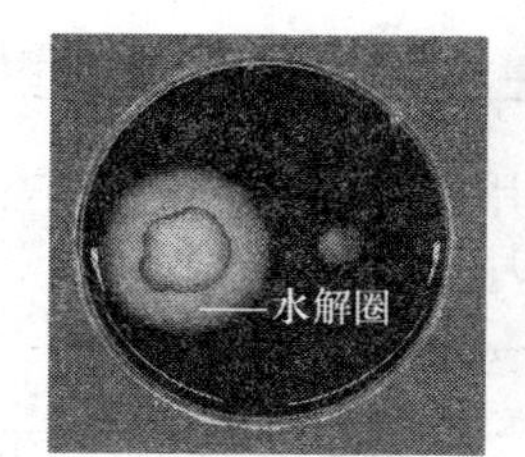

淀粉水解试验
左: *B.subtilis* (水解圈)
右: 试验菌 (无水解圈)

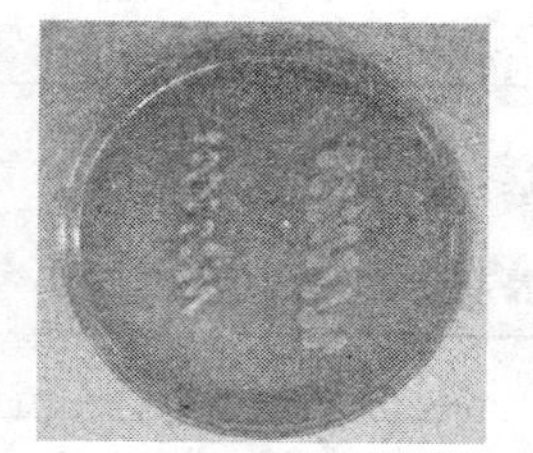
油脂水解试验
左: *S.aureus* (深红色)
右: 试验菌 (淡红色)

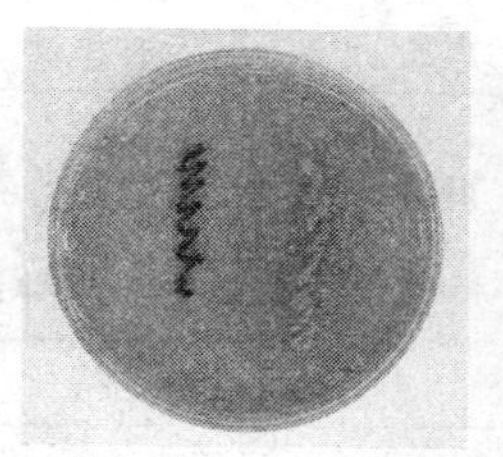
伊红美蓝(EMB)试验
左: 1 (深紫色金属光泽)
右: 2(红棕色)

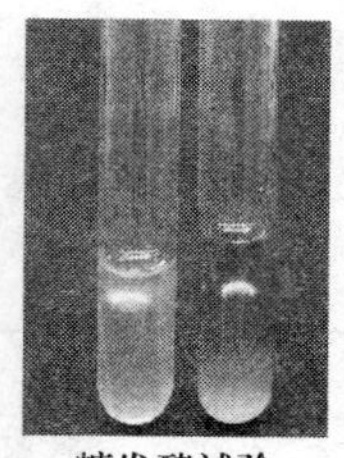
糖发酵试验
左: 1 (黄色产气)
右: 2 (紫色少气)

吲哚试验
左: 1 (阳性, 红色)
右: 2 (阴性, 无色)

甲基红(MR)试验
左: 1 (阳性, 红色)
右: 2 (阴性, 黄色)

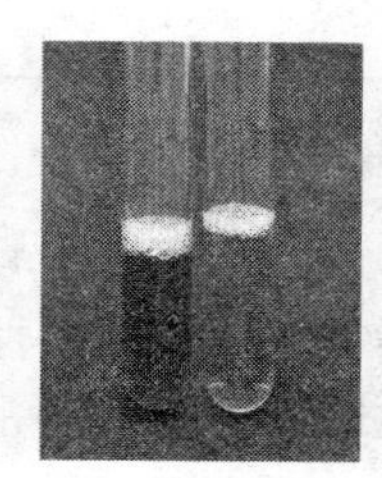
VP试验
左: 2 (阳性, 橘红色)
右: 1 (阴性, 黄色)

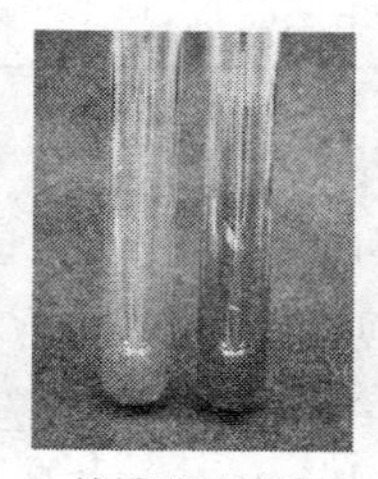
柠檬酸盐试验
左: 1 (阴性, 绿色)
右: 2 (阳性, 蓝色)

硫化氢(H_2S)试验
左: 1 (阴性, 无色)
右: *P.vulgarisa* (阳性, 黑色沉淀线)

图5-8 用微生物鉴别培养基对几种细菌的检验试验

(菌种名称: 1. 大肠杆菌 *Escherichia coli*, 2. 产气肠杆菌 *Enterobacter aerogenes*)

表 5-15 常见的微生物鉴别培养基

培养基名称	加入化学物质	微生物代谢产物	培养基特征性变化	主要用途
酪素培养基	酪素	胞外蛋白酶	蛋白水解圈	鉴别产蛋白酶菌株
明胶培养基	明胶	胞外蛋白酶	明胶液化	鉴别产蛋白酶菌株
油脂培养基	食用油、吐温、中性红指示剂	胞外脂肪酶	由淡红色变为深红色	鉴别产脂肪酶菌株
淀粉培养基	可溶性淀粉	胞外淀粉酶	淀粉水解圈	鉴别产淀粉酶菌株
H_2S 试验培养基	含硫氨基酸、醋酸铅或柠檬酸铁铵	H_2S	产生黑色硫化铅或硫化铁沉淀	鉴别产 H_2S 菌株
糖发酵培养基	溴甲酚紫	乳酸、醋酸、丙酸等	由紫色变成黄色	鉴别肠道细菌
MR 试验培养基	葡萄糖、甲基红指示剂	乳酸、乙酸、甲酸等	由橘黄色变成红色	鉴别肠道细菌
V.P. 试验培养基	葡萄糖、蛋白胨(含精氨酸)	2,3-丁二醇	由黄色变成红色化合物	鉴别肠道细菌
柠檬酸盐试验培养基	柠檬酸盐、溴麝香草酚蓝	丙酮酸、草酰乙酸、CO_2、Na_2CO_3	由绿色变成深蓝色	鉴别肠道细菌
远藤氏培养基	碱性复红、亚硫酸钠	有机酸、乙醛等	带金属光泽深红色菌落	鉴别水中大肠菌群
吲哚试验培养基	蛋白胨(含色氨酸)吲哚试剂	丙酮酸、氨、吲哚	乙醚层中出现红色玫瑰吲哚	鉴别肠道细菌
伊红美蓝培养基	伊红、美蓝	有机酸	带金属光泽深紫色菌落	鉴别水中大肠菌群

上述基础培养基、加富培养基、选择培养基、鉴别培养基的特点和用途见表 5-16。

表 5-16 4 种培养基特点和用途比较

培养基名称	特点	主要用途
基础培养基	碳源(单加)、氮源(单加)、无机盐、生长因子、水	科学研究
加富培养基	加入额外营养物质,使目的菌得到富集	筛选微生物
选择培养基	加入特殊营养物质或抑制剂,使非目的菌遭到抑制	分离微生物
鉴别培养基	加入指示剂或染料	快速鉴别微生物

(5) 其他类型培养基

按培养基用途,还可将其划分为:① 分析培养基(assay medium),用于分析某些化学物质(维生素、抗生素)的浓度和微生物的营养需求;② 还原性培养基(reduced medium),专门用于培养厌氧微生物;③ 组织培养物培养基(tissue-culture medium),含有动植物细胞或动植物组织,用于培养病毒、衣原体、立克次氏体和某些螺旋体专性活细胞寄生微生物。

4. 按培养基目的

实验室或生产中根据工作目的不同,可配制种子培养基、发酵培养基、菌种保藏培养基;遗传育种研究中营养缺陷型突变株筛选可选用基本培养基、完全培养基和补充培养基等。

(1) 种子培养基

为在较短时间获得粗壮、整齐、数量多的种子细胞,采用种子培养基。培养基要求营养丰富、全面,碳源比例较低,氮源、维生素比例较高。由于种子培养基用量少,种子质量要求高,原料要求稍精制。

(2) 发酵培养基

发酵产生的代谢产物若以碳成分为主,发酵培养基中碳源含量高于种子培养基,若代谢产物含氮量较高,氮源物质比例也应增加。由于发酵培养基用量大,应选用价格低廉的碳源、氮源,并注意提取简便。

(3) 菌种保藏培养基

四大类微生物分离、培养和保藏常用的培养基见表5-17所示。

表5-17 四大类微生物分离、培养和保藏常用的培养基

分离、培养对象	细菌	放线菌	酵母菌	霉菌
培养基名称	牛肉膏蛋白胨培养基	高氏合成1号培养基	麦芽汁琼脂培养基	察氏培养基
pH	7.2	7.2～7.4	6.4	自然pH

细菌在含糖培养基中会发酵产酸,抑制自身生长,因此,可在培养基中加入2% $CaCO_3$ 予以调节。营养缺陷型突变株或抗生素抗性突变株的保藏培养基应添加一定量的缺陷营养物或抗生素。

(4) 完全培养基

完全培养基(complete medium,CM)为含有一般微生物生长繁殖所需基本营养物质的培养基。

(5) 基本培养基

基本培养基(minimum medium,MM)是指野生型(wild type)微生物在其上能生长,而营养缺陷型(auxotroph)微生物不能生长的培养基。

(6) 补充培养基

补充培养基(supplemented medium,SM)是指为满足某特定营养缺陷型菌株的营养要求,而在基本培养基中加入某一或几种营养成分的培养基。

虽然利用各种培养基分离、培养微生物在过去100多年来已取得很大进展,但至今实验室能培养的微生物还不到自然界存在的微生物的1%。由于过去尚未找到适合余下99%微生物生长的培养基和培养条件,故称其为"未培养微生物"(uncultivable microorganisms)。近年来培养"未培养微生物"的技术有所突破,包括:

① 在常规培养基1%浓度的营养贫乏培养基(nutrient-poor medium)上,补充含有机碳源、铵盐、磷酸盐的海水培养基,自北美西海域的浮游细菌中分离了δ-变形杆菌的一个新分支(SAR11)。

② 在培养基中加入非传统的生长底物,分离了新生理型微生物(physiotypes)。如加入有毒的亚磷酸(H_3PO_3)为电子供体,硫酸为电子受体,从海底沉淀物中分离出一株新化能无机自养细菌硫酸还原菌 *Desulfotignum phosphitoxidans*;加入有毒的亚砷酸(H_3AsO_3)为电子供体,从澳大利亚金矿中分离出一株新化能无机自养细菌NT-26。

③ 模拟天然环境,采用新颖培养法,以流动方式供应培养液,促使不同微生物间信息交流,通过细胞互养(共栖)(cross-feeding),促进微菌落形成,再利用微滴胶囊(microdroplets)法和扩散小室(diffusion chamber)法将产生的微菌落转移出来。

复习思考题

1. 什么是营养物？微生物的主要营养物质是什么？营养物质有哪些生理功能？组成微生物细胞的主要元素和微量元素是什么？

2. 什么是碳源？其主要生理功能是什么？微生物常用的碳源物质有哪些？什么是氮源？其主要生理功能是什么？微生物常用的氮源物质有哪些？

3. 什么是能源？自养微生物与异养微生物的能源物质是否相同？为什么？

4. 什么叫生长因子？它们包括哪几类化合物？其作用是什么？常选用浓度是多少？怎样满足微生物对生长因子的需求？为什么葡萄糖不能作为生长因子？

5. 什么叫大量元素？什么叫微量元素？它们的作用是什么？怎样满足微生物对这些元素的需求？

6. 什么叫水活度？对微生物生命活动有什么影响？

7. 微生物有哪几大类营养类型？划分依据是什么？列表比较举例说明。

8. 自养菌和异养菌利用 CO_2 合成细胞物质的方式有什么不同(可参见 6.1 节)？

9. 从能源、CO_2、有机碳、氢供体或电子供体等特点说明下列微生物各属于哪种营养类型？它们利用 CO_2 方式上有哪些不同？微生物：绿硫细菌、红螺菌、硝化细菌、固氮菌、绝大多数细菌、放线菌和全部酵母菌、霉菌。

10. 营养物质通过微生物细胞有几种形式？试列表比较简单扩散、促进扩散、主动转运和基团移位四种不同的营养物质运送方式的异同(提示：指主要相似点和主要区别)。

11. 请列表比较多糖、脂肪、蛋白质、核酸、糖类、氨基酸、核苷酸、维生素、甘油、脂肪酸、离子和水及气体进入细胞的转运方式。

12. 什么叫培养基？举例说明合成培养基、天然培养基、半合成培养基。培养细菌、放线菌、酵母菌、霉菌常使用哪种培养基？试分析每一培养基中各组分的功能。

13. 什么叫液体培养基、固体培养基、半固体培养基？它们各有何用处？各选用哪种凝固剂及浓度？

14. 种子培养基、发酵培养基、菌种保藏培养基各有何要求？

15. 举例并分析基础培养基、加富培养基、选择培养基、鉴别培养基的特点和用途。

16. EMB 培养基主要成分是什么？为什么食品检验中常用 EMB 培养基来区别大肠杆菌和产气杆菌？(提示：二菌在培养基上各形成什么样的菌落？为什么？)

17. 如要从自然界中筛选不同的微生物类群或具有不同特性的微生物菌株时(提示：如产生淀粉酶或蛋白酶的霉菌，或分解淀粉产生有机酸、氨基酸的细菌，或分解烃为脂肪酸的酵母菌；分解纤维素产生抗生素的放线菌；或某种难降解物质如苯酚的降解菌等)，根据本章所学的知识如何设计所选用的培养基？其中的碳源、氮源、能源是什么？pH 是多少？

18. 依据某些微生物对生长因子需求的高度专一性，若欲筛选分离某一氨基酸或维生素产生菌，应采用哪一类微生物？应该配制什么样的培养基？

6

6 微生物的代谢

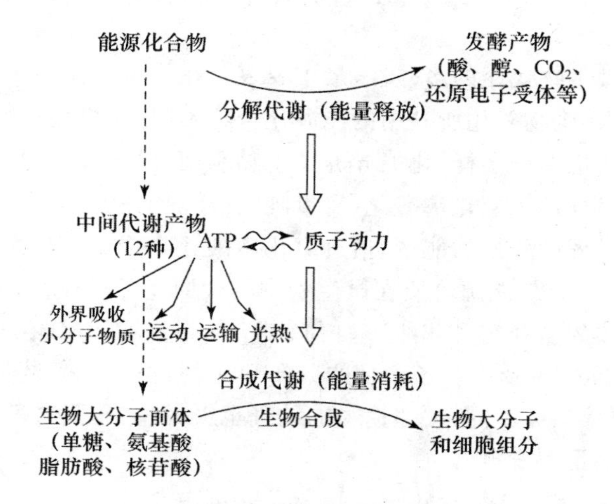

图 6-1 能量转换与物质代谢相互关系

新陈代谢(metabolism)是生命的基本特征之一，是生物体进行一切化学反应的总称。微生物代谢包括物质代谢和能量代谢。物质代谢主要由分解代谢(catabolism)和合成代谢(anabolism)两个过程组成；能量代谢包括能量释放(产能代谢，energy generation)和能量消耗(耗能代谢，energy consumption)。分解代谢(又称异化作用)是指细胞将大分子物质逐步降解为简单的小分子物质，并在这个过程释放能量；合成代谢(同化作用)是指细胞将简单小分子物质合成生物大分子和细胞组分的过程，生物合成过程要消耗能量。分解代谢为合成代谢提供能量、还原力、12种中间产物；合成代谢为分解代谢提供酶、细胞结构和生长繁殖。分解代谢与合成代谢、产能代谢与耗能代谢在生物体中是一个对立统一的过程，能量转换与物质代谢在生物体中是相互偶联进行的(图 6-1)。

微生物代谢虽有与其他生物代谢相同的统一性，但更具特殊性。微生物代谢的显著特点是：① 代谢旺盛、代谢速度快；② 代谢类型多样化(特别是能量代谢多样化)；③ 代谢调节严格、灵活；易在基因水平上发生变异。本章首先通过讨论化能异养型微生物对有机物生物氧化分解代谢释放化学能、化能自养型微生物对无机物生物氧化释放化学能、光能自养或异养型微生物通过光能转换或有机物生物氧化的放能反应来阐述微生物能量代谢类型的多样化。微生物细胞物质生物合成与其他生物相应物质生物合成过程相似，本章只对微生物中有突出特点的 CO_2 固定、生物固氮、肽聚糖合成、氨基酸、核苷酸合成等进行简介。某些微生物除了存在对其生命活动至关重要的初级代谢外，还会产生对其生存极其重要的次级代谢，有些次级代谢产物与人类的生产和生活关系极为密切。本章也将简介次级代谢产物抗生素等的代谢途径。

微生物的分解代谢与合成代谢途径都是在一系列酶系统的催化下完成的，微生物体内约有3000个基因、2000多种蛋白质、上千种酶以及各类代谢产物。它们有一套可塑性极强、极精细的代谢调节系统，以使极其复杂的代谢反应相互制约、有条不紊地进行。本章除介绍微生物的初级代谢和次级代谢及其调节外，还将着重介绍微生物如何打破细胞内代谢调节的自动控制，积累和合成所需的产品。

6.1 微生物的分解代谢(能量释放)

微生物代谢的多样性，最主要表现在能量代谢的多样性上。其特点为：① 微生物种类不同，进行生物氧化所利用的能源化合物不同(有机化合物或无机化合物)。② 微生物的能量代谢方式也多种多样，化能异养微生物利用有机化合物降解过程中释放的能量，通过底物水平磷酸化(发酵)和氧化磷酸化(有氧呼吸或无氧呼吸)合成ATP；化能自养微生物利用无机化合物氧化过程中释放的能量，通过氧化磷酸化合成ATP；光能微生物利用光能通过光合磷酸化合成ATP。③ 能源物质在微生物中的代谢途径多样性，同一种能源物质，在不同的微生物中能量释放的途径各不相同，如葡萄糖降解就有EMP、HMP、ED、PK、直接氧化等多条途径。④ 不同微生物中各条途径的分布和比例也有很大差异。⑤ 即使同一种微生物、同一能源物质，环境条件不同，代谢途径的差别也极大(如有氧时酵母菌产生大量菌体，无氧时酵母菌进行Ⅰ、Ⅱ、Ⅲ型发酵)。

6.1.1 能量转换

1. 最初能源化合物

绝大多数微生物是化能异养型微生物，它们以有机碳化合物作为能源、碳源和氢的供体。工业发酵主要使用原料为淀粉、蛋白质等大分子物质以及单糖、双糖、有机酸、氨基酸、醇、醛、烃类、芳香族等有机化合物。糖以外的其他有机化合物的能量代谢也大多都是先转化为葡萄糖再进入降解途径的(参见6.1.3节)。微生物中只有化能自养型细菌能利用无机化合物作为能源。可作为能源的无机化合物都是还原性无机化合物，如氨(NH_3)、亚硝酸盐(NO^{2-})、H_2S、S、H_2、Fe^{2+}等(参见6.1.4节)。光能自养型与异养型微生物的能源为日光。

2. 细胞内的高能化合物

物质失去电子，加氧、脱氢称为氧化；反之，称为还原。微生物细胞内的氧化还原反应称为生物氧化(biological oxidation)。脱氢是主要的生物氧化方式。微生物细胞内的能量代谢是通过生物氧化过程来实现的，与普通的化学氧化反应不同，能量是在一系列酶催化下分段逐级释放的。无论放能反应还是吸能反应都需要有携带能量和转移能量的化合物，即有高能化合物参与。生物体中担任吸能反应和放能反应偶联的高能化合物主要为：腺嘌呤核苷三磷酸(ATP)、乙酰磷酸盐、1,3-二磷酸甘油酸(1,3-2GPA)、磷酸烯醇式丙酮酸(PEP)和酰基辅酶A(RCO～SCoA等)。其中ATP的自由能介于高能磷酸化合物与低能磷酸化合物之间，且大多数酶只能与ATP发生偶联作用，因此，ATP是生物体内理想的能量传递者，具有“承上启下”的作用，为细胞内能量代谢的“流通货币”。

3. ATP的生成

生物氧化是物质分解的放能过程，所释放的能量通过磷酸化作用转移到ATP中，ATP的生成主要通过底物(基质)水平磷酸化(substrate level phosphorylation)与电子传递水平磷酸化(electron transport phosphorylation)两种方式，后者又分为氧化磷酸化和光合磷酸化两种形式。

(1) 底物水平磷酸化

物质在生物氧化过程产生含高能磷酸键的中间化合物，通过相应酶的作用，将磷酰基的能量转移给ADP，生成ATP。这种方式的特点是：物质氧化过程中放出的质子和电子不经电子传递链，通过酶的作用直接在两种物质间转移。它是以发酵作用进行生物氧化取得能量的唯一方式(但在有氧或无氧条件下均可发生)，反应式为：

$$X\sim P+ADP \longrightarrow ATP+X$$

(2) 电子传递水平磷酸化

是指物质在生物氧化过程，脱下的质子和电子通过一系列以电势升高顺序排列的质子或电子传递体，传到最终电子受体 O_2 或 O_2 以外的其他外源氧化型物质(如硝酸盐)的同时，偶联产生ATP。伴随电子传递过程偶联磷酸化作用称为电子传递磷酸化，或称呼吸水平磷酸化。根据电子来源不同，可分为两种形式：

① 氧化磷酸化(oxidative phosphorylation)。是指物质在氧化过程经脱氢酶脱氢和氧化还原酶脱电子，释放出的 H^+ 或电子经呼吸链(电子传递链)传递过程偶联发生磷酸化生成ATP的过程，是有氧呼吸、无氧呼吸生物氧化获得能量的方式。

② 光合磷酸化(photosynthetic phosphorylation)。是指光能微生物以叶绿素、菌绿素或菌紫红质(bacteriorhodopsin)分子吸收光能以后，激发释放出高能电子，电子传递偶联磷酸化生成ATP或在光驱动下，通过质子动力产生ATP的过程。

4. 电子传递链

当物质氧化产生的质子和电子向最终电子受体转移时，需经过一系列的氢和电子传递体(能够传递电子的“颗粒”)，每个传递体都是一个氧化还原系统。这种按一系列氧化还原电势由低到高顺序排列的质子或电子传递体，构成一条呼吸链(respiratory chain)，又称电子传递链(electron transfer chain)(图6-2)。其中的氢传递体为 NAD^+ (或 $NADP^+$)、FAD(或FMA)，其中的电子传递体为泛醌(CoQ)、细胞色素系统(b，c，a等)、铁硫蛋白(Fe-S)。底物氧化脱下的氢和

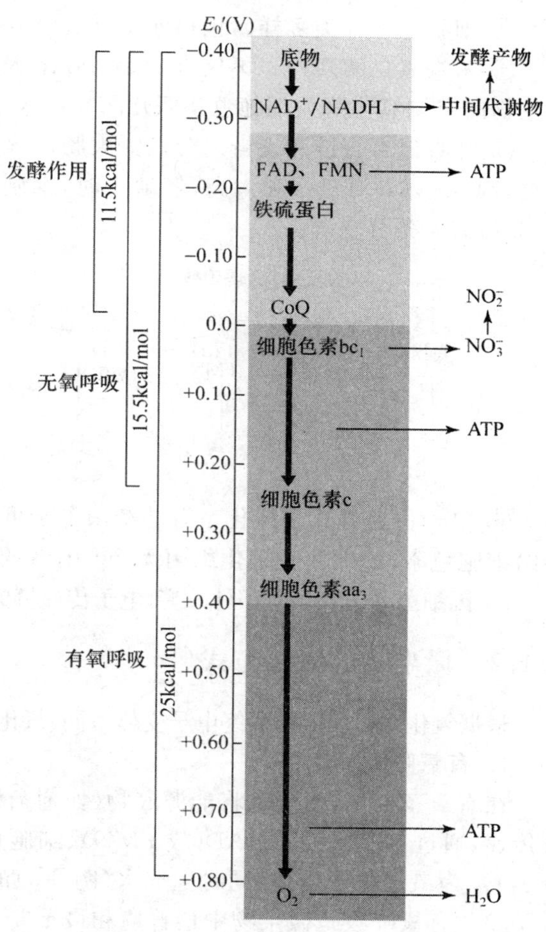

图6-2 有机营养微生物的电子传递链和三种生物氧化方式

电子首先交给 NAD^+ 生成 $NADH+H^+$，或交给 $NADP^+$ 生成 $NADPH+H^+$（为表述简便，$NADH+H^+$ 或 $NADPH+H^+$ 常采用 $NADH_2$ 或 $NADPH_2$ 形式表示，同样处理见 $FADH_2$ 和 $FMNH_2$）。也有的底物将脱下的氢和电子交给 FAD 或 FMN，生成 $FADH_2$ 或 $FMNH_2$，然后 $NADH_2$（或 $NADPH_2$）或 $FADH_2$（或 $FMNH_2$）等将其上的氢原子以质子和电子形式进入呼吸链，传递至最终电子受体，流动的电子通过呼吸链时逐步释放能量，同时偶联 ATP 的产生。

以 NADH 为起点的电子传递链上，释放的自由能部位有 3 处：第 1 个 ATP 合成部位在 NADH 放出电子经 FMN 传递给 CoQ 的过程；第 2 个 ATP 合成部位是将电子由 CoQ 传递给细胞色素 c 的过程；第 3 个 ATP 合成部位是将电子从细胞色素 c 传递给氧的过程。

原核微生物与真核微生物呼吸链的主要组分相似。真核微生物的呼吸链位于线粒体膜上，呼吸链有 3 个氧化还原回路；原核微生物的呼吸链在细胞质膜上，呼吸链有 2 个氧化还原回路。原核微生物的呼吸链更具多样化的特点，其特点为：

① 电子供体多样。包括有机物（NADH）或甲酸等；无机物 H_2、S、Fe^{2+}、NH_4^+、NO_2^- 等。

② 最终电子受体多样。除 O_2 外，最终电子受体有 NO_3^-、NO_2^-、NO^-、SO_4^{2-}、S^{2-}、CO_3^{2-}，还有延胡索酸、甘氨酸、二甲亚砜、氧化三甲亚胺等。

③ 细胞色素种类多样。包括 a、a_1、a_2、a_4、b、b_1、c、c_1、c_4、c_6、d 及 o 等。

④ 末端氧化酶多样。不仅有 a_1、a_2、a_3、d 及 o 等，还有 H_2O_2 酶和过氧化物酶等；而真核微生物的末端氧化酶为细胞色素氧化酶 $a_2a_3(Cu^{2+})$。

⑤ 呼吸链有直链和支链之分。如大肠杆菌在有氧和缺氧条件下呼吸链自 CoQ 后有 2 条分支，因为 cyt d 对氧亲和力高，氧缺少时，细胞诱导合成 cyt d；而维涅兰德固氮菌呼吸链自 cyt b 后有 4 条分支等。

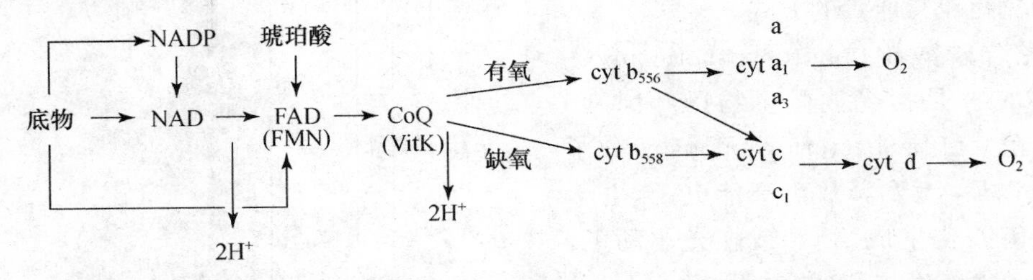

⑥ 电子传递方式多样化。有的细菌电子可经 CoQ 传给细胞色素，有的不经 CoQ 而直接传给细胞色素，铁细菌和硝化细菌无 cyt b，有的自养菌无 cyt a，只有 cyt b 和 cyt c。

⑦ 因细菌种类和培养条件改变，电子传递链的组成及电子载体或质子载体的含量也会变化。

6.1.2 微生物的氧化方式

根据氧化还原反应中最终电子受体不同，氧化方式分为有氧呼吸、无氧呼吸和发酵三种类型。

1. 有氧呼吸

在有氧条件下，微生物将能源底物（如葡萄糖或无机物）氧化过程脱下的氢和电子经呼吸链传递，通过 $NAD(P)^+$、FAD（或 FMN）、细胞色素等一系列氧化还原电势不同的传递体，以分子 O_2 为最终电子受体，同时生成水（图 6-3）的生物氧化过程，称为有氧呼吸（aerobic respiration）。有氧呼吸是微生物中最普遍和最重要的生物氧化方式和能量释放方式。

① 完全氧化型。氧化彻底，放能完全。好氧微生物和兼性厌氧微生物在有氧条件下氧化 1 分子葡萄糖释放 686 kcal（1 cal＝4.1868 J）的自由能，其中 40％能量贮存于 ATP 中。

$$C_6H_{12}O_6 + 6O_2 \longrightarrow 6CO_2 + 6H_2O + 686\ \text{kcal}$$ （放能反应）

$$38ADP + 38Pi \longrightarrow 38ATP$$ （吸能反应）

$$能量利用率 = \frac{7.3 \times 38}{686} \times 100\% = 40\%$$

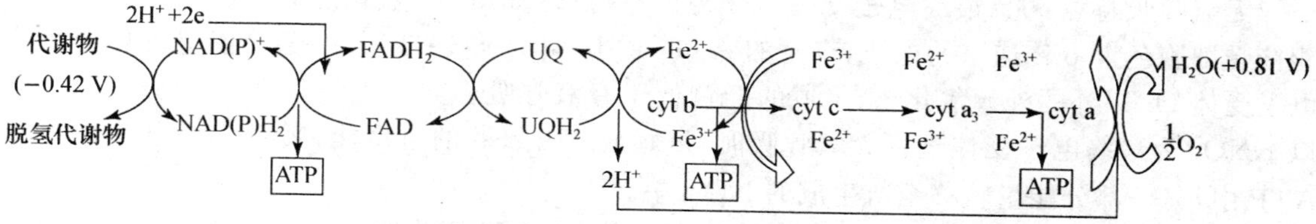

2H⁺+2e
代谢物
(−0.42 V)
脱氢代谢物
NAD(P)⁺
NAD(P)H₂
FADH₂
FAD
UQ
UQH₂
Fe²⁺
Fe³⁺
cyt b
cyt c
cyt a₃
cyt a
H₂O(+0.81 V)
½O₂
2H⁺
ATP

图 6-3　有氧呼吸电子传递与 ATP 产生模式图

化能自养微生物利用无机物的生物氧化过程，最终电子受体为分子 O_2 的也属有氧呼吸（参见 6.1.4 节）。

② 不完全氧化型。氧化不彻底，放能不完全。如有氧条件时，青霉的氧化酶作用于底物脱下的 H^+ 和电子直接交给 O_2，形成 H_2O_2 和脱氢底物，不经电子传递链，不与磷酸化偶联，能量以热形式放出，不合成 ATP。因以 FAD(FMN)为辅基，故又称为黄素蛋白水平呼吸。

$$C_6H_{12}O_6 + O_2 + H_2O \xrightarrow[\text{FMN(FAD)}]{\text{青霉氧化酶}} 葡萄糖酸 + H_2O_2 + 热量\uparrow$$

2. 无氧呼吸

无氧呼吸(anaerobic respiration)又称厌氧呼吸，指在无氧条件下，微生物将能源底物（如葡萄糖）氧化过程脱下的氢和电子经呼吸链传递，通过 $NAD(P)^+$、FAD(或 FMN)、细胞色素等一系列氧化还原电势不同的传递体，以 O_2 以外的外源无机氧化物（NO_3^-、NO_2^-、SO_4^{2-}、CO_2、Fe^{3+} 等）或有机氧化物（延胡索酸等）为最终电子受体（图 6-4）的生物氧化过程。

2H⁺+2e
代谢物
(−0.42 V)
脱氢代谢物
NAD(P)⁺
NAD(P)H₂
FADH₂
FAD
UQ
UQH₂
Fe²⁺
cyt b
Fe³⁺
NO₃⁻(硝酸盐呼吸)
(+0.04 V)
NO₂⁻
2H⁺
ATP

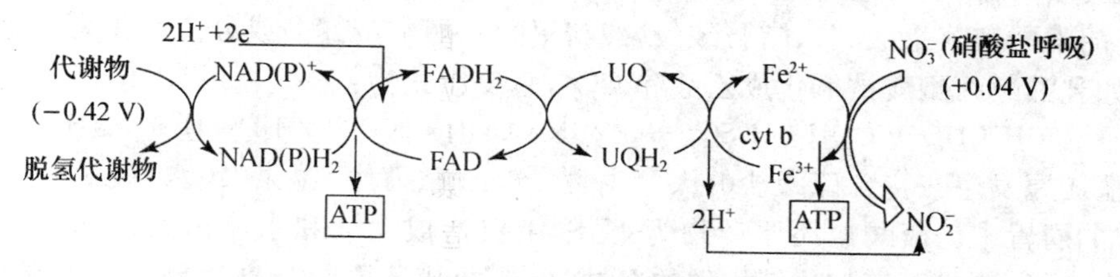

图 6-4　无氧呼吸电子传递与 ATP 产生模式图

大多数无氧呼吸的微生物为厌氧菌和兼性厌氧菌。根据最终电子受体不同无氧呼吸分为多种类型。

（1）无机盐呼吸

无机盐呼吸包括硝酸盐呼吸、硫酸盐呼吸、硫呼吸、碳酸盐呼吸。

① 硝酸盐呼吸(nitrate respiration)。以 NO_3^- 为最终电子受体的无氧呼吸称为硝酸盐呼吸，如兼性厌氧菌地衣芽孢杆菌（*Bacillus licheniformis*）、铜绿假单胞菌、大肠杆菌等，生成的 NO_2^- 分泌到胞外，再逐步还原成 NO、N_2O 或 N_2，亦称为反硝化作用(denitrification)。故硝酸盐呼吸又称硝酸盐还原(nitrate reduction)。反硝化细菌都是兼性厌氧菌，有氧条件下进行有氧呼吸，电子经呼吸链最终传给 O_2，1 分子葡萄糖产生 38 分子 ATP；无氧条件下进行无氧呼吸，电子经呼吸链最终传给 NO_3^-，1 分子葡萄糖产生 26 分子 ATP。以葡萄糖为能源底物的硝酸盐还原，其反应式为：

$$C_6H_{12}O_6+12KNO_3 \longrightarrow 6CO_2+6H_2O+12KNO_2+429\ \text{kcal}$$ （放能反应）

$$26ADP+26Pi \longrightarrow 26ATP$$ （吸能反应）

$$能量利用率=\frac{7.3\times 26}{686}\times 100\%=27\%$$

无氧呼吸特点：a. 最终电子受体氧化还原电位低(如 NO_3^- 氧化还原电位+0.04 V)，只能接受细胞色素 b 传递来的电子，产生的 ATP 少；b. 电子传递链短，一部分能量转移给最终电子受体 O_2 以外的外源氧化物，生成的能量低于有氧呼吸。如在无氧条件下，1 分子葡萄糖以 KNO_3 为最终电子受体进行无氧呼吸时，可释放 429 kcal 的自由能，其中 27%能量贮存于 ATP 中，另一部分能量转移至所生成的 NO_2^- 中。

绝大多数硝酸盐还原细菌以有机物为电子供体，也有少数兼性厌氧的硝酸盐还原细菌能利用元素硫、分子氢或硫代硫酸作为电子供体，还原硝酸盐。如：

a. 脱氮硫杆菌(*Thiobacillus denitrificans*)

$$5S+6NO_3^-+8H_2O \longrightarrow 5H_2SO_4+6OH^-+3N_2+能量$$

b. 脱氮副球菌(*Paracoccus denitrificans*)

$$5H_2+2NO_3^- \longrightarrow N_2+2OH^-+4H_2O+能量$$

反硝化作用对农业生产有害。土壤疏松，通气良好，硝化作用旺盛，硝酸盐形成多；土壤潮湿或板结，通气不良，反硝化作用增强，大量氮素损失。但反硝化作用在自然界氮素循环中起重要作用，水域中的反硝化细菌能除去水中的硝酸盐或亚硝酸盐，减少水体污染和富营养化，因而可用于高浓度硝酸盐废水治理，对环境保护有重要作用。

② 硫酸盐呼吸(sulfate respiration)，又称为硫酸盐还原(sulfate reduction)。在厌氧条件下，以 SO_4^{2-} 为最终电子受体，将硫酸盐还原为 H_2S 的细菌称为硫酸盐还原细菌(sulfate reducting bacteria，SRB)或反硫化细菌。它们均为严格厌氧的古菌，如脱硫弧菌属(*Desulfovibrio*)、脱硫球菌属(*Desulfococcus*)、脱硫单胞菌属(*Desulfomonas*)等，可利用有机酸(乳酸、丙酮酸、延胡索酸和苹果酸等)、脂肪酸(乙酸和甲酸)、醇类(乙醇)或分子氢作为硫酸盐还原的供氢体。如乳酸经丙酮酸被氧化成乙酸和 CO_2，总反应式为：

$$2CH_3CHOHCOOH+H_2SO_4 \longrightarrow 2CH_3COOH+2CO_2+2H_2O+H_2S+能量$$

硫酸盐还原发生在富含硫酸盐的厌氧生境，如土壤、海水、温泉、污水、硫矿、淤泥、腐蚀的铁管、牛羊的瘤胃中。硫酸盐还原产物为 H_2S，不仅造成大气和水体污染、引起水稻烂秧、土壤硫的损失、还常造成管道与建筑构件的腐蚀；但硫酸盐还原参与自然界的硫素循环，在生态学上发挥特殊作用。

③ 硫呼吸(sulfur respiration)，又称硫还原(sulfur reduction)，是以元素硫作为唯一最终电子受体，将元素硫还原为 H_2S 的无氧呼吸过程。这类细菌称为硫还原细菌(sulfur reducing bacteria)，主要是硫还原菌属(*Desulfurella*)和脱硫单胞菌属(*Desulfuromonas*)的成员。如醋酸氧化脱硫单胞菌(*D. acetoxidans*)在厌氧条件下利用乙酸为电子供体，通过氧化乙酸为 CO_2 和还原元素硫为 H_2S 的偶联反应而生长。反应式为：

$$CH_3COOH+2H_2O+4S \longrightarrow 2CO_2+4H_2S$$

④ 碳酸盐呼吸(carbonate respiration)，又称碳酸盐还原(carbonation reduction)。是以 CO_2 或碳酸盐(HCO_3^-)为最终电子受体的无氧呼吸，又称甲烷生成作用。根据厌氧呼吸产物不同，碳酸盐还原细菌分两个主要类群：

a. 大多数为产甲烷细菌(methanogen，methane bacteria)类群。利用 H_2 为电子供体(能源)，以 CO_2 为最终电子受体，产物为甲烷(CH_4)。反应式为：

$$4H_2 + H^+ + HCO_3^- \longrightarrow CH_4 + 3H_2O + 142.12\ kJ/mol$$

b. 同型产乙酸菌类群。利用 H_2/CO_2 进行无氧呼吸，产物全部或几乎全部为乙酸。如醋酸梭菌(*Clostridium aceticum*)和伍氏醋酸杆菌(*Acetobacterium woodii*)。反应式为：

$$4H_2 + 2H^+ + 2HCO_3^- \longrightarrow CH_3COOH + 4H_2O + 112.86\ kJ/mol$$

碳酸盐还原菌都是专性厌氧菌，在厌氧生境中担任重要角色。特别是产甲烷细菌，通过沼气发酵可解决能源不足；产生的沼气废液，又是优质有机肥料，因此，在环境保护等方面发挥重要作用。此外，可作为无氧呼吸中最终电子受体的无机物还有 Fe^{3+} 和 Mn^{2+} 等。

(2) 有机酸呼吸

某些有机物也可作为无氧呼吸中最终的电子受体，如延胡索酸、甘氨酸、氧化三甲胺(trimethylamine-N-oxide，TMAO)等，其相应还原产物分别为琥珀酸、乙酸、三甲胺(trimethylamine，TMA)。其中研究最详细的是延胡索酸。以延胡索酸为最终电子受体、还原产物为琥珀酸的无氧呼吸又称为延胡索酸呼吸(fumarate respiration)。如雷氏变形杆菌(*Proteus rettgeri*)、甲酸乙酸梭菌(*Clostridium formicoaceticum*)以 H_2 作为电子供体，延胡索酸为受氢体和最终电子受体，还原生成琥珀酸，反应式为：

$$HOOCCH{=}CHCOOH + H_2 \longrightarrow HOOCCH_2CH_2COOH + \text{能量}$$

而产琥珀酸的沃林氏菌(*Wolinella succinogenes*)以甲酸作为电子供体，延胡索酸为受氢体和最终电子受体，还原生成琥珀酸，反应式为：

$$HOOCCH{=}CHCOOH + HCOOH \longrightarrow HOOCCH_2CH_2COOH + CO_2 + \text{能量}$$

由以上可看出，无氧呼吸类型一般都是按照最终电子受体来命名的。各种无氧呼吸类型列于表 6-1。

表 6-1 无氧呼吸类型简介

类 型	名 称	电子受体	还原产物	微生物类群
无机盐呼吸	硝酸盐呼吸	NO_3^-	NO_2^-，NO，N_2O，N_2	兼性厌氧细菌(如地衣芽孢杆菌等)
	硫酸盐呼吸	SO_4^{2-}	SO_3^{2-}，$S_2O_3^{2-}$，$S_3O_6^{2-}$，S^{2-}	专性厌氧细菌(如脱硫弧菌等)
	硫呼吸	S	S^{2-}	专性和兼性厌氧细菌(如硫还原菌属等)
	碳酸盐呼吸	CO_2，HCO_3^-	CH_4	专性厌氧细菌(如产甲烷细菌等)
	碳酸盐呼吸	CO_2，HCO_3^-	CH_3COOH	专性厌氧细菌(如产乙酸细菌等)
	铁呼吸	Fe^{3+}	Fe^{2+}	专性和兼性厌氧细菌
	锰呼吸	Mn^{4+}	Mn^{2+}	厌氧菌
	硒呼吸	硒酸盐	亚硒酸盐	厌氧菌
有机酸呼吸	延胡索酸呼吸	延胡索酸	琥珀酸	专性和兼性厌氧细菌(如产琥珀酸沃林氏菌)
	甘氨酸呼吸	甘氨酸	乙酸＋氨	专性和兼性厌氧细菌(如斯氏梭菌)
	二甲亚砜呼吸	二甲基亚砜(DMSO)	二甲硫	专性和兼性厌氧细菌(如埃希氏菌属、紫色硫细菌等)
	氧化三甲胺呼吸	氧化三甲胺	三甲胺	专性和兼性厌氧细菌(如紫色非硫细菌等)

3. 发酵

发酵(fermentation)是指在无氧条件下,微生物将能源底物(如葡萄糖)氧化过程脱下的氢和电子经过 $NAD(P)^+$、FAD(或 FMN)传递给不饱和键的有机物(未完全氧化的某种代谢中间产物)的生物氧化过程。它以不饱和键的有机物为最终电子受体(图 6-5)。氧化过程不需要分子 O_2 参加,氧化不彻底,只释放一部分自由能,一般是底物水平磷酸化生成 ATP。

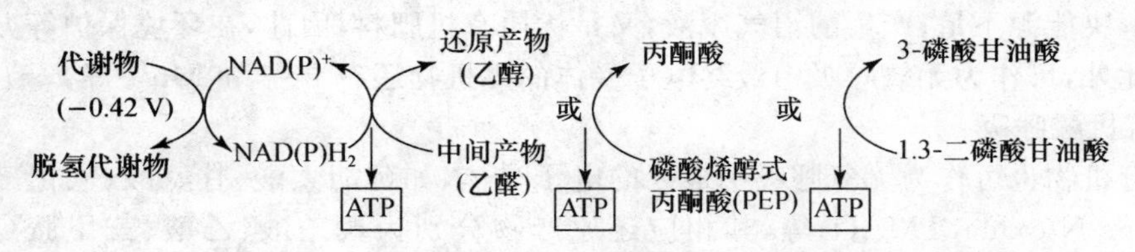

图 6-5 发酵过程氢和电子传递和 ATP 产生模式图

如 1 分子葡萄糖进行乙醇发酵时产生 2 分子乙醇,2 分子 CO_2 和 2 分子 ATP,同时获得 56.5 kcal 能量。

$$C_6H_{12}O_6 \longrightarrow 2C_2H_5OH + 2CO_2 + 56.5\ \text{kcal} \quad (\text{放能反应})$$

$$2ADP + 2Pi \longrightarrow 2ATP \quad (\text{吸能反应})$$

$$\text{能量利用率} = \frac{7.3 \times 2}{686} \times 100\% = 2\%$$

发酵作用是专性厌氧菌获得能量的主要方式;有些兼性厌氧菌无氧时进行发酵作用(1 分子葡萄糖氧化获得 1 或 2 分子 ATP);若有氧存在时,发生呼吸抑制发酵的巴斯德效应(参见 6.3 节)。

发酵有广义与狭义两种概念。广义发酵是指利用微生物在有氧或无氧条件下生产有用代谢产物的过程。如利用酵母菌生产面包酵母或乙醇;利用苏云金芽孢杆菌生产农用杀虫剂;利用链霉菌生产链霉素和利用微生物转化生产甾体激素等过程。本处讨论的是生理概念的狭义发酵,是指微生物的一种生物氧化能量释放模式。

综上所述,有氧呼吸、无氧呼吸、发酵三种生物氧化方式各有其特点(表 6-2):

表 6-2 微生物有氧呼吸、无氧呼吸、发酵三种生物氧化方式比较

生物氧化方式	最终电子受体	环境条件	以葡萄糖为能源物质的氧化结果	微生物类群
有氧呼吸	分子氧(外源性)	有氧	$C_6H_{12}O_6 + 6O_2 \longrightarrow 6CO_2 + 6H_2O +$ 能量 (原核微生物产生 38ATP)	好氧微生物及兼性厌氧微生物
无氧呼吸	外源氧化物(无机物或有机物)	无氧	$C_6H_{12}O_6 + 12KNO_3 \longrightarrow 6H_2O + 12KNO_2 +$ 能量 (原核微生物产生 26ATP)	专性厌氧微生物及部分兼性厌氧微生物
发酵	内源含不饱和键的有机物(中间代谢产物)	无氧	$C_6H_{12}O_6 \longrightarrow C_2H_5OH + 2CO_2 +$ 能量 (原核微生物产生 1 或 2ATP)	厌氧微生物及部分兼性厌氧微生物

① 三种生物氧化方式的能量利用率:有氧呼吸>无氧呼吸>发酵;

② 三种生物氧化方式的共同特点:都为化能异养型(或化能自养型),氧化过程脱下的氢和电子均经过 $NAD(P)^+$、FAD(或 FMN)等辅酶或辅基传递;

③ 三种生物氧化方式的不同点:$NADH_2$ 上的 H^+ 和电子去路不同,电子通过电子传递链传给外源最终电子受体 O_2,称为有氧呼吸;电子传给 O_2 以外的外源无机或有机氧化物为最

终电子受体，称为无氧呼吸；电子传给代谢中间产物称为发酵。

6.1.3 化能异养型微生物的生物氧化

现以葡萄糖的降解途径为主，介绍化能异养型微生物在厌氧和有氧条件下的分解代谢途径和能量释放过程。

葡萄糖降解分为两个阶段：第一个阶段是从葡萄糖降解至丙酮酸阶段；第二阶段是从丙酮酸开始再进一步代谢，无氧时进行发酵或无氧呼吸，生成不同的发酵产物，有氧时进行有氧呼吸，最后生成 CO_2 和 H_2O 或有机酸、氨基酸、抗生素等代谢产物。

1. 葡萄糖降解至丙酮酸的途径

(1) EMP(Embden-Meyerhof-Parnas pathway)途径(图 6-6)

EMP 途径又称糖酵解途径(glycolysis)或双磷酸己糖降解途径，是大多数微生物共有的一条基本代谢途径。在微生物细胞的细胞质中进行。该途径共有 10 步反应，分两个阶段，前三步参与反应的物质都是六碳糖，为耗能阶段；后七步是三碳糖，能量释放阶段。

EMP 途径的特征酶是 1,6-二磷酸果糖(FDP)醛缩酶，限速因子调节酶是磷酸果糖激酶。葡萄糖在 EMP 途径中只被部分氧化，产能低，是专性厌氧微生物获得能量的唯一途径。整个途径中只在 1,3-二磷酸甘油酸(1,3-DPGA)转变成 3-磷酸甘油酸(3-PGA)和磷酸烯醇式丙酮酸(PEP)转变成丙酮酸(PY)的反应中通过底物水平磷酸化生成 4 个 ATP，糖酵解过程有 2 分子 ATP 用于糖的磷酸化。因此，每 1 分子葡萄糖氧化转变成 2 分子丙酮酸、2 分子 ATP 和 2 分子 $NADH_2$。

该途径的生理功能除了提供 ATP、还原力 $NADH_2$ 外，主要供应三碳中间代谢产物，如：3-磷酸甘油醛(GAP)和丙酮酸是 EMP 途径、HMP 途径、ED 途径三条代谢途径交叉枢纽的关键中间产物；1,6-二磷酸果糖在糖的补偿途径 CO_2 回补中占有重要位置；3-磷酸甘油酸供嘌呤类物质的生物合成；磷酸二羟丙酮(DHAP)接受 3-磷酸甘油醛脱下的 H^+ 和电子后生成 α-磷酸甘油，后者转化为甘油，再与脂肪酸缩合生成细胞质膜的重要组分磷脂。在一定条件下 1-磷酸葡萄糖(G-1-P)可逆转合成多糖。上述 4 种三碳中间代谢产物及由 6-磷酸葡萄糖(G-6-P)转化的 1-磷酸葡萄糖、1,6-二磷酸果糖组成了 12 个关键中间代谢产物的半数(图 6-6，图 6-7，即1-磷酸葡萄糖、3-磷酸甘油醛、磷酸二羟丙酮、3-磷酸甘油酸、1,6-二磷酸果糖和丙酮酸)。EMP 途径主要是专性厌氧微生物降解葡萄糖的途径，但在兼性厌氧微生物如大肠杆菌、酵母菌中也有此途径。若完全氧化时，EMP 途径和 TCA 循环共产生 38(36)个 ATP 分子(详见后述)、6 个 H_2O 和 6 个 CO_2 分子(由于六碳糖 3,3 裂解最后生成的 CO_2 首先脱羧部位是 C_3、C_4)。总反应式为：

a. 厌氧条件下

$$C_6H_{12}O_6 + 2NAD^+ + 2ADP + 2Pi \longrightarrow 2CH_3COCOOH + 2NADH + 2H^+ + 2ATP + 2H_2O$$

b. 有氧条件(由 EMP+TCA 获得)

$$C_6H_{12}O_6 + 6O_2 + 38(36)ADP + 38(36)Pi \longrightarrow 6CO_2 + 6H_2O + 38(36)ATP$$

(2) HMP(hexose monophosphate pathway)途径(图 6-6)

HMP 途径又称单磷酸己糖支路或磷酸戊糖循环。它同样也分两个阶段：第一阶段是由葡萄糖磷酸化形成 6-磷酸葡萄糖，再经脱氢酶催化脱氢、脱羧降解成五碳糖的阶段；第二阶段是磷酸戊糖分子通过本途径特征酶——转酮醇酶和转醛醇酶催化进行五碳糖的循环，重新合成六碳糖的阶段。在这里磷酸戊糖分子本身不被消耗，相当于三羧酸循环中的再生底物草酰乙酸(OAA)。

从6分子6-磷酸葡萄糖开始，经6-磷酸葡萄糖和6-磷酸葡萄糖酸(6-PG)脱氢酶催化脱氢、脱羧，产生6分子CO_2，提供生物合成所需的12个分子$NADPH_2$，同时生成6个磷酸戊糖分子，6-磷酸葡萄糖酸先氧化、脱羧生成5-磷酸核酮糖(Ru-5-P)，再由5-磷酸核酮糖转化为5-磷酸核糖(R-5-P)和5-磷酸木酮糖(Xu-5-P)，即生成2个5-磷酸核糖、2个5-磷酸核酮糖、2个5-磷酸木酮糖。5-磷酸核酮糖和5-磷酸木酮糖经转酮酶和转醛酶系催化，其中5-磷酸木酮糖裂解生成1分子3-磷酸甘油醛和1个二碳化合物，该二碳化合物经转酮醇酶作用转移至四碳糖4-磷酸赤藓糖(E-4-P)、五碳糖(5-磷酸核糖、5-磷酸核酮糖)上，形成七碳糖7-磷酸景天庚酮糖(Su-7-P)、六碳糖(F-6-P)。结果由6分子6-磷酸葡萄糖生成4个磷酸己糖分子(F-6-P)和2个磷酸丙糖分子(GAP)，这两个磷酸丙糖分子最后转变为1分子磷酸己糖(F-6-P)。由6个磷酸己糖分子开始，最后回收5个磷酸己糖分子(F-6-P)。总的结果：1分子葡萄糖完全氧化生成6分子CO_2，12个$NADPH_2$分子(若O_2作为$NADPH_2$的末端电子受体，产生35个ATP，详见后述)。HMP途径由于六碳糖发生1,5裂解最后生成的CO_2首先脱羧部位是C_1。

HMP途径的特征酶是转酮-转醛酶系。该途径的限速因子调节酶是6-磷酸葡萄糖脱氢酶和6-磷酸葡萄糖酸脱氢酶。全部酶系在细胞质中。HMP途径的生理功能主要是提供大量生物合成所需的还原力$NADPH_2$和各种不同碳原子骨架的磷酸糖，如5-磷酸核糖为核苷酸、核酸及$NADP^+$、FAD(FMN)、CoA等辅酶、组氨酸合成提供原料；5-磷酸核酮糖为化能自养微生物固定CO_2时的受体1,5-二磷酸核酮糖(Ru-DP)合成的前体；4-磷酸赤藓糖为芳香族氨基酸生物合成的前体；NADPH是合成脂肪酸、类固醇、谷氨酸的供氢体。HMP途径的5-磷酸核糖和4-磷酸赤藓糖是12个关键中间代谢产物的另两个产物。EMP途径和HMP途径往往同时存在于一种微生物中，两者在代谢中所占比例也随环境条件变化而不同，如大肠杆菌有2/3的葡萄糖经EMP途径降解；酵母菌有4/5的葡萄糖经EMP途径降解；产黄青霉EMP途径和HMP途径各占1/2。而镰刀菌有氧时葡萄糖降解主要为HMP途径，厌氧时主要为EMP途径。总反应式为：

a. 不完全氧化条件下：

$$C_6H_{12}O_6 + NAD^+ + 6NADP^+ + ADP + Pi \longrightarrow 3CO_2 + CH_3COCOOH + NADH_2 + 6NADPH_2 + 1ATP$$

b. 完全氧化条件：

$$C_6H_{12}O_6 + 6O_2 + 35ADP + 35Pi \longrightarrow 6CO_2 + H_2O + 35ATP$$ (由$12NADPH_2$完全氧化获得)

(3) ED(Entner-Doudoroff pathway)途径(图6-6)

ED途径又称2-酮-3-脱氧-6-磷酸葡萄糖酸裂解途径，简称KDPG途径。该途径的特征酶为2-酮-3-脱氧-6-磷酸葡萄糖酸醛缩酶(简称KDPG醛缩酶)，与EMP途径类似，分两个阶段，前段由EMP途径和HMP途径相同的酶——己糖激酶和6-磷酸葡萄糖脱氢酶催化，葡萄糖磷酸化和脱氢(形成1分子$NADPH_2$)，生成6-磷酸葡萄糖酸，然后，由6-磷酸葡萄糖酸脱水酶将6-磷酸葡萄糖酸水解成2-酮-3-脱氧-6-磷酸葡萄糖酸(KDPG)，再经KDPG醛缩酶催化，1分子2-酮-3-脱氧-6-磷酸葡萄糖酸直接3,3裂解为丙酮酸和3-磷酸甘油醛，由于ED途径六碳糖发生 3,3 裂解,最后生成的 CO_2 首先脱羧部位是 C_1 和 C_4。

这样 1 分子葡萄糖只经过 4 步反应就生成 2 分子丙酮酸。1 分子丙酮酸由 2-酮-3-脱氧-6-磷酸葡萄糖酸直接裂解产生;另 1 分子丙酮酸由 3-磷酸甘油醛进入 EMP 途径转化而来。厌氧发酵时,只有进入 EMP 途径的 1 分子 3-磷酸甘油醛脱氢、脱水生成 2 分子 ATP,除去葡萄糖激活时消耗的 1 分子 ATP,净得 1 分子 ATP,较 EMP 途径产能低。有氧条件下,ED 途径生成的 $NADPH_2$ 和 $NADH_2$ 将电子转移给末端电子受体 O_2,1 分子葡萄糖产生 37 个分子 ATP(详见后述)。ED 途径只存在于少数缺乏完整 EMP 和 HMP 途径的细菌中。总反应式:

$$C_6H_{12}O_6 + NAD^+ + NADP^+ + ADP + Pi \longrightarrow 2CH_3COCOOH + NADH_2 + NADPH_2 + ATP$$

无氧时运动发酵单胞菌(*Zymomonas mobilis*)经丙酮酸脱羧生成乙醛,再转化为乙醇。

有氧条件下:

$$C_6H_{12}O_6 + 6O_2 + 37ADP + 37Pi \longrightarrow 6CO_2 + H_2O + 37ATP$$

有氧时,假单胞菌属的一些细菌通过丙酮酸氧化脱羧、脱氢并与 CoA 结合生成乙酰 CoA,后者与草酰乙酸结合进入三羧酸循环。

(ATP 由 1 个 $NADPH_2$ 和 1 个 $NADH_2$ 及丙酮酸、3-磷酸甘油醛完全氧化获得)

(4) PK(phosphoketolase pathway)途径

PK 途径又称磷酸酮解酶途径。没有 EMP、HMP、ED 途径的细菌通过 PK 途径分解葡萄糖。PK 途径又分磷酸戊糖酮解酶途径和磷酸己糖酮解酶途径。此二途径必须在厌氧条件下进行。

① 磷酸戊糖酮解酶途径:简称 PPK 途径,又称 HMP 变异途径。如图 6-6 所示,该途径从葡萄糖到 5-磷酸木酮糖,均与 HMP 途径相同,5-磷酸木酮糖在该途径关键酶磷酸戊糖酮解酶作用下裂解为乙酰磷酸和 3-磷酸甘油醛。乙酰磷酸可进一步反应生成乙醇,3-磷酸甘油醛经丙酮酸转化为乳酸。短乳杆菌(*Lactobacillus brevis*)和肠膜明串珠菌的异型乳酸发酵就是通过这条途径实现的。但每 1 分子葡萄糖只产生 1 分子丙酮酸,只能获得 EMP 途径一半的 ATP,即得 1 分子 ATP。

② 磷酸己糖酮解酶途径:简称 PHK 途径,又称 EMP 变异途径。如图 6-6 所示,该途径从葡萄糖到 6-磷酸果糖,均与 EMP 途径相同,6-磷酸果糖在该途径关键酶磷酸己糖酮解酶作用下裂解为乙酰磷酸和4-磷酸赤藓糖;另一分子 6-磷酸果糖与 4-磷酸赤藓糖反应以 HMP 逆转途径生成 2 分子磷酸戊糖(5-磷酸木酮糖和 5-磷酸核糖),5-磷酸核糖异构化为 5-磷酸木酮糖,5-磷酸木酮糖在磷酸戊糖酮解酶催化下再裂解成乙酰磷酸和 3-磷酸甘油醛。两歧双歧杆菌(*Bifidobacterium bifidum*)的异型乳酸发酵就是按此途径实现的。

(5) 葡萄糖直接氧化途径

上述四大途径都是葡萄糖先磷酸化后才逐步被降解的。有些微生物,如酵母属、假单胞菌属、气杆菌属(*Aerobacter*)和醋杆菌属(*Acetobacter*)的某些菌,它们没有己糖激酶,但有葡萄糖氧化酶,便直接将葡萄糖先氧化成葡萄糖酸,再磷酸化生成 6-磷酸葡萄糖酸。假单胞菌中的 6-磷酸葡萄糖酸经 6-磷酸葡萄糖酸脱水酶转化为 2-酮-3-脱氧-6-磷酸葡萄糖酸,按 ED 途径进一步降解;气杆菌属和醋杆菌属以及另一些假单胞菌中的 6-磷酸葡萄糖酸经 6-磷酸葡萄糖酸脱氢酶转化为 5-磷酸核酮糖,进入 HMP 途径降解(参见图 6-6)。

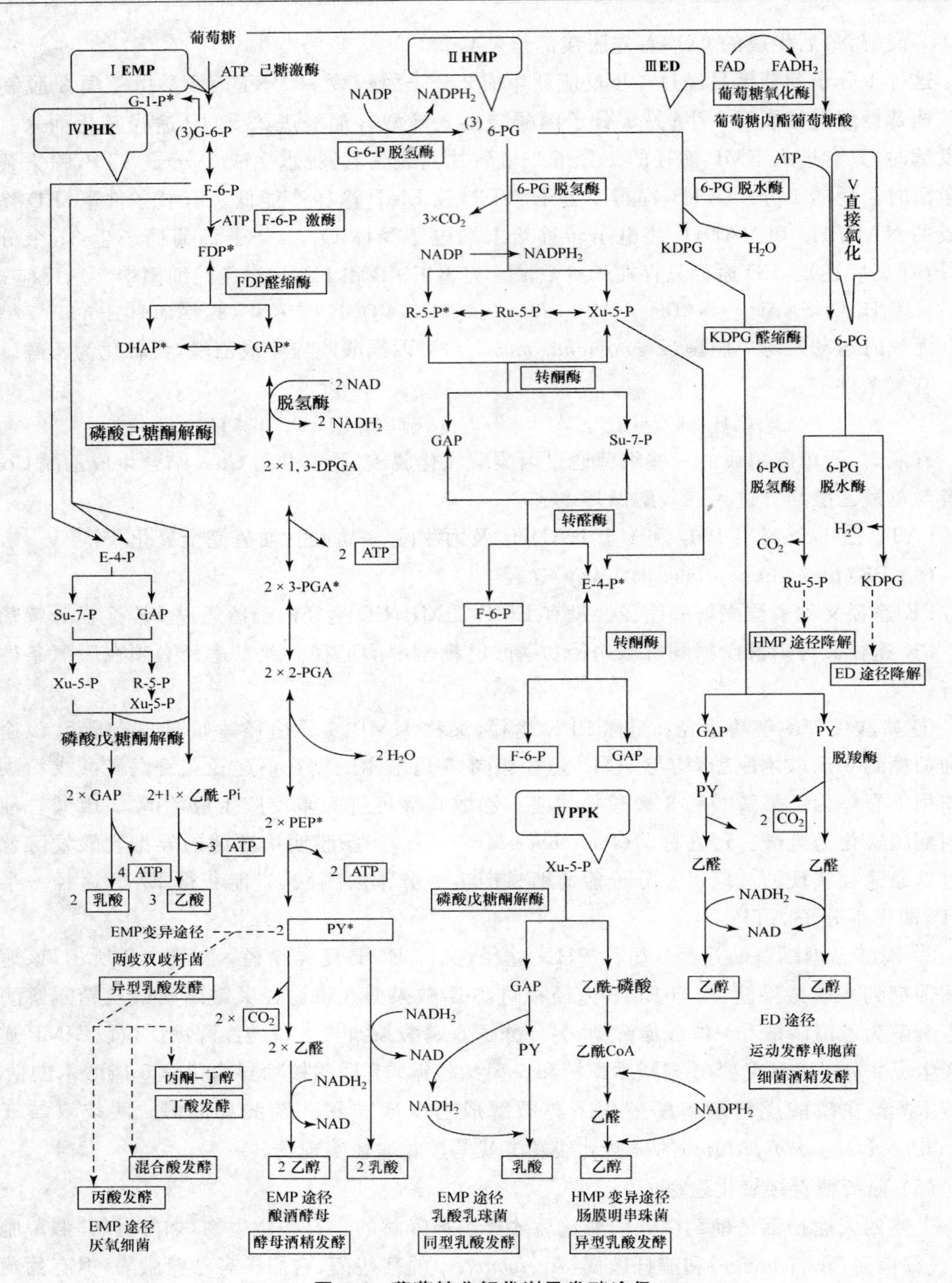

图 6-6 葡萄糖分解代谢及发酵途径

* 关键中间代谢产物

G-6-P：6-磷酸葡萄糖；F-6-P：6-磷酸果糖；FDP：1，6-二磷酸果糖；6-PG：6-磷酸葡萄糖酸；DHAP：磷酸二羟丙酮；GAP：3-磷酸甘油醛；DPGA：1，3-二磷酸甘油酸；3-PGA：3-磷酸甘油酸；2-PGA：2-磷酸甘油酸；PEP：磷酸烯醇式丙酮酸；PY：丙酮酸；E-4-P：4-磷酸赤藓糖；Su-7-P：7-磷酸景天庚酮糖；Xu-5-P：5-磷酸木酮糖；R-5-P：5-磷酸核糖；Ru-5-P：5-磷酸核酮糖；KDPG：2-酮-3-脱氧-6-磷酸葡萄糖酸葡萄糖降解5条途径比较见表6-3。

表6-3 葡萄糖降解5条途径比较

项目	EMP途径（酵解途径）	HMP途径（磷酸戊糖循环）	ED途径	PK途径		直接氧化
				PPK途径（HMP变异途径）	PHK途径（EMP变异途径）	
ATP数目	无氧：2 有氧：38(36)	无氧：1 有氧：35	无氧：1 有氧：37	无氧：1	无氧：2.5	不等
还原力	$2NADH_2$	$12NADPH_2$	$NADH_2$ $NADPH_2$	$NADH_2$	0	$FADH_2$
特征酶	磷酸果糖激酶 FDP醛缩酶	转酮醇酶 转醛醇酶	KDPG醛缩酶	磷酸戊糖酮解酶	磷酸己糖酮解酶	葡萄糖氧化酶
生理功能	提供ATP，提供$NADH_2$，提供C_3中间产物	提供$NADPH_2$，提供C_4、C_5、C_7中间产物，5-磷酸核糖不消耗，相当于TCA再生底物草酰乙酸	逆HMP途径形成嘌呤和嘧啶前体、芳香族氨基酸前体	不具EMP、HMP、ED途径，异型乳酸发酵（乳酸、乙醇）	不具EMP、HMP、ED途径，异型乳酸发酵（乳酸、乙酸）	
首先脱羧部位	C_3、C_4	C_1	C_1、C_4	—	—	不定
代表菌	主要为厌氧菌也有兼性厌氧菌	大多数为好氧菌也有兼性厌氧菌	专性需氧菌个别厌氧菌	肠膜明串珠菌	两歧双歧杆菌	部分细菌的种属和酵母属

2. 丙酮酸的进一步代谢

以上所述五条途径将葡萄糖降解为丙酮酸。葡萄糖降解过程中生成的$NAD(P)H_2$需重新被氧化生成$NAD(P)^+$，才能继续循环使用以承担氢载体的功能。$NAD(P)H_2$的去向在有氧和厌氧条件下是不同的。在好氧微生物中，丙酮酸先被氧化脱羧生成乙酰CoA，再经三羧酸循环或乙醛酸循环彻底氧化生成CO_2和H_2O；同时将反应生成的$NAD(P)H_2$上的H^+转移给末端最终电子受体O_2分子。但在厌氧或兼性厌氧微生物中，厌氧时$NAD(P)H_2$的受氢体为氧以外的外源无机或有机氧化物，或是含不饱和碳氢键的有机物（代谢的中间产物）。根据$NAD(P)H_2$和丙酮酸的去路不同，厌氧时形成各种类型的发酵。

(1) 三羧酸循环(tricarboxylic acid cycle，TCA循环)(图6-7)

1分子葡萄糖通过EMP途径产生2分子丙酮酸，同时产生2分子ATP和2分子$NADH_2$；在丙酮酸脱氢酶催化下丙酮酸氧化脱羧、脱氢并与CoA结合生成2分子乙酰-CoA和2分子$NADH_2$；生成的乙酰-CoA与草酰乙酸（OAA）在关键酶柠檬酸合成酶（简称CS）催化下缩合成柠檬酸进入TCA循环。在TCA循环中，乙酰-CoA是原始底物，草酰乙酸是再生底物。只要乙酰-CoA供应充足，草酰乙酸就能经TCA循环不断再生。TCA循环中的另一个特征酶是异柠檬酸脱氢酶（简称ICD），位于TCA循环与乙醛酸循环（DCA循环）的分支点，催化异柠檬酸脱氢生成草酰琥珀酸。从图6-7可知，TCA循环由六碳、五碳、四碳化合物组成，经历两次加水脱氢，两次碳链裂解氧化脱羧，一次底物水平磷酸化。这样，由1分子葡萄糖降解生成的2分子丙酮酸，经两次循环完全氧化生成6分子CO_2，并脱氢形成6分子$NADH_2$、2分子$NADPH_2$和2分子$FADH_2$。有氧时将H^+最终交给分子O_2生成H_2O，电子通过电子传递链进行电子传

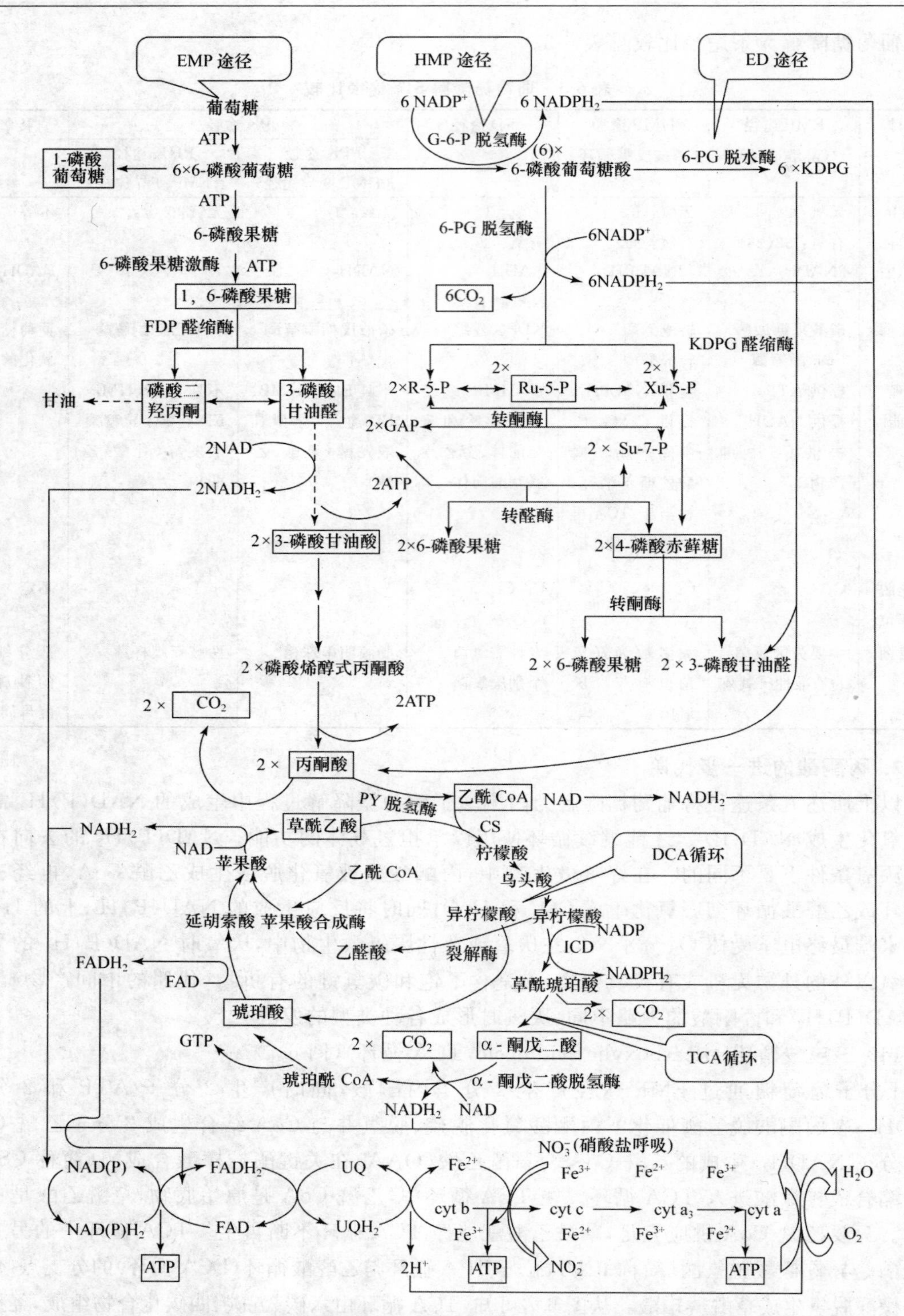

图 6-7 葡萄糖有氧代谢途径(包括 TCA 循环及 DCA 循环)

12 个关键中间代谢产物和 CO_2 用方框标出

KDPG：2-酮-3-脱氧-6-磷酸葡萄糖酸；R-5-P：5-磷酸核糖；Ru-5-P：5-磷酸核酮糖；Xu-5-P：5-磷酸木酮糖；Su-7-P：7-磷酸景天庚酮糖

递氧化磷酸化，每 1 分子 NAD(P)H_2 经电子传递氧化磷酸化产生 3 分子 ATP；每 1 分子 $FADH_2$ 经电子传递氧化磷酸化产生 2 分子 ATP，加上 1 分子 GTP 转化为 1 分子 ATP 也是 3 分子 ATP。由此，2 分子丙酮酸进入 TCA 循环完全氧化生成 30 分子 ATP。与 EMP 途径获得的 2 分子 ATP 及 2 分子 $NADH_2$ 经电子传递氧化磷酸化所获得的 6 分子 ATP 一起，总共 38(36)分子 ATP。

除糖降解的丙酮酸外，大多数脂肪酸及氨基酸的降解产物，最后都将转化为乙酰-CoA 进入 TCA 循环彻底降解为 CO_2 和 H_2O，因此，TCA 循环又常被称为专门降解乙酰基的途径。在细菌、放线菌等原核微生物中，此过程在细胞质中进行，而在酵母菌和霉菌等真核微生物中，此过程在线粒体基质中进行（故原核微生物完全氧化获得 38 个 ATP，真核微生物完全氧化获得 36 个 ATP）。

TCA 循环的生理功能不只是产能，还是物质代谢的枢纽。它在糖、蛋白质和脂类代谢中起桥梁作用，又为合成代谢提供重要的中间产物，12 种关键中间代谢产物 TCA 循环中占了 4 种。如草酰乙酸和 α-酮戊二酸是天冬氨酸和谷氨酸的碳架原料；乙酰 CoA 是脂肪酸合成的原料；琥珀酸是合成卟啉、类咕啉、细胞色素和叶绿素的前体。另外，TCA 循环还为人类提供了各种有机酸，如柠檬酸、苹果酸和延胡索酸等。

由于氨基酸和嘌呤、嘧啶等化合物生物合成要消耗草酰乙酸和 α-酮戊二酸等 TCA 循环的中间代谢产物，若不及时补充，就会影响 TCA 循环正常运转，因此，微生物可通过 4 种途径以回补四碳化合物草酰乙酸和苹果酸，即：① DCA 循环；② 丙酮酸和 ATP 通过丙酮酸羧化酶催化固定 CO_2；③ 丙酮酸和 $NADPH_2$ 通过苹果酸酶催化固定 CO_2；④ 磷酸烯醇式丙酮酸在 PEP 羧化酶催化下固定 CO_2（图 6-8），这是异养微生物 CO_2 固定的反应。CO_2 固定反应在延胡索酸、琥珀酸、谷氨酸发酵中起重要作用。

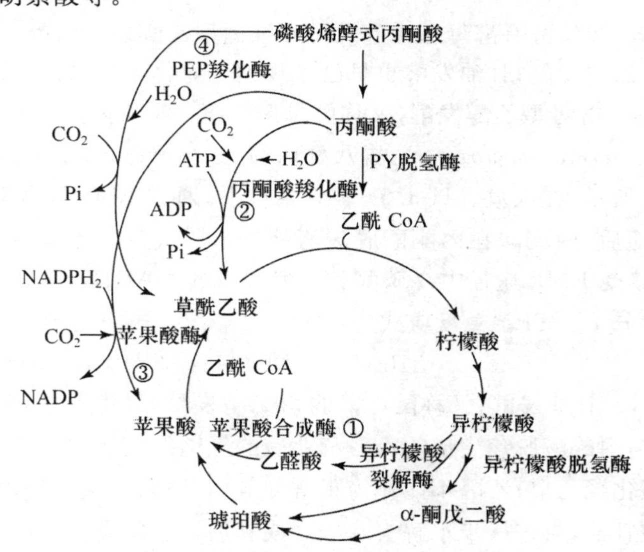

图 6-8　微生物回补 TCA 循环的四碳化合物（异养微生物 CO_2 固定）

厌氧微生物和有些兼性厌氧微生物缺乏 TCA 循环中的第三个关键酶 α-酮戊二酸脱氢酶，TCA 循环的正常反应被切断，它们可通过氧化支路和还原支路进行不完整的 TCA 循环来获得所需的 TCA 循环中间产物（图 6-9）。

(2) 乙醛酸循环（dicarboxylic acid cycle，DCA 循环）（图 6-7）

该循环又称二羧酸循环或 TCA 循环支路。DCA 循环两个关键酶是异柠檬酸裂解酶和苹果酸合成酶。异柠檬酸裂解酶催化异柠檬酸裂解为乙醛酸和琥珀酸，苹果酸合成酶作用再将乙醛酸和乙酰 CoA 合成苹果酸。在这里 DCA 循环原始底物是乙醛酸；DCA 环再生底物是乙酰 CoA。DCA 循环的一个重要生理功能是使微生物可在乙酸为唯一碳源基质上生长，又可使

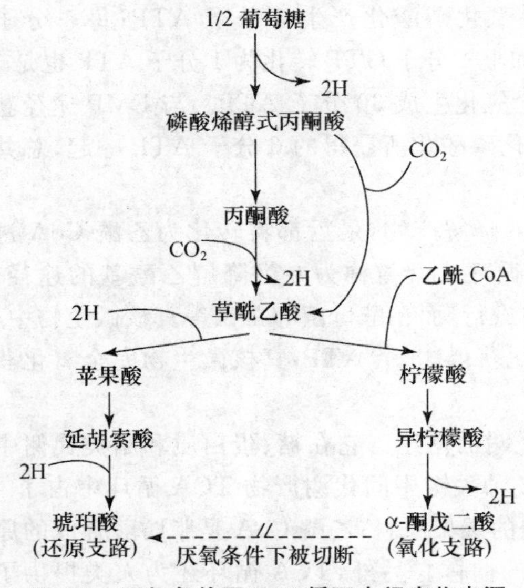

图 6-9　厌氧条件下 TCA 循环中间产物来源

微生物弥补 TCA 循环中四碳化合物之不足；同时，在脂肪酸转化为糖的过程中起齿轮作用。DCA 循环总反应式：

$$2\times 乙酸 + 2NAD \longrightarrow 苹果酸 + 2NADH_2$$

$$乙酰\ CoA + 乙醛酸 + 2NAD \longrightarrow 苹果酸 + 2NADH_2$$

(3) 厌氧发酵途径及机制

厌氧条件下，微生物在葡萄糖分解过程中产生的 $NAD(P)H_2$ 无法通过氧化磷酸化将 H^+ 传给 O_2，而是传递给分解过程中形成的各种代谢中间产物，从而产生了各种各样的发酵产物。根据 $NAD(P)H_2$ 受氢体和丙酮酸的去路不同，分成 EMP、HMP、ED、PK 途径有关的发酵。微生物发酵又常以它们的终产物命名。如乙醇发酵、甘油发酵、乳酸发酵、丙酮-丁醇发酵等等。

① 乙醇发酵和甘油发酵(图 6-6，图 6-10)

乙醇发酵有酵母型乙醇发酵和细菌型乙醇发酵两类。工业上生产酒精和酿酒一般采用酵母型乙醇发酵；甘油发酵也早已大规模工业化生产，具有重要经济意义。

a. 酵母型乙醇发酵(又称酵母菌的第一型发酵)。酿酒酵母和少数细菌，如解淀粉欧文氏菌(*Erwinia amylovora*)、胃八叠球菌(*Sarcina ventriculi*)等进行酵母型乙醇发酵；如图 6-6，6-10 所示，在厌氧、pH 3.5～4.5 条件下，通过 EMP 途径将每分子葡萄糖分解为 2 分子丙酮酸，随后，丙酮酸在丙酮酸脱羧酶催化下脱羧生成乙醛；再以乙醛为受氢体，在醇脱氢酶催化下，接受 EMP 途径中 3-磷酸甘油醛脱下的 $NADH_2$ 的 H^+ 生成 2 分子乙醇，2 分子 CO_2，并净得 2 分子 ATP。总反应式为：

$$C_6H_{12}O_6 + 2ADP + 2Pi \longrightarrow 2CH_3CH_2OH + 2CO_2 + 2ATP$$

b. 甘油发酵(又称酵母菌的第二型发酵)。酿酒酵母在厌氧和培养基中有 3% 亚硫酸氢钠时，丙酮酸脱羧生成的乙醛和亚硫酸氢钠发生加成反应，生成难溶的结晶状亚硫酸氢钠加成物磺化羟乙醛；乙醛不能作为正常受氢体，则以磷酸二羟丙酮代替乙醛作为受氢体，先形成 α-磷酸甘油，再进一步水解去磷酸生成甘油。总反应式为：

$$C_6H_{12}O_6 + NaHSO_3 \longrightarrow \begin{array}{c} CH_2OH \\ | \\ CHOH \\ | \\ CH_2OH \end{array} + CH_3\text{—}\begin{array}{c} H \\ | \\ C \\ | \\ OSO_2Na \end{array}\text{—}OH + CO_2$$

由上式看出，每分子葡萄糖只产生 1 分子甘油，而不产生 ATP，为了维持菌体生长所需的能量，必须添加适量亚硫酸氢钠(3%)，保证有一部分葡萄糖进行乙醇发酵以供能。

c. 乙酸、乙醇、甘油发酵(又称酵母菌的第三型发酵)。酿酒酵母在厌氧、pH＞7.5 条件下，乙醛也不能作为正常的受氢体，于是 2 分子乙醛之间互相氧化还原进行歧化反应，生成 1 分子乙酸和 1 分子乙醇。此时，$NADH_2$ 受氢体仍不足，磷酸二羟丙酮亦作为受氢体接受 3-磷酸甘油醛脱下的氢生成 α-磷酸甘油，再水解生成甘油。故发酵产物为乙酸、乙醇、甘油和 CO_2，发酵也不产生能量。总反应式为：

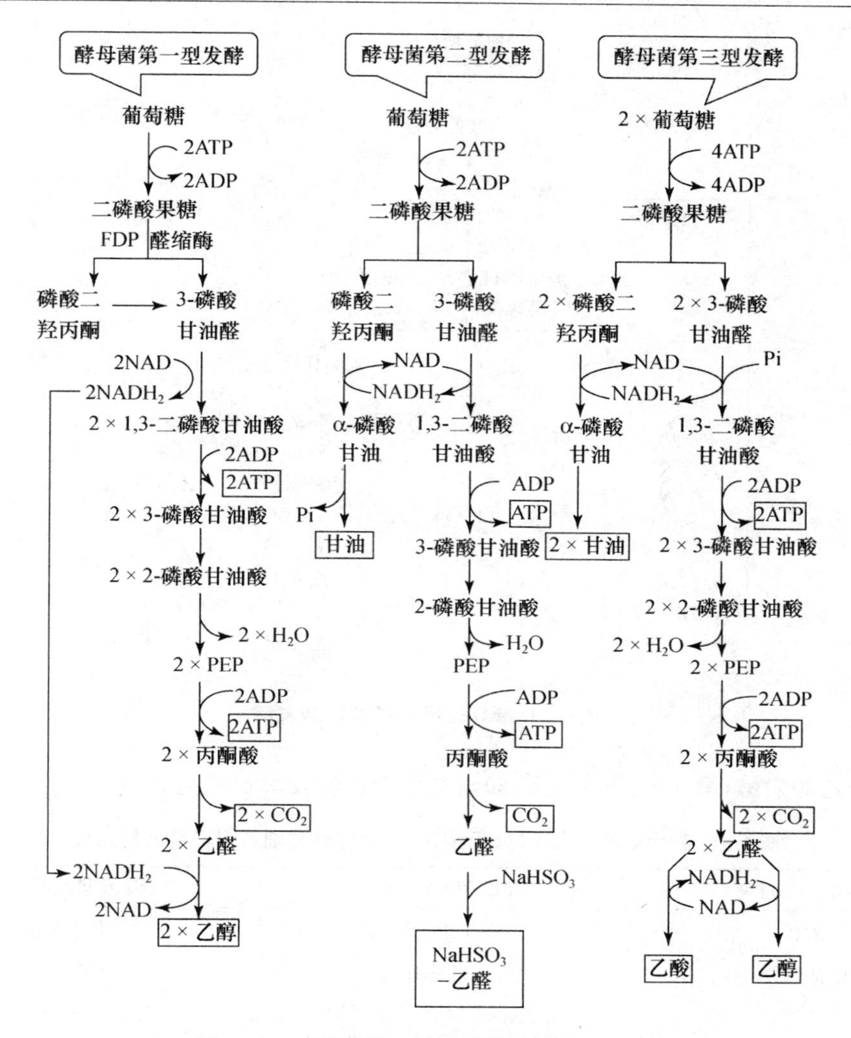

图 6-10 酵母菌的乙醇发酵与甘油发酵途径

$$2C_6H_{12}O_6 \xrightarrow{H_2O} 2CH_2OHCHOHCH_2OH(\text{甘油}) + CH_3CH_2OH(\text{乙醇}) + CH_3COOH(\text{乙酸}) + 2CO_2$$

d. 细菌型乙醇发酵(图 6-6,图 6-11)。少数细菌,如运动发酵单胞菌和厌氧发酵单胞菌(*Zymomonas anaerobia*)等能进行细菌型乙醇发酵。它们是通过 ED 途径将葡萄糖先分解为 3-磷酸甘油醛和丙酮酸。1 分子 3-磷酸甘油醛经 EMP 途径转化为 1 分子丙酮酸、2 分子 ATP 和 1 分子 $NADH_2$;然后丙酮酸脱羧生成乙醛,再转化为乙醇。虽然 1 分子葡萄糖通过 ED 途径生成2 分子乙醇、2 分子 CO_2,但只净产生 1 分子 ATP(扣除发酵开始激活葡萄糖时用去的 1 分子 ATP)。在这里,氧化时获得的 $NADH_2$ 和 $NADPH_2$ 全部用于乙醛还原生成乙醇,$NAD(P)H_2$ 产生与消耗完全平衡。总反应式为:

$$C_6H_{12}O_6 + ADP + Pi \longrightarrow 2CH_3CH_2OH + 2CO_2 + ATP$$

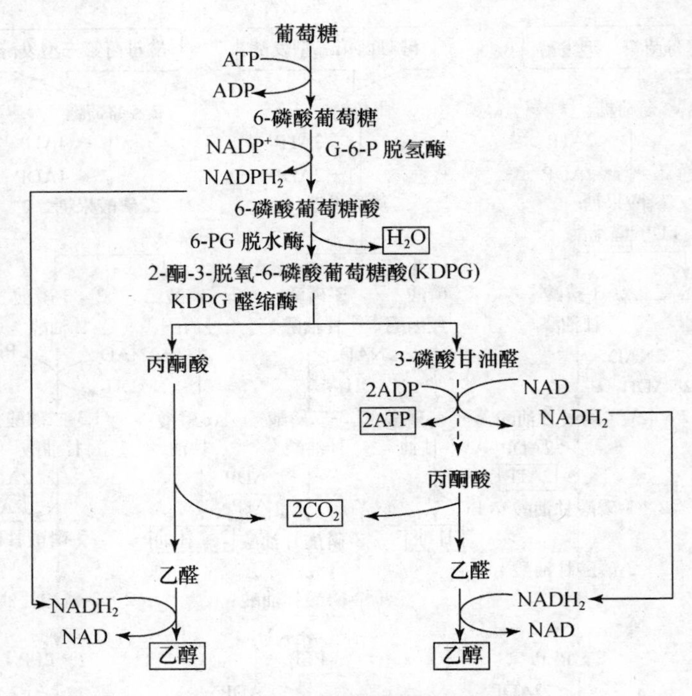

图 6-11　ED 途径和细菌乙醇发酵

酵母型乙醇发酵(酵母菌第一型发酵)与细菌型乙醇发酵比较见表 6-4。

表 6-4　酵母型乙醇发酵(酵母菌第一型发酵)与细菌型乙醇发酵比较

项　目	酵母型乙醇发酵	细菌型乙醇发酵
途径	EMP 途径	ED 途径
特征性酶	FDP 醛缩酶	KDPG 醛缩酶
产物	2 乙醇＋$2CO_2$＋2ATP	2 乙醇＋$2CO_2$＋1ATP
CO_2 来自第几个碳原子	C_3，C_4	C_1，C_4
代表菌	酿酒酵母	运动发酵单胞菌

② 乳酸发酵(图 6-6,图 6-12)

乳酸是细菌工业发酵最常见的终产物。细菌可经三种不同的代谢途径产生乳酸。由葡萄糖发酵形成乳酸有两种类型,即同型乳酸发酵(homolactic fermentation)和异型乳酸发酵(heterolactic fermentation)两类。

a. 同型乳酸发酵。同型乳酸发酵是指由葡萄糖经 EMP 途径分解为丙酮酸后,丙酮酸在乳酸脱氢酶作用下直接作为 $NADH_2$ 的受氢体被还原成乳酸。1 分子葡萄糖产生 2 分子乳酸、2 分子 ATP,但不产生 CO_2,EMP 途径葡萄糖发酵得到的产物只有乳酸,因此称同型乳酸发酵。乳杆菌属(*Lactobacillus*)和链球菌属(*Streptococcus*)的多数细菌进行同型乳酸发酵。总反应式为:

$$C_6H_{12}O_6 + 2ADP + 2Pi \longrightarrow 2CH_3CHOHCOOH + 2ATP$$

b. 异型乳酸发酵。异型乳酸发酵是指发酵终产物中除了乳酸外,还有乙醇或乙酸和

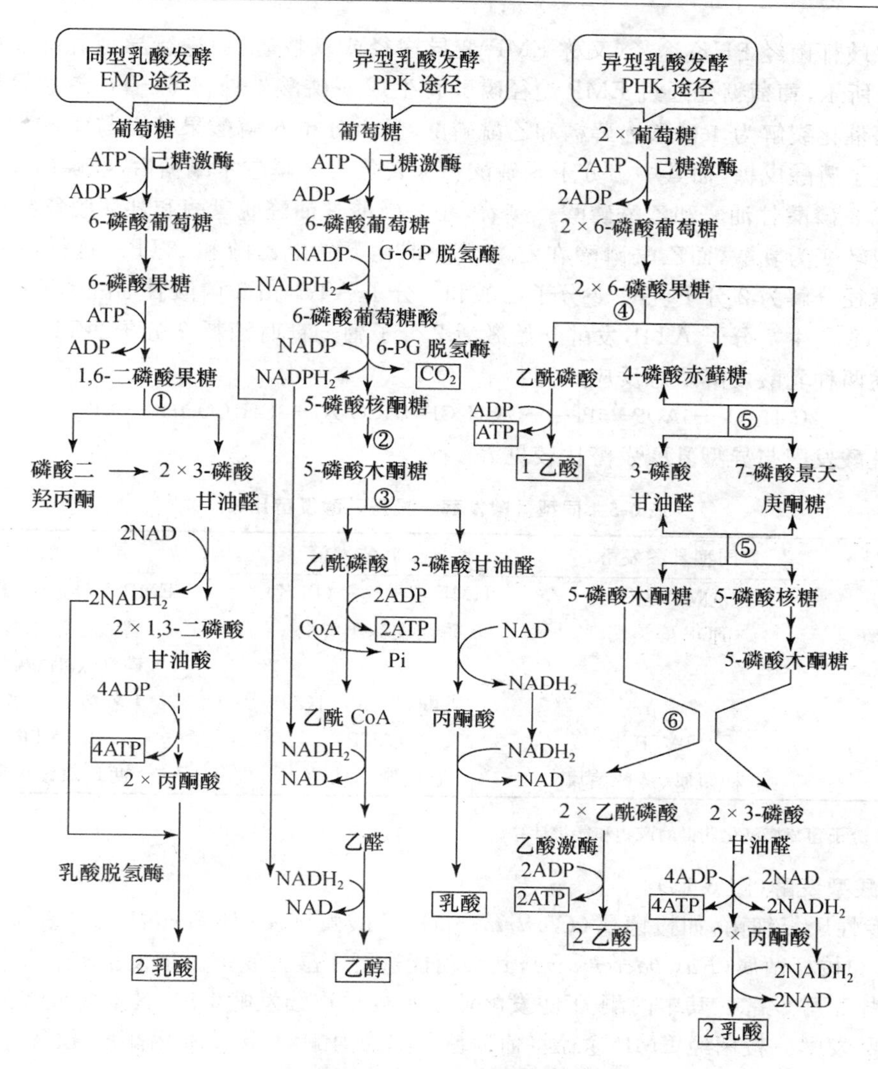

图 6-12 同型乳酸发酵和异型乳酸发酵途径

① FDP 醛缩酶;② 差向异构酶;③ 磷酸戊糖酮解酶;④ 磷酸己糖酮解酶;⑤ 转酮醇转醛酶系;⑥ 磷酸戊糖酮解酶

CO_2。它是以磷酸酮解酶途径(PK 途径)为基础的。肠膜明串珠菌和短乳杆菌经 PPK 途径(又称 HMP 变异途径)进行异型乳酸发酵。如图 6-6 和 6-12 所示,葡萄糖先通过 HMP 途径脱氢氧化生成 6-磷酸葡萄糖酸和 $NADPH_2$,再脱氢氧化、脱羧生成 5-磷酸核酮糖、$NADPH_2$ 和 CO_2,5-磷酸核酮糖经差向异构酶作用转变为 5-磷酸木酮糖,然后经磷酸戊糖酮解酶催化裂解为 3-磷酸甘油醛和乙酰磷酸。乙酰磷酸经磷酸转乙酰酶作用生成乙酰 CoA,随后经乙醛脱氢酶和乙醇脱氢酶催化生成乙醇;而 3-磷酸甘油醛由同型乳酸发酵相似的酶作用,经丙酮酸还原为乳酸。1 分子葡萄糖发酵产生 1 分子乳酸、1 分子乙醇和 1 分子 ATP(由 3-磷酸甘油醛至丙酮酸的过程中产生 2 分子 ATP,发酵开始激活葡萄糖时消耗 1 分子 ATP)。产能低,相当于同型乳酸发酵的一半。总反应式为:

$$C_6H_{12}O_6 + ADP + Pi \longrightarrow CH_3CHOHCOOH + CH_3CH_2OH + CO_2 + ATP$$

两歧双歧杆菌经 PHK 途径(又称 EMP 变异途径或双歧途径)进行异型乳酸发酵。如图 6-6 和 6-12 所示,葡萄糖先通过 EMP 途径磷酸化生成 6-磷酸果糖,1 分子 6-磷酸果糖经磷酸己糖酮解酶催化裂解为 4-磷酸赤藓糖和乙酰磷酸;另 1 分子 6-磷酸果糖再与 4-磷酸赤藓糖反应生成 2 分子磷酸戊糖,而其中 1 分子 5-磷酸核糖转化为 5-磷酸木酮糖后,经磷酸戊糖酮解酶催化裂解成 3-磷酸甘油醛和乙酰磷酸。接着,在 3-磷酸甘油醛脱氢酶和乳酸脱氢酶作用下,3-磷酸甘油醛转变为乳酸,而乙酰磷酸在乙酸激酶催化下生成乙酸和 ATP。这样,2 分子葡萄糖经双歧途径分解为 2 分子乳酸、3 分子乙酸和 5 分子 ATP(由 3-磷酸甘油醛和乙酰磷酸转变为乳酸和乙酸产生 7 分子 ATP,发酵开始激活 2 分子葡萄糖时消耗 2 分子 ATP)。其产能水平高于上述两种乳酸发酵。总反应式为:

$$2C_6H_{12}O_6 + 5ADP + 5Pi \longrightarrow 2CH_3CHOHCOOH + 3CH_3COOH + 5ATP$$

同型乳酸发酵与异型乳酸发酵比较见表 6-5。

表 6-5　同型乳酸发酵与异型乳酸发酵比较

项　目	同型乳酸发酵	异型乳酸发酵	异型乳酸发酵
途径	EMP 途径	HMP 变异途径(PPK)	EMP 变异途径(PHK)
特征性酶	FDP 醛缩酶	磷酸戊糖酮解酶	磷酸己糖酮解酶 磷酸戊糖酮解酶
产物[a]	2 乳酸	1 乳酸、1 乙醇、$1CO_2$	1 乳酸、1.5 乙酸
产能[a]	2ATP	1ATP	2.5ATP
代表菌	乳杆菌属、链球菌属	肠膜明串珠菌	两歧双歧杆菌

a. 按每 1 分子葡萄糖氧化获得的产物和能量计算。

③ 丁酸型发酵(图 6-13)

一些专性厌氧细菌,如梭菌属(*Clostridium*)、丁酸弧菌属(*Butyriolbrio*)、真杆菌属(*Eubacterium*)和梭杆菌属(*Fusobacterium*),其细菌能进行丁酸型发酵。依发酵产物不同,分丁酸发酵和丙酮-丁醇发酵。其中丙酮-丁醇发酵业已大规模连续发酵生产,具重要经济意义。

a. 丁酸发酵。梭菌经 EMP 途径将葡萄糖分解为丙酮酸,接着在丙酮酸-铁氧还蛋白氧化还原酶和氢酶联合作用下,丙酮酸转变为乙酰 CoA、CO_2 和 H_2;乙酰 CoA 再经一系列反应生成丁酸(图6-13)。在丁酸发酵中,丁酸不是由丁酰 CoA 直接水解产生的,而是由丁酰 CoA 与乙酸发生转 CoA 反应生成丁酸和乙酰 CoA。这样,将丁酰 CoA 的能量贮存在乙酰 CoA 中,可继续用于合成 ATP 或其他合成代谢,产生与消耗的 $NADH_2$ 完全平衡。总反应式为:

$$C_6H_{12}O_6 + 3ADP + 3Pi \longrightarrow CH_3CH_2CH_2COOH + 2CO_2 + 2H_2 + 3ATP$$

b. 丙酮-丁醇发酵。丙酮-丁醇发酵途径如图 6-13 所示。一般认为丙酮-丁醇发酵开始,先产生丙酮酸,致使培养基 pH 下降,2 分子乙酰 CoA 在乙酰乙酰 CoA 硫解酶催化下,缩合成乙酰乙酰 CoA。当 pH 下降到 3.5 时,转移酶被活化,部分乙酰乙酰 CoA 转变为乙酰乙酸,接着,乙酰乙酸脱羧生成丙酮;另一部分乙酰乙酰 CoA 经还原生成丁酰 CoA,然后进一步还原生成丁醛,最后在丁醇脱氢酶催化下生成丁醇。若丙酮继续还原,仍可生成异丙醇。总反应式为:

$$2C_6H_{12}O_6 + 4ADP + 4Pi \longrightarrow 丁醇 + 丙酮 + 5CO_2 + 4H_2 + 4ATP$$

工业发酵采用的丙酮丁醇梭菌(*Clostridium acetobutylicum*),因有淀粉酶,可先将淀粉质原料水解为葡萄糖,葡萄糖经 EMP 途径降解为丙酮酸;再由丙酮酸生成乙酰 CoA,进一步合成丙酮和丁醇。

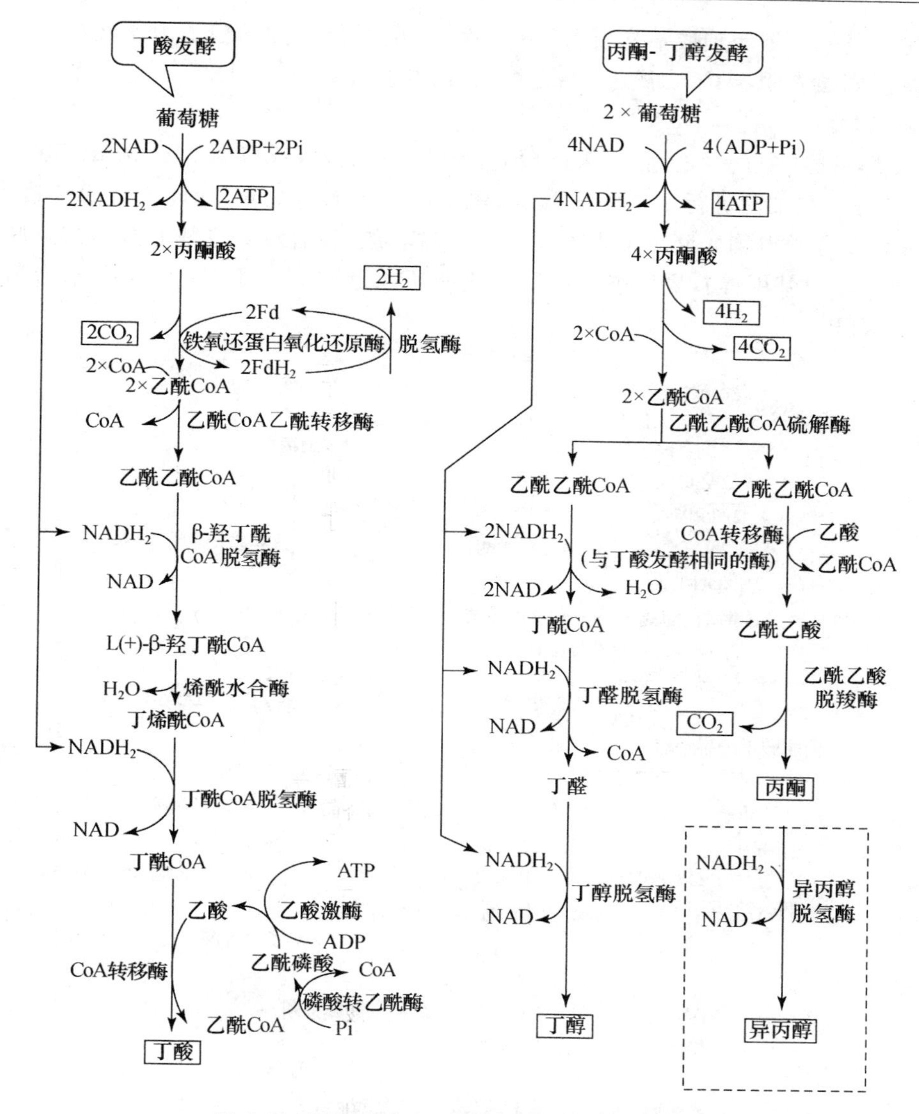

图 6-13 丁酸发酵和丙酮-丁醇、异丙醇发酵途径

④ 混合酸和丁二醇发酵

葡萄糖经 EMP 途径降解为丙酮酸，丙酮酸继续降解，发酵产物中有多种有机酸和 CO_2、H_2 者为混合酸发酵（mixed acid fermentation）；发酵产物中有大量 2,3-丁二醇和少量有机酸与更多的气体者为丁二醇发酵（butanediol fermentation）。

a. 混合酸发酵（图 6-14）。埃希氏菌属（*Escherichia*）、沙门氏菌属（*Salmonella*）和志贺氏菌属（*Shigella*）的肠道细菌通过 EMP 途径将葡萄糖降解为丙酮酸。有 O_2 时，由丙酮酸脱氢酶催化丙酮酸氧化生成乙酰 CoA，后者进入三羧酸循环被彻底氧化成 CO_2 和 H_2O。厌氧条件下，由丙酮酸-甲酸裂解酶催化丙酮酸裂解生成乙酰 CoA 和甲酸；生成的甲酸在甲酸氢解酶催化下生成 CO_2 和 H_2，生成的乙酰 CoA 在磷酸转乙酰酶和乙酸激酶催化下生成乙酸。同时，乙酰 CoA 在乙醛脱氢酶和乙醇脱氢酶催化下也可生成乙醇。丙酮酸还可在乳酸脱氢酶催化下还原生成乳酸。但琥珀酸不是由丙酮酸衍生的，而是经磷酸烯醇式丙酮酸羧化酶催化由磷酸烯醇式丙酮酸先固定 CO_2 形成草酰乙酸，再经几步还原反应而来。1 分子葡萄糖分解产生 2.5 分子 ATP。

b. 丁二醇发酵(图 6-14)。肠杆菌属(*Enterobacter*)、沙雷氏菌属(*Serratia*)、欧文氏菌属(*Erwinia*)中的一些细菌进行丁二醇发酵时，由乙酰乳酸合成酶(在 pH 6 时活性最大，又称 pH 6 酶)催化 2 分子丙酮酸反应生成 1 分子 α-乙酰乳酸，后者再经乙酰乳酸脱羧酶脱羧生成 3-羟基丁酮(乙酰甲基甲醇)，最后被丁二醇脱氢酶还原形成 2,3-丁二醇。1 分子葡萄糖分解产生 2 分子 ATP。

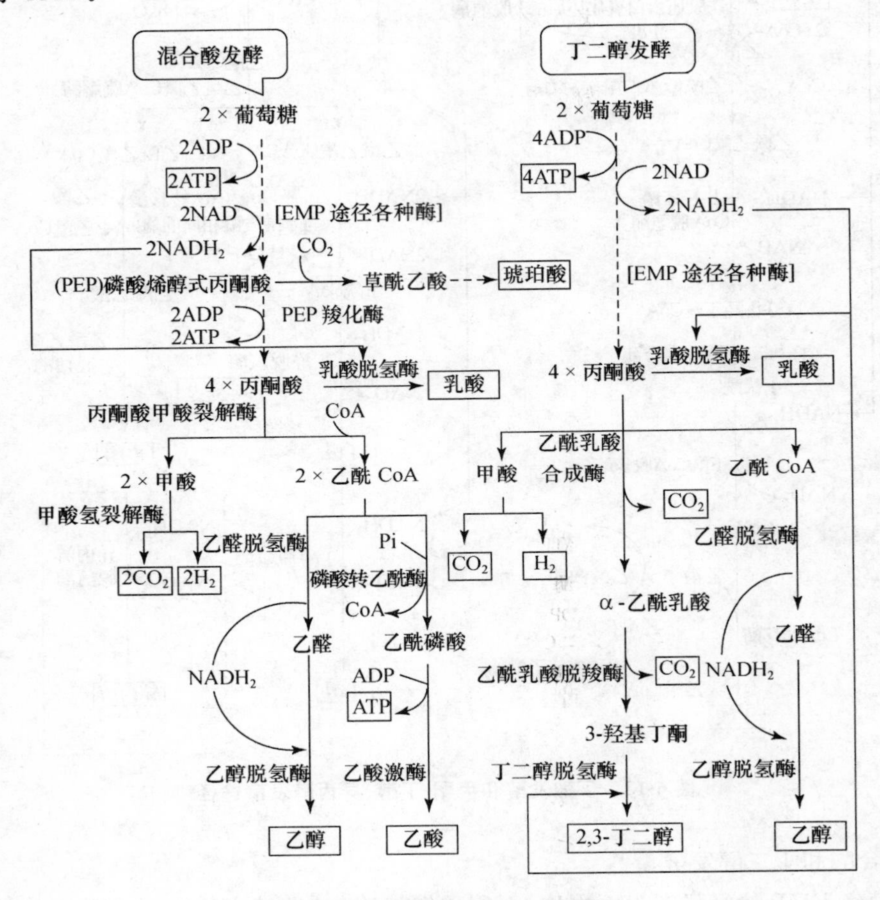

图 6-14 混合酸和丁二醇发酵

丁二醇发酵的中间产物 3-羟基丁酮是用于菌种鉴定的 VP 试验(Voges-Proskauer test)的依据。3-羟基丁酮在碱性条件下被空气中的 O_2 氧化成乙二酰，它可与 VP 试剂中精氨酸上的胍基反应生成红色化合物。大肠杆菌葡萄糖发酵过程产生多种有机酸，不产或很少产生 3-羟基丁酮，发酵液 pH 很低(<4.5)，所以甲基红试验(methylene red test)为阳性，VP 试验为阴性；产气肠杆菌产生大量丁二醇和 3-羟基丁酮，发酵液 pH 中性，甲基红试验阴性，VP 试验为阳性。可以根据混合酸发酵和丁二醇发酵对肠道细菌菌种是否被污染，进行生理生化指标鉴定。

⑤ 丙酸发酵

许多厌氧细菌能发酵葡萄糖生成丙酸与乙酸和 CO_2。有两种代谢途径进行丙酸发酵，即琥珀酸-丙酸途径和丙烯酸途径。随着石油短缺加剧，合成法制取丙酸将逐步被发酵法取代。

丙酮酸有氧和无氧条件下进一步代谢产物小结见表 6-6。

表 6-6 丙酮酸进一步代谢的途径和产物

条件	途径	产物
有氧	TCA 循环（三羧酸循环）	$C_6H_{12}O_6 \longrightarrow 6CO_2+6H_2O+38ATP$
	大多数微生物	（或合成中间代谢产物）
	DCA 循环（乙醛酸循环）	2×乙酸＋2NAD ⟶ 苹果酸＋$2NADH_2$
	醋酸杆菌、大肠杆菌等	乙酰 CoA＋乙醛酸＋2NAD ⟶ 苹果酸＋$2NADH_2$
无氧	EMP 途径	
	酵母菌酒精发酵	$C_6H_{12}O_6$ ⟶ 2 乙醇＋$2CO_2$＋2ATP
	酵母菌甘油发酵	$C_6H_{12}O_6+NaHSO_3$ ⟶ 甘油＋$CH_3CHOH\text{-}OSO_2Na+CO_2$
	乳酸菌同型乳酸发酵	$C_6H_{12}O_6$ ⟶ 2 乳酸＋2ATP
	大肠杆菌混合酸发酵	甲酸、乙酸、乳酸、琥珀酸、CO_2、H_2、ATP
	产气肠杆菌丁二醇发酵	2,3-丁二醇，乙醇，乳酸、CO_2、H_2、ATP
	丁酸梭菌丁酸发酵	$C_6H_{12}O_6$ ⟶ 丁酸＋$2CO_2$＋$2H_2$＋3ATP
	丙酮丁醇梭菌丙酮-丁醇发酵	$2C_6H_{12}O_6$ ⟶ 丙酮＋丁醇＋$5CO_2$＋$4H_2$＋4ATP
	丙酸细菌丙酸发酵	产物：丙酸、乙酸、CO_2、ATP
	EMP 变异途径	
	两歧双歧杆菌异型乳酸发酵	$2C_6H_{12}O_6$ ⟶ 2 乳酸＋3 乙酸＋5ATP
	HMP 途径	
	肠膜明串珠菌异型乳酸发酵	$C_6H_{12}O_6$ ⟶ 1 乳酸＋1 乙醇＋$1CO_2$＋1ATP
	ED 途径	
	运动发酵单胞菌细菌酒精发酵	$C_6H_{12}O_6$ ⟶ 2 乙醇＋$2CO_2$＋1ATP

⑥ 氨基酸发酵（Stickland 反应）

当培养基中的碳源物质与能源物质缺乏时，某些厌氧梭菌，如生孢梭菌（*Clostridium sporogenes*）、肉毒梭菌等，在厌氧条件下，可使两个氨基酸之间互相发生氧化还原脱氨基偶联反应，即一个氨基酸氧化脱氨，而另一个氨基酸还原脱氨。这种反应称为 Stickland 反应，这类反应只在一定氨基酸对之间发生。作为供氢体的氨基酸有：丙氨酸、亮氨酸、异亮氨酸、缬氨酸、组氨酸、丝氨酸、苯丙氨酸、天冬氨酸、半胱氨酸、谷氨酸；作为受氢体的氨基酸有：甘氨酸、脯氨酸、羟脯氨酸、鸟氨酸、精氨酸、色氨酸；产物为：小分子脂肪酸（比氧化型氨基酸少一个碳原子的脂肪酸）、NH_3 和 CO_2。Stickland 反应经底物水平磷酸化生成 ATP，产能效率较低。例如，生孢梭菌在以丙氨酸为供氢体和以甘氨酸为受氢体时的 Stickland 反应见图 6-15。总反应式：

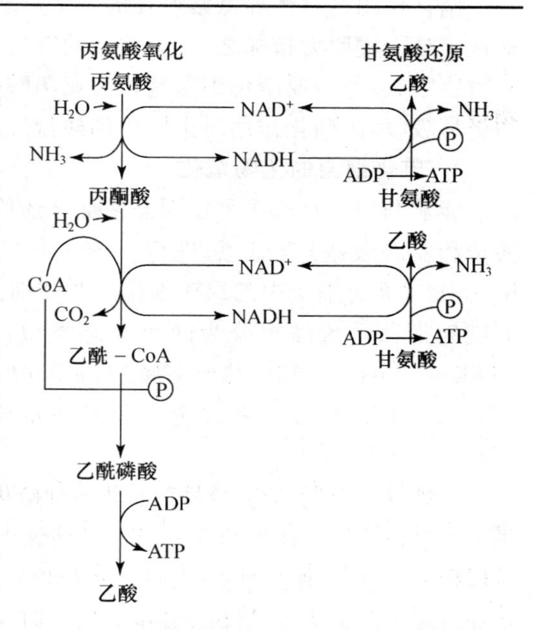

图 6-15 生孢梭菌丙氨酸和甘氨酸间氧化还原脱氨基反应（Stickland 反应）

$$丙氨酸 + 2 甘氨酸 + 2H_2O + 3ADP + 3Pi \longrightarrow 3 乙酸 + 3NH_3 + CO_2 + 3ATP$$

6.1.4 化能自养型微生物的生物氧化

好氧或兼性化能无机自养型微生物通过氧化还原态的无机化合物获得能量，如以氨(NH_4^+)、亚硝酸(NO_2^-)、硫化氢(H_2S)和硫(S)、氢(H_2)和亚铁离子(Fe^{2+})等分别氧化为硝酸盐(NO_3^-)、硫酸盐(SO_4^{2-})、水(H_2O)和高铁离子(Fe^{3+})，氧化过程脱下的 H^+ 和电子经过细胞色素等传递体最终交给 O_2 分子；同时偶联产生 ATP，由 ATP 提供能量，逆呼吸链获得还原力 $NADH_2$，用以同化 CO_2 合成细胞物质。根据同化 CO_2 所利用的最初能源无机物类型不同，可将此类微生物分为 4 个生理类群。

1. 硝化细菌的生物氧化

将氨(NH_3)氧化为亚硝酸(NO_2^-)，又将亚硝酸氧化为硝酸盐(NO_3^-)的过程称为硝化作用(nitrification)。它包括两个连续的阶段(即分两个生理类群)：将氨或氨盐氧化为亚硝酸，由亚硝化细菌进行；将亚硝酸氧化为硝酸，由硝化细菌或亚硝酸氧化细菌进行。

亚硝化细菌(将氨氧化为亚硝酸)，又称氨氧化细菌(ammonia-oxidizing bacteria)，包括亚硝化单胞菌属(*Nitrosomonas*)、亚硝化球菌属(*Nitrosococcus*)、亚硝化螺菌属(*Nitrosospira*)与亚硝化叶菌属(*Nitrosolobus*)，都属于硝化杆菌科(Nitrobacteraceae)。

$$NH_3 + O_2 + NADH + H^+ \longrightarrow NH_2OH + H_2O + NAD^+$$

$$NH_2OH + O_2 \longrightarrow NO_2^- + H_2O + H^+ \text{(此步反应产生 1 分子 ATP)}$$

硝化细菌(将亚硝酸氧化为硝酸)包括硝化杆菌属(*Nitrobacter*)、硝化刺菌属(*Nitrospina*)和硝化球菌属(*Nitrococcus*)。硝化细菌都有复杂的膜内褶结构，有利于增强细胞的代谢能力。

$$NO_2^- + \frac{1}{2}O_2 \longrightarrow NO_3^- \text{(此步反应也产生 1 分子 ATP)}$$

硝化作用是自然界氮素循环的一个重要环节(参见 9.2.2 节)；硝化细菌数目和作用强度被认为是土壤肥力指标之一，土壤中的有机化合物不被植物利用，经微生物分解为氨后，有利于植物吸收，氨被亚硝化细菌转化为亚硝酸盐，对植物毒害，再经硝化细菌转化为硝酸盐后，植物更易吸收，故硝化作用对土壤中硝酸盐形成及土壤氮素转化具有重要意义。

2. 硫化细菌的生物氧化

能够利用一种或多种还原态或部分还原态的硫化物(如硫化氢、元素硫、硫代硫酸盐、多硫酸盐和亚硫酸盐)为能源，进行自养生长的细菌称为硫细菌或硫氧化细菌(sulfur-oxidizing bacteria)，光合细菌中的绿硫细菌和紫硫细菌也列其中，但此处所指的硫化细菌为化能无机自养型硫细菌。硫细菌分为两个生态类型：① 生活在中性 pH 环境的类型，如硫微螺菌属(*Thiomicrospira*)和嗜热丝菌属(*Thermothrix*)；② 生活在酸性 pH 环境的类型，如硫杆菌属(*Thiobacillus*)中在细菌冶金过程发挥重要作用的氧化硫硫杆菌和氧化亚铁硫杆菌(参见 9.2.3 节与 11.6.1 节)。

以硫杆菌为例，简介硫杆菌氧化各种硫化物产能过程。H_2S 和 $S_2O_3^{2-}$ 首先被氧化成元素 S，进一步氧化后的产物为 SO_3^{2-}。S^{2-}、S 被氧化时，先与细胞中含硫复合物(如谷胱甘肽)中的巯基反应形成硫化物-巯基复合物，再经硫化物氧化酶和细胞色素系统氧化为 SO_3^{2-}，释放出的电子在传递过程中产生 4 个 ATP。氧化 $S_2O_3^{2-}$ 时，$S_2O_3^{2-}$ 先裂解为 SO_3^{2-} 和硫，形成的 SO_3^{2-} 可通过两条途径进一步氧化为 SO_4^{2-}：一条是亚硫酸氧化酶途径，由亚硫酸盐-细胞色素 c 还原酶和末端细胞色素系统催化，将 SO_3^{2-} 直接氧化为 SO_4^{2-}，并通过电子传递磷酸化产生 1 个 ATP；另一条途径称为磷酸腺苷硫酸(adenosine phosphosulfate，APS)氧化途径，SO_3^{2-} 与 AMP 反应释放出 2 个电子生成 APS，释放出的 2 个电子经细胞色素系统传递给 O_2，通过电子传递磷酸化生成 2 分子 ATP。生成的 APS 与 Pi 反应转变成 ADP 与 SO_4^{2-} 的过程中通过底物水平磷酸化形成 0.5 分子 ATP，故每氧化 1 分子 SO_3^{2-} 经 APS 氧化途径产生 2.5 分子 ATP(图 6-16)。

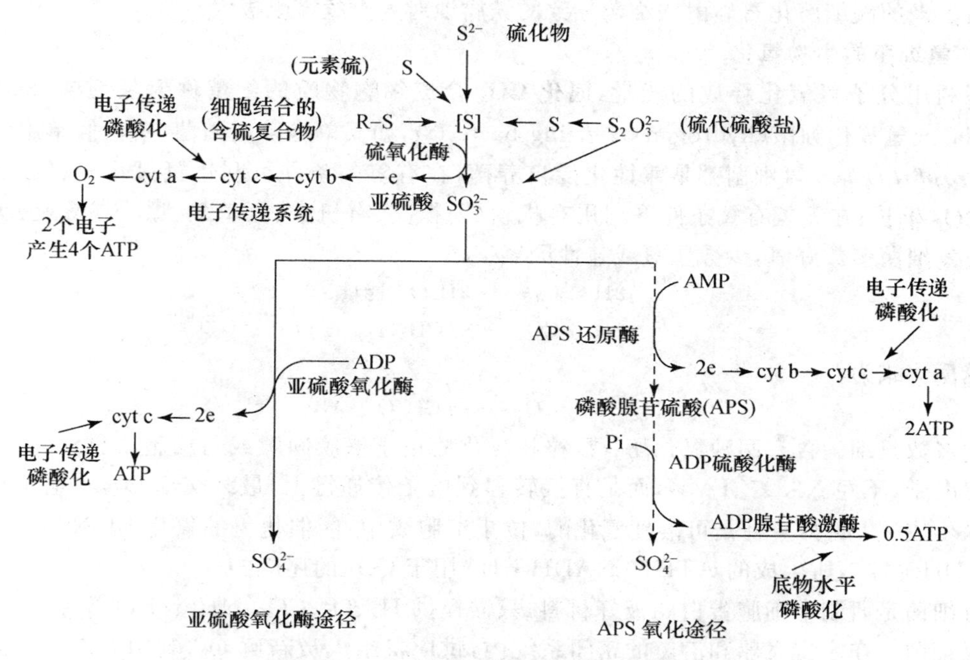

图 6-16 硫杆菌氧化不同硫化物产能途径

硫化细菌分布广，它以多种硫化物为能源，在自然界的硫素循环中发挥重要作用(参见 9.2 节)。硫化细菌将硫化物或元素硫氧化为硫酸，使环境中 pH 明显下降，甚至达 pH 2 以下，可用该特性进行湿法冶金；但也因此导致金属管道腐蚀，造成危害，全世界因腐蚀而损失的金属每年占金属总产量的 10%。在农业上利用硫化细菌产生的硫酸降低土壤的 pH，可提高土壤矿质盐的可溶性，改善作物的矿质营养。

3. 铁细菌的生物氧化

少数能氧化亚铁(Fe^{2+})成为高铁(Fe^{3+})，并从中获得能量的细菌称为铁细菌或铁氧化细菌(iron-oxidizing bacteria)。该生理类群包括亚铁杆菌属(*Ferrobacillus*)、嘉利翁氏菌属、球衣菌属(*Sphaerotilus*)和硫杆菌属中的氧化亚铁硫杆菌的一些成员，氧化亚铁硫杆菌除了如前所述的能氧化元素硫和还原性硫化物外，在低 pH 环境中还能从氧化亚铁离子的反应中获得少量能量。

$$2Fe^{2+} + \frac{1}{4}O_2 + 2H^+ \longrightarrow 2Fe^{3+} + H_2O + 能量$$

由于 Fe^{3+}/Fe^{2+} 的氧化还原电势很高(+0.77 V)，电子传递到氧的过程传递链短，故产能低。如氧化亚铁硫杆菌/Fe^{2+} 氧化为 Fe^{3+} 的过程将脱下的电子转移给周质区的铁硫菌蓝蛋白(rusticyanin)，再经细胞色素 cc_1 和细胞色素 a_1，最后交给 O_2，在此过程生成 ATP。

大多数铁细菌是专性化能自养菌，但也有兼性化能自养的。如氧化亚铁硫杆菌在缺乏可被氧化的 Fe^{2+} 时，也能利用葡萄糖类有机化合物进行异养生长。氧化亚铁硫杆菌和氧化硫硫杆菌在细菌冶金中发挥重要作用；铁细菌在促进褐铁矿的形成中也具有重要意义，距今 21～24 亿年的前寒武纪中期，大气圈中 CO_2 比现在高 45 倍，O_2 为现在的 0.1%时，当时沉积了世界贮量 70%的富铁矿，人们推测其与铁细菌有关。在我国鞍山，前寒武纪条带状铁矿中就曾发现最古老的铁细菌化石。由铁细菌导致的铁腐蚀对人类危害也极大。

4. 氢细菌的生物氧化

能利用分子氢氧化释放的能量，同化 CO_2 合成细胞物质的细菌称为氢细菌（hydrogen bacteria）或氢氧化细菌（hydrogen-oxidizing bacteria），如氢单胞菌属细菌、嗜糖假单胞菌（*Ps. saccharophila*）等。氢细菌都是兼性化能自养菌，在有氢的条件下利用氢氧化时释放的能量同化 CO_2 生长；在无氢有氧条件下利用有机物（如糖类、有机酸、氨基酸、嘌呤或嘧啶）为能源生长。氢细菌多数好氧，少数厌氧或兼性厌氧。

$$2H_2+O_2 \longrightarrow 2H_2O+\text{能量}$$

$$2H_2+CO_2 \longrightarrow [CH_2O]+H_2O$$

总反应式为：

$$4H_2+O_2+CO_2 \longrightarrow [CH_2O]+H_2O$$

大多数氢细菌含有两种氢化酶：颗粒状氢化酶位于壁膜间隙或与细胞质膜结合，催化氢释放出电子，不经 NAD^+、FMN，而是直接转移到电子传递链上，最终交给 O_2，在电子传递过程偶联生成 ATP；另一种是可溶性氢化酶，位于细胞质中，能催化氢的氧化，使 NAD^+ 还原生成 $NADH+H^+$，所生成的 ATP 和 $NADH+H^+$ 用于 CO_2 的还原。

氢细菌是研制单细胞蛋白的极好材料，只需提供 H_2、O_2、CO_2、NH_3、H_2O 等原料，即可培养出氢细菌。在宇宙飞船和潜艇的密闭系统内，供应机组人员新鲜 O_2，利用人们排出的 CO_2 和尿素，便可转化为细胞物质，为人们提供蛋白食物，又处理了排泄物。由于许多有机营养型微生物脱氢，氢细菌在自然界氢循环中也发挥重要作用。利用氢细菌回收废气（以 CO_2、CO 为氢受体），在消除公害方面也具潜力。

化能无机自养型微生物的能量代谢与异养微生物比较，有显著差别（表 6-7 和图 6-17）：

表 6-7 化能无机自养微生物的生物氧化能量代谢

微生物类群	最初能源	能量代谢
亚硝化细菌	NH_3，NH_4^+	
硝化细菌	NO_2^-	
硫细菌	S^{2-}，S，$S_2O_3^{2-}$	
铁细菌	Fe^{2+}	
氢细菌	H_2	

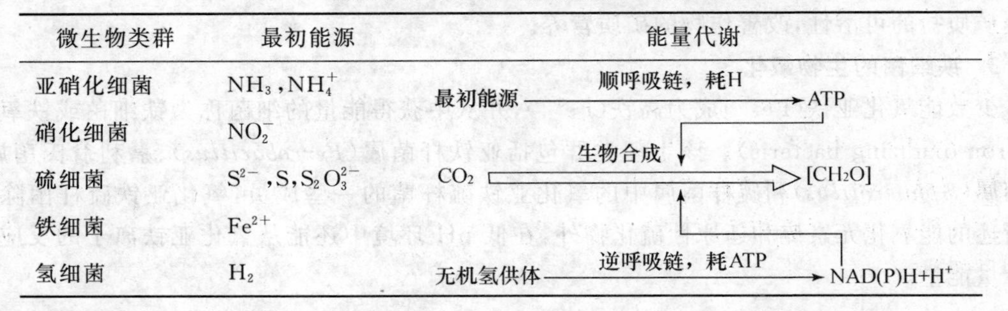

① 因其无机底物对（如 NO_3^-/NO_2^-）的氧化还原电位较高，无机底物经脱氢酶或氧化还原酶催化脱氢或脱电子后，电子可在呼吸链的不同位置进入呼吸链传递或在呼吸链的末端直接进入呼吸链传递，即氧化过程直接与呼吸链相偶联，与异养微生物对有机底物如葡萄糖的氧化要经历多条途径逐级脱氢不同；② 呼吸链更具多样性，不同化能无机自养型微生物的呼吸链

组分与长短不一,其他化能无机自养型微生物电子传递链是 cyt b、cyt c,硝化细菌只有 cyt a;③ 由于产能效率低,又需逆呼吸链消耗 ATP 合成还原力,所以化能无机自养型微生物生长缓慢,细胞产率都很低。

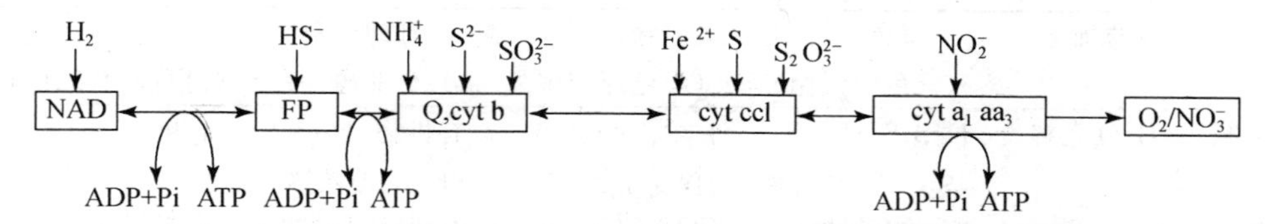

图 6-17 化能自养微生物无机底物氧化时,氢或电子进入呼吸链的部位

(注意:正向传递产生 ATP,逆向传递消耗 ATP 产生还原力)

6.1.5 光能微生物的生物氧化

1. 光合细菌类群

光合作用是地球上最重要的一个生物学过程,许多真核和原核微生物能以光为能源,通过光合磷酸化将光能转变为 ATP 形式的化学能,并合成还原力($NADPH+H^+$),用于还原 CO_2 合成细胞物质。光合作用包括两个阶段:光能转变为化学能为光反应阶段;利用化学能还原 CO_2 形成细胞物质为暗反应阶段。根据光合作用过程是否产生氧气,光合细菌(photosynthetic bacteria)可分为两大类群:产氧光合细菌(oxygenic photosynthetic bacteria)和不产氧光合细菌(anoxygenic photosynthetic bacteria)(表 6-8)。

放氧型光合作用(植物型光合作用):

$$CO_2+2H_2O \xrightarrow{\text{光(叶绿素)}} [CH_2O]+O_2+H_2O$$

非放氧型光合作用(细菌型光合作用):

$$CO_2+2H_2S \xrightarrow{\text{光(菌绿素)}} [CH_2O]+2S+H_2O$$

产氧光合细菌为好氧菌,蓝细菌为其中的典型代表;此外,还有既像蓝细菌(是原核生物,含叶绿素 a)、又像绿色植物叶绿体(含叶绿素 b,不含藻胆素)的原核光合微生物——原绿植物纲的原绿蓝细菌属(*Prochloron*)和原绿丝蓝细菌属(*Prochlorothrixcy*)成员。不产氧光合细菌,由四大类群组成:包括着色菌科或红硫菌科(Chromatiaceae),又称紫色或红色硫细菌(purple sulfur bacteria);绿菌科(Chlorobiaceae),又称绿硫细菌(green sulfur bacteria);红螺菌科(Rhodospirillaceae),又称紫色或红色非硫细菌(purple non sulfur bacteria);绿屈挠菌科(Chloroflexaceae),又称滑行丝状绿色硫细菌(green gliding bacteria)。光合微生物的主要特征比较见表 6-8。

表 6-8 显示,紫色硫细菌和绿色硫细菌基本为光能自养型(photolithoautotroph)(厌氧型),在黑暗有氧处不生长,细胞内或外(其中一属)积累硫颗粒。光能自养型微生物不能利用有机物的原因,一是无吸收有机物的系统;二是不存在完整的 TCA 循环。红色非硫细菌和滑行丝状绿色硫细菌中的某些种也能在只有 CO_2 和 H_2S 情况下光能自养生长,但也能在黑暗有氧时利用有机物为碳源营化能异养,细胞内外无硫颗粒积累,氧能抑制细菌叶绿素和类胡萝卜素的合成,所以在黑暗有氧环境下是无色的细菌,但多数为光能有机异养型(photoorganotroph),它们在厌氧和光照条件下,利用各种有机碳化物为碳源和供氢体,通过光合磷酸化产生能量。

滑行丝状绿色硫细菌在有氧和光照或黑暗条件、红色非硫细菌在有氧和黑暗条件下，均可通过氧化磷酸化产生 ATP。

表 6-8　光合微生物主要特征比较

	蓝细菌	着色菌科（紫色硫细菌）	绿菌科（绿色硫细菌）	红螺菌科（红色非硫细菌）	绿屈挠菌科（滑行丝状绿色硫细菌）
还原力来源	H_2O 光解	H_2S、S、H_2（$S_2O_3^{2-}$）等光解	H_2S、（$S_2O_3^{2-}$）、H_2 等光解	有机物、H_2、（H_2S）等光解	有机物、$S_2O_3^{2-}$、H_2S
主要碳源	CO_2	CO_2、有机物	CO_2、（有机物）	有机物、CO_2	有机物、CO_2
光合器的结构	类囊体和藻胆蛋白	管状膜片层系统	色素泡囊	发达片层系统	绿屈挠菌属包括两个非光合作用细菌
光合系统Ⅰ	+	+	+	+	+
光合系统Ⅱ	+	−	−	−	−
光合色素类型	叶绿素 a 等	菌绿素 a	菌绿素 c、d 或 e	菌绿素 a、b	菌绿素 c、d(a)
O_2 的产生	产 O_2	不产 O_2	不产 O_2	不产 O_2	不产 O_2
光合磷酸化	非环式	环式	非环式	环式	?
与 O_2 关系	好氧	专性和兼性厌氧	严格厌氧	兼性和微好氧	兼性厌氧
黑暗、有机物存在时的发酵	±	−	−	+	±
营养类型	光能自养	光能自养	光能自养	光能兼性（异养或自养）	光能兼性（自养或异养）

2. 细菌的光合色素

光合色素是光合细菌实现光能转变为化学能的物质基础。细菌光合色素分三类：叶绿素(chlorophyll，简称 chl)、细菌叶绿素（菌绿素，bacteriochlorophyll，简称 Bchl）和辅助色素。辅助色素包括类胡萝卜素(carotenoid)和藻胆素(phycobilin)。

（1）叶绿素

蓝细菌依靠叶绿素 a 进行光合作用，蓝细菌的叶绿素 a 有 P_{680} 和 P_{700} 两种：P_{680} 为卟啉中间无镁原子的脱镁叶绿素 a，位于光合系统Ⅱ，偏爱吸收较短波长的光（近红光），吸收近 680 nm 处的光量子，故称为 P_{680}。P_{700} 位于光合系统Ⅰ，吸收长波长的光（远红外线），因吸收 700 nm 处的光量子而得名。二者功能皆为光同化叶绿素，将天线叶绿素接收的光能转换为化学能。

（2）菌绿素

大多数光合细菌依靠菌绿素进行光合作用，分 6 种，分别为：菌绿素 a、b、c、d、e 和 g。菌绿素 c、d、e、g 的最大吸收波长在 720～780 nm，菌绿素 c、d、e 有接收光能的“天线”作用，菌绿素 a 最大吸收波长在 850 nm 处，菌绿素 b 最大吸收波长在 840 和 1030 nm 处，主要功能与叶绿素 a 相似，在光反应中心将“天线”接收的光能转换为化学能。紫色硫细菌中只含菌绿素 a 或 b，故菌绿素 a 或 b 可能兼有“天线”功能。菌绿素 g 为阳光细菌(heliobacteria)所独有。不同光合细菌所含菌绿素不同，可以利用各自不同波长的光，所以自然环境中几种不同光合细菌常以群落形式共存在同一生境中。

（3）辅助色素

辅助色素是帮助提高光利用率的色素，光合生物依靠辅助色素能够捕获更多可利用的光。

植物中的辅助色素是胡萝卜素；光合细菌中最普遍的辅助色素是类胡萝卜素（典型代表是β胡萝卜素），包括脂肪族类胡萝卜素（如紫色硫细菌和紫色非硫细菌）和芳香族类胡萝卜素（如绿色硫细菌）。类胡萝卜素有捕获光能的作用，把捕获的光能高效地传给菌绿素；类胡萝卜素还是菌绿素所催化的光氧化反应的淬灭剂，可保护菌绿素（或叶绿素）和光合作用机构免受光氧化损伤；类胡萝卜素还与细胞内多种氧化还原反应有关，在细胞能量代谢方面起辅助作用。而蓝细菌和红藻中的辅助色素为藻胆素，包括最大吸收波长在 550 nm 处的藻红素和最大吸收波长在 620～640 nm 处的藻蓝素，藻胆素与蛋白质共价结合成为藻胆蛋白，聚集在光合作用器官的类囊体外表面，组成藻胆蛋白体。藻胆蛋白体与叶绿素 a 结合构成捕光色素复合体，将捕获的光能传给光反应中心复合体的叶绿素。

3. 光合单位

过去以光合作用过程还原 1 分子 CO_2 所需的叶绿素分子数称为光合单位（photosynthetic unit），后来，通过分析紫色硫细菌载色体的结构，认为 1 个光合单位是由 1 个光捕获复合体和 1 个光反应中心复合体组成的，光捕获复合体含有菌绿素、类胡萝卜素、藻胆蛋白体，三者的比例≥2：(1～2)：1，起捕获光能的作用；光反应中心复合体由 1 个单个寡聚体蛋白和脱镁菌绿素、菌绿素和电子传递链组成，起光能转换作用。光合色素分布于两个“系统”，分别称为“光合系统Ⅰ”和“光合系统Ⅱ”，每个系统即为 1 个光合单位。

光捕获复合体吸收 1 个光量子后，引起波长最长的菌绿素 P_{870} 分子激活，传给光反应中心，激发态的菌绿素 P_{870} 分子可释放出 1 个高能电子。

4. 光合磷酸化

光合磷酸化是指光能转变为化学能的过程。光合细菌有依靠叶绿素、菌绿素、菌紫红质（bacteriorhodopsin）3 种类型的光合作用。三类光合细菌在光合作用中通过光合磷酸化获得能量的过程与机制不同。

(1) 依靠叶绿素的光合作用——非环式光合磷酸化

蓝细菌的光合作用与绿色植物一样，依靠叶绿素与光合系统进行产氧光合作用（oxygenic photosynthesis），通过非环式光合磷酸化（noncyclic photophosphorylation）产生 ATP。它们有两个分别吸收 680 和 700 nm 光波的光反应中心 P_{680} 和 P_{700}，包括天线色素、初级电子供体和受体等，构成了光合系统Ⅰ和光合系统Ⅱ。如图 6-18 所示，光合系统Ⅰ的叶绿素分子 P_{700} 吸收光量子能量后激活释放出 1 个高能电子，这个电子被激发还原 Fe-S，然后经过可溶性铁氧还蛋白（Fd），在铁氧还蛋白-$NADP^+$ 还原酶催化下传递给 $NADP^+$，生成 $NADPH_2$（还原力）。用以还原 P_{700}^+ 的电子来源于光合系统Ⅱ。在光合系统Ⅱ中，藻蓝素（phc）和藻红素（phe）吸收光量子，并把能量传递给异藻蓝素（aphc），再由后者把能量传递给叶绿素分子 P_{680}；P_{680} 接受光量子后释放出的一个高能电子，经过质体醌（plastoquinone，PQ）、cyt b、cyt f 和质体蓝素（plastocyanin，PC）组成的电子传递链，电子不返回 P_{680}^+，而是传递给光合系统Ⅰ的 P_{700}^+，使之还原为 P_{700}。P_{680}^+ 则接受来自 H_2O 光解作用（photolysis）产生的电子，恢复为 P_{680}。在光合系统Ⅱ中，电子由 PQ 经 cyt b 传给 cyt f 时与 ADP 磷酸化偶联产生 ATP，并以 H_2O 作为供氢体，具有光解 H_2O，放出氧气的作用。

由此看出，蓝细菌中光合系统Ⅰ和Ⅱ所释放的电子都不返回各自的系统，系统依靠其他途径得到电子被还原的。这种电子非循环传递与 ADP 磷酸化的偶联称为非环式光合磷酸化，在光合系统Ⅱ中,不仅有 ATP 产生,而且释放氧气;在光合系统Ⅰ中,可以获得还原力($NADPH_2$)。

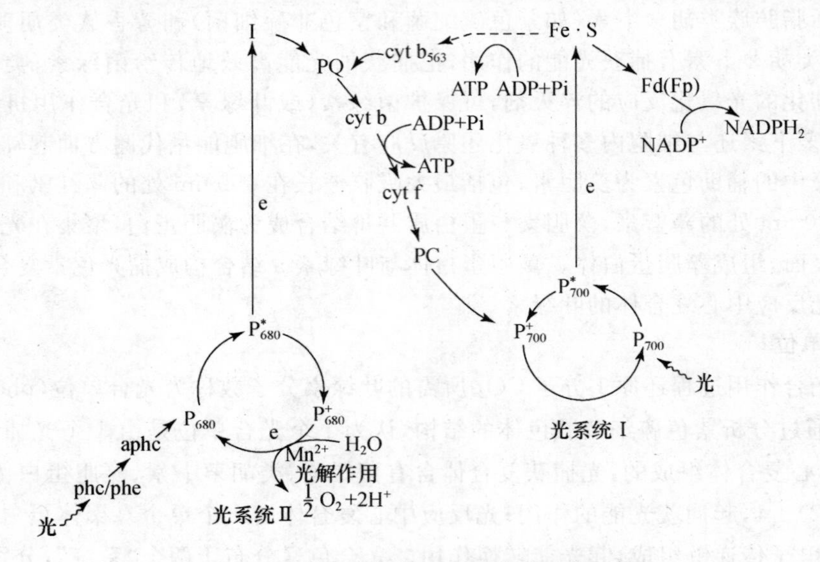

图 6-18 蓝细菌的非环式光合磷酸化系统

蓝细菌对 ATP 和 $NADPH_2$ 合成具有调节功能,当细菌需要还原型 $NADPH_2$ 时,在外源供氢体帮助下进行非环式电子传递作用;当细菌不需要还原型 $NADPH+H^+$ 时,或由光合系统Ⅰ产生的电子能量不足以还原 $NADP^+$ 时,则可按环式电子传递方式为细胞提供 ATP。

(2)依靠菌绿素的光合作用——环式光合磷酸化

紫色硫细菌和紫色非硫细菌依靠菌绿素与一个光合系统进行不产氧光合作用(anooxygenic photosynthesis),通过环式光合磷酸化(cyclic photophosphorylation)产生 ATP,是光合细菌中一种原始产能机制,因通过电子环式传递完成磷酸化产能反应而得名。紫色硫细菌和紫色非硫细菌的环式光合磷酸化过程(图 6-19)为:菌绿素和类胡萝卜素将捕获的光能传递给光反应中心的菌绿素分子 P_{870},P_{870} 吸收光量子后处于激发态 P_{870}^*,P_{870}^* 放出高能电子成为 P_{870}^+,高能电子转移给脱镁菌绿素(bacteriopheophytin, Bph),然后电子沿辅酶 Q(CoQ)、cyt b、cyt c_1、铁硫蛋白(Fe-S)和 cyt c_2 顺序传递,最后低能电子返回到 P_{870}^+,形成 P_{870};菌绿素分子本身电子往返循环,电子在 cyt bc_1 至 cyt c_2 时偶联磷酸化产生 ATP,故称为环式光合磷酸化。随后,整个系统又重新接受光量

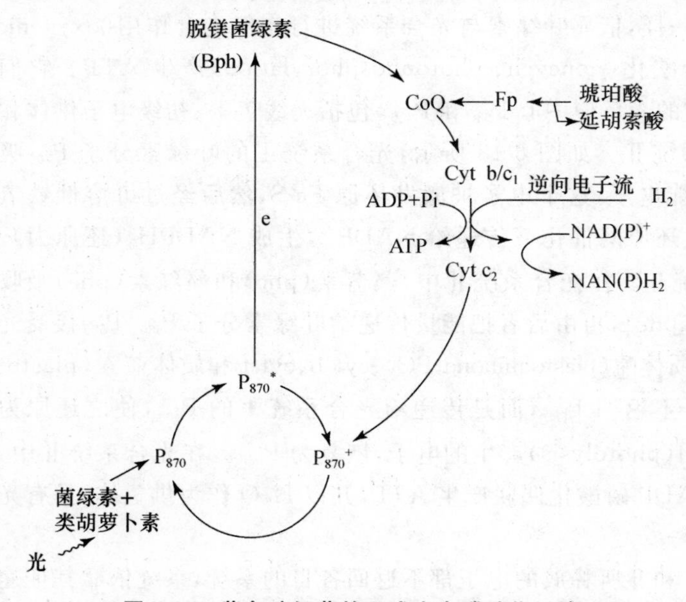

图 6-19 紫色硫细菌的环式光合磷酸化系统

子，重复上述过程。

这类光合细菌环式光合磷酸化特点是只产生能量，不产生氧和还原力（$NADPH_2$）。但生物合成需要 NADPH，其产生还原力（$NADPH_2$）方式因电子供体而有不同方式。当环境中有氢存在时，可以利用分子氢直接还原 $NAD(P)^+$ 为 $NAD(P)H_2$；当环境中无氢存在时，菌体能像化能无机自养型细菌一样，利用无机物 H_2S、S 或琥珀酸等提供的电子或氢质子，逆电子呼吸链消耗 ATP，将电子或氢质子最后传递给 $NAD(P)^+$ 生成 $NAD(P)H_2$。在异养生长时，菌体一般不能直接还原 $NAD(P)^+$ 生成 $NAD(P)H_2$。各种氧化还原电位较高的基质对 $NAD(P)^+$ 的还原都需由光能推动。

依靠菌绿素的光合作用，如绿色硫细菌和绿色细菌，虽然只有一个光合系统，但也以非环式光合磷酸化合成 ATP（图 6-20）。绿色硫细菌首先通过细菌叶绿素 c、d、e 和类胡萝卜素吸收光能，使光反应中心的菌绿素 P_{840} 处于激发态 P_{840}^*；P_{840}^* 释放出一个高能电子，本身变为 P_{840}^+，同时使铁硫蛋白（Fe-S）还原；电子再经铁氧还蛋白（Fd）、黄素蛋白（Fp），最后还原 $NAD(P)^+$ 生成 $NAD(P)H+H^+$。光反应中心 P_{840}^+ 的还原依靠外源电子供体，如 S^{2-}、$S_2O_3^{2-}$ 等，外源电子在氧化过程中放出电子，电子由电子传递链传到 cyt c_{555}，低能电子又返回至 P_{840}^+ 形成 P_{840}。电子也可经 Fe-S 蛋白经醌类（MK，CQ）、cyt b，在 cyt b 至 cyt c_{555} 时偶联磷酸化产生 ATP。电子传递途径没有形成环式回路，故称为非环式光合磷酸化。

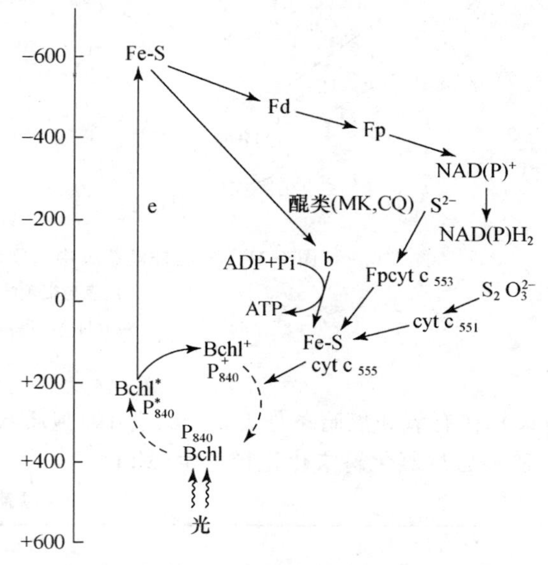

图 6-20 绿色硫细菌的非环式电子传递途径

（Bchl：菌绿素；Fe-S：铁硫蛋白；Fd：铁氧还蛋白；Fp：黄素蛋白）

非环式光合磷酸化与环式光合磷酸化的区别见表 6-9。

表 6-9 光合细菌两种类型光合磷酸化比较

项 目	非环式光合磷酸化		环式光合磷酸化
产生菌	蓝细菌		紫色硫细菌、紫色非硫细菌
光合色素	叶绿素		菌绿素（菌脱镁叶绿素）
光合系统	光合系统Ⅰ	光合系统Ⅱ	光合系统Ⅰ
ATP 和 $NAD(P)H_2$	既产生 $NAD(P)H_2$，又产生 ATP		只产生 ATP，不产生 $NAD(P)H_2$

（3）依靠菌视紫红质的光合作用——嗜盐菌紫膜的光合磷酸化（图 6-21）

极端嗜盐古菌不含叶绿素或菌绿素，细胞质膜的紫膜中有菌视紫红质，由视黄醛（retinal）和蛋白质组成类似于哺乳动物眼睛的视觉色素——视紫红质。在无氧和光照条件下，菌视紫红质强烈吸收 560 nm 处光量子，在光驱动下，具有质子泵的功能（质子动力产生 ATP），可引起视黄醛分子全反式和顺式交替变化，将 H^+ 泵出细胞质膜外，造成膜内外的质子梯度差和电位梯度差，当膜外 H^+ 通过膜上的 ATP 合成酶进入膜内时合成 ATP。这是一种不经电子传递链而比较原始的光合磷酸化作用（图 6-21）。但嗜盐菌可以通过两条途径获得能量（表

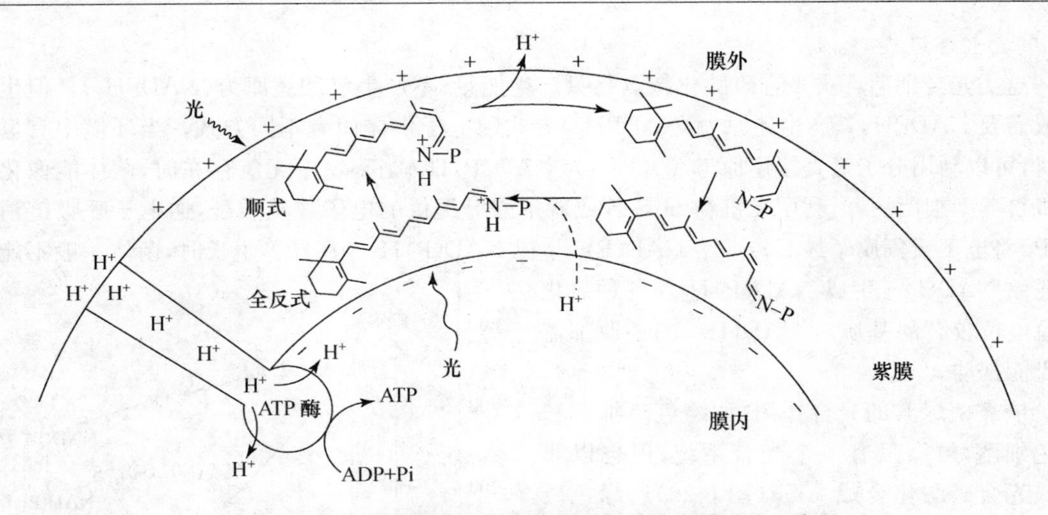

图 6-21　嗜盐杆菌紫膜中菌视紫红质及其光合磷酸化示意图

P 代表与视黄醛结合的蛋白质

(引自 Madigan et al,2004)

6-10),在有氧和黑暗条件下,也可利用细胞质膜红膜上的细胞色素和黄素蛋白等载体经电子传递链通过氧化磷酸化途径产生 ATP。

表 6-10　嗜盐菌产能系统

产 ATP 系统	光合磷酸化	氧化磷酸化
定位	在紫膜上	在红膜上
载体组成	菌视紫红质,由视黄醛+蛋白质组成	细胞色素和黄素蛋白组成
电子传递链	无电子传递链	有电子传递链
条件	无氧、光照	有氧、黑暗

6.2　微生物的合成代谢(能量消耗)

微生物细胞利用光能或氧化有机、无机化合物获得的能量、分解代谢获得的还原力($NADH_2$、$NADPH_2$)、中间代谢产物(12 种中间产物)以及外界吸收的小分子物质(N_2、NO_3^-、NH_3、Pi、SO_4^{2-} 等)合成复杂的细胞组分的过程称为合成代谢。

合成代谢包括两个阶段:首先由简单的小分子物质(中间代谢产物及外界吸收的小分子物质)聚合成生物大分子的前体物质,生物大分子的前体物质包括有 20 种氨基酸,嘌呤、嘧啶、核糖和磷酸组成的核苷酸,简单糖类,脂肪酸,维生素和其他辅助因子等;然后,再由生物大分子的前体物质合成细胞组分——生物大分子物质,如蛋白质、核酸、多糖、脂类等化合物等,使细胞生长和繁殖(图 6-22)。上述生物合成两个阶段均需提供分解代谢获得的能量(合成 1g 细菌细胞物质约需提供 20g ATP)和还原力。本节主要讨论微生物特有的 CO_2 固定、微生物固氮、肽聚糖、氨基酸、核苷酸的生物合成途径。

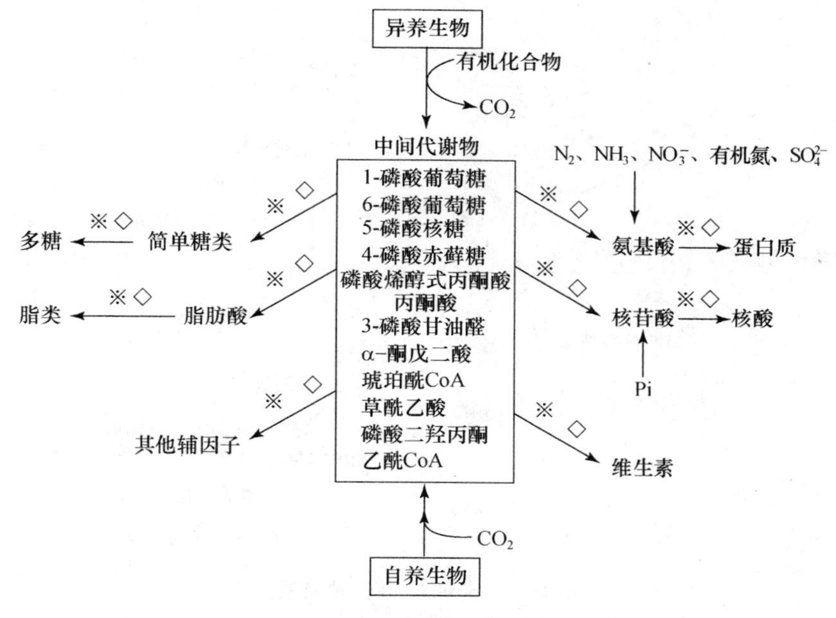

图 6-22 合成代谢概括示意图

（※：ATP；◇：还原力）

6.2.1 CO_2 的固定

CO_2 固定是将空气中的 CO_2 同化为细胞物质的过程。微生物有两种同化 CO_2 的方式：自养微生物的唯一碳源是 CO_2，它将 CO_2 加在特殊的受体上，经过往返循环，使 CO_2 先被固定，然后进一步合成糖类等细胞组分；异养微生物也能利用 CO_2 作为辅助碳源，CO_2 被固定在有机酸上（参见 6.1.3-2 节及图 6-8）。自养微生物固定 CO_2 的途径主要有以下三种。

1. 卡尔文循环

卡尔文循环（Calvin cycle）又称为二磷酸核酮糖循环，是化能自养微生物和大部分光合细菌固定 CO_2 的途径。卡尔文循环分为 3 个阶段：CO_2 固定；被固定的 CO_2 还原；CO_2 受体再生。卡尔文循环因 1946 年美国科学家 Calvin（卡尔文）的研究而得名，直至 1956 年才测出 CO_2 固定光合作用第一产物为 3-磷酸甘油酸（3-PGA），1958 年在脱氮硫杆菌中测出 CO_2 受体是 1,5-二磷酸核酮糖。1962 年该项成果获诺贝尔生理学或医学奖。

卡尔文循环的特征酶为二磷酸核酮糖羧化酶和磷酸核酮糖激酶。

① CO_2 的固定。CO_2 通过二磷酸核酮糖羧化酶催化被固定在 1,5-二磷酸核酮糖中，转变为 2 分子 3-磷酸甘油酸。

② 被固定的 CO_2 还原。在 3-磷酸甘油酸激酶和 3-磷酸甘油醛脱氢酶催化下，消耗 ATP 和 $NADPH_2$ 后，3-磷酸甘油酸还原为 3-磷酸甘油醛。

③ CO_2 受体再生。形成的 3-磷酸甘油醛中有 1/6 可通过逆 EMP 途径形成 6-磷酸果糖，进行生物合成；另外 5/6 的 3-磷酸甘油醛，在醛缩酶、磷酸酯酶和转酮醇酶催化下，经多步酶反应生成 5-磷酸核酮糖，再经磷酸核酮糖激酶催化，消耗 ATP 后，最终再生成 1,5-二磷酸核酮糖分子，作为重新接受 CO_2 的受体（图 6-23）。

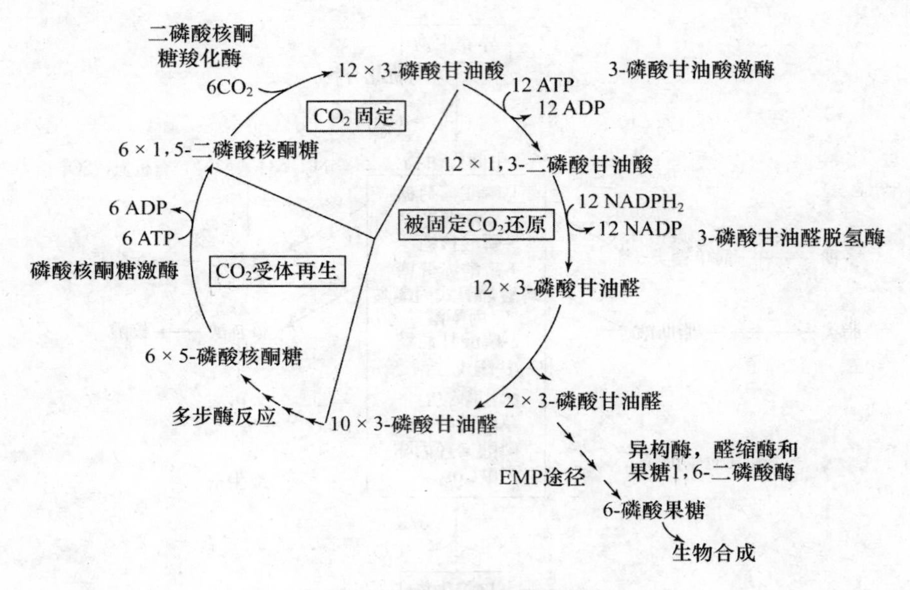

图 6-23　卡尔文循环(精简图)

为了将 6 分子 CO_2 合成 1 分子葡萄糖，循环必须运转 6 次。CO_2 固定总反应式为：

$$6CO_2 + 12H_2O + 12NADPH + 12H^+ + 18ATP \longrightarrow C_6H_{12}O_6 + 12NADP^+ + 18ADP + 18Pi$$

2. 还原性三羧酸循环途径

还原性三羧酸循环(reductive tricarboxylic acid cycle)又称逆向三羧酸循环(reverse TCA cycle)。绿色硫细菌，如嗜硫代硫酸盐绿菌(*Chlorobium thiosulfatophilum*)，利用还原性三羧酸循环途径固定 CO_2，并转变为乙酰 CoA(图 6-24)，乙酰 CoA 再转变成丙酮酸。

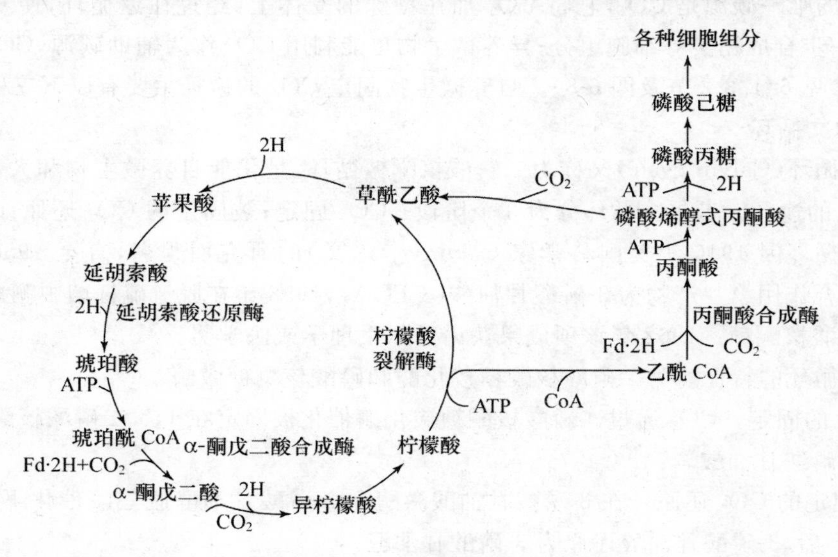

图 6-24　还原性三羧酸循环固定 CO_2 途径

固定 CO_2 过程两个关键酶(丙酮酸合成酶、α-酮戊二酸合成酶)均需还原态铁氧还蛋白参与反应，结果每次循环固定 3 分子 CO_2，消耗 2 分子 ATP，形成 1 分子丙酮酸。总反应式为：

$$3CO_2 + 10[H] + 2ATP \longrightarrow 丙酮酸$$

3. 厌氧乙酰 CoA 途径

产乙酸菌、产甲烷细菌和某些硫酸盐还原菌利用厌氧乙酰 CoA 途径(acetyl-CoA pathway)固定 CO_2。产乙酸菌通过厌氧乙酰 CoA 途径固定 CO_2 的反应如图 6-25 所示。

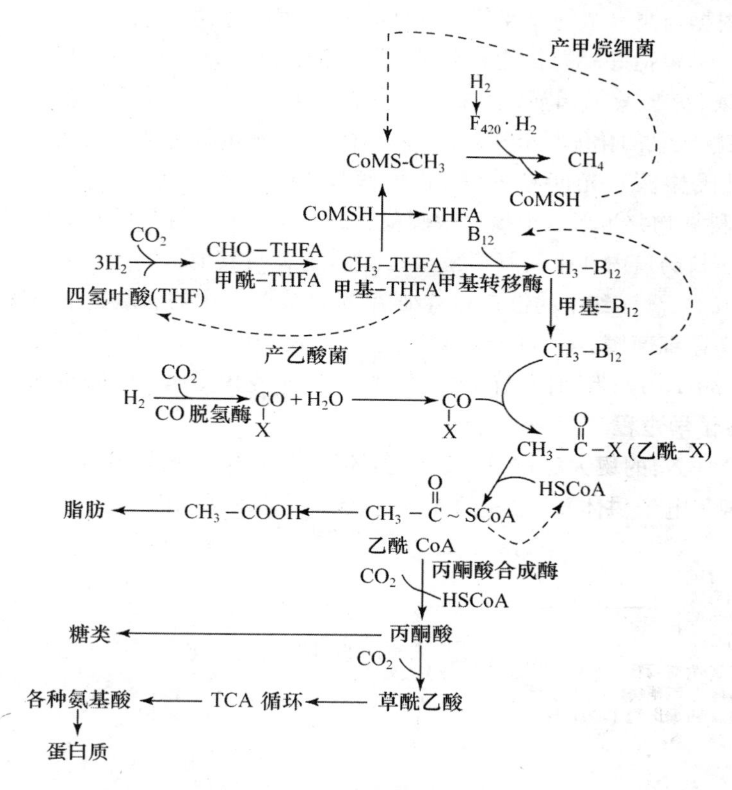

图 6-25 厌氧乙酰 CoA 途径

(X：一种中间产物的酶结合形式)

该途径的关键酶是一氧化碳脱氢酶(carbon monoxide dehydrogenase),固定时还需四氢叶酸(tetrahydrofolate,THFA 或 FH_4)和类咕啉(维生素 B_{12})等辅酶参与。它催化下列反应：

$$CO+H_2O \xrightarrow{CO\text{脱氢酶},THFA,B_{12}} CO_2+2H^+ +2e^-$$

每次固定 2 分子的 CO_2,产物为乙酸(乙酰 CoA)。乙酸的甲基由 1 分子 CO_2 通过四氢叶酸和维生素 B_{12} 参与的一系列甲基转移酶还原而来;乙酸的羧基则是由另 1 分子 CO_2 经一氧化碳脱氢酶催化而来。CH_3—B_{12} 先与 CO 结合形成乙酰基,再与 CoA 结合形成乙酰 CoA,最后再脱去 CoA,得到产物乙酸(乙酰 CoA)。乙酸(乙酰 CoA)可进一步合成脂肪酸、脂肪。乙酰 CoA 经丙酮酸合成酶催化与 CO_2 缩合反应生成丙酮酸,丙酮酸可作为糖类合成的原料,丙酮酸与 CO_2 缩合为草酰乙酸,后者进入三羧酸循环,可从 TCA 循环转变为各种氨基酸,进而合成蛋白质。产甲烷细菌产生的 CH_4 通过辅酶 M 和 F_{420} 辅酶参与,由 CH_3—THF 转化而来(图 6-25)。

6.2.2 微生物的固氮作用

空气中 79%为氮气(N_2),但动植物和大部分微生物都不能直接利用分子态氮为氮源。只有一些特殊类群的原核微生物才能将分子态氮还原为氨,然后再由氨转化为各种细胞组分。

固氮微生物依靠其固氮酶系将分子态氮(N_2)还原为氨(NH_3)的过程称为生物固氮。

1. 固氮微生物

固氮微生物约有50多个属,100多种,包括细菌、放线菌和蓝细菌,真核微生物中至今尚未发现有固氮作用。根据与高等植物以及其他生物的关系,固氮微生物分为3个类群:① 自生固氮微生物(约占25%):包括好氧的化能异养菌(固氮单胞菌属 *Azomonas*)、化能自养菌(氧化铁硫杆菌)、光能自养菌(鱼腥蓝细菌属、念珠蓝细菌属 *Nostoc*);微好氧的化能异养菌(固氮螺菌属 *Azospirillum*);兼性厌氧的化能异养菌(克雷伯氏菌属 *Klebsiella*)、光能异养菌(红螺菌属);厌氧的化能异养菌(巴氏梭菌)、光能自养菌(着色菌属 *Chromatium*)。② 共生固氮微生物(约占55%):包括与豆科植物共生形成根瘤的根瘤菌属(*Rhizobium*)、与非豆科植物共生形成根瘤的弗蓝克氏菌属和在白蚁肠道内共生的肠杆菌属;此外,还有与其他植物共生的,如地衣中的单歧蓝细菌属(*Tolypothrix*)、满江红中的链鱼腥蓝细菌、苏铁珊瑚根中的念珠蓝细菌属、鱼腥蓝细菌属、肯乃拉草中的念珠蓝细菌属。③ 联合固氮微生物(约占10%):根际固氮的固氮螺菌属、雀稗固氮菌(*Azotobacter paspali*);叶面固氮的固氮菌属、拜叶林克氏菌属(*Beijerinckia*)等。

2. 固氮生物化学过程

分子态 N_2($N\equiv N$)的键为三键,极其稳定,还原成 NH_3 必须具备3个基本条件:固氮酶、能量和还原剂(氢和电子供体)。固氮的生化途径如图6-26所示。

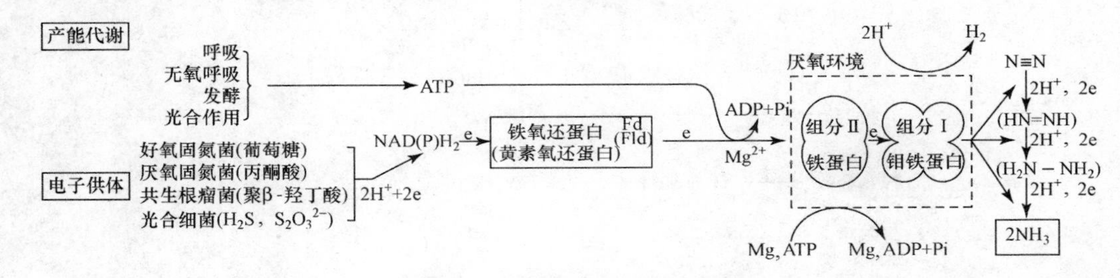

图6-26 生物固氮的生化途径

总反应式为:

$$N_2+8H^+ +8e+(18\sim24)ATP \xrightarrow{\text{固氮酶}} 2NH_3+H_2+(18\sim24)ADP+(18\sim24)Pi$$

(1) 固氮酶(nitrogenase)

工业固氮合成氨需在35 MPa(350 atm)和500℃以上高温条件下进行,微生物所以能在常温(25℃)、常压(1 atm≈0.1 MPa)条件下固氮,关键是依靠固氮酶的催化作用。固氮酶的结构较为复杂,一般含有两种蛋白组分,即组分Ⅰ(钼铁蛋白,为固氮酶)和组分Ⅱ(铁蛋白,为固氮酶的还原酶)(图6-26,6-27)。组分Ⅰ相对分子质量为200 000～240 000,为 $\alpha_2\beta_2$ 型四聚体,含2个Mo原子,24～32个Fe原子和20～32个不稳定态的S原子,构成2个铁钼辅因子(Fe—Mo—Co)和4个[Fe—4S]族,是固氮酶的底物络合中心,其功能为络合、活化和还原 N_2。组分Ⅱ相对分子质量为57 000～72 000的二聚体,含4个Fe原子和4个不稳定态的S原子,构成1个$[Fe_4S_4(Cys)_4]^{n+}$簇,是固氮酶的电子活化中心,其功能为传递电子到组分Ⅰ上,催化钼铁蛋白还原。只有当这两个组分同时存在时,固氮酶才具有固氮功能。

固氮酶主要特性:

① 对氧极其敏感。O_2 可使酶钝化失活,故固氮过程要求严格厌氧的微环境,在长期进化

过程中，好氧固氮微生物在细胞结构和生理功能上形成保护固氮酶免受氧伤害的机制，如：有的固氮菌细胞外有荚膜或黏液层，避免与 O_2 直接接触；有的固氮菌细胞体积大，比表面积相对降低，妨碍 O_2 的吸收；蓝细菌的异形胞表面有厚壁，O_2 不能进入；根瘤菌中有豆血红蛋白，以保证固氮部位低 O_2 含量和高 O_2 流速，既提供根瘤菌迅速生长，又保证固氮酶系微环境厌氧；好氧固氮微生物也可通过加强呼吸，提高 O_2 消耗速率或通过改变呼吸链走向，使呼吸链中部氧化磷酸化解偶联，固氮菌为获得足够 ATP，加强呼吸消耗 O_2，保证固氮酶系微环境的厌氧状态。

② 特异性差。固氮酶对底物专一性不高，对许多底物有催化作用，除 N_2 外，还可还原一些其他底物，如：$2H^+ \rightarrow H_2$；C_2H_2（乙炔）$\rightarrow C_2H_4$（乙烯）；$N_2O + H_2 \rightarrow N_2 + H_2O$；$HCN \rightarrow CH_4 + NH_3 + [CH_3NH_2]$等。其中乙炔还原为乙烯的反应，灵敏度高，检测方便，可用作固氮酶活性常规检测方法。

③ NH_3 抑制。微生物通过固氮作用合成 NH_3 后，NH_3 的加入导致谷氨酰胺合成酶活性临时增加，如肺炎克氏杆菌（*Klebsiella pneumoniae*）固氮酶合成的氨阻遏效应，谷氨酰胺合成酶为固氮酶操纵子的调节因子，结合在固氮基因操纵子启动基因上，固氮酶的 RNA 聚合酶不能转录固氮酶的结构基因，从而阻遏固氮酶的合成。

（2）能量

由反应式看出，固氮过程需要大量能量，电子传递过程需要提供 ATP；固氮合成 NH_3 过程需要提供 ATP；放 H_2 过程需要 ATP。好氧微生物能量来自有氧呼吸氧化磷酸化过程；厌氧微生物来自无氧呼吸和发酵的氧化磷酸化及底物水平磷酸化过程；光合微生物来自光合磷酸化过程（图 6-26）。

（3）还原剂

分子 N_2 的还原需要 H^+ 和 e，不同固氮微生物 H^+ 和 e 来源不同。好氧固氮微生物的电子供体来自有机物的分解，糖降解和三羧酸循环产生的 $NAD(P)H_2$ 作为氢和电子的供体；厌氧固氮微生物，如巴氏梭菌，依靠丙酮酸裂解为乙酰磷酸时产生的 $NAD(P)H_2$ 作为氢和电子的供体；光合细菌通过光合磷酸化，将 H_2S 或 H_2O 光解产生 $2H^+ + 2e$ 作为氢和电子的供体；共生根瘤菌的类菌体中，通过贮藏物质——聚β-羟丁酸分解为β-羟丁酸过程产生 $2H^+ + 2e$ 为氢和电子的供体。固氮微生物细胞内的特殊电子传递体主要是还原势高的铁氧还蛋白和黄素氧还蛋白（flavodoxin，Fld）。上述各个过程提供的电子经由电子载体 Fd 或 Fld 传递，最后将电子转移给固氮酶的铁蛋白（图 6-26）。

（4）固氮机制

生物固氮分为两个阶段（图 6-27）。

① 固氮酶形成。固氮酶铁蛋白（组分Ⅱ）有两种状态：氧化态和还原态；钼铁蛋白（组分Ⅰ）有三种状态：氧化态、半还原态和完全还原态。N_2 还原成 NH_3 需要接受 6 个电子，由电子供体脱下的电子通过电子载体 Fd 或 Fld 传至氧化态的铁蛋白的铁原子，形成还原态的铁蛋白，它与 ATP—Mg 结合生成改变构象的铁蛋白—Mg—ATP 复合物。钼铁蛋白在含 Mo 的位点上与分子 N_2 结合，然后，与铁蛋白—Mg—ATP 复合物反应，生成 1∶1 复合物，即为固氮酶。

② 固氮阶段。固氮酶分子上有 1 个电子从铁蛋白（组分Ⅱ）—Mg—ATP 复合物转移到钼铁蛋白（组分Ⅰ）的铁原子上，再转移到与钼结合的活化分子 N_2 上，铁蛋白（组分Ⅱ）失去电

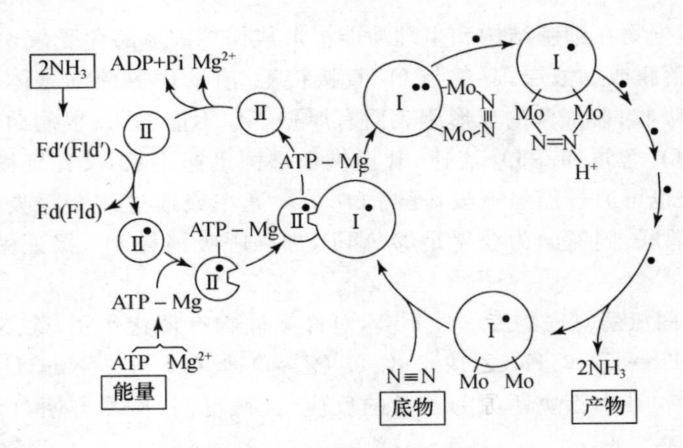

图 6-27 固氮生化途径示意图

(引自黄秀梨主编,2003)

子重新变为氧化态,同时 ATP 水解为 ADP＋Pi,每一步只传递 1 个电子,通过连续 6 次的电子转移,还原 1 分子 N_2,钼铁蛋白放出 2 分子 NH_3。实际上,1 分子 N_2 还原形成 2 分子 NH_3 的过程有 8 个电子转移,其中 2 个电子和 2 个 H^+ 被还原为 H_2,虽然是 ATP 和电子的一种浪费,固氮过程依赖 ATP 的放 H_2 反应是不可避免的。氢可能是氮还原的抑制剂,下列两个反应同时进行。

$$N_2 + 6e + 12ATP + 6H^+ \xrightarrow{\text{固氮酶}} 2NH_3 + 12ADP + 12Pi$$

$$2H^+ + 2e + 4ATP \xrightarrow{\text{氢酶}} H_2 + 4ADP + 4Pi$$

6.2.3 肽聚糖的合成

肽聚糖是组成细菌(除古菌外)细胞壁的一种异型多糖,是由 N-乙酰葡萄糖胺(NAG)和 N-乙酰胞壁酸(NAMA)与短肽链通过 β-1,4-糖苷键交替连接的多聚体。其生物合成过程远比同型多糖复杂,各类细菌肽聚糖合成过程基本相同,一般分为 3 个阶段,5 步反应,合成过程需要 2 个主要载体参与:尿嘧啶二磷酸(UDP),为多种多聚糖合成的载体;另一个是类脂载体(细菌萜醇,一种由 55 个碳原子组成的聚戊二烯磷酸酯)。合成分别在细胞的 3 个部位转移:肽聚糖单体在细胞质内合成;肽聚糖的基本单位(二糖肽:NAM-NAG)组装在细胞质膜上;肽聚糖交联在细胞质膜外(图 6-28)。以金黄色葡萄球菌为例合成步骤如下:

第一阶段:在细胞质中合成胞壁酸 5 肽。

① UDP-N-乙酰葡萄糖胺的合成。由 6-磷酸葡萄糖合成 UDP-N-乙酰葡萄糖胺(UDP-G)的过程如图 6-29a 所示。

② UDP-N-乙酰胞壁酸的合成。由 N-乙酰葡萄糖胺合成 UDP-N-乙酰胞壁酸(UDP-M)的过程如图 6-29b。由 N-乙酰葡萄糖胺与磷酸烯醇式丙酮酸(PEP)缩合与还原两步反应生成。

③ UDP-N-乙酰胞壁酸-5 肽的合成。由 UDP-N-乙酰胞壁酸合成 UDP-N-乙酰胞壁酸-5 肽("Park"核苷酸)过程见图 6-29c。组成短肽的前 3 个氨基酸是逐个加上去的,*L*-丙氨酸通过肽键与 UDP-M 上的羧基相连,随后 *D*-谷氨酸、*L*-赖氨酸以肽键依次连接,最后 2 分子 *L*-丙氨酸经丙氨酸消旋酶异构化为 2 分子 *D*-丙氨酸,后者缩合为 *D*-丙氨酰-*D*-丙氨酸,以肽键连接

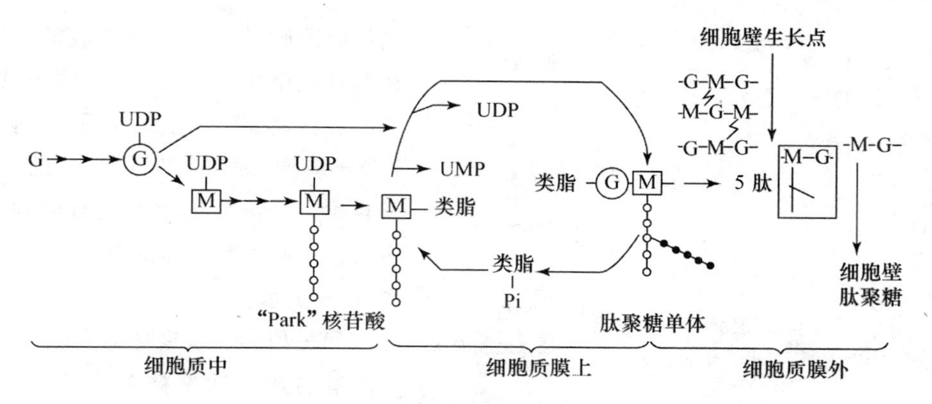

图 6-28　肽聚糖合成的三个阶段

G: 葡萄糖；(G)：N-乙酰葡糖胺；[M]：N-乙酰胞壁酸；"Park"核苷酸：UDP-N-乙酰胞壁酸-5肽

到 UDP-N-乙酰胞壁酸-3 肽上，最终形成 UDP-N-乙酰胞壁酸-5 肽。每加入 1 个氨基酸需要消耗 1 分子 ATP，氨基酸加入的顺序由酶的专一性决定，与 DNA 模板上的基因无关，氨基酸不需 tRNA 携带。*D*-环丝氨酸可以抑制丙氨酸消旋酶活性，从而阻断 *D*-丙氨酰-*D*-丙氨酸合成，使 UDP-N-乙酰胞壁酸-3 肽积累，导致细胞壁裂解。

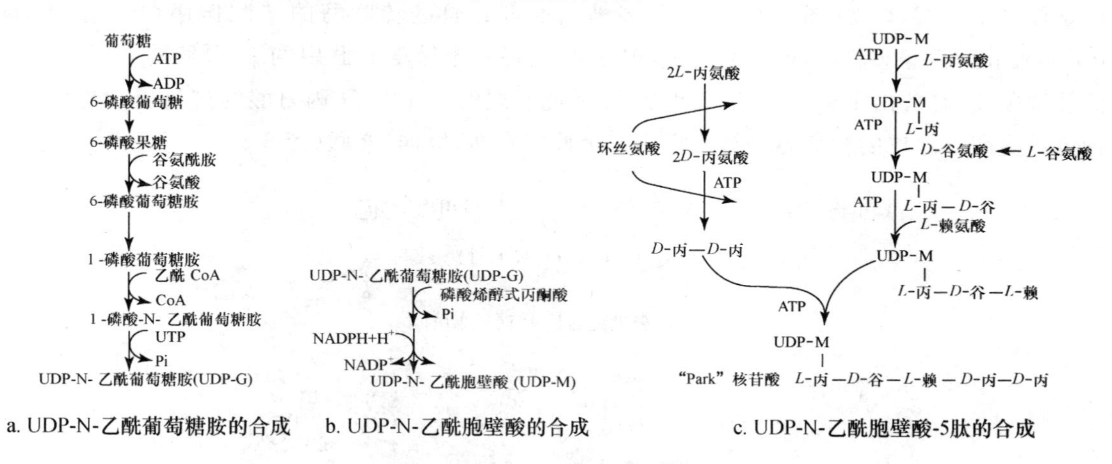

a. UDP-N-乙酰葡萄糖胺的合成　b. UDP-N-乙酰胞壁酸的合成　c. UDP-N-乙酰胞壁酸-5肽的合成

图 6-29　细胞质中胞壁酸五肽的合成

第二阶段：肽聚糖单体——双糖肽亚单位形成、组装和运载。

细胞质中合成的 UDP-N-乙酰葡萄糖胺（UDP-G）与 UDP-N-乙酰胞壁酸-5 肽（UDP-M-5 肽），在细胞质膜上结合生成肽聚糖单体——双糖亚单位。这一组装、运载过程通过类脂载体，即由 C_{55} 类异戊二烯醇组成的细菌萜醇（bactoprenol，Bcp）参与，它通过 2 个磷酸基与 N-乙酰胞壁酸分子相连，生成 UDP-N-乙酰胞壁酸-5 肽载体脂焦磷酸，同时放出 UMP，随后将在细胞质中形成的 UDP-N-乙酰胞壁酸-5 肽转移至细胞质膜上；接着将 UDP-N-乙酰葡萄糖胺转移来的 N-乙酰葡萄糖胺转移到胞壁酸上，生成双糖肽载体脂焦磷酸；然后在 5 肽链的第 3 个氨基酸 *L*-Lys 上连接上 Gly 5 肽，于是在细胞质膜内表面形成肽聚糖的双糖五肽亚单位。由于类脂载体的结合，使原本亲水分子转变成亲脂分子，通过载体脂的帮助，双糖五肽亚单位很易通过疏水性强

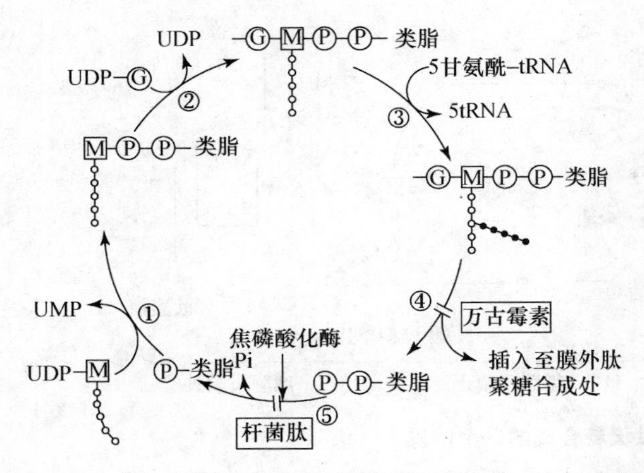

图 6-30　细胞质膜上由"park"核苷酸合成肽聚糖单体

的细胞质膜转运至细胞质膜的外表面，输送到细胞壁生长点处，同时放出载体脂焦磷酸。在焦磷酸化酶作用下，水解脱去1分子磷酸，原来有生物活性的类脂载体又再生。杆菌肽抑制类脂载体再生，而万古霉素抑制类脂载体的释放。详细步骤见图 6-30 所示。

第三阶段：肽聚糖的交联。

新合成的肽聚糖单体被运送到原有细胞壁的生长点（溶菌酶断开肽聚糖 M-G 间 β-1,4 糖苷键，露出-M 末端），此阶段包括两步反应：① 多糖链延长：肽聚糖单体（双糖肽亚单位）首先插入细胞壁生长点可作为引物的肽聚糖骨架中（原有细胞壁中至少含有6～8 个肽聚糖单体的分子），通过转糖基作用（transglycosylation），使肽聚糖单体与引物分子间发生转糖基化作用，致使多糖链横向延伸一个双糖单位（图 6-31a）。② 多糖链交联：通过转肽酶的转肽作用（transpeptidation），使相邻两条多糖链间发生交联。转肽时先将一条糖链 5 肽中的 *D*-丙氨酰-*D*-丙氨酸间的肽链断裂，释放出 1 个 *D*-丙氨酰残基，然后此肽尾的第 4 个 *D*-丙氨酸的游离羧基与相邻多糖链甘氨酸五肽尾的游离氨基结合形成一个肽键直接（纵向）交联（图 6-31b）。

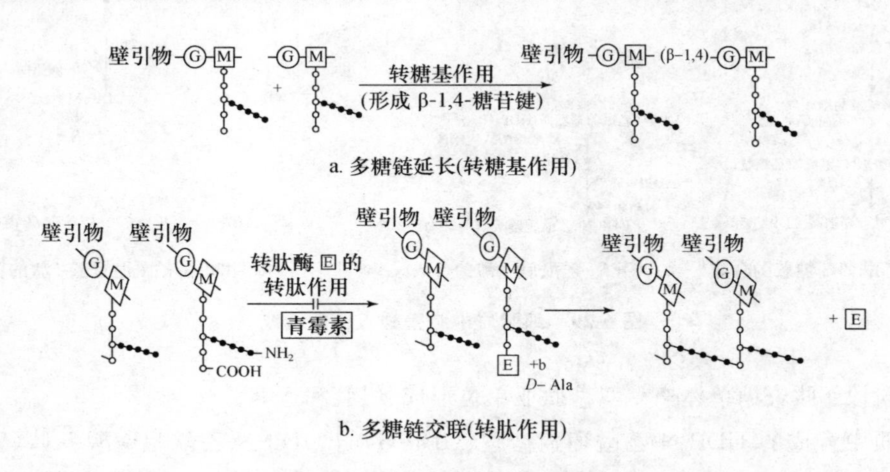

图 6-31　细胞壁中肽聚糖交联

（引自黄秀梨主编，2003）

青霉素为 *D*-丙氨酰-*D*-丙氨酸的结构类似物，竞争性地与转肽酶活性中心结合，抑制转肽反应，使肽桥无法交联，形成原生质体（G^+ 细菌）或原生质球（G^- 细菌），导致细胞破裂死亡。青霉素因只抑制肽聚糖的生物合成，对不生长的静止细胞（rest cell）无抑制和杀菌作用。

6.2.4 氨基酸的合成

氨基酸是合成蛋白质的基本单位，也是合成某些次级代谢产物的前体。不同微生物合成氨基酸的能力不同，有些微生物可以合成自身所需的各种氨基酸；有些微生物却失去合成某些氨基酸的能力（称为氨基酸营养缺陷型）；有些微生物则甚至可以过量积累某种氨基酸（如氨基酸发酵中通过人为解除微生物细胞内代谢的反馈调节机制，以求大量积累所需的某种氨基酸）。

在合成蛋白质的20种氨基酸中，除胱氨酸（由半胱氨酸渗入多肽后，2个半胱氨酸分子失去2个氢原子氧化而成胱氨酸）和羟脯氨酸（由脯氨酸渗入多肽后，再经羟基化而成羟脯氨酸）外，其余18种氨基酸和2种氨基酰胺的合成都可通过3种方式：① 氨基酸的氨基化作用；② 转氨基作用；③ 前体转化，由糖代谢的中间产物为前体合成初生氨基酸，再转化为次生氨基酸。

合成氨基酸的碳架来源（或前体）为糖代谢过程中产生的关键中间产物，如α-酮戊二酸、延胡索酸、丙酮酸、3-磷酸甘油酸、磷酸烯醇式丙酮酸、4-磷酸赤藓糖和5-磷酸核糖，这些前体经过氨基化和转氨基等一系列生化反应合成各种氨基酸。在氨基酸生物合成途径中起主导地位的关键酶有12个，多处于由同一前体生物合成多种氨基酸途径的关键位置上。如：糖酵解途径（EMP途径）的磷酸果糖激酶（E1），受柠檬酸的反馈抑制；三羧酸循环（TCA循环）途径的柠檬酸合酶（E2），受ATP的反馈抑制；谷氨酸生物合成途径中的N-乙酰谷氨酸合成酶（E3），受精氨酸反馈抑制；而鸟氨酸转氨甲酰磷酸酶（E4），则受精氨酸的反馈阻遏，调控瓜氨酸和精氨酸的生物合成；苏氨酸、赖氨酸、甲硫氨酸和异亮氨酸等天冬氨酸族氨基酸的生物合成途径的关键酶是天冬氨酸激酶（E5），其特性因菌株而异，可受苏氨酸、赖氨酸或甲硫氨酸以及异亮氨酸调控；该途径的另一关键酶是高丝氨酸脱氢酶（E6），受苏氨酸和甲硫氨酸反馈调节；苏氨酸脱氨酶（E7）则受异亮氨酸的反馈调节；缬氨酸和亮氨酸生物合成途径的关键酶是α-乙酰乳酸合成酶（E8），其特性也因菌株而异，受缬氨酸、亮氨酸、异亮氨酸等多种氨基酸的调控；酪氨酸、苯丙氨酸和色氨酸等芳香族氨基酸的生物合成途径的关键酶是DAHP合成酶（E9）、分支酸变位酶（E10）、预苯酸脱氢酶（E11）和预苯酸脱水酶（E12），调控该途径氨基酸的生物合成。氨基酸生物合成代谢途径及关键酶见图6-32所示。

根据合成氨基酸及氨基酰胺的碳水化合物前体类型，将氨基酸生物合成分为六“族”。

1. 谷氨酸族或α-酮戊二酸族

谷氨酸族包括谷氨酸（谷氨酰胺）、脯氨酸、鸟氨酸、瓜氨酸、精氨酸和真菌的赖氨酸。谷氨酸的生物合成经糖酵解途径（EMP）、磷酸戊糖循环（HMP）、三羧酸循环（TCA）、乙醛酸循环（DCA）、CO_2固定反应等，谷氨酸发酵时，葡萄糖降解经过EMP途径及HMP途径生成丙酮酸。有氧时，丙酮酸氧化脱羧生成乙酰CoA，进入TCA循环。从TCA循环中的α-酮戊二酸再由谷氨酸脱氢酶和谷氨酰胺合成酶-谷氨酸合酶催化合成谷氨酸和谷氨酰胺。谷氨酸在N-乙酰谷氨酸合成酶（E3）催化下与乙酰CoA反应生成N-乙酰-*L*-谷氨酸，然后再经7步酶促反应合成精氨酸（图6-32）。在精氨酸生物合成途径中，通过谷氨酸（Glu）提供氨基合成鸟氨酸，再通过鸟氨酸转氨甲酰磷酸酶（E4）作用，将氨甲酰磷酸的氨甲酰基转移给鸟氨酸，生成瓜氨酸。最后由天冬氨酸提供氨基合成精氨酸。肠道细菌中脯氨酸是从谷氨酸开始经四步反应合成的，中间产物有谷氨酸-γ-半醛（图6-32）。真菌的赖氨酸由α-酮戊二酸和乙酰CoA缩合成高柠檬酸转化而来(参见 6.4 节)。

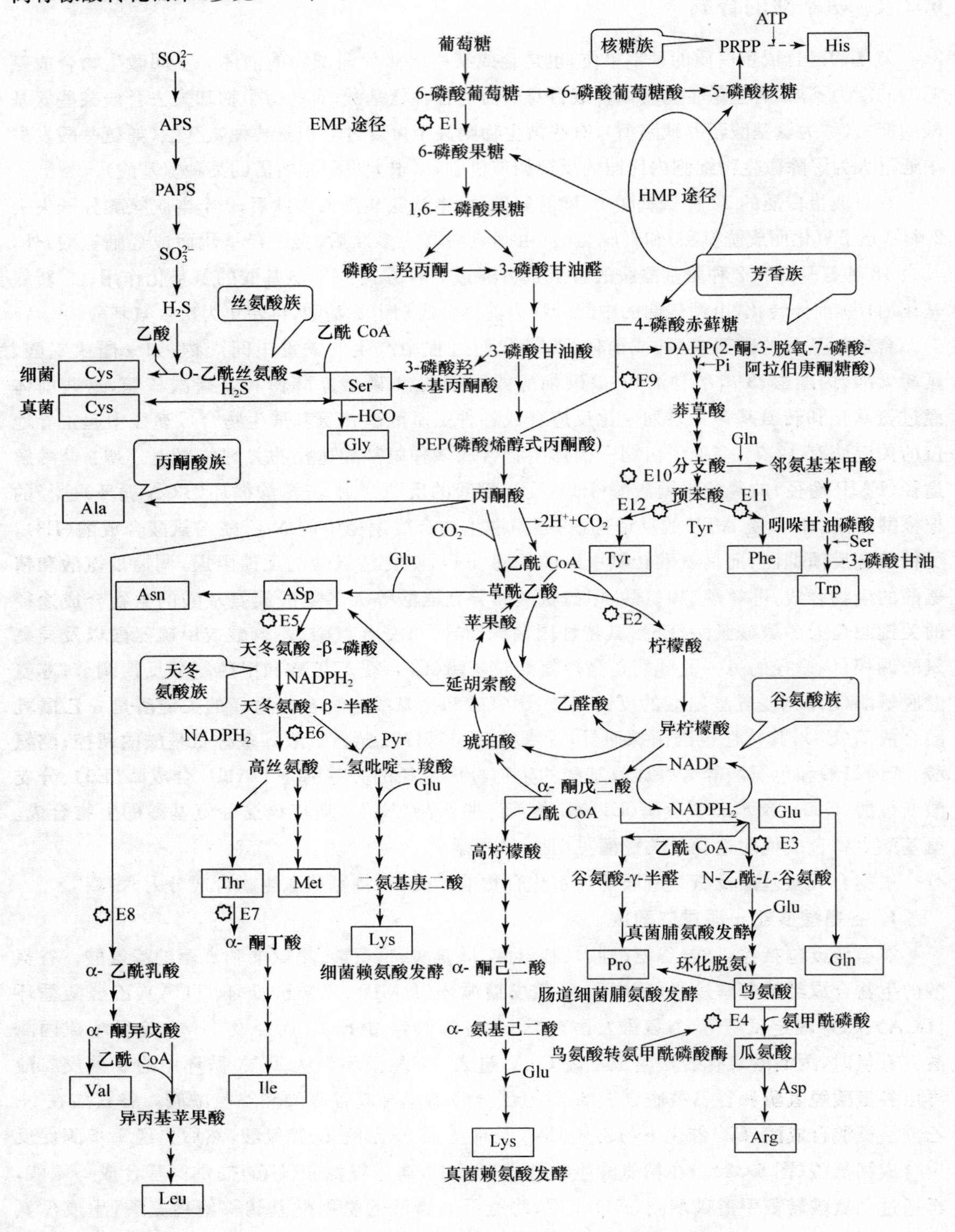

图 6-32 氨基酸生物合成代谢途径及关键酶示意图

E 关键酶

2. 天冬氨酸族

天冬氨酸族包括天冬氨酸(天冬酰胺)、苏氨酸、蛋氨酸、异亮氨酸和细菌的赖氨酸,它们是从 TCA 循环中的草酰乙酸(严格说是从延胡索酸)合成的。由延胡索酸直接氨基化形成天冬氨酸,再氨基化合成天冬酰胺。在微生物中,天冬氨酸激酶(E5)和天冬氨酸半醛脱氢酶催化天冬氨酸转变为天冬氨酸-β-磷酸和天冬氨酸-β-半醛,天冬氨酸-β-半醛位于合成上述各种氨基酸途径的第一个分支点上,高丝氨酸位于这条途径的第二个分支点上,一个分支经 4 步反应合成甲硫氨酸;另一个分支转变成苏氨酸。在第一个分支点上,天冬氨酸-β-半醛与丙酮酸缩合,经二氢吡啶二羧酸合成赖氨酸。天冬氨酸激酶(E5)和高丝氨酸脱氢酶(E6)是这条途径的关键酶,受终产物的反馈调节。苏氨酸经苏氨酸脱氨酶(E7)合成 α-酮丁酸,再经 4 步反应合成异亮氨酸(图 6-32)。

3. 丙酮酸族

丙酮酸族包括丙氨酸、缬氨酸和亮氨酸,它们都是由葡萄糖有氧代谢和无氧代谢重要的中间产物丙酮酸转化而来。在氨基转移酶作用下,丙酮酸与其他 α-氨基酸(如天冬氨酸、谷氨酸、缬氨酸和芳香族氨基酸)反应生成丙氨酸和相应的 α-酮酸。2 个丙酮酸分子在 α-乙酰乳酸合成酶(或乙酰羟酸合酶,E8)催化下合成 α-乙酰乳酸,由丙酮酸开始,经与亮氨酸合成途径中 4 步反应相同的酶所催化,合成缬氨酸。α-酮异戊酸与乙酰 CoA 缩合生成异丙基苹果酸,然后经过脱水、脱氢、转移氨基逐步合成亮氨酸(图 6-32)。

4. 丝氨酸族

丝氨酸族包括丝氨酸、甘氨酸和半胱氨酸,它们都是从糖酵解途径(EMP)产生的 3-磷酸甘油酸合成的。3-磷酸甘油酸在磷酸甘油脱氢酶和 NAD^+ 作用下氧化为 3-磷酸羟基丙酮酸,再经转氨基作用生成 3-磷酸丝氨酸,最后在磷酸丝氨酸酶催化下水解生成丝氨酸。丝氨酸通过转羟甲基酶作用转化为甘氨酸。丝氨酸是半胱氨酸的前体,在细菌中,丝氨酸乙酰化生成 *O*-乙酰丝氨酸,然后 H_2S 同乙酰基发生置换反应生成半胱氨酸和乙酸;在真菌中,丝氨酸与 H_2S 缩合形成半胱氨酸(图 6-32)。

5. 芳香族

芳香族包括色氨酸、苯丙氨酸和酪氨酸,它们共同的前体是来自糖酵解途径(EMP)的磷酸烯醇式丙酮酸(PEP)和来自 HMP 途径的 4-磷酸赤藓糖。首先合成 2-酮-3-脱氧-7-磷酸-阿拉伯庚酮糖酸(DAHP),催化该反应的酶是 DAHP 合成酶(E9),然后经 3 步反应转化为莽草酸,莽草酸磷酸化经 3 步转化为分支酸。分支酸位于合成芳香族氨基酸的第一个分支点,再由分支酸经不同支路合成各种芳香族氨基酸(图 6-32)。分支酸接受谷氨酰胺提供的氨基转变为邻氨基苯甲酸,经 2 步反应生成吲哚甘油磷酸,最后由丝氨酸置换 3-磷酸甘油而生成色氨酸。分支酸经分支酸变位酶(E10)催化转变为预苯酸,它是芳香族氨基酸生物合成途径的第二个分支点。预苯酸在脱水酶(E11)催化下,经脱水、脱羧、氨基化生成苯丙氨酸。预苯酸在脱氢酶(E12)催化下,经脱氢、脱羧、氨基化生成酪氨酸。

6. 核糖族或五碳糖族

核糖族仅有组氨酸,其前体是 HMP 途径的产物 5-磷酸核糖。首先由 5-磷酸核糖形成磷酸核糖焦磷酸(PRPP),组氨酸生物合成的第一步反应是由 PRPP 与 ATP 缩合形成磷酸核糖-ATP。整个合成途径经 11 步反应完成(图 6-32)。

6.2.5 核苷酸的合成

核苷酸是合成核酸的基本单位,也可参与某些酶的组成。有些微生物甚至可以自我解除代谢中的反馈调节机制,过量积累某种核苷酸(如肌苷酸发酵)。本节仅以嘌呤核苷酸为例进行简介(图 6-33)。

微生物由葡萄糖经 HMP 途径产生 5-磷酸核糖,通过 5-磷酸核糖焦磷酸激酶(PRPP 合成酶)催化生成 5-磷酸核糖焦磷酸(PRPP)。PRPP 是嘌呤生物合成的起始物质,在磷酸核糖焦磷酸转酰胺酶(PRPP 氨基转移酶)催化下,PRPP 接受谷氨酰胺的氨基,产生 5-磷酸核糖胺(PRA),脱去谷氨酸和焦磷酸,使原来 α-构型的核糖转化成 β-构型。PRA 合成是嘌呤核苷酸生物合成中的关键步骤,磷酸核糖焦磷酸转酰胺酶(PRPP 氨基转移酶)活性受腺苷酸(AMP)和鸟苷酸(GMP)的反馈抑制(其中 GMP 的抑制较弱,为 50% AMP 抑制浓度)。当 GMP 和 AMP 过量时,反馈抑制机制就控制了整个途径的反应速率,也控制了 GMP 和 AMP 的进一步合成。

由 PRA 经过 9 步酶促反应产生次黄嘌呤核苷酸(IMP,又称肌苷酸),IMP 处在嘌呤核苷酸合成途径的分支点上,它同时又是 AMP 和 GMP 的前体。IMP 与天冬氨酸经腺苷酰琥珀酸合成酶(SAMP 合成酶)催化生成腺苷酰琥珀酸(SAMP),再经腺苷酰琥珀酸裂解酶(SAMP 裂解酶)作用生成腺苷酸(AMP)和延胡索酸。由 IMP 经次黄嘌呤核苷酸脱氢酶(IMP 脱氢

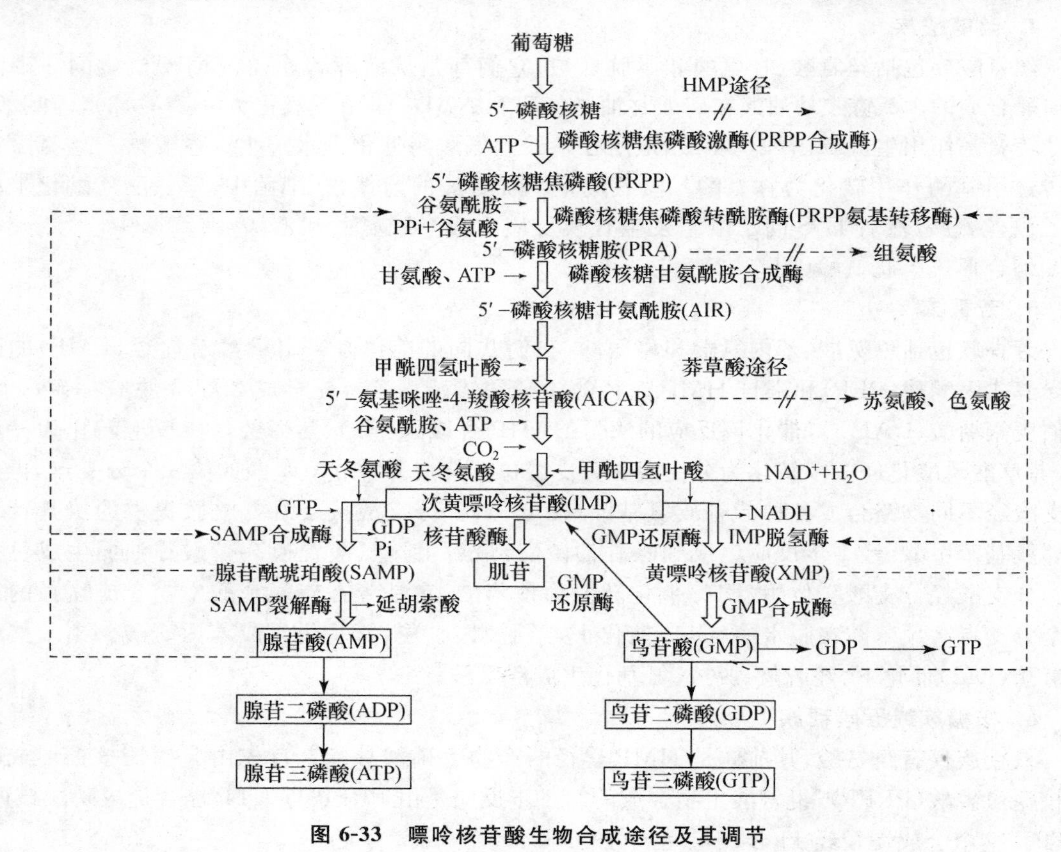

图 6-33 嘌呤核苷酸生物合成途径及其调节

酶)作用生成黄嘌呤核苷酸(XMP,黄苷酸),经鸟嘌呤核苷酸合成酶(GMP合成酶)催化生成鸟嘌呤核苷酸(GMP,鸟苷酸)。在各种核苷单磷酸的基础上,再转化形成各种核苷二磷酸和核苷三磷酸及各种脱氧核苷酸。嘌呤核苷酸生物合成途径见图6-33所示。即由AMP→ADP→ATP;由GMP→GDP→GTP。天冬氨酸的结构类似物羽田杀菌素,可强烈抑制腺苷酸琥珀酸合成酶(SAMP合成酶)的活性,阻止AMP生成。AMP过量可反馈抑制自身的合成;GMP过量可反馈抑制自身的合成。

在由IMP进入GMP的生物合成酶系分支点上的酶——IMP脱氢酶,其活性受到终产物GMP和反应生成物黄嘌呤核苷酸(XMP)的强烈抑制。当GMP过量时,可以从IMP合成XMP,但IMP脱氢酶生成不受腺嘌呤衍生物阻遏,只受鸟嘌呤衍生物的完全阻遏;同样,在由IMP进入AMP生物合成酶系分支点上的酶——SAMP合成酶,其活性受到AMP最强烈的抑制,而GMP的抑制较弱,这样也就更有效地调节GMP和AMP的合成。但SAMP合成酶则相反,不受腺嘌呤和鸟嘌呤衍生物的阻遏(图6-33)。

肌苷酸(IMP)、鸟苷酸(GMP)、腺苷酸(AMP)、黄苷酸(XMP)、5-氨基-4-甲酰胺咪唑核苷(AICAR)是嘌呤核苷酸生物合成过程中的重要中间代谢物。其中5′肌苷(IR)、5′鸟苷(GR)、AICAR等又是重要的呈味核苷酸,和谷氨酸钠混合,其鲜味常为与谷氨酸钠相乘的效果。黄苷、腺苷及其衍生物可供医药用。

6.3 微生物的代谢调节

微生物在长期进化过程中,通过自然选择,逐步建立和完善了一整套极精确的代谢调节(regulation of metabolism)系统,保证微生物能高效和经济地利用能量和养料,并可随环境条件的变化而迅速改变代谢反应的方向和速度,以使细胞内极其错综复杂、相互联系又相互制约的代谢过程有条不紊地进行。微生物代谢调节(酶的调节)主要有两种方式:一类是酶合成的调节,即酶量的调节,调节酶的产生和降解;另一类是酶活性的调节,即酶蛋白合成后的调节,又称翻译后调节,调节已有酶分子的活性。正常代谢中酶的合成与酶的活性调节是同时存在的,二者密切配合、相互协调,以保证细胞有效地利用能源。二者特性的比较见表6-11。

表6-11 酶的合成与酶的活性调节特性比较

调节方式	酶的合成	酶的活性
特点	粗调节(开关或门槛式)、延迟的	细调节(微调式)、即时和快速的
表现	诱导:底物或底物类似物诱导	激活:被较前面的中间代谢物激活
	阻遏:终产物阻遏或分解代谢物阻遏	抑制:终产物抑制
机理	基因转录和翻译水平上的调节	翻译后调控,酶化学水平上的调节
	(原核微生物主要是在转录水平的调节)	(酶的变构,3、4级水平上的化学修饰)
优点	为较间接而缓慢的调节方式,阻止酶过量生成,节约原料和能量	较直接而效果快的调节方式,防止终产物过量积累,当终产物浓度降低时,又重新解除调控

真核生物的基因表达调控与原核生物完全不同,本节仅讨论原核微生物的基因表达调控。

6.3.1 酶合成的调节

细胞内的酶按对环境影响的反应分为两类。① 结构酶或组成酶(constitutive enzyme):

这是一类细胞固有的酶，它们由细胞内相应基因控制其合成，对环境不敏感，不依赖于底物或底物结构类似物存在与否。如 EMP 途径中有关的酶类，比较稳定。② 适应酶（adaptive enzyme）：这是一类对环境敏感的酶，它们依赖于底物或底物结构类似物，或中间代谢产物等效应物的存在，其结构基因以隐蔽状态存在于染色体上，由环境中的效应物与调节基因产物（调节蛋白）可逆结合而引起结构基因表达。适应酶的调节方式主要有诱导（induction）和阻遏（repression）两类。

原核微生物的基因调控主要发生在转录水平上，根据调控机制分两种类型：① 负转录调控（negative transcription control）：在这类调控中，调节基因的产物——调节蛋白（阻遏蛋白）阻止结构基因的转录；② 正转录调控（positive transcription control）：在这类调控中，调节基因的产物——调节蛋白（激活蛋白）促进结构基因的转录。根据阻遏蛋白的作用性质，又分负控制诱导系统（负调节）和负控制阻遏系统两类：在负控制诱导系统中，阻遏蛋白不和效应物（诱导物）结合时，阻止结构基因转录；在负控制阻遏系统中，阻遏蛋白和效应物（诱导物）结合时，阻止结构基因转录。同样，根据激活蛋白的作用性质也分为正控制诱导系统和正控制阻遏系统：在正控制诱导系统中，效应物（诱导物）分子使激活蛋白处于活动状态；正控制阻遏系统中，效应物（抑制物）分子使激活蛋白处于不活动状态。

1. 酶合成的诱导

凡能促进酶生成的现象称为诱导，通过诱导而产生的酶称为诱导酶（inducible enzyme），分解代谢的酶类多为酶合成的诱导。能促使诱导酶产生的效应物称为诱导物（inducer）。诱导物常是酶的底物，如诱导 β-半乳糖苷酶或青霉素酶合成的乳糖或青霉素；也可以是不被利用的底物结构类似物，如乳糖的结构类似物硫代甲基半乳糖苷（thiomethylgalactoside，TMG）和异丙基-β-*D*-硫代半乳糖苷（isopropyl-β-*D*-thiogalactoside，IPTG），苄基青霉素的结构类似物 2,6-二甲氧基苄基青霉素等；有的分解代谢的中间产物也会诱导酶的合成，如色氨酸分解代谢中的犬尿氨酸即可诱导色氨酸降解为邻氨基苯甲酸的一系列酶。

（1）负控制诱导系统

酶合成诱导研究最清楚的是大肠杆菌利用乳糖的过程。大肠杆菌乳糖操纵子（lactose operon）由启动基因（promoter，*P*）、操纵基因（operator，*O*）和分别编码乳糖代谢 3 种酶 β-半乳糖苷酶、渗透酶和转乙酰基酶的 3 个结构基因（structure gene，*Z*、*Y*、*a*）组成（图 6-34）。结构基因与操纵区紧密连锁，组成一个基因表达的功能单位，称为操纵子（operon）。启动基因是依赖 DNA 的 RNA 聚合酶的结合位点，也是转录起始点；操纵基因位于启动基因与结构基因之间，

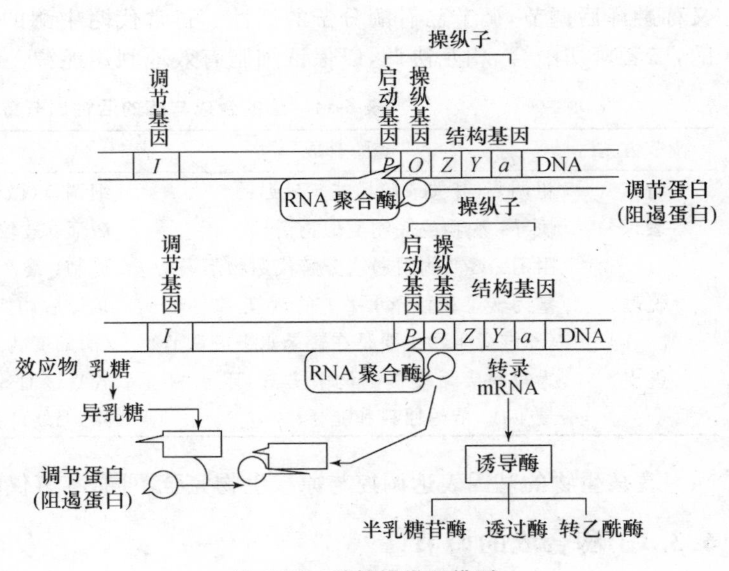

图 6-34　乳糖操纵子模型

与调节蛋白即阻遏物结合。调节基因(*lac* I 基因)不与操纵子连锁,调节基因的产物是调节蛋白(regulatory protein),也称为阻遏蛋白(repressor)或阻遏物,为一类变构蛋白,其上有两个特殊位点,一个位点可与操纵基因结合,另一个位点可与效应物结合。调节蛋白与效应物结合后可发生变构作用。调节基因编码的调节蛋白通过与操纵区结合,控制结构基因的转录。

大肠杆菌乳糖操纵子的作用是典型的负控制诱导系统。根据乳糖操纵子学说,在环境中没有诱导物(乳糖或 IPTG)时,调节蛋白结合到染色体操纵基因上,影响 mRNA 聚合酶与启动基因结合,从而影响结构基因转录,利用乳糖的酶不能合成;当环境中有乳糖时,进入胞内的乳糖在极少量的β-半乳糖苷酶作用下转变为异乳糖,异乳糖作为效应物与调节蛋白结合,使调节蛋白构象改变,构象改变的调节蛋白不能与操纵基因识别和结合,mRNA 聚合酶结合在启动基因上,顺利地转录结构基因,再由 mRNA 翻译合成β-半乳糖苷酶、渗透酶和转乙酰基酶的3 种蛋白质(图 6-34)。

(2) 正控制诱导系统

大肠杆菌麦芽糖操纵子(maltose operon)、阿拉伯糖操纵子(arabinose operon)的调控是正控制诱导系统的典型例子,诱导物是麦芽糖或阿拉伯糖。无诱导物只有激活蛋白单独存在时,结构基因不转录,阻止分解麦芽糖或阿拉伯糖分解酶的合成;只有在麦芽糖或阿拉伯糖诱导物存在时,激活蛋白与诱导物结合,激活蛋白构象发生改变,与 DNA 特殊位点(激活蛋白结合位点)结合,促使 RNA 聚合酶开始转录。

酶合成的诱导有协同诱导与顺序诱导两类:

① 协同诱导。指加入一种诱导物能同时或几乎同时诱导几种酶的合成,如加入乳糖,大肠杆菌可同时诱导合成分解乳糖有关的β-半乳糖渗透酶、β-半乳糖苷酶和半乳糖苷转乙酰基酶3 种酶的合成。协同诱导主要存在于短的代谢途径中,可使细胞迅速分解底物。

② 顺序诱导。指加入诱导物后,会先诱导产生合成分解底物的酶;再依次诱导分解其后各中间代谢产物的酶。如在色氨酸降解为儿茶酚的途径中,犬尿氨酸先协同诱导出色氨酸加氧酶、甲酰胺酶和犬尿氨酸酶,将色氨酸分解为邻氨基苯甲酸后,由邻氨基苯甲酸再诱导出邻氨基苯甲酸双氧酶,催化邻氨基苯甲酸生成儿茶酚。微生物通过顺序诱导以实现复杂代谢途径分段控制的目的。

2. 酶合成阻遏

阻止酶合成的现象称为阻遏,阻遏酶(repressible enzyme)合成调节主要有两种类型:一类是终产物阻遏(end product repression);另一类是分解代谢产物阻遏(catabolite repression)。前者发生于生物合成代谢中,后者发生在分解代谢中。阻止酶合成的效应物称为辅阻遏物(corepressor),它可以是合成代谢的终产物,也可以是分解代谢的中间产物。

(1) 终产物阻遏

终产物阻遏是指在生物合成途径中,由于效应物(代谢途径的终产物)的过量积累而阻遏该生物合成途径中所有酶的合成。如图 6-35 所示,色氨酸操纵子(tryptophan operon)含有 5 个结构基因,编码色氨酸合成途径后几步反应中 5 个酶的合成,效应物是合成代谢途径的终产物色氨酸(为辅阻遏物);调节基因产物 R 是一种无活性的阻遏蛋白(原阻遏物),也是一种变构蛋白。其机制为:无终产物色氨酸或色氨酸供应不足时,调节蛋白(原阻遏物)无活性,不能结合到染色体操纵基因上,结构基因被转录,合成途径 5 种酶——邻氨基苯甲酸合成酶和邻氨基苯甲酸磷酸核糖转移酶(由 *e*+*d* 基因编码)、磷酸核糖邻氨基苯甲酸异构酶(由 *c* 基因编

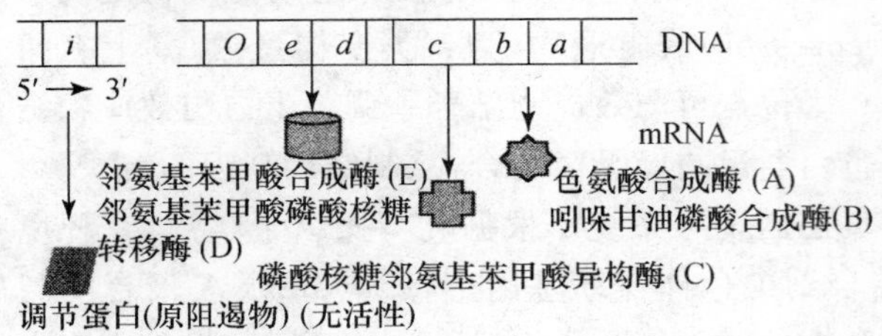

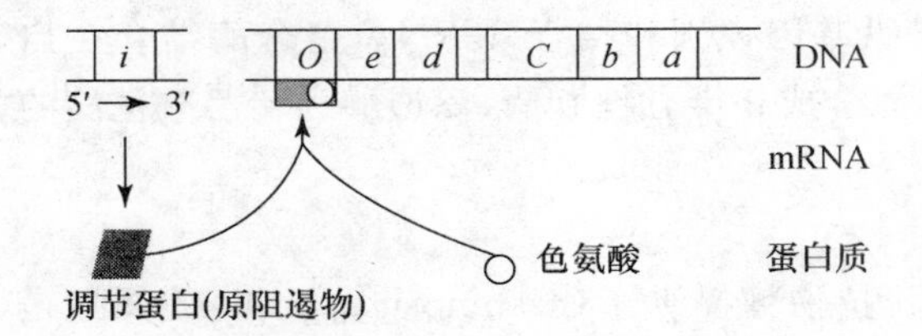

图 6-35　色氨酸操纵子模型

码)、吲哚甘油磷酸合成酶和色氨酸合成酶(由 $b+a$ 基因编码)照样合成；当色氨酸浓度高时，调节蛋白(原阻遏物)与色氨酸(辅阻遏物)结合，调节蛋白构象改变，形成有活性的阻遏蛋白，紧密结合到操纵基因上，结构基因不能转录，酶停止合成。在这里，色氨酸起着 *trp* 操纵子的辅阻遏物功能，其生理意义为防止终产物过量生成，避免原料与能量的浪费。大肠杆菌色氨酸操纵子为负控制阻遏系统。精氨酸、甲硫氨酸、嘌呤和嘧啶核苷酸合成酶系的阻遏，皆为终产物阻遏。

(2) 分解代谢产物阻遏

微生物在含有能分解的两种底物(如葡萄糖和乳糖或氨和硝酸盐)的培养基中生长时，首先分解快速利用的碳源、氮源(如葡萄糖或氨)，而不分解慢速利用的碳源、氮源底物(如乳糖或硝酸盐)。这是因为快速利用的碳源、氮源分解代谢产物阻遏了慢速利用的碳源、氮源分解酶合成的结果。葡萄糖对其他底物的有关酶合成的阻遏作用，又称为葡萄糖效应(glucose effect)。分解代谢产物阻遏在微生物生长上的表现为"二次生长"(diauxic growth)现象。微生物先利用第一种快速被利用的基质生长，待快速被利用的基质耗尽后，分解代谢产物阻遏才被解除，再利用第二种基质生长(图 6-36)。

分解代谢产物阻遏机制(图 6-37)是两种效应物和两种调节蛋白共同调节的结果：第一种效应物 1(乳糖)和调节蛋白 1(*R* 基因编码阻遏物)；第二种效应物 2(cAMP)和调节蛋白 2(CRP 蛋白，分解代谢产物活化蛋白或 cAMP 受体蛋白)。当细胞中 cAMP 浓度高时，cAMP 与 CRP 蛋白结合引起 CRP 蛋白构象变化，形成一种有活性的 cAMP-CRP 复合物，与启动基因(*P*)一个位点结合；效应物 1(乳糖)存在时，效应物 1 与调节蛋白 1 结合，使调节蛋白 1 构象改变，离开操纵基因(*O*)；RNA 聚合酶与启动基因(*P*)另一位点结合，开始结构基因转录和翻译。慢速利用碳源的分解酶开始合成。cAMP 浓度低时，调节蛋白 2(CRP 蛋白)单独存在，不与启动基因结合。实质上分解代谢产物阻遏是 cAMP 参与微生物的分解代谢酶的诱导合成的调节(或分解代谢物阻遏涉及一种活化蛋白对转录作用的调控)。cAMP 由腺苷环化酶合成，由磷酸二酯酶分解，由 cAMP 透过酶运出胞外。葡萄糖分解代谢产物有抑制腺苷环化酶活性、促进磷酸二酯酶活性和 cAMP 透过酶活性的作

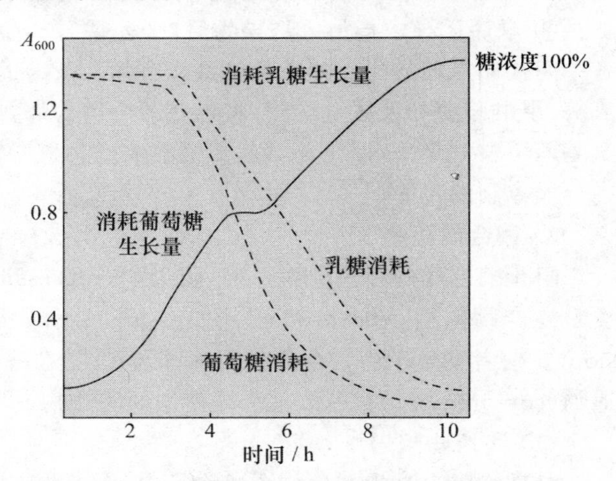

图 6-36　葡萄糖效应(二次生长现象)

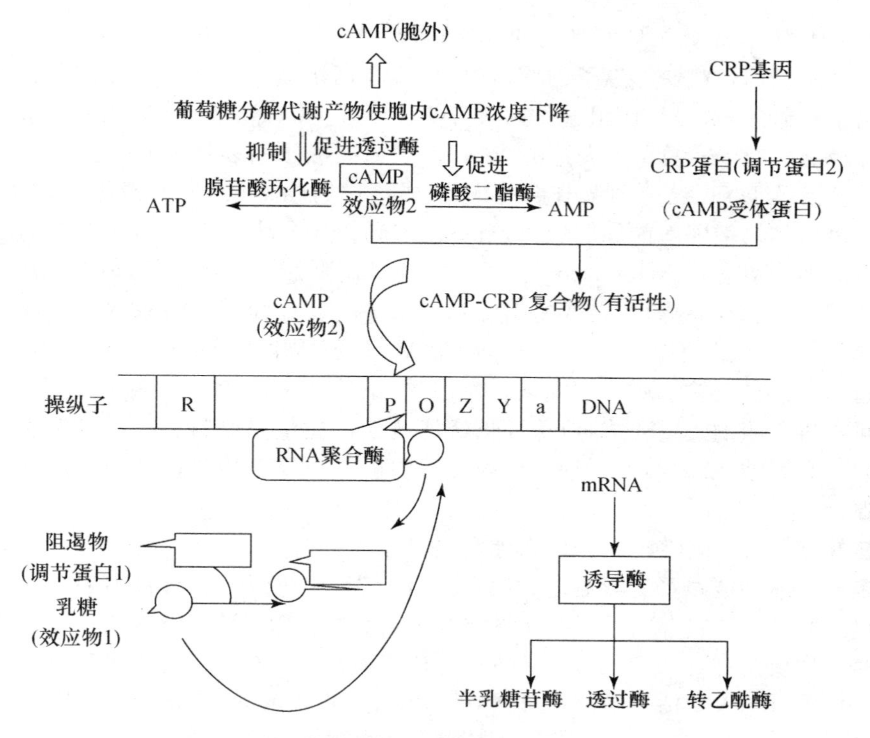

图 6-37 葡萄糖分解代谢产物阻遏和 cAMP 作用

用(即葡萄糖分解产物可使胞内 cAMP 浓度下降和使胞内 cAMP 向胞外排出)。当培养液中有葡萄糖时,细胞内 cAMP 水平低;反之,当葡萄糖被利用后,细胞内 cAMP 水平上升,引起 CRP 蛋白构象改变,形成有活性的 cAMP-CRP 复合物,从而启动慢速利用碳源的分解酶的转录。cAMP-CRP 复合物是一种不同于阻遏物的正调控因子(正调节为一种调节蛋白促使 mRNA 聚合酶结合在启动基因上,从而促进 mRNA 转录的作用),分解代谢产物阻遏是一种正控制诱导体系,表明乳糖操纵子的功能是在正、负两个相互独立的调控系统作用下进行的。

另外,cAMP-CRP 复合物可以同时与几个操纵子上的启动基因结合,从而影响许多操纵子,所以被称为降解物敏感型操纵子(catabolite sensitive operon)。cAMP-CRP 复合物可诱导一系列酶的合成,说明分解阻遏是发生在转录水平上的调节。

生产上有时常使用一些慢速利用的碳、氮源,以避免使用快速利用的碳源、氮源引起的分解代谢物阻遏。如,青霉素发酵中常利用乳糖代替部分葡萄糖以提高青霉素产量;嗜热脂肪芽孢杆菌(*Bacillus stearothermophilus*)生产淀粉酶时,用甘油代替果糖以提高淀粉酶产量。如果培养基中必须添加易引起分解代谢物阻遏的物质时,也可采用分批添加或连续流加的方式。

3. 酶合成的其他调节方式

发生在基因转录水平上的酶合成的调节除了酶的诱导和阻遏两种类型外,还有弱化子调节、细菌的应急反应(核糖体 RNA 水平的调节)、σ 因子对基因表达的调节和信号转导与二组分调节系统、SOS 调控系统等。有关信号效应和细菌趋化机制等内容可参阅“微生物生理学”内容,此处仅讨论弱化作用、细菌应急反应和 σ 因子对基因表达的调节。

(1) 弱化作用(核糖体翻译水平上的调控)

在研究大肠杆菌色氨酸操纵子的调节时,发现在高浓度和低浓度色氨酸条件下 *trp* 操纵子的表达水平相差约 600 倍,而阻遏作用只可使转录减少 70 倍;另外,阻遏物失活的突变株不能完全消除色氨酸对 *trp* 操纵子表达的影响,这表明操纵子的表达还有其他调控机制。这种调控机制不涉及与 DNA 结合的调节蛋白,称为弱化作用(attenuation)或阻尼作用,在操纵子的启动子与第一结构基因间前导区域内,有一段编码一条末端含有多个色氨酸多肽链(称前导肽)的密码子,即为弱化子(attenuator)。色氨酸含量高低影响 *trp* 结构基因转录出的 mRNA 二级结构构型,从而影响色氨酸合成酶类的翻译水平。它是细菌在转录水平上辅助阻遏的一种精细调控或衰减机制,不表现终止子功能。因此,色氨酸生物合成途径酶在转录水平上的调节包括阻遏(开关或门槛式调控)和弱化(次极调控、核糖体翻译水平上的调控)两级调节,通过两级调节可以避免酶的过量合成,以保证更经济地使用能量和原料。大肠杆菌中已发现苏氨酸、亮氨酸、异亮氨酸、缬氨酸、组氨酸、苯丙氨酸和色氨酸等 7 种氨基酸的合成途径中存在这种调控机制。

(2) 细菌的应急反应(核糖体 RNA 水平的调节)

在所需氨基酸和能量受到限制时,细菌会采取某种应急反应以提高自身的存活能力。阻碍核糖体(特别是 rRNA)合成是保存能量和维持生命最低限量需求的主要方式。实现这种应急反应信号的物质是鸟苷四磷酸(ppGpp)和鸟苷五磷酸(pppGpp),对两种物质的诱导物为空载 tRNA。空载 tRNA 激活焦磷酸转移酶,使 ppGpp 和 pppGpp 大量合成。反应式如下:

$$\text{GTP}+\text{ATP}\xrightarrow[\text{Mg}^{2+},\text{tRNA}]{\text{焦磷酸转移酶}}\text{ppGpp(或 pppGpp)}+\text{AMP}$$

当氨基酸缺乏时,相应的空载 tRNA 浓度上升,空载的 tRNA 进入核糖体 A 位点,激活核糖体上的焦磷酸转移酶催化 GTP 和 ATP 生成大量 ppGpp(或 pppGpp),其浓度可增加 10 倍以上。离体条件研究发现 ppGpp 会关闭许多基因,也会开启一些合成氨基酸的基因。任何氨基酸的缺乏均可导致 ppGpp 的产生,使细胞活动重新定向,阻止 rRNA 合成,补偿氨基酸的不足,以应付紧急情况。

ppGpp 的作用机制:① ppGpp 与 rRNA 启动子结合,减小 RNA 聚合酶对 rRNA 启动子的亲和力,导致基因被关闭,使合成核糖体的 RNA(rRNA)总量降低,从而影响核糖体蛋白的合成。② ppGpp 与 RNA 聚合酶结合,使 RNA 聚合酶构象改变,使其可识别不同的启动子,从而改变基因的转录效率,促进氨基酸合成,抑制 tRNA、脂肪酸、脂肪、核苷酸、肽聚糖、碳水化合物和多胺等的合成。ppGpp 不仅调控转录,也调控翻译,被称为超级调控因子。

(3) σ 因子对基因更替和基因表达的调控

σ 因子(sigma factor)是 RNA 聚合酶核心酶(core enzyme,由 α2、β、β′组成)与启动子之间的桥梁,参与启动子的识别和结合。细菌使用不同的 σ 因子识别不同的基因启动子,使 RNA 聚合酶转录出不同的基因,这是细菌适应环境变化,改变基因表达的一种方式。

① 大肠杆菌的热激应答。大肠杆菌最常用的 σ 因子是 σ^{70} 因子(相对分子质量为 70 000),在较高温度(42～50℃)时,RNA 聚合酶的 σ^{70} 因子转变为 σ^{32} 因子(相对分子质量为 32 000),σ^{32} 因子和 σ^{70} 因子识别不同的启动子序列,诱导产生热激蛋白(heat shock protein,HSP),包括传感蛋白 Hsp70(一种热激蛋白,感受温度变化后调节热激应答系统的调节蛋白因子 rPOH 的表达,rPOH 基因产物即 σ^{32} 因子)、核质蛋白(nucleoplasmin)、分子伴侣(chaperone)等,其中 GroEL 和 GroES 两种分子伴侣可在高温下使发生变性的多肽恢复活性,称为热激应答反

应(heat shock response)。当细菌适应了较高温度时,大多数热激应答基因的表达便停止,恢复"常规"基因的表达。

② 枯草芽孢杆菌芽孢形成过程中 σ 因子的更替。枯草芽孢杆菌主要通过 σ 因子的更替来实现细胞内基因表达的剧烈变化,其中至少有 6 个 σ 因子和 80 多个基因参与芽孢的发育。在营养生长期,主要含有 $\sigma^{A(70)}$ 的 RNA 聚合酶,只能识别营养生长阶段的基因启动子,控制基因转录;当营养耗竭,细胞处于饥饿状态下,σ 因子次序由 $\sigma^{A(70)}$ 更替为 σ^H、σ^F、σ^G、σ^E 和 σ^K,其中,σ^H 的 RNA 聚合酶转录芽孢发育的信号传导系统的基因,启动芽孢的发育;σ^F 和 σ^E 负责识别早期芽孢形成基因的启动子;含有 σ^G 和 σ^K 的 RNA 聚合酶则负责中、后期芽孢形成基因的转录。

6.3.2 酶活性的调节

酶活性调节是属于翻译后的调控,指细胞通过调节胞内已有酶分子的构象或分子结构的改变,从而调节酶催化代谢反应的速率。这种调节方式使微生物细胞对环境变化作出迅速反应。酶活性调节是一种发生在酶化学水平上的调节方式,它远比酶合成调节还要精细快速,而且还会受到底物、环境、能量、其他酶原、辅酶的存在与否等诸多因素的影响。

1. 调节机制

细胞对酶活性的调节主要有变构调节和共价修饰两种方式。酶活性调节主要通过激活或抑制来实现。其中能提高酶催化活性的效应物称为激活剂,而降低酶催化活性的效应物称为抑制剂,这些效应物通常是相对分子质量较低的化合物,可以来自环境,也可以是细胞代谢的中间产物。

(1) 变构调节

在某些氨基酸和嘌呤、嘧啶核苷酸或其他的生物合成途径中,反应产物(通常是代谢途径的终产物)积累往往会抑制催化这条途径的重要酶(常为这一途径的第一个酶)的活性,这称为反馈抑制(feedback inhibition)。其原因在于被抑制活性的酶是变构酶(allosteric enzyme)。变构酶具有两个重要的结合位点,即活性中心(活性位点)和调节中心(变构位点)。前者是底物结合位点;后者是效应物(终产物或抑制剂)结合位点(图 6-38)。通常效应物与底物的结构有差异,当效应物(终产物)与酶的调节中心可逆结合(非共价结合),酶分子构象发生变化,抑制了底物与酶活性中心结合。当终产物浓度下降后,反应平衡倾向使效应物(终产物)从调节中心解离,酶活性中心恢复原构象,反馈抑制被解除,终产物重新合成。由此可见,调节酶活性变化仅仅是酶蛋白在三级或四级水平上结构的改变,是一种非常灵活、迅速和可逆的调节。变构酶调节在合成和分解代谢途径中是极其普遍的,如 EMP 途径和 TCA 循环中的反馈抑制调节。

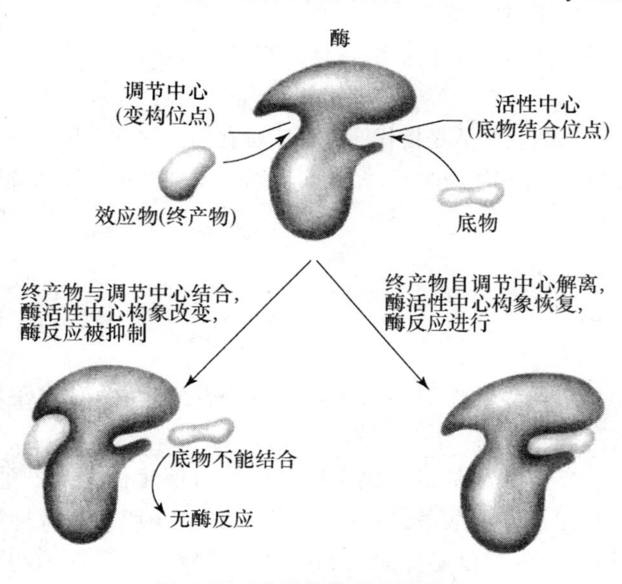

图 6-38 酶的变构效应示意图

(引自 Michael T,2006)

(2) 共价修饰

共价修饰(covalent modification)又称化学修饰,能被共价修饰调节的酶称为共价调节酶。共价修饰是指在特定的修饰酶催化下,对共价调节酶多肽链上某些基团进行可逆共价修饰(向代谢途径中的酶添加或解离某种小的有机物分子)的过程,也是一种灵敏、快速和高效的调节方式。修饰基团的结合或去除,可改变酶的构象,使酶处于活性和非活性互变状态,导致调节酶的激活或抑制,从而控制代谢的方向和速度。

目前已知有多种类型的可逆共价调节蛋白(或酶),其中最重要的是磷酸化/去磷酸化控制的酶活性变化(见表 6-12)。其他的还有:乙酰化/去乙酰化,腺苷化/去腺苷化,尿苷酰化/去尿苷酰化,甲基化/去甲基化,ADPR 化/去 ADPR 化,S—S/SH 基相互转变等。

表 6-12　共价修饰改变酶催化活性实例

酶　类	低活性状态	高活性状态	来　源
糖原合成酶	去磷酸化	磷酸化	真核细胞
丙酮酸脱氢酶	去磷酸化	磷酸化	真核细胞
糖原磷酸化酶	磷酸化	去磷酸化	真核细胞
磷酸化酶 b 激酶	磷酸化	去磷酸化	哺乳动物
谷氨酰胺合成酶	腺苷酰化	去腺苷酰化	原核细胞
黄嘌呤氧化(脱氢)酶	—SH 化	—S—S—化	哺乳动物

酶促共价修饰与酶变构调节不同,酶促共价修饰是酶分子共价键发生改变,即酶的一级结构发生变化,而酶变构调节只是酶的三、四级结构发生变化。酶促共价修饰对调节信号具有放大效应,其催化效率比酶变构调节要高。而且,在酶分子发生磷酸化修饰时,每个亚基只消耗 1 分子 ATP,远比新合成 1 个酶分子所需能量小得多,是一种细胞内较经济的代谢调节方式。

2. 调节类型

酶活性调节包括酶活性的激活和抑制两方面。

(1) 激活

酶活性激活是指代谢途径中催化后面反应的酶活性被前面反应的中间代谢产物(分解代谢时)或前体(合成代谢时)所促进的现象。在有关联的分支合成途径存在时,也有补偿性激活的现象。

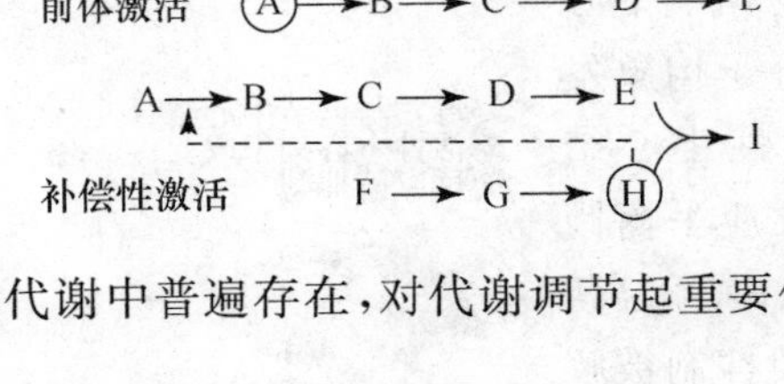

前体激活　Ⓐ → B → C → D → E

A → B → C → D → E
　　　　　　　　　　　　→ I
补偿性激活　F → G → Ⓗ

酶的激活作用在微生物代谢中普遍存在,对代谢调节起重要作用(图 6-39)。

(2) 抑制

反馈抑制是指合成途径终产物对该途径中第一个酶(调节酶)活性的抑制作用。当细胞内氨基酸或核苷酸等终产物过量积累时,终产物直接抑制该途径第一个酶的活性,使合成过程减缓或停止,可以避免原料和能量的浪费。反馈抑制调节方式有多种。

① 直线式合成途径的反馈抑制。谷氨酸棒杆菌的鸟氨酸、瓜氨酸、精氨酸合成途径中,精氨酸过量合成时,阻遏该合成途径第一个酶——N-乙酰谷氨酸合成酶生成;如抑制和阻遏乙酰谷氨酸激酶活性。这些是最简单的终产物反馈抑制方式,避免终产物过多积累。

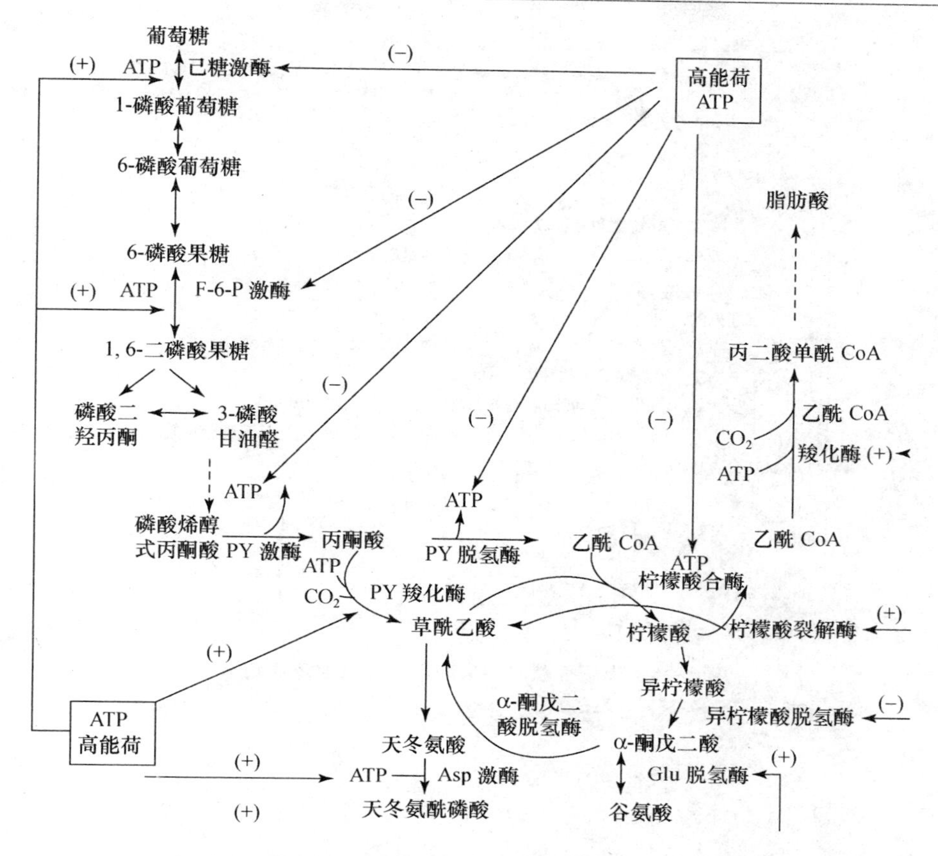

图 6-39　细胞能荷状态对糖代谢的影响

（+）激活，（−）抑制

② 分支式合成途径的反馈调节。

a. 同工酶(isoenzyme)反馈调节。同工酶是指作用的底物和催化反应相同，但酶的分子构型不同，分别受不同末端终产物抑制的酶，也称酶的多重性抑制(enzyme multiplicity inhibition)。大肠杆菌天冬氨酸族氨基酸的生物合成的调节方式是同工酶反馈调节的典型。其特点是在分支途径的第一个酶有几种结构不同的同工酶，每一分支代谢途径的终产物只对其中一种同工酶有反馈抑制或阻遏作用，只有当几种终产物同时过量时，才能完全阻止反应进行。从图 6-40 看出，催化该条途径第一个反应的酶——天冬氨酸激酶有 3 个同工酶(Ⅰ、Ⅱ、Ⅲ)，分别受苏氨酸、甲硫氨酸和赖氨酸的反馈调节；天冬氨酸-β-半醛位于合成上述各种氨基酸途径的第一个分支点上，高丝氨酸位于这条途径的第二个分支点上，催化天冬氨酸-β-半醛为高丝氨酸的高丝氨酸脱氢酶Ⅰ、Ⅱ也是同工酶，分别受苏氨酸和甲硫氨酸的反馈调节。

b. 协同反馈抑制(concerted feedback inhibition)。在分支代谢途径中，催化途径中第一步反应的酶往往有多个末端终产物结合位点，可以分别与相应的终产物结合。只有酶上每个结合位点都与各自的终产物结合后，才能抑制或阻遏酶的活性或合成，若其中某一种终产物过量，对该途径第一个酶没有反馈抑制作用。这种需要各终产物同时过量才能导致反馈抑制的调节方式称为协同反馈抑制。如在谷氨酸棒杆菌(*Corynebacterium glutamicum*)天冬氨酸族氨基酸生物合成调控(图 6-41)中，只有当苏氨酸、赖氨酸同时过量时，才能反馈抑制天冬氨酸激酶活性。

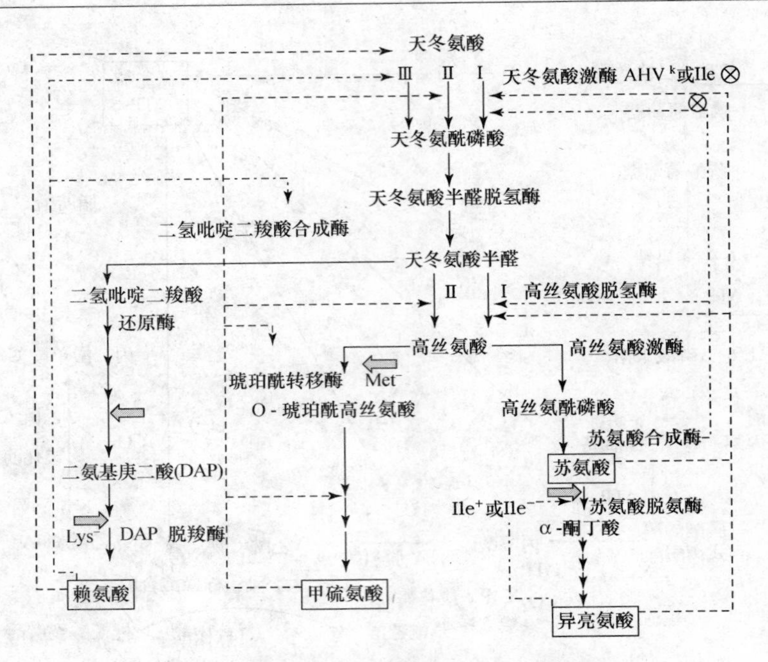

图 6-40 大肠杆菌天冬氨酸族生物合成反馈调节

-·-·-→ 反馈抑制，- - - -→ 反馈阻遏，⇨ 遗传缺陷，⊗ 解除反馈调节

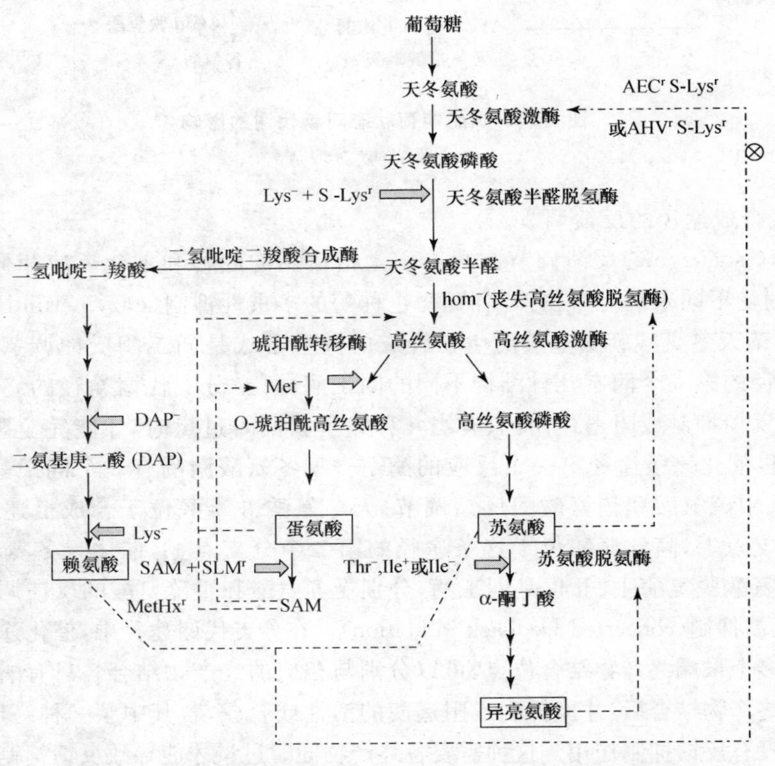

图 6-41 谷氨酸棒杆菌或黄色短杆菌天冬氨酸族氨基酸生物合成调控

-·-·-→ 反馈抑制，- - - -→ 反馈阻遏，⇨ 遗传缺陷，⊗ 解除反馈调节

c. 顺序反馈抑制(sequential feedback control)。顺序反馈抑制或称为逐步反馈抑制(step feedback inhibition),是指在分支代谢途径中两个末端终产物,不能直接抑制代谢途径中的第一个酶,而只是能分别抑制分支点后的第一个酶的活性,引起分支点上的中间产物积累;随后,高浓度的中间产物再反馈抑制第一个酶的活性。只有当两个终产物都过量时,才能对途径中第一个酶起到抑制作用。枯草芽孢杆菌芳香族氨基酸的生物合成反馈抑制就属于这种类型(图 6-42)。

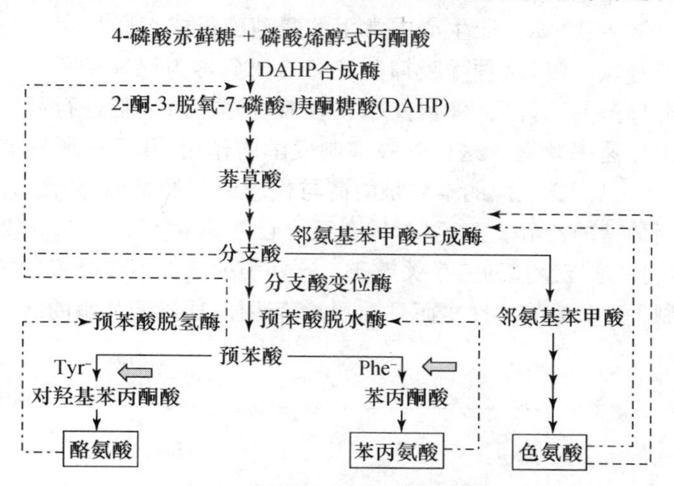

图 6-42 枯草芽孢杆菌芳香族氨基酸生物合成调控

-·-·-► 反馈抑制,- - - -► 反馈阻遏

d. 累加反馈抑制(cumulative feedback inhibition)。累加反馈抑制与协同反馈抑制非常相似,即催化分支代谢途径第一步反应的酶,有多个末端终产物结合的位点,每个终产物与酶相应位点结合时,均可引起酶活性不同程度的抑制作用,总的抑制效果是累加的,且各个终产物所引起的抑制作用互不影响,只影响酶促反应的速率。大肠杆菌谷氨酰胺合成酶是累加反馈抑制的例子。谷氨酰胺合成酶受 8 种终产物累加反馈抑制,当色氨酸、AMP、CTP 和氨甲酰磷酸单独过量时,可分别抑制该酶活性的 16%、41%、14%和 13%;上述 4 种终产物同时过量,该酶活性抑制 63%;其他末端终产物同时过量可抑制酶活性,使其只剩下 37%(图 6-43)。

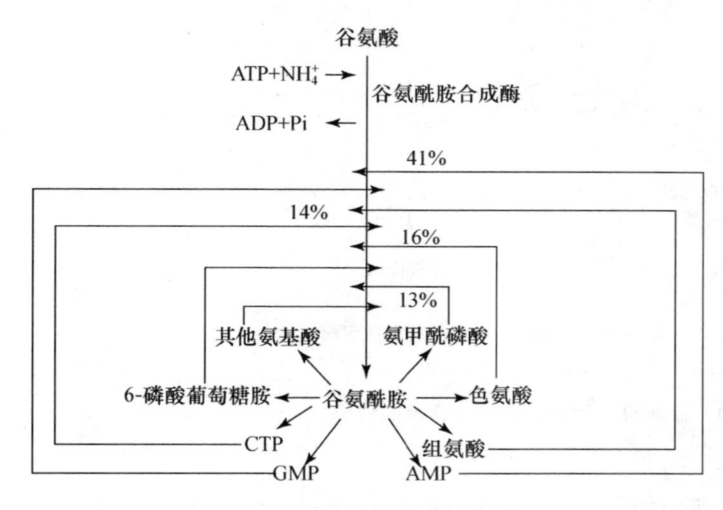

图 6-43 谷氨酰胺合成酶累加反馈调节示意图

3. 酶活性调节的其他方式

(1) 能荷与代谢调节

糖分解代谢途径中的一些酶除受末端产物或分解代谢产物调节外,由于 ATP 可以视为糖分解代谢的末端产物,也可通过控制细胞的产能代谢(细胞能荷大小)来控制代谢物的流向。细胞内 ATP 含量多少代表能荷高低,在产能反应的调节中,ATP 过量时,ATP 反馈抑制产能反应中的酶(ATP 合成酶系);当 ATP 分解为 ADP 或 AMP,同时将能量转移给其他物质进行合成反应时,ATP 的反馈抑制被解除,则 ADP 或 AMP 又激活产能反应的酶(ATP 利用酶系),恢复 ATP 的合成。通过改变 ATP、ADP、AMP 三者比例来调节代谢活动,称为能荷调节。受能荷调节的酶,其活性与能荷的关系如图 6-39 所示。

(2) 巴斯德效应

由于葡萄糖在有氧呼吸中获得的能量远比无氧呼吸和发酵时获得的多得多,所以,兼性厌氧微生物(如工业生产中常用的酿酒酵母或大肠杆菌)在有氧条件下,就会终止厌氧发酵而转向有氧呼吸,这种呼吸抑制发酵的现象称为巴斯德效应(Pasteur effect)。因为巴斯德在研究酵母菌的乙醇发酵时,发现在有氧时酵母菌细胞进行呼吸作用,同时乙醇产量显著下降,糖的消耗速率减慢。这种呼吸抑制发酵的作用,几乎在所有兼性厌氧微生物中都存在。

巴斯德效应的本质是能荷与代谢调节的结果,如图 6-44 所示。酵母菌通过 EMP 途径进行葡萄糖的乙醇发酵。EMP 途径中己糖激酶(HK)、磷酸果糖激酶(F-6-P 激酶)和丙酮酸激酶(PK)是该途径的三个关键酶。这些酶的活性不仅受多种代谢产物的影响(柠檬酸和异柠檬酸抑制 F-6-P 激酶活性),而且受到能荷调控,通过调节酶的活性而影响 EMP 途径的正常运转。

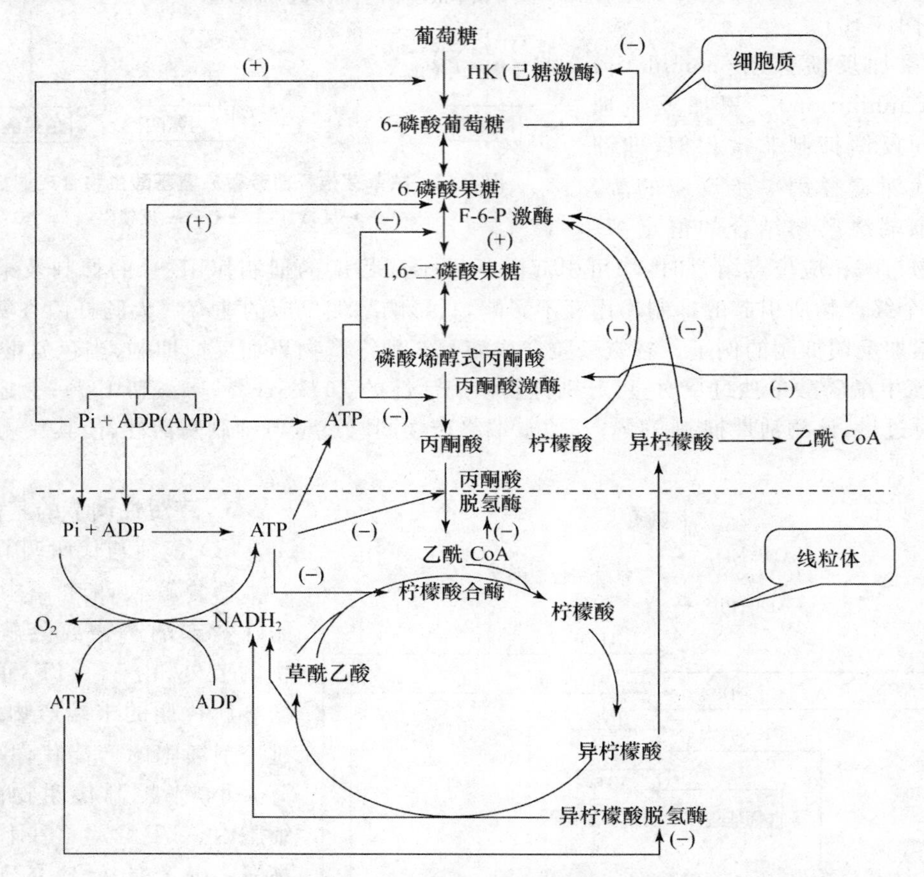

图 6-44　糖酵解途径与有氧呼吸途径的调节

(+) 激活,(−) 抑制

巴斯德效应的机制为:① O_2 供应充足时,葡萄糖经 EMP 途径产生的丙酮酸进入线粒体,经 TCA 循环产生大量 ATP,高能荷时 ATP 抑制 F-6-P 激酶、丙酮酸激酶、丙酮酸脱氢酶、柠檬酸合酶、异柠檬酸脱氢酶等的活性;② O_2 供应充足时,ADP 和无机磷(Pi)进入线粒体,降低了对 F-6-P 激酶和己糖激酶的激活作用,由于 F-6-P 激酶活性降低,造成 6-磷酸果糖积累,6-磷酸果糖异构逆转生成 6-磷酸葡萄糖,但己糖激酶(HK)受 6-磷酸葡萄糖(G-6-P)的反馈抑制，为此葡萄糖消耗速率减慢；③ O_2 供应充足时，大量的 $NADH_2$ 经电子传递链进行氧化磷酸化生成大量 ATP，乙醛还原生成乙醇所需的 $NADH_2$ 减少，所以乙醇产量显著下降。

综上所述，由于 O_2 供应充足，F-6-P 激酶等活性降低，从而影响了微生物细胞对葡萄糖的分解利用和 EMP 途径发酵产物乙醇的生成，造成所谓呼吸抑制发酵的现象。

6.3.3　初级代谢调节的解除及其应用

在工业发酵中，为使氨基酸、核苷酸等大量代谢产物生成和积累，就必须人为打破微生物细胞代谢的自动调节，改变代谢流向，减少或切断支路代谢途径；提高细胞膜的通透性，使合成的代谢产物不断渗透到胞外，以便所需要的目的产物在胞内大量积累。发酵中代谢调控的主要措施是控制遗传型和控制培养条件两个方面。微生物遗传特性的改变，通过基因突变（选育营养缺陷型菌株、选育抗反馈调节突变株，包括抗反馈抑制突变型和抗反馈阻遏突变型、选育细胞膜透性突变株、选育营养缺陷型回复突变株或条件突变株等）和遗传重组（原生质体融合、杂交育种、重组 DNA 技术）实现；发酵环境条件的控制通过控制溶解氧、pH、NH_4^+ 离子浓度、营养物（如磷酸盐、生物素等维生素）浓度等实现。外因是实现发酵转换的条件，内因是菌种的遗传特性，是变化的根据。从遗传控制和培养条件两方面解除正常代谢调控。本节将重点介绍微生物代谢调节控制育种的应用。

1. 营养缺陷型突变株在发酵生产中的应用

营养缺陷型(auxotroph)是野生型菌株经过物理或化学因素诱变形成的。它们编码合成代谢途径中某些酶的结构基因发生突变，导致合成代谢途径中某一个酶的缺失或失活，使代谢途径中断，从而丧失合成某些代谢产物（如氨基酸、核酸碱基、维生素）的能力。

根据遗传性代谢障碍发生的位置不同，分为两类：

(1) 筛选营养缺陷型，解除正常代谢的反馈调节

在直线式的合成途径中，营养缺陷型代谢障碍的结果是途径中断前的代谢产物积累。如在谷氨酸棒杆菌鸟氨酸、瓜氨酸、精氨酸合成途径中，选育丧失鸟氨酸转氨甲酰转移酶的突变株，加入亚适量瓜氨酸和精氨酸，鸟氨酸积累达 26 g/L；枯草芽孢杆菌选育丧失精氨酸琥珀酸合成酶的突变株，添加精氨酸 200 mg/L，瓜氨酸积累达 16 g/L。

在分支的代谢途径中，当营养缺陷型发生在其中的一个分支途径上，则其他分支的代谢流量会增加。由于营养缺陷使一条分支的末端终产物不能合成，解除了微生物细胞内原有的反馈调节，而造成另一条分支途径的终产物得以积累。如赖氨酸发酵高产菌株的选育（图 6-41），则需通过选育高丝氨酸缺陷型(hom^-)，切断支路代谢，解除了赖氨酸和苏氨酸的协同反馈调节，使中间产物天冬氨酸半醛全部转向赖氨酸的生物合成。只要补给限量苏氨酸和蛋氨酸，赖氨酸积累可达 45～48 g/L。又如生产上使用的发酵肌苷酸产氨短杆菌(*Brevibacterium ammoniagenes*)突变株，肌苷酸生成量最高达 23.4 g/L，该菌株是缺失 SAMP 合成酶的腺嘌呤缺陷型(Ade^-)，解除腺嘌呤、AMP、ADP、ATP、GTP 对 IMP 合成途径关键酶 PRPP 酰胺转移酶反馈调节，在限量腺嘌呤下，肌苷酸大量积累。

(2) 筛选营养缺陷型，调控细胞膜通透性

微生物细胞膜中影响膜透性的主要物质是磷脂双分子层，甘油和脂肪酸（包括饱和与不饱和脂肪酸）是磷脂的两个主要成分，因而选育甘油或油酸的营养缺陷型，获得细胞膜缺损的突变株，在限量添加甘油或油酸的培养条件下，便可获得代谢产物向外分泌的高产突变菌株。另外，在磷脂组分之一的脂肪酸合成途径中，存在由乙酰 CoA 羧化酶系所催化的从乙酰 CoA 羧

化成丙二酸单酰 CoA 的阶段。乙酰 CoA 羧化酶系包括生物素羧化酶、羧基转移酶、生物素羧基载体蛋白 CCP 等,并且需要生物素作为辅酶,因此,选育生物素营养缺陷型突变株,阻止细胞中饱和脂肪酸和不饱和脂肪酸的合成,从而影响磷脂合成,通过限量添加生物素或含生物素的原料(玉米浆或麸皮等),可调控膜的透性(图 6-45)。

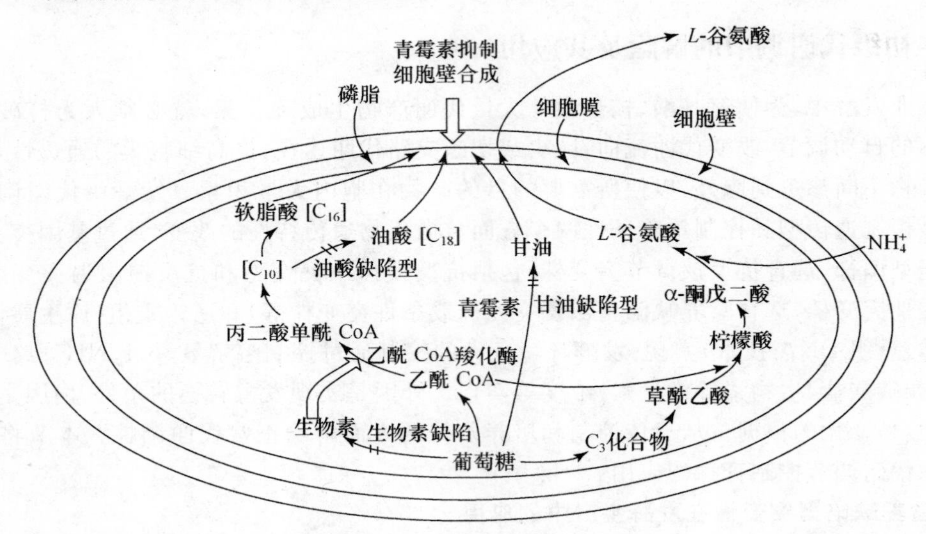

图 6-45　谷氨酸积累与细胞膜透性关系

(引自罗大珍等,2006)

谷氨酸发酵生产菌选育[生物素⁻]、[油酸⁻]、[甘油⁻]缺陷型突变株,就是直接干扰细胞膜组分磷脂合成,改变细胞膜通透性,使谷氨酸不断向胞外渗漏,减低或解除谷氨酸的反馈调节,在生物素、甘油或油酸亚适量时,排出的谷氨酸量占氨基酸总量的 92%;而在生物素丰富条件下,排出的谷氨酸量占氨基酸总量的 12%,且发现谷氨酸仍在细胞内积累,不向胞外泄漏。也可采用添加青霉素(影响细胞壁合成)等方法,产生不完整的细胞壁,使细胞膜受到损伤,也会达到谷氨酸高产效果。生物素营养缺陷型突变株不仅影响细菌的细胞膜透性,而且也会影响细菌的代谢流向,有利于解除谷氨酸积累所引起的反馈调节。

控制肌苷酸生成的一个重要因子是 Mn^{2+}。产氨短杆菌(Ade^-)在 Mn^{2+} 亚适量时,细胞膜出现异常,细胞伸长或膨胀,呈不规则形状,细胞膜的透性发生改变,许多核苷酸补救合成途径的酶系(核苷酸焦磷酸化酶、次黄嘌呤焦磷酸转移酶、核苷酸激酶)和核糖-5-磷酸分泌到细胞外,在细胞外进行磷酸化反应合成 IMP^*;另外,在胞内核苷酸焦磷酸化酶也受嘌呤核苷酸反馈抑制,细胞膜透性改变,允许 IMP 渗透出胞外。这样,IMP 分泌到胞外以及部分胞外合成,就解除了胞内的反馈调节机制,使胞内 IMP 能持续合成。在 Mn^{2+} 过量时,细胞呈正常的形态,不允许 IMP 渗透出胞外,IMP 产量递减,转换成次黄嘌呤发酵(图 6-46)。因此,肌苷酸发酵要选育 Mn^{2+} 不敏感突变株(Mn^{ins})或核苷酸膜透性强的突变株。

古菌既有类似真核生物的基本转录系统,又有类似细菌的转录调控机制,在此不予赘述。

2. 反馈调节抗性突变株在发酵生产中的应用

(1) 抗反馈突变型

抗反馈突变型称为抗反馈抑制突变型。它是代谢途径第一或第二个调节酶(变构酶)结构

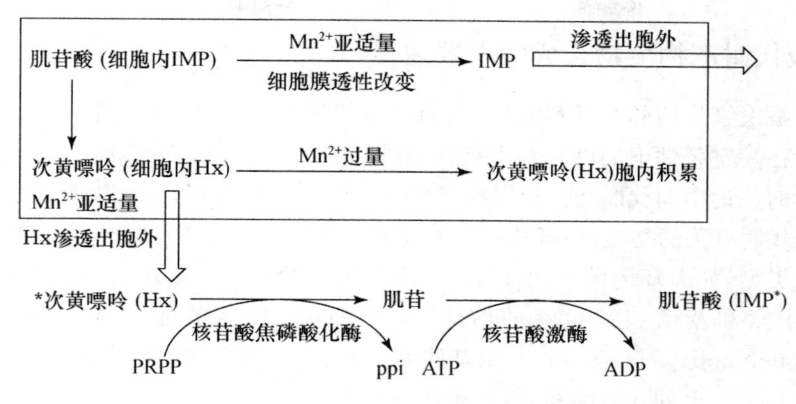

图 6-46　产氨短杆菌(Ade$^-$)中 Mn^{2+} 与肌苷酸积累关系

基因突变的结果。突变使酶催化部位结构不变，酶的调节部位结构改变，代谢终产物不能与改变结构的变构酶结合，解除了对终产物的反馈抑制。

苏氨酸发酵代谢调控比赖氨酸复杂(图 6-41)，黄色短杆菌(*Brevibacterium flavum*)的苏氨酸生物合成中，终产物可对关键酶天冬氨酸激酶和高丝氨酸脱氢酶具有反馈调节作用，因此，为了提高苏氨酸产量，需切断蛋氨酸和赖氨酸的支路代谢，选育出既是营养缺陷型，又是抗结构类似物的突变株。黄色短杆菌经亚硝基胍(NTG)诱变，选育出抗苏氨酸结构类似物 AHV^r(α-氨基-β-羟基戊酸)和赖氨酸结构类似物 AEC^r(S-2-氨基乙基-半胱氨酸)的突变株，再诱变选出(met$^-$)或(lys$^-$)缺陷型，苏氨酸积累可达 25 g/L。

(2) 抗阻遏突变型

抗阻遏突变型是由于酶的调节基因或操纵基因突变的结果，改变调节蛋白(阻遏蛋白或原阻遏物)的构象，使改变构象的调节蛋白不能和代谢终产物结合，或改变构象的调节蛋白不能和操纵基因结合。由于反馈阻遏引起的作用已被削弱或解除，使终产物大量合成。

如黄色短杆菌和谷氨酸棒杆菌的赖氨酸发酵(图 6-41)，在选育 hom$^-$ 突变株的基础上，由于不产苏氨酸和甲硫氨酸，可以积累赖氨酸；再诱变获得天冬氨酸激酶(AK)和高丝氨酸脱氢酶(HSDH)的调节基因或操纵基因突变，同时选育抗赖氨酸或苏氨酸结构类似物突变株(hom$^-$＋AEC^r 或 AHV^r)，可解除赖氨酸对 AK 和 HSDH 的阻遏。补给限量苏氨酸和蛋氨酸，赖氨酸积累可达 45～48 g/L。

6.4　微生物的次级代谢与调节

微生物从外界吸收各种营养物质，通过分解代谢与合成代谢合成维持生命活动的细胞组分和结构，这种与生物生存有关的、涉及产能代谢(分解代谢)和耗能代谢(合成代谢)的代谢类型称为初级代谢。某些生物为了避免在初级代谢过程中积累某种或某些对机体有毒害作用的中间产物，而产生的一类有利于生存的代谢类型称为次级代谢(secondary metabolism)。而这些在一定生长时期(对数生长末期或稳定期)以初级代谢产物为前体，合成的一些对微生物生命活动无明确功能的代谢产物，即为次级代谢产物。次级代谢产物根据其结构和生理作用，次级代谢产物可分为维生素、抗生素、激素、毒素、色素、生物碱等 6 种类型。

6.4.1 次级代谢产物生物合成的主要途径

初级代谢是次级代谢的基础，初级代谢为次级代谢提供前体、能量和还原力；而次级代谢则是初级代谢在一定条件下的继续和发展。另外，初级代谢产物合成和次级代谢产物合成中往往也有共同的关键中间代谢物。根据次级代谢产物的合成途径，次级代谢产物主要分为5种类型：① 与糖代谢有关的类型，如氨基糖苷类抗生素、嘌呤类抗生素、曲酸、蕈毒碱等；② 与脂肪酸代谢有关的类型，如大环内酯类抗生素、多烯类抗生素；③ 与萜烯和甾体化合物有关的类型，如甾族抗生素和萜烯族抗生素的前体；④ 与TCA环有关的类型，如衣康酸(itaconic acid)、松蕈酸(polypolic acid)等；⑤ 与氨基酸有关的类型，如多肽类抗生素等(图6-47)。有些抗生素来源于一个以上的代谢途径，故图中出现多次。

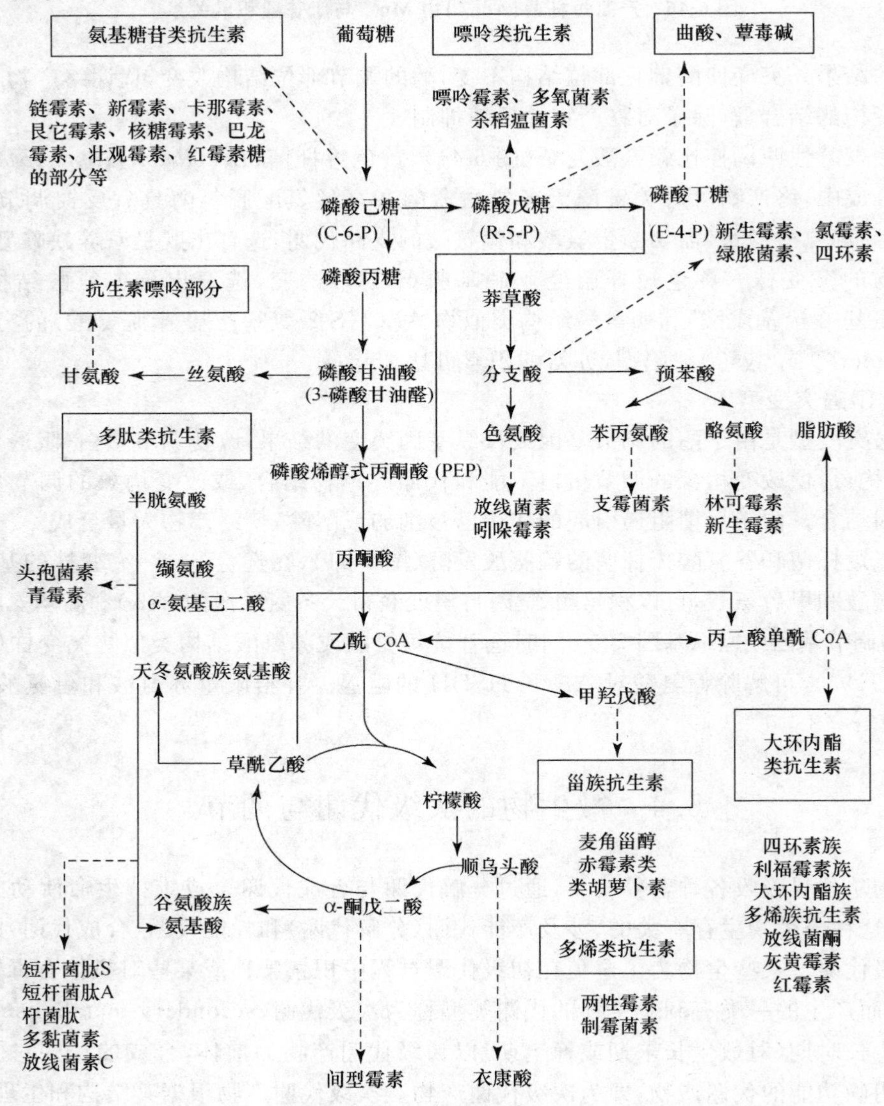

图 6-47 初级代谢的主要途径及与次级代谢的关系

——→ 初级代谢途径，------→ 次级代谢途径

6.4.2 次级代谢调节

次级代谢和初级代谢调节在某些方面是相同的，也是酶的调节，即酶活性的激活和抑制、酶合成的诱导和阻遏等。但是，初级代谢产物是次级代谢的前体，所以初级代谢对次级代谢调节的作用更大。抗生素的代谢调控研究较为深入，下面试以抗生素的代谢调控为代表，从诱导调节、反馈调节（次级代谢产物本身的反馈调节和初级代谢对次级代谢的反馈调节）、分解代谢产物（碳、氮代谢产物）的调节、磷酸盐的调节、细胞膜透性的调节和产生菌细胞生长调节等方面来阐述次级代谢调控的机理。

1. 诱导调节

（1）青霉素和头孢菌素C的诱导合成

在青霉素合成过程中，葡萄糖先经EMP途径降解为丙酮酸，丙酮酸脱羧生成乙酰CoA，随后进入三羧酸循环和乙醛酸循环。在异柠檬酸裂解酶催化下，生成乙醛酸和琥珀酸，乙醛酸再经还原、氨基化和巯基化等反应，最后生成*L*-半胱氨酸。经EMP途径和TCA循环生成的乙酰CoA和α-酮戊二酸在高柠檬酸合成酶催化下缩合生成高柠檬酸，再经过脱羧、氨基化等反应，最后生成*L*-α-氨基己二酸。经EMP途径产生的两分子丙酮酸在乙酰乳酸合成酶催化下，转变成乙酰乳酸，再经异构、还原和转氨基等反应，生成*L*-缬氨酸。*L*-α-氨基己二酸与乙醛酸转化来的*L*-半胱氨酸首先缩合成二肽[δ(*L*-α-氨基-二己酰)-*L*-半胱氨酸]；然后与由乙酰乳酸合成的缬氨酸缩合成三肽[δ(*L*-α-氨基-二己酰)-*L*-半胱氨酸-D-缬氨酸]。再进一步通过环化酶催化先后形成β-内酰胺环(B)和噻唑环(A)，三肽闭环后便合成了异青霉素N。它是合成各种青霉素的前体。众所周知，加苯乙酸和苯氧乙酸于产黄青霉的发酵液中，苯乙酸和苯氧乙酸与异青霉素N反应移去α-氨基己二酸，便合成青霉素G和V(图6-48)。在这里苯乙酸和苯氧乙酸既是青霉素的前体，又起诱导作用，为外源诱导物，但浓度高往往也会产生毒性。

头孢菌素C(cephalosporin C)是顶头孢霉(*Cephalosporium acremonium*)产生的另一种与青霉素极其类似的β-内酰胺抗生素，它由α-氨基己二酸和7-氨基头孢烷酸构成。甲硫氨酸诱导β-内酰胺合成酶的合成而促进头孢菌素C合成(图6-48)。

（2）链霉素的诱导合成

链霉素(streptomycin)分子由链霉胍、链霉糖和N-甲基-*L*-葡萄糖胺3个环状分子构成。链霉胍、链霉糖和N-甲基-*L*-葡萄糖胺都是由葡萄糖转化而来。合成1分子链霉素需要3分子葡萄糖、7分子NH_2(分别由1分子谷氨酸、1分子谷氨酰胺、1分子丙氨酸、2分子天冬氨酸、2分子氨甲酰磷酸)、2分子CO_2(由氨甲酰磷酸提供)和1分子甲硫氨酸。链霉素合成过程中发现A因子((S)-异辛酰-3(R)-羟甲基-Y丁酸-内酯)有诱导作用。推测A因子诱导菌体产生的糖苷水解酶，分解NADP为烟酰胺和腺苷二磷酸，后者抑制6-磷酸葡萄糖脱氢酶活性，使HMP途径受阻，转而合成链霉素(图6-49)。链霉素的A因子并非链霉素的前体物质，为内源诱导物。

2. 反馈调节

次级代谢产物合成中，产物过量积累，也会出现类似初级代谢的反馈调节现象，包括抗生素自身反馈调节和初级代谢产物的反馈调节。

（1）抗生素自身反馈调节

已知有些抗生素积累会抑制或阻遏自身合成途径中酶的作用，如，氯霉素(100 mg/L)阻遏和抑制委内瑞拉链霉菌(*Streptomyces venezuelae*)氯霉素合成途径第一个酶——芳基胺合

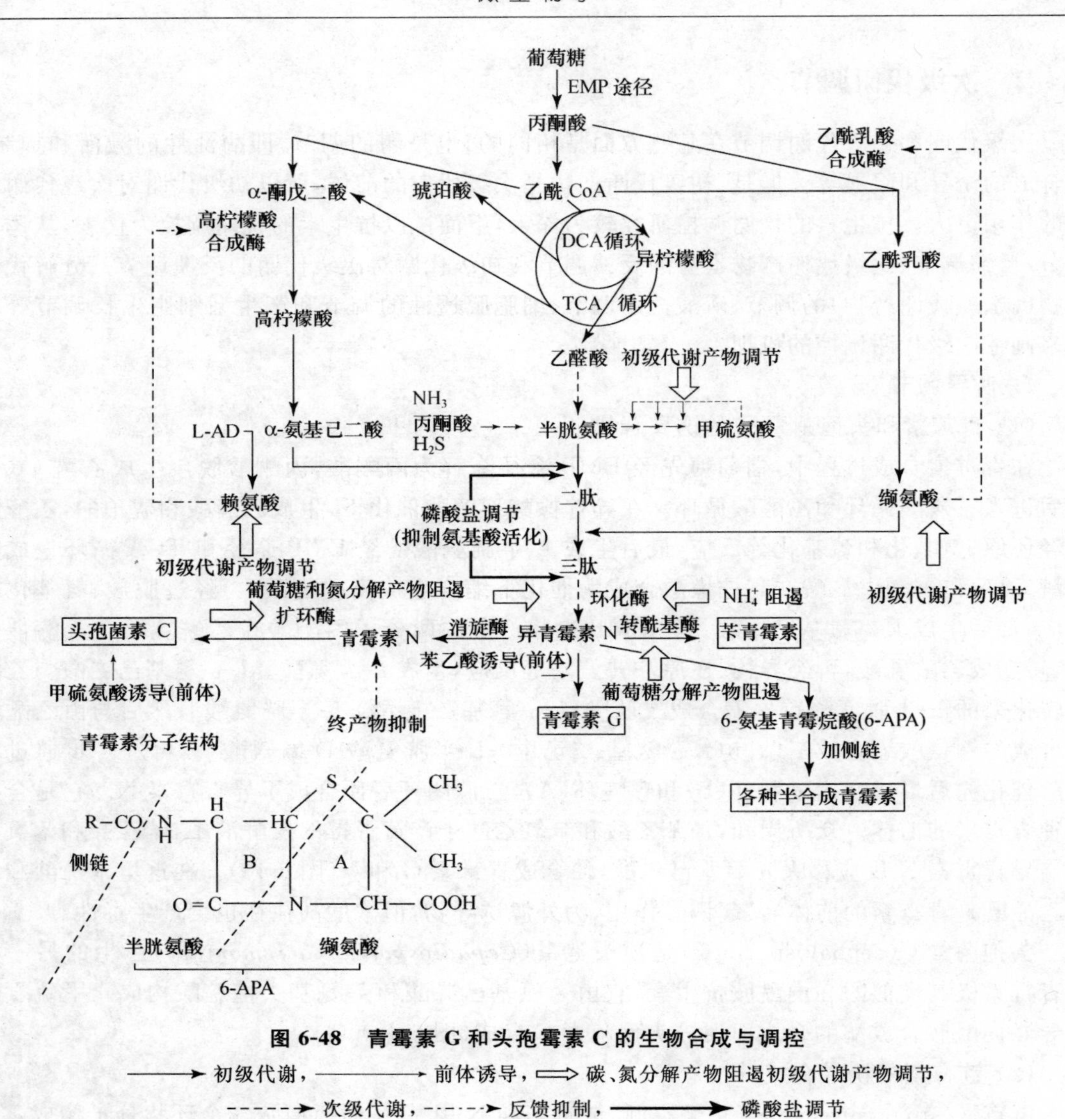

图 6-48　青霉素 G 和头孢霉素 C 的生物合成与调控

⟶ 初级代谢，⟶ 前体诱导，⇨ 碳、氮分解产物阻遏初级代谢产物调节，

⇢ 次级代谢，-·-·→ 反馈抑制，━━▶ 磷酸盐调节

成酶，但不影响菌体生长（由于不影响分支酸变位酶、预苯酸脱水酶和邻氨基苯甲酸合成酶的活性）（图 6-50）。深入研究发现，氯霉素本身不一定是阻遏物，但其可能通过顺序阻遏使 *L*-对氨基苯丙氨酸和 *L*-苏-对氨基苯丝氨酸对芳基胺合成酶反馈抑制。氯霉素的甲硫基类似物比氯霉素更易渗透进入细胞，抑制作用比氯霉素更大，所以，次级代谢产物反馈调节机制比初级代谢调节更为复杂。在生产中可以采取透析培养等方法，解除产物过量积累造成的阻遏和抑制；也可选育对自身抗生素脱敏（抗性）的高产突变株，解决发酵单位提高的问题。

（2）初级代谢对次级代谢的调节

初级代谢产物可以调节次级代谢产物的合成。根据初级代谢产物与次级代谢产物之间的相互关系，调节方式可概括分为三类：

① 有一条共同的合成途径。如青霉素发酵中 α-氨基己二酸是产黄青霉合成赖氨酸（初级代谢产物）和青霉素（次级代谢产物）的共同前体。赖氨酸积累反馈抑制高柠檬酸合成酶，α-氨

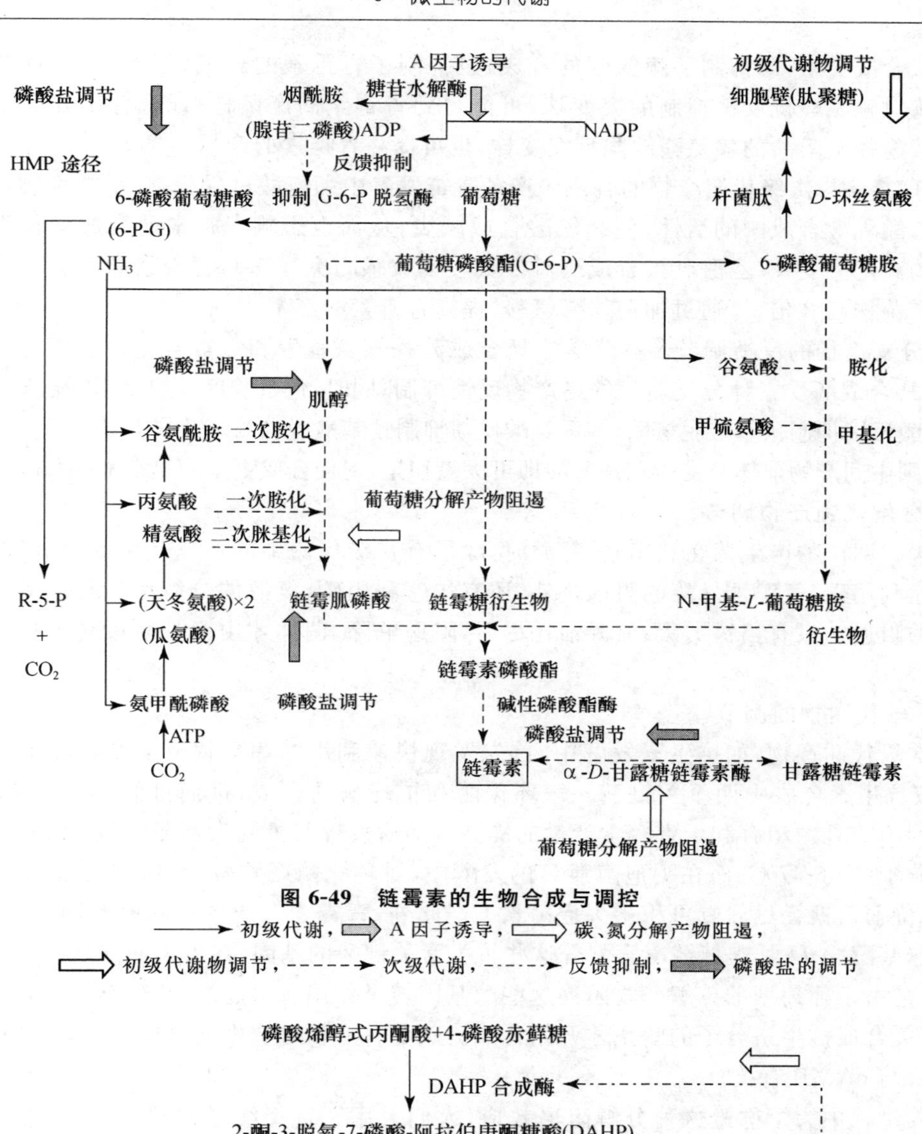

图 6-49 链霉素的生物合成与调控

→ 初级代谢，⇨(灰) A 因子诱导，⇨ 碳、氮分解产物阻遏，

⇨ 初级代谢物调节，- - -→ 次级代谢，-·-·-→ 反馈抑制，⇨(深灰) 磷酸盐的调节

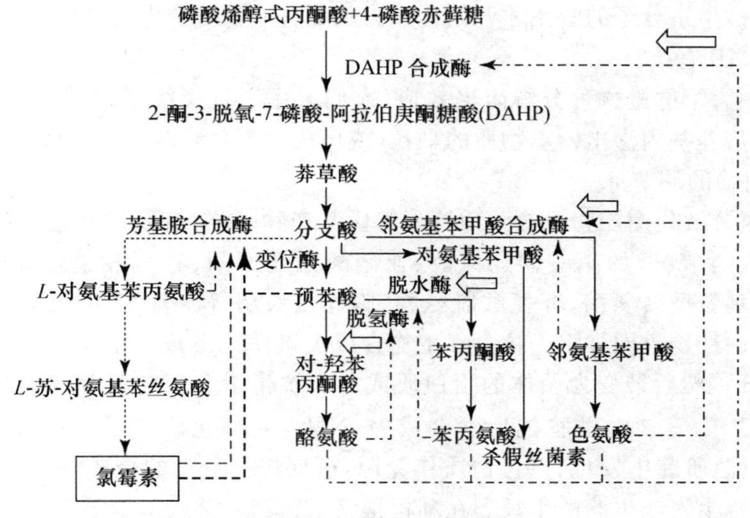

图 6-50 氯霉素的生物合成与调控

→ 初级代谢，-·-·-→ 反馈抑制，⇨ 初级代谢物调节，

·······→ 次级代谢，- - - -→ 反馈阻遏

基己二酸合成受阻，既抑制了赖氨酸的合成，也抑制了青霉素的合成(图 6-48)。选育高柠檬酸合成酶对赖氨酸抗反馈抑制的突变株，可能得到青霉素高产菌株；或选育出 α-氨基己二酸至赖氨酸途径被阻断的赖氨酸缺陷型突变株，也可提高青霉素的产量。

② 直接参与次级代谢产物的合成。产黄青霉发酵中缬氨酸过量积累，反馈抑制合成途径关键酶乙酰乳酸合成酶的活性，使缬氨酸合成减少，从而也影响青霉素的合成(图 6-48)。诱变获得的高产突变株(乙酰乳酸合成酶对缬氨酸不敏感的突变株)，青霉素高产突变株该酶含量较低产菌株高 2 倍，可通过加前体缬氨酸，提高青霉素的产量。

③ 分支途径的反馈调节。莽草酸途径合成芳香族氨基酸和氯霉素生物合成过程的关键酶 DAHP 合成酶受三种分支途径的终产物反馈抑制；同时，色氨酸反馈抑制邻氨基苯甲酸合成酶，酪氨酸反馈抑制预苯酸脱氢酶，苯丙氨酸反馈抑制预苯酸脱水酶。若培养基中上述三种氨基酸积累，则中间产物前体分支酸和预苯酸即可大量积累，促使合成更多的氯霉素(图 6-50)。

3. 分解代谢产物调节

次级代谢产物产生菌在利用碳、氮源时，除了有初级代谢中的快速利用碳、氮源的分解产物对慢速利用碳、氮源诱导酶的阻遏之外，还有快速利用碳、氮源的分解产物对次级代谢产物合成酶的阻遏。只有当这类碳、氮源消耗尽后，阻遏解除，菌体才由生长阶段转入次级代谢产物合成阶段。

(1) 碳代谢物的调节

在次级代谢产物，如抗生素发酵中，首先发现快速利用的葡萄糖分解产物阻遏青霉素等 β-内酰胺抗生素合成中两个关键酶——环化酶和扩环酶的合成，进而抑制了青霉素的产生。而慢速利用的乳糖却有利于青霉素产量的提高。随后发现其机制为葡萄糖阻遏缬氨酸并入青霉素的分子(图 6-47)。而在头孢菌素 C 的发酵中，对环化酶影响较少，所以青霉素 N 仍能正常积累，待葡萄糖耗尽后方可积累头孢菌素 C。此外，青霉素合成中的转酰基酶、链霉素合成中的转脒基酶、*α-D-*甘露糖链霉素酶等这些抗生素关键酶的基因，在生长期都处于被阻遏的状态，大多是由于葡萄糖的分解产物阻遏这些酶基因转录作用所引起的，待葡萄糖消耗及阻遏解除后，有关合成抗生素分子的酶系才开始合成。碳分解产物对抗生素合成酶的阻遏机制，还不清楚是否与 cAMP 有关。

培养过程中为了逃避这种分解阻遏效应，人们采用了选择缓慢的碳源、连续限量流加碳源、使用慢慢向培养基内渗出营养物质的颗粒(或压成片剂)等方法，已取得较好效果。

(2) 氮代谢物的调节

微生物中氮分解代谢产物也像葡萄糖分解代谢产物一样，有氨或其他速效氮源阻遏其他氮源利用酶合成的情况，如硝酸盐还原酶、亚硝酸盐还原酶、谷氨酸脱氢酶(以 NAD^+ 为辅基)、精氨酸酶、鸟氨酸转氨酶、苏氨酸脱氨酶、胞外蛋白酶等。另外，也与碳代谢物的调节一样，氮的分解代谢产物也同样阻遏抗生素生物合成关键酶的形成。很多含氮物质进入细胞后首先分解成 NH_4^+，然后转变为菌体的蛋白质或加入抗生素分子的氨基或胍基部分。如在青霉素和头孢菌素 C 等 β-内酰胺抗生素合成中，NH_4^+ 对环化酶和扩环酶具有阻遏作用(图 6-48)；从不同氮源研究中发现，以蛋白质作氮源，可促进抗生素的合成；以快速利用的无机氮作氮源，可促进抗生素产生菌的生长。在利福霉素、氯霉素、放线菌素等抗生素的生物合成中，都有高浓度 NH_4^+ 和其他氨基酸阻遏抗生素合成的报道。研究发现，过量 NH_4^+ 抑制抗生素产量是与谷氨酰胺合成酶(GS)活力下降有关的。从利福霉素的例子来看，GS 酶活力高时，谷氨酰胺增多，利福霉素的芳香环前体 A-32（C_7N，3-氨基 5-羟基苯甲酸）也增加，从而促进了利福霉素的合成。生产中为了解决 NH_4^+ 浓度过高对抗生素产生抑制的难题，可采用分批加料或用 NH_4^+ 吸附剂的办法来控制 NH_4^+ 的限量浓度。

另外，在地中海诺卡氏菌（*Nocardia mediterranei*）利福霉素（rifamycin）合成的研究中，我国学者首先发现了硝酸盐对利福霉素合成的全面调控作用。

硝酸盐不仅调节地中海诺卡氏菌碳代谢朝着有利于为利福霉素 SV 多酮链合成提供前体（甲基丙二酰 CoA）的方向进行（将合成脂肪酸的前体转移到合成利福霉素的大环部分），而且还发现加入硝酸盐会减低菌体对 NH_4^+ 的吸收，从而减弱了高浓度 NH_4^+ 对谷氨酰胺酶（GS）合成的阻遏作用及减弱丙氨酸和谷氨酰胺对谷氨酰胺酶的反馈抑制作用，利福霉素 SV 产量高。表明硝酸盐也有调节氮代谢朝着有利于为芳香环（C_7N）提供氮原子的方向进行，说明硝酸盐的加入，同时促进了碳代谢与氮代谢。

4. 磷酸盐的调节

培养基中磷酸盐浓度在 0.3～300 mmol/L 时通常能促进微生物生长；磷酸盐浓度在 10 mmol/L 或以上时则抑制抗生素合成。磷酸盐对抗生素合成的影响表现在下述三个方面：

（1）抑制次级代谢产物前体合成

如，多肽类抗生素合成中的前体为氨基酸，其合成过程需先经过 ATP 活化，转变成氨基酰腺嘌呤核苷酸，同时解离出焦磷酸。过量磷酸盐对此步反应产生反馈抑制，从而抑制多肽类抗生素（如青霉素）的生物合成。又如在链霉素合成中，肌醇是链霉胍的前体之一（图 6-49），它由 6-磷酸葡萄糖环化酶催化形成。磷酸盐可使焦磷酸浓度增加，从而对环化酶产生竞争性抑制，通过肌醇生成量减少而影响链霉素的生物合成。

（2）抑制和阻遏次级代谢产物合成中关键酶的活性和合成

如在链霉素、紫霉素（viomycin）和万古霉素（vancomycin）生物合成中，碱性磷酸酯酶催化一些中间体的脱磷酸反应（如链霉素磷酸酯脱磷酸生成链霉素），过量磷酸盐抑制碱性磷酸酯酶活性（图 6-49）；同时，过量磷酸盐还阻遏链霉素合成中转脒基酶和催化生成 N-脒基链霉胺的 N-脒基链霉胺激酶的合成。在菌体生长期，这些酶不形成或活性很低；进入抗生素合成期，酶的含量和活性显著增加。

（3）导致细胞能荷改变

许多抗生素发酵都表明高产菌株细胞内 ATP 的浓度低于低产菌株，其机制为：① 高浓度磷酸盐使细胞内 ATP 合成增加，导致细胞能荷提高，直接影响糖分解代谢，HMP 途径转换为 EMP 途径，使 $NADPH_2$ 生成量减少，抗生素生物合成缺少 $NADPH_2$ 还原剂。② 通过影响初级代谢产物（如草酰乙酸、乙酰 CoA、PEP 等）积累而影响次级代谢产物合成。③ 磷酸盐使细胞内 ATP 浓度增加，有利于菌体迅速生长，而且，过量磷酸盐存在，也不利于合成抗生素的合成酶。ATP 含量在抗生素合成阶段开始后迅速下降，这时才开始合成抗生素。选育不受磷酸盐浓度调节的抗生素产生菌的突变株，不仅可生成大量的菌体，而且还可保证高速度合成抗生素，这将会在生产中创造更大的效益。

5. 细胞膜透性调节

营养物的吸收与代谢产物分泌都受到细胞质膜透性的调控。青霉素发酵中也发现，凡硫化物输入能力大，硫源供应充足，半胱氨酸合成增加，青霉素产量就提高。新霉素产生菌突变株加入油酸钠或 NaCl，改变细胞质膜中脂肪酸的组成，增加谷氨酸的积累，可促进新霉素前体新霉胺和去氧新霉胺合成,最终提高新霉素产量。

6. 产生菌细胞生长调节

许多抗生素产生菌发酵过程存在着两个明显不同的生理阶段,即菌体快速生长阶段和次级代谢产物的合成阶段。其主要原因是快速利用碳、氮源分解产物对次级代谢产物合成酶具有阻遏作用,一旦阻遏作用解除,碳、氮源耗尽,这些酶便被激活或合成,抗生素才开始产生。

初级代谢分解与合成的酶的基因位于染色体上,次级代谢产物合成酶的基因位于染色体上或部分位于质粒上。已报道有几十种抗生素的生物合成受到质粒控制,大致分为4种情况:质粒上载有合成抗生素的结构基因;质粒上载有合成抗生素的调节基因;质粒控制抗生素的分泌;质粒编码抗生素的耐性基因等。研究抗生素生物合成途径的遗传控制,进行抗生素产生菌的遗传育种,将为提高抗生素产量、获得新型抗生素开辟新的途径(参见第8章)。

复习思考题

1. 何谓新陈代谢?简述物质代谢与能量代谢关系。与高等动植物相比,微生物代谢有哪些显著特点?微生物代谢多样性表现在哪些方面?

2. 什么是生物氧化?比较ATP产生的几种方式。

3. 呼吸链的主要组分有哪几个?各有何作用?与真核生物相比,细菌的呼吸链有何特点?

4. 异养微生物生物氧化有几种类型?比较呼吸、无氧呼吸和发酵的主要区别(提示:生物氧化类型、能源、与O_2关系、最终电子受体和获能方式)。

5. 画出微生物的电子传递链产能部位和有氧呼吸、无氧呼吸和发酵时各在电子传递链何部位接受最终电子?

6. 葡萄糖发酵的主要途径有哪几条?比较EMP、HMP和ED三条途径的区别和关系,并以图显示三条途径特征酶、主要中间产物、ATP和还原力产生的部位,论述各途径其在生命活动中的重要性。

7. 试比较TCA循环(三羧酸循环)和DCA循环(乙醛酸循环)的区别及两个环的交叉点(提示:起始底物、特征酶、主要中间产物、生理功能)。

8. 试比较PPK与PHK二条途径的主要区别,以图示之。试述酵母菌乙醇发酵与细菌乙醇发酵间的不同点。试述同型乳酸发酵与异型乳酸发酵间的不同点。

9. 细菌的丁酸、丙酮、丁醇、混合酸、2,3-丁二醇发酵各通过什么途径?ATP如何产生?

10. 什么叫Stickland反应?

11. 试比较有氧和无氧条件下丙酮酸进一步代谢的途径和产物。

12. 化能自养微生物是如何获得ATP和还原力($NADPH_2$)的?化能自养菌的能量代谢有什么特点?试解释化能自养微生物生长缓慢的原因。

13. 光合细菌共分几个类群?细菌的光合作用与绿色植物的光合作用有什么不同?试比较几种不同类型光合细菌(绿色硫细菌、蓝细菌)和嗜盐菌光合作用的特点。

14. 异养微生物和自养微生物都能同化或固定CO_2吗?请阐述异养微生物和自养微生物各自在好氧和厌氧条件下都有哪几条同化CO_2的途径。

15. 什么是生物固氮作用?能固氮的微生物有哪几类?生物固氮需要满足哪些条件?试述固氮酶的组成及固氮作用的生化过程,并简述好氧菌中防止氧对固氮酶伤害的机制。

16. 简述并绘图表示细胞壁肽聚糖生物合成的过程,哪些因子抑制肽聚糖的合成?

17. 根据合成氨基酸及氨基酰胺的碳水化合物前体类型,请简述并绘图表示通过糖代谢合成六族氨基酸的大致过程(提示:注明关键酶)。

18. 根据嘌呤核苷酸的代谢途径，说明肌苷酸、腺苷酸和鸟苷酸高产菌株选育和发酵的调控机制。

19. 列表比较酶合成调节与酶活性调节的区别。

20. 试用乳糖操纵子模型说明酶合成的调节机制。

21. 什么叫末端产物反馈阻遏？以色氨酸合成酶系阻遏为例说明之。

22. 什么叫分解代谢产物阻遏？以葡萄糖效应（或二次生长）为例，简述其机理与发酵生产的关系。

23. 列表小结比较酶合成的其他几种调节方式（包括弱化子调节、核糖体 RNA 水平调节、σ 因子调节等）。

24. 酶活性调节有哪两类？特点是什么？主要是通过什么方式来调节的？试列表小结各种调节方式的特点。

25. 以天冬氨酸和芳香族氨基酸发酵为例，简述分支代谢途径反馈调节机制。并说明赖氨酸、苏氨酸发酵菌种的特点和分支代谢途径高产菌株的选育方法。

26. 能荷对酶的活性调节有何关系？举例说明。

27. 什么叫巴斯德效应？为什么巴斯德效应会影响兼性厌氧微生物发酵？

28. 什么叫营养缺陷型？举例说明其在微生物发酵育种中的应用。

29. 肌苷酸发酵时要求 Mn^{2+} 亚适量和谷氨酸发酵时要求生物素亚适量，二者对细胞膜渗透性的作用机制有什么不同？

30. 什么叫抗反馈抑制突变型？举例说明它在微生物发酵育种中的应用。

31. 什么叫抗阻遏突变型？举例说明它在微生物发酵育种中的应用。

32. 什么叫次级代谢？次级代谢产物有哪几类？

33. 根据次级代谢产物合成途径，次级代谢产物合成途径有几种类型？

34. 次级代谢产物合成受到哪些因素的调节控制？以青霉素、链霉素为例，说明为提高抗生素产量应采取哪些措施？

7 微生物的生长及环境条件

7.1 微生物生长的研究方法

7.2 微生物的生长

7.3 环境对微生物生长的影响

7.4 微生物生长的控制

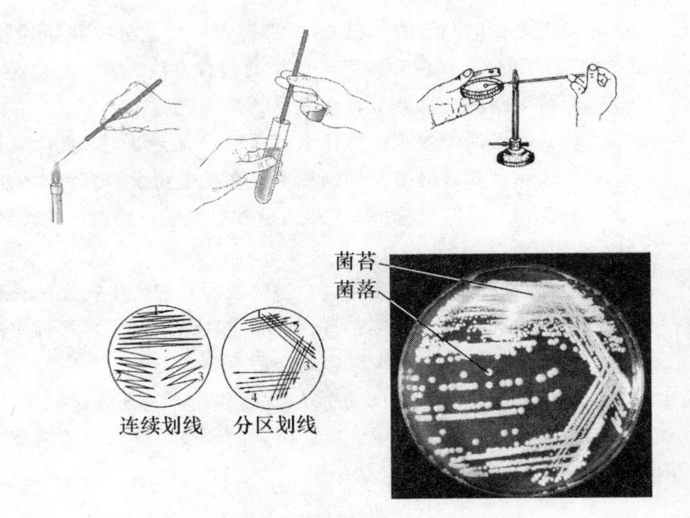

图 7-1 微生物划线分离示意图

微生物细胞从环境吸收营养物质，经新陈代谢合成细胞各组分，细胞重量和体积不断增大，细胞组分和结构有规律、按比例增长的生物学过程称为生长。生长一定阶段后，细胞结构复制和重建，致使个体数目增多称为繁殖。本章主要介绍微生物生长的一般研究方法；各种不同微生物个体生长和群体生长的规律；环境条件如温度、pH、氧等对微生物生长的影响；微生物生长的控制，特别是对有害微生物生长的控制。

7.1 微生物生长的研究方法

7.1.1 微生物纯培养的分离

微生物在自然界不仅分布广泛、种类繁多，而且类群混杂，通常必须将混杂的微生物类群分离开来，以获得只含一种微生物培养物，此方法称为分离(isolation)。微生物学中将在实验室条件下由一个细胞繁殖得到的后代称为纯培养(pure cultivation)，或称为纯种。纯培养技术包括两步：首先，从自然界混杂的微生物类群中分离出单个培养对象——纯种；其次，对分离的纯种进行培养、增殖，获得没有其他杂菌污染的微生物纯种的细胞群体。要想获得某种微生物的纯培养，根据工作目的可采用下述不同的分离纯化方法。

1. 平板分离法

稀释平板分离法(dilution plate method)是应用最广泛的一种纯种分离方法。具体操作又分为倾注培养法(pour plate method)和涂布培养法(spread plate method)两种:倾注培养法是将待分离的样品先进行系列稀释(如10倍稀释法),然后取少许不同倍数的稀释液,分别与已融化并冷却至45℃左右的琼脂培养基混匀,倒入无菌培养皿,凝固后保温培育一定时间,挑选平板上出现的单菌落,即可获得纯培养(图7-2);涂布培养法是取少许不同的稀释液,分别涂布于无菌琼脂培养基平板上,保温培育一定时间,再挑选平板上出现的单菌落,获得纯培养。为分离或确保获得某种微生物的单菌落,避免菌源中各类微生物的干扰,在制备菌悬液和分离培养基时,常添加某些抑菌剂或制成不同的选择培养基。

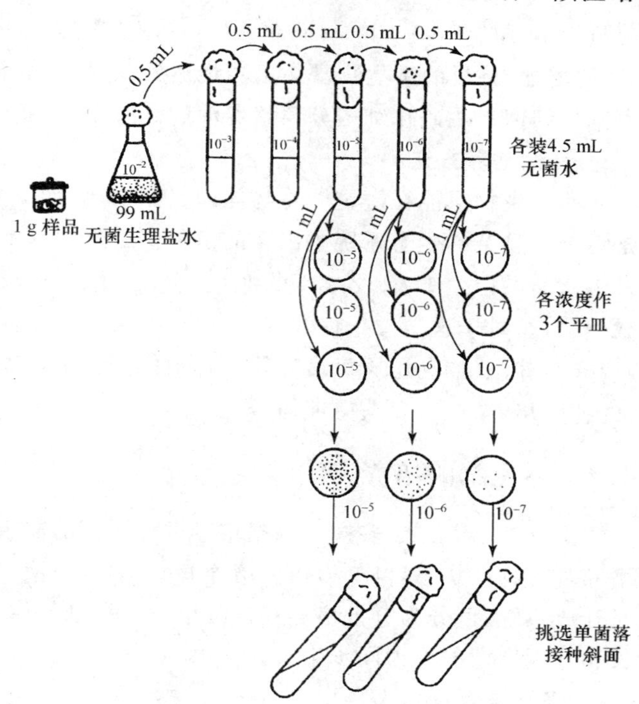

图 7-2 微生物稀释分离过程示意图

2. 平板划线法

平板划线分离法(streak plate method)是借助蘸有混合菌(或菌悬液)的接种环在平板表面多方向连续划线或分区划线,使混杂的微生物细胞随着划线次数的增加而在平板表面分散,经保温培育后可获得由单个微生物细胞繁殖而成的菌落,从而达到纯化目的(图7-1)。

从样品中获得的纯种,还需在有利于其生长繁殖的最适培养基及培养条件下,方能得到充分生长。四大类微生物常用的分离培养基、培养温度及培养时间见表7-1。

表 7-1 四大类微生物的分离和培养

分离对象	培养基名称	培养温度/℃	培养时间/d
细菌	牛肉膏蛋白胨培养基	30～37	1～2
放线菌	高氏合成1号培养基	28	5～7
酵母菌	豆芽汁葡萄糖培养基	28～30	2～3
霉菌	马丁培养基	28～30	3～5

3. 单细胞挑取法

单细胞挑取法是利用显微镜挑取器从待分离的样品中挑取一个单细胞培养而获得纯培养的方法。该方法先将显微镜挑取器安装在显微镜上,再把带有一滴待分离微生物菌悬液的载玻片置于显微镜下,用显微镜挑取器上极细的毛细吸管吸取单个细胞,再将细胞接种于相应培养基上,保温培育后可获得纯培养。

4. 富集培养法

有些微生物虽然能在自然界生存，但分离和获得纯培养极为困难，需要采用富集培养的方法，使其在富集培养过程数量由劣势转变为优势。如亚硝化细菌和硝化细菌分离时，利用硝化细菌富集培养液于 28℃ 富集培养 10～14 天，中间不断检测富集培养液中 NO_2^- 的减少和 NO_3^- 的增加，待目的微生物富集培养物达到一定量后，利用稀释法在适宜的平板培养基上（若分离硝化细菌采用硝化细菌分离培养液的硅胶平板）获得单菌落，再经多次纯化获得纯种。

5. 其他培养方法

有些微生物只能在寄主微生物体内复制增殖（如寄生于细菌中的噬菌体），有些微生物又常是在极为复杂的生态系统中出现的多种交替作用的菌群（如沼气发酵过程中分解丙酸、丁酸或长链脂肪酸产生 H_2 和乙酸，并利用 H_2 和乙酸等形成甲烷的细菌，常涉及 2～4 种不同种类的微生物）。对于这类微生物的纯种分离，便需采取二元培养法（如噬菌体与其敏感菌共同培养）或共培养法（如利用厌氧培养管培育沼气发酵中产氢产乙酸菌和利用 H_2 和乙酸产甲烷细菌）的特殊培养方式，以获得纯培养。

7.1.2 微生物的培养方法

微生物的培养方法多样。根据培养过程对氧的需求，可分为好氧培养与厌氧培养两类；根据培养基的物理状态，可分为固体培养和液体培养；液体培养过程依据采用独立密闭系统还是相对开放系统，可分为分批培养和连续培养。控制群体中所有微生物个体细胞，使其处于同一生长和分裂周期的称为同步生长。

1. 好氧培养法

(1) 固体培养法

实验室将微生物菌种接种在固体培养基表面，使之获得充足的氧进行生长的方法称为固体培养法（solid state cultivation）。依据使用器皿的不同，分为试管斜面、培养皿平版、茄瓶（克氏瓶）斜面等平板培养方法。工业生产中利用麸皮或米糠等固体发酵原料与一定比例水混合成含水量适度的半固体物料作为培养基，灭菌后置于曲盘、草帘或水泥深槽中，冷却后接种进行发酵，即为固态发酵法（solid state fermentation），该方法在制酱、酿造、饲料发酵、酶制剂生产等传统工艺中广为应用。根据所用设备和通气方法不同，固态发酵法分为浅盘法、转桶法和厚层通气法等。固态发酵法发酵时间长、劳动强度大、占地面积多、易污染、不易纯种发酵；但其具有工艺简单、投资较少、操作粗放、耗能少、废液少、产物分离容易等优点。近年来，随着各类固态发酵反应器（如，静态密闭式发酵反应器、动态密闭式发酵反应器等）的不断问世，固态发酵将会有更广阔的发展前景。

(2) 液体培养法

实验室中，好氧菌的液体培养法（liquid cultivation）主要采用摇瓶培养，即将菌种接种至装有液体培养基的锥形瓶中，在往复式或旋转式摇床上振荡培养。对于兼性厌氧菌的培养，可采用静置的试管液体培养法或锥形瓶浅层培养法。现实验室也采用小型台式发酵罐，进行发酵条件的研究。工业生产中早期液态发酵（liquid state fermentation）采用浅盘发酵（shallow tray fermentation），该方法是将原料配制成液体，放置在瓷盘内，进行静置培养。浅盘发酵因劳动强度大、占地面积多、产量小、易污染等缺点，很快被液体深层发酵所取代。

2. 厌氧培养法

由于 O_2 对厌氧微生物有毒害作用，因此，培养时要设法排除氧气或将其放在氧化还原电位低的条件下进行培养。实验室中无论进行液体厌氧培养还是固体厌氧培养，都需要特殊的培养装置，还需要在其中加入还原剂和氧化还原指示剂。早期厌氧培养主要采用厌氧培养皿法(图 7-3b)，现主要采用厌氧手套箱、Hungate 滚管(图 7-3a)和厌氧罐(图 7-3c,d)等方法。工业上主要采用液体静置培养法，常用于酒精、丙酮、丁醇、啤酒及乳酸等发酵生产。该法发酵速度快、周期短、发酵完全、原料利用率高，适于大规模机械化、连续化、自动化生产。

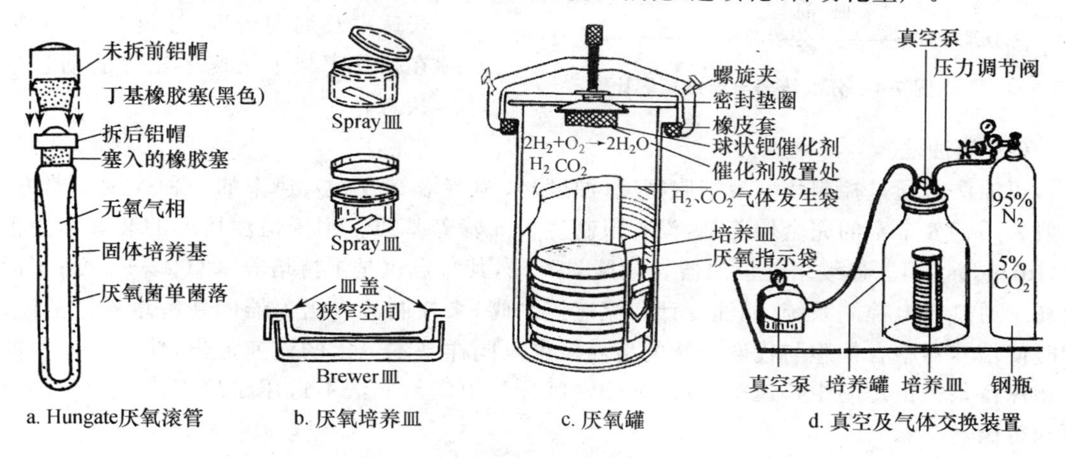

图 7-3　厌氧菌的培养装置

3. 分批培养

分批培养(batch culture)又称为密闭培养(closed culture)，是指将微生物接种于加有培养基的密闭系统中，经过培养生长，最后一次性收获菌体的培养方式。分批培养过程中，随着培养时间的延长，微生物迅速生长，营养物质逐渐消耗，有毒代谢产物逐渐积累，最终导致生长速率下降并停止生长。分批培养发酵周期短、操作简单方便，仍广泛应用于实验室和发酵工业生产实践中。但分批培养不能延长微生物群体生长的重要阶段(对数期，参见 7.2 节)，不能满足一些限制工业发酵生产的要求。

4. 连续培养

连续培养(continuous culture)又称为开放培养(open culture)，是指将微生物接种于一个开放式的培养系统中，在培养容器中以一定的速率不断补充新鲜营养液，并不断以同样速率流出培养物(菌体及代谢产物)，使培养系统中细胞数量和营养状态保持恒定的培养方式。

根据研究目的和对象不同，连续培养方式主要有恒化法和恒浊法两种。其共同特征是使微生物的增殖速度与代谢活性处于稳定状态；区别在于，恒化法控制恒定的化学环境，恒浊法控制恒定的细胞浓度(浊度)。分批培养与连续培养的比较见图 7-4。

(1) 恒化法

恒化法是通过调控培养基中某种营养物质(一般为葡萄糖、麦芽糖等碳源，氨基酸、氨和铵盐等氮源，无机盐类和生长因子等)的浓度，使微生物的比生长速率保持恒定的一种连续培养方式。用于恒化培养的装置称为恒化器(chemostat, bactogen)。在恒化器中进行连续培养

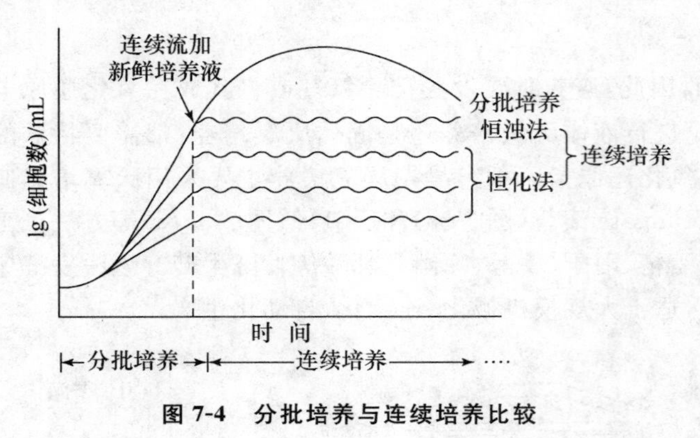

图 7-4 分批培养与连续培养比较

时，在选定的培养基中，除控制的一种营养物质（称为限定性基质）浓度恒定外，其余所有成分的浓度均需超过细胞合成所需求的量。连续培养恒化器装置见图 7-5a，其特点是维持培养基总体积不变，通过调节培养基的流速和限定性营养基质的浓度来调节微生物的生长速率及细胞密度（浊度）。一般控制在稀释率与生长速率相等的动态平衡状态。

(2) 恒浊法

恒浊法是通过控制培养液细胞密度（浊度）来调节培养液流入速率的一种连续培养方式。一般采用营养丰富的完全培养基，没有限制生长的营养基质。用于恒浊培养的装置称为恒浊器（turbidostat）。连续培养恒浊器装置见图 7-5b，其特点也是维持培养基总体积不变；不同之处在于通过光电控制系统（如浊度计和流速控制阀）来控制流入培养器的新鲜培养液的流速，同时使培养器中含细胞与代谢产物的培养液也以同样基本恒定的流速流出，使培养器中的微生物保持某一恒定的生长速率，以使细胞密度保持恒定。此法不适用于培养产生菌丝的放线菌和霉菌。

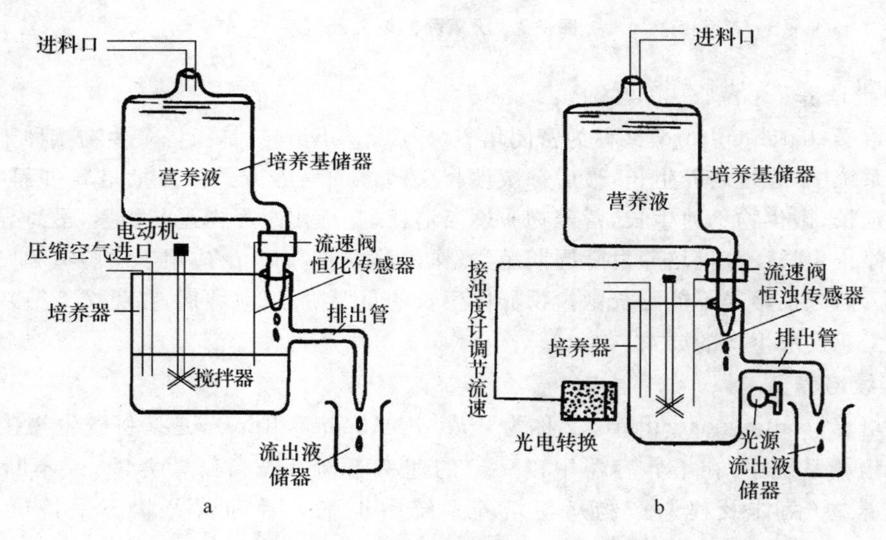

图 7-5 恒化器(a)与恒浊器(b)示意图

微生物在比较恒定的环境中以恒定的速率生长，有利于实验室进行营养、生长、繁殖等生理特性、新陈代谢活动和基因表达与调控的研究，亦可进行新突变株的选育。连续培养模式应用于发酵工业称为连续发酵（continuous fermentation）。连续发酵可缩短发酵周期，减轻劳动强度，提高设备利用率，便于生产自动化，已成为当前发酵工业的发展方向。

实际上，为了提高培养效率，生产上常采用分批培养与连续培养结合的方式。这种介于分批培养与连续培养之间的培养方式称为补料分批培养（fed-batch culture）或半连续发酵

(semicontinuous fermentation),在发酵工业上称为半连续发酵,在当代发酵工业中广为应用。

5. 同步生长与同步培养

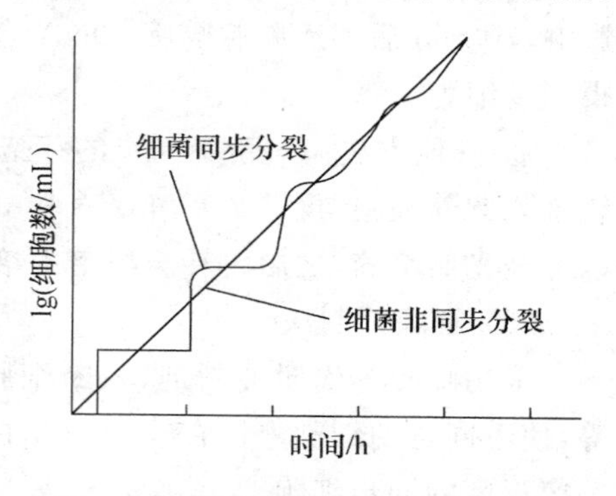

图 7-6 细菌的同步生长与非同步生长

同步生长(synchronized growth)是指采用机械方法和调控培养条件,使微生物不同步的群体细胞转变成能同时进行生长或分裂的群体细胞,然后通过同步培养方法,使得每个个体细胞尽可能都处于相同的生长和分裂阶段,这种同时进行分裂的生长方式称为同步生长。由图 7-6 可见,在分批培养中,对数期非同步生长曲线是直线,即每个细胞世代时间(G)相同,每个细胞不同时间分裂;同步生长曲线是阶梯式曲线,同步生长的群体细胞大部分在大约相同的时间分裂。同步生长的群体一般只能维持 2～3 代,随时间延长,同步被打破,逐渐转入非同步生长。

同步培养(synchronous culture)技术包括机械法、诱导法和解除抑制法等。

(1) 机械法

根据在不同生长阶段的微生物细胞体积与质量不同,常采用密度梯度离心分离法、过滤分离法或滤膜洗脱法等方法收集同步生长的细胞。

① 离心分离法。根据不同生长阶段的细胞在沉降系数上的差异,分离处于同一生长阶段的细胞,以获得同步细胞群体。具体作法是将不同步的细胞培养物悬浮于不被这种细菌利用的葡聚糖或蔗糖的梯度溶液中,通过密度梯度离心,不同步的细胞分布于不同区带,分部收集各层细胞,分别接种培养,便可获得同步细胞。该法已成功应用于大肠杆菌和酵母菌等同步细胞的分离。

② 过滤分离法。将不同步的细胞培养物通过孔径大小不同的滤器过滤,使处于细胞周期较早阶段新分裂的细胞通过,收集这些小细胞,接入新鲜培养基中培养,获得同步细胞。

③ 滤膜洗脱法。若要获得较上述方法数量更多、同步性更高的细胞,可采用滤膜洗脱法。此法原理是根据硝酸纤维素滤膜吸附与该滤膜相反电荷细菌细胞的特点。具体作法是将非同步的细菌细胞通过硝酸纤维素的微孔滤膜,让细菌吸附在滤膜上,滤膜翻转后用培养基冲洗滤器,洗去未结合的细菌,然后将滤器放入适宜条件中培养一段时间,再从上部缓慢加入新鲜培养液,吸附在滤膜上的细菌开始分裂,分裂后的细胞吸附在膜上,而产生的子细胞无法与膜接触,随着培养液被洗脱下来,分部收集新分裂的子细胞进行培养,获得同步细胞。

(2) 诱导法

根据细菌生长与分裂对环境因子要求不同的原理而设计的获得同步细胞的方法,即采用物理、化学因子诱导不同步的微生物细胞实现同步化。

① 控制温度。最适生长温度有利于细菌生长与分裂,通过选用适宜与不适宜温度交替处理、培养获得同步细胞。如先将鼠伤寒沙门氏菌置于 25℃下(亚适生长温度)培养 28 min,控制生长,延迟分裂,随后再转移到 37℃下(最适温度)继续培养 8 min,便可获得同步细胞群体。

② 控制培养基成分。培养基中碳、氮源或生长因子不足,可导致细菌生长缓慢或停止。先将不同步的细菌细胞在限制性营养缺乏的培养基中培养一段时间,限制其生长和分裂,使所有细胞均处于临分裂状态,再将其转移至营养丰富的培养基中培养,即可获得同步细胞。如大

肠杆菌胸腺嘧啶缺陷型菌株，在缺少胸腺嘧啶时，DNA 合成停止，但 RNA 与蛋白质合成不受影响，30 min 后加入胸腺嘧啶，DNA 合成立即恢复，40 min 后几乎所有细胞都进行分裂，可获得同步细胞。

③ 其他方法。对于不同步的芽孢杆菌，先培养至绝大部分芽孢形成，随后用加热或紫外线杀死营养细胞，再转至新鲜培养基中，培养后可获得同步细胞。对于不同步的光合细菌，可以先经光照培养，之后再转至黑暗中培养。通过光照和黑暗交替培养方式，可获得同步细胞。

(3) 解除抑制法

采用嘌呤等代谢抑制剂，阻断细胞 DNA 的合成，或用抑制蛋白质合成的抑制剂氯霉素等，使不同步的细胞停留在较为一致的生长阶段，然后，用大量稀释法突然解除抑制，也可获得一定程度的同步细胞。

从上述同步培养方法中可看出，诱导法和解除抑制法可能造成与正常细胞循环周期不同的周期变化的细胞，不如选择机械法获得同步细胞效果好。另外，值得注意的是，人为诱导的同步生长，因为始终处于人工控制的同步生长条件；一旦条件解除，同步生长群体便很快转入非同步生长状态。一般，群体中每个细胞的分裂时间毕竟总是不完全一致的，一般经 2～3 代同步分裂后即丧失生长的同步性。

6. 高密度细胞培养

高密度细胞培养(high cell density culture)又称高密度发酵(high cell density fermentation)，是指培养液中工程菌的菌体浓度在 50 g/L 干重[g(DCW)/L]以上，理论上最高值可达 200 g(DCW)/L。高密度培养可以提高发酵罐内的菌体密度，提高产物的细胞水平量，相应地减少生物反应器的体积，提高单位体积设备生产能力，缩短生产周期，从而达到降低生产成本、提高生产效率的目的。高密度培养对培养条件和培养设备要求较高。影响高密度培养的因素非常多，不仅要选育合适的菌种，选择适宜的培养基成分和比例的优化，还需严格控制培养过程的温度、pH、溶氧浓度、有害代谢产物的生成、补料方式和发酵液流变学特性等。

7. 混菌培养

现代发酵工业以纯种发酵为主，而传统的固态发酵(如酿酒和制酱等)多采用多菌混合发酵。自然界中微生物间的共生与互生关系，也多是双菌与多菌共同生存的状态。

中国首先使用的维生素 C 二步发酵法，是以葡萄糖高压加氢制成 D-山梨醇为发酵的主要原料，通过生黑葡萄糖酸杆菌(*Gluconobacter melanogenus*)或弱氧化醋杆菌(*Acetobacter suboxydans*)进行第一步发酵，生成 L-山梨糖；然后由 L-山梨糖通过大小两种菌混合发酵，直接氧化生成 2-酮基-古龙酸。大菌为沟槽假单胞菌(*Pseudomonas striata*)，小菌为氧化葡萄糖杆菌(*Gluconobacter oxydana*)。只有通过大小两菌搭配，混合发酵，才能正常产生 2-酮基-古龙酸。沼气发酵也是多菌混合发酵的结果(参见 11.5.2 节)。由此可见，许多发酵是纯菌株无法实现的；采用混菌培养，有可能获得更新型、更优质的发酵产品。

7.1.3 微生物生长的测定

微生物生长的测定有计数法、生长量测定法和生理指标测定法等方法。根据不同微生物和不同工作目的，可采用不同方法(表 7-2)。

表 7-2 几种常用微生物生长细胞数量测定方法比较

微生物生长量测定方法	测定对象	检测的微生物类型
血球计数板直接计数法	总菌数	酵母菌和霉菌孢子
细菌计数板直接计数法	总菌数	细菌
染色计数法	总菌数	细菌、酵母菌和霉菌孢子
比浊法	总菌数	细菌和酵母菌悬液
平板菌落计数法	活菌数	细菌、放线菌、酵母菌和霉菌
液体稀释最可能数或最大概率数测定	活菌数的近似值	含菌量较少的样品或特殊生理类群微生物样品的检测
滤膜过滤计数法	活菌数	适用于杂质较少、水质较好的大体积水体的检测

1. 微生物细胞数目检测

(1) 直接计数法(又称全数法)

检测的是微生物细胞总数,包括活菌数和死菌数,故称全数法。

① 计数器直接测数法

a. 血球计数板直接计数法。血球计数板(haemocytometer)直接计数法(direct count method)是将微生物细胞悬液置于血球计数板上的小室中,在显微镜下直接计数的方法。此法简便、快速,适用于个体较大的酵母菌和霉菌孢子的数量测定。菌悬液浓度不宜过高或过低,一般酵母菌与霉菌孢子数应控制在 $10^5 \sim 10^6$ 个/mL。本法测定结果是微生物细胞总数,一般不能区分是活菌还是死菌,但酵母菌可通过美蓝染色进行区分,活细胞能将美蓝还原,不着色,而死细胞为蓝色(图 7-7b)。

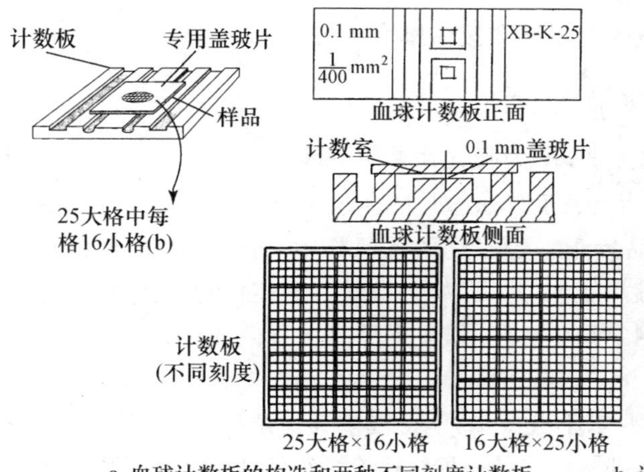

a. 血球计数板的构造和两种不同刻度计数板

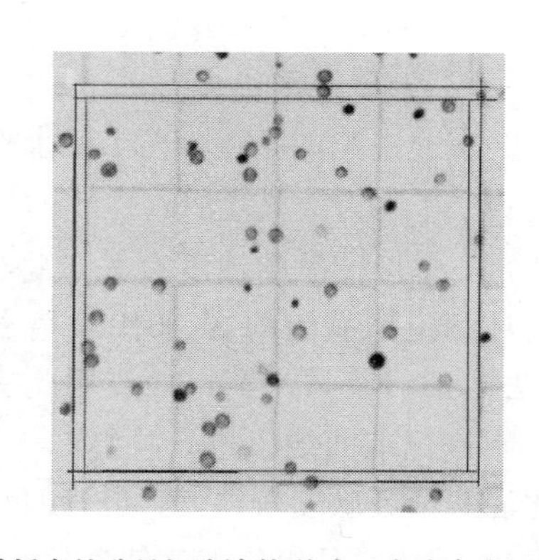

b. 计数板中的酵母细胞计数(注意:色浅者为活细胞)

图 7-7 血球计数板构造和酵母细胞计数

血球计数板是一种特殊载玻片,其上有 4 条沟和 2 条嵴,中央有一短横沟和 2 个平台,两嵴表面比两平台的表面高 0.1 mm,每个平台上刻有不同方格的格网,中央 1 mm^2 面积上刻有 400(25×16 或 16×25)个小方格(图 7-7a)。大方格的每边长为1 mm,故 400 个小格的总面积为 1 mm^2。当将专用盖玻片置于两条嵴上,从两个平台侧面向空隙处注入菌液后,则在 400 个小方格(1 mm² 面积)计数室上与盖玻片之间空隙中液体总体积为 0.1 mm³。

一般取计数板 4 个角上的 4 个中格和计数板正中央的 1 个中格计数，对横跨方格边线上的细胞，每个方格只取上边线和右边线，或只取下边线和左边线。镜检计数后，计算 400 个小格中细胞总数，再乘以 10^4，即换算成每 mL 菌液所含细胞数。计算公式如下：

$$\text{菌液细胞数/mL}=\frac{100\text{ 小格内微生物细胞数}}{100}\times 400\times 10\,000\times\text{菌液稀释倍数}$$

b. 细菌计数板直接计数法。细菌计数器(Petroff-Hausser counter)与血球计数器结构相同，只是刻有格子的计数板平面与盖玻片之间的空隙高度为 0.02 mm。操作方法与血球计数板直接计数法相同，一般菌液细胞数控制在 10^7 个/mL。活跃运动的细菌可先适度加热或加甲醛杀死，亦可加 4%聚乙烯醇使其停止运动。计算方法上与血球计数板直接计数法稍有差异。计算公式如下：

$$\text{菌液细胞数/mL}=\frac{100\text{ 小格内微生物细胞数}}{100}\times 400\times 50\,000\times\text{菌液稀释倍数}$$

② 染色计数法

采用计数板附带的 0.01 mL 吸管，吸取 0.01 mL 的待测样品，均匀涂布在载玻片的 1 cm² 面积内。固定染色后，在显微镜下选择若干视野计算细胞数量，再用镜台测微尺测定和计算出上述视野面积，从而推算出 1 cm² 总面积的含菌数。根据下面公式计算每 mL 原液中的含菌数：

$$\text{原菌液含菌数/mL}=\text{视野中的平均菌数}\times 1\text{ cm}^2/\text{视野面积}\times 100\times\text{稀释倍数}$$

③ 比浊法

比浊法(turbidimetry)根据的是菌悬液中单细胞微生物的细胞数与混浊度成正比、与透光度成反比的原理，细胞越多，浊度越大，透光度越少。某一波长光线通过混浊液后，光强度减弱，其入射光与透过光的强度比与样品液的混浊度和液体厚度相关：

$$\lg\frac{I_t}{I_i}=-Kcd$$

式中：I_t 为透过光的强度；I_i 为入射光的强度；K 为吸光系数；c 为样品悬液的浊度；d 为液体的厚度；I_t/I_i 称为透光度；$\lg(I_t/I_i)^{-1}$ 称为光密度(optical density，OD)A。如果样品的液体厚度一致，则 A 与样品的浊度有关。将样品置于一定厚度的比色杯中，可通过光电比色计或分光光度计测定样品中的 A 来代表培养液中的浊度，即微生物量。测定的结果是微生物的总量，无法区别活菌与死菌。一般用此法测定细胞浊度时，应先用直接显微镜计数法或平板活菌计数法制作标准曲线以进行换算。

比浊法虽灵敏度较差，菌悬液颜色又要求不宜太深，不得混杂其他杂质，但具有简便、快速、不干扰、不破坏样品等优点。使用虽有所局限，但确是一种快速检测细菌和酵母菌悬液细胞数量的方法，广泛用于生长速率测定，便于及时调控发酵条件，控制微生物的生长。

(2) 活菌计数法

又称间接计数法。间接计数法检测的仅是活菌，所测数值较直接计数法小。

① 平板菌落计数法。通过测定菌悬液稀释涂布在平板上培养形成的菌落数而间接测定其活菌数的方法，称为平板菌落计数法。根据平板上的菌落的数目，推算出每克(或毫升)含菌样品中所含的活菌总数。计算公式如下：

$$每克(或毫升)含菌样品中的活菌数=\frac{同一稀释度3个平板上菌落平均数}{含菌样品克(毫升)数}\times 稀释倍数$$

图 7-2 是菌落计数法过程示意图，由于不能确保菌落计数法中的每个菌落都是由单个活细胞分裂而来，因而用菌落形成单位(colony forming unit，CFU)表示样品中的活细胞数量，即 CFU/mL 或 CFU/g 表示。菌落计数时首先选择平均菌落在 30～300 之间的平板，计算同一稀释度的平均菌落数。

活菌计数法虽有手续烦琐、需时长、影响因素多、结果不甚稳定等缺陷，但因其能够检测出样品中的活菌数，且灵敏度高，广泛应用于生物、医药制品和水质、食品的卫生检测。目前仍是教学、科研和生产上常用的一种检测菌数的有效方法。

② 液体稀释最可能数或最大概率数(most probable number，MPN)测定。用此法测定时，取定量(1 mL)待测菌悬液样品，用培养液进行 10 倍系列稀释，重复 3～5 次，经适宜温度培养后，在一定稀释度以前的培养液中出现细菌生长，而在这个稀释度以后的培养液中不出现细菌生长。按稀释度顺序将最后 3 个有菌生长的稀释管之稀释度称为临界级数。以3～5 次重复的连续 3 个临界级数获得的指数，求得最大可能数或最大概率数(MPN)，再乘以出现生长的临界级数的最低稀释度，即可计算出样品单位体积中活菌数的近似值。

本法适用于含菌量较少的样品或在固体培养基上不易生长的细菌样品的检测，如水、牛奶和食品中大肠菌群数检测和土壤中特殊生理类群微生物(如氨化细菌、硝化细菌、自生固氮菌、根瘤菌、硫化和反硫化细菌、纤维素分解菌等)数量的检测等。不足之处是该方法只能进行特殊生理类群微生物数目的测定，得出的是样品中存在的最可能数，结果较粗放。

③ 滤膜培养法(membrane filtration culture method)。该法适用于杂质较少、水质较好的大体积水体(如大城市的水厂)的检测。操作较为简单快速。

滤膜是一种微孔薄膜(如硝化纤维素薄膜)，将一定量的待测样品注入已灭菌并放有滤膜的滤器中，经过抽滤浓缩，细菌即被截留在膜上。然后，将滤膜没有菌的一面贴于适当的固体培养基上培养，长出菌落后再计算样品中的菌数(图 7-8)。

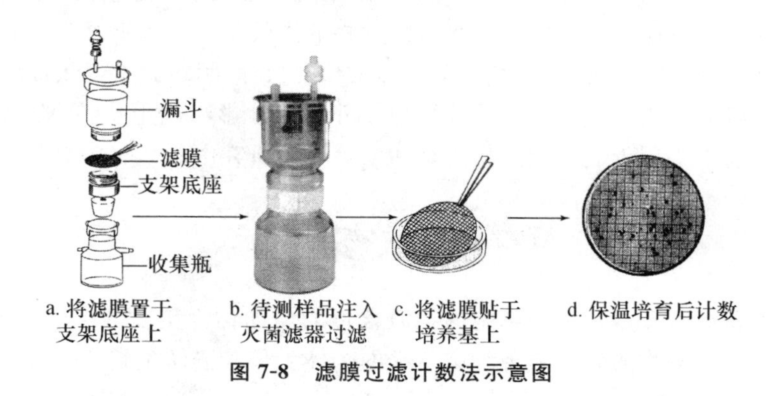

图 7-8　滤膜过滤计数法示意图

饮用水是否达到卫生标准，需要进行水中的细菌数量及大肠菌群数的测定。在我国饮用水的卫生标准中规定：1 mL 自来水中细菌菌落总数不得超过 100 个，100 mL 自来水中大肠菌群数不得超过 3 个。2005 年 6 月开始，城市供水卫生标准有所提高，规定 1 mL 自来水中细菌菌落总数不得超过 80 个；城市自来水中大肠菌群数 0 个/100 mL(任意取 100 mL 水样不得检出)。细菌总数测定采用平板菌落计数法，大肠菌群数的测定采用滤膜法。

2. 微生物生长量的测定

微生物生长也可不用测定细胞数量,而采用测定细胞生长量(测定重量)的办法测试。常用方法为:

① 湿重法。取一定体积微生物培养液离心或过滤,收集细胞沉淀物,洗涤、离心后,直接称重,即为湿重。如果为丝状体微生物,可过滤后用滤纸吸去菌丝之间的水分,再称重求出湿重。

② 干重法。将离心或过滤得到的单细胞或是丝状放线菌、霉菌沉淀物置于100～105℃烘箱中干燥至恒重,取出放入干燥器内冷却,再称量,计算微生物干重。一般,细菌干重约为湿重的20%～25%。

3. 生理指标测定法

通过测定与生长量相平行的生理指标反映细胞物质的量。

① 含氮量测定法。蛋白质是细胞的主要成分,含氮量也较稳定,蛋白质含氮量为16%,细菌中蛋白质含量一般占细菌固形物的65%,为此,总氮含量与蛋白质总量间的关系可按下列公式计算:

蛋白质总量=总氮量×6.25

细胞总量=蛋白质总量÷65%≈蛋白质总量×1.54

取一定体积微生物培养液离心或过滤,收集细胞沉淀物,洗涤、离心后,按凯氏定氮法测定其总氮量,再乘以系数6.25即为粗蛋白含量。可依据蛋白质含量计算细胞总量。

② DNA含量测定法。微生物细胞DNA含量相当恒定,平均每个细胞的DNA含量为8.4×10^{-5} μg。利用DNA与DABA-2HCl(即新配制的质量分数为20%的3,5-二氨基苯甲酸-盐酸溶液)结合显示特殊荧光反应的原理,定量测定培养物的菌悬液的荧光反应强度,求得DNA含量,再根据DNA含量计算出细菌的数量。

③ 其他生理指标测定法。微生物生长繁殖必然消耗或产生一定量的物质,故可以通过检测某物质的消耗量或某产物的生成量来表示微生物的生长量。如借助瓦勃氏呼吸仪检测微生物对O_2的吸收和CO_2的释放量,以其为微生物生长的指标;利用微量量热计测定微生物生长中的热量变化。注意,选用的生理指标必须不受外界因素影响或干扰,否则测定的结果不稳定。这类测定目前主要用于进行微生物生理活动等科学研究中。

7.2 微生物的生长

多细胞微生物细胞数目和每个细胞内物质含量的增加称为生长。生长是繁殖的基础,繁殖是生长的结果。微生物的生长表现为微生物的个体生长和群体生长两个方面。由于绝大多数微生物个体微小,个体质量和体积变化不易观察,一般常以微生物的群体生长作为生长的指标。

7.2.1 微生物的个体生长

1. 细菌细胞的生长

细菌细胞的个体生长是指新生的细胞逐渐长大直至分裂为两个新的子细胞的过程。这个过程称为二等分裂。细菌的生长周期主要包括细菌染色体DNA的复制和分离、细胞壁的扩增和细胞的分裂与控制等。细菌的生长周期不仅因种而异，还受营养与环境条件等因子的影响。适宜条件下，大肠杆菌完成一个生长周期仅需 20 min。

（1）DNA 的复制和分离

细菌的染色体为环状的双螺旋 DNA 分子。染色体有双向和单向两种复制方式，细菌细胞在生长过程中，其双链 DNA 复制从某一特定位置起始（称复制原点），复制原点附在细胞质膜上，其中大部分双链是解开的。DNA 复制从原点开始，向两个相反的方向延伸，由每个亲本的单链复制出一条与之互补的新链，随着细胞质膜的生长和延伸，将两个 DNA 分子拉向细胞两极，最后随细胞分裂，两个子染色体 DNA 分子分别分配在两个子代细胞中（图 7-9）。大肠杆菌、枯草芽孢杆菌、鼠伤寒沙门氏菌等大多数细菌的环状 DNA 分子及真核细胞染色体 DNA 都是这种复制方式（细菌 DNA 分子只有一个复制原点，真核微生物染色体 DNA 有多个复制原点，复制点形成"泡"，最后汇合、完成一次复制）。

图 7-9　细菌染色体 DNA 的双向复制和分离

大肠杆菌在适宜环境中进行快速生长时，往往 DNA 分子在前一次复制还未完成，而在子代 DNA 链上的复制原点已开始新的复制，在 DNA 分子上可见多个复制叉。

大肠杆菌噬菌体 P2、P186、质粒和真核生物线粒体 DNA 的复制都是以单向滚环方式（图 7-10）进行：a. 复制开始时，染色体的特定区域附着到细胞质膜的复制原点上，在复制原点附近又形成新的复制点。b. 染色体正链在特定复制原点断裂，释放出 3′端和 5′端，5′端固定在细胞质膜新的复制点上。c. 复制点上有 DNA 复制酶，随着 DNA 滚动，复制点按顺时针方向滚动，DNA 按逆时针方向滚动。在 DNA 聚合酶催化下，以 DNA 负链为模板，从正链 3′端合成新的正链并继续延伸；与此同时，断开的正链 DNA 也作为模板，开始复制新的负链。d. 复制完成后，在连接酶作用下，形成一个新的双链环状 DNA 分子。DNA 复制时，细胞质膜扩展，两个 DNA 分子分开。

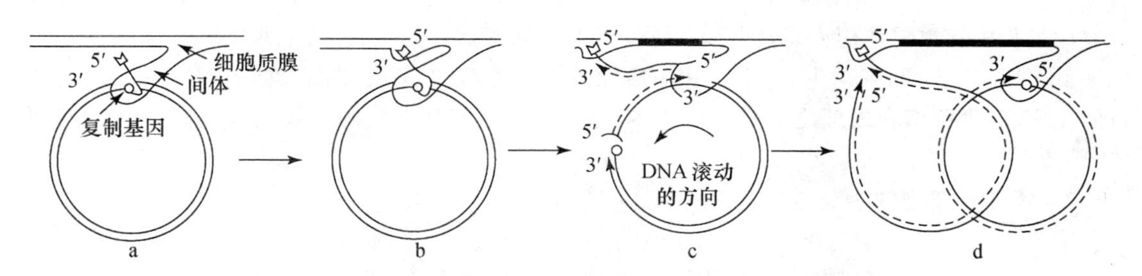

图 7-10　细菌 DNA 滚环复制模型

（2）细胞壁的扩增

细菌生长中只有细胞壁和细胞质膜不断扩增，细胞体积才能不断增大。采用荧光抗体技术，使荧光抗体与细胞壁组分特异结合，再将细菌转移到不含荧光抗体培养基中培养一段时间，最后用荧光显微镜观察，结果发现不同菌细胞壁扩增部位与方式明显不同。G^- 细菌如鼠伤寒沙门氏菌细胞壁扩增部位有多个新壁合成位点，呈区带状分布，扩增方式是以间隔方式插入细胞壁（图 7-11a）。G^+ 细菌如酿脓链球菌细胞壁扩增部位在球菌壁中部赤道带位置，称为壁带（wall bands）；扩增方式由中央将老壁向两端延伸。随细胞继续增长，球菌壁中部内陷，逐渐形成横隔，最后子细胞分离（图 7-11b）。

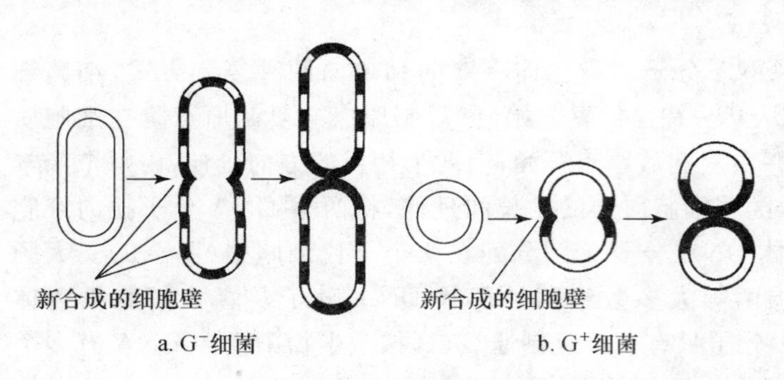

图 7-11　细菌细胞壁扩增模式图

为保持细胞壁的稳定性与完整性，细胞通过控制无机离子和有机物质的浓度以维持细胞内外的渗透压平衡；通过细胞壁肽聚糖双糖链与短肽链逐步打开、逐步闭合方式，使细胞壁肽聚糖一层打开后，其他几层仍保持结构、功能完整。

新的细胞质膜扩增方式与部位和细胞壁的形成相似。

（3）核糖体的重建

核糖体的重建包括 rRNA 合成、蛋白质合成及蛋白质在 rRNA 上的组装 3 个过程。对大肠杆菌核糖体建成了解得较清楚：每个大肠杆菌约含 10 000 个核糖体，如按 30 min 分裂一次，核糖体的合成速度则为 5～6 个/s。大肠杆菌的 30S 和 50S 两个亚基分别是在 16S RNA 和 23S RNA 上逐步添加蛋白质形成的。

$$\text{新生的 16S rRNA} \longrightarrow \text{21S rRNA} \longrightarrow \text{26S rRNA} \longrightarrow \text{30S rRNA 亚单位}$$

$$\text{新生的 23S rRNA} \longrightarrow \text{32S rRNA} \longrightarrow \text{43S rRNA} \longrightarrow \text{50S rRNA 亚单位}$$

（4）细胞分裂的控制

细菌细胞分裂是一个复杂的过程，涉及细胞壁、细胞质膜、DNA、蛋白质、核糖体等细胞结构与物质的合成，其中尤以蛋白质和 DNA 在细菌细胞分裂中的作用更为至关重要。

已知外膜蛋白 G 和蛋白质 X 是影响细胞分裂的调节蛋白，当 DNA 合成受到抑制时，过量积累 G 和 X 蛋白，细胞分裂也受到抑制，G 和 X 蛋白不过量积累，细胞分裂仍照常进行。另外，资料证明 DD-转肽酶（D-Ala-D-Ala 转肽酶）与 DD-羧肽酶（D-Ala-D-Ala 羧肽酶）的活性比在生长和分裂两过程中起重要作用。当转肽酶活性＞羧肽酶活性，新合成肽聚糖中四肽单位/五肽单位的比率低，细胞壁扩增，细菌生长；当转肽酶活性＜羧肽酶活性，新合成肽聚糖中四肽单位/五肽单位的比率高，细胞壁合成部位中四肽单位多，可以接受更多新合成的肽聚糖束，有利于横隔壁形成，导致细胞分裂。

2. 酵母菌细胞的生长

酵母菌细胞的周期是指从一个新产生的子细胞开始，经过细胞体积的连续增加，并在一定的间隔时间发生核和细胞的分裂，形成新一代子细胞的过程。酵母菌细胞分裂分为两类：一种是不等分裂，如酿酒酵母，母细胞体积增大到一定程度便出芽长大，最后芽体与母细胞分离，形成大小不等的两个细胞；另一类是均等分裂，如粟酒裂殖酵母，当菌体体积增加到一定大小后，便形成分隔，产生两个大小相等的细胞。

酵母菌细胞周期可分为 G_1、S、G_2 和 M 4 个时期：S 和 M 期分别指 DNA 合成期和有丝分裂期，G_1 和 G_2 分别指 S 和 M 期之间的间隙期（图 7-12）。G_1 期是指从上一次分裂完成到下一次 DNA 复制开始之前的时期；S 期是指从细胞内 DNA 复制开始到完成的时期；G_2 期是指从 DNA 复制结束到细胞分裂开始前的时期；M 期是指从细胞有丝分裂开始到完成的时期。由于 G_2 期 DNA 复制已经完成，但细胞分裂还没开始，因而 G_2 期的 DNA 量是 G_1 期的 2 倍。将一个单拷贝的染色体组 DNA 的量定为 C 值，在 G_1 期时单倍体细胞的 C 值为 1，双倍体的 C 值为 2；在 G_2 期时单倍体的 C 值为 2，双倍体的 C 值为 4。通过测定 C 值就可确定细胞处于细胞周期中的时期。在 G_1 期的后期有一个"起始点"，细胞经过"起始点"后，就可以顺利通过随后的几个时期，完成细胞的周期。环境因素或不良营养条件都不能阻止细胞分裂。

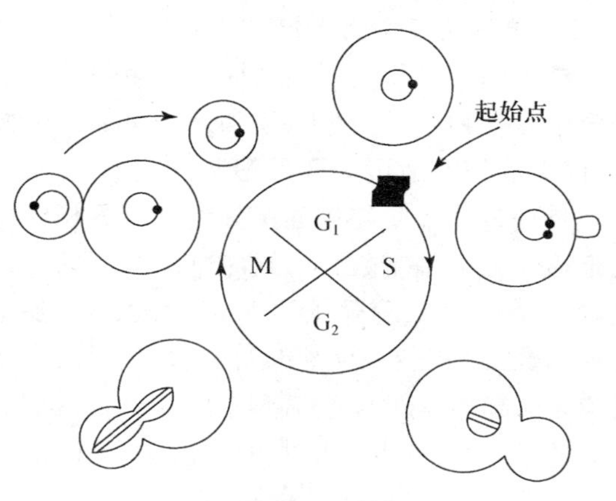

图 7-12 酿酒酵母细胞的周期

○ 细胞核，• 纺锤极体

3. 丝状真菌菌丝的生长

丝状真菌如霉菌营养菌丝的生长是以极性顶端生长方式进行的。

① 菌丝各部位结构。菌丝顶端呈半椭圆形，原生质在菌丝细胞内呈区域化的极性分布。最初的几个微米区域为最顶端区域，只充满着丰富的微泡囊；内质网（及高尔基体）和线粒体等从顶端 3～6 μm 以后的亚顶端区域开始出现，微泡囊散布在其间及其原生质周缘；细胞核只在距离顶端 40～100 μm 之后的成熟区域出现。

② 菌丝生长所需的各组分合成。菌丝生长所需的蛋白质、脂肪和糖类主要在亚顶端区域合成，新生的微泡囊由内质网（或高尔基体）分泌产生，内含有细胞壁合成所需的前体物质。分泌的微泡囊从亚顶端移向最顶端，当与细胞质膜融合时，泡囊膜被补充为新生的细胞质膜；微泡囊内含的细胞壁前体物质释放，在细胞壁和细胞质膜间隙处聚合，成为新生的黏滞可塑的细胞壁，使菌丝顶端向前延伸，原先最顶端的细胞壁和细胞质膜被推向后部，原先的细胞壁在被推向后部的过程中因其多糖分子之间发生交联而硬化（图 7-13）。由高尔基体衍生而来的各种微泡囊与微管和微丝相连，由微管和微丝将它们运送到菌丝顶端部位和新的分支部位。顶端可塑性的细胞壁含有新生的壳多糖微纤丝和葡聚糖微纤丝，然后逐步通过结晶化和共价键交联而变得坚硬。在新的菌丝分支处，坚硬的细胞壁可由于水解酶的作用而重新变得可塑，使新分支形成。

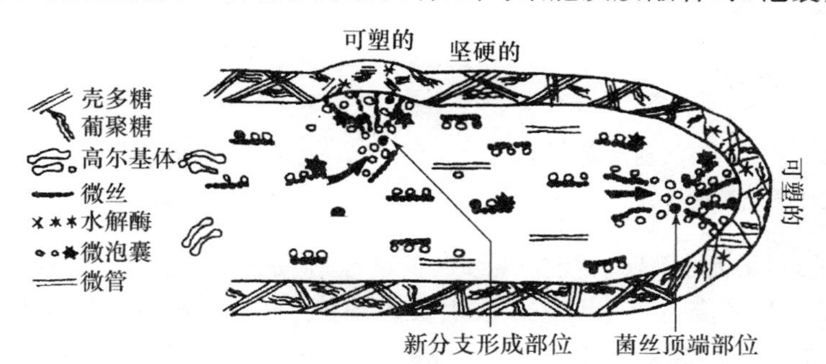

图 7-13 丝状真菌顶端生长和分支形成的模型

（引自黄秀梨主编，2003）

7.2.2 微生物的群体生长规律

微生物极其微小，除某些大型真菌外，我们平日接触的微生物都不是单个，而是由单个微生物组成的群体。微生物的群体生长规律因种类而异，单细胞微生物与多细胞微生物的群体生长动力学特性不同。

1. 单细胞微生物的群体生长

单细胞微生物主要包括原核微生物的细菌和真核微生物的酵母菌，它们的群体生长是以群体中微生物细胞数量的增加来表示的。下面以细菌为例，介绍单细胞微生物群体生长的规律，基本规律也适用于酵母菌。

将少量单细胞纯培养接种到一定容积的新鲜液体培养基中，在适宜条件下培养，定时取样测定培养液中细胞数目。这时可发现，开始有一短暂时间细胞数目不变；随后细胞数目增加很快，进入高速生长阶段；随培养时间延长，细胞数目又趋向稳定；最后，逐渐下降。如果以细胞数目的对数或生长速率为纵坐标，以培养时间为横坐标作图，绘制成的曲线称为生长曲线。生长曲线代表了细菌在新的适宜环境中生长、分裂、衰老、死亡全过程的动态变化规律。根据细菌生长速率的不同，可将生长曲线分为4个主要时期：迟缓期、对数期、稳定期与衰亡期（图7-14）。

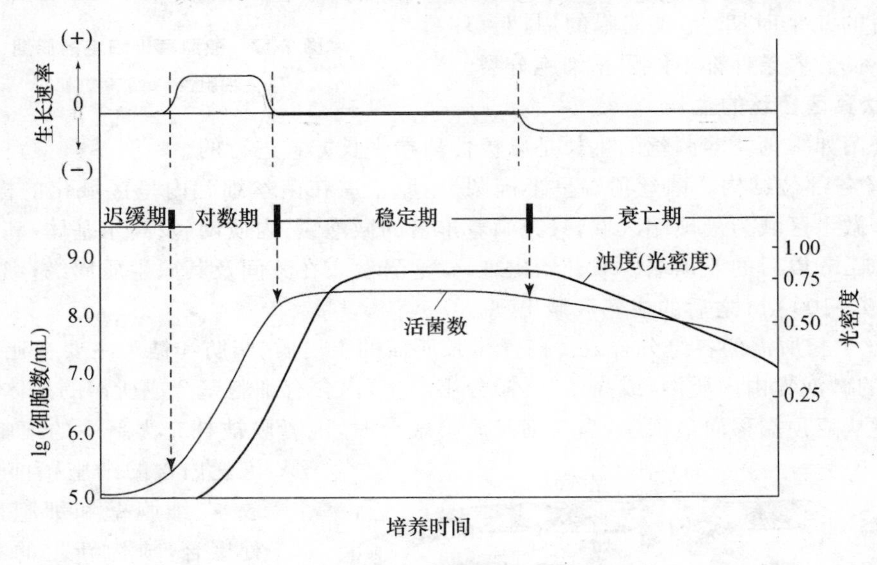

图 7-14　细菌生长曲线

(1) 迟缓期

迟缓期(lag phase)，又称为延迟期或延滞期。当少量细菌群体接种到新鲜液体培养基后，最初经历一段适应期。在这一时期，一般细胞不立即分裂，生长速率近于零，细胞数目几乎保持不变，或增加很少，细胞为分裂进行生理和物质上的各种准备，包括合成细胞的组分和酶，这段时期又称为调整期。迟缓期细胞的主要生理特征是：代谢活跃，胞内贮藏物质逐渐消耗，细胞内DNA、RNA和蛋白质含量增高，各类诱导酶的合成量也相应增加，细胞内的原生质均匀一致，细胞体积相对最大。细菌对外界理化因子敏感，抵抗力减弱。在迟缓期的后阶段，少数细菌开始分裂，曲线稍有上升趋势。

迟缓期长短因菌种和培养条件不同而异，可从几分钟到几小时，甚至几天、几个月不等。如果迟缓期延长，会增加污染机会、延长生产周期、设备利用率降低、生产成本上升。缩短迟缓期的措施：① 改变菌种的遗传特性，缩短菌种生长的迟缓期；② 采用对数期的细胞作为“种子”，以快速生长繁殖的健壮的细胞进行接种；③ 采用营养丰富的培养基，接种前后所使用的培养基成分及其他理化条件尽可能保持一致；④ 接种量适当扩大等。

(2) 对数期

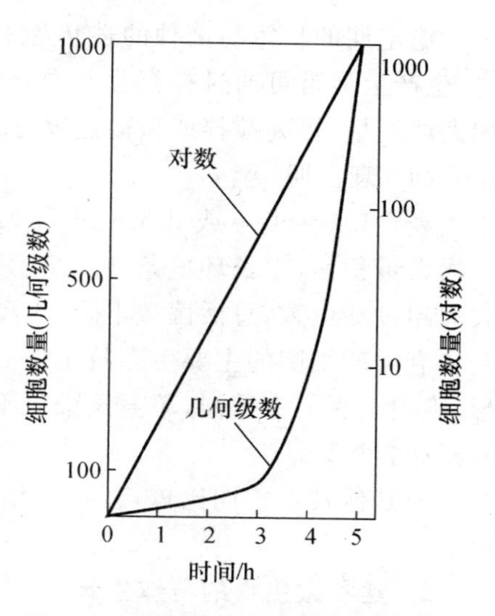

图 7-15 分批培养中细菌的生长速率（群体的变化）

对数期(log phase)又称指数生长期(exponential phase)。单细胞微生物经过迟缓期对新环境的适应阶段后,进入对数生长期。对数期细胞的主要生理特征是:细菌以最大速率生长和分裂,细胞数目以几何级数增长,$2^0 \rightarrow 2^1 \rightarrow 2^2 \rightarrow 2^3 \rightarrow 2^4 \rightarrow \cdots\cdots 2^n$ 的方式增长(图 7-15),这里"n"为细胞分裂次数或增殖代数,由 1 个细胞分裂成为 2 个细胞的间隔称为世代。一个世代所需的时间就是代时,所以,代时便是群体细胞数目扩大 1 倍所需的时间,也称为倍增时间。图 7-15 表示一个倍增时间为 30 min 的细胞经历若干代分裂后的情况。由图可见,每经历一个代时,细胞数目就增加 1 倍,呈指数增加,因而也被称为指数生长,这就是单细胞微生物群体对数期生长的特征,细胞数目的对数与培养时间呈直线关系。指数生长可用下式表示:

$$Y = X_0 \times 2^n$$

式中:X_0 为起始时的细胞数目,Y 为 t 时刻的细胞数目,n 为世代数。由实验可获得 X_0、Y 和 t 的数据,世代数 n 就可通过上式计算得出。

将上述等式两侧取对数然后重排,得:

$$\lg Y = \lg X_0 + n\lg 2$$

$$n = \frac{\lg Y - \lg X_0}{\lg 2} = \frac{\lg Y - \lg X_0}{0.301}$$

$$G = \frac{t_x - t_0}{n} = \frac{t_x - t_0}{3.3(\lg Y - \lg X_0)}$$

对数生长期细胞分裂速度最快,世代时间最短,细胞形态和生理特性比较一致,酶的活性及代谢活性稳定,生活力强,科学研究上常用作理想的实验材料,工业发酵上常作为"种子"。对数生长期长短与菌种本身的遗传特性有关,此外,还受环境条件影响(如温度、培养基成分等)。如大肠杆菌 37.5℃时,代时 17 min;21.5～21.8℃时,代时 62 min;50℃时,不能生长。伤寒杆菌在含 0.125%的蛋白胨水培养基中,代时为 800 min;而在含 1.0%的蛋白胨水培养基中,代时仅为 40 min。

(3) 稳定期

稳定期(stationary phase)又称恒定期或最高生长期。由于营养物质消耗、代谢产物积累、营养物质比例失调和 pH、氧化还原电位等理化环境条件变化,环境条件逐渐不适宜细菌生长,致使细菌生长速率降低,直至趋向于零(即细菌分裂新增细胞的数量与逐步衰老死亡的细胞数量趋于相对平衡),表明对数生长期结束,进入群体稳定生长期。

稳定期细胞的主要生理特征是:活细菌数达最高水平,并维持恒定,生产中如为获得大量活菌体,应在此阶段收获。处于稳定期的细胞,此时期开始积累贮藏物质(如糖原、异染颗粒、脂肪粒等),大多数产芽孢细菌开始出现芽孢。某些抗生素产生菌在稳定期的后期,大量形成抗生素。

稳定期的长短与菌种的遗传性和外界环境条件有关。为获得更多的菌体物质或代谢产物，生产上通常可通过补充营养物质或取走代谢产物或改善培养条件（如调节 pH、调整温度、加大通气量、提高搅拌或振荡速度等）等措施来延长稳定生长期。

（4）衰亡期

衰亡期（decline 或 death phase）或称衰老期。继稳定期后，由于营养物质耗尽和有毒代谢产物大量积累，生长环境条件继续恶化，群体中细菌死亡率逐步上升，活菌数逐步下降，死亡数大大超过新生数，总活菌数下降，出现“负”增长。此阶段为衰亡期。

衰亡期细胞的主要生理特征是：细菌代谢活性逐渐降低，细胞大小异常、呈多形态或畸形，胞内出现多个液泡，革兰氏染色不稳定，释放许多代谢产物、胞内酶和芽孢，最后，细菌衰老并开始自溶。

与其他各生长期比较，衰亡期相对时间较长，其时限依微生物本身遗传特性和环境条件而定。

2. 丝状微生物的群体生长

（1）丝状微生物群体生长的特征

丝状微生物包括原核微生物放线菌和真核微生物丝状真菌。在液体培养基中虽然也能以均匀分布的菌丝悬浮液的方式生长（丝状生长），但大多数情况是以分散的沉淀物在发酵罐中出现（沉淀生长），沉淀物形态从松散的絮状沉淀到堆积紧密的菌丝球不等。若切开菌丝球，散发着酒精味，说明氧气不能进入中心，发酵过程已在内部发生。当菌丝球表面或间隙活跃生长时，其内部可能已经自溶。丝状微生物是丝状生长还是沉淀生长，取决于接种体积大小、接种物是否凝聚及菌丝体是否易发生断裂等综合因素。丝状微生物生长通常以单位时间内微生物细胞的物质量（主要是干重）的变化表示。

（2）丝状微生物群体生长曲线

丝状微生物的群体生长具有与单细胞微生物类似的规律。如腐皮镰孢菌（*Fusarium solani*）在液体深层通气培养基中的生长曲线分为 3 个不同的生长阶段，即延迟期（延缓期）、迅速生长期和衰退期（图 7-16）。

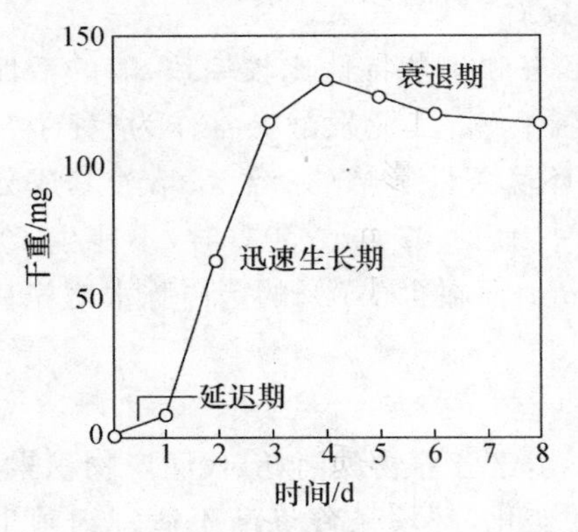

图 7-16 腐皮镰孢的生长曲线

延迟期是孢子和菌丝在新的培养环境中所需要的适应期，类似于细菌生长曲线中的迟缓期；衰退期类似于细菌生长曲线中的衰亡期；迅速生长期的菌丝体干重迅速增加，其立方根与培养时间呈直线关系。此阶段真菌的生长特点是菌丝伸长和分支速率加快，细胞呼吸强度和代谢速率达到最高峰，可产生或不产生酸类等代谢产物。在振荡培养或通气搅拌培养时，迅速生长期末菌丝体成为絮状；静止培养时，液体表面形成菌膜和分生孢子。

7.3 环境对微生物生长的影响

微生物与环境关系密切，除营养条件外，温度、pH、氧气（氧化还原电位）等环境因素皆影响微生物的生长繁殖。条件适宜时，微生物生长繁殖旺盛；条件不适宜时，微生物生命活动受到抑制或暂时改变某些特性；条件恶劣或极端不利时，微生物产生芽孢或厚垣孢子，或发生遗传变异，直至死亡。

7.3.1 温度

温度影响微生物生长的机制主要是：① 影响微生物细胞质膜的液晶结构；② 影响酶、蛋白质的合成和活性；③ 影响 RNA 的结构和转录等。

从微生物总体来看，生长温度范围较广，可在 −12～100℃或更高温度下生长，然而各种微生物按其生长速率划分，都有其生长繁殖的 3 种基本温度（图 7-17）：最低温度、最适温度、最高温度。最低生长温度是指微生物能生长的温度下限，低于这种温度以下生长停止。最适生长温度是在这个温度下微生物生长速率最高，代时（G）最短，值得注意的是，最适生长温度不一定是微生物积累代谢产物的最适温度，如青霉素产生菌产黄青霉在 30℃时生长最快，而青霉素产生的最适温度却在 20～25℃范围内，发酵分两阶段控制培养温度，比恒温培养产量提高 14.7%。真菌生长的最适温度与产生子实体的最适温度也不同，如香菇菌丝体生长的最适温度为 22～26℃，而子实体形成的最适温度为 20℃。最高生长温度是指微生物能生长的温度上限，在此温度时微生物仍能生长；而超过这个温度时，微生物就停止生长或死亡。

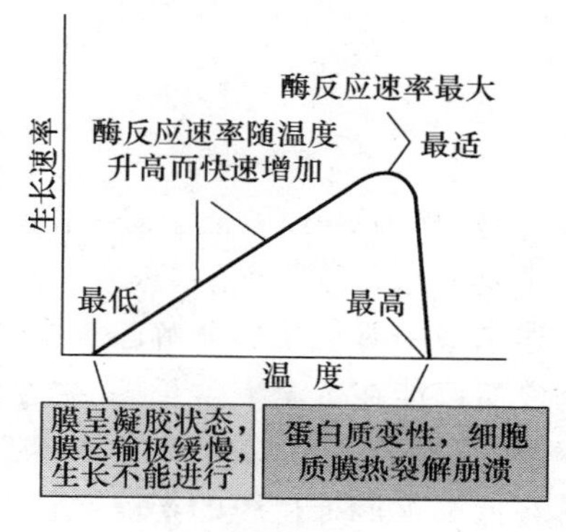

图 7-17 温度对微生物生长和细胞组分的影响

根据微生物的最适生长温度范围，通常将微生物分为：低温微生物、中温微生物和高温微生物三类。或进一步细分为 6 类：嗜冷微生物（专性嗜冷微生物和兼性嗜冷微生物）、嗜温微生物、嗜热微生物、嗜高热微生物和极端嗜热微生物（表 7-3）。

表 7-3 微生物生长的温度范围

微生物类型	生长温度范围/℃		
	最 低	最 适	最 高
专性嗜冷微生物	<0	15	20
兼性嗜冷微生物	0	20～30	35
嗜温微生物	10～20	20～40	40～45
嗜热微生物	40～45	50～60	80
嗜高热微生物	65	80～85	>85
极端嗜热微生物	>85	106（>90～110）	115～120

微生物在适应温度范围内，随温度逐渐升高，代谢活性逐步增强，生长速率也相应增高；超过最适生长温度后，生长速率逐渐降低，生长周期也延长。温度对六类微生物生长速率的影响见图 7-18。

1. 嗜冷微生物

嗜冷微生物又称嗜冷菌（psychrophile），是指最适生长温度为 15℃或以下，最高生长温度低于 20℃，最低生长温度在 0℃或更低温度的微生物。根据其对温度的适应性，分为专性嗜冷

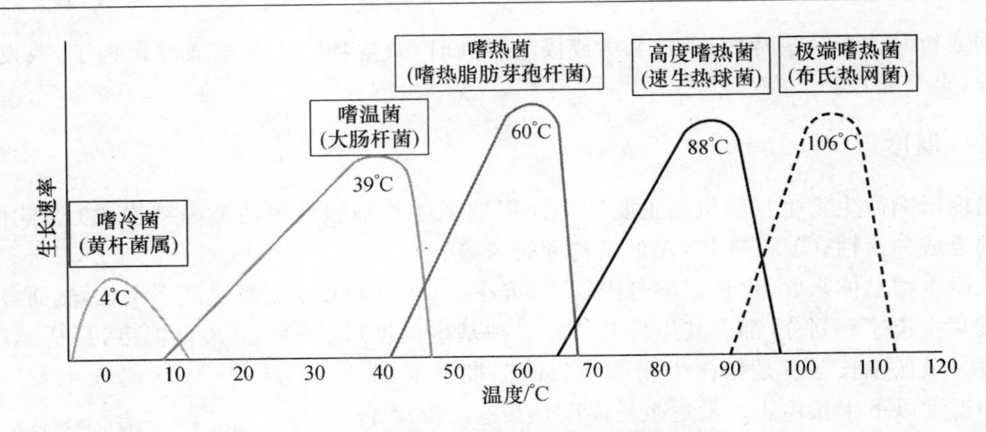

图 7-18　温度对 5 类微生物生长速率的影响

菌(psychrotroph)和兼性嗜冷菌(facultative psychrophile,或 psychrotroph)两类。嗜冷微生物主要分布在寒带冻土、深海、冷泉及仓库冷藏食品中,包括细菌、真菌和藻类等许多类群。对上述水域中有机质的分解起重要作用,也是引起冷藏食品腐败的主要微生物类群。嗜冷微生物之所以能在低温下生长,其主要原因:一是由于嗜冷微生物的酶在低温下催化生化反应效率高,温度 30～40℃时酶很快失活;二是嗜冷微生物细胞质膜中含有较多的不饱和脂肪酸,使其在低温下能维持膜的半流动性,有利于微生物生长。

2. 嗜温微生物

嗜温微生物(mesophile)又称嗜温菌或中温微生物。自然界中绝大多数微生物属于中温型微生物。最适生长温度为 20～40℃,最低生长温度为 10～20℃,最高生长温度为 40～45℃。进一步细分,可分为室温性微生物和体温性微生物两类:室温性微生物适于 20～25℃生长,为广泛分布于土壤、水、空气和动植物中的腐生菌;体温性微生物适于 37℃左右生长,绝大多数是人及动物的专性或兼性寄生微生物。嗜温微生物最低生长温度不能低于 10℃,在低温下蛋白质合成的启动受阻,许多酶的功能受代谢产物的反馈抑制。

3. 嗜热微生物

嗜热微生物(thermophile)又称嗜热菌或高温型微生物。其最适生长温度在 50～60℃之间,低于 40～45℃便不能繁殖。温泉、堆肥、厩肥、秸秆堆和沼气发酵池或家用、工业用热水器等环境中都有高温型微生物存在,它们在堆肥、厩肥、秸秆高温阶段的有机质分解过程中发挥重要作用也能引起食品腐败。芽孢杆菌属、梭菌属、甲烷杆菌属和高温放线菌属(*Thermoactinomyces*)中多高温型种类,嗜热脂肪芽孢杆菌常被认为是嗜热微生物的代表。霉菌通常不能在高温下生长。筛选嗜热微生物进行高温发酵,可缩短发酵周期,提高生产效率;有利于非气体物质在发酵液中的扩散和溶解;同时,也具有防止杂菌污染的作用。

4. 嗜高热微生物

嗜高热微生物又称为高度嗜热菌或嗜高温微生物,是指最适生长温度在 80℃以上的微生物。嗜高热微生物都是古菌,如速生热球菌(*Thermococcus celer*)和水生栖热菌等,通常其生长在热泉、火山喷气口或海底火山口附近。嗜高热微生物近年来特别受到人们关注,其原因是由于该类菌产生的酶制剂的酶反应温度和耐热性都比一般嗜温微生物高。如最初采用水生栖热菌产生的 *Taq* DNA 聚合酶,75℃酶活性最强,在 DNA 解链的 92℃高温中保温 30℃仍不变性失活,具有较高的酶活力,而且由于该酶具有 5′→3′外切酶活性,无 3′→5′外切酶活性,因此，它的发现促进了PCR技术(聚合酶链反应)的发展。

5. 极端嗜热微生物

最近报道从海底局部高温环境中分离出能耐90～100℃以上高温的原核微生物，称为极端嗜热微生物(extreme thermophile 或 hyperthermophiles)。如布氏热网菌(*pyrodictum brockii*)和近年在大西洋海底火山热液喷口壁分离的火叶菌属延胡索酸火叶菌(*Pyrolobus fumarii*)，它们可在90～113℃生活，最适生长温度为106℃，低于85℃和高于115℃不能生长。

极端嗜热菌产生的酶，在科学研究和工业生产上都具有很好的应用前景，如PCR技术中改用从深海底层热水喷口处分离的激烈热球菌制备的*Taq*酶后，获得了更好的校正特性(具有3′→5′外切酶活性)和更高的适应温度(100℃)，是目前使用最广泛的具有3′→5′外切酶活性的PCR酶。又如詹氏甲烷菌产生的蛋白酶、海栖热袍菌(*Thermotoga maritima*)产生的木聚糖酶，它们均为耐高温和热稳定性的酶，有望成为工业用酶的新来源。

嗜热微生物能在较高温度下生长的原因：① 嗜热微生物中的酶和蛋白质在高温时比嗜温微生物更具耐热性，蛋白质中的氨基酸序列也不同。② 嗜热微生物中合成蛋白质的核糖体、核酸中含有较多的对热稳定的GC对，对高温具有较大的抗性，tRNA在特定的碱基对区域G+C含量高，热稳定性增加。③ 细胞质膜中，饱和脂肪酸和直链脂肪酸含量高，使膜保持较好的热稳定性，而且，已知嗜高热微生物都是古菌，其膜脂中都不含脂肪酸，皆为由五碳化合物植烷的重复单位组成的碳氢化合物。④ 嗜热微生物生长速率快，能迅速合成生物大分子，还能产生多胺、热亚胺和高温精胺，可以稳定细胞中与蛋白质合成有关的结构，保护、弥补大分子免受高温的损害。

不同生物生长温度上限不同。真核生物生长温度的上限在60℃左右。可能与真核生物由生物膜组成的细胞器有关，真核生物的线粒体膜和核膜就对温度特别敏感；光合微生物生长温度上限为70～73℃，也可能与光合作用的膜系统热稳定性有关。

7.3.2 pH

环境中的氢离子浓度(即酸碱度)与微生物的生命活动有很大影响。酸碱度通常以pH(氢离子浓度的负对数)表示。

pH或氢离子浓度对微生物的影响是多方面的：① pH影响细胞质膜电荷变化，从而通过影响膜的结构稳定性和物质溶解性来影响膜的透性和营养物质吸收，进一步影响微生物的生长速率。② pH影响酶的活性，微生物体内绝大多数反应是酶促反应，酶促反应都有一个最适pH范围，在最适pH范围内酶促反应速率最高，微生物生长速率最大。③ pH影响培养基中有机化合物离子化状态，质子是唯一不带电子的阳离子，在溶液中迅速与水结合成水合氢离子(H_3O^+)等；碱性条件下，OH^-占优势，有机化合物离子化，离子化的化合物不易进入细胞，减少有害物质的毒性。④ pH影响营养物质的溶解度，pH低时，CO_2溶解度降低，Mg^{2+}、Ca^{2+}、Mo^{2+}等溶解度增加，当浓度过高时，这些离子会对微生物产生毒害作用；pH高时，Fe^{2+}、Ca^{2+}、Mg^{2+}及Mn^{2+}等溶解度降低，以碳酸盐、磷酸盐或氢氧化物形式生成沉淀，影响微生物生长。

每种微生物生长都有一个生长的最适pH和最低、最高pH适应范围。生长最适pH指生长速率最高，代时(G)最短的pH。低于或高于这个范围，微生物生长就被抑制。不同微生物生长的最适、最低与最高pH范围也不同(表7-4)。

表 7-4 一般微生物生长的 pH 适应范围

微生物	最低 pH	最适 pH	最高 pH
细菌	5.0	6.5～7.5	8.0～10.0
放线菌	5.0	6.5～7.5	8.0～10.0
酵母菌	2.0～3.0	4.5～5.5	7.0～8.0
霉菌	1.0～3.0	4.5～5.5	7.0～8.0

由表 7-4 看出，微生物生长的 pH 范围极广(pH 在 2～10)，绝大多数微生物生长 pH 为 5～9，只有少数微生物能在低于 pH 2 或大于 pH 10 的环境中生长。依据生长最适 pH，微生物又可分为嗜酸性微生物、嗜中性微生物和嗜碱性微生物 3 个类群。

1. 嗜酸性微生物

嗜酸性微生物(acidophile)或称嗜酸菌，指能在 pH 5.4 以下生长的微生物。如用于细菌冶金的氧化硫硫杆菌、氧化亚铁硫杆菌，生长最适 pH 为 1.5～2.0。有些细菌 pH 1 时仍能生活，但在中性 pH 时完全不能生长，称为专性嗜酸菌，如细菌中的硫杆菌属、古菌中的硫杆菌属和热原体属。真菌比细菌耐酸，许多种类适于在 pH 5.0～6.0 的酸性环境中生长。

嗜酸菌尽管在极低 pH 环境中生活，但细胞内部 pH 接近中性。其原因：一方面，可能是高浓度的氢离子维持细胞质膜的稳定性；另一方面，细胞质膜阻止 H^+ 进入胞内，并不断将 H^+ 排到胞外，维持细胞内 pH 接近中性的环境。当环境 pH 升高至中性时，细胞质膜发生裂解，细胞破碎。

2. 嗜中性微生物

嗜中性微生物或称嗜中性菌(neutrophile)。指生长最适 pH 范围为 5.4～8.5 的微生物，人类的致病菌大多数都是嗜中性微生物。

3. 嗜碱性微生物

嗜碱性微生物(alkaliphile)或称嗜碱菌。指生长最适 pH 范围为 7.0～11.5 的微生物。如巴氏芽孢杆菌(*Bacillus pasturii*)能在 pH 11 的环境中生长。它们通常存在于碱湖、含高碳酸盐的土壤等碱性环境。大多数嗜碱原核微生物是好氧性的非海洋细菌，有些极端嗜碱菌也是嗜盐菌，其中绝大多数是古菌。嗜碱菌的碱性蛋白酶在皮革脱毛、洗衣粉中使用，开拓了应用微生物的新领域。

嗜碱或耐碱性微生物细胞内 pH 接近中性，其原因是由于有些嗜碱或耐碱性微生物细胞壁渗透性差，可防止细胞质膜暴露于极端 pH 中受到损伤；另外，可以阻止 Na^+ 进入细胞内，并将 Na^+ 排到胞外。

微生物培养和发酵过程中，pH 的改变会影响酶的活力和代谢途径。例如在厌氧条件下，pH 4.5～5.0 时酵母菌的发酵产物是乙醇；pH 7.6 时产物是甘油、乙醇和乙酸。黑曲霉在好氧条件下，pH 2.0～3.0 时的发酵产物是柠檬酸，pH 中性时的发酵产物是草酸。微生物的代谢活动也会改变环境的 pH，如糖、脂肪等含碳的中性营养物质被分解后产酸，pH 降低；蛋白质、氨基酸、尿素等含氮的营养物质被分解后产胺和氨，pH 升高；生理酸性盐，如 $(NH_4)_2SO_4$ 的阳离子利用后，余下 SO_4^{2-}，pH 降低；生理碱性盐，如 $NaNO_3$ 的阴离子利用后，剩下 Na^+，pH 升高。为了维持培养液的 pH，常用加缓冲剂，酸、碱调节和通气量调节等方法控制(表 7-5)。

表 7-5　微生物发酵过程调节 pH 的措施

	调节措施	举　例
接种前	培养基中加酸或加碱调节 pH	如用 1 mol/L HCl 或 NaOH 溶液调节培养基 pH
	培养基中加缓冲剂调节 pH	$K_2HPO_4 + H^+ \longrightarrow KH_2PO_4 + K^+$ $KH_2PO_4 + OH^- \longrightarrow K_2HPO_4 + H_2O$
	培养基中加 $CaCO_3$，中和酸，释放 CO_2	$CaCO_3 \underset{-H^+}{\overset{+H^+}{\rightleftharpoons}} HCO_3^{-1} \underset{-H^+}{\overset{+H^+}{\rightleftharpoons}} H_2CO_3 \longrightarrow CO_2 + H_2O$
	培养基中加两性电解质	蛋白质、氨基酸、肽等起缓冲作用
接种后	培养过程中调节 pH	治标：培养液过酸：加 NaOH、$NaCO_3$ 等碱溶液中和 培养液过碱：加 HCl、H_2SO_4 等酸溶液中和 治标：培养液过酸：加适当氮源；提高通气量 培养液过碱：加适当碳源；降低通气量

7.3.3　氧

氧和氧化还原电位与微生物关系密切。分子态 O_2 是有些微生物的必需生活条件，而对另一些微生物则会发生抑制甚至毒害。根据微生物对氧的需求，可将其分为 5 种不同类群(图 7-19)。

1. 专性需氧菌

专性需氧菌(obligate aerobe)也称专性好氧微生物，缺 O_2 便不能生长，20 kPa 正常大气压或 E_h 0.3～0.4 V 下生活。因 O_2 是呼吸作用的最终电子受体，O_2 参与体内甾醇和不饱和脂肪酸的生物合成。细胞含有超氧化物歧化酶(SOD)和过氧化氢酶。大多数细菌、古菌、蓝细菌、放线菌和真菌是专性需氧菌。细菌中醋酸杆菌属、固氮菌属、铜绿假单胞菌等属种为专性需氧菌。

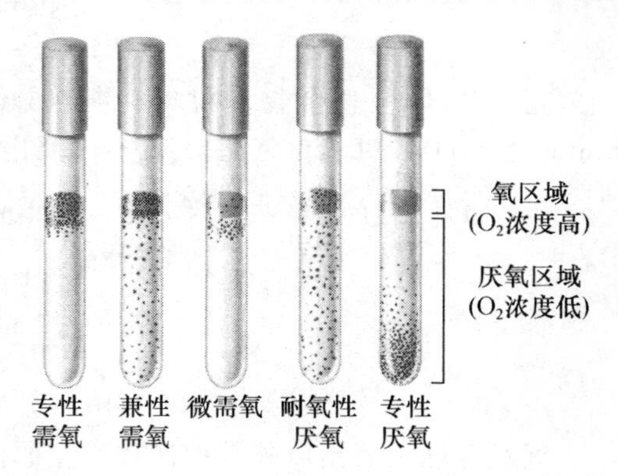

图 7-19　5 类微生物在半固体琼脂柱中的生长状态

示微生物与 O_2 的关系

2. 兼性需氧菌

兼性需氧菌(facultative aerobe)也称兼性厌氧微生物(facultative anaerobe)。这类微生物适应范围广，因其具有两套酶系统：有氧时以 O_2 作为最终电子受体，通过有氧呼吸产能；无氧时则通过发酵或无氧呼吸产能，不需要 O_2 参与生物合成。细胞含有超氧化物歧化酶(SOD)和过氧化氢酶。菌体在有氧条件下比无氧条件(E_h ± 0.1 V)时生长得更好，如酵母菌、一些肠道细菌(如大肠杆菌、产气肠杆菌)和硝化细菌、地衣芽孢杆菌等。

3. 微需氧菌

微需氧菌(microaerobe)又称微好氧微生物。在氧充足或严格厌氧环境中均不能生长，只能在 O_2 浓度很低(只含 2%～10%的氧或氧分压为 1×10^3～3×10^3 Pa)的条件下才能良好生长。它们以分子 O_2 为最终电子受体，通过有氧呼吸产能。此类菌包括发酵单胞菌属(*Zymomonas*)、氢单胞菌属、弯曲菌属(*Campylobacter*)和霍乱弧菌等属种成员。

4. 耐氧性厌氧菌

耐氧性厌氧菌(aerotolerant anaerobe)又称耐氧微生物。由于没有呼吸链,在有 O_2 时以不饱和键的有机物为最终电子受体,通过发酵获得能量,细胞内有超氧化物歧化酶和过氧化物酶。乳酸菌多数为耐氧菌,如乳酸乳杆菌(*Lactobacillus lactis*)、乳链球菌(*Streptococcus lactis*)等,此外,还包括肠膜明串珠菌、粪肠球菌(*Enterococcus faecalis*)等。

5. 专性厌氧菌

专性厌氧菌(obligate anaerobe)又称专性厌氧微生物或厌气性微生物。指对 O_2 敏感,可被分子 O_2 抑制甚至被毒害致死,因此只能在无氧或氧化还原电位很低的环境中生长的微生物,也称严格厌氧菌。常见的厌氧菌包括有梭菌属中的丙酮丁醇梭菌以及双歧杆菌属、拟杆菌属(*Bacteroides*)的成员,还有硫螺旋菌属(*Thiospirillum*)、着色菌属的光合细菌及严格厌氧的甲烷杆菌属和硫酸盐还原细菌等古菌类群。

氧对厌氧性微生物产生毒害作用并不是气态 O_2 对微生物的直接毒害,而是氧化过程产生的某些超氧阴离子(如超氧基化合物和过氧化氢)不能被解除的毒害。例如,微生物在有氧条件下生长时,通过氧化过程产生超氧基(O_2^-)化合物和过氧化氢(H_2O_2),这些代谢产物相互作用产生毒性很强的自由基(OH^-,OH',O_2^- 等),这些自由基是强氧化剂。超氧阴离子形成:

$$O_2 + e \xrightarrow{\text{氧化酶}} O_2^-$$

$$O_2 + H_2O_2 \longrightarrow O_2 + OH^- + OH'$$

超氧基(O_2^-)化合物和过氧化氢(H_2O_2)可以分别在超氧化物歧化酶(superoxide dismutase,SOD)和过氧化氢酶(catalase)催化下转变成无毒化合物(H_2O 和 O_2)

$$2O_2^- + 2H^+ \xrightarrow{\text{超氧化物歧化酶,SOD}} H_2O_2 + O_2\text{(专性需氧菌、兼性需氧菌、耐氧性厌氧菌)}$$

$$2H_2O_2 \xrightarrow{\text{过氧化氢酶}} 2H_2O + O_2\text{(专性需氧菌、兼性需氧菌)}$$

$$H_2O_2 \xrightarrow[\text{NADH}_2 \rightarrow \text{NAD}]{\text{过氧化物酶}} 2H_2O\text{ (耐氧性厌氧菌)}$$

氧对专性厌氧菌以外其他四种类型的微生物不产生毒害和致死作用,是由于专性需氧菌和兼性需氧菌细胞内普遍存在有超氧化物歧化酶、过氧化氢酶。耐氧性厌氧菌也具有超氧化物歧化酶、过氧化物酶,可把 O_2^- 先分解成 H_2O_2,后者再被分解成 H_2O 和 O_2。

7.4 微生物生长的控制

自然界中有部分微生物是人类和动植物的病原菌。在微生物研究或生产实践中,我们也常常希望控制不期望的微生物生长。控制微生物的生长速率或抑制、消灭不需要的微生物生长的方法,在科研和实践中具有重要意义。

根据抑制和杀死微生物程度的不同,对微生物生长控制可采用不同的方法:采用强烈的理化因素杀死物体中包括芽孢在内的所有微生物的措施称为灭菌(sterilization)。采用较温和的理化因素杀死或灭活物体中所有病原微生物的措施称为消毒(disinfection)。采用某种理化因素抑制或防止微生物生长的措施称为防腐(antisepsis)。利用具有选择毒性的化学物质如磺胺、抗生素等抑制寄主体内病原微生物或病变细胞,但对机体本身无毒性或毒性很小的治疗措施,则称为化疗(chemotherapy)。

常用的灭菌、消毒、防腐方法分为物理因素作用和化学因素作用两大类。

7.4.1　物理方法控制

控制微生物的物理因素主要有高温灭菌、过滤除菌、辐射作用、渗透压、干燥和超声波等。

1. 高温灭菌

当温度超过微生物生长最高温度时就会杀死微生物。高温致死的主要原因是引起蛋白质和核酸不可逆变性;破坏细胞组成;热溶解细胞质膜的类脂质成分,细胞质膜上形成微孔使内含物外泄。

灭菌温度越高,微生物死亡越快。常用比较容易测定的指标——热致死温度(thermal death temperature)和热致死时间(thermal death time)表示。前者指一定时间内,一般为10 min,杀死微生物所需要的最低温度;后者指在一定温度下杀死液体中所有微生物所需的时间。当微生物浓度一致时,通过比较热致死时间长短来衡量不同微生物的热敏感性。

高温灭菌分干热灭菌和湿热灭菌两类。

(1) 干热灭菌

干热灭菌(dry heat sterilization)就是通过灼烧或烘烤,使蛋白质变性,进而杀死微生物的方法。它分为:① 灼烧灭菌法(incineration)。是指利用火焰直接把微生物烧死的最简单的一种干热灭菌法。它灭菌迅速、彻底、简便,但需焚毁物品,使用范围有限。其适用范围为:接种前后接种工具(接种针、接种环)和试管口、锥形瓶口等在火焰上灼烧灭菌,或不用的污染物品、沾染剧毒药物的废纸(如称量"三致药物"化学诱变剂等的称量纸)或实验动物的尸体等灭菌。耐热的金属小镊子、小刀、玻璃涂棒、载玻片、盖玻片的灭菌,可先将其浸泡在75%乙醇溶液中,用时迅速取出,通过火焰,瞬间灼烧灭菌。② 热空气灭菌法(hot air sterilization),也称烘箱热空气法。实验室通常使用恒温控制的电热鼓风干燥箱作为干热灭菌器。其适用范围为:空的玻璃器皿(如培养皿、离心管、移液管等)、金属用具(如牛津杯、镊子、手术刀等)和其他耐高温的物品(如陶瓷培养皿盖、菌种保藏采用的砂土管、石蜡油、碳酸钙)的灭菌。其优点是灭菌器皿保持干燥,但带有胶皮、塑料的物品、液体及固体培养基等不能用干热灭菌。

(2) 湿热灭菌

湿热灭菌(moist heat sterilization)是指用100℃以上热蒸汽进行灭菌。在相同温度下,湿热灭菌比干热灭菌效果好。因在有水情况下,菌体蛋白质容易凝固;另外,热蒸汽穿透力大;再者蒸汽有潜热,灭菌时当蒸汽在物体表面凝结为水时,释放大量的热,可提高灭菌物品的温度。菌体蛋白质的凝固温度与含水量密切相关,如细菌、酵母菌及霉菌的营养细胞,含水量稍高,50～60℃、加热10 min可使蛋白质凝固杀菌;含水较少的放线菌及霉菌孢子,80～90℃加热30 min可杀菌。细菌芽孢含水量低,又含吡啶二羧酸钙,蛋白质凝固温度在160～170℃,湿热灭菌需121℃,20 min。干热灭菌一般以能否杀死细菌的芽孢作为彻底灭菌的标准,芽孢的杀死需140～160℃,2～3 h。

湿热灭菌法主要有常压法(包括煮沸消毒法、巴斯德消毒法、间歇灭菌法)和加压法(包括高压蒸汽灭菌法和连续加压灭菌法)。

① 常压灭菌法。煮沸消毒法(boiling method)是将物品放在水中煮沸(100℃)15～30 min,杀死细菌的营养细胞的方法。但对芽孢往往需煮沸1～2 h,如果在水中加入1%碳酸钠或2%～

5%石炭酸，可促使芽孢死亡，亦可防止金属器械生锈。此法适用于饮用水、注射器，解剖用具的消毒。

a. 巴斯德消毒法(pasteurization)是以结核杆菌在62℃、15 min致死为依据的，即利用较低温度处理牛乳、酒类等饮料，杀死其中存在的抗凝无芽孢的病原菌，如结核杆菌、伤寒沙门氏菌等，而不损害营养和风味的消毒方法。一般采用62～66℃、30 min(低温维持法)或71℃、15 min(高温瞬时消毒法)处理牛乳或饮料，然后迅速冷却，即可饮用。该法为巴斯德发明，故称巴斯德消毒法。

b. 间歇灭菌法(fractional sterilization，或tyndallization)是依据芽孢在100℃温度下较短时间内不会失去生活力，而各种微生物的营养细胞30 min内即被杀死的特点，通过培养使芽孢萌发成营养细胞，再用蒸汽处理，如此反复多次以达到灭菌效果的方法。

具体做法是：将待灭菌物品置于阿诺氏灭菌器或蒸锅中，常压下100℃处理15～30 min，以杀死其中的营养细胞；冷却后，把还含有芽孢和孢子的物品置于一定温度(28～37℃)保温过夜，使它们萌发成营养细胞；再以100℃处理15～30 min。如此反复3次，可以杀死所有的芽孢和营养细胞，达到灭菌的目的。

适用范围：不少物质在100℃以上温度灭菌较长时间会遭破坏，如明胶、维生素、牛乳等不耐热成分或培养基等，用此法灭菌效果较好。无高压蒸汽灭菌锅时采用普通蒸笼亦可。但其手续烦琐，时间长。

② 高压蒸汽灭菌法。高压蒸汽灭菌法(high pressure steam sterilization)是湿热灭菌中应用最为广泛的一种灭菌方法。其原理是依据在一个密闭的高压蒸汽灭菌器中，水的沸点随水蒸气压的增加而上升，加压是为了提高水蒸气的温度。把待灭菌物品放在高压蒸汽灭菌器内，当灭菌器内压力为0.1 MPa时，温度可达到121℃，一般维持20 min，即可杀死一切微生物的营养体及其孢子。蒸汽压力与蒸汽温度关系及常用灭菌时间见表7-6。

表7-6 高压蒸汽灭菌时常用的灭菌压力、温度与时间

蒸汽压力			蒸汽温度/℃	灭菌时间/min
MPa*	kgf/cm^2	lbf/in^2		
0.056	0.57	8.12	112.6	30
0.070	0.71	10.15	115.2	20
0.103	1.05	14.94	121.0	20

1 Pa＝1 N/m^2；与过去惯用单位间的换算关系为：1 kgf/cm^2＝9.80665×10^4 Pa，1 lbf/in^2＝6.89475×10^3 Pa。

高压蒸汽灭菌是一种在微生物学实验、发酵工业生产以及外科手术器械等方面最常用、最有效的灭菌方法。一般培养基、玻璃器皿、无菌水、无菌缓冲液、金属用具、接种室的实验服、传染性标本等都可采用此法灭菌。待灭菌物品中的微生物种类、数量与灭菌效果直接相关。试管、锥形瓶中小容量的培养基，用121℃灭菌20 min；大容量的固体培养基，传热慢，灭菌时间适当延长至30 min(灭菌时间以达到所要求的温度开始计算)；天然培养基中含微生物和芽孢较多，较合成培养基灭菌时间略长。

连续加压灭菌法(continuous pressure sterilization)是发酵工业生产中常用的一种方法。让培养基连续通过高温蒸汽灭菌塔，135～140℃维持5～15 s，然后流进发酵罐。连续灭菌采用高温瞬时灭菌，灭菌彻底，既可使营养成分减少破坏，又可提高原料利用率。

2. 过滤除菌

过滤除菌(filtration)的依据是：微生物具有一定大小，用一些筛孔比它们更小的"筛子"过滤可将其除掉。这是一种不通过高温或射线灭菌，而是采用过滤器(filter)除去液体和空气中微生物的方法。

液体过滤除菌适用于一些对热不稳定的、体积小的液体(如血清、酶、毒素)及各种易被高温灭菌破坏的培养基成分(如尿素、碳酸氢钠、维生素、抗生素、氨基酸等)。实验室小量液体过滤常用玻璃滤菌器和滤膜(filter membrane)滤菌器等。微孔滤膜孔径 0.1 μm 可去除支原体；0.22 μm 可过滤除去一般细菌；若滤膜孔径超过 0.22 μm，则不能用于除菌。过滤除菌的缺点是无法除去液体中的病毒和噬菌体，但可用于噬菌体和病毒悬液的除菌。

发酵工厂、医院或某些工业生产车间中所用的无菌空气也是通过各种过滤器除菌获得的；微生物实验室中使用的超净工作台也安装了过滤除菌的装置。

3. 辐射

辐射灭菌(radiation sterilization)是利用电磁辐射产生的电磁波杀死大多数物品上微生物的一种有效灭菌方式。电磁波携带的能量与波长有关，波长越短，能量越高。灭菌的电磁波有微波、紫外线(UV)、X 射线和 δ 射线等(图 7-20)。不同波长的辐射对微生物生长的影响不同，其杀菌机理也不同。

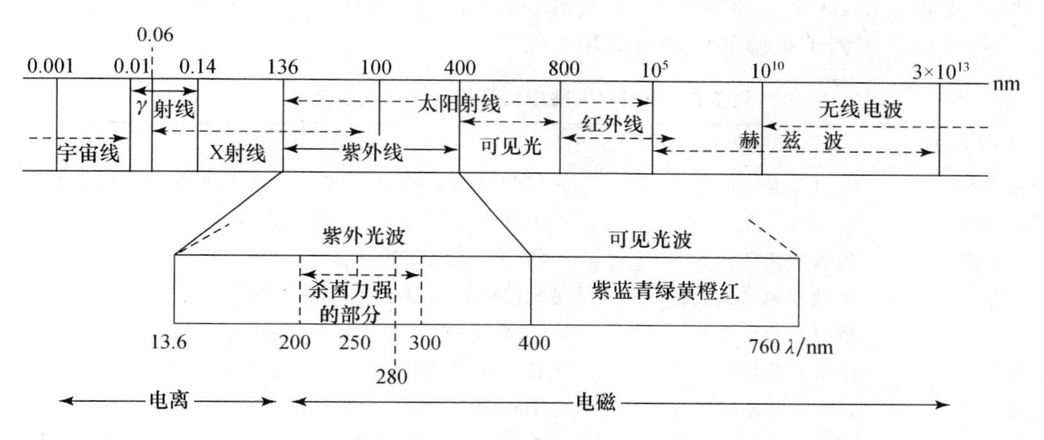

图 7-20 辐射类型和波长

(1) 紫外线

紫外线(ultraviolet ray，UV)杀菌力最强的波长为 256～266 nm，这是核酸的最大吸收峰波段，可引起微生物细胞 DNA 同一条链上相邻的胸腺嘧啶间形成二聚体和胞嘧啶水合物，抑制 DNA 正常复制；另外，紫外线辐射下空气产生的臭氧(O_3)，水在紫外线辐射下被氧化生成的过氧化氢(H_2O_2 和 $H_2O_2 \cdot O_3$)也都有杀菌效果。通常低剂量的紫外线照射用于诱变，高剂量用于灭菌。

紫外线穿透能力差，一般只适用于接种室、超净工作台、无菌培养室及手术室空气及物体表面的灭菌。可见光能激活微生物体内的光复活酶，使已形成的胸腺嘧啶二聚体(thymine dimer)拆开，DNA 链复原，因此，紫外线灭菌不能在开着的日光灯或钨丝灯下进行，紫外线诱变处理后也需在黑暗条件下进行分离培养。

(2) 电离辐射

X 射线、γ 射线、α 射线和 β 射线等都是电离辐射(ionizing radiation)。电离辐射最重要的影响是使被照射的物质分子发生电离作用,产生的游离基(H^+,OH^-,OH',H_2O_2,e)能使细胞内蛋白质和酶氧化、变性失活或使细胞损伤甚至死亡。

$$H_2O \xrightarrow{\text{辐射}} H^+ + OH^- \xrightarrow{O} H_2O_2$$

电离辐射波短,能量大,穿透力强,杀菌效果好。目前主要利用放射性^{60}Co和^{137}Cs产生的 γ 射线进行辐射灭菌,适用于不耐热或受热易变质、变味的食品、塑料制品及草炭吸附剂等的灭菌或消毒。

(3) 强可见光

波长 400～700 nm 可见光也具有直接的杀菌效应,它可氧化细菌细胞内的光敏感分子,如核黄素和氧化酶的组分卟啉环,故细菌培养物不可暴露于强光下;另外,曙红和四甲基蓝等染料可吸收强可见光使蛋白质和核酸氧化,因此,常将两者染料结合用作灭活病毒和细菌的制剂。

4. 干燥和渗透压

微生物生长繁殖离不开水分,使物品或培养物脱水的干燥法或调节溶液渗透压等方法都可影响微生物生长,甚至引起微生物死亡。如利用干燥法保存干果、奶粉等食品和菌种等。

一些常用物理因子灭菌的机制及应用见表 7-7。

表 7-7 一些常用物理因子灭菌的机制及应用

杀菌方法	作用机制	适用范围
干热灭菌	蛋白质变性	火焰灼烧微生物,烘箱加热灭菌玻璃器皿和金属物品等
高压蒸汽灭菌	蛋白质变性	不被湿热破坏的物品灭菌,如培养基等
巴斯德消毒	蛋白质变性	牛乳、乳制品、啤酒等饮料
过滤除菌	机械性地除去微生物	易被热破坏的培养基、药物和维生素等
紫外线	蛋白质和核酸变性	手术室、动物房、接种室和培养室空气
电离辐射	蛋白质和核酸变性	塑料制品、药物的灭菌和食品保藏
强可见光	光敏感物质的氧化	与染料结合可杀灭细菌和病毒
干燥法	抑制酶活性	干果、蔬菜、香肠、鱼等食品的保藏

7.4.2 化学方法控制

有许多化学物质能够杀死微生物或抑制微生物生长,这些物质称为抗微生物剂(antimicrobial agent),这类物质可以是生物合成的天然产物,也可以是人工合成的化合物。根据它们抗微生物的特性分为:① 抑菌剂(bacteriostatic agent):抑制微生物生长,但不能杀死它们的化学物质;② 杀菌剂(bactericide):凡杀死微生物细胞包括芽孢,但不能使细胞裂解的化学物质,如杀灭物体表面、排泄物和环境中微生物的某些强氧化剂和重金属盐类等;③ 溶菌剂(bacteriolysis):通过诱导细胞裂解的方式杀死细胞的化学物质,将这类物质加入生长的细胞悬液中,可使细胞数量或细胞悬液混浊度降低。

根据化学药剂的效应,可将其分为杀菌剂、消毒剂、防腐剂。① 消毒剂(disinfectant),是指只杀死感染性病原微生物的化学物质,如常用于机体表面皮肤、黏膜、伤口等处的化学药剂。

② 防腐剂(antiseptic)，是指只能抑制微生物的生长和繁殖或将其杀死，而对动物和人体组织无毒害作用的化学物质，常用于食品、饮料和生物制品中。③ 化学治疗剂(chemotherapeutic agent)，是指一类能选择性地抑制或杀死病原微生物的生长繁殖，而对人体几乎没有什么毒性或毒性很小、用于临床治疗的特殊化学药剂。

1. 消毒剂和防腐剂

化学药剂对微生物作用的效果与药剂浓度、微生物对药物的敏感性及其所处环境、处理时间的长短均有关系。药剂浓度与作用时间的关系可用下式表示：

$$c^n t = K$$

$$\lg t = \lg K - n\lg c$$

式中：c 为药剂浓度；t 为作用时间；n 为浓度系数；K 为常数。

浓度系数 n 主要取决于药剂的性质和抑菌的浓度范围。若 n 值越小，表明该药剂的有效作用浓度范围越大；若 n 值越大，则作用的浓度范围越小。K 值反映微生物对药剂的敏感性，K 值越小，则该微生物对该药剂越敏感。

消毒剂和防腐剂的界限不很严格，如高浓度的石炭酸(3%～5%)用于器皿表面消毒，而低浓度的石炭酸(0.5%)用于生物制品的防腐。理想的化学消毒剂和防腐剂应具有作用快、效力大、渗透强、配制易、价格低、毒性小、易生产、无怪味等特点。完全符合上述要求的化学药剂很少，需根据要求尽可能选择具有较多优良性状的化学药剂。

常用的化学消毒剂和防腐剂的性质、种类、作用机制、使用浓度和应用范围见表 7-8。

表 7-8 常用化学消毒剂和防腐剂的应用

类型	名称	作用机制	常用浓度	应用范围
酚类	石炭酸	高浓度酚使蛋白质变性、酶失活，低浓度酚损伤细胞质膜	3%～5%	空气(喷雾)、地面、桌面和器皿消毒
	甲酚		2%～5%	空气(喷雾)、地面、桌面和器皿消毒
	来苏儿(2%煤酚皂)		2%～5%	浸泡用过的移液管等玻璃器皿、皮肤消毒
	六氯酚		2.5%～3%	皮肤消毒
	间苯二酚		1%～2%	木材、染料、合成橡胶中防腐剂或化妆品中角质层分离剂
	4-己基间苯二酚		—	驱肠虫药、咳嗽镇定剂、尿道消毒剂中的有效成分
			5～50 mg/kg	食品抗氧化剂(虾、蔬菜保鲜)
	麝香草酚		0.02 g/kg	古文物纺织品熏蒸(真菌杀菌剂)
			0.06%	常用作牙龈、口腔黏膜炎症的漱口液或漱喉液
醇类	乙醇	脂溶剂可损伤细胞质膜，使蛋白质变性	70%～75%	皮肤和器皿消毒
	异丙醇		75%	皮肤和器皿消毒
	乙二醇		0.2%～2%	化妆品杀菌剂(0.2%)、洗涤剂的杀菌剂(2%)
			0.2%～0.4%	空气消毒(熏蒸或喷雾)
酸类	乳酸	蛋白质变性	0.33～1 mol/L	空气消毒(熏蒸或喷雾)
	醋酸	损伤细胞质膜	3～5 mL/m³	空气消毒(熏蒸)
	苯甲酸		0.1%	食品细菌防腐剂
	山梨酸		0.1%	食品真菌防腐剂
	丙酸盐		0.32%	食品真菌防腐剂
碱类	石灰水	蛋白质变性	1%～3%	地面或粪便、畜舍消毒
氧化剂	高锰酸钾	蛋白质的活性基团氧化，破坏二硫键	0.1%～3%	玻璃器皿消毒
	过氧化氢		3%	清洗创伤、口腔黏膜消毒
	过氧乙酸		0.2%～0.5%	皮肤、塑料、玻璃器皿和桌面、地面消毒，啤酒大罐灭菌
		蛋白质氢键或氨基破坏	1 g/m³	空气熏蒸(60～90 m³，用量 1 g/m³)
	臭氧		2 mg/L	饮用水消毒

（续表）

类型	名称	作用机制	常用浓度	应用范围
烷化剂	甲醛（福尔马林）	破坏蛋白质和核	0.5%～10%	使病毒失活（不影响其抗原性），发酵罐灭菌（噬菌体）
		酸结构氨基或	2～6 mL/m³	接种室、接种箱空气气溶胶喷雾消毒或玻璃器皿消毒
	戊二醛	氢键	2%	空气消毒（熏蒸或喷雾）、器皿消毒
	环氧乙烷		600 mg/L	不耐高温的器皿消毒
				古文物、纺织品熏蒸（真菌杀菌剂）
卤素及化合物	氯气	破坏细胞质膜、	0.2～0.5 mg/L	饮用水和游泳池水消毒
	84 消毒液	蛋白质变性、酶	0.5%	主要成分为次氯酸钠，用于器皿和橱具消毒
	氯胺	失活	0.1%～2%	皮肤及伤口消毒
	二氯异氰尿酸钠		3%	空气消毒（喷雾）、排泄物灭菌
	漂白粉		0.2～0.4 mg/L	水体消毒、污染噬菌体的地面消毒
			10%～20%	排泄物消毒（排泄物：10%～20%漂白粉澄清液为 1∶2）
	碘酒		2.5%	皮肤消毒或治疗甲状腺肿
	聚维酮碘		0.1%～1.0%	皮肤清洗、消毒
表面活性剂	阴离子表面活性剂	破坏细胞质膜、		
	新洁尔灭	蛋白质变性、酶	1∶20 水溶液	用过的盖片、载片、器皿、桌面消毒及皮肤消毒
	杜灭芬	失活	0.05%～0.1%	皮肤及伤口消毒或塑料、橡胶物品、棉织品消毒
	阳离子表面活性剂	高浓度溶解脂类		
	季铵盐类		0.05%～0.1%	器皿、食品和奶制品设备消毒
金属盐	硝酸银	蛋白质变性	0.1%～1%	防治淋病、眼、咽喉和皮肤消毒
	汞溴红（红药水）		2%	体表及伤口消毒
	升汞		0.05%～0.1%	物体表面消毒
	柳硫汞		0.01%～0.1%	生物制品防腐
	硫酸铜		0.1%～0.5%	真菌、藻类抑菌剂
染料	吖啶类	干扰 DNA 复制或	$<10\ \mu g/g$	清洗创伤、冲洗眼部、膀胱，G^+ 细菌比 G^- 细菌敏感
	龙胆紫	阻止细胞壁合成	2%～4%	用于治疗真菌和原生动物引起的感染

2. 化学治疗剂

化学治疗剂的特点：① 药物有高度选择毒性，对病原微生物有较强杀菌力，对人、畜和家禽无毒或毒性很低；② 药物穿透力强，药物稳定，药效长，体内排泄缓慢；③ 药物不被血液、消化液、脓液或其他体液所钝化；④ 微生物最好不产生抗药性。按作用性质，化学治疗剂可分为抗代谢物（或生长因子类似物）和抗生素两大类。

（1）抗代谢物

抗代谢物（antimetabolite）又称生长因子类似物或生长因子的结构类似物。微生物生长繁殖过程常需要一些生长因子才能正常生长，某些化合物与生物体内生长因子（维生素、嘌呤、嘧啶碱基、氨基酸等）结构类似，可取代正常代谢产物和特定酶结合，通过竞争性抑制或非竞争性抑制或合成没有生理活性的物质，干扰机体正常代谢，最终抑制微生物生长。抗代谢物种类较多，目前临床常使用的抗代谢物见表 7-9。

表 7-9 临床常用的抗代谢物

药物名称	结构类似物	作用机制	应用范围
磺胺类药物	叶酸抗代谢物(对氨基苯甲酸结构类似物)	竞争性抑制二氢叶酸合成酶	控制和治疗大多数 G^+ 细菌和 G^- 细菌引起的疾病(呼吸道、肠道、泌尿系统感染)
异烟肼	尼克酰胺、吡哆醇抗代谢物	合成无生理活性物质	抗结核分枝杆菌药物
6-巯基嘌呤	嘌呤抗代谢物	抑制肿瘤细胞 DNA 合成	抗代谢抗肿瘤药物
5-氟尿嘧啶	尿嘧啶抗代谢物	抑制肿瘤细胞 DNA 合成	抗代谢抗肿瘤药物
5-溴胸腺嘧啶	胸腺嘧啶抗代谢物	抑制肿瘤细胞 DNA 合成	抗代谢抗肿瘤药物

① 竞争性抑制。抗代谢物与底物竞争酶的活性中心，如磺胺类药物(sulphonamide，sulfa drug)。磺胺类药物有上千种衍生物，是对氨基苯甲酸(para-aminobenzoic acid，PABA)的结构类似物。磺胺浓度高时，与 PABA 竞争二氢叶酸合成酶，使 PABA 不能参与叶酸合成，导致二氢叶酸、四氢叶酸合成阻断。四氢叶酸(THFA)是极重要的辅酶，是“一碳单位”的载体，而 PABA 为该辅酶的一个组分。一碳单位的转移在细菌核苷酸、碱基(嘌呤、嘧啶)和某些氨基酸(丝氨酸、甲硫氨酸)的合成中起重要作用，缺少四氢叶酸，阻碍转甲基反应，干扰正常代谢，抑制细菌生长。其作用机制见图 7-21。

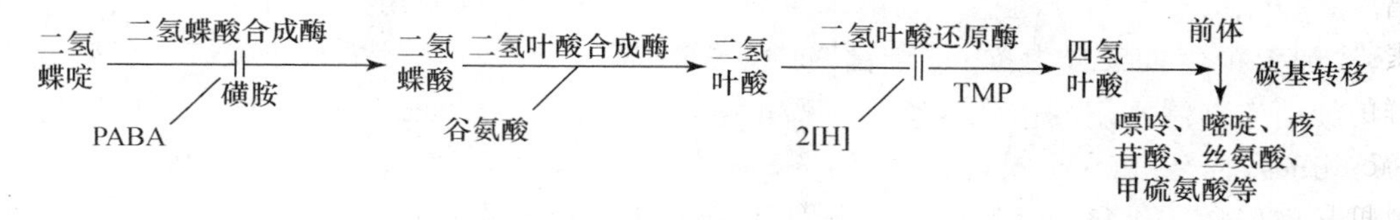

图 7-21 磺胺类药物的作用机制

人和动物无二氢叶酸合成酶和二氢叶酸还原酶，不能利用 PABA 合成叶酸，故磺胺类药物对人、畜无害。

② 非竞争性抑制。抗代谢物可合成某一合成途径终产物的类似物，代替正常终产物起反馈抑制作用。如 5-氟尿嘧啶为嘧啶类的氟化物，可合成 5-氟脱氧尿嘧啶核苷酸(FdUMP)，FdUMP 为胸腺嘧啶脱氧核苷酸(dTMP)的结构类似物，代替正常 dTMP 反馈抑制 dTMP 合成酶，从而抑制肿瘤细胞 DNA 的合成。但人体正常细胞可将 5-氟尿嘧啶分解为 α-氟-β-氨基丙酸，后者再进一步分解。5-氟尿嘧啶作用机制见图 7-22。它是人们熟知的一类抗瘤谱广、效率高的抗代谢药物，作为一种抗癌药物，对多种肿瘤有抑制作用。

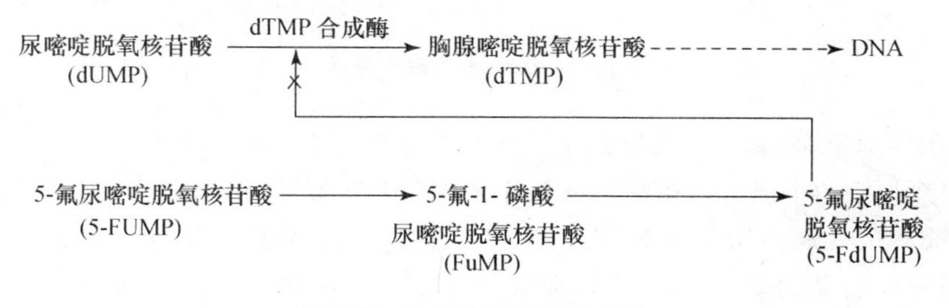

图 7-22 5-氟尿嘧啶作用机制

③ 合成无生理活性物质。抗代谢物取代正常代谢物，合成无生理活性物质，破坏微生物的正常代谢，从而抑制微生物生长。如治疗结核的药物异烟肼(rimifon，又名雷米封)，是微生物呼吸链中递氢体辅酶Ⅰ、辅酶Ⅱ组分尼克酰胺和转氨酶的辅酶吡哆醛、吡哆醇、吡哆胺的结构类似物(图 7-23)，可取代尼克酰胺和吡哆醛、吡哆醇、吡哆胺等合成无生理活性的“辅酶”，破坏正常传递氢的系统和氨基酸的代谢。

$CONH_2$ N

尼克酰胺

$CHO(OH)(NH_2)$ HO CH_2OH H_3C N

吡哆醛、醇、胺

$O{=}C{-}NH{-}NH_2$ N

异烟肼

图 7-23　异烟肼、尼克酰胺、吡哆醛、醇、胺结构

(2) 抗生素

抗生素是由某些生物(包括微生物和植物、动物等其他生物)合成或半合成的一类次级代谢产物或衍生物，它们在很低的浓度就能选择性抑制或杀死其他生物(包括微生物、肿瘤细胞、寄生虫、红蜘蛛和螨等)。抗生素也是一类特殊的化学治疗剂。以天然抗生素为基础，对其化学结构进行修饰或改造的新抗生素称为半合成抗生素(semisynthetic antibiotic)。自从 1929 年英国科学家弗莱明发现第一种抗生素——青霉素以来，已发现 10 000 种抗生素，并开发出 7000 多种半合成抗生素。但目前应用于临床的也只有 50～60 种，还不到 1%。

每种抗生素均有抑制或杀死某些特定类群微生物的特性，这种作用范围称为抗生素的抗菌谱(antibiogram)。对于抗微生物的抗生素，按其作用对象可分为抗真菌抗生素与抗细菌抗生素，抗细菌抗生素又分为抗 G^+ 细菌、抗 G^- 细菌或抗分枝杆菌等的抗生素。通常将对多种类群的细菌有抑制作用的抗生素称为广谱抗生素(broad-spectrum antibiotic)，如土霉素(oxytetracycline)、四环素(tetracycline)。图 7-24a 为土壤中新分离的几株既对 G^+ 细菌又对 G^- 细菌有抑制作用的广谱抗生素；而仅对少数几种细菌有抑制作用的抗生素则称为窄谱抗生素(narrow-spectrum antibiotic)，如青霉素(penicillin)只对 G^+ 细菌有效(图 7-24b，彩图 34)。

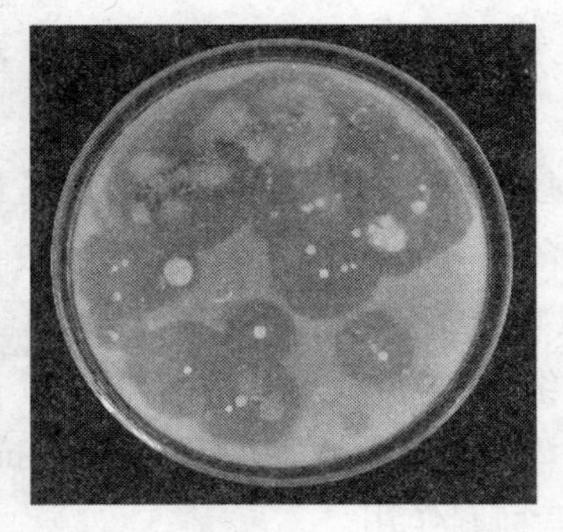

a. 土壤中分离的几株产广谱抗生素的放线菌

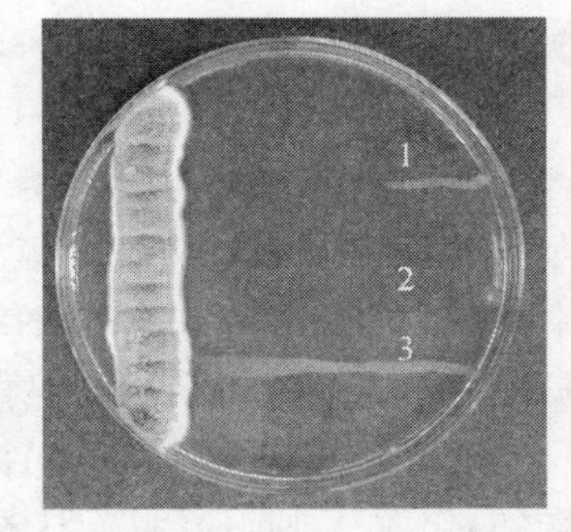

b. 分泌青霉素(窄谱抗生素)的产黄青霉抑菌作用 (1.2.G^+细菌，3.G^-细菌)

图 7-24　抗生素的抗菌谱实验

抗生素的种类很多，其作用机制因微生物种类而异。大致可分为 5 类(图 7-25)：

① 抑制细胞壁的合成。细菌细胞壁的主要成分是肽聚糖，抑制细胞壁合成的抗生素的作用是干扰肽聚糖的合成。如青霉素、头孢菌素 C 是肽聚糖分子肽尾 D-丙氨酰-D-丙氨酸结构类似物，青霉素与转肽酶结合，抑制肽聚糖分子肽尾与肽桥间的转肽作用，阻止糖肽链之间的交联，因而抑制细胞壁的合成(参见 2.1.2.1 节)；万古霉素抑制肽聚糖糖肽聚合物的伸长；环

丝氨酸(cycloserine,又称氧霉素或太素霉素)、杆菌肽(bacitracin)等皆因作用于肽聚糖合成的某一步反应,从而影响肽聚糖的合成(参见6.3节及图6-29)。值得提出的是,这些抗生素只作用于生长中的细菌细胞,对静息状态的细菌细胞无影响。肽聚糖含量丰富的 G^+ 细菌对这类抗生素比 G^- 细菌敏感。该类抗生素有明显选择毒性,人和动物无细胞壁,所以细菌被抑制,而人不受影响。

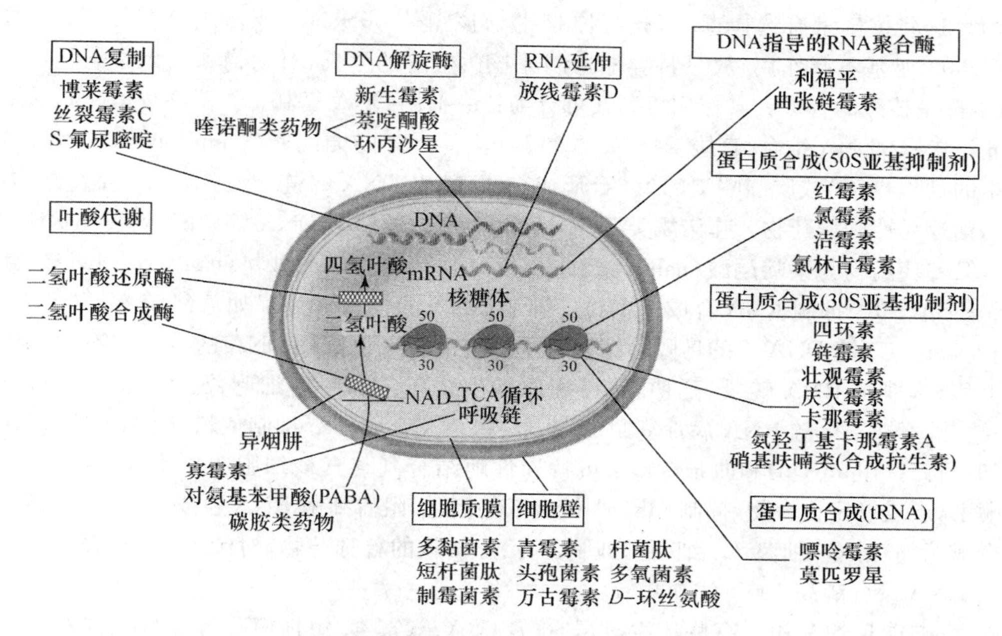

图 7-25 某些抗代谢物和抗生素的作用部位

真菌细胞壁含几丁质,多氧菌素(polyoxin)可阻碍几丁质的合成,抗真菌能力极强,对农作物无影响,是防治农作物病害最好的抗生素。

② 破坏细胞质膜的功能。损伤细胞质膜的抗生素属于多肽族(如多黏菌素和短杆菌肽等)和多烯族(如制霉菌素和两性霉素等)抗生素。

多黏菌素(polymyxin)是由多种氨基酸和脂肪酸组成的一类碱性多肽类抗生素。其上的氨基可与细胞质膜上脂蛋白的磷酸基结合,使磷脂膜溶解,引起细胞内含物氨基酸、核苷酸、戊糖、磷酸盐、碱基等外渗,直至菌体死亡。G^- 细菌细胞膜磷脂含量较 G^+ 细菌磷脂含量高,故多黏菌素可特异性抑制 G^- 细菌生长,主要治疗 G^- 细菌引起的感染(如铜绿假单胞菌引起的败血症、大肠杆菌、痢疾杆菌引起的婴儿腹泻)。短杆菌肽(gramicidin)可使氧化磷酸化解偶联,还能与细胞质膜结合,使细胞内含物外渗,导致细胞死亡。

制霉菌素(nystain,nystan,fungicidin)和两性霉素(amphotericin)与真菌细胞质膜中麦角固醇结合,使细胞质膜破坏,细胞质和内含物泄漏,造成菌体死亡。这类抗生素对细菌没有作用,是有效的杀真菌剂,对人和动物毒性也较大,常作为外用药。

③ 抑制蛋白质的合成。由于原核微生物蛋白质合成的核糖体为30S亚基和50S亚基,链霉素、四环素、壮观霉素、庆大霉素(艮他霉素)、卡那霉素、丁胺卡那霉素、硝基呋喃类(合成抗生素)是30S亚基的抑制剂,如链霉素与细菌核糖体30S亚基结合,引起tRNA反密码子错读mRNA的密码,导致错误的氨基酸掺入新延长的肽链,形成异常蛋白质,造成菌体死亡;四环

素与细菌核糖体 30S 亚基结合，封锁氨酰 tRNA 与核糖体结合，抑制细菌蛋白质合成。红霉素(erythromycin)、氯霉素(chloramphenicol)、氯林肯霉素(clindamycin)、林可霉素(洁霉素 lincomycin)是 50S 亚基的抑制剂，与细菌核糖体 50S 亚基结合，抑制大亚基上转肽酶的转肽酰反应，影响肽链延长，从而破坏蛋白质合成。嘌呤霉素(puromycin)、莫匹罗星影响 50S 亚基，从 P 点驱除肽链-tRNA，使不完整的肽链提前释放。有的抗生素在蛋白质合成的不同阶段起作用。这些抗生素有选择毒性，只与原核生物核糖体 30S、50S 亚基结合，对真核生物核糖体 40S、60S 亚基不起作用，故只特异地抑制原核微生物的生长，对动物和人无影响。

④ 抑制核酸的合成。其作用机制又可分为：a. 抑制 DNA 复制。如博莱霉素(bleomycin，又称争光霉素)与 DNA 结合，直接干扰 DNA 复制；丝裂霉素 C(自力霉素 mitomycin)能与 DNA 双螺旋中的鸟嘌呤(G)或胸腺嘧啶(T)结合形成交联，妨碍 DNA 解链，抑制 DNA 复制后分离。它们均为治疗恶性肿瘤药物。喹诺酮类药物(quinolone)通过抑制 DNA 解旋酶活性，阻碍 DNA 复制。其第一代药物为萘啶酮酸(nalidixic acid)，第二代药物为环丙沙星(ciprofloxacin)、诺氟沙星(norfloxacin)。b. 抑制 RNA 合成。主要是抑制 DNA 的模板作用。如放线菌素 D(更生霉素，actinomycin)与双链 DNA 上的鸟嘌呤结合，形成复合物，阻止依赖 DNA 的 RNA 聚合酶在 DNA 模板上移动，抑制 RNA 转录、延伸，使得病原微生物死亡和肿瘤细胞停止生长。它不与单链 DNA 结合，不抑制单链 RNA 病毒复制，也不影响 DNA 合成。c. 抑制依赖于 DNA 的 RNA 聚合酶。利福霉素(rifamycin)和曲张链霉素可特异性地结合到与真核细胞明显不同的细菌的 RNA 聚合酶上，形成稳定化合物，抑制 mRNA 链合成的启动，阻碍细菌 RNA 合成。利福平(利福霉素的半合成药物)对 G^+ 细菌、G^- 细菌都抑制，为治疗结核的首选药物，对细菌 RNA 聚合酶抑制力比人体 RNA 聚合酶高 100～10 000 倍。

⑤ 影响能量的利用。有些抗生素，如抗霉素 A、寡霉素、短杆菌肽 S 和缬氨霉素为氧化磷酸化的抑制剂，通过作用于呼吸链而影响能量的有效利用，妨碍微生物生长，尤其是需氧微生物的生长。如抗霉素 A 是呼吸链电子传递系统的抑制剂，抑制电子从 $NADH+H^+$ 到 O_2 的过程，使微生物停止呼吸；寡霉素是能量转移的抑制剂，与质子泵(H 的 ATP 酶)的 F_O 部分(膜内 H^+ 透过的部分)结合，特异性抑制 H^+ 的运输，阻碍 ATP 的合成和分解；缬氨霉素则与解偶联剂的效应一致。

(3) 微生物的抗药性

随着抗代谢物和抗生素等化学治疗剂的广泛应用，病原菌在求生存的过程中，也不断适应变化的环境，发生变异。人们发现原本疗效显著的化学治疗剂很快失效，一些致病菌很快产生了抗药性(耐药性)，特别是“超级细菌”的产生，造成临床治疗的极大困难，灭绝的传染病死灰复燃，新的传染性疾病不断出现。微生物对化学治疗剂的抗性机制主要表现在下列几方面：

① 细菌产生分解或钝化药物的酶。如抗青霉素的耐药细菌染色体基因突变或质粒编码β-内酰胺酶，使青霉素分子中的β-内酰胺环开裂，导致青霉素失效。

R—CO—NH—HC—CH(S)C(CH_3)(CH_3)—N—CHCOOH，O—C—N（β-内酰胺环）
青霉素

$\xrightarrow[H_2O]{\beta\text{-内酰胺酶}}$

R—CO—NH—CH—CH(S)C(CH_3)(CH_3)—CHCOOH，O—CH(OH)，NH

从 20 世纪 60 年代开始，半合成抗生素应运而生。所谓半合成抗生素，是指基于微生物产生的抗生素的基本母核不变，经结构修饰衍生出的新的抗生素。新衍生的半合成抗生素在抗菌、耐酶、副作用的发生率方面，均优于微生物直接产生的天然抗生素，为抗生素的应用开辟了新的前景。

② 细胞质膜药物透性改变。细胞质膜透性改变，阻止抗生素进入细胞，如委内瑞拉链霉菌；药物经细胞代谢转变为其衍生物，衍生物外渗速度高于药物渗入速度，相当于将进入到胞内的药物泵出胞外。

③ 药物作用靶部位结构改变。如二氢叶酸合成酶是磺胺类药物作用的靶部位，耐药细菌染色体结构基因突变，使二氢叶酸合成酶结构改变，合成了一种对磺胺类药物亲和力降低 100 倍，而且与 PABA 亲和力提高 1 倍的二氢叶酸合成酶，即使磺胺类药物存在也无大碍。又如，链霉素通过与细菌核糖体 30S 亚基 S12 蛋白结合，干扰细菌蛋白质合成，达到抑菌目的。而耐药菌的 S12 蛋白结构基因突变，细菌的蛋白质合成仍正常进行，但链霉素不能与改变结构的 S12 蛋白结合发挥抗菌作用。

④ 合成修饰抗生素的酶。有的病原微生物质粒编码某种修饰抗生素的酶（如腺苷转移酶、磷酸化酶、转乙酰基酶），使抗生素分子结构改变。改变结构的抗生素不能与细菌中的 30S 或 50S 亚基结合，不能转运到它所作用的核糖体靶位上，或者直接转变为无抗菌活性的抗生素。

$$\text{链霉素} \xrightarrow{\text{链霉素腺苷转移酶}} \text{链霉素—腺苷}$$

$$\text{链霉素} \xrightarrow{\text{链霉素磷酸转移酶}} \text{链霉素—}H_3PO_4$$

$$\text{氯霉素} \xrightarrow[\text{+乙酰 CoA}]{\text{氯霉素转乙酰基酶}} \text{氯霉素—}COCH_3$$

（乙酰氯霉素）

⑤ 质粒编码同功酶，取代原药物失活的酶。如耐药菌株质粒编码对抗磺胺类药物和三甲氧苄氨嘧啶（TMP）不敏感的新型二氢叶酸合成酶与二氢叶酸还原酶（同功酶），酶活力提高 1000 倍，即使磺胺类药物和 TMP 存在也不影响酶活力。

⑥ 耐药菌株发生遗传变异。其类型为：a. 变异菌株合成新的多聚体，取代或部分取代原来的多聚体，如抗青霉素菌株细胞壁中肽聚糖含量降低，但能合成取代它的细胞壁多聚体；b. 变异菌株被药物阻断的代谢途径发生遗传改变，如抗磺胺类药物的菌株，改变了二氢叶酸合成酶的性质，合成了一种对磺胺类药物不敏感的二氢叶酸合成酶，即使在磺胺存在下，仍能大量合成二氢叶酸和四氢叶酸，细菌正常生长。

综上所述，微生物的抗药性是由染色体或质粒基因所编码，染色体编码的药物抗性是通过自发突变和自然选择的结果，需经历很长时间突变才能积累；非染色体编码的药物抗性是细菌中的 R 质粒携带的，R 质粒是一种接合质粒，可携带一个或多个药物抗性基因，可由药物抗性供体菌接合转移到受体菌细胞内。

为了尽量避免细菌出现抗药性，临床使用抗生素应遵循下列几项原则：

a. 不滥用抗生素，第一次用药剂量要充足；

b. 避免长期或一个时期多次使用同一种抗生素；

c. 不要同时使用不同抗生素或抗生素与其他药物混合使用；

d. 筛选新的更有效的抗生素；

e. 不断开发新的半合成抗生素。

许多改造后的新抗生素已突破抗细菌感染的范围，有的具有蛋白酶抑制剂的功效，可用于抗退化、治疗癌症、骨质疏松、类风湿关节炎等，为抗生素的发展带来可喜的前景。

复习思考题

1. 什么叫纯培养？什么叫混合培养？获得纯培养常采用哪些方法？

2. 实验室和生产中培养好氧菌和厌氧菌各采用哪些方法？

3. 微生物的培养有哪几种方式？试比较几种培养方式的特点，并简述可用哪些方法获得这种培养？（同步培养和非同步培养、分批培养和连续培养、个体生长和群体生长、纯培养和混菌培养。）

4. 测定微生物生长量常用哪些方法？计算微生物繁殖数目时常用哪些方法？试比较这些方法各有何优缺点和适用范围？

5. 什么是微生物的生长和繁殖？二者间有何关系？试述原核细胞（细菌）与真核细胞（酵母菌、丝状真菌）个体生长的特点。

6. 什么叫生长曲线？采用什么方法制得的？单细胞微生物的典型生长曲线可分几期？其划分依据是什么？以图表示并标示注解。生长曲线各时期的形态和生理有何特点？如何在生产实践中应用？

7. 已知某种发酵饲料是由相关的四大类微生物组成的一个群体，通过混菌培养得到一种发酵饲料。活菌的多少是产品质量好坏的一个重要指标。请你设计一个试验方案，准确测定所含细菌、放线菌、酵母菌、霉菌的菌数。

8. 用牛肉膏蛋白胨培养液培养大肠杆菌，接种时的细菌数为100个/mL，在适宜条件下经400 min培养，菌数增至10亿个/mL，求大肠杆菌在此培养液中的繁殖代数和世代时间。

9. 微生物界作为整体来说，它们生长温度范围有多广？嗜冷菌、中温菌和嗜热菌的最适生长温度是多少？说明嗜热菌和嗜冷菌在不同温度下得以生存的原因。我们实验室中常用的四类菌放在什么温度中培养？

10. 什么叫最适生长温度？依照最适生长温度，微生物分为哪三个类群？温度对同一微生物的生长速度和各代谢物累积量的影响是否相同？有何实践意义？

11. 什么叫最适pH？依照最适pH微生物可分为哪三个类群？何谓嗜酸菌及嗜碱菌？在pH≤3或pH≥9的培养液中培养的上述两类微生物的细胞内pH是多少？为什么？研究嗜酸菌及嗜碱菌有何实践意义？

12. 我们实验室中常用的四类菌最适pH是多少？在微生物培养过程中，引起pH改变的原因有哪些？在实践中如何保证微生物处于较稳定的pH环境中？

13. 从对分子氧的需求来看，微生物可分哪几种类型？各有何特点（O_2或E_h的影响、代谢类型及相关酶系）？举例说明之。

14. 氧气对厌氧微生物的生长为什么有毒害作用（写出O_2毒害的机制）？兼性厌氧微生物为什么不受影响？

15. 在发酵生产过程中，是否要求始终保持同样的温度、通气量和pH？为什么？举例说明。

16. 试比较灭菌、消毒、防腐和化学治疗的异同，举例说明。

17. 列表比较常用加热灭菌及消毒的方法，说明各法所使用的温度、作用时间、作用机制及应用举例。

18. 紫外线灭菌机制是什么？并说明其实际应用。

19. 列表比较一些常用表面消毒剂和熏蒸剂的名称、作用机制、有效浓度和适用范围。

20. 下列情况或下列物品常采用何种物理或化学的消毒或灭菌方法？并注明原因。

（玻璃器皿、牛肉膏蛋白胨培养基、淀粉培养基、EMB培养基、牛奶、酶溶液、血清、维生素溶液、噬菌体溶液、镊子或牛津杯、超净工作台或接种室空气灭菌、用过的盖玻片或载玻片、洒有菌液的桌面、吸过菌液的移液管、皮肤消毒等。）

21. 我国卫生防疫部门规定的饮用水标准为：细菌总数为 1 mL 自来水中细菌菌落数不得超过 100 个，(2005 年 6 月城市供水标准提高，规定 1 mL 自来水中细菌菌落数不得超过 80 个)；每 100 mL 自来水中大肠菌群数不得超过 3 个(2005 年 6 月规定城市自来水中大肠菌群数任意取 100 mL 水样不得检出)；请据此设计一个方案检测某厂出售的瓶装饮用水是否符合标准？(提示：包括分离方法、分离培养基名称、pH、培养温度、培养时间和检测方法等)

22. 试就磺胺类药物、嘧啶类药物(如 5-氟尿嘧啶)的作用机制说明抗代谢物为什么只作用于细菌，而对人体没有毒害作用？

23. 什么是抗生素？什么叫抗菌谱？抗生素对微生物的作用机制有哪些？举例说明。

24. 试就青霉素、链霉素、利福平等抗生素作用机制说明为什么这类抗生素只抑制或杀死细菌，而对人体没有毒害作用或毒害作用甚微？

25. 微生物对化学治疗剂的抗药性机制有哪些？怎样避免细菌出现抗药性？

8 微生物的遗传与变异

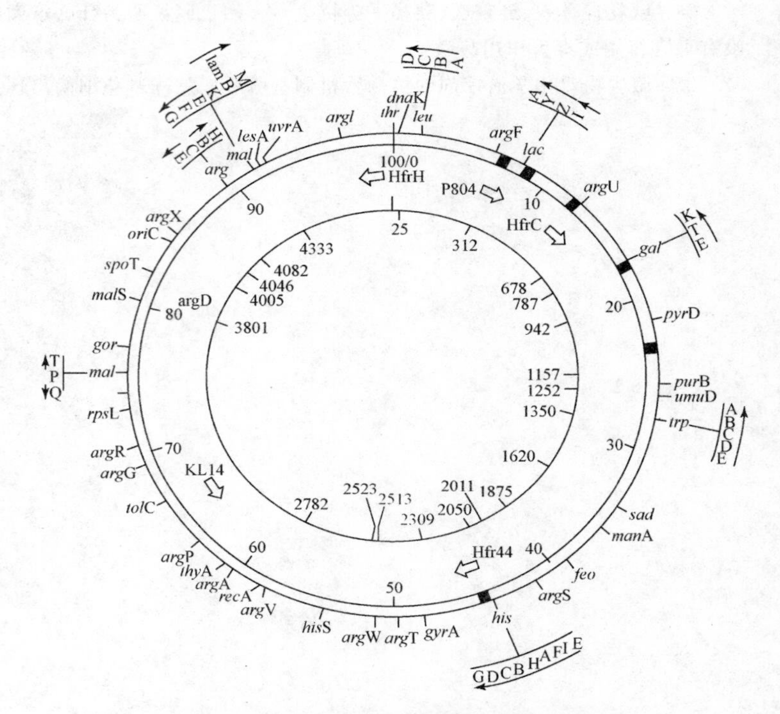

图 8-1 大肠杆菌 K-12 染色体主要基因图谱

(引自 Michael et al,2006)

微生物遗传的物质基础和其他生物一样是核酸(DNA 或 RNA),但微生物的遗传物质与其他生物相比更具多样性。本章在介绍揭示"遗传物质基础"的三大经典实验基础上,简要介绍微生物的染色体 DNA 和染色体外遗传因子的结构。

微生物在遗传物质结构上发生的改变,称为变异。这种变异可通过基因转移或重组实现,如细菌可通过转化、接合、转导等方式发生基因转移和重组,真核微生物则通过有性杂交、准性生殖和酵母菌的 2 μm 质粒进行基因重组;变异也可通过基因突变而实现,变异有其自身的特点和规律,突变依据突变原因、遗传物质结构和表型改变、突变效应划分为多种类型。微生物具有对 DNA 损伤进行修复的能力。

变异是育种的基础,既是微生物不断进化,也是菌种退化的原因。基因重组是杂交育种的理论基础,基因突变是诱变育种的理论基础。菌种保藏是保持原有菌种的优良性状。本章除简要介绍诱变育种、体内基因重组(原生质体融合、杂交育种)及体外基因重组技术(基因工程)

外，并简要介绍微生物菌种复壮及保藏技术。人们可以利用对微生物遗传和变异规律的认识，更好地改造、构建或选育我们所需要的优良菌株。

8.1　遗传变异的物质基础

遗传和变异是生命的基本特征之一。遗传性(inheritance)是指生物的亲代传给子代一套实现与其相同性状的遗传信息的特性。生物体所携带的全部基因的总和即为遗传型(genotype)。遗传性是相对稳定的，使种族得以延续。变异性(variation)是指凡遗传物质水平上发生了改变，从而引起相应性状改变的特性。变异推动了物种的进化和发展。具有一定遗传型的个体，在特定环境下通过生长和发育所表现出的种种形态和生理特征的总和即为表型(phenotype)。同一遗传型的生物在不同环境条件下有时会呈现不同的表型，称为饰变(modification)。饰变不是真正的变异，也不能遗传，只是在转录和翻译水平上发生改变而引起的表型变化。如黏质沙雷氏菌在25℃培养时产生灵菌红素，当37℃培养时不产生色素；若再放回25℃培养，又恢复产生色素的能力，这就是一种饰变。

8.1.1　证实核酸是遗传变异物质基础的三个经典实验

遗传变异的物质基础是什么？孟德尔认为遗传的不是性状本身，而是决定性状的“遗传因子”；Sutton认为细胞核是遗传控制的中心，DNA主要以染色体形式显示它的遗传性，遗传的物质是染色体；Johannson认为基因是遗传物质的基本功能单位。遗传的物质是基因。遗传的物质基础是生物学中激烈争论的重大问题之一。直到20世纪40年代后以微生物为研究对象的实验证实：基因(遗传因子)决定性状，基因是染色体上含有特定遗传信息的核苷酸序列，染色体是核酸或其与蛋白质的结合物。遗传的物质基础是核酸(DNA或RNA)。

1. Griffith的转化实验

1928年英国细菌学家Griffith研究肺炎链球菌感染小白鼠实验中发现转化现象。Griffith将菌落光滑型、有荚膜、具致病性的SⅢ型菌株注入小白鼠体内，小白鼠染病死亡；将菌落粗糙型、没有荚膜、无致病性的RⅡ型菌株注入小白鼠体内，小白鼠健康；将SⅢ型菌株加热杀死后注入小白鼠体内，小白鼠健康，但不能从小鼠体内重新分离到肺炎链球菌；最后，将加热全部杀死后的SⅢ型菌株与无致病性的RⅡ型菌株混合后注入小白鼠体内，小白鼠染病死亡，而且从死亡的小鼠体内分离到活的SⅢ型菌株。说明非致病性的RⅡ型已从被杀死的SⅢ型中获得了决定其产荚膜、具致病性能力的遗传物质(图8-2)。Griffith将这种现象称为转化(transformation)。

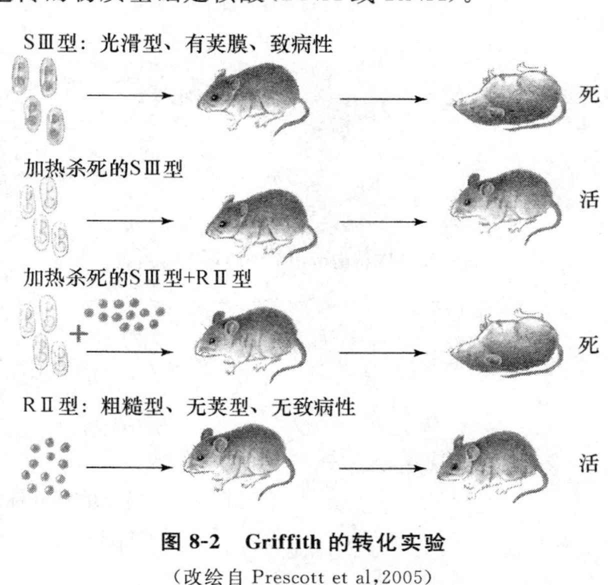

图8-2　Griffith的转化实验

(改绘自Prescott et al，2005)

那么决定遗传性状的物质究竟是核酸、蛋白质还是多糖？对此人们一直争论不休。直至1944年Avery从SⅢ型菌株中分离到6×10^{-9} g DNA（蛋白质含量仅0.02%）注入小白鼠，结果证实了只有SⅢ型菌株中的DNA才能使RⅡ型转化为SⅢ型，而蛋白质和多糖都没有这种转化能力。他将实现转化的遗传物质称为转化因子（transforming factor）。Avery用离体实验揭示了转化因子的实质，第一次证明遗传信息的载体是DNA。后来又进一步证明转化现象的实质为RⅡ型菌株的染色体上整合了SⅢ型的S基因（编码UDP-葡萄糖脱氧酶），使RⅡ型菌株具有了产生荚膜引物的能力（图8-3）。

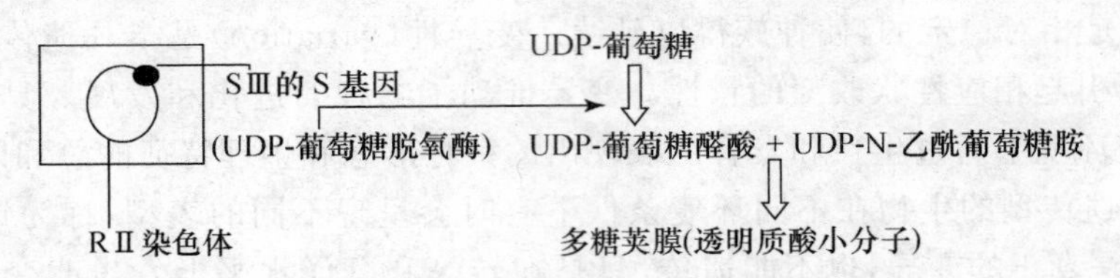

图 8-3　Griffith 转化实验机制示意图

2. 病毒的拆开与重建实验

1956年Fraenkel-Conrat用只含RNA的烟草花叶病毒的两个变种TMV（His^- Met^-）和HR（His^+ Met^+）进行病毒的拆开与重建实验。如图8-4所示，实验证实：重建杂种病毒的感染性状由它的RNA决定，与蛋白质外壳无关，病毒的蛋白质外壳仅仅起保护RNA的作用。说明遗传物质是RNA。

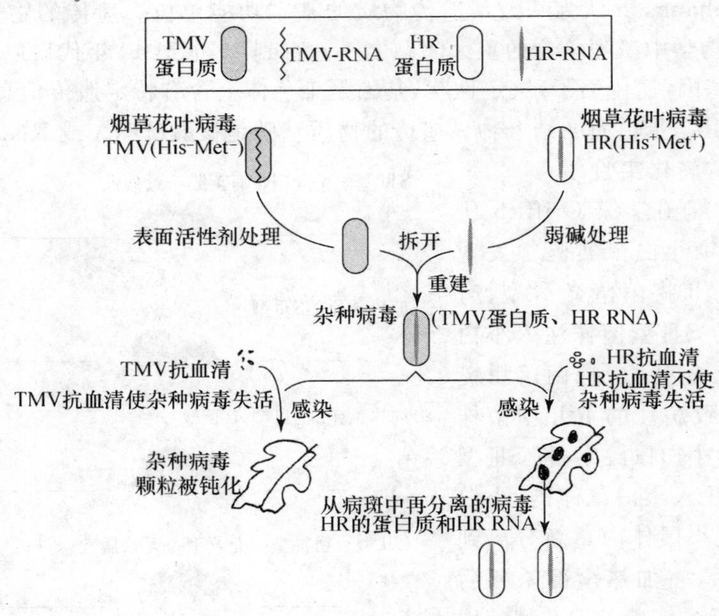

图 8-4　病毒的拆开和重建实验

（改绘自沈萍等，2006）

3. 噬菌体感染实验

上述两个实验采用的皆为离体实验方法，1952年Hershey和Chase为了解开生物遗传物质传递的难题，用放射性^{32}P标记大肠杆菌T2噬菌体DNA，用^{35}S标记T2噬菌体的蛋白质外壳进行了实验，证实了T2噬菌体的遗传物质是DNA。他们首先用含^{32}P和^{35}S的培养基分别培养大肠杆菌H，再用大肠杆菌H培养T2噬菌体，直到T2噬菌体的DNA完全被^{32}P标记、蛋白质被^{35}S标记，再用分别标记^{32}P和^{35}S的T2噬菌体去侵染没有同位素标记的大肠杆菌H，经短时间保温培育后(恰好完成感染过程)，搅动、离心、沉降。结果发现标记^{35}S的T2噬菌体的上清液中含75% ^{35}S，沉淀中含25%的^{35}S。^{35}S主要位于上清液中，说明噬菌体侵染时含^{35}S的噬菌体蛋白外壳留在细菌细胞外，因此，与破碎的细菌细胞壁连接而留在上清液中。标记^{32}P的T2噬菌体上清液中仅含15%的^{32}P，而沉淀中含85%的^{32}P，^{32}P主要存在底部，说明只有DNA进入了细胞，底部是大肠杆菌菌体(图8-5)。用整体噬菌体感染实验又一次证实遗传的物质是DNA，而不是蛋白质。

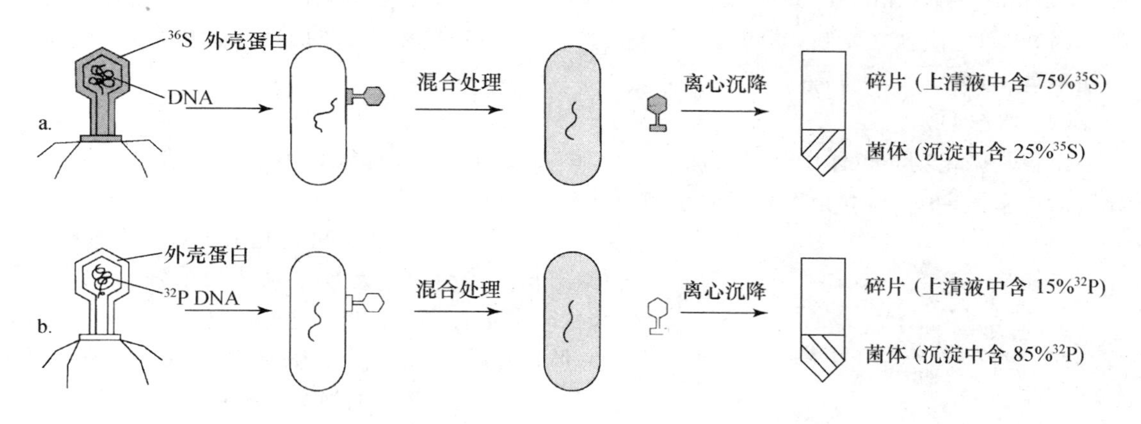

图8-5　T2噬菌体感染实验

(改绘自Prescott et al,2005)

8.1.2　遗传物质在细胞中的存在方式

大多数微生物的遗传物质是DNA，只有少数病毒(大多数植物病毒和少数噬菌体)的遗传物质是RNA。但不同生物DNA的相对分子质量、长度、核酸的种类、形状、核苷酸的碱基对数等皆不相同(表8-1)，由表看出，越是低等生物，其DNA相对分子质量、长度、核苷酸碱基对数越小。

表8-1　一些微生物DNA的物理特性

微生物名称	相对分子质量	长度(μm)	核酸种类	核酸形状	核苷酸碱基对数
粗糙脉孢菌	2.8×10^{10}	7条染色体	双链DNA	线状	4.5×10^{7}
酿酒酵母	$(1.2\sim1.4)\times10^{10}$	总长度[a] 13500 kb	双链DNA	线状	$2.3\times10^{5}\sim2.5\times10^{6}$
大肠杆菌	2.5×10^{9}	1100～1400	双链DNA	环状	3×10^{6}
T2噬菌体	1.3×10^{8}	56	双链DNA	线状	3×10^{5}
λ噬菌体	3.2×10^{7}	16	双链DNA	线状/环状	5×10^{4}
ΦX174噬菌体	1.7×10^{6}	1.7	单链DNA	环状	5.4×10^{3}
TMV	2.0×10^{6}	2.0	单链DNA	线状	6.4×10^{3}

a. 酿酒酵母(1*n*)16条染色体。

按DNA在细胞中存在的状态，可将遗传物质分为染色体DNA和染色体外的遗传物质两类(包括真核微生物细胞器DNA、原核和真核微生物质粒DNA、原核微生物转座因子和病毒

RNA 等)。

1. 染色体 DNA

原核微生物和真核微生物遗传物质的主要形式是染色体,染色体位于细胞核中,称为细胞核基因。原核微生物和真核微生物的细胞核与染色体有显著差别(参见表 2-6 和表 2-7)。

2. 染色体外遗传物质

细胞质中也存在遗传物质,称为细胞质基因或染色体外遗传因子。

(1) 细胞器 DNA

真核微生物的部分遗传物质还存在于染色体外的细胞器中,包括线粒体、叶绿体、中心粒(central)和毛基体(kinetosome)等。这些细胞器中存在的染色体外 DNA 携带有编码相应酶的基因,它们也能独立复制,并随细胞分裂而传代,一旦这些细胞器的 DNA 消失后,子代细胞中便不再出现。

(2) 质粒 DNA

质粒是微生物染色体以外或附加于染色体(如 F 因子,或称致育因子)的,能携带某些特异性遗传基因,并能独立自主复制的小型环状双链 DNA 分子(图 8-6),其长度从2~60 μm 以上,大小在 1.5~300 kb,可含几个到数百个基因;但在细菌和放线菌中也发现个别环状单链 DNA 质粒(如枯草芽孢杆菌、梭状芽孢杆菌、链球菌和链霉菌等),但只有酵母菌中的杀伤质粒(killer plasmid)是 RNA 分子。双链环状的细菌质粒有 3 种构型:a. 质粒的两条 DNA 链都是完整的,则形成共价闭合环状分子,或称 cccDNA(covalently closed circular DNA);b. 若一条 DNA 链形成一个或多个缺口,闭合环状质粒便会形成松弛形,称为开环型或称 ocDNA(open circular form DNA);c. 如果两条 DNA 链同时断开,质粒变成线状,称为线型或 L 型(linear form),超双螺旋或超拧曲 DNA(supercoiled DNA, supertwisted DNA)紧张性分子。

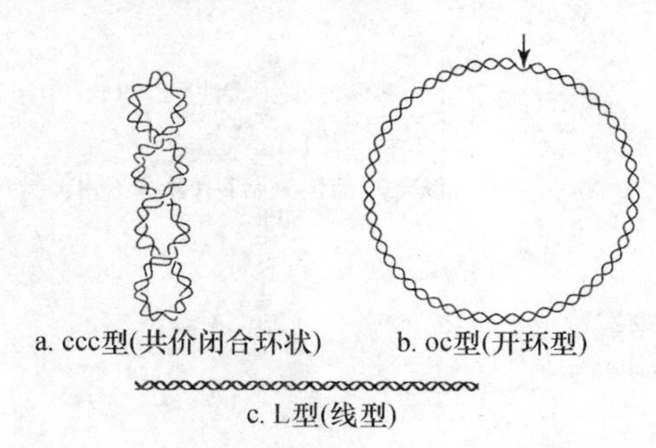

图 8-6 细菌质粒的 3 种构型

质粒 DNA 与染色体 DNA 相比有其显著特点:① 相对分子质量小,约 1×10^6~2×10^8;② 染色体携带的遗传信息控制细胞生命活动的生死存亡,涉及初级代谢和次级代谢;而质粒仅控制次要的遗传性状,如接合或致育、抗药性(抗生素、重金属)、烃类降解、致病性、产次级代谢产物(产毒、抗生素、色素)、生物固氮、植物结瘤或芽孢形成、抗原获得等,一般非细胞生存所必需;③ 质粒可独立复制,或整合至染色体中与染色体一起复制,不同来源的质粒之间,或质粒与宿主染色体之间的基因可发生重组,重组质粒可表现新的遗传性状;④ 质粒可在细胞之间传递,如抗生素的抗性质粒可在细胞之间发生转移;⑤ 质粒能被消除或自愈,某些理化因子,如加热、加入吖啶类染料、丝裂霉素 C 或溴化乙锭等可消除质粒,质粒消除后所携带的遗传性状消失,但对宿主细胞的生存、生命活动无影响。

一般,质粒按照所编码的功能及遗传信息在宿主中的表型效应进行分类,如细菌中的抗药性质粒(耐药性质粒 R 因子,resistant plasmid)、抗生素产生质粒、芳香烃降解质粒(degradative plasmid)、产大肠杆菌素质粒(colicin plasmid 或 Col 因子)、致育因子(性质粒,fertility plasmid,又称 F 因子)、限制性核酸内切酶和修饰酶产生质粒、毒性质粒(virulence plasmid)、致瘤性质粒(tumor inducing plasmid, Ti plasmid)等,酵母菌中的杀伤性质粒、2 μm 质粒和丝状真菌的 Mauriceville 质粒、Labelle 质粒、Fiji 质粒等。有些质粒目前还未发现有任何表型效应称为隐蔽质粒,酵母菌中的 2 μm 质粒即属于隐蔽质粒。质粒可分为接合型质粒(conjugative plasmid)和非接合型质粒(non-conjugative plasmid)两大类:接合型质粒携带有一套促进细菌接合,实现质粒在细胞间转移的基因,称为 *tra* 基因(*tra* 基因数量可达十几个)。非接合型质粒根据其在细胞中的拷贝数目又分为松弛型质粒(relaxed plasmid)和严紧型质粒(stringent plasmid)两大类:松弛型质粒是指每个细胞中有较高拷贝数的质粒,拷贝数可达 10~100 个,一般相对分子质量较高;严紧型质粒的拷贝数只有 1~4 个,相对分子质量较低。按宿主寄生范围,分窄宿主范围质粒(narrow host range plasmid)和广宿主范围质粒(broad host range plasmid)。凡能整合进染色体并随染色体复制而一起复制的质粒称为附加体(episome)。根据某些质粒在同一个细菌中能否共存分为亲和群(compatibility group)和不亲和群(incompatibility group)。能在同一细菌中并存的质粒属于不同的不亲和群,同一细菌中不能并存的质粒属于同一不亲和群,主要因为质粒的不亲和性与复制和分配有关。目前,许多质粒,如抗药性质粒、大肠杆菌素质粒 ColE1、Ti 质粒、降解质粒等已成为遗传工程研究的重要载体。

(3) 转座因子

转座因子(transposable element)是从染色体或质粒 DNA 的一个位点转移到另一个位点,或在两个复制子之间转移的一段双链 DNA 序列。在原核微生物和真核微生物中都广泛存在,噬菌体中也有。原核微生物中的转座因子有 3 类:包括插入序列(简称 IS)、转座子(简称 Tn)和转座噬菌体(如 mutator phage,Mu 和 D108 噬菌体)等。

① 插入序列(IS)。IS 是细菌染色体和质粒以及某些噬菌体 DNA 上的正常序列。分子大小在 250~1600 bp,只含有编码转座(transposition)所必需的转座酶(transposase)的基因(*tnp*)。两端都有反向末端重复序列(inverted terminal repeat,ITR 或 IR),长度约为 40 bp。每种 IS 在基因组中的拷贝数不同,如大肠杆菌 IS 1 有 8 个拷贝,IS 2 有 5 个拷贝。已发现并研究清楚 100 多种插入序列的一级结构,它们能在细菌染色体、质粒和噬菌体 DNA 上的许多位点移动,某些可转移质粒的 IS 容易与染色体的 IS 发生重组,使质粒整合到染色体上,形成高频重组菌株。

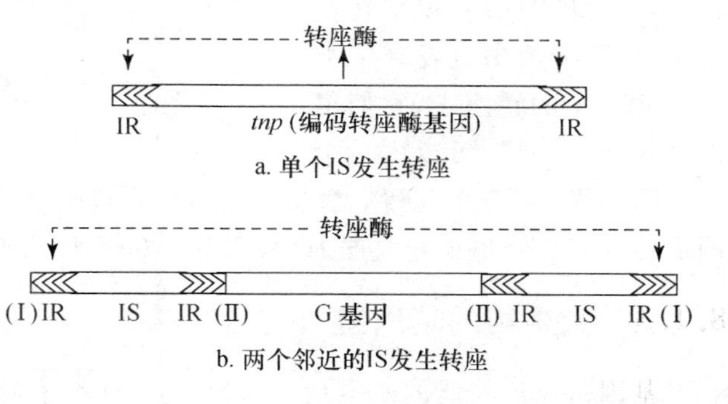

图 8-7 IS 引发的转座作用

(改绘自周世宁等著,2007)

IS 转座时,其编码的转座酶能识别 IS 两端的反向重复序列(IR),使 IS 本身发生转座(图 8-7),改变插入位点,也称跳跃基因(jumping gene)。若两个相同的 IS 距离较近时,转座酶能将两个 IS 及它们中间的 DNA(如基因 G)作为一个转座单元同时发生转座。

② 转座子(Tn)。Tn 比 IS 分子大,是比 IS 更复杂的转座单元。细菌和动植物细胞中均发现有转座子。根据转座子两端结构组分。可分为两种类型:类型Ⅰ(TnⅠ)转座子的结构含有两部分,中心区(约数千 bp 长,含有药物抗性基因或含其他基因,如抗 Hg 基因)和转座子两端结构(IS 或 IS 类似结构),IS 提供转座功能,连同抗性基因一起转座,如 Tn5(图 8-8),又

称为复合转座子(compound transposon);类型Ⅱ(TnⅡ)的两端不含IS类结构,但有短的反复重复序列(IR),其长度约为30～50 bp,在两个IR之间含有药物抗性基因和转座调控相关的基因或其他基因,如Tn3(图8-8)。这类转座子称为复杂转座子(complex transposon)。它们能在同一细胞内从一个质粒转移到另一个质粒,也能从质粒转移到细菌染色体或原噬菌体上。

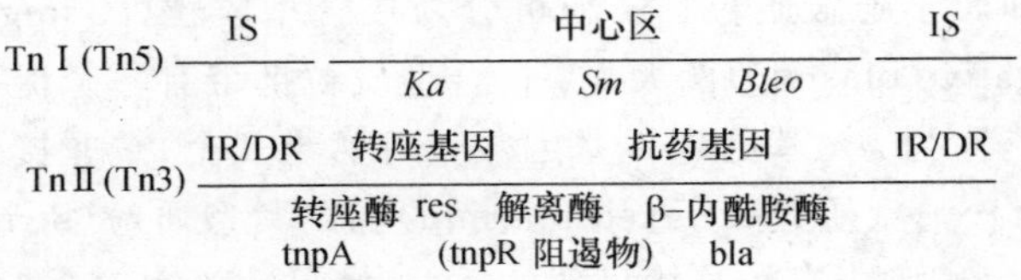

Tn Ⅰ(Tn5)　IS　中心区　IS
Ka　*Sm*　*Bleo*

TnⅡ(Tn3)　IR/DR　转座基因　抗药基因　IR/DR
转座酶 tnpA　res　解离酶 (tnpR 阻遏物)　β-内酰胺酶 bla

图 8-8　转座子 Tn5 和 Tn3 的基本结构

(改绘自周世宁等著,2007)

(*Ka*: 卡那霉素抗性基因,*Sm*: 链霉素抗性基因,*Bleo*: 博莱霉素抗性基因)

③ 转座噬菌体(Mu)。Mu是大肠杆菌的噬菌体,既具有温和噬菌体的特性,也具有转座单元特征。噬菌体生命循环包括裂解周期和溶源周期;Mu转座子全长39 kb,线状DNA,Mu基因组实际长度37.2 kb,因为该DNA分子两端还有一段宿主DNA序列。从Mu噬菌体遗传图谱(图8-9)看出,左端的宿主DNA约为50～150 bp,右端的宿主DNA 1000～2000 bp,当其再整合时,此附加片段被删除。Mu噬菌体的主要特点是任何时间(原噬菌体期或裂解期)都可随机整合到宿主染色体上。由于Mu的插入位点不同,每一个噬菌体颗粒可以结合不同的宿主DNA序列,其转座频率高于一般转座子。

上述转座因子的转座可引起宿主发生插入突变、染色体畸变(发生同源重组,导致染色体缺失或倒位)、基因的移动和重排。因此,转座不仅在生物进化上有重要意义,而且已成为遗传学研究的重要手段。现在,不但在细菌中发现了转座单元,在酵母菌中也发现了类似IS和Tn的转座子,它们也像IS和Tn一样,可以由一个位置插入移动到新的位置。酵母菌基因组的转座单元称为Ty,有Ty1(30个拷贝,长度约6 kb,两端各有332 bp顺向重复序列)和Ty917(6个拷贝)两种类型,其碱基序列相差2/5。

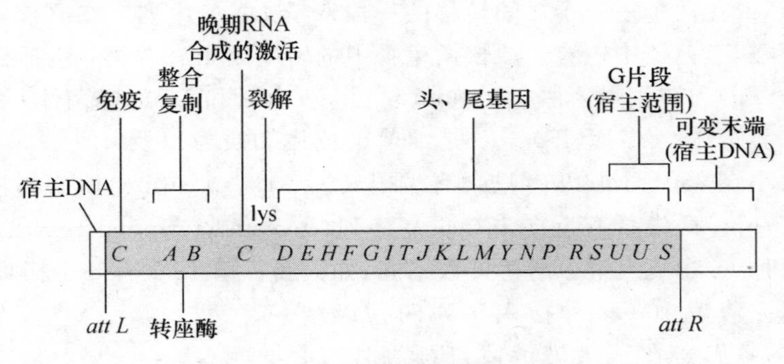

图 8-9　Mu 噬菌体的遗传图谱

(引自沈萍等,2006)

8.1.3　微生物的基因组

基因是遗传物质的基本功能单位,是一个含有特定遗传信息的DNA或RNA链上的核苷酸序列。基因组(genome)是指细胞中基因及非基因的DNA序列组成的总称,包括编码蛋白质的结构基因、调控序列和目前功能尚不清楚的DNA序列。基因决定性状,基因依其功能分三大类:① 编码蛋白质的基因:包括结构基因(编码细胞生化反应所需的酶和完成细胞功能所需的结构蛋白)和调节基因(编码阻遏蛋白和激活蛋白);② 无翻译产物的基因:包括tRNA基因和rRNA基因;③ 不转录的DNA片段:包括启动子和操纵基因。基因是一个嵌合体,包括外显子(相应出现成熟的mRNA片段)和内含子(不出现相应成熟的mRNA片段)两个区段。

不同类型微生物基因组的分子结构、信息含量和基因编码的产物、功能皆不相同。最小的MS2噬菌体RNA仅有3569 bp，含3个基因；古菌中生殖道支原体(*Mycoplasma genitalium*)染色体DNA有0.58×10^6 bp，仅有473个基因；原核微生物大肠杆菌染色体DNA有4.7×10^6 bp，有4288个基因；而真核微生物中的酿酒酵母的基因组DNA为13.5×10^6 bp，分布在16个不连续的染色体上，共有6287个基因。古菌同时具有细菌和真核生物基因组结构特点，但基因组在细胞内实际可能按典型真核生物样式组织成真正的染色体结构(参见2.5节古菌及表2-13)。

目前，已对400多种微生物的基因组进行了测序，并绘出了它们的染色体基因图谱，如大肠杆菌K12的基因组(图8-1)、詹氏甲烷球菌(*Methanococcus jannaschii*)的基因组(第一个古菌和自养型生物的基因组序列)、酿酒酵母的基因组(第一个真核生物的基因组序列)等。基因组学的研究结果和微生物基因图谱的绘制，为人类提供越来越多的基因信息，为人类改造和利用所需的基因，构建基因工程菌提供基础。

8.2 细菌的基因转移和重组

自然界微生物的遗传体系差别甚大，各种微生物水平方向的基因转移(horizontal gene transfer，HGT)可通过多种不同途径进行。凡把两个不同性状个体内的遗传基因转移、传递到一起，经过遗传分子间重新组合，形成新的遗传型个体的方式，称为基因重组(gene recombination)。这种基因重组不仅发生在自然界不同的微生物细胞之间，也发生在微生物与高等动植物之间，如最近发现人类的基因组中至少有113个来自细菌的基因，引起人感染结核病的结核分枝杆菌基因组上有8个人类的基因，使该菌获得抵抗人体免疫防御系统的能力。因此，微生物除了前面叙述的由亲代向子代垂直方向的基因转移外，也具有多种途径的水平基因转移、交换和重组，这是生物适应环境变化，适者生存，得以进化的动力。

在原核微生物中自然发生的基因重组有转化、转导、接合等方式(表8-2)；人为操作的基因重组有原生质体融合、基因工程等方式。

表8-2 原核微生物基因重组及类型[a]

重组范围		局部合子	
供体和受体间的关系		由部分染色体形成	由个别或少数基因形成
细胞间暂时沟通	细胞间直接接触	细菌接合	性导
细胞间不接触	吸收游离DNA片段		转化
细胞间不接触	噬菌体携带供体DNA		转导
由噬菌体提供遗传物质	完整噬菌体[b]		溶源转变
由噬菌体提供遗传物质	噬菌体DNA[c]		转染

a. 原核微生物基因重组也包括原生质体融合(参见8.5.2)。

b. 白喉棒杆菌温和β-噬菌体溶源化，使白喉棒杆菌转化为产白喉毒素的致病菌，虽不属重组，但与转化和转导有某些相似之处，称为溶源转变。

c. 转染：用噬菌体的DNA感染受体菌细胞，产生大量噬菌体称为转染。

由表8-2看出，原核微生物缺乏有性生殖系统，进行基因重组时两个亲本细胞彼此间只能交换小部分遗传信息。在局部合子(merozygote)形成中，提供部分染色体DNA或少数基因的细胞称为供体(donor);在局部合子形成中,提供整个染色体的细胞或获得 DNA 的细胞称为受体(recipient)。由表 8-2 看出,转化、转导、接合 3 种方式相同之处为:均通过基因转移而实现基因重组。其间的差别在于:获取外源 DNA 的方式不同,供体和受体的细胞间直接接触为接合;受体细胞吸收供体细胞裸露的 DNA 为转化;由噬菌体为媒介,介导供体和受体细胞的基因重组为转导。

8.2.1 转化

转化是指受体菌直接吸收供体菌的 DNA 片段或质粒 DNA,并与其染色体同源片段进行遗传物质交换,从而使受体菌获得新的遗传性状的现象。转化后出现供体性状的受体菌称为转化子(transformant),即转化成功的菌落。有转化活性的外来 DNA 片段称为转化因子,细菌细胞能够吸收外界 DNA 分子,而进行转化的生理状态称为感受态(competence)。处于感受态的细胞,其吸收 DNA 的能力,比一般细胞大 1000 多倍。根据感受态建立的方式,可分为自然遗传转化(natural genetic transformation)和人工遗传转化(artifical transformation)两类。

1. 转化的条件

实现转化时供体菌的转化因子和受体菌的感受态均要求一定的条件。

① 转化因子条件:a. 外源 DNA 需具有高的相对分子质量,通常为 10^4～10^7,约占细菌染色体 1/55～1/35(细菌染色体组的 0.3%),平均含 15 个基因。b. 同源性。与受体菌亲缘关系越近,DNA 纯度越高,转化率越高;c. DNA 类型。多数是双链线性 DNA,某些单链、共价闭合环状 DNA 也可实现转化。

② 感受态受菌种的遗传性和环境条件所制约。不是所有细菌都能发生转化,自从 1928 年 Griffith 首先在肺炎链球菌发现转化现象后,目前只在大肠杆菌、芽孢杆菌属、嗜血杆菌属(*Haemophilus*)、葡萄球菌属(*Staphyllococcus*)、假单胞菌属、奈瑟氏球菌属(*Neisseria*)、根瘤菌属、不动杆菌属等 20 多种细菌和放线菌、蓝细菌中发现转化现象。此外,感受态还与细菌的菌龄、生理状态和培养条件有关。如肺炎链球菌的感受态在对数期后期出现,而芽孢杆菌的感受态出现在对数期末及稳定期。自然遗传转化感受态出现是细菌生长到一定阶段的生理特性,通常感受态时细菌会分泌出一种小分子的蛋白质,称为感受态因子(competence factor),其相对分子质量为 5000～10 000。若将感受态因子加到不处于感受态的同种细菌培养物中,可使细菌转变成感受态。处于感受态的细胞,其表面约有几十个能结合转化因子的位点。人工转化则需要用人为的诱导方法,如采用 $CaCl_2$、cAMP 等处理菌体细胞或将培养于营养丰富的培养液的细菌转移至营养贫乏的培养液中,使细胞具有摄取 DNA 能力,均可提高细胞的感受态水平;另外,采用电穿孔法(electroporation),即用高压脉冲电流击破细胞质膜或击成小孔,将 DNA 导入细胞内,都可进行人工转化,每微克 DNA 可获得 10^9～10^{10} 转化子。

2. 转化过程

转化过程一般分为 3 个阶段:

(1) 感受态阶段

感受态因子与细胞表面特殊的 DNA 受体蛋白 M 相互作用,诱导细菌的某些感受态特异蛋白(competence specific protein)表达,如其中一种称为自溶素的蛋白表达后,DNA 结合蛋白及核酸酶使在细胞壁表面裸露出来,使之具有与外源 DNA 结合的活性(图 8-10a)。不同细菌细胞壁上 DNA 受体位点和数目不同,如形成感受态时肺炎链球菌细胞壁上约有 30～80 个受体位点,而流感嗜血杆菌细胞壁上只有 4～8 受体位点,在此结合外源双链 DNA。

（2）DNA 的吸附和吸收

① 吸附：供体菌双链 DNA 首先与受体菌细胞壁上几个位点的 DNA 结合蛋白相结合，最初感受态细胞对 DNA 的吸附是可逆的；随着更多的细胞质膜蛋白参与，DNA 在细胞壁上的附着显著增加，最后变为稳定的不可逆吸附（图 8-10a）。

② 吸收：线型 DNA 分子的进入因菌种而异，在枯草芽孢杆菌和链球菌属中，结合的 DNA 双链被核酸内切酶切割成约为 14 kb 小片段，然后解开为单链 DNA 分子，与感受态特异单链 DNA 结合蛋白结合，以这种被保护的方式进入胞内；在嗜血杆菌属中，结合的 DNA 通常以完整的双链被吸收到细胞内，然后再被核酸内切酶降解为单链。被切断的另一条链经核酸酶降解为寡核苷酸，释放到培养基中（图 8-10b）。

（3）转化 DNA 的整合

① 整合：供体菌的 DNA 单链与保护蛋白分离后，与重组蛋白 RecA 结合，运送到受体菌染色体同源区，以置换方式再整合到受体菌的同源染色体 DNA 上，形成供体 DNA-受体 DNA 复合物（图 8-10c）。

② 复制与分离：经过 DNA 复制和细胞分裂后，除亲本受体菌外，另外形成的重组体、含有杂合 DNA 的受体菌，即为转化子（图 8-10d）。

转化的频率通常不高，如肺炎链球菌每个感受态的细胞只能结合大约 10 个相对分子质量为 1×10^7 的转化因子。一般转化频率为 0.1%～1%，最高为 10%。如果外源供体菌 DNA 和受体菌 DNA 没有或很少同源性，转化很难成功。

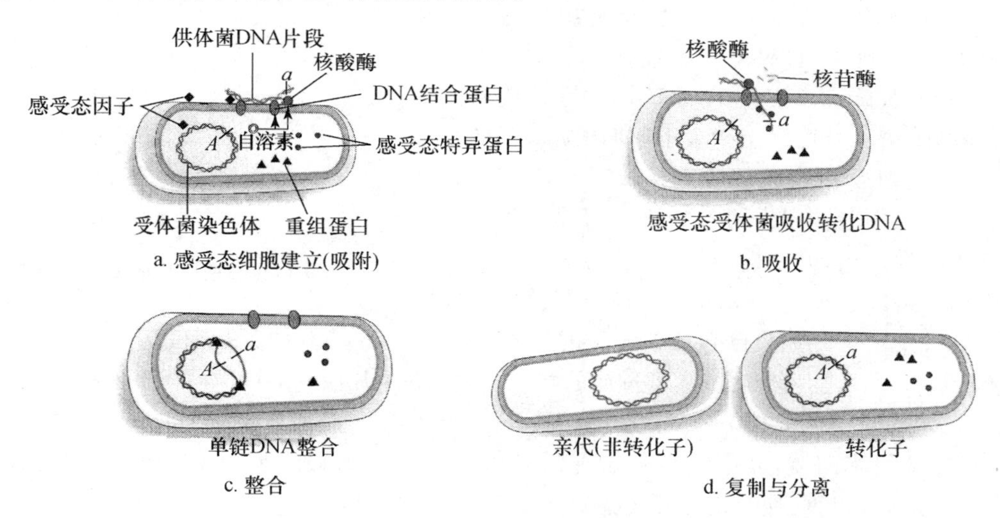

图 8-10　转化过程示意图

（改绘自 Pommerville，2004）

3. 感受态的机理

关于细菌转化必需出现感受态的原因有两种假说：局部原生质体化假说和酶受体假说。前者认为感受态的受体菌局部失去了细胞壁，使外源 DNA 能顺利通过细胞质膜进入受体菌。后者认为感受态受体菌细胞表面出现了一种能结合 DNA 并使之进入细胞的酶。

自然遗传转化除了吸收、重组线性染色体 DNA 分子外，也能摄取质粒 DNA 和噬菌体 DNA。进入受体菌细胞的环状质粒，仍保持游离状态。用噬菌体的 DNA 感染受体菌细胞，也能产生大量噬菌体，称为转染（transfection）。

8.2.2 转导

转导(transduction)是指以完全缺陷型噬菌体或部分缺陷型噬菌体为媒介,将一个细菌(供体菌)的部分染色体或质粒 DNA 片段转移到另一个细菌(受体菌),使后者获得前者的部分遗传性状的现象。通过转导噬菌体(transducing phage)获得供体细胞部分遗传性状的重组受体菌细胞称为转导子(transductant)。转导特点是细胞不直接接触,携带的只是少数基因或部分基因。携带供体细菌部分 DNA 片段的噬菌体称为转导颗粒(transducing particle)。噬菌体内仅含有供体染色体上任一部位 DNA 的称为完全缺陷型噬菌体;噬菌体内同时含有供体染色体 DNA 和噬菌体 DNA 的称为部分缺陷型噬菌体。按供体基因通过噬菌体转移方式的不同,转导分为普遍性转导和局限性转导两类。

1. 普遍性转导

普遍性转导(generalized transduction)是指供体菌染色体上任何部位的基因,都能被某一噬菌体携带并传递给受体菌的转导。普遍性转导又分为完全转导(complete transduction)和流产转导(abortive transduction)两种。

(1) 转导的发现

1952 年,Zinder 和 Lederberg 在研究鼠伤寒沙门氏菌是否发生接合时,意外地发现了转导现象。他们设计 U 形管实验,在管的一个臂内接种组氨酸营养缺陷型菌株 LA-2(his$^-$),另一臂内接种色氨酸营养缺陷型菌株 LA-22(try$^-$),在管的底部放置超微玻璃滤板将两臂隔开,培养时用泵交替吸引,使两端培养液来回流动,但两边细菌不能通过或直接接触。庆幸的是他们所选用的鼠伤寒沙门氏菌 LA-22 正好是携带 P22 噬菌体的溶源性细菌,另一株菌 LA-2 恰好是对 P22 噬菌体敏感的非溶源性细菌。结果在接种色氨酸营养缺陷型菌株的臂中出现了能自己合成色氨酸的原养型(his$^+$,try$^+$)菌株(图 8-11)。

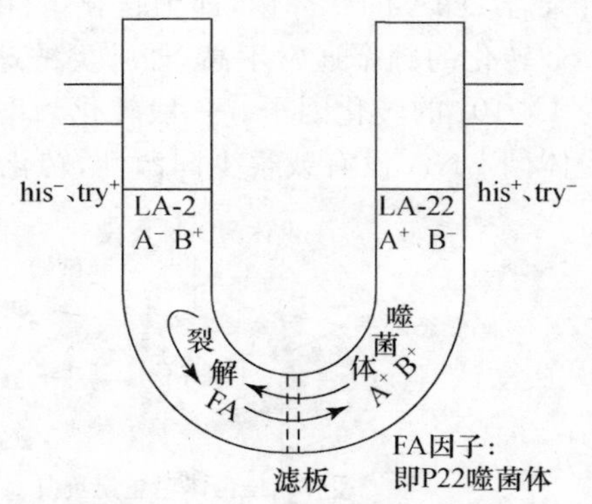

图 8-11 细菌转导的 U 形管实验

Zinder 等人反复研究证实:可过滤的物质不是 DNA 片段(排除转化),而是来源于溶源性菌株 LA-22 的噬菌体 P22(开始称为 FA 因子)。由于 P22 噬菌体能穿过滤板侵入敏感菌株 LA-2,产生大量噬菌体,其中极少数装配时误将组氨酸营养缺陷型 LA-2 菌株的 DNA 片段(合成 try$^+$ 基因)包裹,通过滤板再度感染色氨酸营养缺陷型 LA-22 群体,使极少数 LA-22 受体菌通过重组获得了 try$^+$ 基因,由原来的营养缺陷型转变为原养型。后来,转导现象也在大肠杆菌(P1 噬菌体)、枯草芽孢杆菌(噬菌体 PBS1、PS10)及葡萄球菌属、假单胞菌属、志贺氏菌属、变形杆菌属和根瘤菌属中发现。但并不是所有噬菌体都能进行转导,如 T4 噬菌体由于侵入宿主菌细胞后迅速将细菌 DNA 降解,细菌 DNA 来不及被噬菌体壳体包裹形成转导噬菌体。

(2) 普遍性转导机制

图 8-12 显示普遍转导的基本过程,称为"包裹选择模型"。从图中看出,噬菌体 DNA 侵入宿主细胞后,先将宿主 DNA 降解为许多小片段,噬菌体通过 DNA 复制和蛋白质外壳合成,然后进入装配阶段。在正常情况下,噬菌体将自身的 DNA 包裹在衣壳中;但偶尔(10^{-8}～10^{-6})

会误将供体细菌细胞 DNA 的一些片段代替噬菌体 DNA 装配到噬菌体的壳体中去。这样形成的噬菌体包含的不是噬菌体 DNA，而是供体细胞染色体的 DNA，这种噬菌体称为转导颗粒。当正常噬菌体侵染受体菌细胞，大部分细胞被侵染而裂解，但包裹有供体菌 DNA 片段的转导噬菌体由于没有任何噬菌体 DNA，不能裂解受体菌细胞。当它们再度感染新的受体菌时，将供体菌细胞的 DNA 片段传递给受体菌细胞，并与受体菌细胞的 DNA 同源区配对，通过双交换而整合、重组到受体菌染色体上；随受体菌分裂，每个子细胞都含有这个供体菌的 DNA 片段，形成稳定的转导子，称为完全转导。若与受体菌细胞同源区的 DNA 未发生双交换，这段供体菌 DNA 被降解，基因转移不成功(图 8-12)。

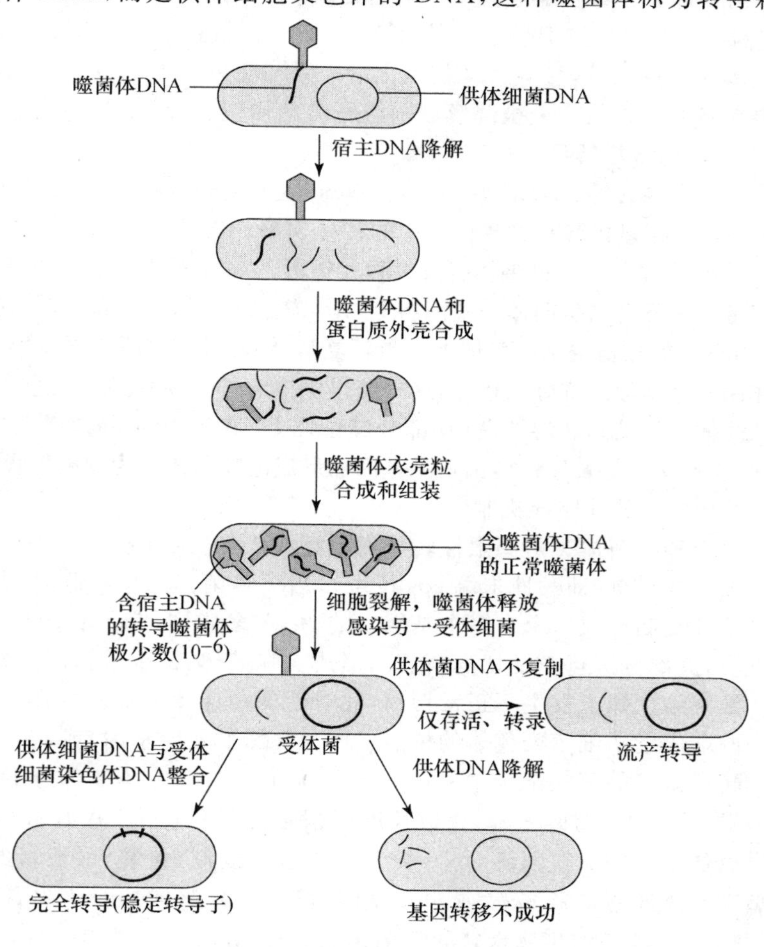

图 8-12 普遍性转导示意图

(改绘自 Prescott et al,2005)

有时，进入受体菌的供体菌 DNA 片段不能通过重组整合到受体菌染色体上，也不能复制，只以游离和稳定的状态存在于受体菌细胞质中，仅能转录和表达。由于细胞分裂后两个子细胞中只有一个细胞能获得来自供体菌的 DNA 片段；另一个子细胞只获得供体菌基因的产物——酶，仍然是原来的营养缺陷型细菌，在基本培养基平板上可观察到许多微小的菌落，这种现象称为流产转导(图8-12)。但随细胞分裂，该酶分子越来越少，最终群体又恢复为受体菌原本的性状，供体菌的表型特征丢失。

(3) P22 噬菌体的包装机制

为什么转导噬菌体会错将宿主的 DNA 包裹入外壳呢？研究发现 P22 噬菌体 DNA 分子末端有少数相同的核苷酸序列(约占其 DNA 2%)，称为末端冗余(terminal redundancy)。当 P22 噬菌体进入细胞后其 DNA 分子成环状结构排列(circularly permuted)，噬菌体 DNA 分子中的核苷酸序列不变，但其复制起始位点(pac，package)可以改变。当噬菌体 P22 感染敏感菌时，DNA 分子依照其末端冗余形成环状，然后环状分子以滚环方式复制，产生一个含多个基因拷贝、长的多联体(concatemer)DNA 分子，在形成噬菌体蛋白外壳同时，噬菌体 DNA 分子在噬菌体基因调节下，由噬菌体编码的酶从起始位点开始按顺序和特定长度(“headful packaging mechanism"头部装配机制)进行切割、包装,形成新的 P22 噬菌体颗粒。与此同时,噬菌体酶也能识别细菌染色体 DNA 上类似 *pac* 的位点并进行切割,以"headful"的长度将宿主染色体 DNA 包装进 P22 噬菌体外壳,形成只含宿主 DNA 的转导颗粒。但因宿主染色体 DNA 上 *pac* 位点很少,且其 *pac* 位点上的序列与噬菌体上的 *pac* 位点序列也不完全相同;另外,还要在宿主基因组完全被降解以前进行噬菌体包装,因此,宿主染色体被包装的概率很低。

2. 局限性转导

局限性转导(specialized transduction)是指通过某些部分缺陷型温和噬菌体把供体菌染色体上少数特定基因转移到受体菌中的转导现象。当某一溶源菌经诱导裂解时,其中极少数原噬菌体(约 10^{-6})从宿主染色体脱离过程发生不正常切离,从而把宿主菌与原噬菌体两侧相邻的某些特定基因整合到噬菌体的基因组上,并与噬菌体 DNA 一起复制、切割、包装,被置换下来的噬菌体 DNA 留在宿主菌染色体上。当新复制、包装好的噬菌体再度感染受体菌细胞后,便整合进受体菌染色体形成部分二倍体,这种获得供体菌部分遗传性状的重组受体细胞称为转导子。此时的受体菌为缺陷性溶源菌(缺部分噬菌体 DNA,诱导不释放噬菌体)。这些丢失噬菌体部分基因,并连接同等长度供体菌宿主基因而形成的噬菌体称为缺陷型噬菌体(defective phage)。

(1) 局限性转导机制

温和噬菌体 λ 是局限性转导的典型代表。λ 噬菌体线状双链 DNA 分子两端为互补的 12 个核苷酸单链(即黏性末端 cos 位点),当 λ 噬菌体感染细胞时,其黏性末端形成环状分子,通过滚环复制形成一个含多个基因组的 DNA 多联体,按 2 个 cos 位点间的距离决定包装片段的大小,大部分进行正常切离、包装,形成 λ 噬菌体;极少数情况下(约 10^{-6}),整合的 λ 原噬菌体从细菌染色体上发生不正常切离,此时断裂和连接不是发生在 *att*P/*att*B 处,而是在 λ 原噬菌体两端邻近的细菌染色体的位点 gal^+(发酵半乳糖基因)或 bio^+(合成生物素基因)上。发生"异常"重组的环状杂合 DNA 分子,失去了 λ 原噬菌体的部分 DNA(留在宿主菌细胞染色体的 DNA 上),增加了一段相应长度的宿主菌染色体 DNA 片段。这样形成的杂合 DNA 分子可以像正常的 λ 噬菌体 DNA 分子一样进行复制、包装,形成新的转导噬菌体,这些部分缺陷型噬菌体通常带有 gal^+ 或 bio^+ 基因,表示为 λdg(或 λd*gal* 缺陷型半乳糖转导噬菌体)或 λdb(或 λd*bio* 缺陷型生物素转导噬菌体)。当部分缺陷型噬菌体 λdg(带有 gal^+ 基因)或 λdb(带有 bio^+ 基因)再侵染 gal^- 或 bio^- 的受体菌时,通过 DNA 整合进入受体菌宿主染色体而形成稳定的转导子,使原来不能发酵半乳糖或不能合成生物素的细菌,具有发酵半乳糖或合成生物素的遗传性状。图 8-13 显示局限性转导的过程,这种转导形成机制称为"杂种形成模型"。

(2) 低频转导与高频转导

局限性转导根据转导频率高低又分为低频转导和高频转导两种:

① 低频转导(low frequency transduction, LFT)。形成转导子的频率很低,只有 10^{-6}。如图 8-13b 中的 λd*gal* 和 λd*bio*,在基本培养基平板上仅出现少数转导子菌落。

② 高频转导(high frequency transduction, HFT)。形成转导子的频率很高,理论上可达 50%。由于供体菌为双重溶源菌,它同时有两种噬菌体整合在供体细菌的染色体上。图 8-13a 中的大肠杆菌 K12(λ/λd*gal*)为双重溶源菌株,其染色体上整合有原噬菌体 λ(为正常噬菌体,不带 gal^+ 基因)和缺陷型噬菌体 λd*gal*(携带供体菌 gal^+ 基因,丢失部分噬菌体本身的 DNA)。λ 噬菌体可起辅助作用,弥补 λd*gal* 的不足,称为辅助噬菌体,使 λd*gal* 也能成为"完整噬菌体"而释放,这样供体菌可同时等量释放出 λ 和 λd*gal* 两种噬菌体,侵染对噬菌体敏感的 gal^- 受体菌时,便可同时产生转导子菌落(转导噬菌体 d*gal*)和噬菌斑(辅助噬菌体 λ)。

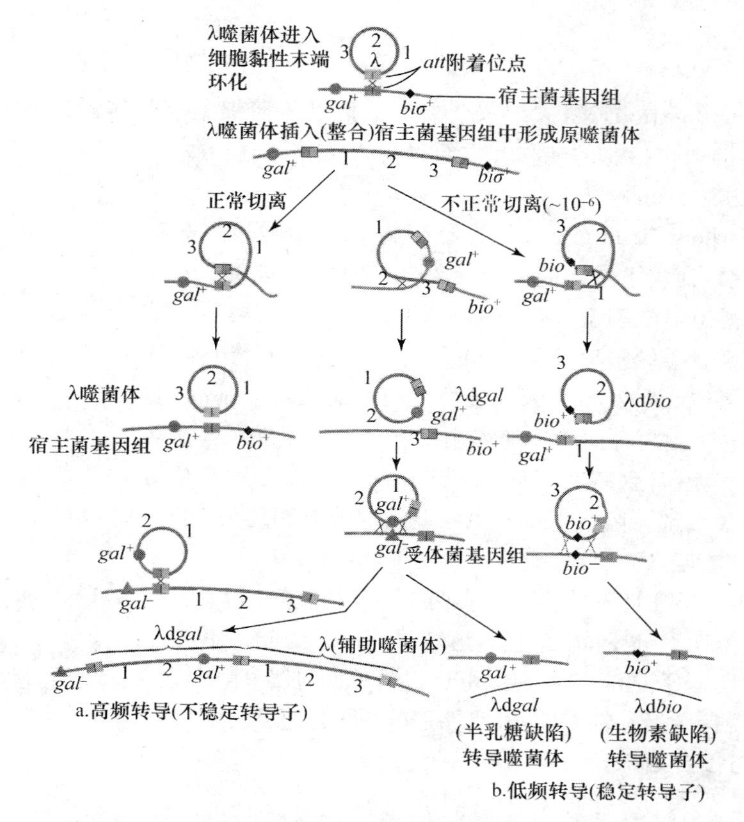

图 8-13　λ 噬菌体局限性转导中的低频转导和高频转导示意图

(改绘自 Prescott et al,2005)

(3) 普遍性转导与局限性转导比较

普遍性转导与局限性转导虽然都是噬菌体携带供体菌 DNA 片段转移至受体菌,但转导方式、转导性质及转导子等各方面特性皆不相同(表 8-3)。

表 8-3　普遍性转导与局限性转导特性比较

比较项目	普遍性转导	局限性转导
转导的发生	自然发生	人工诱导(如紫外线等)
噬菌体类型	完全缺陷型噬菌体(如 P22)	部分缺陷型噬菌体(如 λ)
噬菌体的形成	错误装配	原噬菌体错误切割
转导噬菌体 DNA(转导性状)	供体菌染色体 DNA 上任何部位的基因(转导供体菌的任何性状)	噬菌体部分 DNA 和供体菌染色体上少数基因(原噬菌体邻近两端 DNA 片段基因的性状)
转导过程	通过双交换,使转导 DNA 片段置换受体菌染色体 DNA 同源区	通过转导 DNA 插入,使受体菌变为部分二倍体
转导形成机制	包裹选择模型	杂种形成模型
转导子特点	1. 非溶源性 (不含噬菌体 DNA,不表现噬菌体性状) 2. 转导特性稳定 (稳定转导子 10%,流产转导子 90%)	1. 缺陷溶源性(有 3/4 噬菌体 DNA,缺 1/4 噬菌体 DNA,诱导不释放噬菌体),对 λ 有免疫性 2. 转导特性不稳定

8.2.3 接合

细菌接合(conjugation)又称"细菌杂交",是指供体菌细胞与受体菌细胞通过性菌毛暂时直接接触而进行的遗传信息的转移和重组过程。

1. 接合的发现

1946 年 Lederberg 和 Tatum 采用大肠杆菌 K12 不同的两株营养缺陷型进行实验,证实了细菌的接合现象(图 8-14)。其中一菌株是苏氨酸和亮氨酸营养缺陷型(Met^+、Bio^+、Thr^-、Leu^-);另一株是生物素和甲硫氨酸营养缺陷型(Met^-、Bio^-、Thr^+、Leu^+),将它们分别离心、洗涤后,各以 10^8 个/mL 菌液接种在同一完全培养基内,混合培养后的细菌离心、洗涤,再涂布于基本培养基上。结果在基本培养基上出现了原养型菌落(Met^+、Bio^+、Thr^+、Leu^+),而分别涂布的两种亲本菌株对照组都无菌落生长。原养型出现的概率约为 10^{-7},排除了基因回复突变的可能性(双重营养缺陷型回变率为 $10^{-6} \times 10^{-6} = 10^{-12}$)。Davis 用 U 形管实验证实两株菌不能接触时,原养型菌落没有出现,说明这不是转化也不是转导,而是接合。1952 年 Hayes 惊奇地发现,大肠杆菌的遗传重组过程是单向过程,基因转移有极性,也就是说接合是有性别的,决定性别的因子是 F 因子。

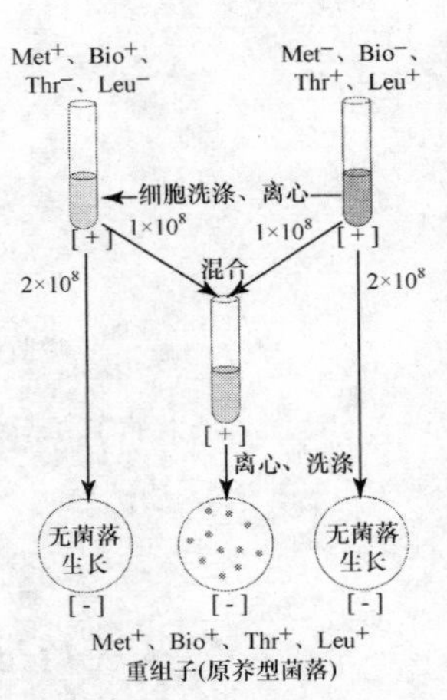

图 8-14 大肠杆菌接合(杂交)实验

2. F 因子与接合菌株

(1) F 因子

F 因子(fertility factor)又称为性因子(sex factor),或称为 F 质粒(F plasmid),是染色体外能独立自我复制的小型环状 DNA 分子,相对分子质量 5×10^7,长约 6×10^4 bp,约为大肠杆菌染色体 DNA 的 2%。F 因子基因组由 3 个主要区段组成,编码 40～60 种蛋白质:第一段为控制自主复制的区段;第二段为控制细胞间传递基因群的区段,包括形成 F 菌毛的 7 个基因;第三段为控制重组区段。

(2) 进行接合的菌株

由于 F 因子在大肠杆菌中存在状态不同,有游离态和整合态两种(图 8-15)。为此,大肠杆菌进行接合时就有 3 种雄性菌株和 1 种雌性菌株(表 8-4)。

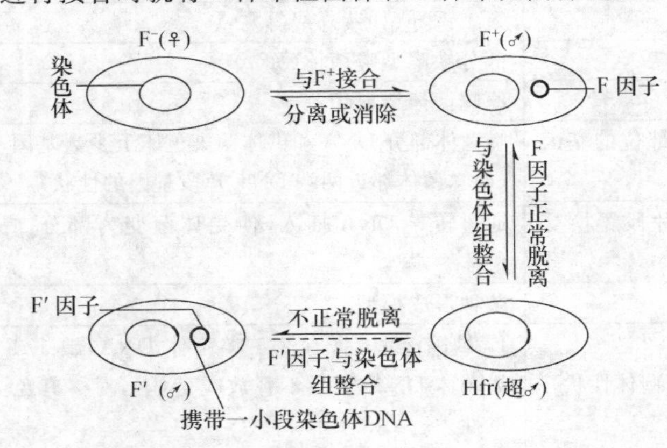

图 8-15 F 因子的存在状态和转移方式

① F^+ 菌株。细胞质中含有游离的 F 因子,细胞表面着生 1 条或多条性菌毛的雄性菌株。F 因子独立于染色体而自主复制。

② F^- 菌株。细胞质中不含 F 因子的雌性菌株。

③ Hfr 菌株。为染色体特定位点整合有 F 因子的菌株,F 因子与宿主菌染色体同步复制。当 Hfr 菌株与 F^- 菌株杂交时所形成的原养型重组子远高于 F^+ 菌株与 F^- 菌株杂交重组频率数

百倍，故又称为高频重组菌株(high frequency of recombination strain, Hfr strain)。

④ F′菌株。当高频重组菌株内的F因子由于不正常切离脱离染色体组时，形成携带一小段染色体DNA的游离F因子，称为F′因子。凡携带F′因子的菌株就称为F′菌株，其遗传性状介于F^+菌株和Hfr菌株之间。

表8-4 进行细菌接合的4种菌株

菌　株	F^+	F^-	Hfr	F′
F因子状态	含有游离F因子	不含F因子	F因子整合在染色体的特定位点	带有F′因子
性菌毛	+(1或多条)	−	+	+
菌株性别	雄株	雌株	高频重组株(超雄株)	F′菌株
接合方式	$F^+ \times F^-$ ↓ $F^+ + F^+$	$F^- \times F^-$ ↓ 不能重组	$Hfr \times F^-$ ↓ 多数情况 $Hfr + F^-$	$F' \times F^-$ ↓ F′初生+F′次生

3. 几种接合菌株杂交结果

以上3种雄性菌株通过性菌毛与雌性菌株接合，可获得不同结果。

(1) $F^+ \times F^-$接合

F^+与F^-接合只是F因子向F^-细胞转移，含F因子的供体菌细胞染色体DNA一般不被转移，杂交结果是两细胞均为F^+细胞。当F^+细胞中F因子编码的性菌毛的游离端与受体F^-细胞接触，将供体细胞和受体细胞连接一起后，性菌毛通过两菌细胞质膜中的解聚作用(disaggregation)和再溶解作用(redissolution)进行收缩，使两个细胞紧密相连(图8-16)。F因子上的*ori*T位点序列被*tray*Ⅰ编码的缺刻核酸内切酶(nickase)识别，其中一条链被切断，解链，然后通过两个细胞间的小孔，向F^-细胞进行单向转移。单链F因子进入受体菌细胞后，在细胞编码的DNA聚合酶Ⅲ等的作用下，以其作为模板，复制合成一条互补的新的DNA链，随后恢复成一个新的环状F因子。留在供体菌内的F因子DNA单链，也成为模版，在DNA聚合酶Ⅲ等的作用下，以滚环模型复制成一个新的环状F因子。最终两菌均成为F^+菌株，接合过程没有或很少发生染色体DNA的转移。

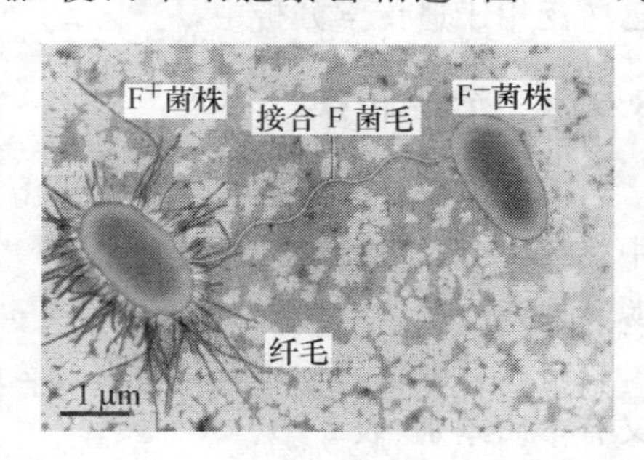

图8-16 大肠杆菌接合
(供体菌细胞和受体菌细胞连接)
(引自Pommerville, 2004)

(2) $Hfr \times F^-$接合

Hfr是染色体上整合有F因子的菌株，Hfr与F^-菌株接合是部分、甚至全部染色体DNA转移的杂交，其染色体基因重组频率远比F^+菌株与F^-菌株基因重组频率高1000倍，故称为高频重组菌株。接合时与F^+菌株一样，由F性菌毛将Hfr与F^-细胞连接。不同的是F因子上的*ori*T位点序列被*tray*Ⅰ编码的酶识别而产生缺口后，F因子的先导区(leading region)接合着染色体DNA向F^-受体细胞转移；而F因子其余大部分处于转移染色体DNA的末端，转移过程随时发生中断，F因子来不及进入F^-菌株，故Hfr与F^-杂交结果大多数情况接合子(受体细胞)仍是F^-，只有极少数情况下全部染色体DNA被转移。进入F^-菌株的单链染色体DNA片段经双链化后，两菌染色体DNA同源区配对，经过双交换，发生遗传重组，形成部分合子。

由于染色体 DNA 转移具有严格的顺序性，因此，可通过在杂交过程设法使转移中断，然后依据 F^- 菌株中 Hfr 菌株各种性状出现的时间顺序，绘制出细菌基因图谱。

(3) $F'\times F^-$ 接合

F'是携带有宿主菌染色体基因的 F 因子，F'菌株与 F^- 菌株接合时，随着 F'因子，供体菌部分染色体基因一起转入受体菌细胞，形成了部分二倍体，这时受体菌细胞变成了 F'菌株，供体菌细胞称为初生 F'菌株，重组子称为次生 F'菌株(图 8-17)。基因进入受体菌细胞后，不需整合就可表达。细胞基因的这种转移过程称为性导或 F 因子转导。

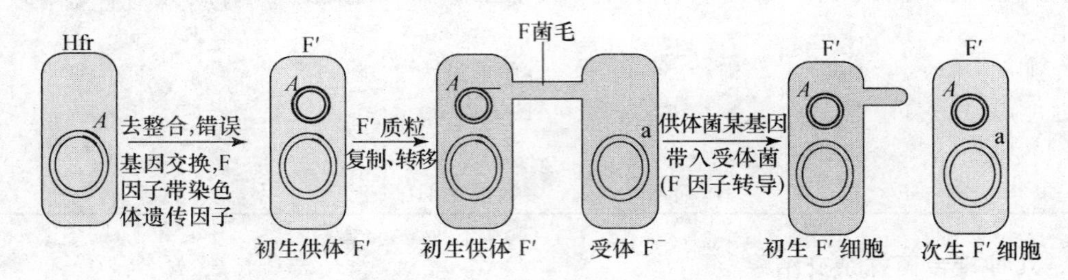

图 8-17　F'菌株与 F^- 菌株接合

(改绘自 Prescott et al,2005)

接合现象在细菌中较为普遍，如肠杆菌科的主要属、假单胞菌属、固氮菌属、根瘤菌属和弧菌属等，在芽孢杆菌属和金黄色葡萄球菌等 G^+ 细菌中也普遍存在，在链霉菌属和诺卡氏菌属中也有发现，甚至不同属的细菌，如大肠杆菌和志贺氏菌之间也能发生接合作用。接合作用现已广泛用于遗传学分析中。

8.2.4　溶源转换

温和噬菌体感染宿主细胞发生溶源化时，因噬菌体基因整合至宿主菌细胞染色体基因组中，使宿主菌细胞获得除免疫性之外的其他新性状的现象(如产生白喉毒素或肉毒素)，称为溶源转换或溶源转变(参见 4.6.3)。

溶源转换虽与局限性转导有些类似，如所获得的遗传性状可随噬菌体消失而消除，但二者又有本质差别(表 8-5)。

表 8-5　溶源转换与局限性转导区别

比较项目	溶源转换	局限性转导
转移的基因	只是噬菌体的基因，噬菌体不携带供体菌的任何基因	噬菌体被诱导时，噬菌体与供体菌的特定基因发生交换
噬菌体类型	正常温和噬菌体	缺陷型噬菌体
转移结果	获得新的遗传性状，为溶源化的宿主细胞	获得新的遗传性状，为转导子

8.2.5　染色体外遗传因子的转移和重组

染色体外的遗传因子主要指质粒和转座因子。

质粒按其在细胞中能否转移分为转移性质粒和非转移性质粒，转移性质粒可在不同细胞间转移，可携带染色体 DNA 或非转移性质粒 DNA 进行转移。非转移质粒不能单独在细胞之间转移。质粒转移不仅受质粒性质所制约，而且还与供体菌和受体菌的基因型有关。F因子、R因子、大肠杆菌、枯草芽孢杆菌和土壤农杆菌的pBR322质粒、在pB322质粒基础上发展的pUC19质粒、Ti质粒等皆属转移性质粒。转移性质粒广泛用于基因工程，作为目的基因转移的载体，用这种穿梭载体先在大肠杆菌中完成克隆，然后再导入不同的宿主细胞。也可用广泛宿主范围质粒的复制起始位点置换窄谱宿主范围质粒的复制起始位点，使转移的质粒可以在多种不同微生物中共存。如，引起双子叶植物冠瘿瘤的致病因子Ti质粒，其上有一段DNA，称为T-DNA（transfer-DNA，Ti质粒上能转移至植物基因组的转化DNA），能转移并整合至植物基因组中，导致细胞冠瘿瘤无控制地增生。经人工改造后的Ti质粒衍生的载体系统，已广泛用于植物基因工程。

转座因子在本章第1节中作了详尽介绍，转座单元在基因组中出现的频率较高，在基因克隆中，若发现一个克隆片段与基因组多个部分消化片段杂交，可能克隆片段中就包含转座单元。

8.3　真核微生物的基因重组

真核微生物的基因重组主要发生于有性生殖及准性生殖过程中。与原核微生物基因重组的主要差别是，真核微生物基因重组均为性细胞或体细胞之间的接合，涉及整套染色体组的基因重组。

8.3.1　有性生殖

有性生殖（sexual reproduction）或有性杂交是指细胞水平上发生的一种遗传重组方式。一般指两个单倍体性细胞间的接合和基因重组，或个别体细胞接合而造成受精作用产生的有性孢子。特点是实现高频基因重组。真菌中有性生殖相当普遍，如子囊孢子、接合孢子、卵孢子和担孢子等。

酿酒酵母生活史为单双倍体型，生活史中有单倍体阶段（只含有一套染色体组）和二倍体阶段（含有两套染色体组）（参见3.2.3）。酵母菌的单倍体细胞分别为两种接合型，称为a和α，单倍体酵母细胞a和α型的遗传特征是稳定的，由其遗传因子*a*基因和*α*基因决定。酵母菌基因组中有调控接合型的区域，称为MAT座位。如果基因*a*插入MAT座位，细胞就是接合型a；如果*α*基因插入，则是接合型α。a和α细胞融合，便产生了双倍体细胞（a/α），有性生殖无异核体形成。酵母菌有性生殖特点是性细胞接合，经过质配、核配，成为二倍体；随后每对染色体都独立分离、纵裂为二，分向两极，每对染色体都发生交换，通过连续两次减数分裂。若染色体不发生交换，形成4个单倍体子囊孢子，其中两个接合型为a，两个接合型为α；若其中每对染色体都发生一次或多次交换，则发育成4个新的单倍体子囊孢子。总之，有性生殖是一个很有规律的协调过程（图8-18）。

从自然界中分离的或工业生产中应用的酵母菌，一般都是双倍体细胞。如采用啤酒酵母的上面酵母和下面酵母杂交，杂种可生产出较亲株味道更加香美的啤酒。真菌中的粗糙脉孢菌和构巢曲霉的生殖方式都包括无性生殖和有性生殖。其减数分裂的遗传学效应极其典型，是进行真核生物基因重组和遗传分析研究的理想实验材料。

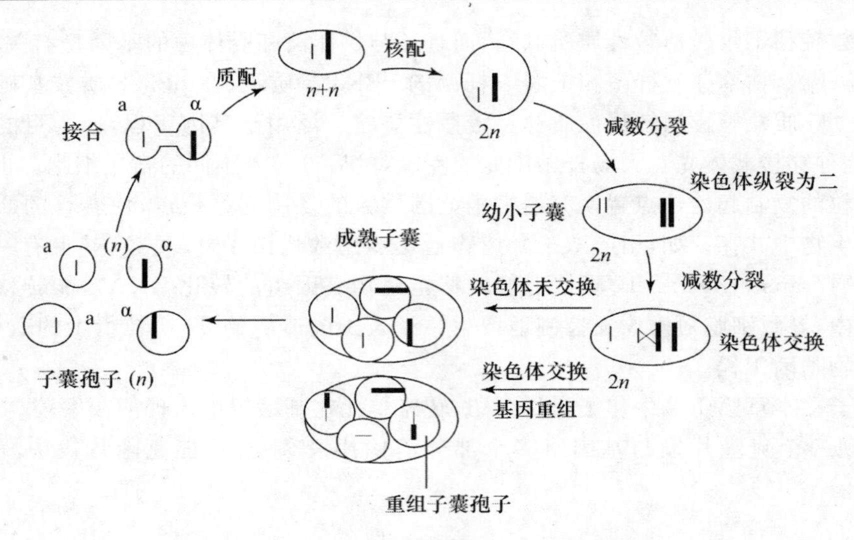

图 8-18　酿酒酵母有性杂交示意图

8.3.2　准性生殖

准性生殖(parasexual reproduction 或 parasexuality)是真菌中一种类似有性生殖,但比有性生殖更为原始的生殖方式。它是指一些不能产生有性孢子的同种丝状真菌两个不同菌株间的体细胞融合,不经减数分裂而产生的低频基因重组过程,是有丝分裂过程中低频率发生的染色体二倍体化和染色体交换与分离的基因重组。准性生殖常见于真菌的半知菌类(图 8-19)。

准性生殖过程包括 3 个阶段:异核体的形成、核融合和杂合二倍体的形成、体细胞染色体交换和单倍体化(图 8-19)。

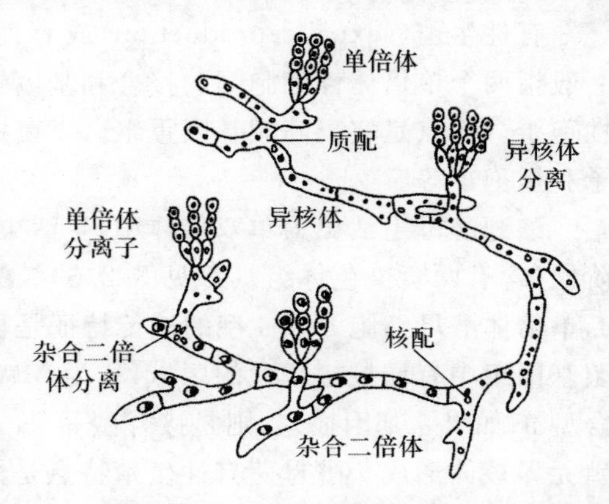

图 8-19　半知菌类准性生殖过程示意图

1. 异核体的形成

两个形态上没有差别但基因型上不同的菌株单倍体菌丝联结(amastomosis),接触部分细胞壁溶解、细胞质膜融合、细胞质交流,在融合细胞中两个单倍体核集中共存于同一细胞中,这种双核的细胞称为异核体(heterocaryon)(图 8-19)。异核体可由菌丝内一个细胞核的基因发生突变自发形成,也可由不同核型菌丝之间融合形成。由异核体细胞发育成的菌株称为异核体菌株。在异核体菌丝内基因型不同的核一般不融合和交换,而是处于游离状态,只细胞质融合,各自的核通过有丝分裂而独立增殖。异核体的生活力由于营养互补往往比两个亲株更强;异核体的变异能力也较强,在不同环境条件下异核体比杂合体具有更强的适应性。真菌中酵母菌、青霉、曲霉、粗糙脉孢菌、镰刀菌等皆能形成异核体。异核体在基因定位测定和细胞质遗传研究中占有重要位置。

2. 核融合和杂合二倍体的形成

核融合(nuclear fusion)或核配(caryogamy)是指异核体中两个不同基因型的单倍体细胞核以约百万分之一的概率($10^{-6}\sim10^{-8}$)发生核融合,产生二倍体细胞核并形成杂合二倍体

(heterozygous diploid)的过程(图 8-20)。杂合二倍体随着异核体一起繁殖,较异核体稳定,产生的孢子比单倍体菌丝产生的孢子大 1 倍。异核体形成的菌落表面常可观察到杂合二倍体的斑点或扇形角变,若从中选出分生孢子分离培养,便可获得杂合二倍体菌株。

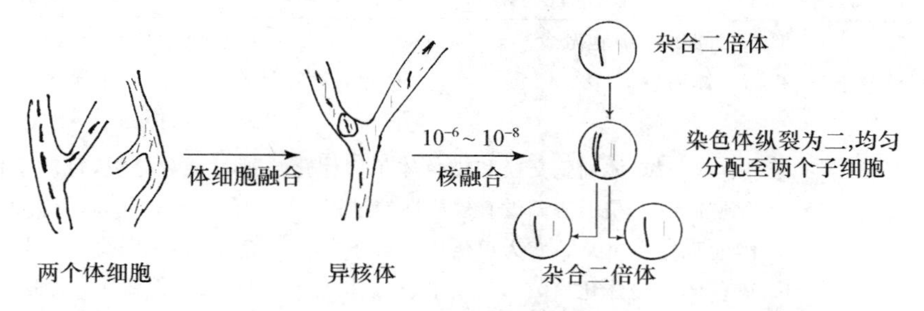

图 8-20 准性生殖体细胞融合形成异核体和杂合二倍体过程示意图

3. 体细胞交换和单倍体化

体细胞交换(somatic crossing over)是指体细胞中染色体间的交换,也称为有丝分裂交换(mitotic crossing over)。有丝分裂过程中,极少数细胞(10^{-2})同源染色体的两条染色单体之间发生交换(称为体细胞交换),体细胞交换结果产生体细胞重组。在体细胞分裂时,可使原来处于杂合状态的部分基因变为 1 个或 1 个以上的纯合状态,由此可获得具有新性状的单倍体杂合子(图 8-21)。

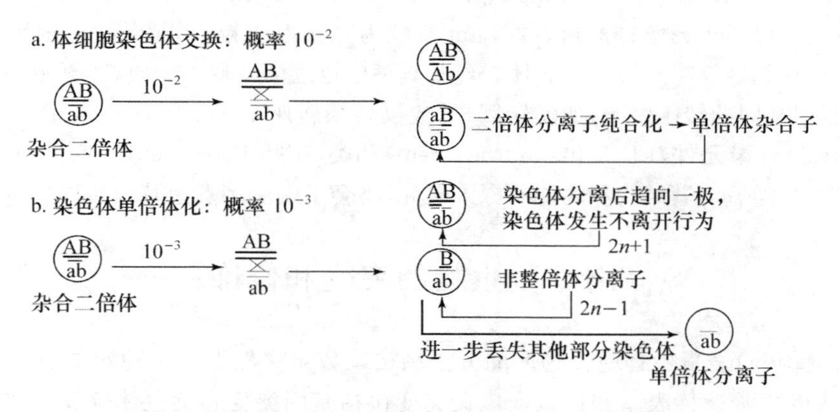

图 8-21 准性生殖体细胞交换和单倍体化过程示意图

染色体单倍体化(haploidization)是指杂合二倍体在有丝分裂过程中,偶尔(10^{-3})通过染色体分离后趋向一极,发生染色体不离开(nondisjunction)的行为,结果形成非整倍体分离子的过程。若其中一个子细胞缺少了这一染色体,便成为 $2n-1$ 非整倍体分离子;另一个子细胞若多了这一染色体,便成为 $2n+1$ 非整倍体分离子。若再进一步丢失部分染色体,最终形成单倍体分离子(图 8-21)。由此可见,染色体单倍体化需要细胞多次分裂,方可使一个二倍体细胞转变为单倍体细胞。而有性生殖减数分裂过程中,细胞只需经过减数分裂,染色体便全部由二倍体转变为单倍体。

丝状真菌通过准性生殖杂交育种中有不少可喜成果。如黑曲霉通过杂交育种,获得了柠檬酸产量提高的多倍体新种;酱油曲霉通过体细胞重组及单倍体化,获得了蛋白酶活性提高 4 倍及曲酸产量增加的新菌种等。

准性生殖与有性生殖的主要差别列于表 8-6 中。

表 8-6　准性生殖与有性生殖比较

	准性生殖	有性生殖
亲本细胞	形态相同的体细胞融合	形态或生理有分化的性细胞接合
独立生活的异核体阶段	有异核体阶段	无异核体阶段，产生接合孢子、子囊孢子、担孢子等
双倍体变为单倍体的途径	通过有丝分裂，体细胞交换和染色体单倍体化二者独立无关，是不协调没有规律性的过程 a. 体细胞交换(10^{-2})变为单倍体杂合子 b. 染色体单倍体化(10^{-3})变为非整倍体分离子或单倍体分离子	通过减数分裂，每对染色体都纵裂为二，独立分离，分向两极；每对染色体均发生交换，减数分裂产生4～8个子细胞，是有规律协调的过程
二倍体细胞形态	与单倍体细胞基本相同	与单倍体细胞明显不同
发生频率	低频重组（偶尔出现）	高频重组（正常出现）

8.3.3　染色体外遗传因子的重组

真菌的核外遗传来自线粒体 DNA、质粒 DNA、酵母 2 μm 质粒、真菌的转座因子或病毒颗粒的转移等。如酵母菌的线粒体 DNA 缺失，可出现厌氧呼吸类型的小菌落；脉孢菌的线粒体 DNA 缺失，出现生长缓慢的小菌落；酵母菌的 2 μm 质粒为隐蔽性质粒，不赋予宿主细胞任何遗传表型，但可用于构建基因克隆和表达的载体。丝状真菌中也逐渐发现不少质粒，真菌中也发现有不具任何选择标记基因的转座因子，如逆转因子（或反转录转座子，retrotransposon）、类 LINE 逆转因子（类 LINE 反转录元件，LINE-like retroelement）和类 SINE 因子（SINE-like element）等，它们的功能还未知晓，随着对其结构和功能的深入研究，将会了解更多真菌基因转移的新途径。

8.4　微生物的突变和修饰

突变（mutation）是指生物遗传物质的分子结构或数量突然发生了稳定的、可遗传的变化，从而影响生物的正常遗传表型和性状。广义突变包括基因突变和染色体畸变。狭义突变仅指基因突变，由于其发生变化的范围很小，又称为点突变（point mutation）。基因突变、基因转移和基因重组是生物不断进化的依据，基因突变也是育种的基础。发生前突变（DNA 上某一位置的结构改变）并不一定会造成突变，因为细胞内的 DNA 损伤修复系统能及时清除或纠正非正常的 DNA 分子的结构和损伤，随时阻止突变发生。

8.4.1　突变的类型

基因型是指一个生物体内全部基因信息的总和，即其遗传物质 DNA 的碱基序列。表现型（或表型）是指可观察或检测到的、表现出来的个体性状或特征。它是特定的基因型在一定环境条件下的表现。遗传物质的分子结构或数量发生变化的突变菌株，称为突变型或突变体（mutant）；未发生突变的原来菌株，称为野生型。突变的类型可视观察的角度不同而分别加以区分：

1. 根据遗传物质结构改变

(1) 染色体畸变

染色体畸变(chromosomal aberration)是指染色体较大范围结构的改变,包括重复(duplication)、缺失(deletion)、倒位(inversion)和易位(translocation)等(表 8-7)。另外,染色体数目的变化也属遗传物质结构的改变,包括二倍体($2n$)、单倍体(n)、非整倍体($2n+1$)或($2n-1$)等。

表 8-7 染色体畸变的主要类型

类 型	定 义	细胞学检出	遗传学检出
重复	染色体片段较大范围二次出现	重复环	剂量效应:某一基因拷贝数越多,表型效应越显著 位置效应:所在位置不同而影响表型差异不同
缺失	染色体丢失某一片段	缺失环	直接影响基因排列顺序及其相互关系,缺失不能回复突变
倒位	染色体某个片段断裂后,发生 180°颠倒,再重新连接	倒位环	基因排列顺序发生变化,导致后代发生突变
易位	非同源染色体间的部分交换	"十"字形图像	改变基因在非同源染色体上的分布,导致基因连锁和互换的规律发生改变

(2) 基因突变

基因突变(gene mutation)是指染色体局部座位内的变化,涉及一对或少数几对核苷酸碱基的置换、插入或缺失,结果引起遗传表型和性状的改变,包括:碱基置换(转换和颠换)、移码突变、缺失和插入。

① 碱基置换(base substitution),指 DNA 双链上一对碱基被另一对碱基置换(图 8-22)。转换(conversion)是指 DNA 双链上一对嘌呤(或嘧啶)被另一对嘌呤(或嘧啶)所置换;颠换(transversion)是指 DNA 双链上一对嘌呤(或嘧啶)被另一对嘧啶(或嘌呤)所置换。

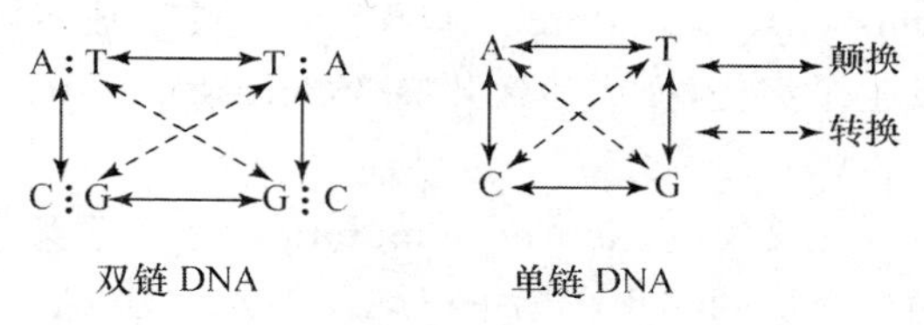

图 8-22 碱基置换

由于碱基的置换,引起置换碱基所在的结构基因三联密码子发生突变,导致生物学效应发生改变,引起错义突变、同义突变、无义突变。

② 移码突变(frameshift mutation),是指 DNA 分子中一对或少数几对邻接的核苷酸增加或减少,造成这一位置以后一系列遗传密码发生移位错误,进而导致转录和翻译发生错误,称为移码突变。与染色体畸变相比,移码突变也属于 DNA 分子的微小损伤。

若插入一个碱基和缺失一个碱基后,密码子又恢复正常;若插入三个碱基或缺失三个碱基,只引起一段密码子不正常;增加或减少的核苷酸数若是 3 的倍数,相当于编码蛋白质的分子中增加或减少某一部位几个氨基酸,其他氨基酸不变。如果不是关键的生理作用部位,蛋白质的生理功能可维持,否则会有较大影响。

③ 微插入(microinsertion),或称插入易位或转座,指外源的 DNA 片段(如 Mu 噬菌体、转座因子 Ts、Tn)携带一小段 DNA 插入宿主细胞的 DNA 分子中,引起被插入基因突变,并表现出插入片段的性状。插入的 DNA 片段,有时可通过特殊手段,准确切离,而使突变基因恢复。

④ 微缺失(microdeletion),与染色体畸变中缺失机制相同,只是变化范围大小不同,如果缺失发生在基因的编码区内称微缺失。涉及的核苷酸对数比移码突变多,比染色体畸变缺失核苷酸范围小。缺失不能回复突变。

2. 根据突变发生原因

(1) 自发突变

自发突变(spontaneous mutation)是指自然发生的突变,其频率较低,约为 10^{-9}～10^{-6},是生物进化的根源。

(2) 诱发突变

诱发突变(induction of mutation)是指采用物理或化学因素诱导而发生的基因突变频率提高的突变,一般可提高突变率 10～10^5 倍,是育种的重要措施之一。

3. 根据突变效应(遗传信息意义的改变)

由于遗传信息改变致使突变效应发生变化(图 8-23)。

(1) 同义突变

由于密码子的简并性(degeneracy),某个碱基的变化没有改变产物多肽链上氨基酸序列密码子的变化称为同义突变(samesense mutation)。

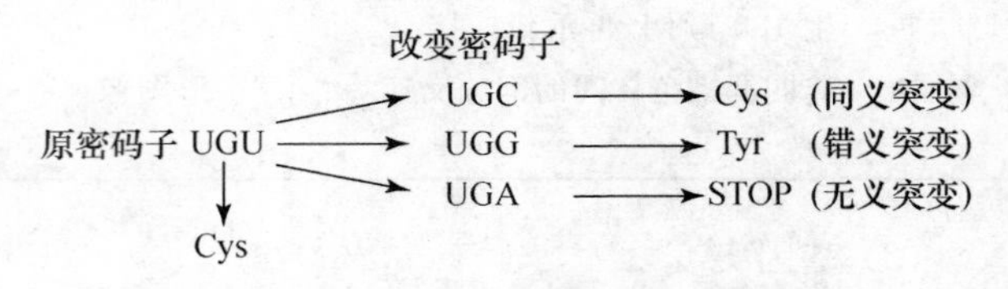

图 8-23 遗传信息意义的改变与突变类型

(2) 错义突变

由于碱基序列改变引起遗传密码的变化,导致产物多肽链上氨基酸的改变称为错义突变(missense mutation)。有些错义突变造成蛋白质活性降低或失活,影响表型;若系必须的基因发生了突变,便成为致死突变(lethal mutation)。

(3) 无义突变

无义突变(nonsense mutation)是由于某个碱基改变,使原来某个氨基酸的密码子变为蛋白质合成的终止密码子(UAA,UAG,UGA),蛋白质合成提前终止,产生较野生型截短的蛋白质或完全丧失功能的蛋白质。

4. 根据表型改变

由突变导致的表型变化,可分为下列几类:

(1) 形态突变型

形态突变型(morphological mutant)是指形态改变的突变型,包括细胞表面的结构(如细菌鞭毛、芽孢、荚膜的有无)、菌落形态(如光滑或粗糙)、菌丝和分生孢子颜色、孢子数目、分泌的色素以及噬菌体噬菌斑形态变异等。

(2) 生化突变型

生化突变型(biochemical mutant)是指代谢途径发生变异但没有明显的形态变化的突变型。常见的有:

① 营养缺陷型,是指由于诱变而使代谢过程中某种酶的结构基因或调节基因突变,造成丧失合成某种必需的营养成分的能力,必须在基本培养基中加入相应物质才能生长的突变株。营养缺陷型主要有氨基酸缺陷型、维生素缺陷型、嘌呤及嘧啶碱基缺陷型等。

② 抗性突变型(resistant mutant),是指各种对物理、化学和生物因素表现出抗性的突变株,包括抗辐射(如紫外线)、抗药物(如氨苄青霉素)、抗噬菌体、抗高温、抗高渗透压、抗高浓度

酒精等的突变型。抗性突变型是遗传学研究中常用的正选择标记。

③ 抗原突变型(antigenic mutant),是指细胞成分,尤其是细胞表面成分如细胞壁、荚膜、鞭毛的细微结构变异而导致的抗原性改变的突变型。

④ 发酵突变型(fermentation mutant),是指从能利用某种营养物质到不能利用该种营养物质的突变型。如野生型大肠杆菌可发酵乳糖,而有的突变型却不能发酵乳糖。

⑤ 毒力突变型(毒性突变株,virulence mutant),是指基因突变后致病能力增强或减弱的突变型。

⑥ 产量突变型(quantitative mutant),是指产生某种代谢产物的能力增强或减弱的突变型。产量高于原始菌株者称为正突变株,反之称为负突变株。产量高低往往由多个基因所制约,产量提高或降低也是逐步积累的。

(3) 致死突变型

致死突变型(lethal mutant)是指由于基因突变而导致个体生活力丧失或下降,直至死亡的突变型,杂合状态的显性致死和纯合状态的隐性致死都会引起个体死亡。

(4) 条件致死突变型

条件致死突变型(conditional lethal mutant)是指在某种条件下可以正常生长繁殖,呈现原有表型,而在另一条件下具有致死效应的突变型。如大肠杆菌的一种温度敏感突变型(Ts mutant,temperature sensitive mutant)在37℃下可正常生长,但在42℃下却不能存活。T4噬菌体的一种温度敏感突变型在25℃下可感染大肠杆菌形成噬菌斑,而在37℃下却不能。造成温度敏感突变型的原因,是由于突变后的基因产物酶蛋白对温度的敏感性增加,使其在某种特定温度下具有正常功能,而在另一较高温度下功能丧失,使细胞不能生长。

8.4.2 基因突变的特点

一切生物遗传变异的物质基础是核酸(DNA或RNA),因此,遗传变异的本质都将会遵循共同的原则,基因突变也如此,都符合同样的规律。

1. 自发性

各种性状的突变可在没有人为的诱变因素下自发产生,即突变可在生物的任何个体、任何发育时期、任何基因上发生。这种突变发生的自发性、随机性和不对应性可通过下列3个经典实验予以证明。

(1) 变量实验(fluctuation test)

该实验又称彷徨实验或波动实验。1943年Luria和Delbruck进行大肠杆菌B株抗T1噬菌体实验(图8-24)。先将对T1噬菌体敏感的对数期*E. coli*菌悬液稀释至10^3个/mL,然后各取10 mL分装于A、B两个大试管中。A管的菌液以每管0.2 mL分装于50支小试管中,与B管菌液同时保温培养24~36 h,再将A管的50支小试管菌

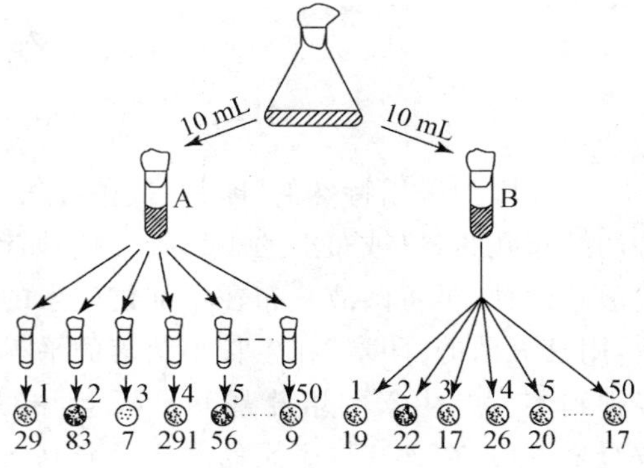

图8-24 变量实验示意图

液分别接到各含有0.3 mL T1噬菌体的50个固体平板上;B管同样在每个含有0.3 mL T1噬菌体的50个固体平板上各接0.2 mL菌液,培养24~36 h后,分别计算每个皿上产生的抗性

菌落数。结果发现，来自 A 管接种的 50 个培养皿中，抗噬菌体菌落数相差极大(29,83,7,291,56,……)；而来自 B 管接种的 50 个培养皿中出现的抗噬菌体菌落数基本相同(19,22,17,26,20,……)。A、B 两组实验接触噬菌体的时间、条件皆相同。实验表明大肠杆菌对 T1 噬菌体抗性基因的突变，不是由环境因素——噬菌体诱导的结果，而是在接触到噬菌体前，在细胞分裂过程中随机地自发突变的结果。这一自发突变发生得越早，抗性菌落出现得越多，反之则越少。噬菌体在这里仅起淘汰原始未突变的敏感菌和甄别抗噬菌体突变型的作用。

(2) 涂布实验(Newcombe experiment)

1949 年 Newcombe 设计了与变量实验类似的涂布实验，其方法更为简便。先在培养皿平板上涂布数目相等(5×10^4 个/皿)的对噬菌体 T1 敏感的大肠杆菌，经过 5 h 培养，约繁殖 12.3 代，平板上长出了大量微菌落(每个菌落约含 5100 个细菌)。取 6 个培养皿用无菌涂棒将微菌落重新涂布一次，喷上相应的 T1 噬菌体为 A 组；另 6 个培养皿不涂布，同时喷上等量 T1 噬菌体为 B 组。在相同条件下培养 24 h 后，计算各平板上抗噬菌体菌落数。结果发现涂布过的 A 组，抗性菌落出现 353 个；而未经涂布的 B 组，抗性菌落仅 28 个。表明抗性突变发生在接触噬菌体前，是在细胞分裂过程随机、自发产生的，重新涂布只是将抗性菌分散和重新接种，噬菌体的加入只起甄别作用，并非诱变因素。

(3) 影印培养实验(replica plating)

1952 年 Lederberg 等人设计了影印培养实验，采用使菌不接触药物环境而检查出抗药性菌落的方法(图 8-25)。

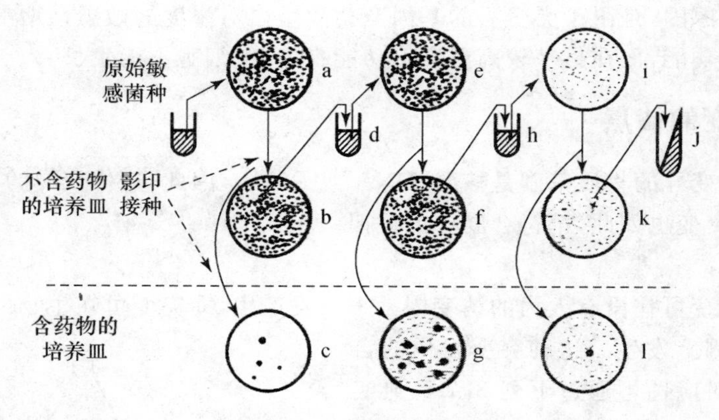

图 8-25　影印培养实验

实验因为采用特殊的“印章”接种方法而得名。取一块比培养皿略小的木块或塑料块，一端用绒布扎紧，以绒布上的小纤维为接种针，将此“印章”灭菌备用。首先用完全培养液培养原始敏感菌种，再将菌液涂布在不加抗生素的完全固体培养基平板 a 上培养。待平板长出菌落后，用已灭菌的“印章”在生长小菌落的平板 a 上轻轻蘸取(接种)菌落，然后把“印章”上的细菌接种到不含抗生素的培养基 b 平板上，再影印接种到含有抗生素的选择培养基 c 平板上，经 37℃培养后，在含有抗生素的选择培养基 c 平板上出现了抗药性菌落。在不含抗生素的平板 b 上相应位置找到 c 平板上长出的抗药性菌落。挑取 b 上的抗性菌落，稀释和增殖培养，重新涂布、重新影印，结果获得大量具有抗生素抗性突变株。这说明抗药性突变与接触药物无关，突变完全是自发的、随机的。

2. 不对应性

不对应性即指突变的发生与引起突变的条件没有直接的对应关系。如 Luria 和 Delbruck 的变量实验和 Newcombe 的涂布实验所证实的大肠杆菌对噬菌体的抗性与噬菌体存在与否无关。又如 Lederberg 的影印培养实验证实的抗生素抗药性突变株出现与药物存在无直接关系。

3. 稀有性

微生物的基因突变都是随时发生的、稀有的事件，反映了物种和基因的相对稳定性。自发突变率很低，相对稳定，一般在 $10^{-9}\sim10^{-6}$之间。突变率(mutation rate)是指单位时间内一个基因发生突变的次数(即每一细胞在每一世代中发生某一基因突变的概率)。可用一定数目的细胞在一次分裂中形成突变体的数目表示。如一个含有 10^8 个细胞的细菌群体分裂为 2×10^8 个细胞时，平均形成一个突变体，则其突变率为 10^{-8}。不同生物和不同基因的突变率是不同的。注意，遗传学中表示突变稀有性的突变率与突变频度含义不同，突变频度(mutation frequency)是指某一微生物野生型群体中出现的各种突变型数。

4. 独立性

基因突变的发生是独立的，即在亿万个细菌的群体中，既可得到药物的抗性突变型(如抗青霉素或抗链霉素)，也可得到不属抗药性突变型。各个基因发生突变是随机的、独立的、互不干扰、互不相关的事件，说明细胞突变的发生是随机的，细胞中哪个基因突变也是随机的。如巨大芽孢杆菌抗异烟肼的突变率是 5×10^{-5}，抗氨基柳酸的突变率是 1×10^{-6}，而同时兼抗两种药物的突变率是 8×10^{-10}，约等于两者的乘积。某一基因突变既不提高也不降低其他基因的突变率。

5. 诱变性

通过诱变剂可提高自发突变的频率，一般可提高 $10\sim10^5$ 倍。自发突变与诱发突变没有本质区别，诱变剂仅起提高突变率的作用。

6. 稳定性

由于突变的根源是遗传物质结构发生了稳定性的变化，所产生的新的变异性状也是稳定的和可遗传的。

7. 可逆性

基因突变的过程是可逆的。由野生型基因 A 突变为突变型基因 a 的过程称为正向突变(forward mutation)，相反的过程称为回复突变(back mutation 或 reverse mutation)。任何性状的突变型都有正向突变，也可回复突变(除缺失突变外)，只是回复突变率同样很低。

8.4.3 基因突变的机制(突变的分子基础)

基因突变是指 DNA 分子结构或数目的变化。根据突变原因，可分为自发突变和诱发突变两类。

1. 自发突变

未经人为诱变剂处理而自然发生的突变为自发突变。引起自发突变的原因很多，主要有：

(1) 环境因素

自然界中存在的短波辐射、紫外线、高温等物理或化学诱变因素，偶然接触微生物，能引起自发突变。如 T4 噬菌体在 37℃每天每一个 GC 碱基对会以 4×10^{-8}频率发生变化。

（2）微生物自身产生的诱变物质

微生物细胞内的过氧化氢、咖啡碱、硫氰化物、二硫化二丙烯、重氮丝氨酸等，既是微生物细胞的代谢产物，又可引发微生物的自发突变。

（3）碱基的互变异构效应和环出效应

DNA 复制过程中碱基的互变异构效应和环出效应造成碱基错误配对而引起的突变。据统计，DNA 分子复制过程中每个碱基对配对错误发生频率约为 $10^{-11} \sim 10^{-7}$，而一个基因平均长度约 1000 bp，由碱基配对错误而引发的自发突变率约为 $10^{-8} \sim 10^{-4}$。

① 碱基的氨基式和亚氨基式及酮式和烯醇式互变异构效应。这是 DNA 分子内部结构互变造成的。由于 4 种碱基结构第 6 位上存在的酮基和氨基，胸腺嘧啶（T）和鸟嘌呤（G）可以有酮式和烯醇式两种相互转换的结构，胞嘧啶（C）和腺嘌呤（A）可以氨基式或亚氨基式出现。碱基结构的转换一般倾向于酮式和氨基式，因此，正常情况下 DNA 双链结构中以 A-T 和 G-C 碱基对为主。如果 DNA 合成到鸟嘌呤（G-酮式）位置瞬间，鸟嘌呤（G）以稀有的烯醇式（Ge）出现，则新的一条 DNA 链上 DNA 经多聚酶作用，对应位置就不再出现胞嘧啶（C-氨基式），而出现胸腺嘧啶（T-酮式）；如果 DNA 合成达胸腺嘧啶（T-酮式）位置瞬间，胸腺嘧啶（T）以稀有的烯醇式出现（Te），则新的一条 DNA 链上 DNA 经多聚酶作用，对应位置就不再出现腺嘌呤（A-氨基式），而出现鸟嘌呤（G-酮式）；如果复制前未被修复，那么复制后就导致 DNA 链中 G-C 变成 A-T 碱基对的转换（图 8-26）。

酮式和烯醇式互变：一般倾向于酮式。 T(酮式) ⇌ Te(烯醇式) G(酮式) ⇌ Ge(烯醇式)
氨基式和亚氨基式互变：一般倾向于氨基式。A(氨基式) ⇌ Ai(亚氨基式) C(氨基式) ⇌ Ci(亚氨基式)
酮式和烯醇式互变：造成转换。 (GC → AT)

烯醇式变回酮式
错误配对
复制
正常配对
G由酮式变为烯醇式
烯醇式T与G配对

氨基式和亚氨基式互变：造成转换 (AT → GC)

亚氨基式变回氨基式
错误配对
复制
正常配对
A由氨基式变为亚氨基式
亚氨基式T与A配对

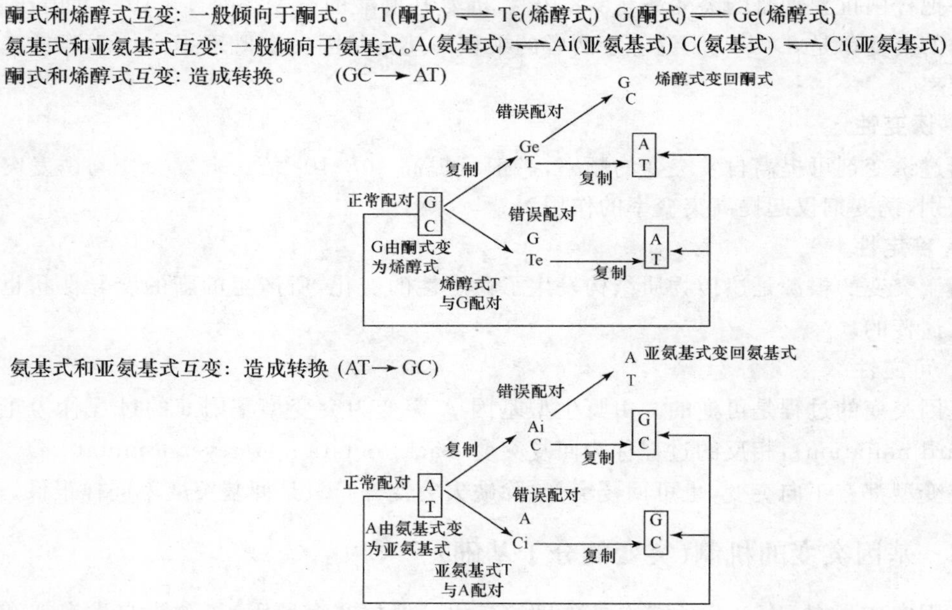

图 8-26 由碱基互变异构（酮式和烯醇式、氨基式和亚氨基式）导致的自发突变

同样，如果 DNA 合成到胞嘧啶（C-氨基式）位置瞬间，胞嘧啶（C）以稀有的亚氨基式（Ci）出现，则新的一条 DNA 单链与 Ci 相对应位置将是腺嘌呤（A-氨基式），而不是鸟嘌呤（G-酮式）；若 DNA 复制至腺嘌呤（A-氨基式）位置瞬间，腺嘌呤（A）以稀有的亚氨基式（Ai）出现，则新的一条 DNA 单链与 Ai 相对应位置将是胞嘧啶（C-氨基式），而不是胸腺嘧啶（T-酮式）；如果复制前未被修复，那么 DNA 分子中的 A-T 碱基对就变成了 G-C 碱基对的转换（图 8-26）。

② 碱基的正式和反式互变异构效应。由于核苷酸中碱基与脱氧核糖链旋转的结果，使碱基随时可发生正式和反式结构的互变，造成碱基配对错误，DNA复制时导致发生转换和颠换（图8-27）。

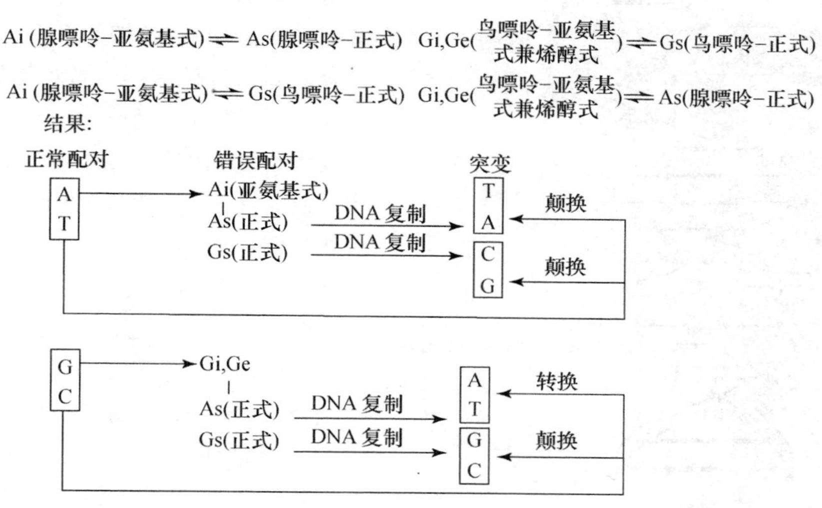

图8-27 由碱基正式和反式互变异构导致的自发突变

③ 环出效应。由于DNA序列中存在重复碱基序列，经内切酶作用使个别核苷酸向外环出，DNA复制时，DNA链发生错误配对，偶尔修复系统又未校正差错，从而引起DNA碱基的缺失转换或置换（图8-28）。

(4) 转座因子作用

转座因子作用包括原核生物中的插入序列、转座子、转座噬菌体等，它可使某一小段DNA分子在染色体上位置发生变化而引发自发突变。

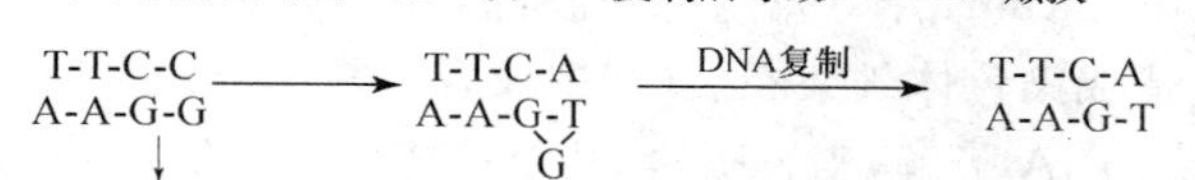

图8-28 核苷酸环出效应导致的自发突变

突变热点（hot spots of mutation）指同一基因内部突变率特别高的位点，突变率可高出一般位点几百倍。无论自发突变或诱发突变均有热点，但自发突变热点不一定是诱发突变的热点。发现突变热点出现的原因可能是：① 与DNA核苷酸顺序的重复有关，如CTGG 4个碱基对重复顺序的增加和缺失；② 5-甲基胞嘧啶可能是突变的热点；③ 突变热点易出现在旋转对称的碱基序列中。

2. 诱发突变

诱发突变简称诱变，是指通过人为方法，采用物理或化学因素处理微生物而引起的突变。凡能显著提高突变频率的理化因素都称诱变剂（mutagen）。诱变剂分为物理因素和化学因素两种。

(1) 物理因素诱变

包括非离子辐射（电离辐射）和离子辐射。

① 紫外线。紫外线（UV）是最常见的非离子辐射，诱变的有效范围为200～300 nm，其中又以265 nm效果最好。紫外线的诱变效应有多种，但主要机制是使DNA分子上相邻碱基形

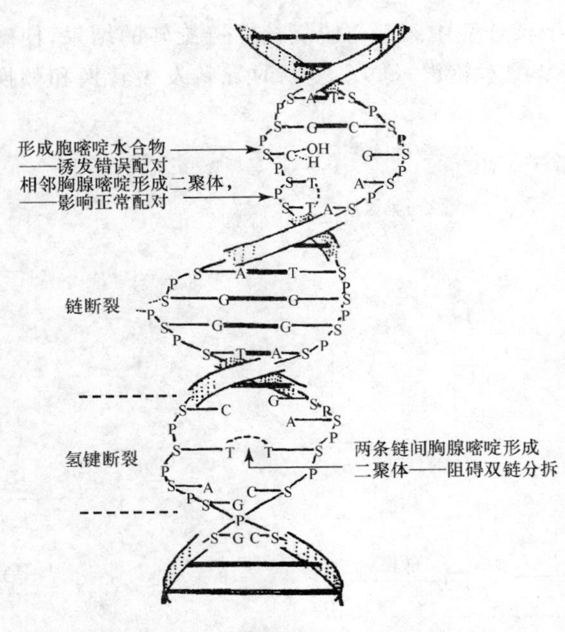

图 8-29　紫外线辐射引起的 DNA 损伤

成二聚体(dimer)，一条链相邻 TT 共价相连形成胸腺嘧啶二聚体(图 8-29)，DNA 聚合酶不能识别二聚体，错误碱基插入，导致碱基置换突变；两条链间 TT 形成胸腺嘧啶二聚体，阻碍双链拆分，影响复制(图 8-29)。另外，紫外线辐射可使 DNA 链上的胞嘧啶形成水合物，诱发错误配对(导致 AT→GC 转换或 TA→GC 颠换、移码突变)。此外，紫外线辐射尚可引起 DNA 链断裂，使核酸和蛋白质发生交联，造成染色体缺失、易位等畸变，甚至产生致死效应。

不同的微生物细胞对紫外线抗性不同：G^+ 细菌＞G^- 细菌、芽孢菌＞无芽孢菌、多倍体＞二倍体＞单倍体、干细胞＞湿细胞；由于紫外线损伤形成的二聚体有光复活作用，因此，诱变应在红灯下操作。常在 15 W、30 cm 距离条件下选择紫外线诱变时的剂量，一般选用 70%～95%致死率的剂量。如剂量过大，存活率低，突变体数目少。

② X 射线和 γ 射线。X 射线和 γ 射线属于电离辐射。X 射线波长为 0.6～1360 nm，γ 射线为 0.06～14 nm，皆为高能电磁波，能将物质的分子或原子上的电子击出产生正离子，其诱变效应是造成染色体骨架断裂(即造成脱氧核糖与碱基间的糖苷键或与磷酸间的磷酸二酯键的断裂)或 DNA 降解，丧失嘌呤，甚至造成染色体倒位、缺失、重复或易位等巨大的损伤；也可诱发点突变，如 AT→GC 或 GC→AT 的转换或移码突变。照射剂量一般为 4～100 000 R。采用存活率 0.1%时的剂量，可获得较高的突变率。

③ 快中子。中子是原子核中不带电荷的粒子，快中子具有很高的能量，接受快中子照射的物质中，质子是被不定向打出来的，质子电离所产生的生物效应远比 X 射线和 γ 射线更大，更易引起基因突变和染色体畸变，尤其是正突变。剂量范围约为 10～150 krad，近年来快中子在生物育种中应用广泛。

④ 热。热可使胞嘧啶(C)脱氨基变为尿嘧啶(U)，通过碱基配对错误，引起 GC→AT 转换(图 8-30)；热还可引起鸟嘌呤与脱氧核糖键的移动，DNA 复制时出现两个 GC 对，再一次复制时出现碱基对错配，造成 GC→CG 颠换。

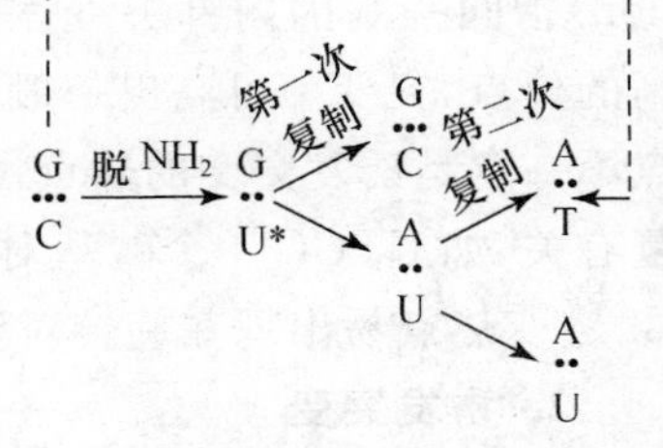

图 8-30　热诱变机制

⑤ 离子束。作为新的诱变源，离子束具有质量、能量、电荷三位一体的功效，它对生物体的作用主要为促使细胞内容物发生原子位移、重组和化合。在具体的操作中注入离子的数量可以调节，注入离子的射程可以控制，在损伤比较轻的诱变状况中可以获得高的诱变率和比较宽的诱变谱，还具有可定点、定位诱变，减少大量的筛选工作量，操作过程安全等优点。近年来离子束在工农业、医药业的应用带来了巨大的经济效应。离子束在改良应用微生物菌种方面也取得了丰

硕的成果，如利福霉素、维生素C、糖化酶生产菌的选育等。随着太空技术的发展，太空和其他星球为人类提供了无限的天然资源和全然不同的条件，发展太空生物试验，向太空要更高级的生物产品（如医药，食品等），将遨游太空的微生物、植物种子进行育种、筛选，形成规模化生产已成为当前研究的重要课题。

（2）化学因素诱变

根据诱变剂对DNA的作用方式，化学诱变剂可分为三大类。

① 直接与DNA碱基起化学反应的诱变剂，最常见的有烷化剂、亚硝酸和羟胺。

a. 烷化剂。带有一个或多个活性烷基的化合物，如烷基硫酸酯类（DES，硫酸二乙酯）、烷基磺酸烷酯类（EMS，甲基磺酸乙酯）、亚硝基化合物类（NTG，亚硝基胍）、环氧化合物及重氮化合物等。依活性烷基数目分别称为单功能、双功能或多功能烷化剂。烷化剂可将其活性烷基转移至其他分子电密度高的位置上，如烷化DNA碱基（尤其是使鸟嘌呤转变为7-烷基鸟嘌呤）和烷化磷酸，造成脱嘌呤（失去G^*），引起DNA碱基缺失，复制时发生错误，导致发生颠换和转换突变（图8-31a）和烷化鸟嘌呤的交联作用（图8-31b）；烷化鸟嘌呤（G^*），可使复制时G^*与T错误配对，造成GC→AT转换突变（图8-31c）。烷化作用严重者造成染色体缺失畸变或染色体断裂。其中的亚硝基胍（NTG）称为超诱变剂，作用于DNA复制叉，造成并发突变，其效应与辐射作用类似，又称为拟辐射化合物。

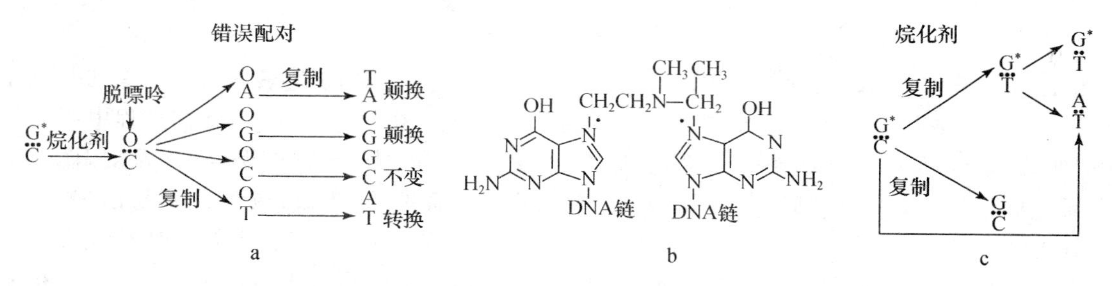

图8-31 DNA的脱嘌呤(a)及烷化鸟嘌呤使 CH_2—N 交联(b)和造成GC→AT转换突变(c)

b. 亚硝酸。亚硝酸直接作用于DNA分子，脱去碱基中的氨基，改变碱基氢键的电位，DNA复制时，造成碱基配对错误，从而引起转换突变（图8-32）。HNO_2直接作用于腺嘌呤（A）、胞嘧啶（C）和鸟嘌呤（G），分别转变为次黄嘌呤（H）、尿嘧啶（U）和黄嘌呤（X），DNA复制过程H、U、X分别与C、A和C配对，结果作用于腺嘌呤，诱发AT→GC转换；作用于胞嘧啶，诱发GC→AT转换；作用于鸟嘌呤，不诱发突变。亚硝酸除了脱氨基作用外，还可引起DNA两链间的交联，阻碍双链分拆，尚可引起染色体DNA的缺失突变。

c. 羟胺（NH_2OH）。专一作用于胞嘧啶（C）的诱变剂，形成羟化胞嘧啶，改变结构的胞嘧啶，不能与G配对，只能与A配对，从而引起GC→AT的转换（图8-33）。NH_2OH还能与细胞内其他物质发生反应而产生H_2O_2，H_2O_2为非专一性的诱变剂；NH_2OH也能对游离的噬菌体和转化因子起非专一性诱变作用。

② 间接与DNA碱基起化学反应的诱变剂——碱基类似物。碱基类似物是指与DNA的碱基A、T、G、C化学结构十分相似的一类化合物。如5-溴尿嘧啶（5-Bu）是胸腺嘧啶（T）结构类似物，2-氨基嘌呤（2-Ap）是腺嘌呤（A）的结构类似物。碱基类似物若加入培养基中，它们可

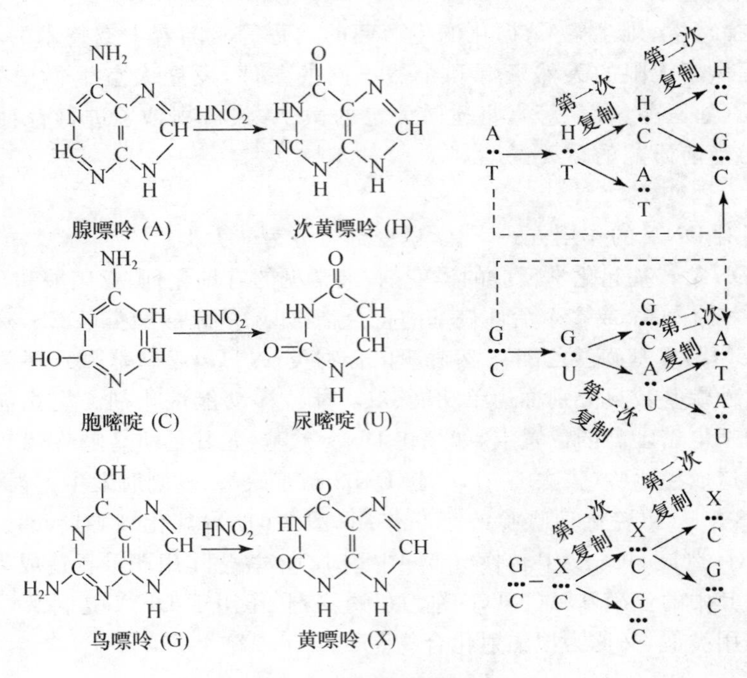

图 8-32 亚硝酸诱变机制

在微生物繁殖过程通过代谢掺入 DNA 分子。再通过 DNA 复制,引起转换突变。如细菌放在 5-Bu 中培养,细胞内一部分新合成 DNA 中的胸腺嘧啶(T)在 DNA 第一次复制过程中便被 5-Bu(酮式)取代,5-Bu(酮式)掺入 DNA 分子与 A 配对(5-Bu 酮式经常出现,与 A 配对,属于正常配对);在第二次复制瞬间,5-Bu(酮式)转变为 5-Bu(烯醇式)(5-Bu 烯醇式不易出现,5-Bu 烯醇式代替 A 与 G 配对,属于不正常配对),造成掺入后复制错误;第三次复制时 C 就会出现在 G 相对的位置上,结果导致 AT→GC 的转换。5-Bu 以"正常形式"掺入 DNA 分子,而在复制瞬间以"错误"形式出现,称为复制错误(或掺入后复制错误)。同样,若 5-Bu 在掺入 DNA 分子瞬间,在第一次复制时就以 5-Bu(烯醇式)错误形式出现,在掺入后第二次复制时恢复正常的 5-Bu(酮式),第三次复制时即诱发 GC→AT 的转换,称为掺入错误(图 8-34)。

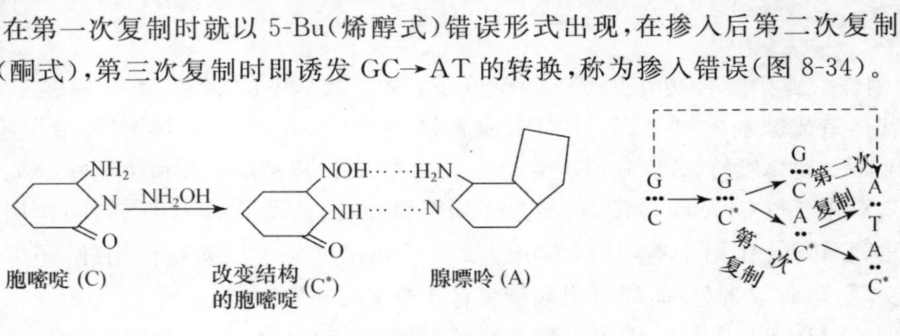

NH_2 NH_2OH NOH……H_2N NH……N

胞嘧啶 (C) 改变结构的胞嘧啶 (C*) 腺嘌呤 (A)

第一次复制 第二次复制

图 8-33 羟胺诱变机制

5-Bu 诱发突变的特点：a. 既可诱发 AT→GC 的转换(可视为正向突变),又能诱发 GC→AT 的回复突变;b. 对正在进行新陈代谢繁殖的微生物起作用,对休止细胞、离体 DNA 分子不起作用;c. 5-Bu 更易诱发 GC→AT 的转换,因游离态的 5-Bu(烯醇式)远比 DNA 分子中 5-Bu(酮式)转变为 5-Bu(烯醇式)概率高,所以,5-Bu 大多数是通过掺入错误而诱发 GC→AT 转换突变的。

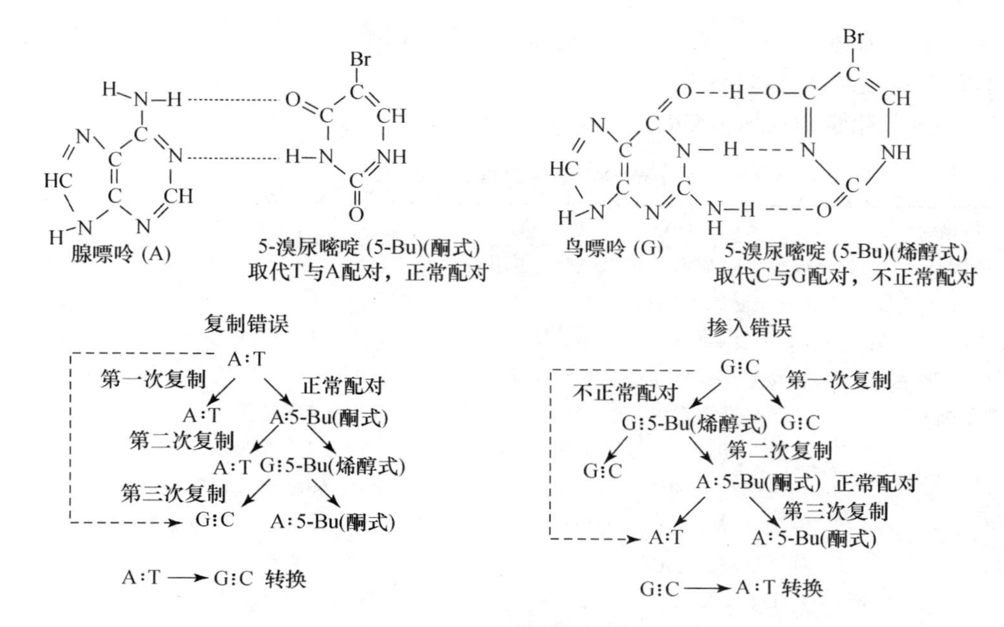

图 8-34 5-Bu 引起的碱基对转换机制

2-氨基嘌呤为腺嘌呤结构类似物，和胸腺嘧啶(T)形成两个氢键，和胞嘧啶(C)形成一个氢键，同样，可以诱发 AT→GC 的转换，也可诱发 GC→AT 的转换，2-Ap 也是多数通过掺入错误而诱发 AT→GC 转换突变的。

③ 移码突变诱变剂。最有效的诱变剂是吖啶类化合物，如原黄素、吖啶橙、5-氨基吖啶、溴化乙锭和 ICR 类化合物(ICR-191)，如图 8-35a 所示。它们是一个平面含 3 个环的杂环化合物，结构大小与碱基相似(0.68 nm)。当此化合物在水溶液中时，恰好插入 DNA 分子 2 个相邻碱基之间，使 DNA 分子长度增加，并使 DNA 双螺旋伸展或解开一定程度(图 8-35b)，这样，在 DNA 分子上减少或增加一个或数个碱基，如果增减的碱基数不是 3 的倍数，就会造成此突变点后所有碱基组合的改变，引起全部三联密码转录、翻译错误，导致移码突变。

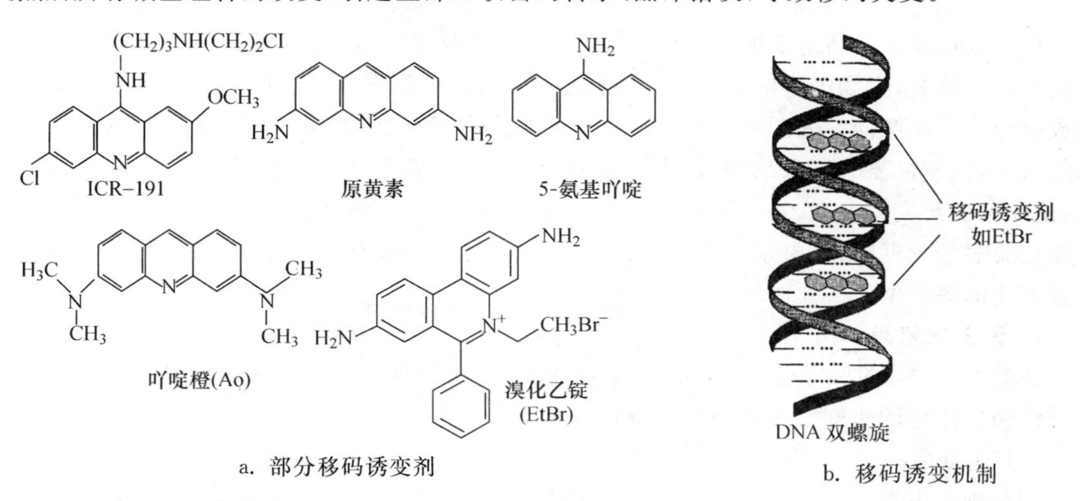

a. 部分移码诱变剂　　b. 移码诱变机制

图 8-35 移码诱变示意

Mu 温和噬菌体的 DNA 可和细菌染色体 DNA 任何部分结合,它的结合部位若在一个基因中间,也会产生碱基的增补作用。

(3) 物理和化学诱变剂诱变效应小结(表 8-8)

表 8-8 诱变剂诱变效应小结

诱变剂	在 DNA 上的初级效应	遗传效应
碱基类似物	间接引起碱基对转换(掺入作用)	
5-溴尿嘧啶(5-Bu)	DNA 复制中代替 T 与 G 错误配对	AT→GC 转换,偶尔 GC→AT 转换
2-氨基嘌呤(2-Ap)	DNA 复制中代替 A 与 C 错误配对	AT→GC 转换,偶尔 GC→AT 转换
烷化剂(甲基磺酸乙酯、亚硝基胍)	直接与 DNA 碱基发生化学反应	GC→CG、TA 颠换和 GC→AT 转换
	丧失烷化的嘌呤,发生脱嘌呤作用	GC→AT 转换
	烷化鸟嘌呤,与 T 错误配对	AT→TA 颠换
	烷化磷酸基团	染色体畸变(缺失、重复、倒位、易位)
	脱氧核糖-磷酸化学键断裂	染色体缺失畸变或染色体断裂
亚硝酸	使 A、G、C 氧化脱氨基	AT→GC 转换和 GC→AT 转换
	与 DNA 发生交联作用	缺失突变
羟胺	与胞嘧啶起反应	GC→AT 转换
嵌入型诱变剂		
吖啶类	插入碱基之间	移码突变
Mu 噬菌体	结合到一个基因中间	移码突变
紫外线	形成嘧啶二聚体;形成嘧啶水合物	AT→GC 转换或 TA→GC 颠换、移码突变
电离辐射	DNA 交联和 DNA 断裂	染色体畸变(缺失、易位)
	脱氧核糖-磷酸及脱氧核糖-碱基间化学键断裂;自由基对 DNA 的损伤作用	AT→GC 转换和 GC→AT 转换,移码突变及染色体畸变
加热	引起 C 脱氨基	GC→AT 转换

8.4.4 DNA 损伤的修复

自发或诱发突变所造成的 DNA 分子某一位置结构改变称为前突变或 DNA 损伤,在复制过程若不被修复,生物细胞可能死亡;若被校正和修复,生物细胞可能存活。DNA 损伤修复可造成避免突变和倾向突变两种结果:前者为无差错修复(校正差错),包括光复活作用和切补修复,使前突变恢复为正常细胞;后者为倾向差错修复(引起差错),包括重组修复和 SOS 修复,使前突变转变为突变(突变型若是二倍体细胞,表型不改变),再经过几次细胞复制和分裂,才能克服表型延迟现象(由于分离性延迟和生理性延迟,表型改变落后于基因型改变的现象),获得真正的突变型。

1. 无差错修复

使受损伤的 DNA 完全修复称为无差错修复(error-free repair)。本节以研究较为清楚的紫外线诱发产生的嘧啶二聚体修复为例加以介绍。

(1) 光复活作用

细菌细胞内存在一种由 *phr* 基因编码的光复活酶(photolyase,或光解酶),黑暗中能专门识别紫外线照射后 DNA 上形成的嘧啶二聚体,该酶与二聚体结合形成复合物,在可见光(波长 300～600 nm)照射下，吸收光量子的能量，酶被激活而起光解作用，将二聚体分解，DNA 恢复原状；随后，酶再从复合物中释放出来，此作用称为光复活作用(photoreactivation)(图 8-36)。

(2) 切补修复作用

切补修复(excision repair)又称切除修复或暗修复。它是细胞内的主要修复系统，除了碱基错误配对和单核苷酸插入不能修复外，几乎其他的 DNA 损伤均能修复，通过内切核酸酶、外切核酸酶、DNA 聚合酶和连接酶协同作用将嘧啶二聚体切除，然后重新合成一段正常的 DNA 链以填补酶切的缺口，最后损伤的 DNA 分子恢复正常。全过程不需要可见光，故又称暗修复(图 8-37)。

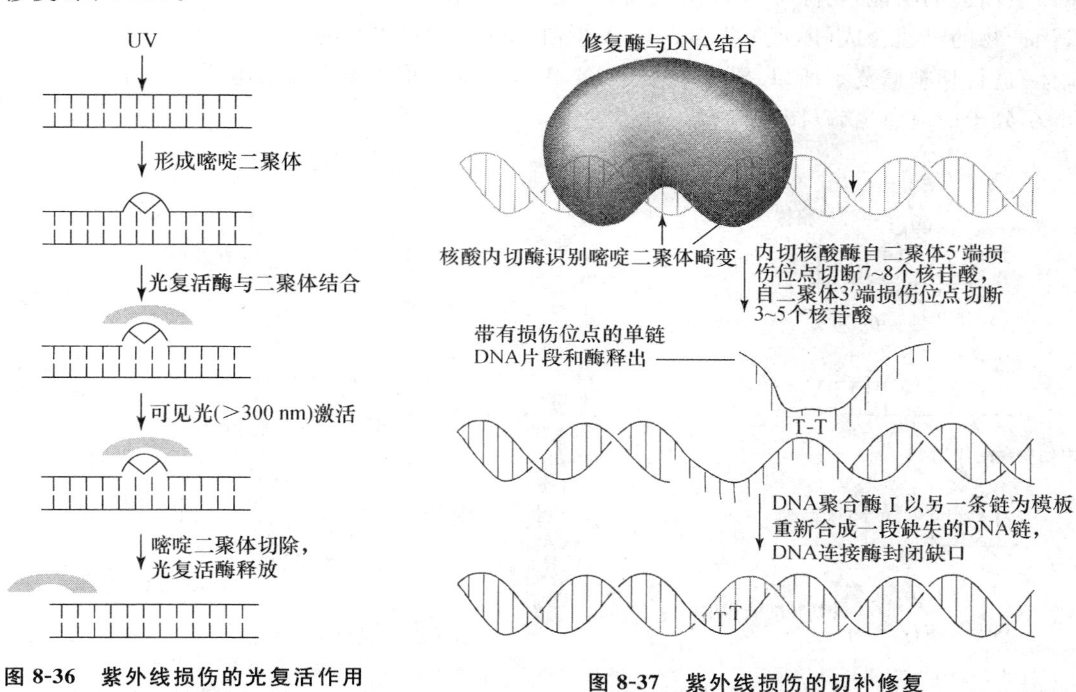

图 8-36　紫外线损伤的光复活作用

图 8-37　紫外线损伤的切补修复

(引自 Prescott et al,2005)

2. 倾向差错修复

倾向差错修复(error-prone repair)又称复制后修复(post-replication repair)，是通过 DNA 合成期(S 期)修复损伤，分为重组修复和 SOS 修复。修复结果往往产生突变。

(1) 重组修复

重组修复(recombination repair)是指不能以模板为遗传信息来源，而是需越过损伤部位通过染色体交换进行的损伤修复方式(图 8-38)。这种修复损伤的碱基不能除去，带损伤 DNA 片段未修复便复制，结果在对应损伤部位不出现配对的核苷酸，而出现缺口；两个子链 DNA 分离前染色体进行交换，这样，子链 DNA 缺口部位不再面对嘧啶二聚体，改为面对正常的单链 DNA，原无损伤的子链 DNA 经 DNA 聚合酶填补缺口，连接酶连接成完整的 DNA；留在亲链二聚体的损伤部位，需要依靠再次切除修复加以除去，或通过细胞分裂中传递、稀释而除去。

(2) SOS 修复

SOS 修复(SOS repair)是指当 DNA 分子受到较大范围损伤难以复制时的紧急修复。该修复涉及一组基因，当 DNA 受到损伤时诱导产生的，通常称为 DNA 紧急修复基因(SOS

DNA repair gene)。这些基因包括 *rec* A、*lex* A、*uvr* A、*uvr* B、*uvr* C、*umu* D 等，它们完全受 *lex* A 阻遏蛋白的阻遏。当细胞未受到损伤时，*lex* A 作为阻遏物(阻遏蛋白)与 *rec* A、*lex* A、*uvr* A、*uvr* B、*uvr* C、*umu* D 的操纵区相结合，使与 SOS 反应有关的基因处于关闭状态，这些基因的 mRNA 和蛋白质的合成保持在低水平状态，*rec* A 的基因产物也不显示蛋白酶的活性。仅只合成少量的 uvr 修复蛋白用于自发突变产生的零星损伤的修复。当细胞 DNA 受到较大损伤或 DNA 合成受到干扰时，首先出现一个信号，细胞中存在的、未诱导下产生的、少量 Rec A 蛋白立即与 DNA 单链结合，结合后 Rec A 蛋白修复活性被激活，激活的 Rec A 蛋白显示出蛋白酶的功能，切除 Lex A 阻遏物，不让 Lex A 阻止 mRNA 的合成，促进 SOS 有关修复基因产物的迅速合成(Rec A 蛋白、uvr A 蛋白、uvr B 蛋白等)，对形成的 DNA 损伤(如嘧啶二聚体)进行切补修复。所以，SOS 修复是 DNA 分子受到重大损伤时细胞诱导产生的一种保护 DNA 分子的应急措施(图 8-39)。

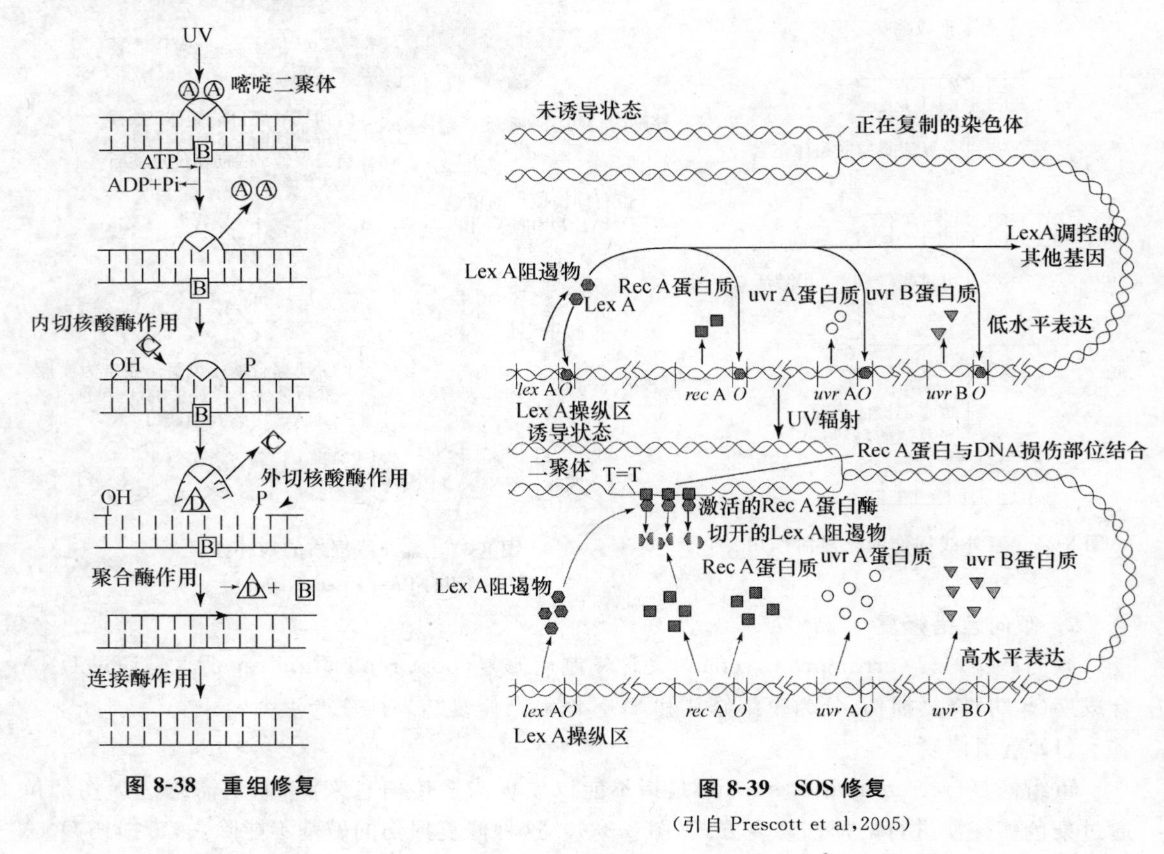

图 8-38　重组修复

图 8-39　SOS 修复

(引自 Prescott et al, 2005)

8.5　微生物的育种

基因突变和基因重组是微生物遗传性状改变的理论基础，为获得人类所需要的更加高产、优质和低耗的微生物菌种，菌种选育的方法主要有诱变育种、体内基因重组(原生质体融合、杂交育种)及体外基因重组(基因工程)。

8.5.1　诱变育种

直接从自然界中分离得到的微生物为野生型。其代谢产物的产量较低,不能达到生产要求,利用物理、化学或生物的一种或多种诱变因子处理均匀分散的微生物细胞群,使之发生突变,采用简便、快速和高效的筛选方法,将极少数的有益突变株挑选出来,淘汰产量低、性能差的负变异株,从而达到获得优良菌株的目的,称为诱变育种。由于方法简单、快速和收效显著等特点,目前诱变育种仍是被广泛使用的主要育种方法之一。微生物诱变育种的基本程序如图 8-40 所示。

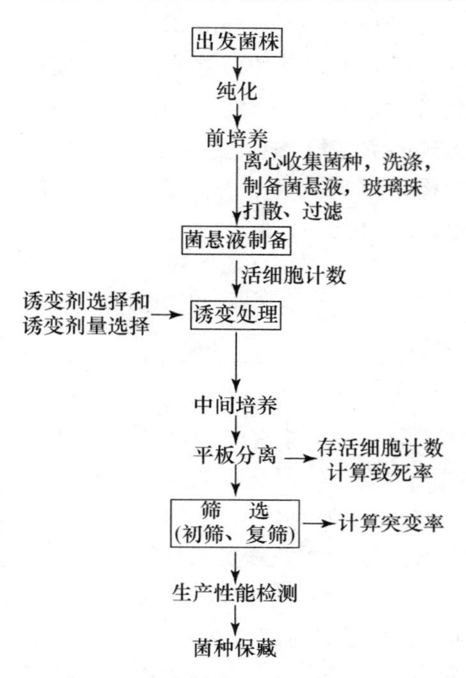

图 8-40　诱变育种的操作程序

1. 诱变育种的步骤和方法

(1) 出发菌株的选择

诱变育种的原始菌株称为出发菌株。出发菌株的选择对提高正突变率有重要影响。出发菌株选择原则:① 对诱变剂敏感的自然界分离的野生型菌株,易变异,正突变的可能性大;② 经历过生产条件考验的菌株,常是自发突变的菌株,酶系统和染色体的完整程度上类似野生型,能积累少量产品或前体,对生产环境有较好的适应性,其正突变的菌株易于生产推广;③ 已经过多次诱变改造的菌株的染色体已有较大的损伤,某些酶系统和生理功能都有缺损,继续诱变时新的突变点与老的突变点间存在相互作用,或许可能有叠加的效果。出发菌株要采用单倍体(只有一套基因)和单核细胞(只有一个核),可克服分离延迟现象。对丝状真菌等具有多个核的微生物,常使用其孢子作为处理对象。

(2) 菌悬液制备

出发菌株选出后需先进行纯种分离,然后放入适宜培养基中进行前培养。为提高诱变处理的效果,首先需制备不同微生物的菌悬液。细菌一般选用处于对数生长中期的菌。霉菌、放线菌宜选用孢子。

处理前要制成单孢子或单细胞悬液,以保证诱变剂能与每个细胞均匀接触。具体做法:可用玻璃珠振荡,使细胞均一分散;然后用灭菌脱脂棉过滤,得到分散菌体。菌悬液的细胞浓度不能过高,真菌或酵母菌细胞控制在10^6～10^7 个/mL,放线菌或细菌一般控制在约 10^8 个/mL。为了计算诱变处理后的致死率和变异率,必须用平板活菌计数法。菌悬液介质一般为生理盐水。化学诱变剂处理时可使用多种缓冲液,以防止化学反应引起的 pH 变动,影响诱变效应。

(3) 诱变处理

① 诱变剂的选择。诱变剂选择主要应考虑方便和效果。诱变处理后突变株的有利性状优于出发菌株的突变为正突变,获得高正突变株出现率的诱变剂就是有效诱变剂。目前应用较多的为紫外线、硫酸二乙酯、亚硝酸和亚硝基胍等。轮换使用不同的诱变剂或物理和化学诱变剂复合处理,如紫外线和亚硝基胍交替使用等,可能产生协同效应,使突变谱宽、诱变效果更好。常用营养缺陷型的回复突变率和抗药性突变率等指标来检验诱变剂的有效性。

② 诱变剂量的选择。剂量选择受处理条件、菌种的特性和诱变剂的种类等多种因素的影响。常以杀菌率表示相对剂量。一般，剂量大，死亡率大；剂量小，则死亡率小。凡能扩大变异幅度，又能提高正突变株频率的剂量，即为最适剂量。目前诱变剂的具体用量已从采用致死率90%～99.9%时的高剂量降低到致死率为30%～75%的相对低剂量。

(4) 筛选(screening)

诱变处理后的菌悬液经过短期的中间培养，在完全培养基平板上稀释分离，进行活菌计数，计算致死率。诱变与筛选是菌种选育的两个不可分割的环节。诱变处理后微生物群体中出现的突变株，绝大多数是负变型，要在大量的变异菌株中把个别优良的正突变株挑选出来，工作量巨大。为了提高筛选效率，必须精心设计简便而有效的方法，一般将筛选工作分为初筛、复筛两大阶段。

一个出发菌株 —诱变剂处理→ 平板菌落预筛 ——→ 选出400个单细胞菌株

—初筛(每株1瓶)→ 选出80株 —复筛(每株3瓶)→ 16株 —复筛(每株3瓶)→ 选出 3~5株

① 初筛，即粗测，以大量、快速为主。突变群体中，正突变率极低，初筛工作量大，故常根据微生物个体形态上的变异或代谢产物的特性，在琼脂平板上设计一些简便、快速、特殊的筛选方法，以便对菌株和产物进行粗测。通过平板菌落预筛，选出与生产性状类似的菌株，再一个菌株作一个发酵摇瓶试验，从中保留10%～20%生产性状较优良的菌株进行复筛。

a. 根据形态变异淘汰低产菌株。诱变后的突变株，可能在形态变化与生理变化(生产性状)上有一定的相关性，由此可通过形态变化，如菌落的大小、颜色、边缘状态、菌丝长短、有无孢子、孢子的大小、菌丝粗细等，快速地把变异菌株挑选出来。放线菌和霉菌不产孢子的突变株，应立即淘汰，以免造成接种困难；一般还是挑选正常的菌落，以保留微生物正常代谢的基本能力。

b. 平皿快速检测法。将生理性状或生产性状转化为易观察的可见性状，包括透明圈法、变色圈法、滤纸片培养显色法、生长圈法、抑制圈法等。该法在初筛中应用广，可快速提高筛选效率。但由于培养皿上的各种条件与摇瓶、发酵罐中液体深层培养的条件有很大差别，有时也会造成筛选与生产性能的差异。

透明圈法：在固体培养基中掺入可溶性淀粉、酪素或 $CaCO_3$ 等溶解性差、可被特定菌利用的营养成分，造成浑浊、不透明的培养基背景，在待筛菌落周围形成透明圈，其大小反映了菌落利用此物质的能力。此法常用于检测菌株产淀粉酶、蛋白酶或产酸的能力。

变色圈法：在固体培养基中加入显色剂(如酸碱指示剂、氨基酸显色剂等)，平板上根据突变株单菌落周围出现变色圈直径的大小，挑出直径大的突变株。此法常用于检测菌株产有机酸、氨基酸的能力。

滤纸片培养显色法：将浸泡有某种指示剂的固体培养基的滤纸片放在培养皿中，下用牛津杯架空，并用含3%甘油的脱脂棉保湿，将待筛选的菌悬液稀释后接种到滤纸片上，保温培养形成分散的单菌落，菌落周围将会产生对应的颜色变化。从指示剂变色圈与菌落直径之比，可以大致判断菌株的相对产量性状。

生长圈法：利用具有特别营养要求的微生物作为试验菌，这些菌株常是对应的营养缺陷型菌株。若待筛选菌株在缺乏上述营养条件下能合成该营养物质，或能分泌酶将该营养物质的前体转化成该营养物质，则在待检菌周围会出现试验菌生长的生长圈。此法常用于氨基酸、核苷酸、维生素产生菌的选育。

抑制圈法：待筛选的菌株分泌产生某些能抑制试验菌（试验菌为抗生素的敏感菌）生长的物质或分泌某种酶能将无毒的物质水解成对试验菌有毒的物质，从而在该菌落周围形成试验菌不能生长的抑菌圈。抑菌圈的大小反映了菌株生产该物质的能力。此法常用于抗生素产生菌的筛选。

② 复筛。复筛是精细的筛选，以准确性为主。复筛的目的是确认符合生产要求的菌株，1 个菌株应做 3 个发酵摇瓶试验，测定方法也应精确，复筛往往也需反复多次。因大多数初筛得到的高单位菌株，并非稳定基因突变。复筛后得到的性状最优良的菌株，必须及时保藏，以免丢失。

2. 营养缺陷型的筛选

筛选营养缺陷型一般要通过中间培养、淘汰野生型、检出营养缺陷型和鉴定营养缺陷型 4 个步骤。

① 中间培养。诱变一般在菌株的对数生长期，而此期的单核细胞常常出现双核现象，多核的细胞核也成倍增加。突变常发生在一个核上，变异或非变异的细胞必须经过一代或几代繁殖才能分离，这种纯种变异细胞出现的推迟现象称为分离延迟。此培养过程称为中间培养。细菌中间培养用完全培养基或补充培养基培养 10 多个小时。

② 淘汰野生型。将野生型细胞大量淘汰以浓缩营养缺陷型细胞。常用方法有：

a. 抗生素法。选用某些抗生素杀死处于生长繁殖状态的细胞，而保留下不能生长的缺陷型细胞。如青霉素杀死生长中的细菌，制霉菌素杀死生长中的酵母菌和霉菌。将诱变处理后的细胞培养在含有这几种物质的基本培养基中，利用抗生素杀死生长的野生型，使不能生长的营养缺陷型保留下来，达到淘汰野生型的目的。

b. 菌丝过滤法。在基本培养基中野生型霉菌或放线菌孢子萌发形成菌丝，而营养缺陷型孢子不能萌发，通过过滤将野生型菌丝除去，达到浓缩缺陷型的目的。

c. 差别杀菌法。由于细菌的芽孢远比营养体耐热，使经诱变处理的细菌形成芽孢，把芽孢在基本培养液中培养一段时间，然后加热 80℃，15 min，即可将野生型芽孢萌发的营养体杀死。保留未萌发的营养缺陷型芽孢。酵母菌的子囊孢子不如细菌芽孢耐热，但比酵母菌的营养体耐热，可用类似热处理方法（如 58℃，4 min）达到浓缩营养缺陷型的目的。

d. 饥饿培养法。为了防止营养缺陷型菌株在基本培养基中利用自身体内的营养物质生长而被“误杀”，在接入基本培养基前，先将经中间培养的菌体离心洗涤 3 次，再用基本培养基或无氮培养基中饥饿培养 4～6 h，以耗尽菌株体内养分，然后再加抗生素。为了防止野生型细胞被杀死后细胞破裂自溶给营养缺陷型菌株提供所需养分，在加抗生素的同时，应加入高渗物质，如 20％蔗糖，以提高环境渗透压，避免细胞破裂。抗生素处理时间不宜过长。

③ 营养缺陷型的检出。浓缩后得到的营养缺陷型比例虽然加大，但不是全部都是营养缺陷型，还需进一步分离。常用的方法有：

a. 夹层培养法。在培养皿底层倒入一层不含细菌的基本培养基；待凝固后，再加一层含有待分离细菌的基本培养基为中层；培养一段时间，长出的菌落是野生型，在平板背面作记号后，再铺一层完全培养基作为上层，经培养后新长出的小菌落，多数是营养缺陷型菌株（图 8-41）。

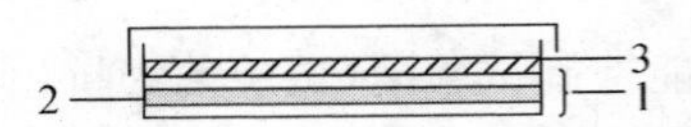

1. 基本培养基　2. 含菌基本培养基　3. 完全培养基

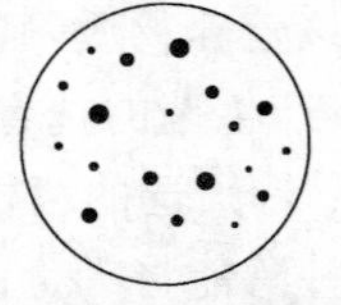

小菌落是第二次生长的营养缺陷型菌株

图 8-41　夹层检出法示意图

b. 限量补充法。将经过浓缩的菌液接种在含有微量蛋白胨(0.01%或更少)的基本培养基上培养，野生型迅速生长成较大的菌落，但营养缺陷型则缓慢生长成小菌落(图 8-42)，从而可识别检出。

c. 逐个检出法。将经过处理的菌液适当稀释涂布于完全培养基平板上分离培养，平板上出现的菌落逐个分别定位点接到基本培养基和完全培养基平板上，培养后逐个对照，若在基本培养基上不生长，而在完全培养基上生长的菌落，经过重复试验验证，则是营养缺陷型菌株(图 8-42)。

d. 影印接种方法。逐个检出法用影印接种方法代替，其操作更加方便。即将已灭菌的丝绒布，包在直径小于培养皿的小圆柱体上，这样的"印章"便成了一个特殊接种工具，它可使菌落位置不变地从一个培养皿移至另一个培养皿。即先用"印章"在完全培养基平板上印一下，再分别在基本培养基和完全培养基上印一下，经过培养若在完全培养基上生长，而基本培养基的相应位置上不生长，即认为是营养缺陷型菌株。

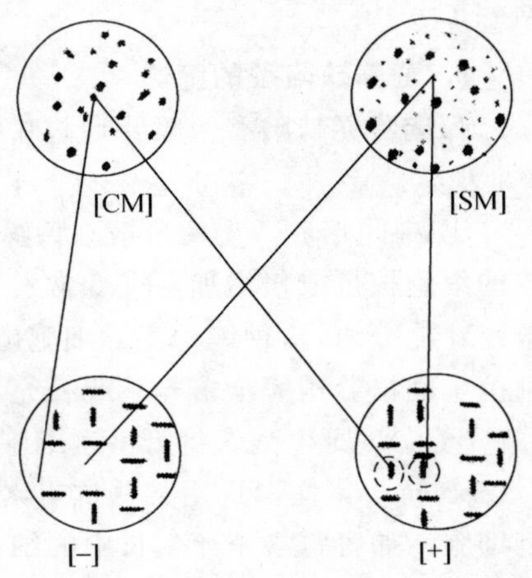

图 8-42　逐个检出法示意图

[CM]完全培养基；[SM]补充培养基；[－]基本培养基；[＋]完全培养基

④ 营养缺陷型鉴定。营养缺陷型的种类很多，选出后需要鉴定。常用方法有：

a. 生长谱法。缺陷型营养类别确定。将 0.5 cm 直径的滤纸片分别蘸取不含维生素的酪素水解液(氨基酸混合液)、核酸碱基混合液、水溶性维生素混合液，等距离地放入已接种的平板中，经培养后如果发现某一区域中有菌生长，就可确定其缺陷型的类别(图 8-43)。酪素水解液、水溶性维生素、核酸水解液分别对应于氨基酸缺陷型、维生素缺陷型和碱基缺陷型。但这几类营养缺陷型都能在酵母浸出汁周围生长。

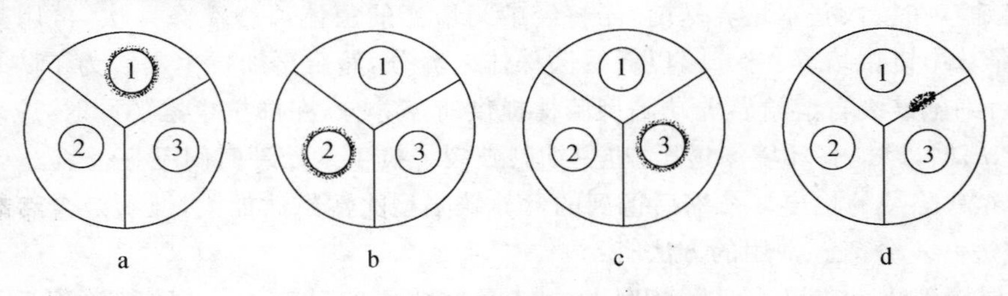

图 8-43　营养缺陷型生长谱测定

滤纸片上浸蘸的溶液：① 氨基酸混合液；② 核酸碱基混合液；③ 维生素混合液

平板上生长圈或生长区的菌：a. ①，氨基酸缺陷型；b. ②，嘌呤嘧啶缺陷型；

c. ③，维生素缺陷型；d. ①③间生长的菌苔为氨基酸-维生素缺陷型

b. 组合补充培养基法。根据图 8-43 缺陷型确定营养类别后，接着需确定具体的缺陷型，如果已确定是氨基酸缺陷型，有效的方法可以采用组合补充营养法进行测定。如取氨基酸，按表 8-9 组合成 9 组氨基酸混合液：

表 8-9　氨基酸不同组合表

组　别	1	2	3	4	5
6	丙氨酸	精氨酸	天冬酰胺	天冬酰胺	半胱氨酸
7	谷氨酸	谷氨酰胺	甘氨酸	组氨酸	异亮氨酸
8	亮氨酸	赖氨酸	甲硫氨酸	苯丙氨酸	脯氨酸
9	丝氨酸	苏氨酸	色氨酸	酪氨酸	缬氨酸

1～5 组每组含 4 种氨基酸，6～9 组每组含 5 种氨基酸。使每种氨基酸同时在两组中出现，供营养缺陷型标记确认用。以滤纸分别蘸取该 9 个组合的氨基酸混合物，放在涂布受检菌的基本培养基平板上，培养后根据生长谱与营养物组合可分析确定菌株的缺陷型(图 8-44)。根据图 8-44 组合营养物生长谱示意图可知，第 2 组氨基酸平板和第 8 组氨基酸平板 4 号滤纸片处生长的细菌为赖氨酸营养缺陷型；第 3 组氨基酸平板和第 8 组氨基酸平板 5 号滤纸片处生长的细菌为甲硫氨酸营养缺陷型。若是嘌呤、嘧啶或维生素缺陷型，可依上法分别放置浸蘸一种营养成分的滤纸片于混菌基本培养基平板上，从平板上生长谱测定鉴定营养缺陷型的类型。

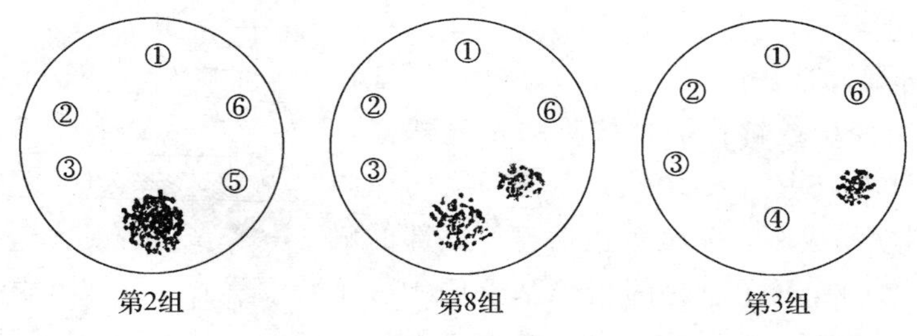

图 8-44　组合营养氨基酸缺陷型生长谱测定

①～⑥为组合氨基酸编号；④号滤纸片生长菌为赖氨酸缺陷型；⑤号滤纸片生长菌为甲硫氨酸缺陷型

3. 抗性突变株的筛选

抗性突变株指抗阻遏和抗反馈突变型、抗生素抗性突变型、条件抗性突变型等。抗性突变型筛选比营养缺陷型简便，只要有 10^{-6} 频率的细胞具有抗性，就能用快速、简便的手段筛选出来。常用的方法有：

(1) 一次性筛选法

一次性筛选法是将出发菌株置于使其完全死亡的环境中，一次性筛选出少数抗性变异株。此法适用于抗噬菌体、抗药性(包括抗生素、代谢结构类似物等)、耐高温、耐高酒精度、耐高渗透压等突变型的筛选。

① 抗噬菌体突变型筛选。将对噬菌体敏感的出发菌株诱变处理后的菌液，大量接入含有噬菌体的培养液中。为了保证敏感菌不能生存，需使噬菌体数多于敏感菌细胞数，出发菌株完全致死，抗噬菌体的突变株细胞不被裂解而旺盛生长繁殖，通过平板分离即能得到纯的抗噬菌体突变型。

② 抗阻遏和抗反馈突变型筛选。突变型是由于其代谢途径关键酶的结构基因或调节基因发生突变,使代谢终产物(及其代谢结构类似物)不能与关键酶或结构发生变化的阻遏蛋白结合,解除产物的反馈抑制作用,所需的终产物可以继续大量合成。结构类似物即指细菌体内氨基酸、嘌呤、嘧啶碱基、维生素等代谢产物结构相类似的物质。如对氟苯丙氨酸是苯丙氨酸的结构类似物,将诱变处理后经过中间培养的菌液,在加入对氟苯丙氨酸的基本培养基平板上稀释分离,从中选出对氟苯丙氨酸抗性菌株,抗性菌株所产生的苯丙氨酸也不能与变构酶或阻遏蛋白结合,从而可获得高产苯丙氨酸的抗阻遏或抗反馈突变株。

③ 条件突变型筛选。由于基因突变,使突变型菌株的生理特性在不同的环境条件发生改变,称为条件抗性突变或称为条件致死突变。其中尤以提高代谢产物产量的温度敏感突变型应用最为广泛。如谷氨酸产生菌乳糖发酵短杆菌 2256 诱变处理后获得的温度敏感突变株 Ts88,30℃时正常生长,40℃时死亡,但却解除了生物素的反馈抑制,保留了在富含生物素的培养基中积累谷氨酸的能力。将此突变株先在 30℃富含生物素的培养基中培养,获得大量菌体后,放于 40℃发酵,可获得大量的谷氨酸。

④ 常采用一次性筛选法,筛选耐高温菌株。即将处理过的菌液在 50~80℃高温下处理一定时间后再分离,使不耐此温度的细胞被大量杀死,残存下来的细胞对高温有较好的耐受性。耐高温的菌株所产生的酶的热稳定性较高,它既可缩短发酵周期,也可抗杂菌污染。

⑤ 对于耐高糖、耐高浓度酒精等酵母菌的筛选,也适合在提高发酵醪浓度,提高醪液酒精浓度的环境下筛选得到。

(2) 梯度培养皿筛选法

筛选抗药性突变株或抗代谢拮抗物的变异株都可采用此法。先在培养皿中加入 10 mL 不含药物的琼脂培养基,将皿底斜放使成刚好完全盖住培养皿底部的斜面,凝固后将皿底放平,再在原先的培养基上倒 10 mL 含有适当浓度(通过试验决定)的药物或对该菌生长有抑制作用的代谢结构类似物的培养基,水平摆放,凝固成平面过夜。这样,形成了具有浓度梯度的二层培养基(图 8-45)。再将菌液涂布在梯度平板上,药物低浓度区域菌落密度大,大都为敏感菌,药物高浓度区域菌落稀疏,甚至不长,浓度越高的区域里长出的菌株抗性越强。在同一个平板上可以得到耐药浓度不等的抗性变异菌株。

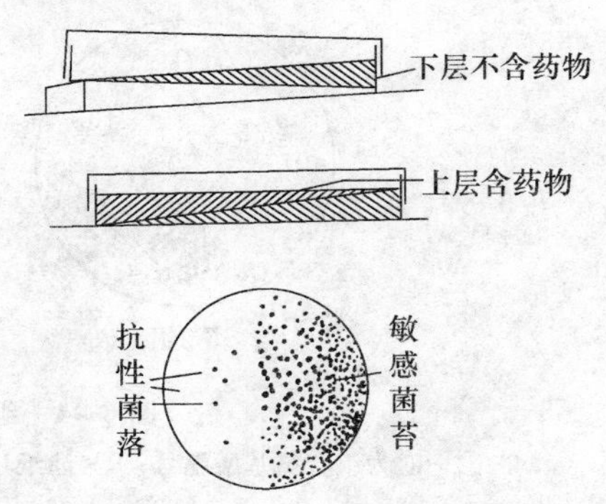

图 8-45 浓度梯度培养皿法示意图

4. 高分子废弃物分解菌的筛选

随着高分子化学工业的迅速发展,开发出了一大批合成塑料、合成树脂、合成纤维等高分子有机化合物。这些化合物的废弃物散落在环境中,对环境和人类健康有很大的危害作用,筛选能分解这些高分子物质的微生物是环境保护的重要课题。由于这些高分子有机化合物多数不溶于水,直接从自然界中分离这些微生物较为困难,现已设计了一种称为阶梯式筛选法的方法:即首先寻找能在与聚乙二醇结构相似的含 2 个醚键的三甘醇上生长的菌株,继而诱变寻找分解聚乙二醇的变异株;也可先筛选能利用乙二醇、丙二醇作为碳源的菌株,再通过诱变或基因工程等手段筛选能利用其多聚体聚乙二醇等物质的变异株。

8.5.2 体内基因重组育种

体内基因重组育种指在微生物细胞内发生的基因重组，包括原生质体融合育种和接合、转化、转导等杂交育种两类。

1. 原生质体融合育种

通过人为方法，使遗传性状不同的两个细胞原生质体发生融合，然后，通过细胞质融合、核融合而实现基因组间的交换、重组，再生出微生物细胞壁，获得稳定的重组子的过程，称为原生质体融合（protoplast fusion）。原生质体融合是1976年在经典的基因重组基础上发展起来的一种远缘杂交育种的新技术。其特点为：① 基因重组频率高，重组类型多，原生质体融合后，两个亲株的整套基因组（包括细胞核、细胞质）相互接触，发生多位点交换，可以产生多种基因组合，获得多种类型的重组子；② 克服种属间杂交的"不育性"，打破种、属、科的界限，可实现更远缘的杂交；③ 可以和其他育种方法相结合，把采用常规诱变和原生质体诱变等所获得的优良性状，通过原生质体融合再组合到一个单菌株中等。所以目前该方法已为国内外微生物工作者广泛使用。

原生质体融合育种的一般过程见图8-46所示。

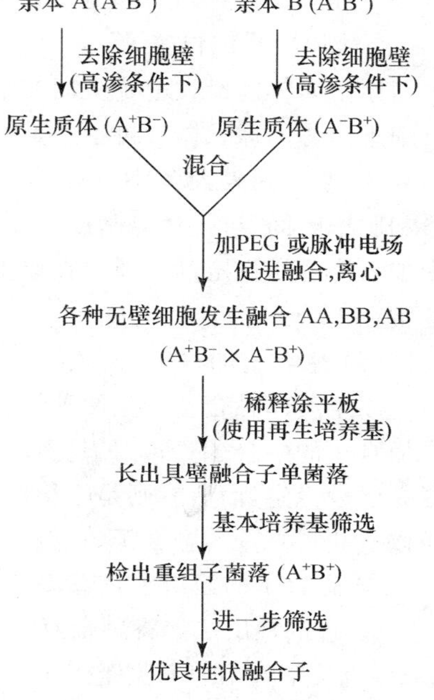

图 8-46 原生质体融合育种程序

（1）亲本的选择

选择两个遗传性状稳定、有特殊价值且带有选择性遗传标记的细胞为亲本。营养缺陷型或抗药性等为常用的遗传标记，可通过对原种诱变来获得。融合前，应先测定亲本遗传标记的稳定性。一般每一个亲本带两个遗传标记，双标记回复突变频率极低，可避免回复突变的干扰。

（2）原生质体制备

原生质体制备是原生质体融合技术的关键，主要是在高渗透压的溶液中脱去细胞壁。根据微生物细胞壁组成和结构不同，需分别采用不同的酶，例如，细菌用溶菌酶，放线菌除溶菌酶外，也可用裂解酶2号、消色肽酶等；酵母菌用蜗牛酶、酵母裂解酶等，霉菌用葡萄糖醛酸酶（glucuronidase）、壳多糖酶（chitinase）、纤维素酶、半纤维素酶等。为提高酶的作用效果，增加细胞壁对酶的敏感性，有时需要对菌体进行预处理。如细菌在溶菌酶处理前加入0.5单位/mL左右的青霉素、乙二胺四乙酸（EDTA）或甘氨酸和*D*-环丝氨酸；放线菌中加入1%～4%的*D*-环丝氨酸或甘氨酸；酵母菌通常将对数增殖期细胞用EDTA或EDTA和巯基乙醇作预处理。用酶消化细胞壁时，应注意选择适宜的菌龄和酶浓度及作用时间，细菌多选用对数期或对数后期的菌，放线菌宜采用对数期至平衡期之间的转换期的菌，因此时细胞壁对酶解作用最敏感，原生质体形成率和再生率均高。制备的原生质体需要保持在等渗透压的溶液中，常用的稳定剂有：甘露醇、山梨醇、蔗糖等有机物和KCl与NaCl等无机盐，在等渗环境下不仅能保护原生质体免于膨裂，还有助于酶和底物的结合。

（3）原生质体融合

只将等量原生质体混合，融合频率仍然很低，必须要进行助融。助融主要可分为生物助融、物理助融和化学助融。生物助融是通过病毒聚合剂，如仙台病毒等和某些生物提取物使原生质体融合；物理助融是通过离心沉淀、电脉冲、激光、离子束等物理方法刺激原生质体融合；化学助融是通过化学助融剂刺激其融合。现在用得最多的化学助融剂是表面活性剂聚乙二醇(PEG)加 Ca^{+}，因为它具有强制性的促进原生质体结合的作用，使融合率得到突破性的提高。

(4) 原生质体再生

原生质体已经失去了坚韧的细胞壁，仅有一层薄薄的10 nm厚的细胞质膜，成为失去了原有细胞形态的球状体。再生就是使细胞壁再生长出来，恢复细胞原来状态。原生质体再生过程复杂，影响因素较多，主要有菌龄、菌体本身的再生特性、原生质体制备条件，如溶菌酶的用量和脱壁时间、再生培养基成分以及再生培养时的温度等。但最重要的是需要在再生培养基中加入渗透压稳定剂。通常在原生质体融合前要测定原生质体的再生率。原生质体的再生率通常在 $10^{-3}\sim10^{-1}$。

(5) 融合子的检出与鉴定

原生质体融合会产生两种情况：一种是真正的融合，即产生杂合双倍体或单倍重组体，此类为真正的融合子；另一种是暂时的融合，形成异核体。它们都能在基本培养基上生长，但前者一般较稳定，而后者则是不稳定的，会分离成亲本类型，有的甚至可以异核体状态移接几代。所以要获得真正的融合子，在融合原生质体再生后，应进行数代自然分离、选择。

① 融合子的检出。有直接法和间接法两种。

a. 直接检出法。将融合液涂布在不补充亲株生长需要的生长因子的高渗再生培养基平板上，直接筛选出原养型重组子或具有两亲株抑制物抗性的融合子。

b. 间接检出法。把融合液涂布在营养丰富的高渗再生培养基平板上，使亲株和重组子都再生成菌落，然后用影印法将它们复制到选择培养基上检出重组子。

选择融合子的方法很多，如，利用营养缺陷型选择融合子，利用抗药性、单亲灭活原生质体、荧光染色、不同碳源等方法选择融合子。为增加融合率，采用紫外线照射两亲株的原生质体悬液，有时融合频率可增加10倍。

② 融合子的鉴定。经过传代，选出稳定融合子，可以从形态学、生理生化、遗传学及生物学等方面进行鉴定。比较菌落形态和颜色变化，用光学显微镜或电子显微镜比较融合子与双亲株间的个体形态和大小，测定不同时期的菌体体积、湿重和干重，测定某些代表性代谢产物的产量，进行核酸的分子杂交，分析DNA含量，GC对的变化等。

(6) 原生质体再生率和融合率计算

为检查融合效果，原生质体融合前要测定原生质体的形成率和再生率，融合后要测定融合率。原生质体再生率和融合率计算公式如下：

$$\text{原生质体再生率}(\%)=\frac{\text{再生平板上的总菌数}-\text{酶解后的剩余菌数}}{\text{原生质体数(酶解前总菌数}-\text{剩余菌数)}}\times100\%$$

$$\text{融合率}(\%)=\frac{\text{融合子数}}{\text{双亲本在完全培养基上再生的菌落平均数}}\times100\%$$

原生质体融合技术具有受亲缘关系影响较小、遗传信息传递量大、不需详细了解双亲的遗传背景等优点，而且操作简便，已成为遗传育种的一种重要工具。应用原生质体融合技术在核的转移、病毒传递、质粒转移以及抗生素、酶、耐热性的研究、菌种特性改良等方面均有显著成果。随着这项技术的不断发展，它将会在育种工作中显示更加重要的作用。

2. 杂交育种

许多有重要生产价值的微生物,因其生活史中有性世代不详,妨碍杂交育种手段的实际应用。在原生质体融合技术发现以前,原核微生物多采用接合、转化、转导方式,真核微生物多采用有性生殖和准性生殖方式。

细菌杂交育种工作应用虽不广泛,但依然有应用潜力。如细菌的接合广泛存在于 G^+ 细菌和 G^- 细菌中,已尝试将肺炎克氏杆菌的固氮基因和组氨酸基因通过杂交育种转移给不能固氮的大肠杆菌;转化育种尚有一定困难,因为在可以转化的种属中,不是所有菌株都可转化,感受态细胞的建立受多基因控制,但采用原生质体转化也获得较好结果;转导目前主要用于细菌的基因分析,转导育种方面也有成功报道,如通过转导方法获得了积累色氨酸的高产菌株,并已用于生产(原始菌株积累色氨酸 30 mg/mL 以下,转导子可积累色氨酸 70 mg/mL);又如利用噬菌体对产 α-淀粉酶少的枯草芽孢杆菌突变株(酶产量为 600 U/mL)实行转导,获得一株α-淀粉酶产量 800 U/mL 的转导子。

杂交育种在酵母菌中应用广泛,由于酵母菌中有单倍体和二倍体的生活史,有 a 和 α 交配型,有条件通过杂交达到基因重组的目的。而且酵母菌二倍体生活力强,繁殖速度快,生产上多数采用二倍体的酵母细胞。如产酒精力强的酿酒酵母(产酒精率高、对葡萄糖和麦芽糖利用率低)与发酵力强的酿酒酵母(葡萄糖和麦芽糖利用率高、产酒精率低)通过杂交,就可得到既能较好生产酒精,又能较高利用葡萄糖和麦芽糖的杂交株。准性生殖常是真菌中,特别是半知菌类获得优良性状菌株育种的重要途径,将两种不同优良性状的菌株进行杂交,获得异核体;然后利用紫外线、γ 射线或氮芥、亚硝酸等对杂合二倍体进行诱变;再用对氟苯丙氨酸或多菌灵等处理,促进染色体单元化过程;最后在平板上挑选扇形角变的菌落孢子,即可得到单倍体分离子。如酿造酱油的黄曲霉,通过杂交获得的单倍体分离子,蛋白酶活性提高 4 倍。

8.5.3　基因工程育种

基因工程(genetic engineering)又称体外的重组 DNA 技术(recombinant DNA technology),是指用生物化学的方法,通过体外基因重组,将生物的某个基因通过基因载体运送到另一种生物的活细胞中,并使之无性繁殖(称为"克隆")和行使正常功能(称为"表达"),从而创造生物新品种或新物种的遗传学技术。由此可知基因工程必有的四大要素为:外源目的基因、克隆载体、工具酶和宿主受体细胞。基因工程是 20 世纪兴起的一门崭新的生物技术,目前已有数十种基因工程药物,包括生长因子、激素、酶、疫苗等获准上市,标志着人类将可以按照自己的意愿进行各种基因水平上的遗传操作,实现超远缘杂交,利用遗传改造的"微生物工厂",生产人类所需要的产品。植物基因工程构建抗虫、抗疫、抗除草剂的农作物方面也获得了重大成就,包括牛、羊、猪、鸡等家畜和家禽及鱼类等动物的克隆和转基因研究,将可能获得高生长率、改善肉质、增强抗病性的新品种。重组 DNA 技术的发展,必将产生巨大的经济效益。

1. 基因工程的主要步骤

包括:a. 目的基因的获取,b. 表达载体的制备,c. 目的基因与载体 DNA 的体外重组,d. 重组载体导入宿主细胞并复制和表达,e. 重组体的筛选和鉴定(图 8-47)。基因工程操作步骤参见"分子生物学"、"基因工程"相关著作,在此不一一赘述。

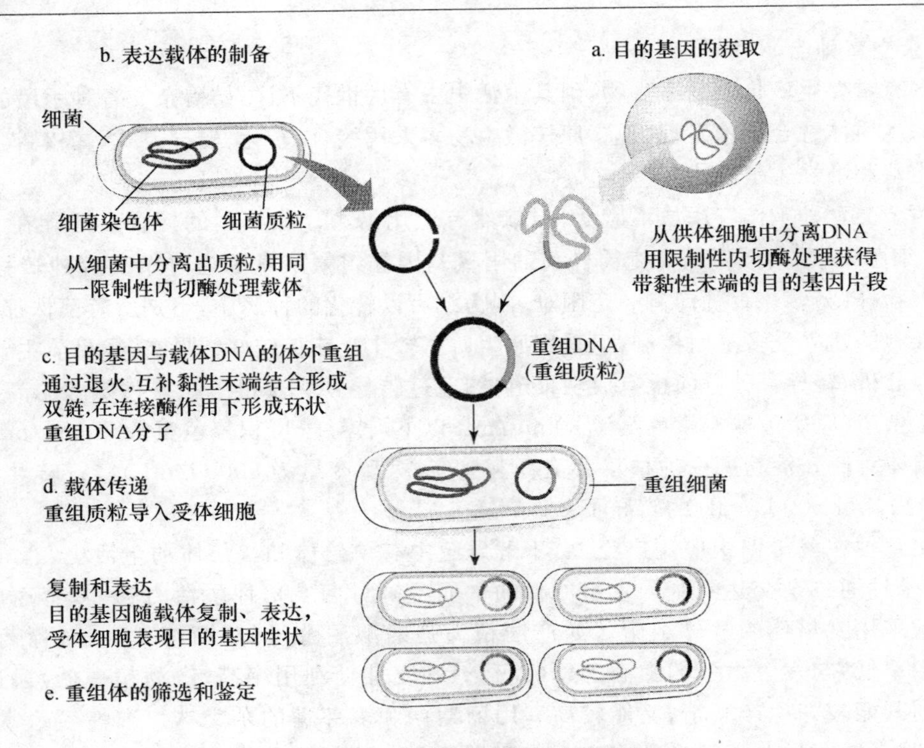

图 8-47 基因工程的主要操作步骤

2. 基因工程技术的应用和发展

随着基因工程技术的应用和发展,人们不仅能将外源基因导入宿主细胞,改变生物性状,进行杂交育种,而且,还可进行代谢工程育种和通过体外定点诱变及定向诱变方法,特异改变克隆基因或 DNA 序列,通过有目的地改变蛋白质分子中特定的氨基酸,获得更加有益蛋白质的突变体或改进酶和活性蛋白各种特性等。

(1) 代谢工程育种

利用基因工程技术,改变微生物原有的代谢途径或调节系统,而使目的产物活性或产量大幅度提高的育种技术称为代谢工程(metabolic engineering)育种,包括通过改变代谢途径、扩展代谢途径和构建新的代谢途径等方法来实现。

① 改变代谢途径。发酵法生产的氨基酸是菌体的初级代谢产物。采用诱变育种技术,工作量大,盲目性高,还不能把不同菌株中的优良性状组合起来。氨基酸合成酶基因的克隆和表达的研究已取得明显进展,目前已得到了基因克隆的苏氨酸、色氨酸、组氨酸、精氨酸和异亮氨酸等生产菌种。氨基酸工程菌构建的主要策略有:

a. 将氨基酸生物合成途径中的限速酶编码的基因转入生产菌,通过增加基因剂量提高产量。转入的限速酶基因既可以是生产菌自身的内源基因,也可以是来自非生产菌的外源基因。

b. 降低某些基因产物的表达速率,最大限度地解除氨基酸及其生物合成中间产物对其生物合成途径的反馈抑制。

c. 消除生产菌株对产物的降解能力和改善细胞对最终产物的分泌通透性。

1980 年已成功组建的苏氨酸工程菌便是最典型的例子。由图 8-48 可知,苏氨酸和赖氨酸协同反馈调节该合成途径第一个酶(天冬氨酸激酶)。如果克隆支路代谢途径上的关键酶基因(二氢吡啶二羧酸合成酶基因),所获得的工程菌可以积累更多的赖氨酸;如果克隆高丝氨酸脱氢酶基因至原来生产赖氨酸的棒杆菌中,可使赖氨酸生产菌转变为苏氨酸生产菌(赖氨酸的产量由 65 g/L 降至 4 g/L;而苏氨酸产量达 52 g/L)。

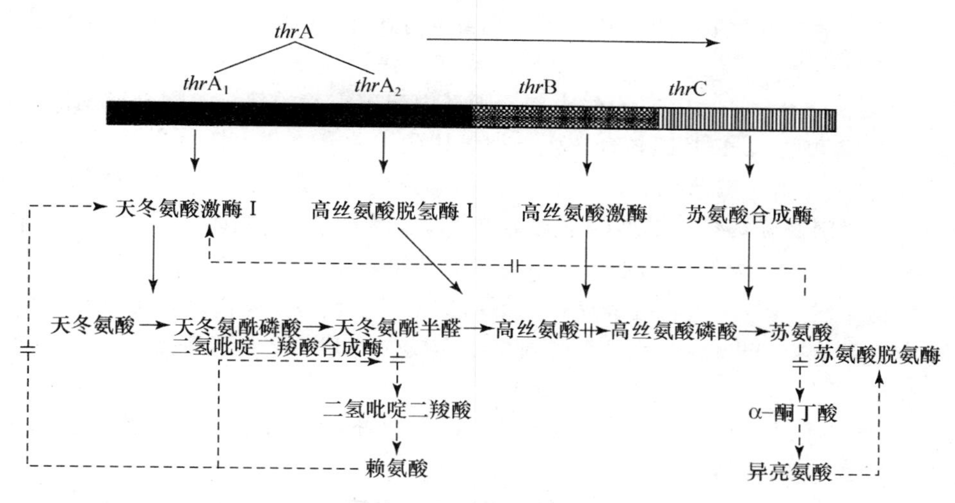

图 8-48 苏氨酸的生物合成途径及代谢调节

② 扩展代谢途径。在引入外源基因后,使原来的代谢途径向前或向后延伸,可以利用新的原料,产生新的末端产物。如维生素 C 原生产中采用的化学合成法或“二步发酵法”都需消耗大量能源,后来从自然界找到草生欧文氏菌(*Erwinca herbicola*)和棒状杆菌两种微生物,它们像接力赛运动员一样,各自承担了一段转化任务(图 8-49)。α-酮基古龙酸(α-KLG)是合成维生素 C 的前体,草生欧文氏菌可将葡萄糖转化为 2,5-二酮基葡萄糖酸(2,5-KDG),但缺少 2,5-KDG 还原酶,不能继续将 2,5-KDG 还原为所需的前体物质 α-KLG;而棒状杆菌含有的 2,5-KDG 还原酶,能将 2,5-KDG 还原为 α-KLG。两株菌若串联发酵能源消耗大,操作烦琐,科学家将棒状杆菌的 2,5-KDG 还原酶基因克隆到草生欧文氏菌中,结果构建的“工程菌”就从葡萄糖一步发酵转化成维生素 C 前体 α-KLG,再经酸或碱催化生成维生素 C。

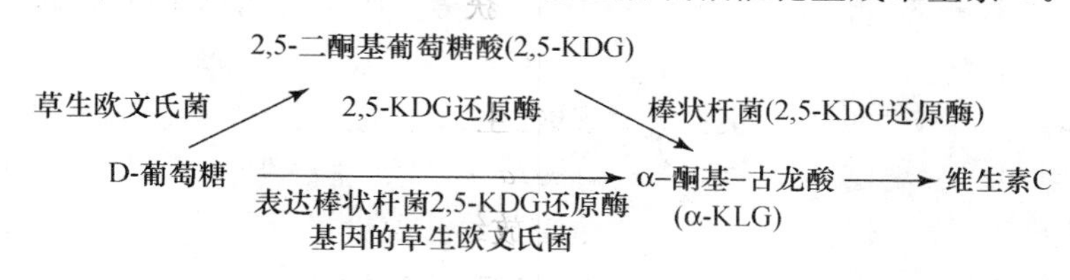

图 8-49 “工程菌”生产维生素 C 示意图

酿酒酵母目前还不能直接由淀粉或纤维质原料发酵成乙醇。如果能将淀粉酶基因、纤维素酶基因或木糖异构酶基因转入酿酒酵母,使其代谢途径向前延伸,则可利用新原料纤维素、木糖或淀粉生产乙醇。现正在研究酵母菌构建纤维素酶、木糖异构酶基因的“工程菌”,估计由酵母菌将纤维素、淀粉直接发酵制取乙醇的日子将会为期不远了。

③ 构建新的代谢途径。通过基因克隆技术,使细胞中原本无关的两条代谢途径连接形成新的代谢途径,产生新的代谢产物,在新抗生素合成上见到可喜的成果。首先发现的是将放线紫红素(actinorhodin)的生物合成基因转入梅德霉素(medermycin)或榴菌素/二羟基榴菌素

(granaticin/dihydrogranaticin)产生菌,可产生梅德紫红素(mederrhodin)或双氢榴紫红素(dihydrogranatirhodin)。进一步研究表明:梅德紫红素形成主要是放线紫红素生物合成中C-6位羟基化酶基因在梅德霉素产生菌中异源表达的结果,从而使梅德霉素的相应部位发生羟基化。双氢榴紫红素产生推测是由于放线紫红素生物合成基因在异源宿主菌中表达时,利用了参与合成放线菌紫素的前体,所以双氢榴紫红素保持了原来构型。Epp等克隆了耐温链霉菌(*Streptomyces thermotolerans*)的十六元大环内酯碳霉素的部分生物合成基因,将编码异戊酰辅酶A转移酶的*car*E基因转到产生类似结构的十六元大环内酯抗生素螺旋霉素产生菌产二素链霉菌(生二素链霉菌)中,转化子产生了4″-异戊酰螺旋霉素。由于碳霉素异戊酰辅酶A转移酶具有识别螺旋霉素碳霉糖(mycarose)对应位置的能力,从而将异戊酰基转移到螺旋霉素4″-OH上。这是第一个有目的改造抗生素而获得新杂合抗生素的成功例子。

这些结构虽然不同,但生物合成途径相似的抗生素生物合成基因之间可以进行重组、组合或互补而产生新结构的化合物,称为组合式生物合成(combinatorial biosynthesis)或组合生物学(combinatorial biology)。

④ 除了利用代谢工程育种技术合成新的代谢产物外,基因工程技术在抗生素的应用方面也取得不少重要进展,包括:

a. 提高抗生素产量,可通过增加参与生物合成"限速瓶颈"阶段酶系基因的拷贝数,如在头孢菌素C产生菌顶头孢霉中转入增加"限速瓶颈"(rate-limiting bottleneck)*cefEF*基因的整合型重组质粒,头孢菌素C小罐产量提高50%,此株"工程菌"现已用于生产;增加正调节基因或降低负调节基因作用,也可增加抗生素产量。如将*act*Ⅱ基因导入天蓝色链霉菌中,*act*Ⅱ基因调节*act*基因的表达,即使*act*Ⅱ基因拷贝数增加1倍,但放线紫红素产量提高20~40倍;另外,增加抗性基因,因有些抗性基因还直接参与抗生素的合成,且经常与抗生素合成基因连锁,可从提高菌种自身抗性水平提高抗生素产量。

b. 改善抗生素组分,许多抗生素产生菌产生结构和性质非常相似的多组分抗生素,但其中只有少数为有效组分,给提取、精制造成困难,可以应用基因工程技术,定向改造抗生素产生菌,获得只产生有效组分的菌种。如阿维菌素(avermecin)产生菌原来能产生8个组分,通过体外基因突变、PCR扩增、基因重组等育种手段,获得仅产生阿维菌素B2a单一组分重组工程菌株K2099。

c. 克隆与氧有亲和力的血红蛋白基因到抗生素产生菌中,在细胞中表达的血红蛋白,可望提高氧的利用率。如将透明颤菌(*Vitreoscilla* sp.)的血红蛋白基因克隆到天蓝色链霉菌中,在氧限量条件下,血红蛋白基因的表达可使放线紫红素产量提高10倍;将血红蛋白基因引入产黄顶头孢霉(*Acremonium chrysogenum*)中,在氧限量条件下,血红蛋白基因的表达使头孢菌素C产量比对照菌株提高5倍。利用重组DNA技术,近年发展起来的基因工程疫苗与菌苗也有很大进展。

(2) 定点诱变和定向诱变

① 定点诱变(site-directed mutagenesis)。体外定点诱变或称定位诱变。与传统采用诱变剂方法随机发生诱变作用不同,它是指体外使克隆基因在精确限定的位点引入突变,包括删除、插入、基因敲除(gene knockout)和寡核苷酸指导的诱变、盒式诱变、PCR诱变等置换特定碱基序列的技术。定位诱变技术不仅用于基因结构与功能的研究,还能进行分子设计改造天然蛋白质,可通过有目的地改变蛋白质中特定的氨基酸,以获得有益的蛋白质突变体。

基因敲除技术不仅用于全基因组突变或特定位点基因突变研究、反向遗传学研究，也用于菌种特性改良研究。如美国和韩国科学家利用基因敲除，把 H5N1 禽流感病毒致病基因敲除，再与人流感病毒基因重组，获得毒力较弱的新病毒株，研制出安全的 H5N1 重组疫苗和禽类弱毒疫苗。

② 定向诱变(directed mutagenesis)。定向诱变是指体外使克隆的基因按预定的目标产生核苷酸变化的过程，又称人工进化或定向进化。包括易错 PCR 法和 DNA 改组等。定向进化可在试管内以几周或几个月较短时间完成在自然界需千百万年完成的进化过程。定向诱变法可以改进酶或活性蛋白的各种特性，甚至发现新的功能。如 Chen 和 Arnold 用易错 PCR 法(error-prone PCR，epPCR)(通过使蛋白酶从第 49 位氨基酸到 C 端的 DNA 片段进行易错 PCR)获得编码蛋白酶的枯草芽孢杆菌突变体 PC3，在 60%高浓度二甲基二甲酰胺(DMF)中酶活性比野生型提高 256 倍；从 PC3 再进行两个循环的易错 PCR 获得突变体 13M，酶活力比 PC3 又提高 3 倍。Komeda 等人用易错 PCR 法提高了人苍白杆菌(*Ochrobactrum anthropi*) *D*-氨基酸酰胺酶的热稳定性(最适温度比野生型提高 58℃)和催化活性(V_{max} 提高 3 倍，而 K_m 不变)。

DNA 改组法技术又称为 DNA Shuffling 技术或 DNA 重拼技术或洗牌技术。如 Andreas 等人用 4 个不同来源的先锋霉素基因混合进行 DNA 改组，仅单一循环获得的先锋霉素，其最低抑制活性(MIC)就提高了 270～540 倍。

全基因组改组(whol-genome shuffling)技术是指将 DNA 改组的多亲本体外重组的优点(定向、高效)与传统育种(原生质体融合)相结合的全基因组体内改组技术，因细胞融合扩大了基因组的信息交换，涉及全基因组的多个基因(或位点)的重组。这一育种新技术在食品饮料方面已初见成效，如获得在高酸环境下迅速生长和高产乳酸的乳酸杆菌、能耐高浓度酒精的高产酒精的酵母菌等。

8.6 菌种的退化、复壮和保藏

在生物进化的历史进程中，遗传性的稳定是相对的，遗传使种族得以延续。而变异性是绝对的，变异推动了物种的进化和发展。在研究和生产中，选育一株理想菌株是一件艰苦的工作，而要保持菌种的遗传稳定性更是困难。菌种退化是一种潜在威胁，因此防止菌种退化，经常做好菌种复壮及保藏工作是微生物学的重要基础工作。

8.6.1 菌种的退化

1. 菌种退化现象

退化(degeneration)是指在细胞群体中退化细胞从量变到质变的逐步演变过程。通常表现为：① 形态性状改变，包括孢子减少或颜色改变等；② 代谢产物生产能力下降；③ 生长速度变慢；④ 抗不良外界环境条件能力减弱，如抗噬菌体、抗高温、抗低温等；⑤ 致病菌对宿主侵染能力降低。菌种退化开始时，仅是群体中的个别细胞，如不及时发现并采取有效措施，而继续移种传代，则退化细胞比例逐步增大，最后让它们占了优势，从而整个群体表现出严重的退化现象。

2. 退化的防止

(1) 减少传代次数

DNA复制过程中,碱基发生差错的概率低于5×10^{-4},一般自发突变率在$10^{-8}\sim10^{-9}$之间。因为自发突变发生在细胞繁殖过程中,菌种的传代次数越多,产生突变的概率越高,因而发生退化的机会也就越多。尽量减少不必要的移种和传代,可以减少自发突变的概率。斜面传代一般不要超过5代,最多不超过10代。

(2) 良好的培养条件

由于高温时大多数菌种的基因突变率也高,因此菌种保藏的重要措施就是低温;对一些抗性菌株应在培养基中适当添加有关的药物,抑制其他非抗药性的野生型菌株生长;一些工程菌株带抗生素标记,在培养基中就需加入相应的抗生素;微生物生长过程会产生有害的代谢产物,引起菌种退化,应避免将陈旧的培养物作为种子。

(3) 利用不同类型的细胞接种传代

放线菌和霉菌因其菌丝细胞常含有几个核,甚至是异核体,菌丝接种就会出现不纯的退化,用孢子接种就可防止菌种退化。

(4) 采用有效的菌种保藏方法

8.6.2 菌种的复壮

复壮是指通过纯种的分离和筛选、借助于宿主进行复壮或淘汰已衰退的个体,以保持或恢复菌种原有的优良性状。常用的方法有:

(1) 纯种分离

通过稀释分离、划线分离、单细胞分离、纯化培养,也可通过高剂量紫外线和低剂量化学诱变剂联合处理,再经过筛选,获得保持优良性状的菌株。

(2) 通过宿主进行复壮

对于退化的寄生性微生物,如苏云金芽孢杆菌,可以用虫体复壮法得到复壮。即将退化的菌株,去感染菜青虫的幼虫、25℃培养14~20 h,使虫得病,待虫体死后,再从已死的虫体内吸出体液重新分离菌株,如此反复多次,可得到复壮的菌株。

(3) 淘汰已衰退的个体

如对泾阳链霉菌5406抗生菌的分生孢子,采用−10~−30℃低温处理5~7 d,使其死亡率达到80%,再在抗低温存活的个体中,筛选未退化的健壮个体。

8.6.3 菌种的保藏

由于微生物具有较易变异的特性,在应用过程中,菌种仍会不断发生变异、退化、变质,甚至污染杂菌。菌种保藏的目的是使其不退化、不死亡、不污染,尽量保持原有的优良性状,以利于生产、研究、交换和使用。

国际上许多国家都设有相应的国家级菌种保藏机构,广泛收集实验室和生产中的菌种、菌株(包括病毒株,甚至动植物细胞株和质粒)等重要生物资源。例如,中国微生物菌种保藏委员会(CCCCM)、美国典型菌种保藏中心(ATCC)、英国的国家典型菌种保藏所(NCTC)等都是有关国家有代表的菌种保藏机构。

1. 菌种保藏原理

使微生物的代谢处于不活跃、生长繁殖受抑制的休眠状态，尽可能地减少其变异率是保藏菌种的原则。因此，需要创造适于微生物休眠的环境，主要是低温、干燥、缺氧、缺乏营养等四方面条件。

2. 菌种保藏方法

菌种保藏方法很多，采用哪种方法，要根据菌种的不同特性和设备条件而定。本节着重介绍几种常用的方法。

(1) 斜面传代保藏法

斜面传代保藏法(slant transplantation preservation)是最常用的一种保藏方法。保藏时将菌种接种在不同成分的新鲜斜面培养基上，待菌种充分生长后，便放在4℃冰箱中保藏。每隔一段时间转接在新鲜斜面培养基上培养后再进行保藏，如此连续不断。一般细菌、酵母菌、放线菌和霉菌都可使用这种保藏方法。有孢子的霉菌或放线菌，以及有芽孢的细菌在低温下可保存半年左右，酵母菌可保存3个月左右，无芽孢的细菌可保存1个月左右。此方法简单，存活率高，故应用较普遍。其缺点是菌株仍有一定的代谢强度，传代多而又保持一定的营养条件，因此容易产生变异，故不宜用于长时间的菌种保藏。改进措施为：将试管的棉塞用橡皮塞代替，然后用灭菌优质石蜡封口，将菌种在室温或4℃暗处保藏。这种情况下，细菌和酵母菌可保存3～10年，存活率仍保持75%或更高，但对于专性好氧霉菌，效果不理想。

(2) 液体石蜡封藏法

液体石蜡封藏法(covered cultures by liquid paraffin)利用缺氧和低温双重因素抑制微生物生长，从而延长保藏时间。此法是在生长良好的斜面或高层穿刺培养基上覆盖经过灭菌的优质液体石蜡，液面高出斜面和高层顶部1 cm，直立试管架上4～15℃保存。液体石蜡覆盖能抑制微生物代谢，推迟细胞老化，防止培养基水分蒸发，因而可延长微生物保存期。该法主要用于好氧细菌、放线菌、酵母菌和霉菌等的保存。它优于斜面传代保藏，随微生物不同，保藏时间由1～2年至10年。该法简单易行，不需特别装置，对不适于冷冻干燥的微生物及孢子形成能力特别弱的丝状菌适用。但该法仅能用于不能利用石蜡油作为碳源的菌种，有些细菌和丝状霉菌(如固氮菌、乳杆菌、红螺菌、明串珠菌和毛霉、根霉)不宜用此法保藏。

(3) 载体保藏法

载体保藏法(vector preservation)利用干燥、缺氧、缺乏营养、低温等因素综合抑制微生物生长繁殖，从而延长了保藏时间。把微生物吸附在载体(如砂子、土壤、硅胶、滤纸、素瓷等)上进行干燥保存的方法，即为载体保藏法。载体保藏属于干燥保藏，使用广泛。

① 砂土管保藏法(sand and soil preservation)。此法使用的土壤原则采取肥沃的园田土或果园土，经风干(根据需要可洗净)、干燥过筛后分装到砂土管中(小型试管)，也可用混合砂土按3∶2比例充分混合分装，在0.1 MPa灭菌1 h后，隔日进行一次灭菌，连续3～4次进行同样条件灭菌，之后放入干燥器中使水分逸散，然后按1 g砂土接入浓菌悬液0.1 mL或直接接种斜面的孢子，充分干燥后，密封保存。此法简便，保藏时间较长，微生物转接也较方便，适用于保藏产生芽孢或孢子的微生物，芽孢杆菌、梭菌、放线菌或霉菌保藏可达数年之久。

② 硅胶保藏法(silica gel preservation)。此法只是用硅胶代替砂土，取无色硅胶(先磨碎以6～16筛孔筛选)粒子1～1.5 g，分别装入8 mm×75 mm的试管中，塞好棉塞，经170℃干热灭菌2 h，在干燥器中冷却，然后按每1 g硅胶加入菌液量0.05～0.1 mL，将菌液轻轻滴入硅胶中使之

充分混合(可在冰水中冷却下徐徐滴入,以防止硅胶遇水发热,影响保藏质量),在 0℃放置 10～15 min,使之充分冷却,待干燥后,放入干燥器中保藏。使用时可取出数粒硅胶接种到适当培养基中。

此外,还有用滤纸片作为载体的滤纸片保藏法。将滤纸片灭菌干燥后放入培养液或菌体悬液中,使孢子或菌丝吸附在滤纸上。再将滤纸片保藏在盛有干燥剂的容器中或封装在小塑料袋中。这种保藏方法仅限于有较强抵抗干燥能力的菌种,保存方便,特别适于用信封邮寄菌种时使用。

(4) 悬液保藏法

悬液保藏法(suspension preservation)与载体保藏法相对应。此法是将微生物悬浮在适当媒液中加以保藏,媒液有蒸馏水、10%的灭菌葡萄糖、蔗糖液(适于酵母菌的保藏)、甘油缓冲液、无机盐类、磷酸盐缓冲液等其他悬浮液。在实际应用中以甘油悬液低温冷冻保藏法(preservation under glycerol)较为常用,即利用甘油作为保护剂,甘油渗入细胞后,能强烈降低细胞的脱水作用,在－70℃条件下,虽降低细胞代谢水平,但仍可维持细胞的生命活动,达到延长保藏时间。细菌和酵母菌等大部分均采用此法保藏。该方法操作简便,在新鲜的液体培养基中加入 15% 的无菌甘油,再置－70℃冰箱中保藏。含质粒载体的大肠杆菌一般可保藏 0.5～1 年,一般细菌和酵母菌保藏期可达 10 年。

(5) 冷冻干燥保藏法

冷冻干燥保藏法(lyophilization)的优点是集中了低温、真空、干燥和添加保护剂等 4 个保藏菌种的条件,是最佳的微生物菌体保存法之一。该法保存时间长,可达 10 年以上。低温冷冻可以用－20℃或更低的－50℃、－70℃冰箱,用液氮(－196℃)更好。无论是哪种冷冻,在原则上应尽可能速冻,使菌体内部产生的冰晶小,以减少细胞的损伤。不同微生物的最适冷冻速度不同。为防止细胞在低温状态下死亡,常用保护剂稳定细胞质膜,既能推迟或逆转膜成分的变性,又可以使细胞免于冰晶的损伤。保护剂一般用脱脂牛奶、血清、甘油、二甲亚砜等,操作时先用 2～3 mL 保护剂洗下斜面上的菌体,制成菌悬液,随即将菌悬液分装入安瓿管,放到－25～－40℃的低温冰箱或冻干装置中预冻。预冻的目的是使水分在真空干燥时直接由冰晶升华为水蒸气。预冻必须彻底,否则干燥过程中一部分冰会融化而产生泡沫或氧化等副作用,或使干燥后不能形成易溶的多孔状菌块,而变成不易溶解的干膜状菌体。待结冰坚硬后(约需 0.5～1 h),可开始真空干燥。真空要求在 15 min 内达到 0.5 mmHg(1 mmHg＝9.806 65 Pa),并逐渐达到 0.2～0.1 mmHg。抽真空后水分大量升华,样品应该始终保持冷冻状态。少量样品 4 h 一般可以达到干燥目的,可用喷灯熔封安瓿管口,然后以高频电火花检查各安瓿管的真空情况,管内呈灰蓝色光表示已达真空。电火花应射向安瓿管的上部,切勿直射样品,制成的安瓿管可在 4℃冰箱保藏。

(6) 液氮超低温保藏法

液氮超低温保藏法(liquid nitrogen cryopreservation)是一种广泛应用的微生物保藏法。由于液态氮低温可达－196℃,适于保藏各种微生物,从病毒、噬菌体、立克次氏体到各种细菌、放线菌、支原体、螺旋体、原虫、动物细胞(如红细胞、精子、癌细胞)等均可用液氮保藏。此法是当前保藏菌种的最理想方法,但必须将菌液悬浮于低温保护剂(如甘油、脱脂牛奶等)中,并需控制制冷速度进行预冻,以减少低温对细胞造成的损伤。由于不同细胞类型的渗透性不同,每种生物所适应的冷却速度也不同,因此需根据具体的菌种,通过试验来决定冷却的速度。在保存过程中，要注意及时补充液氮，保持必要的储存量。

(7) 寄主保藏法

寄主保藏法(host preservation)对某些寄生微生物，如病毒、立克次氏体和少数的丝状真菌等只能寄生在活着的动物、植物或细菌细胞中才能繁殖传代，故可针对寄主或寄生物的特性进行保存。如噬菌体可以经过细菌扩大培养后，与培养基混合直接保存。动物病毒可用病毒感染适宜的脏器或体液，然后分装于试管中密封，低温保存。植物病毒保存方法类似。

几种常用菌种保藏法的比较列于表8-10中。

表8-10 几种菌种保藏方法的比较

方法名称	主要措施	适宜保藏菌种	保藏期	评价
斜面传代保藏法	低温	四大类微生物	3～6月	简便
液体石蜡封藏法[a]	室温，缺氧	兼性厌氧的细菌，酵母菌和霉菌	1～2年	简便
载体保藏法	干燥，无营养	产芽孢和孢子的微生物	1～10年	简便，效果好
悬液保藏法	适当媒体	酵母菌，霉菌，放线菌	1～5年	简便
冷冻干燥保藏法	干燥，无氧，低温有保护剂	各大类微生物	5～15年以上	一定设备，高效
液氮超低温保藏法	－196℃，有保护剂	各大类微生物	20年	需一定设备，高效

a. 对石油发酵微生物不适用。

复习思考题

1. 通过哪些经典实验证明遗传变异的物质基础是核酸？怎样证明的？

2. 微生物遗传物质都有哪些存在形式？遗传物质在原核微生物与真核微生物中的存在有何区别？

3. 什么是质粒？简述常见的质粒类型及其主要特点。

4. 基因和基因组的确切含义是什么？基因组中包含哪些特征性序列？根据你所学的知识简述细菌、古菌和真核微生物在遗传信息方面的差异。说明微生物基因组测序研究的意义。

5. 转座子有哪些类型？简述转座子诱变的原理。

6. 什么是基因重组？原核微生物和真核微生物各有哪些基因重组类型及特点？

7. 什么是转化、转化因子和感受态？简述转化的一般过程及机制。

8. 何谓转导？列表比较普遍性转导与局限性转导的主要区别。何谓流产转导、低频转导和高频转导？

9. 什么是细菌的接合？什么是F因子(致育因子)？比较大肠杆菌中F因子存在的几种形式？列表比较大肠杆菌 F^+、F^-、Hfr、F' 菌株特性和接合方式。

10. 举例说明什么是溶源转换。

11. 简述真核微生物有性杂交和准性生殖的主要过程，列表比较真核微生物的有性杂交和准性生殖的主要区别。

12. 原核微生物和真核微生物染色体外遗传因子重组有哪些方式？

13. 什么是突变？微生物突变分哪几类？(提示：从遗传物质结构改变、突变原因、突变效应和突变表型划分。)微生物突变型有哪几种？

14. 基因突变有哪些特点和规律？

15. 通过哪些经典实验证明基因突变的自发性和随机性？怎样证明的？

16. 解释下列名词：染色体畸变、点突变、自发突变、诱发突变、转换、颠换、移码突变、转座因子、缺陷噬菌体、转导噬菌体、转导颗粒、重组子、转化子、转导子。

17. 简述紫外线的诱变机制，诱变时应注意哪些事项？

18. 简述基因自发突变的原因。

19. 简述直接与DNA碱基发生化学反应的诱变剂(烷化剂、亚硝酸)以及碱基结构类似物、间接引起碱基对转换的诱变剂(5-溴尿嘧啶)和吖啶类化合物等诱变剂的诱变机制。

20. 什么叫诱变剂？什么叫"拟辐射药物"？什么叫超诱变剂？试各举一例。

21. 简述微生物DNA损伤的修复机制，各有何特点？

22. 假如你接到一项任务，要求你通过诱变方法选育出一株适合工厂生产的某项产品(如有机酸或氨基酸)细菌突变株。请据此设计一个诱变育种的简要方案，并说明该做哪些工作。

23. 诱变育种或重组育种初筛时常用哪几种平皿快速检出法？举例简述之(提示：如要获得纤维素酶、淀粉酶、蛋白酶、脂肪酶菌种或有机酸或抗生素或营养缺陷型菌种)。

24. 什么叫营养缺陷型和野生型？筛选营养缺陷型包括哪四大步骤？淘汰野生型常用什么方法？检出营养缺陷型常用什么方法？鉴定营养缺陷型常用什么方法？

25. 什么叫原生质体融合？简述原生质体融合育种的主要步骤，并说明该法育种的优点是什么。

26. 什么叫基因工程？包括哪些要素？简述基因工程的主要操作步骤。

27. 何谓代谢工程育种？包括哪些方法？举例说明其在育种中的应用。

28. 何谓定点诱变和定向诱变？有哪些方法？

29. 何谓菌种退化？如何防止？何谓菌种复壮？简述复壮的方法。

30. 菌种保藏的目的和基本原理是什么？列表比较常用的菌种保藏方法，并评估各种方法的优缺点。

9 微生物的生态

图 9-1 新疆喀什五彩滩生态

微生物生态学是研究微生物与周围生物及非生物环境之间关系的一门科学。由于微生物在自然界中的分布广泛，它们不是孤立存在的，而是与周围生物和环境发生着复杂的关系，如它们能与周围生物形成互生、共生、寄生等多种关系。微生物在自然界生物地球化学循环中发挥着重要作用，它们推动着碳、氮、硫、磷等元素生物化学循环。因此，了解微生物在自然界的分布规律，可为开发利用微生物资源提供理论依据。

9.1 自然界中的微生物

微生物具形体微小、代谢营养类型多样、适应力强等特点，在自然界中分布非常广泛，土壤、空气、水、高山、温泉、火山口以及动植物体内、体表都有它们的存在，甚至在高盐、高压、强酸、强碱、辐射以及低温等其他生物不能生存的极端环境中，也都有微生物的存在。

9.1.1 土壤中的微生物

土壤是微生物生存的“大本营”，它具有微生物所需的一切营养物质和微生物进行生长繁殖及生命活动的各种条件。土壤中的动植物遗体是微生物最好的碳源、氮源和能源；土壤中的矿质成分中含有微生物所必需的矿质元素和微量元素，如硫、磷、钾、镁、铁、钙、硼、钼、锌、锰；土壤环境有合适的酸碱度，大多接近中性；土壤中水分虽因季节、气候、土壤类型、作物情况有所差异，但基本上都能满足微生物的需要；土壤温度在一年四季中变化不大，适宜微生物生长。最表层土壤 5 mm 以下，可保护微生物免于被阳光直接照射致死；氧压虽较大气中低，但平均含量仍然达到土壤空气容积的 7%～8%，在通气良好的土壤中，空气的含量就更多，可以供好氧微生物利用；土壤的渗透压大都不超过微生物的渗透压，肥沃的土壤有较好的团粒结构，可使颗粒内部持水，空气在颗粒间流通，满足好氧和厌氧微生物的生长。为此，人们称土壤是"微生物的天然培养基"，土壤中的微生物数量大，类型多，是微生物资源的宝库。

1. 土壤中微生物的分布

土壤中微生物数量和种类繁多。1 g 土壤含着几亿至几十亿个微生物。土壤微生物包含有细菌、放线菌、真菌、原生动物和藻类等（表 9-1）。其中以细菌为最多，约占土壤微生物总量的 70%～90%；放线菌、真菌、藻类较少。

表 9-1 肥沃土壤中微生物数量

微生物类群	每克土壤的菌数/千个
细菌	2 500 000（显微镜计数）
放线菌	700
真菌	400
藻类	50

2. 土壤中常见的微生物群落

由于微生物生理类型很多，营养谱广，因此自养菌、异养菌、好氧菌、厌氧菌、纤维素分解菌、蛋白质分解菌及其他类型的微生物都可从土壤中找到。对人类来说，土壤是最丰富的"微生物资源库"，在土壤中常见的细菌属包括不动杆菌属、土壤杆菌属（*Agrobacterium*）、产碱杆菌属、节杆菌属、芽孢杆菌属、短杆菌属（*Brevibacterium*）、柄杆菌属、纤维单胞菌属（*Cellulomonas*）、梭菌属、根瘤菌属、固氮菌属、棒杆菌属、假单胞菌属、葡萄球菌属等。土壤中的放线菌数量仅次于细菌，可达 10^5～10^8 个/g 土壤，放线菌中以链霉菌属和诺卡氏菌属为多，放线菌属和小单孢菌属次之。土壤中化能自养菌有亚硝酸细菌、硝化细菌和硫杆菌等。光能自养菌主要为蓝细菌。真菌的数量比细菌和放线菌少，丝状真菌都是好氧、化能异养的类型，它们主要分布在土壤表面的枯枝落叶层和表土层中，在肥沃和通气良好的土壤中数量较多，在酸性土壤中亦有一定的数量和生物量，其数量可达 10^3～10^5 个/g 土壤。常见的原生动物类群有鞭毛虫属、钟虫属、眼虫属、三足虫属、肉足虫属等，它们多集中在有机质和微生物丰富的表层土壤中，它们是土壤细菌和藻类的捕食者，对土壤微生物，尤其是细菌的数量和种类起着重要的平衡和调控作用。细菌病毒在土壤中分布广泛，但数量不是很多，如果宿主细菌数目增加，那么相应的病毒数目也会增加。

3. 土壤微生物的作用

土壤是微生物的大本营，它们在土壤的物质转化过程中发挥着重要作用。异养细菌、放线菌分解有机物质，合成腐殖质；放线菌的菌丝缠绕土壤颗粒，对土壤团粒的形成有很好的作用。真菌分解枯枝落叶的能力很强，是森林和耕地里的秸秆等杂物的主要分解者；藻类是光能自养菌，能增加某些环境中有机碳素总量。藻类在淹水的水稻田内生长，光合过程中释放分子态氧，有利于水稻的生长。某些藻类能利用分子态氮作为生长的氮源，使环境中积蓄丰富的化合态氮，以利于植物吸收。

9.1.2 水体中的微生物

水体可区分淡水和海水两大类型，海洋中的水占地球总水量的 97%，覆盖着地表的 71%，冰川和极地水占 2%，其余的水分别存于湖泊和河流中。水是一种良好的溶剂，水中溶解多种有机和无机物质，并含有溶解氧，pH 在 6.5～8.5 之间，水温 0～36℃，具备微生物生长和繁殖的基本条件，它们之中分布有不同数量的各种微生物，自然水域是微生物栖息的第二大天然场所。

1. 淡水中的微生物

淡水水域多接近陆地，所以淡水中的微生物大多来自土壤、空气和人类活动所产生的污水、动植物的尸体等。由此，淡水中的微生物基本上反映了水域附近土壤的微生物种类和土壤特性。除好氧和喜干的种类不适应水体环境而易死亡外，相当一部分则成为水体微生物，这里有厌氧、兼性厌氧的腐生菌，如变形杆菌、芽孢杆菌，也包括适应淡水环境的自然菌群。一般离土壤较近、其有机质含量较多的水域，微生物种类多，数量较大；而离土壤较远、有机质少的水域，其有机物含量少，微生物也少，每毫升水中含有几十至几百个细菌，并以自养型细菌为主，如硫细菌、铁细菌、球衣细菌、含有光合色素的蓝细菌、绿硫细菌和紫硫细菌等。静水中，厌氧菌多；流动水体，如河流氧气含量高，好氧菌多，但因有机物消耗快，微生物得不到丰富的营养，所以数量少；中性的淡水中大多数细菌都可生存；而碱性水体中硝化细菌、尿素分解细菌可生长。在流动的水体中，上层只有单细胞藻类与细菌；水的底层淤泥中厌氧性细菌较多，淤泥表层可能有些原生动物。

地下水因为经过深厚的土层过滤，大部分微生物被阻留在土壤中，同时深层土壤中缺乏可利用的有机物，因此地下水中，微生物数量和种类都较少，主要有无色杆菌属(*Achromobacter*)和黄杆菌属的种类。

2. 海水中的微生物

海水是地球上最大的水体，占地球总水量的99%左右。海水与淡水最大的区别在于其含盐量(一般为3.2%～4.6%)、低温(90%～95%的海域温度低于5℃)、静水压力大等，使能在其中生长的微生物受到一定限制。但海洋中有丰富的动植物资源，从海面到海底，从近陆到远洋都有微生物存在，而且种类和数量都较多，特别是藻类。总之，海水中的微生物总量远远超过陆地总量。

由于海水具有高浓度盐分、耐压、嗜冷和低营养要求的特点，其中的微生物绝大多数是嗜盐、嗜冷、耐高压的种类：如盐生盐杆菌(*Halobacterium halobium*)在12%饱和盐水中均能生长；水活微球菌(*Micrococcus aquatilis*)、浮游植物弧菌(*Vibrio phytoplanktis*)可以在60.795 MPa下生长；能耐高压的微生物，如假单胞菌属、弧菌属、螺菌属(*Spirillum*)等一些种类，在400～500个大气压下仍能生长繁殖。但海水中有机质的含量和温度比淡水水域稳定。在近海水域，由于江河水的流入，海水中有机物的含量高，微生物的种类和数量就比较多，并随着季节的变迁而变化。在海底污泥中主要有严格厌氧的脱硫弧菌属和产甲烷古菌等。海水中的化能自养菌多为硝化细菌。海洋中真菌的数量和种类远比土壤中少得多。

3. 水体中微生物的作用

由于水中有机质和氧的含量低于土壤，所以水域中的微生物种类和数量比土壤微生物要少得多，不过整个地球表面，约有71%被水覆盖，尤其在海洋深处，微生物在此生存空间很大，所以水域中的微生物总生物量并不比土壤少，而且它们的作用影响巨大。其中的光合自养菌通过光合作用，利用光能可将无机物变为有机物，成为水域环境中食物链的起点；浮游生物以光合生物为食料，合成自身；然后，这些浮游生物又被无脊椎动物吞食；无脊椎动物又成为鱼类的食料。在水域中的任何植物或动物的尸体，都被微生物分解，这样形成了食物链(food chain)。微生物在水生环境的食物链中起着关键作用，为鱼类和浮游生物提供了丰富的食物。

细菌对海水中的纤维素和蛋白质等复杂物质的分解,具有很强的能力,所以它们不仅具有重要的经济意义,对推动自然界生物地球化学循环也起着重要作用。

9.1.3 空气中的微生物

空气是多种气体的混合物,没有可供微生物直接利用的营养物质和足够的水分,且其条件变化剧烈,如紫外线的辐射等,所以大气环境不是微生物真正生长繁殖的场所。空气中无固定的微生物种群,但微生物可以形成各种休眠体,可在其中存在相当长的一段时间不死亡,土壤、水体、腐烂的有机物和动植物体上的微生物还可随气流作远距离传播,这也是病原微生物传播的重要途径。许多食品的腐败、变质都是因为病原菌在空气中的传播引起的,在自然界中,这种传播是全球性的。

空气中微生物的种类主要为真菌和细菌,它们的分布常因地区而不同。霉菌和酵母菌几乎到处都有,如曲霉属、青霉属、木霉属、根霉属、毛霉属、地霉属(*Geotrichum*)和色串孢属(*Torula*)的一些菌等都是常见的真菌。最常见的细菌有枯草芽孢杆菌、肠膜芽孢杆菌(*Bacillus mesentericus*)等芽孢杆菌属和微球菌属、八叠球菌属(*Sarcina*)和葡萄球菌属等。另外,在流行病传播时或医院上空也有某些病原菌和病毒,如结核分支杆菌、白喉棒杆菌、肺炎双球菌(*Diplococcus pneumoniae*)、溶血链球菌(*Streptococcus hemolyticus*)等以及流感病毒、脊髓灰质炎病毒和麻疹病毒等。

微生物在空气中的分布、数量取决于所处环境和飞扬的尘埃量:灰尘多的空气,其中微生物也多,一般在宿舍、城市街道、畜舍、公共场所、医院的空气中,微生物数量最多;在海洋、高山、森林地带和终年积雪的山脉或高纬度地带的空气中,微生物数量很少。

9.1.4 极端环境中的微生物

微生物个体微小、种类多、数量大、繁殖快和适应性强,它们不仅分布在土壤、水体和空气等较适合生长繁殖的环境中,而且有的还分布在一般生物不能生长的特殊环境,即极端环境(包括高温、低温、高酸、高碱、高盐、高压和高辐射等环境)中。这一类微生物称为极端环境微生物或极端微生物(extreme microorganism)。它们具有与一般微生物不同的遗传机制,具有特殊的细胞结构和生理功能,在生物冶金、石油开采及环境保护等多种科研及生产领域中具有重要的理论意义与应用价值。

根据微生物生长最适的温度范围有嗜热微生物和嗜冷微生物之分。嗜热微生物中的耐高温的DNA多聚酶,使DNA体外扩增技术(PCR技术)得到突破;嗜热菌具有代谢快、酶反应温度高、代时短等特点,生产中可防止杂菌污染,用于发酵工业、城市和农业废弃物处理有较好效果;耐高温和热稳定性的酶,可开发成为工业用酶的新来源;嗜冷微生物中的酶,有望用于开发香料和洗涤剂中应用的酶。

根据微生物生长最适pH范围,有嗜酸性及嗜碱性微生物之分。嗜酸性微生物分布于酸性矿泉水、酸性热泉和酸性土壤中。目前,嗜酸菌已在"细菌冶金"、生物脱硫中广泛应用;从嗜酸微生物细胞壁和细胞膜中分离出的嗜酸酶,可在pH 1.0以下发挥作用;在充满碳酸盐的碱性和中性的土壤以及在埃及、非洲大峡谷和美国西部的碱湖中,存在极端嗜碱性微生物,现用于开发洗涤剂中的嗜碱性酶。

另一类是在高盐环境中生活的极端嗜盐微生物,它们主要生存在盐湖、盐场、盐蒸发池和腌制海产品中(参见 2.3 节)。嗜盐菌细胞质膜的紫膜中,菌紫红质在厌氧和光照条件下可进行光合磷酸化合成 ATP 和排盐作用。目前正在研究将其用于开发太阳能生物电池和制造淡化海水的装置等。

生活在深海底部、深油井等高压环境的细菌,称为嗜压菌(barophile)。嗜压菌与耐压菌(barotolerant)不同:前者必须在高静水压环境中生活,而不能在常压下生长,耐压菌则在高压和常压下均能生长;嗜高压菌生长缓慢,比正常条件下生长慢 1000 倍。嗜压菌和耐压菌的耐压机制目前还不清楚。据报道,在 50.65～60.78 MPa 压力下生长的一种耐压菌中发现高压下可合成一种新的细胞壁外膜蛋白 OmpH(outer membrance protein H),但在常压下不能合成。将编码该蛋白的基因 *omp h* 克隆到大肠杆菌,*omp h* 基因只在 20.26 MPa 压力下表达,而在常压下该基因却不能表达。石油开采中,可利用嗜压菌分解原油中的黏性物质产气增压,降低原油黏度,提高采油率。

抗辐射的微生物是指对辐射有一定的抗性或耐受性的微生物,而不是"嗜好"。微生物具有多种抗辐射特性,如可见光、紫外线、X 射线、γ 射线等,其中接触最多的是紫外线。微生物具有多种抗辐射机制,或使其免受射线损伤,或在遭受损伤后加以修复。如耐放射异常球菌(*Deinococcus radiodurans*)在一定照射剂量范围内,虽已发生相当数量的 DNA 链的断裂,但都可以准确修复,细胞几乎不发生突变,其存活率可达 100%。抗辐射微生物是防御机制很强的生物,可作为生物抗辐射机制研究的极好材料。

9.1.5　工农业产品中的微生物

1. 农产品中的微生物

各种农产品中都存在大量微生物,粮食尤为突出。其来源分为原生性微生物区系和次生性微生物区系:前者是种子表面附生的正常微生物区系,主要以种子的分泌物为营养,其数量与种子的代谢活性相关。它们通常不损害种子,而且还可抑制其他有害微生物,对粮食起保护作用,如引起粮食霉变的青霉、曲霉就与草生假单胞菌(*Pseudomonas herbicola*)有拮抗关系。另一类次生性微生物主要是在收获和仓储过程从土壤、器械、空气中侵染粮食的微生物,在温度适宜、空气湿度 70%以上时则会迅速生长,造成贮粮霉变,全世界每年因霉变损失的粮食就占总产量的 2%左右。粮食和饲料上的微生物以青霉属、链霉属和镰孢属(*Fusarium*)为主,有些真菌产生的毒素是致癌物,直接威胁人畜健康。已知的真菌毒素已超过 200 种,如黄曲霉产生的黄曲霉毒素 AF_2 和镰孢霉产生的单端孢烯族毒素 T_2。这是已知毒性最强烈的两种毒素,前者是一种强烈的致肝癌物质,单端孢烯族毒素 T_2 可引起白细胞急剧下降和骨髓造血机能破坏,直至死亡。

2. 食品中的微生物

食品加工、包装、运输和贮藏过程都不可能进行严格无菌操作,经常遭到各种微生物的污染。主要的微生物有腐败的细菌、霉菌和酵母菌,在营养丰富,适宜的温度、湿度条件下,污染的微生物便会迅速繁殖,造成食品的腐败变质,严重的还会产生毒素,引起食物中毒或其他严重疾病发生。如肉毒梭菌产生的对人畜有剧毒的细菌外毒素——肉毒杆菌毒素(botulinum toxin),是一种强烈的神经毒素,毒性比 KCN 强 10 000 倍,而对人的致死剂量仅为 10^{-9} mg/kg。

3. 工业产品中的霉腐微生物

许多工业产品由动植物产品的原料制成,因而易受环境中的微生物侵蚀,引起霉变、腐烂。霉腐微生物主要是霉菌,它们产生各种各样的酶,如,纤维素酶分解棉、麻、木、竹等材料,蛋白酶分解皮革、丝毛等制品，某些细菌的氧化酶和水解酶可分解涂料、塑料、橡胶和黏结剂等有机合成材料。即使是无机物，如金属、玻璃等材料制成的产品，也可因微生物活动而产生腐蚀或变质，对工业产品产生危害。如霉腐微生物在石油产品中繁殖，机器部件不仅会遭大量菌体堵塞，而且产生的代谢产物还会腐蚀部件；硫细菌、铁细菌、硫酸盐还原菌会腐蚀金属制品、金属管道、舰船外壳；霉腐微生物也会腐蚀机电设备、电讯器材、光学仪器上的镜头等。

9.2 微生物在自然界物质循环中的作用

千姿百态的自然界，生物圈内静悄悄地发生着周而复始的物质循环，即生物所需要的各种化学元素，通过生物活动合成有机物，组成生物体自身；同时，被合成的有机物又被分解成无机物回到自然界。元素不断地从非生命物质状态转变成生命物质状态，又从生命物质状态转变成非生命物质状态。这种循环不断反复进行，形成了生物地球化学循环(biogeochemical cycle)。这种循环是全球性的，所有生物都参与了这个循环。

在自然界物质循环和能量流动过程中，微生物起着主导作用：① 微生物在生态系统中是有机物的主要分解者。通过微生物(异养细菌、真菌、原生动物)的分解作用，自然界中存在的动物、植物和微生物残体等有机物质转变成无机物质，此即为有机物的矿化作用或分解作用(据估计世界上95%以上的有机物的矿化都是细菌和真菌完成的)。如果自然界不存在异养菌，那么就不能使自然界生物残体矿化，地球上所有的碳都会积累在生物残体中，造成生物圈中许多重要元素无法循环，从而失去平衡；动植物的生命活动也不可能繁衍发展。微生物参与这种循环，可消除越来越严重的环境污染；此外，如没有微生物这种高活力的矿化作用使有机物释放出的 CO_2，光合生物的光合作用就会受到影响。② 微生物是生态系统中的初级生产者，微生物中的光能和化能自养微生物可直接利用太阳能、无机物的化学能为能量来源，将 CO_2 和水合成碳水化合物，后者再与氮、硫、磷等元素合成生物体内的各种有机物。无机物的有机化过程中高等绿色植物为主要生产者，但自养微生物的作用也极其重要。③ 微生物不仅是重要的分解者和生产者，而且微生物也是地球上物质和能量的贮存者，土壤和水体中沉积的大量微生物生物量，贮存着大量的物质和能量(在缺氧、高压和低温等特殊生态条件下，经历漫长地质年代的转化作用，可以逐步转化成石油、煤炭和天然气等化石燃料)。④ 微生物是自然界物质循环中的重要成员，它们不仅参与所有的物质循环，而且在许多物质循环中起独特和关键的作用——生物必须不断从环境中取得化学元素，才能生长繁殖，可是这种元素在自然界中的贮存量是有限的，而生命的延续和发展却是无尽的。因此，只有这些元素循环作用，生物界才能维持生态平衡，繁荣昌盛。

9.2.1 碳素循环

碳元素是一切生命有机体的最大组分，它约占有机物干重的50%。自然界中的碳元素主要来源是大气中的 CO_2，但大气中 CO_2 的含量永远处于供不应求的状态。只有通过生物积极参与的碳素循环，特别是微生物进行的分解作用，才能保证大气中的 CO_2 源源不断地满足生物的需要，维持生命的存在和发展。

自然界中的碳元素以多种形式存在，全球碳库包括大气中周转极快的 CO_2、海洋中的碳酸盐溶解和颗粒性有机物、陆地上的腐殖质、生物群(动植物和微生物残体)、化石燃料、地壳(表

9-2)。碳酸盐、地壳等中的碳素贮量极大，但很少参与碳素循环外，其他的碳素都可以极快的速度回到大自然。

碳素循环是重要的物质循环，微生物在此循环中起着不可替代的作用，其具体作用是：

① CO_2 的固定和再生。由绿色植物、光合细菌、藻类通过光合作用吸收光能固定 CO_2 或化能自养菌的作用固定 CO_2，它们是有机碳的主要制造者；植物和微生物通过呼吸作用获得能量，同时释放 CO_2。

② 生物残体的分解。生物残体中贮藏的碳主要通过异养微生物的分解作用，一部分以 CO_2 形式释放回到大气中，一部分转化为生物量和土壤的腐殖质(地球上 90%的 CO_2 是由微生物分解作用产生的)。

③ 腐殖质的合成和分解。在碳素循环中进入土壤的有机质一部分在微生物的作用下转变为腐殖质，在维持土壤肥力中发挥作用；但也有一部分有机物由于地质作用形成石油、天然气、煤炭、油岩盐等化石燃料，这些物质在微生物缓慢分解或经过燃烧后，以 CO_2 形式返回大气(图 9-2)。

表 9-2　全球碳库[a]

	碳库[a]	碳含量/t	活跃循环
大气			
	CO_2	6.7×10^{11}	是
海洋			
	生物量	4.0×10^{9}	不
	溶解碳酸盐	3.8×10^{13}	不
	颗粒有机物	2.1×10^{12}	是
陆地			
	生物群	5.0×10^{11}	是
	腐殖质	1.2×10^{12}	是
	化石燃料	1.0×10^{13}	是
	地壳[b]	1.2×10^{17}	不

a. 引自 Dobrovolsky，1994。

b. 这个碳库包括陆地和海洋环境中全部岩石圈

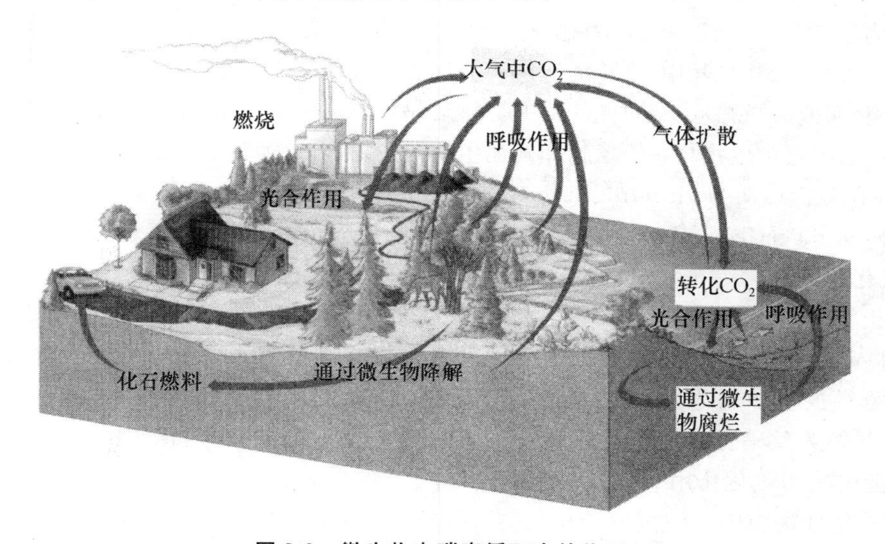

图 9-2　微生物在碳素循环中的作用

(引自 Pommerille J C，2002)

9.2.2　氮素循环

氮是核酸、蛋白质的主要组分，为生物必需的营养元素。氮素在自然界，以分子态(N_2)、无机态(铵盐和硝酸盐等)和有机态(蛋白质和核酸)形式存在。大气中约有 79%是分子态氮，但所有植物、动物和大多数微生物都不能对其直接利用。植物仅能利用含氮盐，如氨盐、硝酸盐。在自然界这些含氮盐含量不多,因而限制了生物体的发展,只有将分子态氮转化进入循环,才能满足植物对氮素的营养需要,而这一循环是微生物生命活动的结果。在氮素循环的8个环节中,有6个只能通过微生物才能进行(图9-3),特别是固氮作用,只有微生物才能发挥这一独特的作用。

自然界分子态氮,被某些微生物固定还原成氨,再转化为氨基酸等有机氮化物;或被微生物与植物联合作用转变成可供动物直接利用的氮化物形式,这种形式的氮化物被动物食用,在动物体内转变成动物蛋白质。当动植物残体及其排泄物和有机氮化物被微生物分解时,以氨的形式释放出来供植物利用,在有氧条件下,氨被氧化成为硝酸盐供植物吸收;在无氧条件下,硝酸盐被进一步还原为分子态氮返回大气。从图9-3看出,氮素循环包括:生物固氮、氨化作用、硝化作用、异化性硝酸盐还原和同化作用等,由此亦可看出微生物在氮素循环中发挥的重要作用。

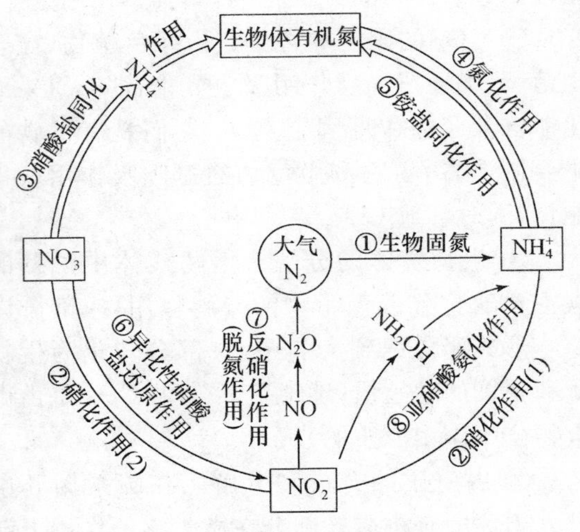

图9-3 自然界中的氮素循环

(引自周德庆,2008)

1. 生物固氮

生物固氮(biological nitrogen fixation)是指大气中的分子态氮在生物体内固氮酶催化作用下还原为氨的过程。这一过程为地球上整个生物圈中提供了重要的氮素营养。据估计,全球每年固氮 2.4×10^8 t,其中85%是生物固氮。在农业生产中,栽培豆科植物常作为养地的一项重要措施(如种植绿肥)。能固氮的微生物都是原核微生物,主要包括细菌、蓝细菌、放线菌和古菌等。根据固氮微生物与高等植物和其他生物的关系,可分为自生固氮菌(free-living nitrogen-fixer)、共生固氮菌(symbiotic nitrogen-fixer)、联合固氮菌(associative nitrogen-fixer)和内生固氮菌(endophytic nitrogen-fixer)几种固氮体系。固氮生物化学过程及其机制参见6.2.2节。

2. 氨化作用

进入土壤中的动植物残体中的含氮有机物主要是蛋白质、氨基酸、尿素、尿酸、几丁质、核酸中的嘌呤和嘧啶等。微生物分解有机氮化物为氨的过程称为氨化作用(ammonification)。释放出的氨供植物和微生物利用和进一步转化,也有少量释放到大气中去(占总氮损失的5%,其他95%为反硝化作用造成的损失)。根据有机氮化物种类,氨化作用可分为:

(1) 蛋白质的氨化作用

蛋白质是氨基酸构成的大分子化合物,不能直接透过细胞质膜进入微生物细胞内。其分解有两个阶段:首先,在微生物分泌的蛋白酶作用下,蛋白质水解成各种氨基酸;然后,在脱氨基酶作用下氨基酸被分解释放出氨。

能够分解蛋白质并释放出氨的微生物称为氨化微生物。氨化微生物很多,但分解速度各不相同,它们包括兼性厌氧无芽孢杆菌、好氧性芽孢杆菌、厌氧芽孢杆菌、真菌和放线菌等。

(2) 核酸的氨化作用

核酸是动植物及微生物残体的主要成分之一,可以被微生物分解。核酸分解时,先由胞外核糖核酸酶或胞外脱氧核糖核酸酶将大分子降解,形成单核苷酸;单核苷酸脱磷酸成为核苷,然后将嘌呤或嘧啶与糖分开。嘌呤和嘧啶可被多种微生物，如诺卡氏菌属、假单胞菌属、微球菌属(*Micrococcus*)和梭状芽孢杆菌属等，进一步分解，形成含氮产物氨基酸、尿素及氨。

(3) 几丁质的氨化作用

几丁质广泛存在于自然界。昆虫翅膀、许多真菌细胞壁，特别是很多担子菌中含有这种物质。几丁质是一种含氮多聚糖，其基本结构单位是由N-乙酰葡萄糖胺连成的长链。能够分解几丁质的微生物很多，其中以放线菌为主。在土壤中放线菌占几丁质分解菌的90%～99%，包括链霉菌属、诺卡氏菌属、小单孢菌属、游动放线菌属及链孢囊菌属等。由于利用几丁质的放线菌种类广泛，因而可用几丁质作为放线菌的选择性培养基。真菌及细菌中也有很多属分解几丁质的能力较强，真菌，如被孢霉属(*Mortierella*)、木霉属、轮枝孢属(*Verticillium*)及拟青霉属(*Paecilomyces*)、黏鞭霉属(*Gliomastix*)等；细菌，如芽孢杆菌属、假单胞菌属、梭状芽孢杆菌属等。

分解几丁质的微生物能分泌几丁质酶，将长链切割成几个单位的短链寡糖胺，有时也能每次切下两个单位的葡萄糖胺(即几丁二糖)；然后经几丁二糖酶作用产生N-乙酰葡萄糖胺，脱酰基产生葡萄糖胺及乙酸；葡萄糖胺最后经脱氨基成为葡萄糖和氨。微生物对几丁质的分解，不仅可为植物提供有效态氮，而且还有利于消灭植物病原真菌。

(4) 尿素和尿酸的氨化作用

每个成年人一昼夜排出尿素约30 g，全年计约11 kg，动物排出的尿素则更多。地球上人和动物每年所排出的尿素达数千万吨。此外，尿素是化学肥料的一个重要品种，也是核酸分解的产物。在适宜的温度下，尿素可被迅速分解。

分解尿素的微生物广泛分布在土壤和污水池中，特别在粪尿池及堆粪场上。大多数细菌、放线菌、真菌都有脲酶，能分解尿素产生氨：

$$CO(NH_2)_2 + H_2O \longrightarrow N_2NCOONH_4 \longrightarrow 2NH_3 + CO_2$$

常见的分解尿素的微生物有：芽孢杆菌属、微球菌属、假单胞菌属、克氏杆菌属、棒杆菌属、梭状芽孢杆菌属等，某些真菌和放线菌也能分解尿素。

人和动物尿液中的尿酸和马尿酸，在微生物作用下可被分解成甘氨酸和苯甲酸，再进一步降解。

3. 硝化作用

硝化作用是指微生物在好氧条件下将氨氧化成硝酸的过程。硝化作用分为两个阶段：第一阶段为铵氧化成亚硝酸；第二阶段为亚硝酸氧化成硝酸。硝化细菌的生物氧化及其机制参见6.1.4节。参与硝化作用的微生物包括两类：将铵氧化为亚硝酸的细菌称为亚硝酸细菌，又称氨化细菌；将亚硝酸氧化成硝酸的细菌称为硝化细菌，又称亚硝酸氧化细菌。它们都是严格的化能自养菌。在自然界中，除自养硝化细菌外，还有一些异养细菌、真菌及放线菌能将铵盐和有机氮化物(铵或酰胺)氧化成硝酸和亚硝酸，但其效率远不如自养硝化细菌高；但异养硝化细菌嗜酸，对不良环境抵抗力强。

硝化作用在自然界氮素循环中是不可或缺的一环，但对土壤肥力、农业生产并无益处，甚至造成环境污染。施用铵盐或硝酸盐肥料所产生的硝酸除了被植物吸收和微生物固定外，尚有一部随水流失。流失的硝酸不但造成氮素损失，也引起环境污染。人畜饮用硝酸污染的水后，硝酸将在肠胃里还原成亚硝酸；亚硝酸进入血液并与其中的血红蛋白作用后形成氧化态血红蛋白，损害机体内氧的运输，使人类患氧化血红蛋白病。硝酸盐流入水体，使水体营养成分增加，导致浮游生物和藻类旺盛生长，这种现象称富营养化。硝化过程也产生相当数量的 N_2O，这是一种温室效应气体，可导致臭氧层的破坏。

4. 异化性硝酸盐还原

异化性硝酸盐还原(dissimilatory nitrate reduction)是指在无氧或微氧条件下，微生物进行的硝酸盐呼吸，分为发酵性硝酸盐还原(fermentative nitrate reduction)和呼吸性硝酸盐还原(respiratory nitrate reduction)。吸收至生物体内的硝酸盐经历着两种途径变化：其一是植物和微生物将硝酸盐吸收至体内后，将它们还原成亚硝酸盐和 NH_4^+。发酵性硝酸盐还原中，硝酸盐不是末端电子受体，为不完全还原，没有膜结合的酶、细胞色素和氧化磷酸化。这种方式在自然界中非常普遍，如大多数兼性厌氧菌肠杆菌属、埃希氏菌属和芽孢杆菌属。其二是某些微生物在无氧或微氧条件下将 NO_3^- 或 NO_2^- 作为最终电子受体进行厌氧呼吸，并从中获取能量，硝酸盐还原产物为亚硝酸盐、气态 N_2O 和 N_2，此过程称为反硝化作用。参与反硝化作用的微生物主要是反硝化细菌，如地衣芽孢杆菌、脱氮副球菌、脱氮硫杆菌和铜绿假单胞菌等。Ingraham(1981)指出 71 个属细菌能进行反硝化作用，它们广泛分布于土壤中，细菌数高达 10^8 个/g 土。到目前为止，还没发现细菌以外的生物能够行反硝化作用。反硝化作用是在厌氧条件下进行的，它是土壤中氮素损失的重要原因，尤其在水稻田中，由于反硝化作用造成的氮素损失比较严重。

通过利用硝化作用和反硝化作用去除有机废水和高含量硝酸盐废水中的氮，来减少排入河流的氮污染和富营养化问题，已是环境学家的共识。利用各种反应器处理城市废水或其他废水时，有机废水中的碳源可支持反硝化作用，进行有效的生物脱氮。

5. 同化作用

同化作用是指植物和多种微生物以铵盐和硝酸盐为良好的氮素营养，合成氨基酸、蛋白质、核酸和其他有机氮化物(如细胞壁成分乙酰胞壁酸)的过程，并分别称为铵盐同化作用(ammonium assimilation)和同化性硝酸盐还原(assimilatory nitrate reduction)。同化性硝酸盐还原是硝酸盐被还原成亚硝酸盐和氨，氨再被同化成氨基酸的过程。

9.2.3 硫素循环

硫是地壳中含量较多的元素之一，也是生物必需的元素。在细胞内，半胱氨酸和甲硫氨酸的合成需要硫，一些维生素、激素和辅酶的合成也需要硫。在蛋白质中含硫氨基酸半胱氨酸特别重要，因为半胱氨酸残基之间二硫键的形成，有助于蛋白质折叠和增强活性。所有这些化合物都含有还原态或硫化形式的硫。细胞也含有氧化态有机硫化物，如葡萄糖硫酸、硫酸胆碱、两种 ATP-硫酸盐化合物等都是此类化合物的例子。它们都是硫酸盐同化作用所必需的，也能为细胞贮存硫。尽管硫素循环没有氮素循环复杂，但硫素循环对全球影响极其重要，包括酸雨、酸矿水的形成及混凝土和金属腐蚀等。

大气中的 SO_2、H_2S、土壤和水中的 SO_4^{2-}、含硫氨基酸中的—SH 以及存在于岩石和有机沉积物中的 S 和 FeS_2 构成一个复杂的硫素循环系统(图 9-4)。硫素循环包括 4 个过程：分解作用、同化作用、氧化作用和还原作用。微生物参与所有循环过程。

1. 分解作用(含硫有机物的矿化或脱硫作用)

分解作用是指动植物和微生物残体及其排泄物中的含硫有机物(主要是蛋白质)，在微生物的作用下生成 H_2S、CH_3SH、$(CH_2)_3S$ 等含硫气体的过程。一般腐生菌能在分解含硫蛋白

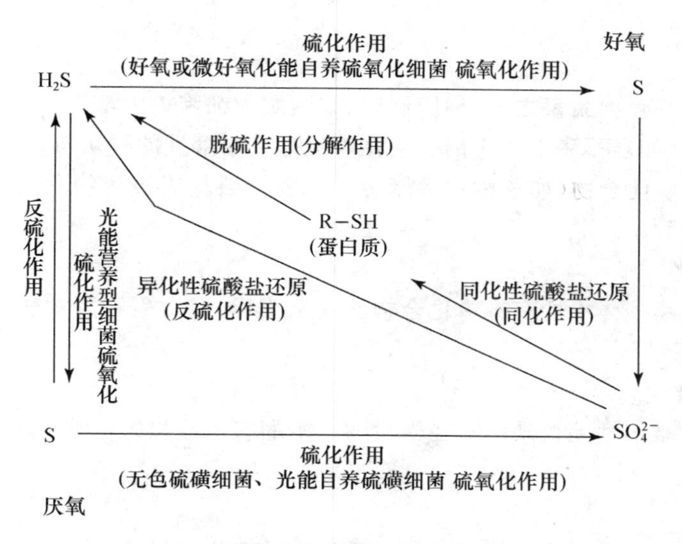

图 9-4 微生物在硫素循环中的作用

(引自 Atlas R M & Bartha R,1998)

质脱氨基(NH_3)的同时脱巯基生成 H_2S,此过程称为脱硫作用(desulfuration),或称为含硫有机物的矿化作用。

2. 同化作用(同化性硫酸盐还原)

同化作用(assimilation)是指由植物和微生物吸收硫酸盐,硫酸盐再被同化成细胞组分(主要以巯基形式存在的还原态的硫化物中),此过程称为同化性硫酸盐还原(assimilatory sulfate reduction)。

3. 氧化作用(硫化作用或硫的氧化作用)

硫的氧化作用(sulfur oxidation)是指还原态的无机硫化物(如元素硫 S、硫化氢 H_2S、或硫化亚铁 FeS_2、硫代硫酸盐 $S_2O_3^{2-}$、SO_3^{2-} 等)被微生物氧化成硫酸的过程。自然界氧化无机硫化物的微生物主要有硫黄细菌和硫化细菌两个不同的生理类群:硫黄细菌氧化 H_2S 为元素 S,硫或贮存在菌体内外,或在缺少 H_2S 时继续被氧化成硫酸,如无色硫黄细菌贝日阿托氏菌属等和光能自养硫黄细菌包括紫色硫细菌、紫色非硫细菌和绿色硫细菌等,在光合作用中不产生 O_2,以硫化氢为光合作用的电子供体,在细胞内或外积累 S,并可进一步氧化为硫酸(光合磷酸化机制详见 6.1.5)。在好氧或微好氧条件下,硫化细菌氧化还原性硫化物或元素硫为硫酸,在氧化硫化物过程中,所生成的 S 分泌至体外或进一步被氧化,细胞内无硫颗粒。硫化细菌为专性或兼性化能自养型细菌,主要为硫杆菌属,如氧化硫硫杆菌、氧化亚铁硫杆菌等(硫化细菌的生物氧化过程及其机制详见 6.1.4 节)。

4. 还原作用(反硫化作用或异化性硫酸盐还原)

还有一些微生物,它们能在厌氧条件下以硫酸盐作为无氧呼吸链末端的电子受体,将其还原为 H_2S,此过程称为反硫化作用(desulfurization),也称为异化性硫酸盐还原(dissimilatory sulfate reduction)。硫酸盐还原(或硫酸盐呼吸)生物氧化过程及其机制详见 6.1.2 节。主要的硫酸盐还原菌有脱硫弧菌属、脱硫肠状菌属、脱硫单胞菌属等。

9.2.4 磷素循环

磷也是生物体的重要元素之一，细胞质膜、细胞质和细胞核中都有磷素存在。自然界存在许多无机磷化合物（如岩石和土壤中的不溶性磷酸盐或难溶性的磷矿石）和海洋、湖泊等水体、生物残体中的有机磷化合物（如核酸和磷脂等），二者一般均难被植物利用。磷的生物地球化学循环包括 3 个过程：

1. 有机磷矿化

动植物和微生物残体中的有机磷化合物进入土壤后，经微生物降解转化为可溶性的无机磷 PO_4^{3-}。

2. 磷的有效化

岩石和土壤中难溶性无机磷酸盐在微生物产生的有机酸和无机酸作用下转变为可溶性的无机磷。

3. 磷的同化

植物和微生物通过同化作用将可溶性的无机磷转变为有机磷。

微生物参与磷素循环的所有过程，但没有磷的氧化和还原或化合态的变化，主要是实现磷酸根的无效化和有效化的转化过程。提高土壤有效磷含量的磷细菌肥料，就是由有机磷分解能力强的细菌扩大培养制成的。

9.2.5 铁素循环

铁是细胞色素和许多酶的组分。微生物参与的铁素循环过程基本是氧化、还原和螯合作用（图 9-5）。

1. 铁的氧化和沉积

在铁氧化菌作用下，亚铁化合物（Fe^{2+}）被氧化成高铁化合物（Fe^{3+}）而沉积下来。能将 Fe^{2+} 氧化成 Fe^{3+}，以获得能量的微生物有：中性条件下的化能无机自养型细菌嘉利翁氏菌属、酸性条件下的钩端螺菌属（*Leptospirillum*）和硫杆菌属的氧化亚铁硫杆菌、氧化亚铁亚铁杆菌（*Ferrobacillus ferrooxidans*）、热酸性条件下的硫化叶菌属等，上述铁氧化菌均能在有氧时将 Fe^{2+} 氧化成 Fe^{3+}。它们可腐蚀铁管，造成危害。铁细菌的生物氧化机制参见 6.1.4 节。

最近报道某些紫色光合细菌在光照、厌氧条件下以 Fe^{2+} 为电子供体，将其氧化为 Fe^{3+}。

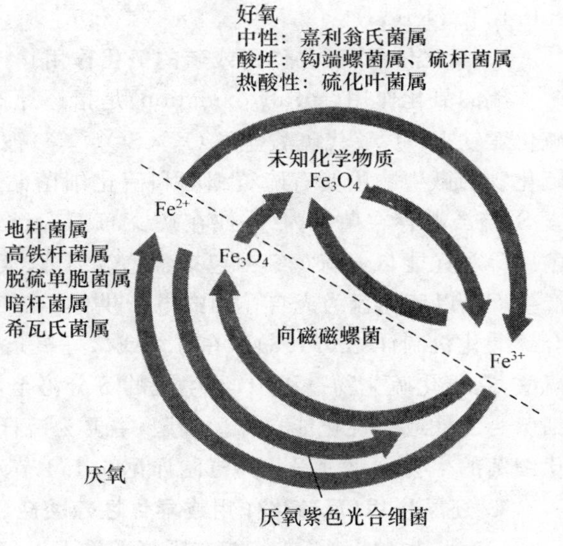

图 9-5 微生物在铁素循环中的作用

（引自 Prescott，2002）

2. 铁的还原和溶解

铁还原菌可以使高铁化合物（Fe^{3+}）还原成亚铁化合物（Fe^{2+}）而溶解。在厌氧条件下铁还原菌以有机物为碳源和能源，以 Fe^{3+} 为电子受体，使其还原为 Fe^{2+}。常见的微生物类群，如地杆菌属(*Geobacter*)、高铁杆菌属(*Ferribacterium*)、脱硫单胞菌属、暗杆菌属(*Pelobacter*)和希瓦氏菌属(*Shewanella*)等化能异养型细菌。其中,地杆菌属的硫还原地杆菌(*Geobacter sulfurreducens*)能够除去地下水中溶解的铀,可作为细菌制剂清除铀的污染;金属还原地杆菌(*Geobacter metallireducens*)可开发为微生物燃料电池。

另外,在厌氧条件下,趋磁螺菌(*Magnetospirillum magnetotacticum*, *Magnetospirillum magneticum*)也能将细胞外的 Fe^{3+} 还原为细胞内混合化合价的磁铁矿(Fe_3O_4)颗粒;某些细菌还能在细胞外堆积磁铁矿(Fe_3O_4)颗粒。目前海底发现的大量磁铁矿石,就充分证明趋磁细菌在铁素循环中的重要作用。

3. 铁的吸收和螯合作用

许多细菌和真菌可以分泌相对分子质量低的铁螯合体(或铁载体),和 Fe^{3+} 结合,形成铁-铁载体复合物(参见 5.3.5 节和图 5-7),通过铁螯合化合物将铁转运至细胞内。

微生物也参与其他少量和迹量元素(如锰、钙、硅等)的循环,并起重要作用,在此不一一赘述。

9.3 微生物与其他生物的关系

在自然界中,微生物的生态分布和生命活动除了受非生物环境因素的影响外,也受着各种生物环境因素的影响,微生物与高等植物、动物之间以及微生物之间存在着共生、互生(共栖)、寄生、拮抗、捕食等关系。但是这种生物间的相互复杂关系只有通过一些具体的种类才能体现出来。不是每一种微生物与其他生物之间都能表现出这几种关系,而且这些关系之间又是没有明显界限的。

9.3.1 共生关系

共生(symbiosis)是指两种生物共居在一起,二者相互分工合作、相依为命,甚至达到难分难解、合二为一的极其紧密的一种相互关系。

1. 微生物间的共生

由某些藻类或蓝细菌与真菌组成的地衣是微生物之间典型的共生体,形成特定的结构。当地衣中的藻类或蓝细菌进行光合作用,某些藻类还可以固定大气氮素,可为真菌提供有机化合物作碳源和能源、氮源以及 O_2,而真菌菌丝层则不仅为藻类或蓝细菌提供栖息之处,还可提供矿物质营养和水分,甚至生长的营养物质。沼气发酵池中产氢产乙酸细菌与氢营养产甲烷细菌间的互养共栖关系也是共生体的典型。产氢产乙酸菌发酵乙醇产生乙酸和分子 H_2;当环境中 H_2 浓度升至 5.1×10^4 Pa 时,产氢产乙酸细菌生长受到抑制,但产甲烷细菌则利用分子 H_2 产生甲烷(参见 11.5.2 节)。

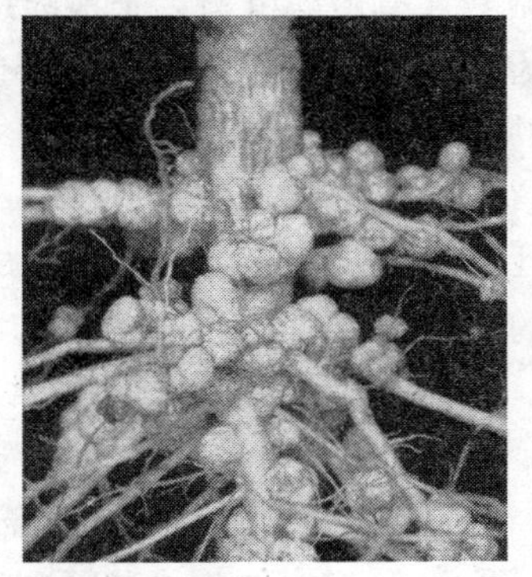

图 9-6 大豆根瘤菌

(引自 Madigan M T et al,2006)

2. 微生物与植物间的共生

(1) 根瘤菌与植物间的共生

在微生物和植物的共生关系中,主要有豆科植物与根瘤菌的共生和非豆科植物与放线菌、蓝细菌和根瘤菌的共生。

① 根瘤菌和豆科植物的共生固氮作用是微生物和植物之间最重要的互惠共生关系。根瘤菌入侵植物根系,形成根瘤

(root nodule,图 9-6),根瘤内细菌才具有固定大气中游离氮的能力,为植物提供氮素养料;豆科植物根系的分泌物(类黄酮等化合物)刺激根瘤菌生长,保证根瘤菌稳定的生长条件。共生固氮对于保持土壤肥力,提高农作物产量有重要作用。

② 非豆科植物与放线菌的共生固氮。非豆科植物主要是木本植物,在与微生物的共生关系中主要的植物有赤杨属(*Alnus*)、木麻黄属(*Casuarina*)、杨梅属(*Myrica*)、沙棘属(*Hippophae*)、鼠李属(*Rhamnus*)、胡枝子属(*Elacagnus*)、马桑属(*Coriaria*)等。放线菌与宿主植物有很强的专一性,如桤木弗兰克氏菌(*Frankia alni*)只和桤木根建立共生体。根瘤的形态、结构与豆科植物的根瘤不同。开始形成根瘤时在根上出现小的突起,1~2 周后许多小球状根瘤簇生在一起。根瘤的内部结构和根的结构相类似,有顶端分生组织。分生组织后面分化出成行排列的细胞,外面是皮层,内生菌丝存在于皮层细胞中,最外面是周皮。

(2) 叶瘤和茎瘤

在某些植物的叶上长有叶瘤(leaf nodule 或 bacterial nodule)或茎瘤(stem nodule)。叶瘤常着生在叶缘或叶尖,内主要为细菌。长期以来,人们都把叶瘤作为共生固氮的组织。从这些叶瘤中分离得到的细菌有分枝杆菌属、克雷伯氏菌属、色杆菌属(*Chromobacterium*)、产碱杆菌属和黄杆菌属等属的一些种。它们多数都不能固氮。这种在植物茎、叶和果实表面的微生态环境中生活的微生物称为附生微生物(epithytic microorganism),它们可为植物提供一定的保护作用,某些附生微生物可以产生有毒或令动物厌恶的味道,防止昆虫或食草动物取食,有些附生微生物与植物的冻害有关。

(3) 菌根

菌根(mycorrhiza)是真菌(子囊菌和担子菌)与植物根系形成的特殊共生体。根据其形态学特征,可分为外生菌根与内生菌根两大类:

① 外生菌根。它是真菌菌丝体紧密包围被子植物和裸子植物(一般为乔木树种)幼嫩根部而形成的致密鞘套,某些鞘套外面生长菌丝,部分菌丝侵入外皮层细胞间隙,形成特殊网状结构(参见 3.3.1 节及图 3-10c,d)。外生菌根向植物提供生长素、维生素、抗生素、细胞分裂素和脂肪酸等代谢产物,促进植物生长,并帮助植物吸收水分和磷、钾、钙、氮等营养物质。外生菌根还可提高植物对病原菌侵染的抗性。

② 内生菌根。它是在植物根的皮层细胞间和细胞内存在的真菌菌丝体,共生的植物仍保留根毛。根据共生真菌的特点,可分为两种类型: AM 菌根和非 AM 型菌根。AM 菌根是由无隔真菌侵染植物后于根的皮层细胞内形成的泡囊(vesicle)和丛枝(arbuscule)状结构,也称为"泡囊-丛枝菌根"(vesicular-arbuscular mycorrhiza,即 VAM 菌根),能帮助植物吸收土壤中的磷和其他元素,促进植物生长。非 AM 型内生菌根是担子菌等有隔真菌在兰科和杜鹃花科植物中形成的菌根,与植物有很强的共生专一性,如兰科植物种子没有菌根,真菌就不能萌发;杜鹃花幼苗没有菌根就不能成活。非 AM 型内生菌根能加强植物对氮、磷和复杂碳水化合物的利用,提高植物的生活力。

3. 微生物与动物间的共生

(1) 微生物与昆虫的共生

在白蚁、蟑螂等昆虫的肠道中大量的细菌和原生动物与其共生。以白蚁为例,其后肠中至少生活着 100 种细菌和原生动物(其中已有 30 多种经过鉴定),数量极大(肠液中含细菌为 10^7~10^{11}个/mL,原生动物为 10^6 个/mL)。它们可在厌氧条件下分解纤维素供白蚁营养,而微生物则可获得稳定的营养和其他生活条件。这类仅生活在宿主细胞外的共生生物，称为外共生生物。在蟑螂、蝉、蚜虫等许多昆虫的细胞内，有一类内生生物，它们可为昆虫提供B族维生素等成分。

(2) 瘤胃微生物与反刍动物的共生

反刍动物牛、羊、鹿、骆驼、长颈鹿等动物都有瘤胃、蜂巢胃、瓣胃和皱胃4部分组成复杂的反刍胃。通过与瘤胃微生物(rumen microbe)的共生，它们才可消化植物的纤维素。其中，反刍动物为瘤胃微生物提供纤维素和无机盐等养料、水分、合适的温度和pH以及良好的搅拌和无氧环境；而瘤胃微生物则协助其把纤维素分解成有机酸以供瘤胃吸收，同时，由此产生的大量菌体蛋白，通过皱胃的消化而向反刍动物提供充足的蛋白质养料(占蛋白质需要量的40%～90%)。

牛瘤胃的容积可达100 L以上，其中约生长着100种细菌和原生动物，且数量极大(细菌达10^9～10^{13}个/g内含物，原生动物可达10^4个/g内含物)。荷兰和美国等国学者发现，若在牛饮料中添加1.3%～1.5%的磷酸脲，可促进瘤胃微生物的生长繁殖，从而达到增奶8%～10%、增重5%～10%、降低饲料消耗3%～5%和提高经济效益12%～12.5%的显著作用。

(3) 微生物与海洋生物的共生

海洋中的某些鱼类和无脊椎动物与发光细菌也能建立一种特殊的共生关系，如海生鱼类中常见的发光细菌有发光杆菌属(*Photobacterium*)、弧菌属和贝内克氏菌属(*Beneckea*)等。动物的眼、腹腔、直肠和颚等为共生细菌提供居住的场所和营养；发光细菌在全黑暗的深海生境中发光帮助动物捕食、识别配偶和逃避危险。

9.3.2 共栖关系

共栖关系(commensalism)或称互生关系。是指两种可以单独生活的微生物共栖在一起。共栖关系有两种：

① 其中一个得益，而另一个不受影响。例如，好氧微生物和厌氧微生物共栖时，好氧性微生物消耗环境中的氧，为厌氧性微生物的生存和发展创造厌氧条件。还可以是一个微生物群体为另一个群体提供营养基质，如厌氧消化过程中，水解性细菌和产氢产乙酸细菌为产甲烷细菌提供生长和产甲烷的前体，如H_2、CO_2、乙酸、甲酸等。这种关系在自然界中是十分普遍的，而且对于微生物类群的演替具有重要的生态意义。

② 两个微生物群体共栖时互为有利的现象，即互利的共栖关系。共栖可使双方都能较单独生长时更好，生活力更强。例如，纤维分解菌和固氮细菌的共栖，纤维分解菌分解纤维素产生的糖类和有机酸，为固氮细菌提供碳源和能源；而固氮细菌固定的氮素可为纤维分解微生物提供氮源，互为有利，促进了纤维素分解和氮素固定。又如，在乙酸、丙酸、丁酸和芳香族化合物的厌氧降解产甲烷过程中，各降解菌(产氢产乙酸细菌)分解这些物质为H_2、CO_2和乙酸等，为产甲烷细菌提供生长和产甲烷的基质，而这些降解菌在高氢分压的环境中便不能降解这些物质，正是由于产甲烷细菌利用了环境中的氢，使环境中维持低氢分压，促使这些降解菌继续发挥作用。

根际微生物与高等植物之间也存在互生关系。根际是指邻接植物根的土壤区域，其中的微生物称为根际微生物(rhizosphere microorganism)。植物的根系及体表分泌有机酸、糖类、氨基酸、维生素等物质，提供某些根际微生物和附生微生物的碳源和能源。另外，根系的穿插改善了根际的通气条件、水分状况和温度,使根际成为有利于微生物生长的特殊生态环境;根际微生物的活动加速了根际有机物和矿物质的分解。固氮微生物的固氮作用和根际微生物分泌的生长刺激物和抗生素等,既能促进植物生长,又可抑制植物病原菌的活动。

动物和人体正常菌群与其宿主之间也存在互生关系。动物及人体的肠道为微生物提供了良好的生态环境;肠道内的正常菌群又可以合成动物和人体所必需的各种营养物质,如维生素B_1、B_2、B_{12}、维生素K、生物素、烟酸和氨基酸等,对动物和人体生长发育具有重要作用,而且正常菌群还可以抑制或排斥外来病原微生物的侵入和寄生。

9.3.3 寄生关系

寄生(parasitism)关系是指一种小型生物生活在另一种较大型生物的体内或体外,摄取供其生长和繁殖的营养,使后者遭受损害甚至致死的现象。被寄生的生物称为寄主,寄生的生物称为寄生体或寄生物。寄生现象与共生现象相反,在共生现象中两个生物彼此有利,而在寄生现象中,仅寄生生物获益,而寄主受害。根据寄生物脱离寄主后能否生长繁殖,可将其分为专性寄生物(obligate parasite,脱离寄主不能生长繁殖)和兼性寄生物(facultative parasite,脱离寄主后营腐生生活)两类。微生物是生物界中主要的寄生物,包括病毒、噬菌体、立克次氏体、细菌、真菌、藻类和原生动物。

1. 微生物间的寄生

微生物间寄生的典型例子是噬菌体与其宿主菌的关系。1962年,Stolp等人发现了小型细菌寄生在大型细菌中的独特寄生现象,从而引起了学术界的巨大兴趣。小细菌称为蛭弧菌(参见2.5.5节),至今已知有3个种,其中研究得较详细的是能在大肠杆菌、假单胞菌细胞内寄生的食菌蛭弧菌。噬菌体也可在蛭弧菌中寄生,遂构成了蛭弧菌噬菌体-蛭弧菌-寄主细菌之间“三位一体”的寄生系统。细菌与真菌之间也存在寄生关系,如土壤中某些溶真菌的细菌,侵入真菌体内生长繁殖,最终使真菌菌丝溶解,直至将真菌杀死。此外,真菌与真菌之间也存在寄生关系,如寄生于立枯丝核菌(*Rhizoctonia solani*)菌丝中的某些木霉菌丝和寄生于毛霉菌丝内的某些盘菌属(*Peziza*)的菌丝。另外,某些真菌还能寄生于藻类细胞中。

2. 微生物与植物间的寄生

微生物寄生于植物的例子是极其普遍的,各种植物病原微生物都是寄生物,其中以真菌和病毒居多,细菌相对较少。按寄生的程度划分,可分为专性寄生物和兼性寄生物两种:前者如真菌中的白粉菌属(*Erysiphe*)、霜霉属(*Peronospora*)以及全部植物病毒等;后者是除寄生生活外,还可营腐生生活,在死植物或人工配制的培养基中生长的。植物病原菌主要通过伤口或气孔进入植物体内,引起的植物病害,严重影响作物产量,对人类危害极大,应采取各种手段进行防治。

3. 微生物与动物间的寄生

寄生于动物的微生物即为动物病原微生物,其种类极多,包括各种病毒、细菌、真菌和原生动物等。其中最重要和研究得比较深入的是寄生于人体和高等动物的病原微生物。病原微生物可通过动物和人体皮肤、口腔、胃肠道传播,也可通过水体、食物、土壤和空气传播。另一类是寄生于有害动物,尤其是多数昆虫的病原微生物,包括细菌、病毒和真菌等。后者可用于制成微生物杀虫剂(microbial pesticide)或生物农药(生物杀虫剂,biopesticide),例如用苏云金芽孢杆菌制成细菌杀虫剂和以各种病毒多角体制成的病毒杀虫剂等。当然,寄生于昆虫的真菌也有可能形成名贵中药,如冬虫夏草。

9.3.4　拮抗关系

拮抗作用(antagonism)又称抗生作用或偏害共生(amensalism),是指由于某种生物的代谢活动而产生的特定代谢产物或改变的环境条件,抑制他种生物的生长发育,甚至杀死它们的一种互相关系。这种现象在自然界中极为普遍,称为拮抗现象。根据拮抗作用的选择性,微生物间的拮抗关系可分为非特异性拮抗和特异性拮抗两类。

1. 非特异性拮抗

一类微生物的代谢活动改变了环境条件,使之不适合其他微生物类群的生长和代谢(非特异性抑制另一类微生物的作用)。通常微生物可通过产酸、产乙醇或改变氧分压等方法来改变环境条件,如:① 产酸。民间腌制酸菜、泡菜或青贮饲料的过程中,创造厌氧条件,促进乳酸菌的生长,乳酸菌发酵结果降低了环境的 pH,使其他不耐酸微生物不能生存,而腐败酸菜或泡菜中的乳酸细菌却不受影响。② 产乙醇。在牲畜的青贮饲料制作过程中,酵母菌或发酵单胞菌发酵葡萄糖产生乙醇,低浓度的乙醇抑制除醋酸杆菌外的其他微生物生长。③ 改变氧分压。如腌制泡菜或青贮饲料时,在密封容器中,当好氧菌和兼性厌氧菌消耗了残存的氧气后,就为各种乳酸细菌创造了厌氧菌生长、繁殖的良好条件。通过它们产生的乳酸对其他腐败细菌的拮抗作用,保证了泡菜或青贮饲料的风味、质量和良好的保藏性能。

2. 特异性拮抗

微生物在生命活动过程中产生的某种次级代谢产物(如细菌素和抗生素等),可在低浓度下特异性抑制或杀死另一类微生物的作用。细菌素(bacteriocin)常是某些细菌产生的抑制或杀死亲缘关系相近类群的多肽,其作用范围较窄,如大肠杆菌和肠杆菌属细菌产生的大肠杆菌素(colicin)、铜绿假单胞菌产生的绿脓菌素等。抗生素是微生物产生的一类具有选择性地抑制或杀死他种微生物的次级代谢产物,不同种类与结构的抗生素可以选择性地抑制各类不同的微生物,但对其自身却毫无影响,如青霉菌产生的青霉素,抑制 G^+ 细菌生长,链霉菌产生的制霉菌素抑制酵母菌和霉菌生长(参见 6.4)。

9.3.5　捕食关系

捕食(predation)又称猎食,一般指一种大型的生物直接捕捉、吞食另一种小型生物以满足其营养需要的相互关系。

在自然界中最典型的、最大量的捕食关系是原生动物对细菌、酵母菌、放线菌和真菌孢子等的捕食。除此之外,还有藻类捕食其他细菌和藻类、原生动物也捕食其他原生动物、真菌捕食线虫等。捕食关系对净化环境,对生物防治具有一定意义。

复习思考题

1. 为什么说土壤可以成为微生物生存的大本营?
2. 比较土壤、水体及大气生境中的微生物,它们有什么不同?简述微生物在各生态系统中的作用。
3. 简述极端环境中的微生物种类与特性,研究极端微生物有什么重要意义?
4. 工农业产品中经常污染的微生物有哪些?对人体有什么危害?常采取哪些防范措施?
5. 什么是碳素循环?为什么说微生物在这种循环中起着不可替代的作用?

6. 什么是氮素循环？为什么说微生物在自然界氮素循环中起着关键作用？

7. 简述微生物在硫、磷、铁循环中的作用。

8. 在微生物的生物环境中微生物与其他生物之间存在几种相互关系？举例说明。

9. 从根瘤和菌根的特点比较，说明微生物与植物根的互惠共生关系。

10. 微生物与动物间的相互关系分几类？根据其相互作用类型和特点列表比较，并举例说明。

11. 微生物与植物间的相互关系分几类？根据其相互作用类型和特点列表比较，并举例说明。

12. 微生物与微生物间的相互关系分几类？根据其相互作用类型和特点列表比较，并举例说明。

13. 解释下列名词：

(1) 生物地球化学循环；

(2) 微生物生态学；

(3) 极端环境微生物；

(4) 生物固氮、氨化作用、硝化作用、反硝化作用、同化性硝酸盐还原、异化性硝酸盐还原；

(5) 脱硫作用(含硫有机物的矿化)、硫化作用(硫的氧化作用)、同化性硫酸盐还原、反硫化作用(异化性硫酸盐还原)；

(6) 共生、寄生、共栖(互生)、拮抗；

(7) 根际微生物、附生微生物、根瘤、菌根(外生菌根、内生菌根)。

10 微生物的进化和分类

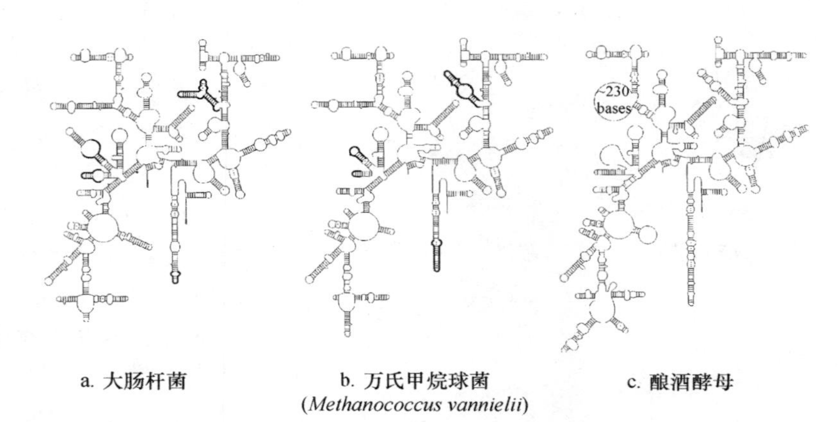

图 10-1 真细菌、古菌、真核生物三界 16S rRNA(18S rRNA)比较

(引自 Prescott et al,2005) 注：图中粗黑线表示真细菌和古菌的差别

地球诞生于大约45亿年前，在其形成10亿年后，出现了最早的生命。约在35亿年前的"海底黑烟囱"和叠层石微体化石中，发现了球状和丝状原始生物的化石，类似绿硫细菌和多细胞丝状绿菌，它们可能为化能无机自养菌和不产氧光合细菌的起源。这说明至少35亿年前，原核生物已经占领了地球。25～35亿年前的叠层石化石中发现了产氧型光合细菌——蓝细菌，进行光合作用的蓝细菌释放氧气，逐步改变了地球大气层中氧的浓度。17亿年前，各种真核生物才相继诞生，随后带来了地球上生物多样性爆发式的发展。探讨生物间的进化谱系和系统发育关系，是分类学研究的重要内容。本章将重点介绍微生物物种的多样性及其进化，微生物的分类单元和命名，原核微生物的伯杰氏分类系统和真菌分类系统，微生物的分类鉴定方法等。

10.1 微生物的多样性及其进化

微生物的多样性如本书前几章中阐述过的，包括营养类型和代谢类型的多样性、遗传变异和生态系统的多样性以及物种的多样性。本节将简要介绍原核微生物（真细菌、古菌）和真核微生物（真菌等）的多样性及其进化（evolution）。

10.1.1 微生物化石

地球诞生约在45亿年前，其后几亿年地壳开始凝固，原始海洋可能就是原始生命的诞生地。地球经历了漫长的化学进化历程：① 有机小分子的非生物合成；② 生物大分子的非生物合成;③ 蛋白质及核酸等多分子体系的建成(前生命的诞生);④ 前细胞的形成。前细胞继续进化,通过自然选择,这类能够生长和复制、具有原始代谢能力、由膜包裹的 DNA-RNA-蛋白质体系,经过逐渐进化形成了地球上的第一个真正的细胞。也就是说,在地球诞生 10 亿年后,约在 35 亿年前在地球进化历程中诞生了生命。

生命既然在地球上发生,漫长的历史年代就会遗留下来大量的古生物化石。

① 最早发现的化石表明原核生物(早期细菌)繁衍于 35 亿年前。

日本学者在澳大利亚西部约 35 亿年前的古地层中发现被石英封闭的气泡中存在生物制造的甲烷,一些学者认为澳大利亚西部瓦拉伍那群中 35 亿年前的嗜热甲烷古菌可能是最早的生命证据。20 世纪 70 年代末,在太平洋东部洋嵴上发现在海底熔岩附近的硫化物丘体——"硫化物烟囱"或称"海底黑烟囱",水深 2000~3000 m、压力 265×10^5~300×10^5 Pa,水温最高达 350℃ 的热泉口附近存在特殊的生态系统(图 10-2)。在热泉喷水口周围发现有古菌化石和大量极端嗜热古菌生存,这些古菌的基因组是生物中最原始的。一些学者认为这种还原性热水环境(高温、高压、高盐、低 pH、没有阳光和严格厌氧的条件),很接近地球早期化学进化和生命起源的环境。以化能无机自养方式代谢,为最原始的古老生命形式。为此提出原始生命起源于海底黑烟囱周围的假说。

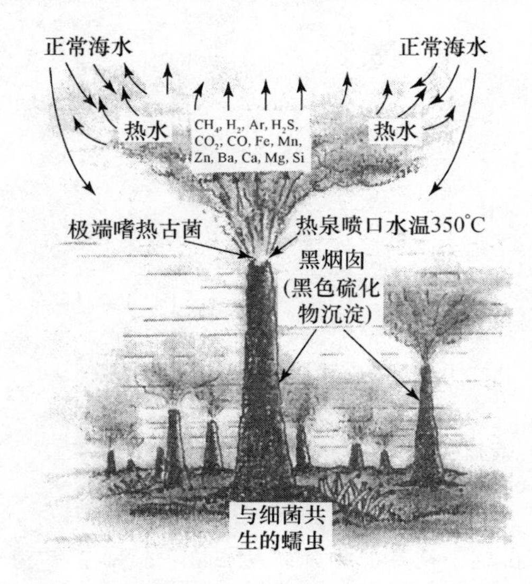

图 10-2 海底黑烟囱热泉水喷口

(引自张昀,1998)

在非洲南部和澳大利亚西部发现的 35 亿年前叠层石(stromatolite)微体化石(microfossil)中的形态多样的原核生物化石,类似于绿硫细菌和多细胞丝状绿菌,表明不产氧光合细菌起源也很早。

② 最早的产氧型光合细菌(蓝细菌)的叠层石(图 10-3,图 10-4),则是在 25~35 亿年前形成的,此类细菌类似于现今的蓝细菌或称蓝藻。

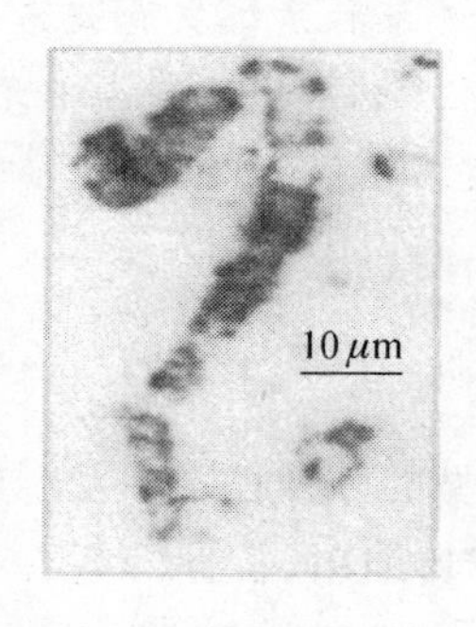

图 10-3 蓝细菌的化石 (35 亿年前)

(引自 Starr C,1991)

图 10-4 叠层石及蓝细菌遗体化石

(引自 Starr C,1991)

③ 根据 rRNA 分子生物学的研究,多数学者认为 30 亿年前真核生物就已从始祖原核生物(或共同祖先)进化出独立的分支了。但最早的真核生物化石大约发现于 14~20 亿年前的地层中。

a. 发现于加拿大西南部的冈弗林特燧石层中的球状微生物和我国长城群串岭沟页岩中的化石，是最早的真核单细胞生物化石(大约 19 亿年前)。

b. 发现于加利福尼亚 14～15 亿年前地层中的绿藻化石，与现今的单细胞藻类类似，也是较早古真核生物的记录。多细胞动物和植物的化石出现于大约 6 亿年前。原核微生物独领风骚占优势时期近 30 亿年。

综上所述，可以看出，地球上所有的生物都依赖于原核生物。古代原核生物曾经处于进化的中心。早期地球被缺氧大气包围，蓝细菌的出现，才使原本无氧的大气逐渐增加了氧的浓度，只有大气中氧的成分达到一定浓度，好氧真核生物才得以产生。试想，大气中若仍然没有游离氧的释放，地球上仍然是厌氧原核生物世界，大多数需氧真核生物不可能进化；若没有原核生物，自然界碳、氮、磷、硫等元素循环也会终止，动植物也将会毁灭。所以，原核生物在环境和进化两方面都是所有生物的基础。

10.1.2　系统发育树

目前我们认识的微生物只有 15～20 万种，仅占估计数量的 5%～10%，其数目正以惊人的速度递增。为了利用有益微生物、控制有害微生物，充分开发新的微生物资源，必须对庞大的微生物类群进行分类、鉴定和命名。

生物分类存在两种原则：① 根据表型特征(phenetic characteristic)相似程度分群归类，主要根据微生物的形态、生理、生化、生态和生活习性等特征推断微生物的系统发育。② 按照生物系统发育相关性水平(以 16S rRNA、18S rRNA 或 DNA 的(G+C) mol%等作为进化的指征)进行分群归类，探讨生物间的进化关系，建立反映生物间亲缘关系的分类系统，即生物系统学(systematics)。按系统发育进行分类现已普遍被生物学工作者所接受。特别是微生物个体微小、结构简单、易变异、又缺乏化石资料，对微生物进行分类就会有更多困难。

20 世纪 70 年代 Woese 等人对近 400 种原核生物(细菌)的 16S rRNA 和真核生物中的 18S rRNA 序列比较其同源水平后，揭示了微生物的系统发育(phylogenetic development)关系(参见 1.2 节)。图 10-5 为生物三大域(三原界)系统树示意图。1977 年由 Woese 和 George

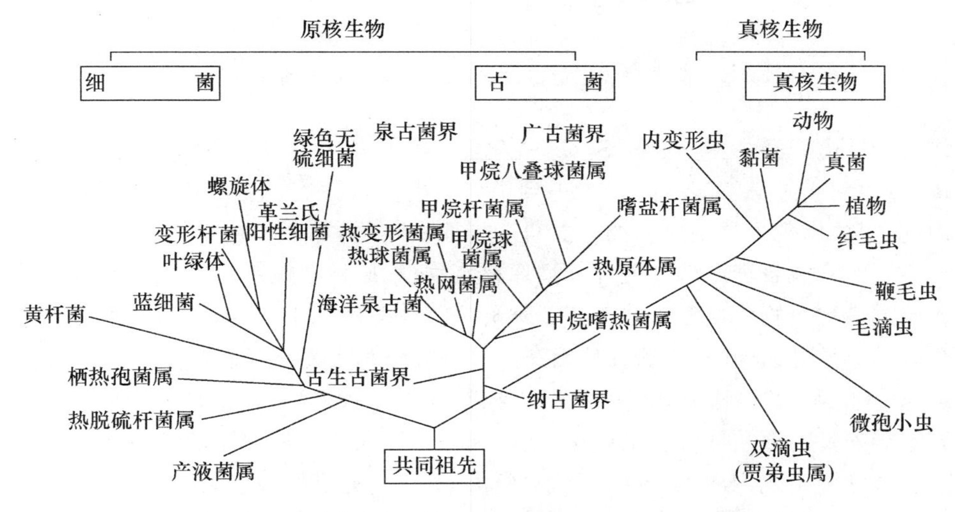

图 10-5　生命系统发育树(根据 16S rRNA 和 18S rRNA 序列绘制)

(引自 Madigan et al，2006)

Fox(福克斯)提出了生命三域分类学说。在生物进化过程的早期,由生物的共同祖先分出3条进化路线,由细菌域(细菌原界)发展为今天的真细菌,由古菌域(古菌原界)和真核生物域(真核生物原界)发展为今天的古菌和真核生物。由图中看出,古菌与真核生物间的关系较与真细菌间的关系更密切。古菌分支点离根部最近且分支距离最短,表明古菌是最原始的一个类群,其进化变化最少。真核生物离共同祖先最远,为进化程度最高的生物种类。有人根据古菌具有细菌的形式,真核生物的内涵(启动子、转录因子、DNA聚合酶与真核生物相同),提出原核生物吞食一个古菌,并由古菌的DNA取代寄主的RNA基因组,从而产生真核生物的假说。

10.1.3 原核微生物的多样性及其进化

原始生物的结构和能量代谢必定简单(一定是原核细胞!)。当原始生命(第一个原核细胞)在地球上出现时,原始海洋和大气缺氧,最早的原核生物可能是厌氧和化能异养型,它们的酶系统和代谢类型简单,从原始海洋中直接吸收有机分子(包括ATP)或对原始海洋中丰富的有机质发酵获取能量(图10-6a),如原始梭菌类、原始脱硫弧菌类。它们在厌氧条件下以还原

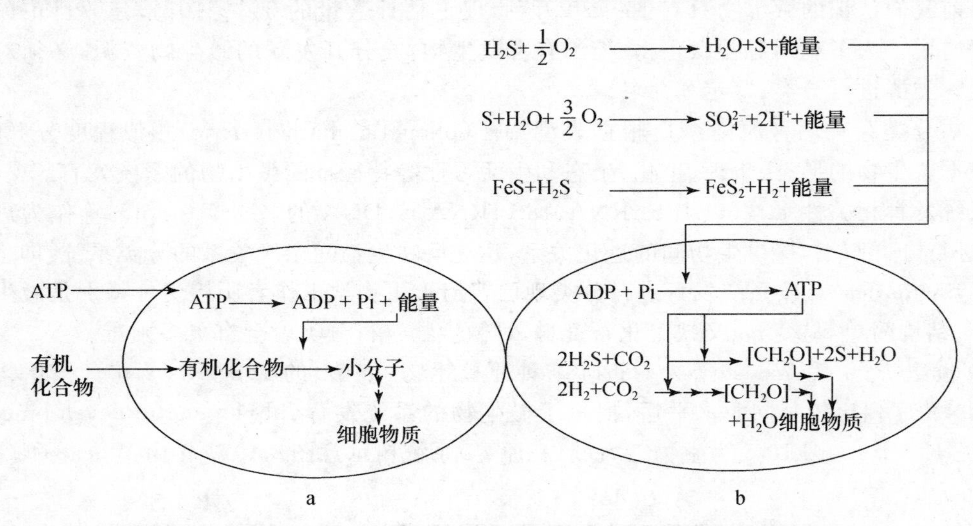

图10-6 早期化能异养型能量转移(a)和早期化能自养型能量转移(b)

硫酸盐作为最终电子受体,生成H_2S。厌氧化能异养型原核生物的发展,导致原始海洋中的有机质逐步耗尽,于是ATP不足,生物遇到了第一次能量危机。能源的缺乏推动了细胞中酶合成能力的进化,出现了严格厌氧的化能自养型原核生物,如原始产甲烷古菌和超嗜热古菌。接着出现厌氧的光能自养型和光能异养型原核生物(如原始红螺菌)。原始产甲烷古菌依靠发酵或氧化硫或铁化合物生成黄铁矿和H_2分子,H_2被分解为电子和质子,质子穿膜建立质子驱动力合成ATP(图10-6b);原始红螺菌在厌氧条件下利用光能及同化简单有机物获得能量,这些生物以CO_2为碳源,利用大气中的H_2或从H_2S光解得到的H^+,使CO_2还原成细胞物质。在光能异养型的原始红螺菌细胞中,已发现有含镁的卟啉和菌绿素,可进行原初光化学反应。一旦原核细胞进化到出现叶绿素分子,便由H_2O光解代替H_2S光解,产生H^+还原CO_2,同时释放O_2,这样,放氧的光能自养型原始蓝细菌就诞生了。元古宙长达10亿年的时间,称为"蓝菌时代",自养的蓝细菌是生产者,异养的细菌是分解者,构成了生物合成和分解的生态

系统，于是完成了早期进化的一次巨大飞跃。

O_2 作为最终电子受体，从氧化有机物获得的能量远比厌氧菌无氧呼吸和发酵产能更多；O_2 的存在，使原始厌氧型原核生物的生存受到威胁，原核生物只有改变营养和代谢类型才能生存。从厌氧发展为好氧，原核生物便从原始深海洋或火山岩的无氧环境移向地表或海洋表层的有氧环境。为一切需氧生物的起源和发展开辟了广阔的前景，为动植物起源创造了条件，使生物界日益繁盛。

根据 16S rRNA 分析，原核生物进化分为两个主要分支：真细菌和古菌。真细菌的系统发育树如图 10-7 所示。将《伯杰氏系统细菌学手册》第Ⅱ版中 26 个门归纳为细菌系统发育的 19 个独立类群。古菌系统发育树参见图 2-36。

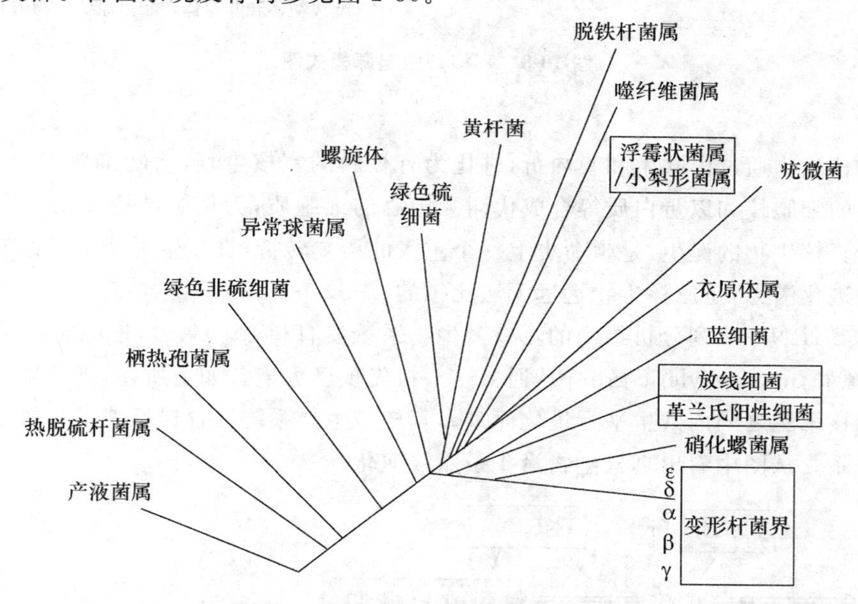

图 10-7 根据 16S rRNA 序列分析得出的真细菌系统发育树

（引自 Madigan et al，2006）

产液菌属（*Aguifex*），热脱硫杆菌属（*Thermodesulfobacterium*），栖热孢菌属（*Thermotoga*），绿色非硫细菌（green non-sulfur bacteria），异常球菌属（*Deinococcus*），螺旋体（spirochaeta），绿色硫细菌（green sulfur bacteria），黄杆菌（flavobacterium），脱铁杆菌属（*Deferribacter*），噬纤维菌属（*Cytophaga*），浮霉状菌属（*Planctomyces*），小梨形菌属（*Pirella*），疣微菌（verrucomicrobium），衣原体属（*Chamydia*），蓝细菌（cyanobacterium），放线细菌（actinobacterium），革兰氏阳性细菌，硝化螺菌属（*Nitrospira*），变形杆菌界（protebacteria）

10.1.4 真核微生物的多样性及其进化

真核细胞与原核细胞最大差别是真核细胞有细胞质膜包围的细胞核和细胞器。结构如此简单的始祖原核生物细胞究竟怎样发展到有细胞核、细胞质、细胞器等复杂结构的始祖真核生物细胞的？现在普遍接受的观点是，真核细胞进化包括两个过程：① 膜内折（membrane infolding）（图 10-8a）：即真核细胞的内膜系统，都是从原核细胞的细胞质膜内折进化而来的。高尔基体等则可能由内质网膜再内折形成。真核细胞起源根本的关键是细胞核的起源，但至今仍没有证据说明细胞核是如何进化的。② 内共生（endosymbiosis）（图 10-8b）：即真核生物是原始的原核细胞之间（化能异养型和光能自养型的始祖原核微生物）以内共生方式逐步发展起来的。内共生学说为多数学者接受。

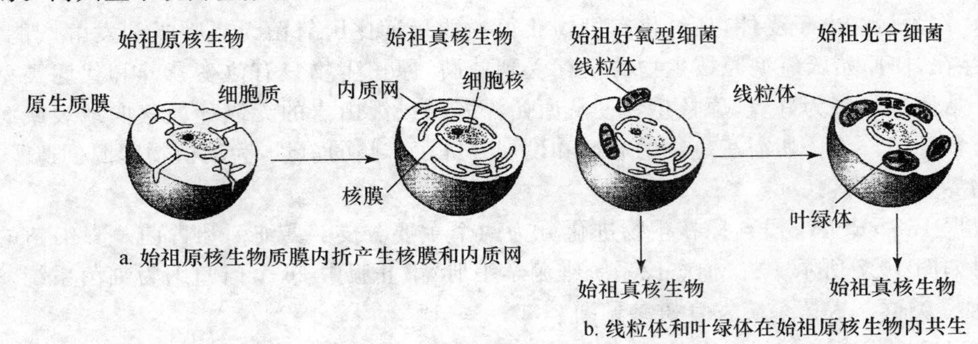

图 10-8　真核细胞起源模式图

（改绘自 Campbell，1996）

始祖原核生物通过内共生和膜内折，进化为有核膜的真核生物，生物细胞便分为以复制、遗传为中心的细胞核和以蛋白质等合成代谢为中心的细胞质，为细胞结构和功能的多样化创造了条件。真核生物的诞生，是生命史上一个重大的历史转折，真核生物从一开始就表现出的这种极大的进化潜力，是原核生物远远无法比拟的。

按照 18S rRNA 序列分析绘制的真核微生物系统发育树（图 10-9），推测它们来源于单一的祖先（单源群，monophyletic group），通常这一祖先现已灭绝。如上所述，真核生物细胞来源于始祖的原核细胞之间内共生平行进化而来。真核微生物系统发育树反映了真核生物各类群间的亲缘关系。从图中看出真核生物沿 4 条路线演化。

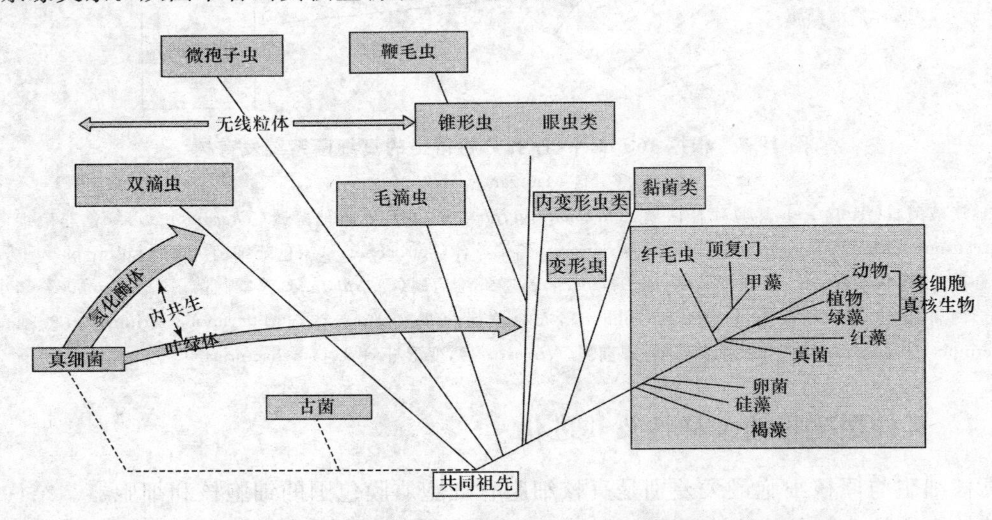

图 10-9　根据 18S rRNA 序列分析得出的真核微生物系统发育树

（绘自 Michael et al，2006）

① 第一条演化路线包括双滴虫（diplomonad）、微孢子虫（microsporidia）和毛滴虫（trichomonad）三个独立的分支，只具细胞膜包裹的细胞核，没有线粒体。没有较近缘的关系，是目前已知最古老的真核生物，位于进化系统树的根部，可能是从其他谱系发展起来的。

② 第二条演化路线包括近缘的鞭毛虫(flagellate)、锥形虫(trypanosome)、眼虫类(euglenoid)。

③ 第三条演化路线是黏菌(黏质霉菌,slime molds)。黏菌是非光合作用的真核微生物,与真菌和原生动物在表型特征上有某些相似,是比真菌和某些原生动物(如纤毛虫或有鞭毛的原生动物)更为古老的真核生物。

④ 第四条演化路线包括纤毛虫(ciliate)、腰鞭毛虫(或沟鞭藻类,dinoflagellate)、原生动物、动物、藻类、植物和真菌。卵菌(oomycetes)、硅藻(diatom)、褐藻(brown algae)是较为古老的近缘的真核生物,距离发育谱系树的根部较近。绿藻(green algae)和植物有较近缘关系,但红藻(red algae)与植物、真菌的亲缘关系不密切,真菌为吸收异养型,藻类与植物为光合自养型。由原始真核生物进化出的动物为摄食异养型。真菌、植物、动物为原始真核生物适应环境向空间发展的三大独立分支。在动物的演化路线中,纤毛虫和腰鞭毛虫亲缘关系较为相近,但它们为进化的旁支。

10.2 微生物的分类单元和命名

微生物分类学(microbial taxonomy)是按亲缘关系对微生物进行分群归类的科学。研究任务包括:分类(classification)、鉴定(identification)和命名(nomenclature)3个部分。分类是指根据相似性(表型特征)和相关性(系统发育),对微生物分群归类(或归入某一分类单元)。鉴定是确定某一未知的或新发现的纯种微生物所应归属现有分类群的过程。命名是根据国际命名法规,给每个分类群一个专有名称(学名)。

10.2.1 微生物的分类单元

分类单位(taxon)是指具体的分类等级或分类单位,由上而下依次为域、界(kingdom)、门(phylum 或 division)、纲、目、科、属和种。现以大肠杆菌、灰色链霉菌、酿酒酵母为例,说明其在分类中的地位(表 10-1)。

表 10-1 微生物的分类单元示例

分类单元	大肠杆菌	灰色链霉菌	酿酒酵母
域	细菌域(Bacteria)	细菌域(Bacteria)	真核生物域(Eukarya)
界	原核生物界(Procaryotae)	原核生物界(Procaryotae)	真菌界(Fungi)
门	变形细菌门(Protebacterium)	厚壁菌门(Tenericutes)	真菌门(Eumycota)
亚门	—	—	子囊菌亚门(Ascomycotina)
纲	γ-变形细菌纲(Gammaproteobacteria)	枝形细菌纲(Thallobacteria)	半子囊菌纲(Hemiascomycetes)
目	肠杆菌目(Enterobacteriales)	放线菌目(Actinomycetales)	内孢霉目(Endomycetales)
科	肠杆菌科(Enterobacteriaceae)	链霉菌科(Streptomycetaceae)	内孢霉科(Endomycetales)
属	埃希氏菌属(*Escherichia*)	链霉菌属(*Streptomyces*)	酵母属(*Saccharomyces*)
种	大肠埃希氏菌(*E. coli*)	灰色链霉菌(*S. griseus*)	酿酒酵母(*S. cerevisiae*)
分类系统	《伯杰氏系统细菌学手册》	《伯杰氏系统细菌学手册》	Ainsworth et al., Dictionary of the Fungi

另外，每个分类单位之间还可设中间类型，如亚界(subkingdom)、亚门(subdivision)、亚纲(subclass)、亚目(suborder)、亚科(subfamily)、亚属(subgenus)、亚种(subspecies)等。科和属之间还可添加族(tribe)和亚族(subtribe)等分类等级，种以下可分为亚种(subspecies，subsp.，或 ssp.)、变种(variety)、型(type)、菌株(strain)。属以下分类单元概念简介如下：

① 属：通常将具有某些共同的主要特征和关系密切的种划归为同一个属。现在公认 DNA 的(G+C) mol%含量差异≤10%～12%和 16S rRNA 序列相似性为 93%～95%为同一个属。科和目的分子水平相关性尚不肯定。

② 种：种是最基本的分类单位，关于微生物"种"的定义尚不统一。1987 年国际细菌分类学会提出较为精确的定义：原核生物的种是指一群具有相似的 DNA 碱基组成，DNA 同源性≥70%，且其 $\Delta T_m \leqslant 5℃$ 的菌株。需注意的是，这些量化标准应该与该菌群的表型特征相一致。

③ 亚种：种内遗传特征关系密切，在表型上存在某些较小差异的菌株称为亚种，一个种可分为两个或两个以上的小分类单元，是细菌分类中有正式分类地位的最低等级。根据 ΔT_m 在 DNA 杂交中的频率分布，亚种的概念在系统发育上证明还是有效的，能与亚种以下的变种概念相区别。变种依据所选择的"实用属性"，并不被 DNA 组成所证明。

④ 型：亚种以下的分类单元不是正式的分类等级，通常指亚种内具有某些相同或相似特性的菌株类群。如细菌分类中常以血清型(serovar 或 serotype)表示细菌抗原性差异；噬菌体型(phagovar 或 phagetype)表示对不同噬菌体敏感的特异性反应；致病型(pathovar 或 pathotype)表示对某些寄主的专一致病性。此外，还有生物型(biotype)、化学型(chemotype)、形态型(morphotype)、生理型(physiological type)、生态型(ecotype 或 ecological type)、溶菌型(lysotype)等区分。

⑤ 菌株或品系：是微生物学中广泛使用的一个术语。指由一个单细胞繁衍而来的或无性繁殖系中的一个微生物(或微生物群体)。从自然界分离纯化所得到的单个分离物的纯培养后代称为菌株。由于分离的地区、土壤、环境条件不同，在次要性状上(如生化性状、代谢产物性状和产量性状等)总会有细微差异。对同一种微生物的不同菌株，常以数目、字母、人名或地名表示。

10.2.2 微生物的命名

微生物和其他生物一样，根据国际命名规则，按林奈(Linnaeus)的"双名法"命名。微生物的学名(scientific name，微生物的科学名称，由拉丁词、希腊词或拉丁化的外来词构成)由属名和种名组成，用斜体字或在学名下面加横线表示。属名在前，首字母大写，可以首字母缩写表示，通常是描述微生物的形态、结构、生理等主要特征或以科学家名字的名词表示；种名在后，用拉丁形容词，全部小写，不能缩写，描写微生物的颜色、形态、来源、致病性等次要特征。学名后附上命名者的姓氏和命名年代(用正体表示)，但通常将此部分省略。为简洁易懂、方便记忆，有时采用俗名(common name，通俗的名字，含义不够确切)。举例见表 10-2。

表 10-2 微生物命名举例

俗 名	学 名					缩 写
金葡菌	金黄色葡萄球菌	*Staphylococcus*	*aureus*	Rosenbach	1884	*S. aureus*
		葡萄球菌属	金黄色	命名者	命名年代	
大肠杆菌	大肠埃希氏菌	*Escherichia*	*coli* (Migula)	Castellani et Chalmers	1919	*E. coli*
		埃希氏菌属	大肠寄生	命名者	命名年代	
枯草杆菌	枯草芽孢杆菌	*Bacillus*	*subtilis* (Ehrenberg)	Cohn	1872	*B. subtilis*
		芽孢杆菌属	枯草汁液分离	命名者	命名年代	
杀螟杆菌	苏云金芽孢杆菌	*Bacillus*	*thuringiensis*	subsp. galleria		*B. thuringiensis*
		芽孢杆菌属	德国苏云金分离	亚种 蜡螟		

10.3 微生物的分类系统

10.3.1 原核微生物的分类系统

原核微生物分类系统较多，当前世界上最有代表性、参考价值高、较全面系统的细菌分类手册是由美国布瑞德(Breed)等人主编的《伯杰氏鉴定细菌学手册》(Bergey's Manual of Determinative Bacteriology)。1923 年第Ⅰ版问世后，于 1925、1930、1934、1939、1948、1957、1974 年相继出版了第 2 版至第 8 版，每个版本都反映了当时细菌学发展的新成就。其中第 8 版有美、英、德、法等 14 个国家的细菌学家参加编写工作，对系统内的每一个属和种都做了较详细的属性描述。近年来，由于细胞学、遗传学和分子生物学的渗透，大大促进了细菌分类学的发展，使人为的分类系统与真正反映亲缘关系的系统发育体系日趋接近。从 1984～1986 年该书改名为《伯杰氏系统细菌学手册》(Bergey's Manual of Systematic Bacteriology)，主要根据表型特征，又分 4 卷相继出版，简称《系统手册》。2001～2007 年由 George Garrity 任主编《伯杰氏系统细菌学手册》第Ⅱ版分 5 卷又陆续出版，第 1 卷为古菌、蓝细菌、绿色光合细菌和最先分化的细菌属(2001 年问世)；第 2 卷为变形细菌(2004 年出版)；第 3 卷为 DNA (G+C) mol% 含量低的革兰氏阳性细菌(2005 年出版)；第 4 卷为 DNA(G+C) mol% 含量高的革兰氏阳性细菌(2006 年出版)；第 5 卷为浮霉状菌、螺旋体、丝杆菌、拟杆菌和梭杆菌等(正在编印中)。第Ⅱ版收集了许多在 SrRNA 测序、DNA 和蛋白质分析基础上得出的发育分类系统，分古菌域和真细菌域两大部分，下设 31 组、35 纲、73 目、186 科，包括 870 余属和 4900 多个种。此外，中国科学院微生物研究所东秀珠、蔡妙英编著的《常见细菌系统鉴定手册》(科学出版社，2001 年)使用也很方便。

10.3.2 真菌的分类系统

真菌的分类与细菌不同，仍以形态特征为主要依据。以无性生殖和有性生殖产生的孢子形态和子实体特征为主，菌丝的细胞结构、生理生化和生态特征为辅，随着分子生物学的发展，为能按照亲缘关系更客观地反映系统发育规律，逐步引入了分子生物学的方法。常用的分子生物学方法有：DNA 的(G+C) mol% 含量、随机引物扩增多态性 DNA 的 RAPD 分析、限制性片段长度多态性(RFLP)分析、核糖体小亚基 18S rDNA(或 rRNA 基因)序列分析及核糖体各亚基间隔区序列分析等。以分子生物学方法探讨真菌各类群间的亲缘关系，揭示系统发育和进化是分类学的发展方向。

由于真菌形态特征较复杂,某些形态特征和生理生化指征又因环境变化不稳定,不同专家看法不同。目前真菌分类系统很多,重要分类系统近10个。此处仅简要介绍简明的Ainsworth(1973)分类系统和我国采用较多的《真菌字典》(1983)系统。

根据形态学和有性生殖特点,将真菌门分为5个亚门。鞭毛菌亚门(Mastigomycotina)和接合菌亚门(Zygomycotina)的营养菌丝通常无隔膜(仅繁殖结构有完整隔膜),其中凡无性繁殖产生可游动的游动孢子,有性繁殖产生卵孢子的为鞭毛菌亚门;无性繁殖在孢子囊中产生孢子囊孢子,有性繁殖产生非游动性的接合孢子的为接合菌亚门。另外两个亚门通常有复杂的菌丝体和有穿孔的隔膜,分为子囊菌亚门(Ascomycotina)和担子菌亚门(Basidiomycotina)。子囊菌亚门有隔菌丝产生无性的分生孢子,单细胞无菌丝体的无性生殖靠芽殖或裂殖;有性生殖在子囊中形成子囊孢子(内生),为裸子囊或子囊果。担子菌亚门中的真菌几乎不产生无性孢子,有性生殖是在复杂的棒状担子上产生担孢子(外生)。第5大类群为半知菌亚门(Deuteromycotina),无性生殖为分生孢子或芽殖,有性世代不详。真菌间各主要类群分类依据特征见表10-3。

表10-3 真菌各主要类群特征

类　群	菌丝是否有穿孔隔膜	无性孢子	有性孢子	代表菌
鞭毛菌亚门	无隔菌丝	游动孢子	卵孢子	水霉属、腐霉属
接合菌亚门	无隔菌丝	孢子囊孢子	接合孢子	毛霉属、根霉属
子囊菌亚门	有隔菌丝	分生孢子或芽殖、裂殖	子囊孢子	酵母菌、曲霉属、
担子菌亚门	有隔菌丝	罕见	担孢子	蘑菇、木耳、银耳
半知菌亚门	有隔菌丝	分生孢子或节孢子	无	隐球酵母、掷孢酵母 黄绿青霉、黄曲霉

根据化石记录,真菌出现于9亿年前的元古宙晚期。在4.3亿年前,某些真菌伴随着植物由水域来到陆地。菌根是植物与真菌的共生系统,其中的真菌吸收水分并将营养转运给植物,植物又将光合作用的产物转运给真菌。科学家推测,菌根中的真菌曾经是使植物适应陆地生活的一个重要因素。菌根中的真菌有可能是陆地上最早的分解者。

分类学家认为真菌是一个单源的系统发育线(monophyletic line),即假定它们起源于单一的祖先(异养的、单细胞始祖真核生物,通常这一祖先现已灭绝),逐渐进化为真菌的4个亚门(壶菌亚门、接合菌亚门、子囊菌亚门和担子菌亚门)。由于迄今未发现半知菌亚门中的有性生殖阶段,先不考虑半知菌亚门。真菌的上述4个亚门都有有性生殖阶段,但是只有壶菌亚门的真菌有鞭毛,推测壶菌亚门是最早由水域向陆地跨越的类群,因为真菌的祖先是有鞭毛的和水生的。壶菌可能从一个原生生物的祖先进化而来;当真菌登上陆地时,便产生了易于散布、更适应陆地生活的孢子,在以后的1亿年里,真菌进化为三种不同的生殖方式,于是三种没有鞭毛类型的真菌便分化出来了(图10-10)。

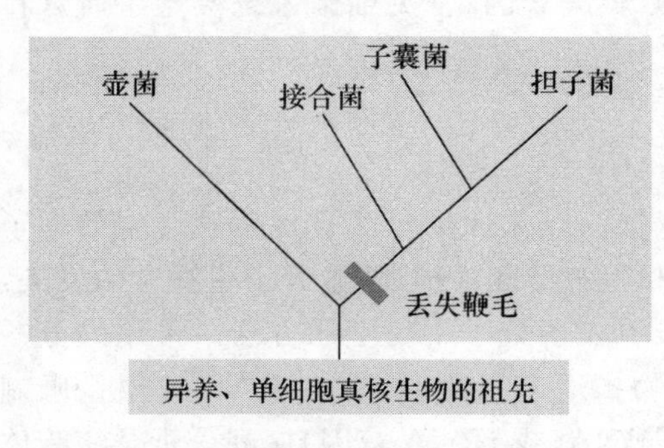

图10-10 真菌界几个主要类群的进化关系

10.4 微生物的分类鉴定方法

分类指征是分类的基础，人们根据微生物分类学中采用的指征种类，通常把分类学中使用的技术分为 4 个水平：细胞形态和习性水平、细胞组分水平、蛋白质水平和核酸基因组水平。

10.4.1 传统分类法

主要依据形态学和生理生化特征进行微生物分类，称为传统分类学。采用经典分类鉴定法的特点：一是易于观察和比较，二是许多形态学特征受多基因调控，遗传性相对稳定。一般科以上分类单位以形态特征、科以下分类单位以形态结合生理生化特征加以区分。传统分类法建立的分类体系，对认识细菌和真菌很有效，但不能准确反映微生物之间的系统发育关系，传统微生物分类鉴定中采用的经典指征见表 10-4、表 10-5、表 10-6。

表 10-4 微生物分类鉴定中常用的形态学特征

特 征	经典鉴定指标
群体形态特征	微生物在平板、斜面、半固体或液体培养基上群体形态生长的状态
（培养特征）	固体培养特征：菌落形状、大小、颜色、表面、边缘、质地、水溶性色素、接种针易挑取程度或黏稠度及斜面培养特征、穿刺培养特征等
	液体培养特征：生长量、生长类型与分布、表面生长状态、混浊度、沉淀物、气味和颜色等
个体形态特征	细胞形态：球状、杆状、弧状、螺旋状、丝状、分支等
	大小：细胞的宽度或直径
	排列方式：单个、成对、成链或其他排列方式
细胞结构	细胞特殊结构：鞭毛、菌毛、性菌毛、芽孢、孢子、荚膜、菌鞘和细胞附属物等
	超微结构：细胞壁、细胞内膜系统、放线菌孢子表面特征等
细胞内含物	颗粒：异染颗粒、β-羟丁酸等类脂颗粒、硫粒等
	气泡、伴孢晶体等
生殖情况	有性生殖情况
染色反应	革兰氏染色、抗酸性染色等
运动性	鞭毛泳动、滑行、螺旋体运动等

表 10-5 微生物分类鉴定中常用的生理生化特征

特 征	经典鉴定指标
营养类型	光能自养、光能异养、化能自养、化能异养和兼性营养型
对碳源利用能力	各种单糖、双糖、多糖及醇类、有机酸、烃类利用，测定含糖类物质分解产酸、产气等情况
对氮源利用能力	蛋白质、蛋白胨、氨基酸、含氮无机盐和 N_2 等利用，测定细菌分解色氨酸产生吲哚反应等
对生长因子的需求	对特殊维生素、氨基酸、核苷酸碱基、X-因子、V-因子依赖性等
产酶种类和反应特性	测定淀粉酶、蛋白酶、脂肪酶、纤维素酶水解能力等
代谢产物	代谢产物种类、产量、颜色和显色反应等
对药物敏感性	对抗生素、抑菌剂（如弧菌抑菌剂）、染料、农药、有毒物质（如氰化钾或钠）的敏感性等

（续表）

特　征	经典鉴定指标
血清学反应	根据细菌H抗原（鞭毛抗原）、O抗原（菌体抗原）、Vi抗原（表面抗原）等测定细菌间的相似性。采用已知菌种表面抗原物质制成抗血清，检测与待测细菌发生的特异性血清学反应
噬菌体敏感性	鉴定噬菌体对细菌的裂解反应（噬菌体对宿主的感染和裂解有高度特异性）

表10-6　微生物分类鉴定中常用的生态和生活习性特征

特　征	经典鉴定指标
需氧性	好氧菌、厌氧菌、兼性厌氧菌、微好氧菌、耐氧菌
对温度的适应性	最适、最低、最高生长温度及致死温度，嗜热性
对pH的适应性	生长的pH范围，最适生长pH，嗜酸性或嗜碱性
对渗透压的适应性	对盐浓度的耐受性，嗜盐性，嗜压性
与宿主的关系	共生、寄生、致病性等

10.4.2　数值分类法

数值分类法（numerical taxonomy）是根据数值分析，借助计算机对微生物菌株间性状的总相似程度分群归类的方法。传统分类法特点是将微生物特征分为主次，列出双歧式检索表；数值分类法特点是选择大量特征（一般选择形态特征、生理生化特征、生态特征和生活习性特征等50～100个或100个以上），并遵循每个性状"等重原则"（即各种特征性状不分主次，一律同等看待）。分群归类时将所测菌株性状两两进行比较，用计算机求出菌株间的总相似值，整理出相似值矩阵（similarity metrices，即S矩阵）（图10-11a）；从图10-11a的S矩阵图看不出10个菌株间的相互关系，将相似度相似的菌株列在一起，重新整理出S矩阵图（图10-11b）；再将此S矩阵图（图10-11b）转换成能显示菌株间相互关系的树状谱图（dendrogram）（图10-11c）；最后作出主观上的判断。相似程度＞85％者为同种，相似程度＞65％者为同属。数值分类法得到的是一个个分类群。

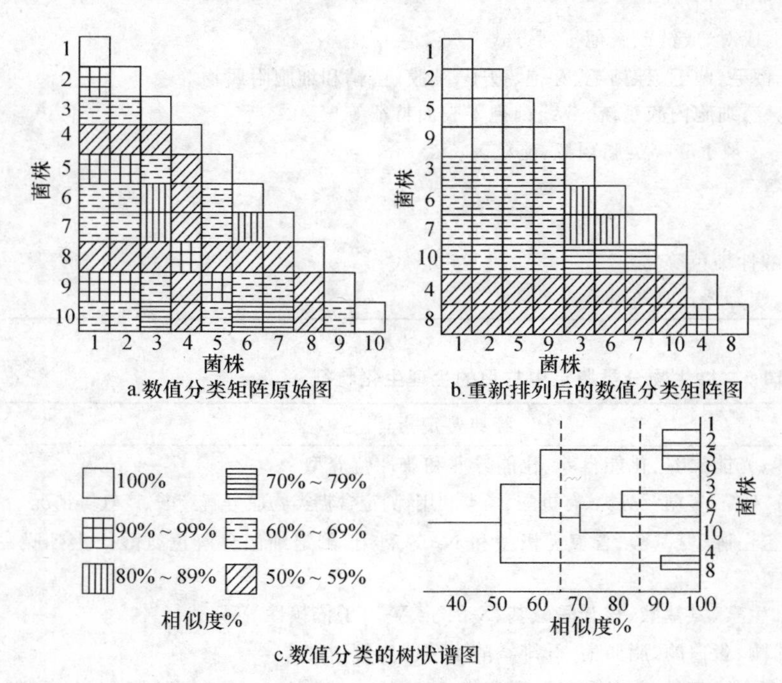

图10-11　10个菌株数值分类矩阵图

（引自林万明主编，1984）

数值分类法由于必须以分析大量分类特征性状为基础，类群的划分比较客观和稳定，为细菌分类鉴定积累了大量资料。不少肠道细菌和放线菌的数值分类结果与传统分类法相一致。但采用数值分类法对细菌确定种、属鉴定时，还必须测定菌株 DNA 的(G+C) mol%含量、DNA 同源性和 16S rRNA 序列分析，然后加以确证。

10.4.3　化学分类法

以细胞组分水平、蛋白质水平、核酸水平为主要分类的方法称为分子分类学。20 世纪 60 年代后分子生物学的发展，细胞化学组分快速分析、核酸杂交、蛋白电泳、基因测序及计算机技术引入，微生物分类学也逐渐从以微生物表型为主进行的经典分类学发展到以探讨亲缘关系和进化规律为基础的微生物系统分类学。

应用电泳、色谱和质谱等技术，以微生物细胞化学组分和代谢产物为指征进行分类的方法称为化学分类法(chemotaxonomy)。包含细胞组分水平(细胞壁的肽聚糖结构、脂肪酸、氨基酸、糖类的种类和数量、细胞色素等)和蛋白质水平(氨基酸序列、可溶性蛋白凝胶电泳及血清学等)。化学分类法在细菌和放线菌的分类中已被广泛应用，对细菌、古菌和放线菌中某些科、属、种的分类鉴定有很好的参考价值(表 10-7)。

表 10-7　细菌、放线菌的化学组分分析及其应用

细胞成分	分析内容	在分类上的应用
细胞壁	肽聚糖结构(肽聚糖中糖的种类和四肽中氨基酸顺序)	区分细菌和古菌的重要指征 细菌中细胞壁糖组分用于种、属鉴别
	多糖(阿拉伯糖、半乳糖、木糖、马杜拉糖等)	放线菌中细胞壁糖组分用于科、属、种的鉴别
	氨基酸(赖氨酸、鸟氨酸、天冬氨酸等多种氨基酸)	放线菌中氨基酸组分用于属的鉴别
	胞壁酸	细菌中细胞壁胞壁酸用于种、属鉴别
细胞质膜	极性类脂(细菌为磷脂、甘油酯，古菌为醚酯)	区分细菌和古菌的重要指征
	磷脂(磷脂酰乙醇胺、磷脂酰甲醇乙醇胺、磷脂酰胆碱、磷脂酰甘油、含葡萄糖胺的未知磷脂)	放线菌中链霉菌属和类诺卡氏菌属的鉴别
	脂肪酸(饱和与不饱和脂肪酸)指纹图谱(气相色谱分析)	蓝细菌中鱼腥蓝细菌属和念珠蓝细菌属的鉴别
	类异戊二烯苯醌(泛醌、甲基萘醌、脱甲基萘醌)	甲基萘醌用于放线菌和 G^+ 细菌种、属的鉴别 泛醌用于假单胞菌等 G^- 细菌种、属的鉴别
	分枝菌酸(霉菌酸)	放线菌中用于分枝杆菌、棒状杆菌、小多孢菌、诺卡氏菌种、属的鉴别
	多胺	黄单胞菌属和腐生假单胞菌或植物致病性假单胞菌的鉴别
蛋白质	氨基酸序列分析(细胞色素等电子传递蛋白、热休克蛋白、组蛋白、转录和翻译蛋白、各种代谢酶序列)	用于细菌属和属以上的分类单位鉴别
	血清学比较	用于细菌属和属以上的分类单位鉴别
	全细胞可溶性蛋白质电泳图谱分析	用于支原体、嗜盐菌、放线菌等种和亚种的鉴别
酶谱分析	糖苷酶、脂酶、酯酶、DNA 酶、蛋白酶和磷酸酶	用于细菌中种和属的鉴别
代谢产物	脂肪酸	用于细菌中属、种和亚种的鉴别
全细胞水解液成分分析	热解—气液色谱分析	用于细菌中种和亚种的鉴别
	热解—质谱分析	用于放线菌属的鉴别
	红外光谱分析	用于细菌、放线菌中种和属的鉴别

10.4.4 遗传学分类法

遗传学分类法主要是以微生物的遗传型(基因型)特征为依据的微生物分子分类法。此法以遗传物质的基础核酸为指征,能较客观地反映微生物系统发育间的亲缘关系,近年来在微生物分类鉴定中广泛应用。目前较常使用的方法有:DNA 的(G+C) mol%分析、DNA-DNA 杂交、DNA-rRNA 杂交、16S rRNA(16S rDNA)寡核苷酸序列分析等(表 10-8)。

表 10-8 遗传分类法在微生物分类中的应用

分析方法	分析内容	在分类上的应用
DNA 的(G+C) mol%分析	一般采用 CsCl 密度梯度离心法(浮力密度法)检测 DNA 的碱基组成。每一物种的 DNA(G+C) mol%含量是恒定的,同一属间不同种的 DNA(G+C) mol%数值差异不大,可用于鉴别各种微生物种属间的亲缘关系和远近程度。亲缘关系相近,其 DNA(G+C) mol%含量相同或近似,但 DNA(G+C) mol%含量相同或近似的菌株,并不一定亲缘关系相近,还需做核酸杂交试验,检测两菌 DNA 碱基对排列顺序	主要用于细菌属和种的分类鉴定,细菌中 DNA(G+C) mol%为 25%~75%,真核微生物 DNA(G+C) mol%为 30%~60%。DNA(G+C) mol%值>10%~15%为不同属;种内差别(或不是同种)>3%~5%。放线菌 DNA(G+C) mol%为 37%~51%,因范围太窄小,因此放线菌的属不易区分
DNA-DNA 同源性	双链 DNA 加热(变性)互补链解链,退火后互补单链再重新结合(复性)成双链。若两条 DNA 单链碱基顺序完全相同,生成完整双链,杂合率为 100%;不同微生物的 DNA 单链,仅生成异源 DNA 双链(含有局部单链的双链)。杂合率越高,DNA 间碱基序列相似性越高,亲缘关系越近	通过 DND-DNA 杂交,检查不同细菌间 DNA 碱基顺序的相似性,测定细菌种间、种内或属间的亲缘关系。各菌株 DNA 同源性>70%可能为同一种;在 20%~70%间可能为一个属
DNA-rRNA 同源性	rRNA 基因的核苷酸序列比 DNA 序列更保守,测定一种微生物的 rRNA 与另一种微生物变性 DNA 混合时生成的异源双链 RNA 杂种分子。用 T_m(e)值(DNA 与 rRNA 杂交物解链一半时所需的温度)和 RNA 结合数(100 μg DNA 所结合的 rRNA μg 数)表示。再据此作出 RNA 相似图,依据菌株在 RNA 相似图位置判断其亲缘关系	在 DNA 相关度低的菌株间,rRNA 同源性能可显示其间的亲缘关系,用于鉴别种以上或更高层次分类单元的微生物
16S rRNA (16S rDNA) 序列分析	原核生物 16S rRNA 或真核生物 18S rRNA 寡核苷酸序列因一级结构保守、含可变区段、相对分子质量适中、信息量大、分离简便等特点,为探测生物进化和亲缘关系的指征。目前采用在 PCR 技术基础上的 16S rRNA 基因(即 16S rDNA)直接测序法(即对 16S rDNA 的 PCR 扩增产物测序),然后对其中 6 个核苷酸以上的寡核苷酸序列分析,编制分类目录。按目录比较两个被测微生物间的 S_{AB}(相似系数)	16S rRNA 寡核苷酸序列分析,比较原核微生物间亲缘关系,确定分离菌株的属和种;修正许多细菌的分类地位,揭示原核微生物的系统发育关系。18S rRNA 寡核苷酸序列分析,比较真核微生物间亲缘关系,更支持了 Woese 等提出的生命三域学说

在分子生物学技术发展起来之前,微生物的检测都是按传统分类法根据形态学特征、生理生化特征、生态和生活习性特征进行的。一般从选择性培养基中分离纯化出单菌落,然后进行形态学观察、生理生化试验,至少需时 7~10 天,而且特异性和灵敏性较差,往往得不到满意结果。随着计算机、微电子技术、分子生物学等技术的应用,微生物快速检测技术有了很大发展,

如，微生物特异性酶反应检测技术（包括显色反应和荧光反应检测技术）、核酸的微生物检测新技术（荧光原位杂交技术、以 PCR 为基础的多种检测技术）、基因芯片技术（cDNA 芯片、寡核苷酸芯片）、免疫传感器技术等。许多快速、准确、灵敏、简易、自动化的方法和技术建立，推动了微生物分类学的发展。详细资料请参阅有关专著。

复习思考题

1. 怎样理解今天所有的生物都起源于古老的原核生物？有什么证据支持这一论点？

2. 真细菌、古菌与真核生物的主要差别是什么？Woese 为什么选择 16S rRNA（18S rRNA）为分析对象？Woese 和 Fox 提出三原界学说的理由是什么？主要论点是什么？

3. 根据 16S rRNA 和 18S rRNA 序列分析，请以图表示真细菌、古菌和真核微生物各自的系统发育关系。真细菌、古菌和真核微生物中各类菌是怎样进化的？

4. 微生物分类学的研究任务包括哪些？分类和鉴定含义有什么不同？

5. 分类单元含义是什么？基本分类单元是什么？什么是种？微生物种以上的分类单元有哪些？种以下的分类单元有哪些？

6. 微生物的命名法则是什么？举例说明微生物学名的书写规则。

7. 原核微生物最有代表性的分类系统是什么？该系统是怎样对原核微生物进行分类的？

8. 真菌最简明和普遍采用的分类系统是什么？该系统是怎样对真菌进行分类的？

9. 简述真菌门鞭毛菌亚门、接合菌亚门、子囊菌亚门、担子菌亚门、半知菌亚门的菌丝结构、无性生殖和有性生殖特点。

10. 微生物分类鉴定的技术和方法有哪些层次？依据哪些特征？有哪几种分类方法？

11. 微生物传统分类法中采用哪些形态学、生理生化、生态和生活习性特征为分类指征？

12. 什么是数值分类法？简述其主要原理和一般程序。

13. 什么是化学分类法？微生物哪些化学组分可作为分类的依据？

14. 什么是遗传分类法？用于微生物分类的遗传特征有哪些？各有什么特点？

15. 试比较传统分类法、数值分类法、化学分类法和遗传分类法在微生物分类、鉴定中的价值以及在显示微生物的亲缘关系和系统发育位置中的作用。

16. 现代微生物分类中应用了哪些新技术和新方法？试述分子生物学技术在微生物分类研究中的应用前景。

11

11 微生物的应用

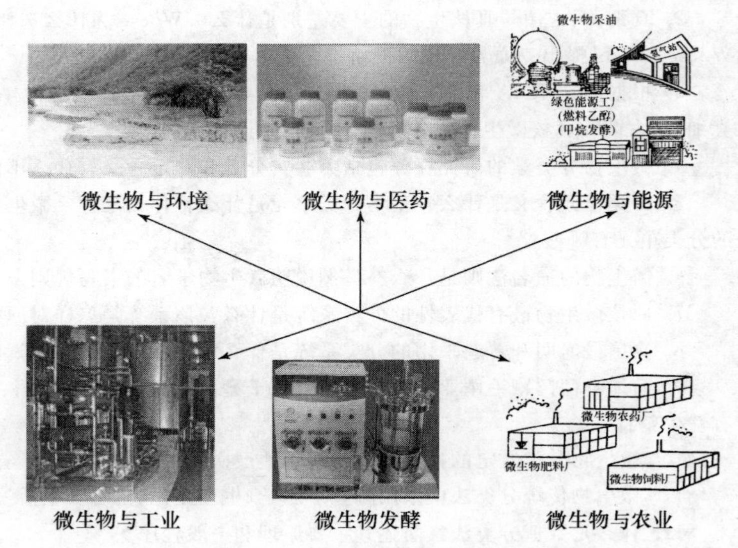

图 11-1 应用微生物学送给世界的礼物

从远古人类不自觉地利用微生物酿酒、制醋，到有意识地选择特种微生物利用其代谢产物并进行工业化生产，特别是到了 20 世纪 40 年代抗生素生产的出现，将微生物发酵的规模从作坊扩大到工厂，从手工操作发展为机械化生产，形成了一项规模巨大、新兴的微生物工业。尤其是 70 年代以重组 DNA 技术为标志的现代生物技术的诞生，人们可以操作细胞遗传机制，使之为人类需要服务，这就从根本上扩大了生物系统的应用范围。现代生物技术的出现，推动了微生物工程的发展，微生物在工业、农业、医药、环境保护、新能源的开发与利用和其他微生物新技术各个领域的应用展现出越来越诱人的前景，吸引着人们去关注。

11.1 微生物发酵技术

11.1.1 微生物工业中常用菌种及产物

虽然微生物应用面广、产品种类多，其发酵技术却大同小异，但也有不少产品有其特殊的操作方式。工业上常用的微生物都是选自自然界的细菌、放线菌、酵母菌和霉菌。目前，工业生产上常用的微生物至多只是自然界十几万种微生物中的数百种而已，由此看出微生物资源丰富，潜力巨大。我国幅员辽阔，地理生态条件复杂，提供了各种不同微生物生长繁殖的良好条件，在生物工程开发中具有十分有利的优势。

就现代工业微生物来讲，除以上提到的四大类微生物外，还包括培养的哺乳动物细胞和“杂交瘤细胞”，DNA 重组等分子技术的出现和发展，使传统生物技术发生了革命性的变革，并迅速进入崭新的现代生物学技术的时代。

工业生产上常用的微生物及其代谢产物举例如下（表 11-1～表 11-4）：

表 11-1 微生物工业中常用的细菌及细胞

微生物名称	产　物	用　途
枯草芽孢杆菌	蛋白酶	皮革脱毛软化、胶卷银回收、丝绸脱胶、酱油酿造、洗涤剂、水解蛋白、饲料、明胶及蛋白胨制造等
	淀粉酶	漂白粉制造等
丙酮-丁醇梭菌	丙酮和丁醇	工业有机溶剂
巨大芽孢杆菌	葡萄糖异构酶、腺苷、鸟苷、腺苷酸	由葡萄糖异构酶制造果糖
德氏乳酸杆菌（*Lactobacillus delbrueckii*）或短乳杆菌	乳酸	食用、工业、医药 、乳品加工、饲料加工
肠膜明串珠菌	右旋糖酐	医药
谷氨酸棒杆菌	*L*-赖氨酸、*L*-谷氨酸、5′-肌苷酸、5′-鸟苷酸	食用、医药、饲料
弱氧化醋杆菌	醋酸、维生素 C 中间体转化、二羟基丙酮	食用、医药
苏云金芽孢杆菌	苏云金杆菌粉剂（杀螟杆菌粉剂）	农用杀虫剂
谢氏丙酸杆菌	维生素 B_{12}	医药
大肠杆菌（借助重组 DNA 技术）	胰岛素、人体激素、干扰素等	医药（最新重组 DNA 技术的产物）
分枝杆菌属	甾体转换	医药
杂交瘤细胞	免疫球蛋白、单克隆抗体	医药
哺乳动物细胞	干扰素、胰岛素等	医药

表 11-2 微生物工业中常用的放线菌

微生物名称	产　物	用　途
灰色链霉菌	链霉素、杀念珠菌素	医药
红霉素链霉菌（*Streptomyces erythraeus*）	红霉素	医药
卡那霉素链霉菌（*Str. kanamyceticus*）	卡那霉素	医药
金霉素链霉菌（*Str. aureofaciens*）	更生霉素	医药
委内瑞拉链霉菌	氯霉素	医药
轮枝链霉菌（*Str. verticillus*）	博莱霉素	医药
产二素链霉菌（*Str. ambofaciens*）	螺旋霉素	医药
林肯链霉菌（*Str. lincolnensis*）	林肯霉素	医药
棘孢小单孢菌（*Micromonospora echinospora*）	庆大霉素	医药
地中海诺卡氏菌	利福霉素	医药
泾阳链霉菌	“5406”抗生素	农用

表 11-3 微生物工业中常用的酵母菌

微生物名称	产 物	用 途
粟酒裂殖酵母	酒精、瓜氨酸	工业、医药
异常毕赤酵母	甘油、*D*-阿拉伯醇、赤藓糖醇、麦角固醇	医药、工业
热带假丝酵母	应用于石油、农产品或工业废料，生产饲料酵母	农业
解脂假丝酵母(*Candida lipolytica*)	石油脱蜡、环烷酸精炼等	降低石油凝固点、酵母菌体蛋白
产朊假丝酵母	生产人、畜可食用的蛋白质	菌体蛋白、医药
酿酒酵母	酒精、细胞色素 C、CoA、酵母片、凝血质、单细胞蛋白、甘油、琥珀酸、果酒、葡萄酒、啤酒、白酒等	医药、工业
红酵母	脂肪、β-胡萝卜素、麦角醇、降解 RNA 等	医药、食品
异常汉逊酵母	色氨酸、发酵食品、磷酸甘露聚糖等	医药、食品
白地霉	果胶酶、过氧化物酶、核酸、脂肪、单细胞蛋白、尿酸盐氧化酶等	工业、医药、饲料
酿酒酵母(借助重组 DNA 技术)	水蛭素、白细胞介素、干扰素等	医药(最新的重组 DNA 技术的产物)

表 11-4 微生物工业中常用的霉菌

微生物名称	产 物	用 途
高大毛霉	草酸、丁二酸、脂肪、甾族化合物转化等	工业、医药
总状毛霉(*Mucor racemosus*)	丙氨酸、蛋白酶、3-羟基丁酮、甾族化合物转化等	食品、医药
鲁氏毛霉(*Mucor rouxianus*)	淀粉酶、蛋白酶、丙二酸、乳酸、丙酮酸等	工业、食品
黑根霉	发酵食品、糖化酶、延胡索酸(富马酸)、乳酸、琥珀酸等	制造葡萄糖、医药、工业
米根霉(*Rhizopus oryzae*)	酒类、淀粉酶、果胶酶、乳酸、纤维素酶、丁烯二酸、发酵食品、甾族化合物转化等	食品、纺织工业、工业、饲料
布拉克须霉(*Phycomyces blakesleeanus*)	五倍子酸、原儿茶酸、吲哚乙酸、β-胡萝卜素、甾族化合物转化	工业、医药、食品
黄曲霉	淀粉酶、蛋白酶、果胶酶、酒类、酱油、苹果酸、纤维素酶、曲酸、葡萄糖酸、顺乌头酸、甘露醇等	酿造、医药、食品、工业
宇佐美曲霉(*Aspergillus usamii*)	淀粉糖化酶、柠檬酸、顺乌头酸等	食品、工业
土曲霉(*Aspergillus terreus*)	衣康酸、琥珀酸、α-酮戊二酸、甲基水杨酸、谷氨酸、棒曲霉素、甾族化合物转化等	医药、工业
黑曲霉	淀粉酶、蛋白酶、果胶酶、橙皮苷酶、葡萄糖氧化酶、纤维素酶、脂肪酶、柠檬酸、草酸、酒石酸、抗坏血酸、戊二酸、顺乌头酸、五倍子酸、吲哚乙酸、黑曲霉聚糖等	酿造、工业
产黄青霉	青霉素、葡萄糖氧化酶、蛋白酶、转化酶、葡萄糖酸、异抗坏血酸、麦角碱等	医药、工业、食品

（续表）

微生物名称	产 物	用 途
桔青霉(*Penicillium citrinum*)	脂肪酶、凝乳酶、核酸酶、葡萄糖氧化酶、磷酸二酯酶、甾族化合物转化等	工业、食品、医药
绿色木霉(*Trichoderma viride*)	纤维素酶、纤维二糖酶、淀粉酶、乳糖酶、木素酶等	淀粉加工、食品、工业、饲料
紫色红曲霉(*Monascus purpureus*)	发酵食用红曲霉素、淀粉酶、降解 RNA 等	酿造、食品
赤霉属(*Gibberella*)	赤霉素	农业

11.1.2 微生物发酵的一般工艺过程

微生物发酵产物多种多样，发酵类型不一，各具体工艺流程虽然不同，但总体上相似，其主要过程为：① 微生物种子培养及扩大，现代发酵工艺越来越多地采用固定化的细胞或酶；② 发酵培养基的配制、灭菌及发酵；③ 产品的下游处理，即提取纯化等。

微生物工业规模的生产可以有许多方法，包括：分批法、连续法和分批流加法。① 分批法。该方法是将容器中装一定量的培养基，灭菌冷却后进行接种，经数小时到几天的发酵(依微生物种类不同而异)。最后排空容器、分离产品，着手新的生产。② 连续法。在该方法中，原料以恒定的流速供给，产品以恒定的流速排出。发酵过程要求生物转化的所有阶段必须同时，并基本上以同一速度进行。③ 分批流加法。此方法采用得最多，效果较好，新的培养方法也不断出现。

下面以好氧菌培养为例，说明分批流加法微生物发酵的工艺流程(图 11-2)。

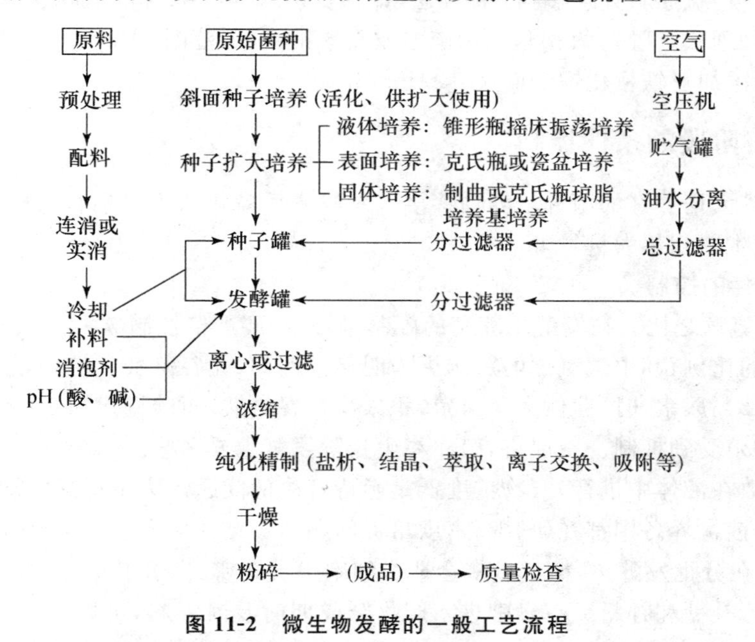

图 11-2 微生物发酵的一般工艺流程

11.1.3 工业生产菌种要求

尽管微生物菌种资源丰富，来源广泛，但作为工业生产用的菌种，选择时必须遵循以下原则和要求：

① 菌种不是病原菌,不产生任何有害的生物活性物质和毒素,以保证产品的安全性。

② 生长速度快,发酵周期短,表达目的产物产量高。

③ 菌种纯净,健壮,产品产量、质量稳定,不易退化,不易被他种微生物污染。低投入,高产出。目的产物的产量尽可能接近理论转化率。

④ 发酵条件,如糖浓度、温度、pH、溶解氧、渗透压等易控制。在常规培养条件下,迅速生长和发酵,且所需的酶活力高。

⑤ 细菌和放线菌发酵时常易污染噬菌体,因此,选育抗噬菌体能力强的菌株,使其不易被噬菌体感染造成生产的损失。

⑥ 对诱变剂敏感,可通过诱变达到提高菌种优良性能的目的。

⑦ 能在廉价原料制成的培养基上迅速生长,发酵周期短,并且目的产物产量高。

⑧ 目的产物最好能分泌到细胞外,以利于产物分离。

11.1.4 原料的处理

发酵工业生产中所用的碳源主要是糖类和淀粉,以及非粮食原料,如糖蜜、纤维素等。不同的原料采用不同的方法处理,淀粉质原料,如玉米淀粉、山芋淀粉、土豆淀粉、大豆淀粉等采用酸解法(acid hydrolysis method)、酶解法(enzyme hydrolysis method)、酸酶结合法(acid-enzyme hydrolysis method)。目前多采用酶解法,此法出糖率高,质量好。大多数微生物是不能直接利用淀粉,只有淀粉变成葡萄糖后才能被多数微生物利用,但也有少数霉菌和细菌可以直接利用淀粉。糖蜜原料处理包括:稀释法(即糖蜜加水 1∶1);加酸、加热处理法和添加絮凝剂采用澄清剂处理法。脱钙调 pH,采用硫酸或碳酸钠,调节范围 pH 6.0～7.2;调节金属离子浓度,一般采用添加亚铁氰化钾 200～1000 mg/L。

11.1.5 发酵阶段的条件控制

将经逐级扩大培养好的菌种培养物移接入发酵罐后就进入发酵阶段,此时主要是控制各种条件,促使微生物积累大量发酵产物。

1. 营养条件的控制

① 碳源和氮源之比。在发酵培养基的配制过程中,要严格控制碳氮比,无机盐、维生素和金属离子浓度的比例,其中碳氮比的影响更为明显。例如,在谷氨酸发酵中,当碳氮比为 4∶1(2%葡萄糖,0.5%尿素)时,菌体大量繁殖,积累少量谷氨酸;而碳氮比为 3∶1 时,则产生大量谷氨酸,菌体增殖受到抑制。一般讲,菌体在生长阶段氮源要多些。

发酵大多数在液体中进行,产物浓度低是亟待解决的问题。为了提高经济价值、减少物质及能源消耗,目前世界各国都在研究高密度培养问题。

② 补料。在分批发酵中,糖量过多会造成细胞生长旺盛、供氧不足、产量低。解决方法是间歇或连续进行补糖和补料。在发酵进入产物合成期时及时补料,可以延长产物合成的旺盛阶段,避免菌体过早衰老,也可控制 pH 及代谢方向。国内大多数抗生素发酵均采用此方法(如可使利福霉素发酵单位提高 50%)。在黄原胶发酵中通过间歇补糖,在生长期控制发酵液中葡萄糖含量在 30～40 g/L 水平,提高黄原胶的比生成速率,发酵 96 h 产胶达 43 g/L。Tada 等曾报道为了解除苏氨酸和赖氨酸的协同抑制,在对数期补加 *L*-苏氨酸,结果赖氨酸的产量比不补加的对照组提高了 3 倍,达到 70 g/L。

掌握补料时间、方法、补料配比是提高产量的关键。补料方法可采用一次大量补料或连续流加的办法。连续流加又可分为快速、恒速和变速等方式流加。实践证明,少量多次比一次大量补料合理,此法已被大多数发酵采用。

2. 温度的影响及控制

(1) 温度影响

温度对发酵过程的影响是多方面的,表现为影响各种酶的反应速率,改变菌体代谢产物的合成方向,影响微生物的代谢调控机制。此外,还影响到发酵液的黏度、氧在发酵过程中的溶解度和传递速率、某些基质的分解和吸收速率等,进而影响发酵的动力学特性和产物的生物合成。

(2) 影响发酵温度的因素

发酵过程中,随着微生物对营养物质的利用,以及机械搅拌的作用,将产生一定的热能。同时,由于罐体内外温差、水分蒸发等也会带走部分热量,所以在发酵过程温度是不断变化的。发酵开始微生物处于延迟期,释放热量少,应提高温度,满足菌体生长的需要;当微生物生长进入对数期,进行呼吸和发酵作用,放出大量热量,温度剧烈上升;发酵后期,呼吸和发酵作用逐渐缓慢,释放热量减少,温度下降。引起温度变化的因素有:

① 生物热($Q_{生物}$):微生物在生长繁殖过程中,本身产生的大量热即为生物热。

② 搅拌热($Q_{搅拌}$):机械搅拌的动能以摩擦热的方式散发于发酵液中,即搅拌热。

③ 蒸发热($Q_{蒸发}$):被排出的蒸汽和空气夹带散失到罐外的热量称为蒸发热。

④ 辐射热($Q_{辐射}$):发酵液中有部分热量通过罐壁向外辐射,这些热量称为辐射热。

所谓发酵热($Q_{发酵}$)即发酵过程中释放出来的净热量,以 J/(m^3 · h)为单位。它是由产热因素和散热因素两方面所决定的:

$$Q_{发酵}=Q_{生物}+Q_{搅拌}-Q_{蒸发}\pm Q_{辐射}$$

(3) 温度控制

微生物发酵要在最适温度下进行,温度过高,微生物繁殖差,很快衰老、死亡;温度过低,微生物生长缓慢,发酵时间延长。但要注意,生长的最适温度不一定是积累代谢产物的最适温度(表 11-5)。对热诱导型基因工程菌发酵进入产物合成期时,需要升温至 42℃诱导,才能获得大量代谢产物。

表 11-5 不同微生物生长和积累代谢产物的最适温度

微生物	最适温度/℃	
	生长期	积累产物期
产黄青霉	30	25
灰色链霉菌	37	28
乳酸链球菌	34	30

3. 溶氧的影响及控制(通气加搅拌)

① 溶解氧的影响。某些厌氧微生物发酵过程必须去除氧气,而大多数需氧菌发酵氧浓度是控制的最重要参数之一。它影响微生物的生长和代谢产物的合成途径,如谷氨酸发酵过程适量通氧,可生产大量谷氨酸;通气不足,糖消耗慢,产生大量乳酸;通气量过大,积累大量 α-酮戊二酸。由于 O_2 不易溶于水,常温、常压下 O_2 在水中的溶解度只有 12 mg/L,而发酵液中有大量的有机和无机物质,O_2 的溶解度比水中更低。为此,好氧微生物发酵必须要通气。微

生物呼吸过程气泡中的 O_2 从培养液逐步传递到细胞呼吸酶的位置，需要克服多重阻力，如气液界面阻力、液膜阻力、细胞周围及细胞内阻力等。故发酵过程微生物利用的 O_2 常低于全部溶解 O_2 的 1%，其中 99% 的无菌空气是白白浪费了。因此，提高通气效率是个重要问题。

② 溶氧的控制。为了加速 O_2 的溶解，生产中常采用加大通气量、通气中加入纯 O_2、加大搅拌速度等手段。搅拌可使 O_2 更好地与培养基接触，但过分搅拌会导致菌丝断裂，造成减产。通气强度是以在发酵罐中单位时间内单位体积培养液所供给的空气体积来表示的，如 1∶0.3 即表示每立方米(m^3)培养基供给空气 0.3 m^3/m^3。通气量可用流量计来检测。溶解氧测定常采用能进行蒸汽灭菌的电化学检测器。电极可安装于发酵罐中，直接连续测定发酵液中的溶解氧。在阴极上发生的还原反应所产生的极限扩散电流，可从罐外检测器上读出，再将测定数据转换为控制信号，经过放大器控制搅拌转速或进气流量，达到控制溶解氧的目的。

4. pH 的影响及控制

(1) pH 影响

微生物生长和产物合成都有其最适合的 pH 和能够耐受的 pH 范围。大多数细菌生长最适合的 pH 为 6.3～7.5，放线菌生长最适合的 pH 为 7.0～8.0，霉菌和酵母菌最适合的 pH 为 3.0～6.0。pH 过高或过低，都会影响微生物的生长繁殖和产物的收率。

为了确保发酵顺利进行，必须保证微生物生长和产物合成阶段都处在最适 pH 范围内。pH 对某些生物合成途径有显著影响(表 11-6)。各种微生物要求的 pH 不同，而且同一种微生物由于 pH 不同，发酵产物也不同。

表 11-6　pH 对某些生物合成途径影响

微生物	项　目	
	pH	产　物
黑曲霉	2～3	柠檬酸
	6.5～7.0	草酸
多黏芽孢杆菌	5.6～6.5	多黏菌素最多
	7.0 以上	多黏菌素大幅度下降
产黄青霉	6.8	菌生长最好
	7.4	青霉素合成最好

(2) pH 控制

pH 检测常采用酸度计定时取样测定或采用 pH 连接自动检测装置进行。pH 传感器多为组合式 pH 探头，由一个玻璃电极和参比电极组成，通过一个位于小的多孔塞上的液体接合点与培养基连接。pH 探头与 pH 控制器连接，可以将测量的 pH 通过 pH 控制器加酸或碱(氨、尿素)进行调整。每加少量酸或碱后则自动延时，待混合均匀后再添加。

5. 发酵过程中泡沫的影响及控制

(1) 泡沫影响

液体深层发酵，由于强通气搅拌和培养基中的某些成分，如蛋白胨、玉米浆等，会导致大量泡沫产生。少量泡沫对发酵影响不大，但泡沫过多，会造成一系列的不良影响，给发酵带来困难，如：① 干扰通气；② 妨碍菌体生长和代谢；③ 菌体得不到必要的溶解氧，也影响 CO_2 的排出；④ 大量泡沫会造成发酵液外溢，增加了污染的机会；⑤ 泡沫传热差，造成灭菌不彻底；⑥ 泡沫的表面张力会引起酶的失活。为此，必须采取消泡控制。

（2）泡沫的控制

消泡的方法有物理消泡法和化学消泡法。

① 物理消泡法。利用机械的强烈运动或压力的变化促使泡沫破碎。方法有多种，最简单的是在发酵罐的搅拌轴上部安装消泡桨，当消泡桨随着搅拌转动时，将泡沫打碎；另一种是将泡沫引出罐外，通过喷嘴的加速作用或离心力消除泡沫后，液体再返回罐内；也可以在罐内装设超声波或超声波汽笛进行消泡。

② 化学消泡法。通过添加消泡剂进行消泡。加入某些消泡剂后，可降低泡沫表面张力，使泡沫受力不均匀而破裂。

化学消泡剂分油脂类、矿物类及化学合成消泡剂等种类。油脂类有豆油、花生油、米糠油、亚麻籽油等；矿物油有石蜡等。油脂不仅用于消泡，还可作为碳源，但其消泡力差，而且多余油脂影响提取收率。化学合成消泡剂，如聚氧丙基甘油醚、聚氧乙烷丙烷甘油醚，它们以一定比例配制的消泡剂又称泡敌，其用量仅为0.03%～0.035%，但消泡能力是天然植物油的10倍以上。其他消泡剂，如十八醇、聚二醇、硅树脂等，都是较常用的消泡剂，可以单独使用或与载体一起使用，消泡效果持久、稳定。

一般在发酵早期发现泡沫，可采用暂停搅拌、间歇搅拌、降低搅拌速度、减少通气量或稍微增加罐压等措施。某些发酵在旺盛期，脂肪酶活性高，能利用脂肪作为碳源，因而这时加油脂可收到双重效果，但在加油脂时必须有足够的通气量相配合。在发酵后期一般不加消泡剂，因为菌体利用脂肪能力已经较弱，残留的消泡剂会引起过滤和提取的困难。

11.1.6 发酵过程的分析检验

反映发酵过程变化的参数分为两类：一类是可以直接采用特定的传感器检测的参数，称为直接参数，包括反映物理和化学环境变化的参数，如温度、罐压、搅拌功率、转速、泡沫、发酵液黏度、浊度、营养物浓度（碳源、氮源及磷源）、pH、溶解氧等；另一类是难以用传感器来检测的数据，包括细胞生长速率、产物生成情况等，称为间接参数。这些参数需要根据一些检测出来的数据，借助于计算机和特定的数学模型才能得到。任何发酵生产都必须建立一套检验常规，经常检验的项目如下：

1. 生物学检验

生物学检验一般是用显微镜观察菌体形态的变化以及无菌检查。

① 菌体的观察和吸光度测定。取样后，对发酵液进行外观（颜色、黏稠度、气味等）观察，用显微镜检查各个发酵阶段的菌体形态，同时对菌体的生长情况进行吸光度 A 测定。

② 无菌检查。为了及时发现杂菌和噬菌体，以便采取有效的措施，对每次无菌取样的发酵液必须进行无菌检查。

2. 生化检验

生化检验包括发酵液中含糖量、含氮量的测定，及发酵目的产物的测定。对于代谢途径已清楚的，还必须对关键的中间代谢产物进行测定。

① 残糖的测定。糖是微生物发酵的主要碳源，糖的测定在发酵中具有特别重要的意义。发酵过程糖量变化，可以衡量发酵是否正常。糖消耗越快，说明生长越旺盛；如果只有糖分下降，而无发酵产物的增加，应考虑是否有杂菌污染。糖的测定可以用斐林试剂法，也可用生物传感分析仪（酶电板）法进行测定。

② 含氮量的测定。一般在发酵过程中含氮量变化不大,可以不测。但某些产品,如石油脱蜡等发酵中氮源消耗是判断发酵旺盛或衰败的主要标志之一,必须要测定。

③ 发酵目的产物的测定。其作用是为了决定收获的时机。如发酵目的产物已基本不再上升,结合碳源已接近耗尽,菌体衰老自溶,温度也不再上升,就可停止发酵。各产物的测定方法不一,这里不赘述。

人工检测往往不能及时反映发酵罐内的情况。近年来采用的化学分析自动化成套仪器能自动分析糖、氮、氨基酸、微生物、发酵产物的浓度等情况,取样分析、报告结果等自动化过程组成联机操作,反映当时罐内发酵液的情况,便于计算机控制,提高产量。

11.1.7 杂菌和噬菌体的污染、防治

1. 杂菌的污染和防治

为确保发酵正常进行,发酵全过程中必须随时检查有无杂菌污染。常用的检查方法有:平板划线法(种子和灭菌发酵液取样平板划线检查)、液体培养基检查法(空气过滤系统有无杂菌检查)和显微镜检查法。

造成污染的主要原因是设备、管道、空气过滤器,原料的灭菌、接种器皿的灭菌和环境卫生以及菌种不纯等。另外,染菌的类型也可以帮助分析染菌的原因:如污染芽孢杆菌,往往由于设备有死角或培养基灭菌不彻底;如污染不耐热的细菌,往往是由于受外界影响(如加水、加油,空气过滤介质受潮或设备渗漏)所致;如连续染菌,有可能是种子不纯、空气净化系统有问题或渗漏等原因。

针对发酵污染的原因,需采取相应的防治措施:

① 严禁种子带入杂菌(把住种子逐级扩大过程中的无菌操作关,种子液及时进行无杂菌检查);

② 发酵罐培养基的彻底灭菌(培养基灭菌不彻底的主要原因常因蒸汽使用不当,造成培养基中出现死角、原料存在团块、消毒时泡沫过多);

③ 防止空气过滤系统的染菌;

④ 注意环境卫生,建立卫生制度。

2. 噬菌体的污染和防治

发酵全过程中也必须随时检查有无噬菌体的污染。常用的检查方法有:显微镜直接检查法(将被检样品和菌液与含有0.8%琼脂的培养基混合,涂于无菌载片上,凝固后,经数小时培养,在显微镜下放大观察噬菌斑是否存在)、离心分离快速加热法(取经3500 r/min离心15 min发酵液的上清液,加热煮沸2 min,然后检测A_{650}值,若高于空白发酵液,表明有噬菌体污染)。

噬菌体污染防治主要是选育抗噬菌体的菌株,当噬菌体发生危害时可用抗性菌株代替敏感菌株生产,但更重要的是检查污染的原因,消除噬菌体赖以生存的环境条件。防止噬菌体污染的措施包括:

① 严禁活菌体排放,堵塞噬菌体滋生场地和繁殖条件;

② 把住"种子关",菌种要定期纯化,严防噬菌体进入种子罐、发酵罐;

③ 注意环境卫生:有严重污染噬菌体的地方,及时用药剂喷洒(如漂白粉、石灰、新洁尔

灭或次氯酸钙烟雾剂消毒)；

④ 常用防治噬菌体的药物有：抑制噬菌体的吸附或阻止 DNA 注入的螯合剂(如植酸盐 0.05%～1%、柠檬酸 0.2%～0.5%、草酸盐 0.2%～0.5%、三聚磷酸盐 0.5%～1%等)、作用于细菌表面抑制噬菌体吸附的表面活性剂(如聚乙二醇、单酯、聚氧乙烯烷基醚、吐温 20、吐温 60 等)、抑制噬菌体蛋白质合成的抗生素(如金霉素、四环素 1～2 μg/mL)和能抑制噬菌体基因组的复制或子代噬菌体成熟的 N-脂酰氨基酸。

11.1.8 培养基灭菌、空气净化及发酵设备

微生物发酵工业自从采用纯种培养以来，产品的产量和质量都有了很大提高，但对防止杂菌污染的要求也更高了，所以空气的净化是好氧纯种培养的一个重要环节。工业生产中，培养基、发酵设备一般采用蒸汽湿热灭菌，而空气净化则采用过滤除菌的方法。

1. 培养基湿热灭菌方法及设备

(1) 连续灭菌及设备

连续灭菌也叫连消，就是将配制好的培养基在向发酵罐等培养装置输送的同时对培养基进行加热、保温、冷却而实现灭菌的方法。其灭菌温度一般以 126～132℃为宜，总蒸汽压力要求达到 0.14～0.2 MPa。

培养基连续灭菌的基本流程如图 11-3 所示。连续灭菌的基本设备一般包括：

① 配料预热罐。将配制好的料液预热至 60～70℃，以避免连续灭菌时料液与蒸汽温度相差过大而产生水汽撞击声。

② 连消器(塔)。其主要作用是使高温蒸汽与料液迅速接触混合，并使料液的温度很快升高到灭菌温度(126～132℃)。

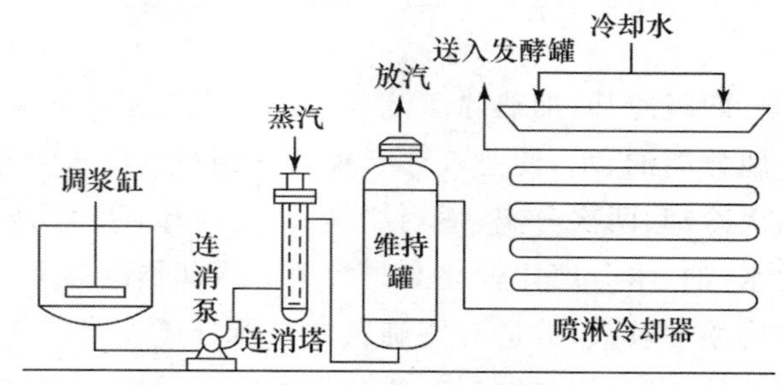

图 11-3 培养基连续基本流程及设备

③ 维持罐。连消塔加热的时间很短，仅靠这段时间的灭菌是不够的，维持罐的作用是使料液在灭菌温度下保持 5～7 min，以达到灭菌的目的。

④ 冷却器(管)。从维持罐(或层流管)出来的料液要经过冷却器(排管)进行冷却。生产中一般采用冷水喷淋冷却，冷却到 40～50℃后，输送到预先已灭菌的发酵罐内。随着发酵工程与技术的进步，实际生产中现多采用喷射加热连续灭菌流程及设备和薄板换热器连续灭菌流程。

(2) 间歇灭菌

培养基间歇灭菌是指将配好的培养基放置于发酵罐或其他装置中，通入蒸汽将培养基和设备一起加热，达到预定灭菌温度后维持一段时间，再冷却到发酵温度的湿热灭菌过程，通常也称实罐灭菌。一般用于 5 t(吨)罐。

2. 空气净化

大多数微生物发酵工业是采用好氧性微生物进行纯种培养，溶解氧是这些微生物生长和代谢必不可少的物质，通常以空气作为氧源。但是，空气中夹带有大量的杂菌，如一个通气量为

40 m^3/min 的发酵罐，一天需通气高达 5.76×10^4 m^3。若所用的空气中含菌量为 10^4 个/m^3，那么一天将有 5.76×10^8 个杂菌，会造成发酵彻底失败等严重事故。因此，通风纯种发酵需要对空气进行净化处理。生产中空气过滤除菌有多种流程，包括两极冷却、加热除菌流程，高效前置过滤空气除菌流程和利用热空气加热冷空气的流程。两极冷却、加热除菌流程如图 11-4 所示。

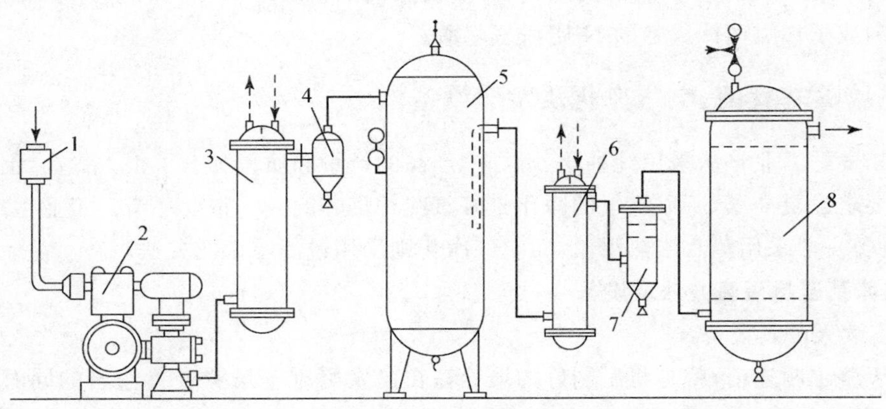

图 11-4 两级冷却、加热除菌流程示意图

1,8. 过滤器；2. 空气压缩机；3. 列管式冷却器；4. 气液分离器；5. 贮气罐；6. 冷却器；7. 去雾器

两级冷却、加热除菌流程是一个比较完善的空气除菌流程，可适应于各种气候条件，能充分地分离油、水，使空气达到较低的相对湿度进入过滤器，以提高过滤效率。该流程的特点是两次冷却、两次分离、适当加热，两次冷却、两次分离油、水的好处是能提高传热系数，节约冷却用水，油、水分离比较完全。经第一冷却器冷却后，大部分的水、油都已结成较大的雾粒，且雾粒的浓度较大，故适宜用旋风分离器分离。第二冷却器使空气进一步冷却后析出一部分较小的雾粒，宜采用丝网分离器分离，丝网能够在分离较小直径的雾粒有较高的分离效果。通常，第一级冷却到 30～50℃；第二级冷却除水后，空气的相对湿度仍是 100%，需用丝网分离器后的加热器加热，将空气中的相对湿度降低至 50%～60%，以保证过滤器正常运行。进入总过滤器，一般采用棉花、活性炭、玻璃纤维、有机合成纤维烧结材料。现已成功研制出可除去 0.01 μm 微粒的绝对过滤器。

3. 发酵设备

根据微生物发酵类型和微生物的特征，科学工作者设计了许多种类的发酵设备，如固体发酵的厚层制曲装置、固体发酵罐，液体发酵中的厌氧发酵罐和好氧发酵罐等。厌氧发酵罐需要与空气隔绝，在密闭不通气的条件下进行，设备简单、种类少；好氧发酵需要空气，在密闭通气条件下进行发酵。目前用于工业生产的大多数微生物、动物、植物细胞等都是好氧的，所以好氧发酵设备种类较多。好氧发酵罐(fermentor)(图 11-5，图 11-6)通常采用通风和搅拌来增加氧的溶解速率，以满足微生物代谢和产物积累的需要。对于其他类型发酵罐，如，自吸式发酵罐、带升式发酵罐、固体发酵罐等因篇幅关系不在此介绍。

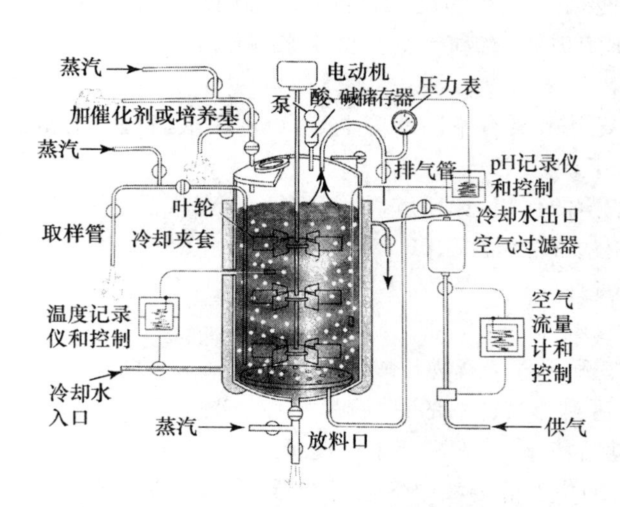

图 11-5　标准式小型通风发酵罐及管道装置

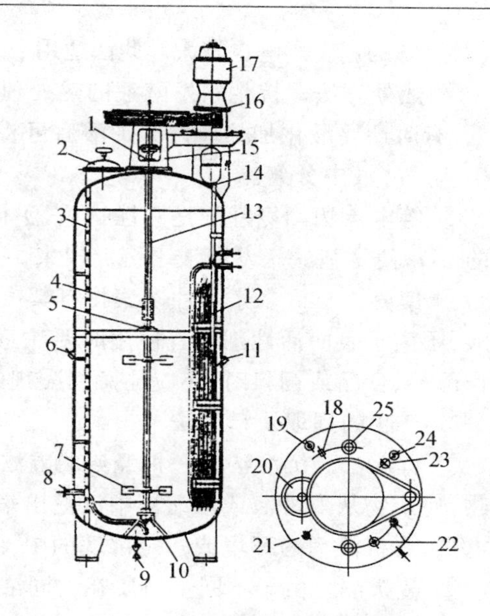

图 11-6　大型标准式发酵罐示

1. 轴承；2,20. 人孔；3. 梯子；4. 联轴器；5. 中间轴承；6. 热电偶接口；7. 搅拌器；8. 通风管；9. 放料口；10. 底轴承；11. 温度计接口；12. 冷却管；13. 轴；14,19. 取样口；15. 轴承柱；16. 三角皮带转轴；17. 电动机；18. 压力表接口；21. 进料口；22. 补料口；23. 排气口；24. 回流口；25. 窥镜(参考曹卫军等,2002)

11.1.9　发酵产品的分离、纯化

由于对产品纯化程度要求不一,对产品的质量要求虽有不同,但大多数产品的后处理过程基本一致,大致可将其分为几个大的阶段(图 11-7)。本节仅简介发酵液悬浮物的去除和产物的提取及精制方法。

1. 发酵液悬浮物的去除

绝大多数发酵液中都有一定的悬浮物质,例如菌体、培养基中固体残渣,生产菌的代谢产物,蛋白质胶体、团块等。去除悬浮物常用的方法如下:

① 重力法。在工业上用得较多的主要是离心和过滤。过滤时常用板框真空吸滤或电动筛等。离心和过滤能否顺利进行取决于很多因素。一般温度高、压力大、发酵液黏度小,滤布选用适当,助滤剂选用适宜(常用助滤剂有硅藻土、白垩、纸浆、活性炭等),并经搅拌,都可大大提高过滤速度。

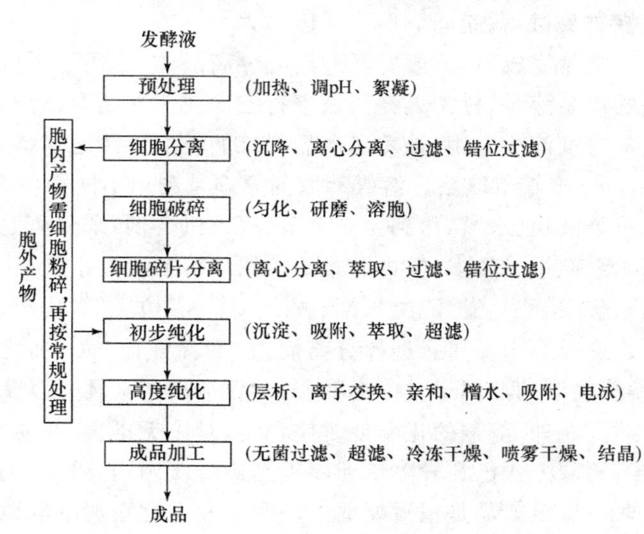

图 11-7　发酵产品后处理过程流程图
(引自李艳,1999 年)

pH 对过滤的速度影响也较大。此法适用于个体较大的酵母菌及有菌丝的霉菌、放线菌。

② 热处理法。抗生素发酵液的热处理主要是除去蛋白质(加热过滤),但加热的温度有高有低,有时还要酸化加热。因为加酸后可将细胞破坏,有利于胞内抗生素释放和杂质的沉淀,便于从发酵液中分离。

③ 等电点法。氨基酸是两性物质,不同氨基酸具有不同的等电点,可利用酸碱调节发酵液的 pH,使氨基酸从发酵液中沉淀出来。

④ 絮凝法。许多亲水性多聚物有絮凝细菌的作用,如明胶、甲基纤维素、藻酸钠、多聚丙烯酸、阳离子表面活性剂等。使用时要注意用量、搅拌情况、pH、温度、时间等。如果悬浮物是用作医药、食品或饲料时,还应注意絮凝剂的毒性问题。

2. 产物的提取及精制法

① 沉淀法。沉淀法是一种经典的方法,它利用发酵产物与酸、碱、盐形成不溶性的盐或复合物,使产物从发酵液或浓缩液中沉淀出来,达到分离提取的目的;另一种情况是发酵产物在等电点、有机溶剂的环境或一定浓度的中性盐溶液中,从发酵液中沉淀析出。

② 盐析法。由于不同蛋白质在不同浓度的中性盐溶液中溶解度不同,故以此分离或去除蛋白质。常用的有硫酸铵、氯化钠等饱和溶液,酶的提取多用此法。

③ 有机溶剂沉淀法。甲醇、乙醇、丙酮等能与水相混合的有机溶剂,具有使亲水性胶体脱水的作用,因此可以使蛋白质脱水失去稳定性而沉淀下来,用于提取酶或除去杂蛋白。甲醇、乙醇、丙酮还可以回收,使用时要注意浓度、用量、温度等,防止搅拌过度。

④ 结晶法。物质从液态(饱和溶液或熔融体)或气态形成晶体的过程叫结晶。结晶是提取纯固体物质的重要方法之一。常可分为二类:除去一部分溶剂的结晶和不去除溶剂的结晶。前者采用浓缩或蒸发的方法,使溶剂一部分蒸发或汽化,溶液浓缩达到饱和而结晶,常用于溶解度随温度下降而减少不多的物质,如肌苷酸、红霉素。后者通过使溶液冷却达到过饱和而结晶,用于溶解度随温度下降显著减少的物质,如灰黄霉素。

结晶主要分两个阶段:第一阶段是晶核的形成,第二阶段是晶核的成长。如能调节控制晶核的数目,就能调节形成晶体的大小。

结晶完成后,一般要经过离心分离晶体,常用甩干机进行分离脱水。母液中常含有一定数量的产品溶质,故需再经浓缩进行二次或三次结晶。此法常用于柠檬酸发酵、谷氨酸发酵等,也常与沉淀法合用,是发酵产品提炼的重要方法之一。

⑤ 溶媒萃取法。溶媒萃取的原理是利用不同物质在两相溶剂系统中溶解度不同,把产物从一个液相(水)转移到另一个液相(有机溶剂)来分离混合物中的组分,从而达到分离的目的。该法溶剂用量虽多,但可回收。常用的溶剂有:醇类(甲醇、乙醇、丙醇、正丁醇)、酯类(醋酸乙酯)、酸(醋酸)、醚(乙醚)、酮(丙酮)、苯、氯仿、二氯化碳、四氯化碳及水等。

选择溶剂要注意选择分离能力(选择性能)大、极性小(带入该溶剂中的杂质少)、沸点低(易蒸发浓缩溶解于其中的物质,不致被高压破坏),以及彼此互溶性小的(减少萃取的损失)的溶剂。此外,溶剂的化学性质应稳定,对人无毒害,并易回收。

萃取方法已在发酵工业中得到广泛应用,它的优点是不必分离悬浮固体,操作时间短,对提取不稳定产品是很重要的。发酵工业上已根据萃取原理(如一次萃取法,多次萃取法及多级对流多次萃取法)设计了许多萃取设备,如往复板式萃取塔、往复旋转搅拌萃取塔、连续萃取器及连续对向萃取机等。连续对向萃取机已广泛应用于某些抗生素(如青霉素)的提取。

⑥ 吸附法。该法是利用不同溶质(组分)在吸附剂表面吸附和解吸能力的差异进行分离的方法。某种物质的分子(或离子)聚集在固体或液体表面的现象叫吸附。具有吸附能力的物质叫吸附剂,被吸附的物质叫做吸附物。吸附法有物理吸附与化学吸附两类:

a. 物理吸附法。利用分子间的相互吸引,在一般情况下吸附热较小,如活性炭吸附。一般活性炭吸附的选择性差,不宜用于产品精制,但常用于除去溶液中杂质、色素、热源等,使用时要注意活性炭的种类、用量,调节发酵液或处理溶液时要注意适当的温度、pH、吸附的时间、搅拌的转速和类型等,同时要考虑被吸附物质的性质。一般用量在 0.5%～3%,吸附时间为 30～50 min。活性炭尽管选择性差,但解吸较容易。

b. 化学吸附法。吸附剂有无机和有机吸附剂两类:无机吸附剂有氧化铝、磷酸钙、铝硅酸盐(人造沸石)等;有机吸附剂常用的有羧甲基纤维素(CMC)、二乙氨基乙基纤维素(DEAE)等。不同吸附剂选择吸附性的高低不同,吸附容量大小也有差异。因此,要求吸附剂不能被提炼的溶液溶解,不能分解破坏被吸附的化合物,有一定大小的孔隙度,颗粒大小均匀,密度小,表面积大,吸附容易,吸附能力大,吸附选择性符合要求,用适当的洗脱剂较容易洗脱下来。

⑦ 离子交换法。这是在吸附法的基础上发展起来的,利用离子交换剂与溶液中离子间所进行的交换反应来分离离子型化合物的方法,在发酵工业中广泛应用。离子交换树脂是一种疏松的、具有多孔网状的固体颗粒,不溶于水,也不溶于电解质溶液,是一种带有具离解功能基的不溶、不熔的高分子化合物,它能同溶液中的离子进行交换反应。

根据树脂中可被交换的活性基团(功能基)不同,而将离子交换树脂分成几类:

a. 阳离子交换树脂。这类交换树脂活性基团是酸性的,它的 H^+ 可被阳离子交换,例如,磺酸基团($R—SO_3H$)、羧基(R—COOH)、羟基(R—OH),这些树脂中的酸性基团中的 H^+ 均可电离并与其他阳离子进行交换。

$$R—SO—Na^+ + K^+Cl^- \rightleftharpoons R—SO_3^- K^+ + Na^+ Cl^-$$

式中,R 代表树脂结构部分,K^+ 代表金属离子。阳离子交换树脂,根据其中活性基团的酸性强弱又可分为强酸型、弱酸型两类:强酸型树脂,如国产 #001 含有 $R—SO_3H$;弱酸性树脂,如国产 #112,含有 R—COOH 或羟基 R—OH。这类树脂中以强酸型树脂应用较广,它在酸性、中性及碱性溶液中都能使用。弱酸型树脂对 H^+ 亲和力大,在酸性溶液中不能使用,但选择性高,可用酸性洗脱剂,有利于分离不同强度的碱性氨基酸。

b. 阴离子交换树脂。这类树脂的活性基团是碱性的,它的阴离子可被其他阴离子交换。根据碱性基团的强弱又分为强碱型与弱碱型两类:强碱型树脂,如国产 #201,其中含有季胺基团[$—N(CH_3)_3$];弱碱型树脂如国产 #301,其中含有胺基($R—NH_3$)。

近年来离子交换法与其他技术结合制成的核酸、氨基酸的层析自动分析仪,对生物学的研究有重要意义,还广泛用于酶、氨基酸抗生素、有机酸等的提取。其优点是操作方便,提取纯度高,树脂处理后可反复使用;缺点是投资大,技术要求高。

⑧ 凝胶分子筛。凝胶分子筛是近 60 年来发展起来的一种有效而简便的生化分离方法。名称不统一,有的叫凝胶过滤、凝胶层析、凝胶渗透层析、分子筛过滤。除渗透层析外,实际都是用于分离提纯蛋白质、酶、多糖、核酸、激素、氨基酸、多肽和抗生素。用于凝胶分子筛的凝胶有葡聚糖凝胶、聚丙烯酰胺和琼脂糖凝胶,均由有机物质组成(与人工合成沸石的无机分子筛不同)。如葡聚糖凝胶具有大量的羟基,因此有很强的亲水性,加入水中即显著膨胀,同时具有很强的惰性,得到的产品具有较高的稳定性。

⑨ 薄膜分离法。采用薄膜分离技术，目前有以下几种：透析法、精密过滤、超过滤、反渗透和电渗析、亲和层析法等。这些方法是近几年来发展起来的新技术，比老的提取方法有更多的优点，发展快，并在多方面获得应用。

a. 超过滤。超过滤的滤膜孔径为几纳米至数十纳米，相对分子质量500以上的溶质被截留，用以制备各种酶、激素、疫苗、噬菌体、病毒、抗生素等。

b. 反渗透。滤膜在0.8 nm以下，所能过滤的颗粒直径在0.5 nm以下，相对分子质量小的无机物都能被分离，用于污水处理、海水淡化、抗生素、疫苗等的分离浓缩，以及啤酒过滤、食品脱盐等。一般要求较高的压力。

c. 电渗析。也为膜分离，但与超过滤和反渗透不同，电渗析实际上是用离子交换树脂制成的一种带有微孔的离子交换膜，膜起离子选择作用，动力是电位差。离子交换膜有阳离子膜（只允许阳离子通过）和阴离子膜（只允许阴离子通过）两种，利用这个原理可分离和回收发酵产品。

11.2 农业微生物技术

微生物与农业可持续发展关系极为密切。随着科学技术的发展，50年来我国农业增产速度较快，粮食年产量从1.1亿吨提高到5亿吨。我国以不到世界1/10的耕地生产世界1/4的粮食，养活了世界近1/5的人口，创造了世界发展史上的奇迹。但是农业发展还存在许多问题，如水土流失、环境污染、我国农业增长快、劳动产率低、人均收入低，这是实现我国农业可持续发展迫切需要解决的问题。本节着重介绍微生物在肥料、农药、饲料等方面的应用。

11.2.1 微生物肥料

人工肥料提供作物生长发育所必需的养分，是农田中各种养分（氮、磷、钾等营养元素）供应的重要保证。

生物肥料具有无毒、不易产生害虫和抗药性等优点，借助于有益微生物的活动，为植物提供各种营养素。按产品内含的微生物种类划分，微生物肥料可划分为细菌肥料（如根瘤菌肥料、固氮菌肥料）、放线菌肥料（5406菌肥）、真菌肥料（如菌根真菌）等；按其作用机理，又可划分为根瘤菌肥料、固氮菌肥料、磷细菌肥料、钾细菌肥料、抗生菌肥料等；按其制品中微生物的数量和种类，可划分为单一微生物肥料和复合微生物肥料等。

1. 根瘤菌肥料

根瘤菌有一定专一性，只有在适合的豆科植物根系分泌物的影响下，才能侵入根毛形成根瘤（图11-8）。根瘤菌与豆科植物的共生固氮是目前生物固氮资源利用研究的热点。目前已从结瘤基因的克隆中分离出DNA片段，构建固氮更佳的创新根瘤菌。此外，土生土长的根瘤菌往往比外来的菌株适应性强、效果好。根瘤菌肥料一般以当地筛选的根瘤菌菌株为好。

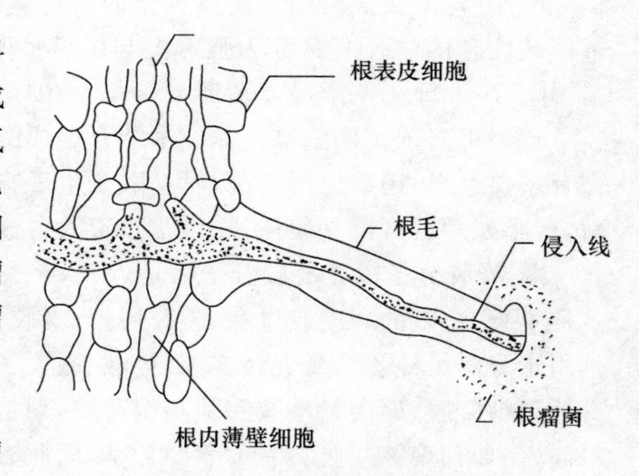

图11-8 根瘤菌形成的侵入线示意图

2. 固氮菌肥料

自生和联合固氮微生物比共生固氮的根瘤菌固氮量要少得多，而且施用时受到限制条件更多,如更易受到环境条件中氮素含量的影响等。但在实践中发现,它们对作物的作用除了固氮外,更重要的是能够产生多种植物生长刺激素和抗菌物质。选育一种抗氨、泌氨能力强、产生植物生长刺激素数量大和耐受不良环境强的菌株,是固氮菌制剂的研究方向。除了根瘤菌和固氮菌之外,在自然界还有其他一些有固氮能力的微生物,如弗兰克氏菌属的放线菌,它可以与多种木本植物共生。

3. 磷细菌肥料

磷细菌肥料是一种能把土壤中不溶性无效磷化合物转化为可溶性有效磷的细菌活菌制剂。土壤中一般含磷 0.05%~0.20%,但大多数是不可给态的,为了充分利用土壤中的无效磷,人们借助于磷细菌的作用。磷细菌包括两类:有机磷细菌,如巨大芽孢杆菌、蜡状芽孢杆菌等,产生的乳酸、柠檬酸可溶解土壤中的难溶性磷、磷酸铁、磷酸铝及使有机磷酸盐矿化;无机磷细菌,如氧化硫硫杆菌等,它可将植物难以吸收的不溶性磷矿物转化为可溶性的磷酸盐。磷细菌生长繁殖和代谢过程还能够产生一些有机酸和酶类,如植酸酶,除提供有效磷外,也能促进植物生长。现已发现,无机磷细菌菌肥和有机磷细菌菌肥、磷细菌菌肥与固氮菌菌肥或磷细菌菌肥与抗生菌肥混合使用效果更好。

4. 钾细菌肥料

钾是植物必需的三大营养元素之一,而土壤速效钾供应不足,土壤全钾中仅有 1%~2% 的钾可直接被作物利用,是作物产量难以提高的重要原因。一般认为,土壤颗粒组成约 60% 是含钾的硅酸盐,如果耕层内的钾均转变为速效钾,可以供作物利用几百年。

钾细菌也称硅酸盐细菌(silicate bacteria),如分解硅酸盐的胶质芽孢杆菌(*Bacillus mucilaginosus*)、环状芽孢杆菌(*B. circulans*)。该类菌能把矿石中正长石、磷灰石的磷与钾分解出来,同时,还能产生赤霉素、细胞分裂素和抗生素,既促进作物生长发育,又能增强作物的抗病能力。钾细菌的胞外多糖产量高,是菌体重量的许多倍,可用于冶金、陶瓷工业、处理活性污泥、净化水质等。有人将钾细菌的胞外多糖用于饲料添加剂中,获得一定效果。

5. 抗生菌肥料("5406"放线菌肥)

该菌肥是由泾阳链霉菌生产制成的放线菌肥料,俗称"5406"放线菌肥。泾阳链霉菌是由中国农科院土壤肥料研究所 1953 年从陕西泾阳县分离筛选得到的,具有防病、保菌、松土和刺激作物生长等多重作用,在增产幅度、使用范围、推广应用等方面都较其他微生物肥料优越。

6. 光合细菌肥料

光合细菌是一类能将光能转化成生物代谢活动能量的原核微生物,是地球上最早的光合生物,广泛分布在海洋、江河、湖泊、沼泽、池塘、活性污泥及水稻、小麦等根际土壤中。光合细菌的种类较多,包括蓝细菌、紫色硫细菌、绿色硫细菌等,与生产应用关系密切的主要是红螺菌科的一些属种。

7. 复合微生物菌剂

复合菌肥是由多种互不拮抗、有益的微生物在一起混合培养制成的。它的主要作用是加速土壤有机质的分解,加快土壤熟化。目前国际上一些国家对其研究较多。但如何选择最有效的微生物种类和以最适合的比例制成复合菌肥,仍是各国研究的热点。

8. 微生物产生的植物激素类物质

该类物质的作用为刺激作物生长,改善营养状况。如产生次级代谢产物吲哚类物质的固氮菌等,不仅可促进作物生长,而且可改善农产品质量,使蛋白质、糖分、维生素的含量提高,硝酸盐含量下降;改善蔬菜、瓜果等作物的风味;产生某些拮抗性物质,抑制甚至杀死植物病原菌。

9. 植物促生根际菌肥

植物促生根际菌肥(plant growth-promoting rhizobacteria,PGPR)通过使各类植物根际有益微生物的大量生长繁殖,成为根际的优势菌,达到分泌促进植物生长的物质,抗病驱虫,增加土壤的养分,抑制其他病原微生物生长繁殖,减轻植物病害的目的。与PGPR类联合使用的制剂是近20年农业微生物研究热点之一,已报道研究和应用的菌种很多,其中有的微生物种类已经作为微生物肥料生产菌种使用,若将这些微生物肥料联合使用,将会取得更好的增效作用。

11.2.2 堆肥与沤肥

土壤是微生物活动的大本营,也是植物生长的场所。土壤中数量极大、种类繁多的微生物类群所进行的各种复杂的新陈代谢活动,使土壤中的各种物质不断分解、转化,被植物所利用,土壤肥力的提高是微生物多方面作用的结果。

堆肥指好氧微生物将大量秸秆、枯枝落叶、杂草等纤维素、半纤维素、果胶质分解转变为优质的有机肥料和腐殖质的过程。沤肥是指以厌氧菌和兼性厌氧菌为主的纤维素、半纤维素、果胶质等有机物的分解过程。

11.2.3 微生物农药

生物农药具有无毒、害虫不易产生抗药性等独特优点,在农林业病虫害防治中发挥了巨大作用,微生物农药在生物农药中占重要地位。微生物农药是指利用活体微生物或其代谢产物防治病、虫及杂草的制剂。它可分为微生物杀虫剂和农用抗生素两大类,以选择性强、人畜安全、天敌无害、无抗药性、生产工艺简单等优点,已成为当今农药开发研究的热点。

1. 微生物杀虫剂

随着20世纪初,苏云金芽孢杆菌用于害虫防治的成功,微生物杀虫剂占生物农药市场的份额越来越大。

(1) 细菌杀虫剂

① 苏云金芽孢杆菌杀虫剂。1901年石渡繁胤在日本分离出一种导致家蚕幼虫患软化病的微生物,命名为猝倒芽孢杆菌(*Bacillus sotto*);1911年贝尔奈(Berliner)在德国苏云金省(Thuringia)从地中海粉螟(*Ephestia kuehniella* 或 *Anagasta kuehniella*)的患病幼虫中也分离出一种类似的杆菌,以发现地点苏云金(Thuringen)省将其命名为苏云金芽孢杆菌(*Bacillus thuringiensis* Berliner)。此后,大量的苏云金芽孢杆菌亚种载入记录,每一个亚种都有特定的杀虫谱。目前全世界已发现83个亚种,70个血清型,100多个品种,200多个杀虫蛋白基因。1930年苏云金芽孢杆菌杀虫剂开始用于防治农业害虫,如鞘翅目、鳞翅目、双翅目昆虫。

苏云金芽孢杆菌为G^+好氧芽孢杆菌,其两端钝圆,周身鞭毛,能运动,少数无鞭毛,单个或2~5个细胞成链状,营养体长到一定阶段,细胞内含物出现浓缩和凝聚现象,随后在细胞的一端逐渐形成椭圆形或圆形的芽孢,在另一端出现一个、两个、多个菱形或正方形等不同形态的伴孢晶体(参见图2-19)。苏云金芽孢杆菌产生多种使昆虫致病的杀虫毒素(简称BT),包括外毒素(如α-外毒素、β-外毒素、γ-外毒素)和内毒素(也称晶体毒素,是存在细胞内的一种蛋白质晶体,随芽孢释放胞外,如δ-内毒素、双效菌素)等。当敏感幼虫吞食含伴孢晶体和芽孢的混合制剂后,在肠道中伴孢晶体溶解,被碱性蛋白酶水解出具有毒性的短肽(即δ-内毒素),

δ-内毒素与特异的昆虫肠道上皮细胞的糖蛋白受体结合，导致肠壁穿孔，造成细胞代谢终止，芽孢、菌体侵入昆虫血腔，细菌大量繁殖，使幼虫麻痹，患败血病腐烂而死。有的苏云金芽孢杆菌变种可分泌水溶性的苏云金素，又称β-外毒素，能耐高温121℃ 15 min，并对家蝇幼虫有毒性，故又称其为热稳定性外毒素或蝇毒素。苏云金素是广谱毒素，对许多目的昆虫有毒性。

农业防治害虫时，可采用喷雾、喷粉、泼浇，也可制成颗粒或撒毒土等方式，浓度一般为500万～5000万个孢子/mL。其使用范围广，目前应用于防治棉花、小麦、大豆、玉米、水稻、水果、蔬菜、森林的虫害上，效果理想。

20世纪80年代中后期开始，科学家利用DNA重组技术，对毒素基因进行改造，构建各种优良性状的重组工程菌株，研制新的遗传重组杀虫剂，或将苏云金芽孢杆菌的毒素蛋白基因克隆到玉米、棉花、大豆和马铃薯等作物中表达，抗虫的转基因作物已在许多国家推广。

② 其他细菌杀虫剂(表11-7)。

表11-7 其他细菌杀虫剂

杀虫剂名称	微生物名称	作用成分	杀虫范围
球形芽孢杆菌杀虫剂	球形芽孢杆菌(*B. sphaericus*)	营养细胞产生的蛋白质毒素；伴孢晶体产生的两种蛋白质毒素	蚊虫幼虫
金龟子芽孢杆菌制剂(日本甲虫芽孢杆菌)	日本甲虫芽孢杆菌(*B. popilliae*)	足迹状伴孢晶体	金龟子幼虫(蛴螬)
蜡状芽孢杆菌制剂	蜡状芽孢杆菌	磷酸脂酶C；蜡样菌素；	多种昆虫
假单胞菌属	铜绿假单胞菌、荧光假单胞菌(*Pseudomonas fluorescens*)、恶臭假单胞菌、病蜂假单胞菌(*Pseudomonas apiseptica*)等	多种外毒素 胞外酶	多种昆虫
沙雷氏菌属	黏质沙雷氏菌、嗜虫沙雷氏菌(*Serratia. entomophila*)、液化沙雷氏菌(*S. liquefaciens*)等	几丁质酶等	多种昆虫

(2) 真菌杀虫剂

有60%以上的真菌能寄生于昆虫和螨类中，导致发病死亡。杀虫真菌约有100个属，800多种，包括白僵菌属、绿僵菌属(*Metarrhizium*)、团孢霉属(*Massospora*)、曲霉属等。但至今开发为商品的并不多。

① 白僵菌。白僵菌属于半知菌类的丝孢菌纲、丝孢菌目、丛梗孢科，是一种广谱性虫生真菌，包括两个种：球孢白僵菌(*Beauveria bassiana*)和卵孢白僵菌(*Beauveria brongniatiii*)。白僵菌引起的病占昆虫真菌病约21%，能侵染鳞翅目、直翅目、鞘翅目、膜翅目、同翅目等多种昆虫及螨类。该杀虫剂除主要用于防治松毛虫、玉米螟外，对马铃薯甲虫、大豆食心虫、甘薯象鼻虫、苹果食心虫、水稻叶蝉等的防治效果较好。

白僵菌制剂的杀虫成分是分生孢子，分生孢子接触虫体后便萌发出芽管，芽管在毒素等作用下，穿透昆虫体壁进入体腔，以体液为营养，芽管伸长成为菌丝，并分支再形成筒形孢子，筒形孢子又形成新的菌丝，使虫体内充满菌丝而僵死。菌丝从节间伸出体外，并形成白色棉絮状气生菌丝和分生孢子梗，在孢子梗上形成分生孢子。孢子散布造成昆虫的流行病。虫体因严重脱水，变为白色僵尸，因而得名。

② 绿僵菌。绿僵菌也属于丛梗孢科，也是一种广谱真菌杀虫剂，主要用于防治棉铃虫、蝗虫、玉米螟、斜蚊夜蛾、金龟子和地老虎等害虫。其致病机制、生产方式与白僵菌相似，只是培养温度、湿度要求较严格。

③ 其他杀虫真菌。目前具有开发前途的昆虫病原真菌列于表 11-8 中。

表 11-8 其他杀虫真菌

微生物名称	分类地位	杀虫范围
链壶菌属(*Lagenidium*)	鞭毛菌亚门	感染多种库蚊幼虫，可开发为极有前途的杀蚊真菌制剂
雕蚀菌属(*Coelomomyces*)	链壶菌目	防治蚊幼虫
虫霉属(*Entomophthora*)	接合菌亚门	侵染双翅目、半翅目、鳞翅目、直翅目、鞘翅目昆虫，引发昆虫大规模流行病
虫草属(*Cordyceps*)	子囊菌亚门	侵染双翅目、半翅目、鳞翅目、鞘翅目昆虫，引起致病，虫草菌也可作药用，如冬虫夏草、蛹虫草等
多毛孢属(*Hirsutella*)	半知菌亚门	螨类重要的病原菌，防治柑橘锈螨
拟青霉	同上	使多种昆虫致病，防治橘金粉蚧、叶蜂、绿尾大蚕蛾、茶树害虫等
轮枝孢属	同上	使多种昆虫致病，防治蚜虫、粉虱、蚧虫、棉铃虫等

真菌杀虫剂虽具有能多次感染害虫、防治范围广、残效较长、扩散力强等优点，但也有侵染过程易受环境条件影响、毒力发挥较慢的缺点。现世界各国均在采用基因工程技术，构建杀虫毒力提高的基因工程菌株，以期缩短杀虫时间。

(3) 病毒杀虫剂

昆虫感染病毒是很常见的，据报道已分离出的昆虫病毒约 1600 种，分属于 10 个科，其中以杆状病毒科为主。病毒杀虫剂优点是可以长期控制，同时病毒专一性很强，对人畜无害。棉铃虫病毒和日本的松毛虫病毒在美国和日本已广泛用作农药。我国也已使用斜纹夜蛾核型多角体病毒、桑毛虫核型多角体病毒治虫，棉铃虫核型多角体病毒治虫，效果良好。

杆状病毒应用较多的有三类：核型多角体病毒(nuclear polyhedrosis virus，NPV)、质型多角体病毒(cypovirus，CPV)和颗粒体病毒(granulosis virus，GV)。此外，感染昆虫的病毒还有昆虫痘病毒(EPV)、虹彩病毒(IV)、浓核症病毒(DNV)和急性麻痹病病毒(ABPV)等，主要用来防治鳞翅目、双翅目、膜翅目、脉翅目、直翅目、半翅目及蜱螨类等。昆虫病毒制剂的杀虫成分是病毒包含体。包含体由昆虫口侵入，进入虫体中肠后，包含体被肠液溶解，释放出病毒粒子，产生杀毒作用。感染病毒粒子的昆虫出现食欲不振、口吐黏液、腹泻下痢、脱肛，直至体躯萎缩而死。不同类型的昆虫病毒，其杀虫方式略有不同。

病毒不能在培养基上生长，只能用养虫法增殖病毒，作成制剂。使用方法有喷雾、喷粉，直接施于土壤和释放带病毒昆虫等方式。

现在世界各国均在研究利用基因工程技术，采取多种措施，对病毒进行遗传改造，以提高病毒的杀虫毒力和杀虫速度，包括：① 插入昆虫自身存在和产生激素或几丁质酶的基因；② 插入外源毒素基因；③ 改变核型多角体病毒非必需基因；④ 转入增效蛋白等。重组病毒杀虫效果虽然显著提高，但病毒产量有所下降。

2. 农用抗生素

农用抗生素在生物农药中发展比其他农药快。根据其用途，可分为杀菌农用抗生素、杀虫农用抗生素、微生物除草剂和植物生长调节素等。

（1）杀菌农用抗生素

目前农业上大规模生产的杀菌农用抗生素有：井冈霉素（jinggangmeisu，与日本的有效霉素 validamycin 相似）、春雷霉素（kasugamycin）、庆丰霉素（qingfengmycin）、多氧菌素、杀稻瘟素 S、放线酮（actidione，cycloheximide）等，其产生菌和防治对象见表 11-9。

表 11-9　主要杀菌农用抗生素

名　称	产生菌	防治对象
井冈霉素	吸水链霉菌井冈变种（*Streptomyces. hygroscopicus* var. *jinggangensis*）	水稻纹枯病、马铃薯丝核菌病、棉苗立枯病、黄瓜猝倒病等
春雷霉素	春日链霉菌（*Str. kasugaensis*）	水稻稻瘟病、马铃薯晚疫病、菜豆萎蔫病、黄瓜角斑病、苹果、桃和烟草白粉病
庆丰霉素	庆丰链霉菌（*Str. qingfengmyceticus*）	水稻稻瘟病、小麦白粉病
多氧霉素	可可链霉菌阿苏变种（*Str. cacaoi* var. *asoensis*）	水稻纹枯病、梨黑斑病、果树、蔬菜白粉病
杀稻瘟素 S	灰色产色链霉菌（*Str. griseochromogenes*）	水稻稻瘟病
放线菌酮	奈良链霉菌（*Str. naraensis*）	甘薯黑斑病、洋葱霜霉病、茶叶纹枯病、樱桃叶斑病

（2）杀虫农用抗生素

目前应用的杀虫、杀螨、杀线虫的农用抗生素主要有：阿维菌素（avermectin，又称阿弗菌素或揭阳霉素）、四抗菌素（tetranactin）、多萘菌素（polynactin，又称浏阳霉素）、桔霉素（citrinin）、杀螨菌素（密比霉素，milbemycin）、杀粉蝶素（piericidin）、多杀霉素（spinosad，多杀菌素）等，其产生菌和防治对象见表 11-10。

表 11-10　主要杀虫农用抗生素

名　称	产生菌	防治对象
阿维菌素	除虫链霉菌（*Streptomyces. avermitilis*）	大环内酯类抗生素，杀钩虫、线虫、蛔虫、杀螨虫等，防治寄生虫病和多种农业害虫
四抗菌素	金色链霉菌（*Str. aureus*）	杀螨剂
多萘菌素	链霉菌 S12（*Streptomyces* sp. S12）	大环内酯类抗生素，杀螨剂
桔霉素	生裂链轮丝菌（*Streptoverticillium rimofaciens*）	麦类、烟草、瓜果等白粉病
多杀霉素	刺糖多孢菌（*Saccharopolyspora spinosa*）	果树、茶树、蔬菜、草坪等防治线虫、潜叶虫等多种害虫

（3）微生物除草剂

双丙氨膦（bialaphos）又称双丙氨酰膦，是由吸水链霉菌（*Streptomyces hygroscopicus*）产生的一种具有氨基磷酸结构的微生物除草剂。双丙氨膦在植物体内转化为 *L*-体草铵膦，可抑制植物体内谷氨酰胺的合成，使氨积累，从而抑制光合磷酸化，导致植物死亡。双丙氨膦用于防治一年生和多年生的禾本科杂草和阔叶杂草，对人、畜有中等毒性。

（4）植物生长调节素

具有植物生长调节活性的农用抗生素有赤霉素（又称赤霉酸，GA，“九二零”）、脱落酸（abscisic acid，ABA）、比洛尼素、噁唑霉素（oxamycin，又称环丝氨酸）等，其产生菌和作用对象见表 11-11。

表 11-11 具有植物生长调节活性的农用抗生素

名 称	产生菌	防治对象
赤霉素	自水稻恶苗菌和高等植物中分离，共发现121种赤霉素	调节植物生长发育，不影响植物细胞分裂，外源赤霉素进入植物体内，使叶片、果实扩大，打破种子休眠
脱落酸	某些真菌如青霉属、曲霉属、尾孢菌属(*Cercospora*)、链格孢属(*Alternaria*)、葡萄孢属(*Botrytis*)等可产生天然型脱落酸	提高植物抗旱、抗寒、抗病和耐盐能力；促进果实、种子贮藏的蛋白质和糖积累，提高产量；诱导和打破种子及芽休眠，控制花芽分化，促进生根
比洛尼素	链霉菌	抑制作物植株增高
噁唑霉素	链霉菌	抗菌，且可提高甘蔗含糖量

农用抗生素具有较高的稳定性，对热、光、酸、碱以及酶解能力稳定；抗生素的有效期长，如井冈霉素防治水稻纹枯病的有效期达25～30天，是一种比较理想的农用抗生素。农用抗生素应对人畜和各种水生生物安全无毒，一般要求在常用浓度20倍以上对人畜无毒害，200倍以上对鱼、虾、贝等也无毒害为标准。大多数抗生素较易被其他微生物分解而失去活性，不会造成在环境中累积，所以它们残留毒性很低。

11.2.4 微生物饲料

微生物饲料包括单细胞蛋白(SCP)、青贮饲料、发酵饲料、微生物饲料添加剂等。

1. 单细胞蛋白

微生物细胞蛋白质含量高(细菌干物质中含蛋白质50%～80%，酵母菌含40%～60%)、氨基酸种类齐全、富含维生素和微量元素，且能在动物体内表现较高的酶活性，是国内外SCP工业化生产的首选品种。其主要产生菌为酵母菌、小球藻、螺旋藻、丝状真菌和甲基营养型微生物等。生产SCP原料多样，包括各种农副产品(玉米粉、饼粉、麸皮、米糠等)、各类农副产品为原料的工厂废液(制糖厂、淀粉厂、酿酒厂、发酵厂、造纸厂等植物性废弃物)和石油化工产品(石蜡、烷烃、甲醇等)。利用廉价原料生产微生物蛋白食品或饲料，既变废为宝，又有利于环保，是一项极有潜力的重要技术。我国目前主要是利用农副产品和工厂废液为原料，生产以酵母菌为主的SCP产品；美、法、英等国多以石油和天然气为原料，生产酵母菌SCP产品。

小球藻和螺旋藻细胞富含蛋白质、脂肪、叶绿素和叶黄素等成分，除作为食品和饲料添加剂外，还有某些保健功能。由于人畜不含分解藻类细胞壁的消化酶，生产过程尚需增加破细胞壁的设备。

2. 青贮饲料

青贮饲料是将新鲜的牧草、秸秆等青饲料粉碎，装入密封窖内，保持厌氧条件下的发酵。青贮饲料上附有多种微生物，包括乳酸细菌、酵母菌、丁酸细菌、腐败细菌和霉菌等。在厌氧条件下乳酸细菌、酵母菌利用青贮草料中的单糖和氨基酸生长繁殖，同时进行乳酸发酵或乙醇发酵，产生乳酸、乙酸、琥珀酸等有机酸和醇类，菌体生长繁殖增加了青贮饲料的蛋白质和维生素，提高了青贮饲料的适口性，发酵过程产生的热量还可抑制或杀死病原微生物的生长，从而制成营养丰富、汁多易消化、耐贮藏的青贮饲料。丁酸细菌、腐败细菌和霉菌等可破坏植物组织的细胞，分解蛋白质并产生恶臭，青贮饲料成败的关键是能否有效地控制此类杂菌生长。

3. 发酵饲料

发酵饲料又称糖化饲料，是以植物秸秆类粗饲料粉为主要原料，添加少许无机盐、氮源和一些精料，通过天然发酵或加糖化曲发酵而制成的发酵饲料。

接种的糖化曲中的微生物主要有曲霉属、根霉属、毛霉属中具有糖化酶的种类及酵母菌和乳酸细菌，或纤维素酶、木质素酶活性高的霉菌、担子菌等。其中，霉菌、担子菌等使粗饲料粉中的纤维素和多种糖类部分水解，然后在乳酸细菌和酵母菌作用下，厌氧发酵产生乳酸、乙醇和挥发性脂肪酸，还产生少量具芳香性的发酵产物，如酯等。发酵过程 pH 下降至 4.5～5.5，也抑制了丁酸细菌、腐败细菌的繁殖。制成的发酵饲料中，蛋白质、维生素含量倍增，适口性强(酸、甜、香、软)。

4. 微生物饲料添加剂

常用的微生物饲料添加剂包括：酶制剂、氨基酸和维生素等。

① 酶制剂。提高饲料营养价值的酶制剂和来源参见表 11-12。

表 11-12　添加饲料中的微生物酶制剂

酶制剂名称	微生物	用　途	研究进展
植酸酶(肌醇六磷酸酶)	黑曲霉 NR-RL3135(含植酸酶)	植酸酶可将植酸水解为肌醇和磷酸，人、单胃动物缺乏分解植酸的酶，添加后提高饲料营养价值，减少环境污染	克隆黑曲霉植酸酶基因，在酵母菌和真菌中构建基因工程菌株
β-甘露聚糖酶	真菌或软体动物等，紫贻贝(*Mytilus edulis*)，双孢蘑菇 C54-carb8	β-甘露聚糖酶将豆科等植物细胞壁甘露聚糖水解为甘露糖，畜、禽、鱼不含甘露聚糖酶，添加后促进畜禽生长，减少养殖污染	克隆 β-甘露聚糖酶基因，在酵母菌和细菌中构建基因工程菌株
β-葡聚糖酶、α-淀粉酶和蛋白酶等	各类微生物	大多数植物含非淀粉类多糖，猪等家畜不能分解利用	多种微生物混合粗酶制剂，可直接用于饲料产品

② 氨基酸。饲料中有时需添加某些种类的氨基酸，如 *L*-赖氨酸、*D*-蛋氨酸、*L*-亮氨酸等，可促进畜、禽生长，改善肉质或增加产蛋率。饲料添加剂中用的氨基酸与食用、医用相同，只是含量和质量要求稍低，可用粗制品。

③ 维生素。饲料中若缺乏维生素，家禽和其他小动物生长会受到影响，因大多数动物自身无法合成或合成很少维生素。饲料中添加的维生素可用粗制品，常用的是生产要求不严格的产生维生素 B_2(核黄素)的阿舒多囊霉(*Crebrothecium ashbyii*)和产生虾青素(astaxanthin)的红发夫酵母(*Phaffia rbodozyma*)。可利用多种廉价的农副产品，如米糠、甘蔗渣汁等，生产这类饲料添加剂。

微生物在农业发展中大有可为，各类微生物可以各显其能。在分子生物学迅速发展的今天，构建和利用各种工程菌的潜力很大，相信微生物在农业上的发展有着可观的前景。

11.3　医药微生物技术

由于人类赖以生存的地球环境不断恶化，气候异常、灾难频发，危及人类和动植物的生存和繁衍。面对人类生存的危机，世界各国都在积极利用医学微生物技术，力求开发出新的药物和保健品，或扩大药物资源，解决疑难病症，提高人类的健康水平。本节仅对微生物在医药方面的应用及基因工程药物的开发利用进行简介。

11.3.1　抗生素

抗生素是微生物的次级代谢产物(参见 6.4 节)，为一类重要的化学治疗剂(参见 7.4 节)，它不仅可抑制或杀死其他微生物，有些还有治疗肿瘤作用，有的可用于临床早期诊断，有的有其他生物学活性(如利福霉素可降低胆固醇,瑞斯托霉素能促进血小板凝固,红霉素可诱导胃蠕动等)。自1929年英国微生物学家弗莱明发现青霉素以来,据统计,由放线菌、细菌、霉菌所产生的抗生素9000多种,但目前临床应用的也只有数十种。

1. 主要天然抗生素

(1) 抗生素来源

临床实际应用和工业生产的天然抗生素中,以放线菌产生的抗生素为第一位,其次是霉菌和细菌(表11-13)。

表11-13 天然抗生素产生菌

产生菌	抗生素
放线菌	链霉素、氯霉素、四环素、红霉素、螺旋霉素(spiramycin)、柱晶白霉素、丝裂霉素、利福霉素、卡那霉素、林可霉素、博莱霉素、交沙霉素、核糖霉素、噻烯霉素等
霉　菌	青霉素、灰黄霉素、头孢菌素C、变曲菌素、甾酸霉素(梭链孢酸)等
细　菌	短杆菌肽、短杆菌肽S、杆菌肽、多黏菌素等

(2) 抗生素分类

目前世界各国实际生产和临床应用的抗生素(包括半合成抗生素)达百种以上,其中主要的有β-内酰胺类、氨基糖苷类、大环内酯类、四环素类、多肽类等(表11-14)。

表11-14 抗生素分类

类　型	抗生素	结构特点
β-内酰胺类抗生素	青霉素类、头孢菌素类、棒酸(克拉维,clavulanic acid)、碳青霉烯类、头孢碳烯类等	有β-内酰胺环。后两类抗菌谱较好,受到关注
氨基糖苷类抗生素	链霉素、庆大霉素等	由氨基环醇与氨基糖通过氧桥连接而成
大环内酯类抗生素	卡那霉素A、红霉素(十四元环大环内酯)、螺旋霉素(十六元环大环内酯)等	以一个大环内酯为母体,通过羟基与糖的糖苷键连接而成,为临床应用最多的抗生素
四环素类抗生素	四环素、土霉素、金霉素等	由四并苯联为母核连接而成
多肽类抗生素	多黏菌素等	非氨基构成的单元,以酰胺键连接的环状肽的抗生素

2. 半合成抗生素

从抗生素的发现到临床应用,有的已经历了60多年的历程,在防病、治病上做出了巨大贡献,但随着临床应用的不断扩大,病原菌逐渐变异并出现耐药性,抗生素似乎正逐渐失去往日的辉煌。据世界卫生组织(WHO)估计,全世界每天约有5万人死于传染性疾病,现已有95%以上金黄色葡萄球菌对青霉素产生耐药性,这也是当前医院传染的主要原因,因此,半合成抗生素应运而生。

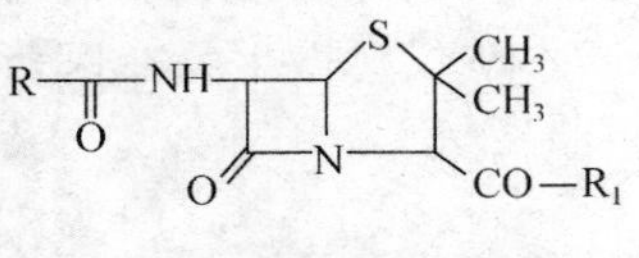

a. 青霉素类抗生素结构 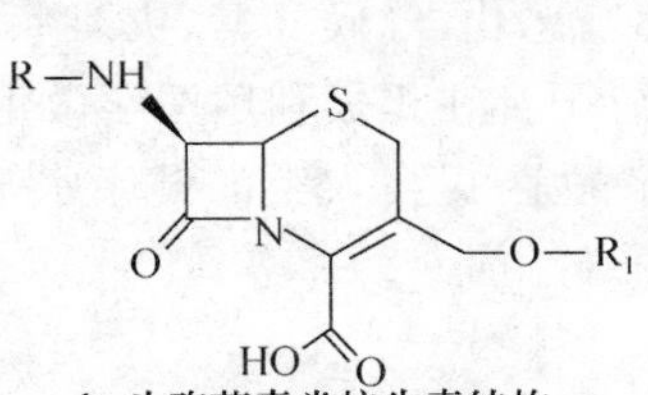　　b. 头孢菌素类抗生素结构

图11-9 代表性的β-内酰胺类抗生素结构

半合成抗生素是指基于微生物产生的抗生素的基本母核不变,经结构修饰,衍生出的新抗生素(图11-9)。这些新衍生的半合成抗生素

在抗菌、耐酶、副作用的发生率方面，均优于微生物直接产生的天然抗生素。从20世纪60年代开始，大量半合成抗生素进入市场，应用于临床，从微生物来源的新抗生素上市的越来越少。改造后的半合成抗生素已突破抗细菌感染的范围，有的具有蛋白质抑制剂的功效，可用于抗退化、治疗癌症、骨质疏松、类风湿关节炎、阿尔茨海默病等，为抗生素的发展带来了新的前景。如在发现6-氨基青霉烷酸(6-aminopencillanic acid，6-APA)生产方法后，开发了10多种半合成青霉素，大大增加了抗菌活力，如氨苄青霉素、羟氨苄青霉素、羧苄青霉素等。

半合成头孢菌素除保留了天然头孢菌素的一般特性外，还扩大了抗菌谱，增强了抑菌能力，增强耐β-内酰胺酶的能力。由于头孢菌素母核可改造修饰的活性特点较青霉素母核多，近年来半合成头孢菌素发展速度比半合成青霉素更快，截至1998年，上市品种已达55种。根据抗菌活性，可分为第一、第二、第三、第四代头孢菌素，对G^+细菌、G^-细菌、厌氧菌显示了广谱的抗菌活性。在半合成β-内酰胺抗生素取得巨大成功的鼓舞下，四环素、卡那霉素等的半合成抗生素也得到发展，半合成红霉素等因其药效和药物动力学的显著改善，更加引人注目。用半合成方法改造已有的抗生素，仍是开发临床上有效抗生素的重要途径。

11.3.2 非抗生素类生理活性物质

非抗生素类生理活性物质包括酶抑制剂、免疫调节剂、抗氧化剂、抗炎剂、受体拮抗剂、激素或激活剂、神经突生长诱导剂等。最早发现的此类物质是麦角菌属(*Claviceps* sp.)产生的麦角生物碱，后来又发现由短密青霉(*Penicillium brevicompactum*)产生的霉酚酸(mycophenolic acid)。虽然其本身是抗生素，但它的衍生物霉酚酸酯(mycophenolate mofetil，MMF)是一种优良的免疫抑制剂，用于器官移植及治疗自身免疫病。

目前，除已报道的微生物抗感染、抗肿瘤药物外，有1000多种生理活性物质，其中30多种已在临床应用，特别是微生物产生的各种酶抑制剂，用于调节酶的表达量或酶的活性。如使血液中胆固醇降低的药物普伐他丁(pravastatin)、洛伐他丁(抑甲羟酶素，lovastatin)和辛伐他丁(simvastatin)是胆固醇合成过程中限速酶3-羟基-3-甲基-戊二酰CoA还原酶(HMG-CoA还原酶)的抑制剂；半知菌类多孔木霉 *Tolypocladium inflatum* 中分离纯化的免疫抑制剂环孢菌素A是11个氨基酸组成的环肽，具有阻断对抗器官移植T细胞的活力，但对B细胞无作用，也不抑制机体抗感染的能力，是一种高效、低毒的较为理想的抗排异药物。与蛋白质代谢相关的酶抑制剂，如玫瑰链霉菌(*Streptomyces roseus*)产生的以纤维蛋白酶为靶酶的亮抑肽酶(leupeptin)、蜡状芽孢杆菌产生的以硫醇蛋白酶为靶酶的硫醇蛋白酶抑素(thiolstatin)；瑞士罗氏制药公司生产的对禽流感病毒感染较有效果的口服药物“达菲”(tamiflu)，是禽流感病毒的一种主要表面酶——神经氨酸酶的抑制剂，药物与神经氨酸酶结合后，减低和阻止了流感病毒从已感染的细胞向未感染细胞的扩散，这样病毒尽管还在原有细胞内繁殖，却不能感染其他细胞。与糖代谢相关的酶抑制剂，如灰孢链霉菌(*Str. griseosporeus*)生产的淀粉酶的微靶酶 haimⅠ和 haimⅡ。

我国天津轻工业学院科研人员从酒药中分离到一株根霉，它能产生溶血栓的物质(暂定名为血栓解酶)，溶血栓活力高，且对血细胞无分解作用；日本研究人员从印尼 tempeh 甜醅和日本食品中分离到两种溶血栓酶，即天醅激酶(tempehkinase)和纳豆激酶(natokinase)，它们可在血液中停留10 h，对血纤维蛋白有强烈分解活性，且无任何副作用。

临床上酶抑制剂已用于治疗非淋巴性白血病，抑制牙垢形成，治疗高脂血症、糖尿病或人T细胞白血病、血栓症等。

11.3.3 生物制品

生物制品(biologic product)是人工免疫中用于预防、诊断和治疗传染病的抗原和抗体制品,包括疫苗、类毒素和免疫血清。

1. 疫苗

疫苗(vaccine)是由细菌、螺旋体、支原体、病毒或立克次氏体等制成的抗原制剂。机体注射疫苗后可产生抗体或致敏淋巴细胞,以达特异性免疫效果。广义疫苗指细菌、病毒、立克次氏体等病原微生物制成的疫苗,狭义疫苗指病毒、立克次氏体和衣原体等病原微生物制成的疫苗。经常将细菌、螺旋体、支原体的制品称为菌苗(bacterial vaccine)。

(1) 活菌(疫)苗

活菌(疫)苗(live vaccine)是由失去毒力或减弱毒力而保持抗原性的病原微生物突变株制成。活菌(疫)苗比死菌(疫)苗效果更好,因接种后能在体内繁殖一定时间,刺激机体产生免疫力,例如,卡介苗(预防结核病的菌苗)、牛痘疫苗、鼠疫疫苗、麻疹疫苗、炭疽疫苗、脊髓灰质炎疫苗等。活菌苗有强毒苗、弱毒苗和异源苗三种:强毒苗使用最早,但免疫危险较大,使用时必须慎重;弱毒苗目前使用广泛,虽然毒力减弱,但保持原有的抗原性,剂量少也可诱导较强的免疫力;异源苗是具有共同保护性抗原的不同种病毒制备的疫苗,如用鸽痘苗病毒预防鸡痘等。

(2) 死菌(疫)苗

死菌(疫)苗(killed vaccine)是病原微生物经理化方法(如加热或用甲醛处理)灭活失去毒力,但保持抗原性的制品。死菌(疫)苗注射后不能在机体内繁殖,维持抗原刺激时间短,免疫力不高,但使用安全,易保存,使用剂量较大,常需小剂量多次注射。例如,百日咳、伤寒、副伤寒、斑疹伤寒、霍乱、流行性乙型脑炎、狂犬疫苗等。最近减毒的 SARS 疫苗和禽流感疫苗也已试验成功。

(3) 自身疫苗

自身疫苗是指从患者病灶中分离的病原菌制成的死菌苗,多次注射后可治疗反复发作并对抗生素产生抗药性的慢性细菌性感染疾病,如大肠杆菌引起的慢性肾炎、葡萄球菌引起的慢性化脓性感染等。目前各国研发成功的灭活 H5N1 禽流感全病毒疫苗和裂解疫苗等正在临床试验。

(4) 亚单位疫苗

亚单位疫苗是将病毒的衣壳蛋白与核酸分开,用提纯的蛋白衣壳制成的疫苗,或用提纯的具有抗原作用的菌毛制成的疫苗。亚单位疫苗既可提高免疫效果,又减少副作用,是疫苗发展的方向之一。如乙肝病毒表面抗原亚单位疫苗、腺病毒衣壳亚单位疫苗、大肠杆菌菌毛亚单位疫苗等。目前流感病毒、狂犬病毒、小泡性口炎病毒、猪口蹄疫病毒的亚单位疫苗已在临床应用。

(5) 化学疫苗与合成疫苗

化学疫苗指用化学方法提取微生物体内的有效免疫成分制成的疫苗,如肺炎链球菌荚膜多糖或脑膜炎球菌(meningococcus)的荚膜多糖都可制成多糖的化学疫苗,其成分比亚单位疫苗更简单。合成疫苗是指用人工合成的肽抗原与适当载体、佐剂配合而制成的疫苗,如人工合成的白喉毒素 14 肽、流感病毒 18 肽,配以适当的载体和佐剂,即可制成合成疫苗。

(6) 抗独特型疫苗

以抗体分子(Ab1)为抗原可产生相应的抗抗体(Ab2),Ab2 是针对 Ab1 的独特型抗原决定簇，即称为抗独特型抗体。它可作为原始抗原的代替品，刺激机体产生抗原始抗原的免疫应答，同时又避免了原始抗原的致病性。

（7）基因工程疫苗

基因工程疫苗又称DNA重组疫苗，指通过DNA重组技术克隆和表达保护性抗原基因，将表达的抗原产物或重组体制成的新型疫苗。它包括基因工程亚单位疫苗、基因工程载体疫苗、核酸疫苗、基因缺失活疫苗和蛋白质工程疫苗5种，目前正在研制的主要基因工程疫苗如表11-15所示。

表11-15　基因工程疫苗种类和概况

类　型	工程疫苗特点	举　例
基因工程亚单位疫苗	采用基因工程技术，由表达的蛋白抗原纯化而制成的疫苗，表达的抗原纯度高、产量大、免疫原性好，是疫苗研究的方向	甲型肝炎病毒亚单位疫苗、丙型肝炎病毒亚单位疫苗、EB病毒亚单位疫苗等
基因工程载体疫苗	以微生物为载体，将保护性抗原基因转移到载体中，使之能表达的活疫苗，接种后产生大量保护性抗原，刺激机体产生免疫作用，载体为佐剂，增强免疫	如DNA重组乙型肝炎疫苗，就是将编码HBSAg基因插入酿酒酵母基因组中，并成功表达的DNA重组疫苗
核酸疫苗（基因疫苗）	由表达抗原基因本身（即核酸）制成的疫苗，易制备，便保存，可制成多联多价疫苗，并可多次免疫	采用编码流感病毒共同的核蛋白抗原的cDNA制成的疫苗，可诱导细胞毒T淋巴细胞反应，保护机体免受各种流感病毒变种的感染
基因缺失活疫苗	采用基因工程技术，将改造的病毒基因与弱毒株独立相关基因构建的活疫苗。疫苗安全、免疫力高、免疫期长	中、美、韩等国科学家采用基因逆转技术，把H5N1禽流感病毒致病基因剔除，再与人流感病毒基因重组，构建新的、毒性较弱的病毒株，制成安全无毒H5N1重组疫苗和禽类转基因弱毒疫苗
蛋白质工程疫苗	抗原基因发生定位点突变、插入、缺失或选不同基因或部分结构域重组，使表达产物增强免疫原性、减弱副作用、扩大反应谱的一类疫苗	抗原特异性与蛋白质构型和抗原表位氨基酸序列有关，目前蛋白质工程疫苗处于研究阶段

2. 类毒素

类毒素（toxoid）是用0.3%～0.4%甲醛处理后脱毒的外毒素，脱去毒素的类毒素仍保持抗原性。机体注射类毒素后可产生对应外毒素的抗体（即抗毒素），从而达到预防目的。常用的类毒素有破伤风类毒素、白喉类毒素和肉毒素类毒素等。

3. 免疫血清

含特异性抗体的血清称为免疫血清（immune serum）。为了进行治疗或紧急预防，可通过注射免疫血清而使机体立即获得免疫力（人工被动免疫）。但因其提供的不是抗体，无法补充，免疫时间仅维持2～3周。常用的免疫血清是抗毒素和胎盘球蛋白等。

（1）抗毒素

通常白喉抗毒素或破伤风抗毒素是马的免疫血清制品。抗毒素中和相应外毒素的毒性，主要用于外毒素引起的疾病治疗和预防。

（2）胎盘球蛋白或血清丙种球蛋白

胎盘球蛋白是从健康产妇胎盘中提取的丙种球蛋白（主要含IgG），血清丙种球蛋白是直接从血清中提取的。主要用于麻疹和传染性肝炎的预防。

其他还有被动的免疫制剂，如先将伤寒杆菌注射动物，当被免疫的动物血液中抗体达到一定量时，取血液离心得到血清，用于某些动物的早期免疫。

11.3.4 微生物产生的其他药物

与微生物有关的药物还有微生物多糖、维生素、氨基酸、核苷酸、甾体类药物和多价不饱和脂肪酸等。

1. 微生物产生的多糖

微生物产生的多糖有三类：胞内多糖、细胞壁多糖和胞外多糖。常见微生物产生的药用多糖列于表11-16中。

其他许多真菌的粗提取物中还不断地分离出具有生理活性的多糖制剂，如虫草多糖、猪苓多糖、亮菌多糖、银耳多糖、灵芝多糖、茯苓多糖等，均报道具有抗病毒、抗肿瘤、抗辐射、抗炎症、补体活化、刺激巨噬细胞吞噬作用、增加NK细胞生理活性等。多糖药物不仅可以治疗免疫系统受到抑制的癌症，而且能治疗多种免疫缺损疾病(如类风湿等自身免疫病)，有些还能诱导产生干扰素，微生物多糖在治疗癌症及免疫性疾病方面有很大潜力。

表11-16 医药用微生物多糖

名称	产生菌	用途
酵母多糖(葡聚糖)	酵母菌细胞壁成分	增强哺乳动物免疫活性，具有抗菌、抗癌、抗病毒等功能
云芝多糖	杂色云芝(*Trametes versicolor*)菌丝内β-葡聚糖-蛋白质复合体	多糖类抗肿瘤剂，治疗各种消化器官癌症、肺癌、乳腺癌等
香菇多糖	香菇(*Lentinus edodes*)子实体中的多糖	多糖类抗肿瘤剂，治疗胃癌等多种癌症，可恢复免疫系统功能
裂褶菌多糖	担子菌中裂褶菌发酵多糖产物	对胃癌、子宫颈癌疗效较好，可提高宿主非特异性免疫防御机制，为较好的免疫化疗佐剂
葡萄糖苷(葡聚糖)	肠膜明串珠菌等菌发酵产物右旋糖酐	制备代血浆
普鲁兰(pullulan，出芽短梗霉聚糖、茁霉多糖)	出芽短梗霉(*Aureobasidium pullulans*)的胞外杂多糖	为药物制剂的黏合剂、赋形剂、缓释剂、稳定剂，可制成包衣、微型胶囊等
壳多糖(几丁质、甲壳质、聚乙酰氨基葡萄糖胺)	曲霉、青霉、毛霉等真菌细胞壁成分，甲壳纲动物和昆虫外壳	脱乙酰壳多糖纤维可制成医用缝合线、人造皮肤、疫苗免疫佐剂、药物颗粒剂、缓释膜、缓释胶囊、微胶囊等
细菌纤维素	醋杆菌属某些种产生的胞外多糖	为烧伤患者、皮肤损伤患者伤口包扎的纱布，用于人造皮肤材料，促进皮肤再生，防止感染
黄原胶	黄单胞菌属(*Xanthomonas* sp.)某些种的胞外杂多糖	具有良好的增稠、悬浮、稳定、乳化作用，用于药物制备的乳化剂和稳定剂等

2. 维生素类药物

根据其溶解性，维生素可分为脂溶性维生素和水溶性维生素两大类。脂溶性维生素有：维生素A(视黄醇、抗干眼维生素)、维生素D(麦角钙化醇和胆钙化醇、抗佝偻病维生素)、维生素E(α-生育酚等，抗不育维生素)和维生素K(叶醌凝血维生素)。水溶性维生素有：维生素B_1(硫胺素、抗脚气病维生素)、维生素B_2(核黄素)、维生素B_5(泛酸，或称遍多酸)、维生素B_6(吡哆醇等，抗皮炎维生素)、维生素B_{12}(钴胺素、抗恶性贫血维生素)、维生素B_9(叶酸)、维生素H(生物素)、维生素 PP(包括烟酸和烟酰胺)和维生素 C(L-抗坏血酸)等。除维生素 C 外,以上水溶性维生素统称 B 族维生素。维生素的纯品和富含维生素的复合制剂可防治维生素缺乏症。

迄今,维生素工业化生产仍以化学合成法为主,发酵法生产和天然物提取为辅。许多微生物含有丰富的维生素,如酵母菌即含有丰富的 B 族维生素,大肠杆菌在肠道中可以产生 B_2、B_{12}、V_k 等多种维生素。目前用于发酵法工业化生产的维生素只有维生素 B(如阿舒假囊酵母维生素 B_2 发酵、谢氏丙酸杆菌维生素 B_{12}发酵)、维生素 C(草生欧文氏菌和棒状杆菌"二步发酵"法)和维生素 A(如三孢布拉霉 *Blakeslea trispora* β-胡萝卜素发酵)。基因工程菌生产维生素 C 和维生素 H 研究已初见成效。

3. 氨基酸

目前 18 种人体必需氨基酸都可用微生物发酵法生产,并用于食品、医药、化妆品及其他工业中。医药上用于:

(1) 高营养剂

氨基酸混合液由必需氨基酸混合配制而成,为病员注射用药;氨基酸混合粉剂为运动员、高空工作者的补品。

(2) 治疗用药

① 治疗肝脏疾病。精氨酸、鸟氨酸、瓜氨酸、谷氨酸、天冬氨酸降低血液中氨含量;异亮氨酸、缬氨酸纠正血浆中氨基酸失衡,这些均属治疗肝昏迷的氨基酸;蛋氨酸、胱氨酸用于治疗脂肪肝。② 治疗消化道疾病。谷氨酰胺和组氨酸治疗消化道溃疡;甘氨酸、谷氨酸调节胃液酸度。③ 治疗脑病。L-谷氨酸与 L-谷氨酰胺用于改善脑出血后遗症的记忆障碍等。④ 治疗心血管病。天冬氨酸用于心律失常,并能解除恶心和呕吐等。此外,还有合成的多肽药物,如谷胱甘肽、促胃液素、催产素等。

氨基酸发酵的主要菌株为谷氨酸棒杆菌、北京棒杆菌、黄色短杆菌、天津短杆菌等细菌。

4. 核苷酸

工业上生产的核苷和核苷酸主要有酶解法(酵母 RNA 酶解法)、自溶法(微生物菌体自溶法)、微生物直接发酵法(一步法)和发酵转化法(两步法)四种。生产的核苷酸,如 5′-鸟苷酸(5′-GMP)、5′-肌苷酸(5′-IMP)、5′-黄苷酸(5′-XMP)等,除主要作为食品的助鲜剂和风味强化剂外,核苷、核苷酸及其衍生物的另一个用途就是作为临床治疗药物,如,5′-肌苷已用于治疗心脏病,8-氮鸟嘌呤、6-巯基嘌呤可抑制癌细胞生长,9-β-D-阿拉伯呋喃糖基腺苷聚肌胞可治疗病毒性疱疹,环腺苷单磷酸可治疗气喘、糖尿病、癌症,S-腺苷甲硫氨酸及其盐类用于治疗帕金森氏综合征、失眠,并有镇痛和消炎作用。核苷酸制剂除在食品和医药上应用外,还可用于浸种、蘸根和喷雾,提高农作物产量,在农业上也有着良好的应用前景。

核苷、核苷酸发酵产生菌主要为产氨短杆菌、枯草芽孢杆菌、地衣芽孢杆菌和棒杆菌的突变株等。

5. 甾体类药物

采用化学法合成甾体化合物,一般需经氧化、还原、羟基化等复杂步骤,且副产物多,收率低,而微生物酶具有高度专一性,可在甾体的特定位点催化,一次完成全部反应,如经微生物固定化细胞或固定化酶催化 11-脱氧-17-羟化皮质酮转化为皮质醇(氢化可的松),再由皮质醇转化为氢化泼尼松、可的松、羟基可的松和脱氢可的松等。常用于生产甾体激素的微生物有简单节杆菌(*Arthrobacter simplex*)、简单棒杆菌(*Corynebacterium simplex*)、球形分枝杆菌(*Mycobacterium globiforme*)和新月弯孢霉(*Curvularia lunata*)等。

经微生物转化的药物主要有两类：

① 类固醇药物的微生物转化。类固醇化合物母核的基本结构见图 11-10 所示，微生物对类固醇的转化主要是进行羟基化反应，除 4、5、13、18 位碳原子外，几乎所有碳原子均可羟基化，第一个工业化生产上市的微生物转化药物可的松，就是利用根霉在甾孕酮的 11α 位引入羟基而制成。类固醇激素的许多药物（如肾上腺皮质激素等）对机体起重要调节作用，临床上治疗类风湿性关节炎、支气管哮喘及湿疹等疗效显著。

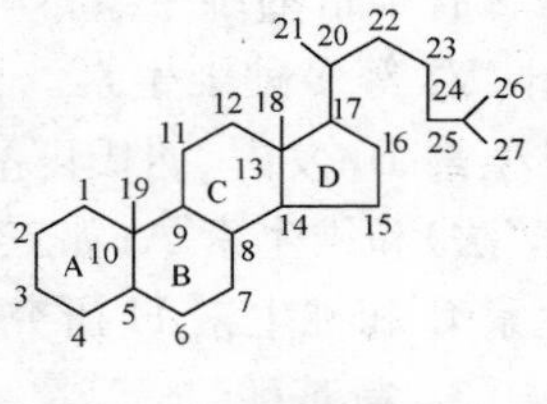

② 胆固醇合成抑制药物微生物转化。目前上市的胆固醇合成酶抑制剂为 HMG-CoA 还原酶抑制剂洛伐他丁、辛伐他丁、普伐他丁，均是临床疗效显著、副作用小、防治心血管病的重要药物。

图 11-10　类固醇化合物母核的基本结构——甾孕酮

6. 微生物生产的多不饱和脂肪酸

许多多不饱和脂肪酸（polyunsaturated fatty acid，PUFA），如 γ-亚麻酸（γ-linolenic acid，GLA）、花生四烯酸（eicosatetraenoic acid，AA）、二十碳五烯酸（eicosapantaenoic acid，EPA）、二十二碳六烯酸（docosahexoenoic acid，DHA）等，都是人体必需而又无法合成的多烯脂肪酸。其缺乏会导致机体代谢紊乱而引发多种疾病，如高血压、糖尿病、癌症、病毒性感染以及皮肤老化等。多不饱和脂肪酸在医药、保健品方面有着重要用途，已成为治疗疾病和抗衰老的重要手段。

这些多不饱和脂肪酸虽然可从海鱼或海藻等富含该类物质的生物体中提取，但微生物生长繁殖快、生产周期短、易于培养、具有大规模工业化生产优势，微生物生产多不饱和脂肪酸有广阔的前景。产 PUFA 微生物主要包括细菌、酵母菌、霉菌和微藻（表 11-17）。多不饱和脂肪酸通过微生物以饱和脂肪酸的硬脂酸为底物，经膜结合的延长酶催化碳链延长和脱饱和酶催化脱饱和而生成。因细菌产量低，目前研究工作主要集中在真菌和微藻中。

表 11-17　微生物产多不饱和脂肪酸概况

名　称	产生菌	用　途
γ-亚麻酸	被孢霉属（*Mortierella*）、镰刀菌属（*Fusarium*）、雅致枝霉（*Thamnidium elegans*）、布拉克须霉（*Phycomyces blakesleeanus*）等	降血脂、降胆固醇，广泛应用于医药、保健食品、高级化妆品
花生四烯酸	深黄被孢霉（*Mortierella isabellina*）、高山被孢霉（*Mortierella alpina*）等	合成前列腺素的前体，调节脉管阻塞、血栓、伤口愈合、炎症及抗过敏等；另花生四烯酸为人母乳的天然成分，促进婴儿的神经及视觉生理发育
二十碳五烯酸 二十二碳六烯酸	破囊壶菌（*Thraustochytrium roseum*）、网黏菌、轮梗霉（*Diasporangium* sp.）海洋微藻类：三角褐指藻（*Phaeodactylum tricornutum*）、新月菱形藻（*Nitzschia closterium*）、等鞭金藻（*Isochrysis galbana*）、微细小球藻（*Ehlorella minutissma*）等	预防和治疗动脉粥样硬化、血栓、高血压、高血脂症

11.3.5　基因工程药物的利用开发

目前，基因工程药物的研究与开发正处于方兴未艾的阶段。据不完全统计，国外已有上千家生物技术公司登记注册，其中约有 60% 是从事基因工程药物的研究和开发。迄今已有几十种基因工程药物在国内外进行Ⅰ～Ⅲ期临床试验，有些已完成临床试验，并正式申请生产许可证，有的已开始投放市场。预计随着基因工程技术的不断发展和对药物研究的不断深入，将会出现愈来愈多的、有显著疗效的基因工程药物，将为人类最终攻克癌症、心血管系统疾病、艾滋病等顽疾，保障健康和延长寿命做出更大的贡献。

1. 传统基因工程蛋白类药物

通过DNA重组技术，将具有治疗意义的目的基因连接在载体上，然后将载体导入靶细胞，使目的基因在靶细胞中得到表达，最后，再将有表达的目的蛋白分离、纯化，作成制剂。目前研究、应用的主要传统基因工程蛋白类药物列于表11-18中。

表11-18　主要传统基因工程蛋白类药物

药物名称	用　　途	重组工程菌
胰岛素(insulin)	治疗糖尿病	大肠杆菌，巴斯德毕赤酵母
α-干扰素(interferon，IFN-α)	抗病毒感染，抑制肿瘤生长，治疗多发性硬化症等	大肠杆菌
β-干扰素(interferon，IFN-β)	治疗癌症、艾滋病、多发性硬化症、带状疱疹等	大肠杆菌
生长激素(growth hormone，GH)	治疗儿童生长激素缺陷症	大肠杆菌
重组乙型肝炎疫苗(HBsAg)(recombinant hepatitis B vaccine)	预防乙型肝炎	大肠杆菌，酵母菌
组织纤溶酶原激活剂(t-PA)(tissue plasminogen activator)	治疗血栓症	大肠杆菌
白细胞介素2(interleukin2，IL-2)	癌症免疫疗法，治疗免疫缺陷症(如麻风病)	大肠杆菌，巴斯德毕赤酵母
白细胞介素3(interleukin3，IL-3)	治疗胃、肾功能衰竭、血小板缺失	大肠杆菌
白细胞介素4(interleukin4，IL-4)	癌症免疫调节剂	大肠杆菌
促红细胞生成素(erythropoietin，EPO)	肾脏继发性贫血，艾滋病自体输血，类风湿关节炎化疗等	大肠杆菌，酵母菌
重组链激酶(recombinant streptokinase，r-SK)	治疗血栓症等	大肠杆菌，酿酒酵母
重组葡激酶(recombinant staphylokinase，r-SaK)	治疗血栓症等	大肠杆菌，酿酒酵母
肿瘤坏死因子-α(tumor necrosis factor，TNF-α)	治疗癌症	大肠杆菌
心纳素(atrial natriuretic peptide，ANP)	治疗心、肾衰竭，癌症	大肠杆菌
表皮生长因子(epidermal growth factor，EGF)	治疗皮肤溃疡，伤口愈合	大肠杆菌
凝血因子Ⅻ(FⅫ)(coagulation factor)	治疗血友病	大肠杆菌
水蛭素(hirudin)	抑制凝血酶活性，溶血栓	大肠杆菌，毕赤酵母
集落刺激因子(CSF)(colony stimulating factor)	治疗癌症，骨髓移植	大肠杆菌，酵母菌
纤溶酶原激活物抑制剂(plasminogen activator inhibitor-1，2，PAI-1，2)	抑制溶血栓药物使用不当造成的内出血	大肠杆菌，毕赤酵母

2. 病毒介导的遗传病基因治疗药物

临床发现有25%的生理缺陷、30%的儿童死亡和60%的成人疾病都是由于遗传病引起的。随着分子遗传学的飞速发展,人们认识到人体基因缺失、突变、重组或基因异常表达等都会造成遗传疾病。例如,苯丙尿酮症(phenyketonuria,PKU)即常染色体遗传性氨基酸代谢病,患者肝脏细胞中表达的苯丙氨酸羟化酶基因突变,苯丙氨酸不能转化为酪氨酸,而转变成苯丙酮酸,血液中过量苯丙酮酸积累,使中枢神经系统中轴突周围的髓鞘结构发生异常,造成严重的思维障碍,从而影响神经系统的功能。科学家现已建立许多遗传疾病的分子机理模型。

病毒介导的遗传病基因治疗药物或称DNA药物,是将具有治疗意义的目的基因重组入真核生物表达载体,直接转移至人体细胞,人体细胞即可表达出具有治疗作用的多肽或蛋白质,达到治疗疾病的目的。这种方法不需分离、纯化蛋白质,具有高效、长效、经济实用等优点。生物介导的基因转移法现占采用的基因转移法86%,主要为病毒介导的基因转移,参与的病毒包括腺病毒(AV)、反转录病毒(retrovirus,RV)、腺联病毒(adenovirus associated virus,AAV)、单纯疱疹病毒等。病毒介导的主要遗传病基因治疗药物列于表11-19中。

表11-19 病毒介导的主要遗传病基因治疗药物

药物类型	基因转移系统构建	应用进展
腺病毒(AV)	AV是一种双链DNA病毒,重组AV是由载有目的靶基因的腺病毒载体和用于重组的腺病毒基因组大片段共转染病毒包装细胞(HEK293细胞)而成。在HEK293细胞内,两个DNA片段同源重组成为含有外源目的基因,且E1区缺失的腺病毒基因片段,随后在包装细胞产生的腺病毒E2蛋白激活下,产生腺病毒包装蛋白(即具有外源基因的重组腺病毒)	腺病毒载体广泛应用于肿瘤、心血管疾病及遗传病等分裂与非分裂细胞的基因传递上。据统计,至2006年,全球1192项基因治疗临床试验方案中,305项(26%)使用腺病毒载体,在病毒介导基因治疗中居第一位。腺病毒易于制备、纯化和浓缩,病毒滴度较高,给药方式多样,是目前基因治疗临床试验中应用最多的一种载体。缺点是腺病毒DNA不整合到染色体上,外源基因表达持续的时间较短、装载容量有限、对宿主细胞毒性大、免疫原性强等。近年来,研究人员对载体进行大量改造工作(复制缺陷型腺病毒载体、肿瘤条件复制型腺病毒载体),随着腺病毒载体改造的深入和成功,将在基因治疗中发挥更大作用
反转录病毒(RV)	RV是一种含两条相同单链RNA的病毒,感染宿主后,RV脱去蛋白质衣壳,将病毒RNA基因组释放到细胞质中,在反转录酶催化下反转录成线性双链DNA,转移至细胞核,在病毒整合酶作用下整合到宿主细胞染色体,以原病毒状态整合在染色体上。反转录病毒载体以治疗靶基因取代RV长末端重复顺序、包装识别信号序列	RV载体宿主范围广、表达目的基因稳定、免疫原性较低,反转录病毒载体在基因治疗临床试验中应用广泛,在病毒介导基因治疗中居第二位,主要应用于恶性肿瘤等的基因治疗(如重症联合免疫缺陷、类白血病)。其中研究较多的莫洛尼鼠白血病病毒(Moloney murine leukemia virus,MoMuLV)改造的病毒载体,可高效感染分裂细胞。缺点是不能感染非分裂细胞;插入的外源基因较小(7~8 kb);随机整合,有引发癌症的风险等

（续表）

<table>
<tr><th colspan="2">药物类型</th><th>基因转移系统构建</th><th>应用进展</th></tr>
<tr><td colspan="2">腺联病毒（AAV）</td><td>AAV 是一种基因结构简单的单链 DNA 病毒，感染宿主后以原病毒形式整合到染色体上，随染色体一起复制；当有辅助病毒（如腺病毒、单纯疱疹病毒）存在时，AAV 基因组可被替换出来，产生有感染活性的 AAV。剔除 AAV 的 rep 和 cap 两组基因，以治疗基因取代，构建病毒载体。AAV 载体基因中 70%可特异性整合至人 19 号染色体，对人无致病性</td><td>AAV 是目前基因治疗中最为理想、最具应用前景的病毒载体之一。重组 AAV 对活体肌肉、脑、视网膜和肝细胞的感染效率较高，维持时间较长（2 年），在病毒介导的遗传病治疗中占重要位置，基因治疗临床试验 40 项（如血友病 B 基因治疗等）。缺点是制备繁杂，重组病毒滴度低，大规模生产较难</td></tr>
<tr><td colspan="2">单纯疱疹病毒（HSV）</td><td>HSV 是一类双链 DNA 病毒，载体优点是宿主范围广，可感染多种细胞包括非分裂细胞，特别易感染神经系统细胞。病毒滴度较高，载体的包装容量最大（30 kb）。重组 HSV 是先用野生型 HSV 感染细胞（293），再用带外源靶基因的载体转染该细胞，最后包装出带有靶基因的重组 HSV 病毒颗粒</td><td>HSV-1 载体将有助于神经系统疾病基因治疗（如帕金森病、阿尔茨海默病）；已有 HSV 病毒治疗 40 个基因临床试验方案，以中枢神经系统恶性肿瘤治疗为主。缺点是重组 HSV 还含有一部分病毒基因组，易产生免疫原性和细胞毒性，载体系统制备难等。</td></tr>
<tr><td rowspan="3">其他病毒</td><td>慢病毒</td><td colspan="2">慢病毒也属于反转录病毒家族，如 HIV，具有感染分裂细胞及非分裂细胞能力，如神经元、胰岛、肌细胞等，同时保留了能够整合到宿主染色体上的特点，可转移较大的基因片段、目的基因表达时间长、不易诱发宿主免疫反应等优点，是一种很有应用潜力的病毒载体。</td></tr>
<tr><td>噬菌体</td><td colspan="2">噬菌体是能够感染细菌的病毒，将目的蛋白或多肽编码基因融合并附加于噬菌体的外壳蛋白基因上（目的蛋白可通过连接在噬菌体的外壳蛋白的氨基端或者羧基端而展示在噬菌体颗粒的表面），当目的蛋白是具有靶向性的配体或抗体时，这些特异性蛋白在噬菌体的外壳上展示出来，通过与靶组织或细胞表面的受体或抗原结合，介导治疗基因靶向性传递。</td></tr>
<tr><td>新型嵌合病毒</td><td colspan="2">通过分子生物学方法，将两种或两种以上病毒载体构建一些新型杂合病毒载体，如单纯疱疹病毒/腺联病毒嵌合载体、腺病毒/腺联病毒嵌合载体、腺联病毒/反转录病毒嵌合载体等。</td></tr>
</table>

3. 构建基因工程菌，提高菌种的生产能力

应用 DNA 重组技术进行代谢工程育种或定点诱变和定向诱变，构建具有高生产能力的工程菌，在氨基酸、维生素、抗生素发酵上已有不少成功的报道。如最近美国华盛顿大学和我国北京大学报道的抗乳腺癌、子宫癌、卵巢癌的药物紫杉醇的研究，原真菌中紫杉醇产量极低，而构建的紫杉醇工程菌，其产量竟比天然真菌提高几千倍。

基因工程在制药生物技术领域中的应用，业已显示出巨大的社会效益和经济效益。近年来临床上防治疑难病症基因药物的相继问世，也备受国内外生物技术界的广泛关注。在人类基因组计划完成之后，将会促进更多的免疫调节剂、抗氧化剂、抗自由基的医药和保健品的研究和开发。根据对已知疾病基因的深入探究，加快设计和筛选出对付疑难病症（如艾滋病、癌症、SARS 严重急性呼吸道综合征等）药物的步伐将会随之加快。随着 21 世纪动植物细胞和微生物技术的日益完善,利用基因工程技术构建高效生产药物的动植物细胞株系或构建原植物细胞不能产生的新结构化合物细胞株,生产新型药物必将具有诱人的前景。

11.4 环境微生物技术

人类在飞速创造前所未有的物质与文明的同时,也给地球的自然生态环境带来严重威胁,资源短缺、能源危机、物种灭绝、环境污染及人口高速增长是危及人类生存和社会可持续发展的当今亟待解决的重大课题。广泛分布于环境中的微生物,以其营养、代谢、遗传类型的多样性和易于变异的特点著称于生物界,微生物在环境污染的监测和治理中发挥着日益重要的作用。

11.4.1 环境污染与微生物监测

环境监测是指对环境中各种质量标志的测定过程,包括环境的化学分析、物理测定和生物监测。但因微生物所具有的某些独特作用,微生物监测成为生物监测的重要组成部分。

1. 水体污染的微生物监测

(1) 粪便污染指示菌

人畜粪便中携带有大量的致病性微生物。这类污染物若排入水体,就可能引起各种肠道疾病和某些传染病的暴发流行(如霍乱、伤寒等),这类菌称为"指示菌"。肠道细菌中的大肠菌群(coliform group,简称 coliform)是普遍采用的粪便指示菌。在水质卫生学检查中,常用"大肠菌群指数"和"大肠菌群值"作指标。大肠菌群指数是指每升水中所含的总大肠菌群细菌的个数;大肠菌群值则是指检出一个大肠菌群细菌的最少水样量(毫升数)。两者间的关系可表示为:大肠菌群值=1000/大肠菌群指数。检测水体中总大肠菌群的方法主要为 MPN(most probable number,最可能数或最大概率数)试验法和滤膜试验法(membrane filtration test)。我国饮用水的质量标准(2005 年 6 月)规定:城市自来水中大肠菌群数 0 个/100 mL(任意取 100 mL 水样不得检出)。

(2) 有机物污染指示菌

自然水体中腐生细菌的数目与有机物浓度成正比。因此,测得腐生细菌数或腐生细菌数与细菌总数的比值,即可推断水体中的有机物污染状况。这种推断与实测结果极为近似。根据水体中腐生细菌数量,可将水体划分为多污带、中污带和寡污带(表 11-20)。按照腐生细菌数与细菌总数的比值,可把水体再划分为 α-腐生带、β-腐生带和多腐生带等。

表 11-20 污水带的划分及其特征(引自闻航主编,2005)

特征	污染带			
	多污带	甲型中污带	乙型中污带	寡污带
腐生细菌数(个/mL)	每毫升水中含有数十万至数百万个	每毫升水中含有数十万个	每毫升水中含有数万个	每毫升水中含有数十至数百个
有机物	含大量有机物,主要是蛋白质和碳水化合物	主要是氨和氨基酸,有机物含量少	有机物含量极微	有机物含量极微
溶解氧	极低或几乎没有,厌氧性	少量,半厌氧性	需氧性较多	需氧性很多
BOD_5	非常高	较高	较低	很低

2. 污染物毒性的微生物检测

(1) 致突变物与致癌物的微生物检测

一般认为环境因素,尤其是环境中的各种化学物质是致癌和致畸的主要原因。现公认的微生物检测法是对致突物最快速、准确的初步检测方法,其中应用最广的是Ames试验法。其原理是利用鼠伤寒沙门氏菌组氨酸营养缺陷型可发生回复突变的性能,来检测物质的致突变性。此法测定比较简单,主要在培养皿中进行。一般采用纸片点试法和平皿掺入法监测环境污染物的致癌性。常用的沙门氏菌组氨酸缺陷型共有5种菌株,当培养基中不含有组氨酸时,它们不能生长,但当受到某些突变物作用时,由于菌种DNA受到损伤,在特定部位发生基因突变而回复为野生型菌株。在此情况下,培养基中不含有组氨酸时,该菌株也能够生长,两者关系如下:

$$\text{野生型 his}^{+} \underset{\text{回复突变}}{\overset{\text{正向突变}}{\rightleftharpoons}} \text{营养缺陷型 his}^{-}$$

Ames试验法的准确性很高。有人曾对烷化剂、亚硝胺类、多环芳烃、硝基呋喃类、联苯胺、黄曲霉毒素、氯乙烯、4-氨基联苯等175种已知致癌物进行Ames试验,结果发现其中157种呈阳性反应,吻合率达90%;将108种已知非致癌物进行测定,结果其中94种呈阴性反应,吻合率为87%。同时,该法对多种污染物联合作用也可反映出总的效应。

(2) 发光细菌的检测

发光细菌在环境条件不良或接触有毒物质时,发光强度减弱,其减弱程度与毒物的毒性大小和浓度成一定的比例关系。通过灵敏的光电测定装置,检查发光细菌在毒物作用下的发光强度变化来评价待测物的毒性大小,这种采用发光细菌检测污染物毒性的方法称为发光细菌检测法。其中研究和应用最多的发光细菌是明亮发光杆菌(*Photobacterium phosphoreum*)。

近年来我国利用从淡水中分离出的一株青海弧菌(*Vibrio qinghaiensis* Q67)为试验菌,制成有特色淡水型发光细菌冻干菌粉产品,经活化后,可用于水质污染情况的随时测定。

(3) 硝化细菌的相对代谢率试验

在生态系统的氮素循环中将 NH_4^+ 氧化成 NO_3^- 的硝化细菌,其硝化作用已在9.1.2节详细介绍过。由硝化细菌组装成的亚硝酸微生物传感器,利用测定硝化细菌相对代谢率的方法,快速检测水、大气和土壤中的亚硝酸浓度,在环境监测中也已得到广泛应用。

11.4.2 污染介质的微生物处理技术

随着石油化工、化肥、农药等工业生产的发展和城市人口的相对集中,危害人类健康、污染环境的主要介质污水(废水)、固体废弃物和废气,都可用微生物方法处理。

1. 污水的微生物处理技术

污水处理方法有物理法、化学法、生物法三类。按其处理程度,可分为一级处理、二级处理和三级处理:一级处理也称预处理(通过筛板等过滤器除去粗固体),二级处理称为常规处理(去除可溶性有机物),三级处理称为高级处理(除氮、磷和其他无机物,还包括出水的氯化消毒,也有物理、化学、生物方法)。依处理过程氧的状况,生物处理可分为好氧处理系统与厌氧处理系统。

(1) 好氧处理系统

① 好氧悬浮生长系统处理技术。活性污泥法(activated sludge technique)又称曝气法,是由好氧的微生物菌胶团与废水中有机、无机等胶体物质及悬浮物混凝交织构成的絮状物。微生物

群落较为复杂，包括细菌、真菌、藻类、原生动物和极少数后生动物。它们具有很强的吸附、氧化和分解有机物的能力，对生活污水 BOD_5 去除率约 95%，悬浮固体物去除率也达 90%，是使用最广的好氧二级处理方法，其简单工艺流程见图 11-11。活性污泥法应用最广泛。

废水预处理后进入曝气池，活性污泥中的细菌等微生物大量繁殖，与丝状真菌、原生动物交织形成菌胶团样絮状体，曝气池中不断充气和搅拌，微生物不断生长繁殖，通过生物氧化作用，环境中的有机物转化为 CO_2、H_2O 等简单无机物，使污水逐渐得到净化。活性污泥在曝气池中呈悬浮状态，进入沉淀池中固-液发生分离，从排出系统流出的上清液为处理好的水；沉淀的活性污泥一部分回流曝气池，与未处理的废水混合，重复上述处理过程，多余部分的污泥进入排出系统。

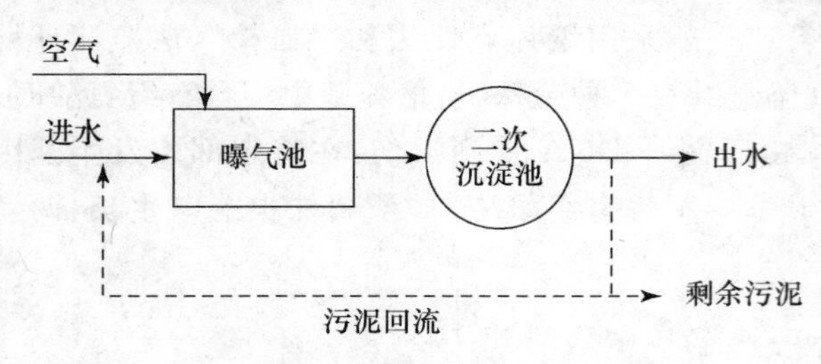

图 11-11　活性污泥工艺基本流程

② 好氧附着生长系统处理技术。好氧附着生长系统处理技术又称为生物膜处理技术，是使细菌、原生动物、后生动物等好氧微型生物附着在某些物料载体上进行生长繁殖，形成生物膜，污水通过与膜接触，水中的有机污染物作为营养被膜中的生物摄取并分解，从而使污水得到净化的技术。该处理技术包括好氧生物转盘(rotating biological contactor，RBC)法、好氧生物滤池(aerobic biological filter)法和生物接触氧化(contact biological oxydation)法等。图 11-12 为生物转盘模式结构图，如图所示，生物转盘由盘片、接触反应槽、转轴和驱动装置组成。一组质轻、耐腐蚀的塑料盘片以一定间隔串联在同一个横轴上，每块盘片的下半部都沉浸在装满污水的半圆柱形槽中，上半部则敞露在空气中，整个生物转盘由电动机缓缓驱动。启动初期，为使每一盘片上生长好一层生物膜(称为"挂膜")，污水槽中的水流速度应十分缓慢；随后，污水流速可适当加快，这样，随着盘片的不停转动，污水中的有机物和毒物就会被膜上的微生物所吸附、充氧、氧化和分解；最终，流经系统的污水得到净化。

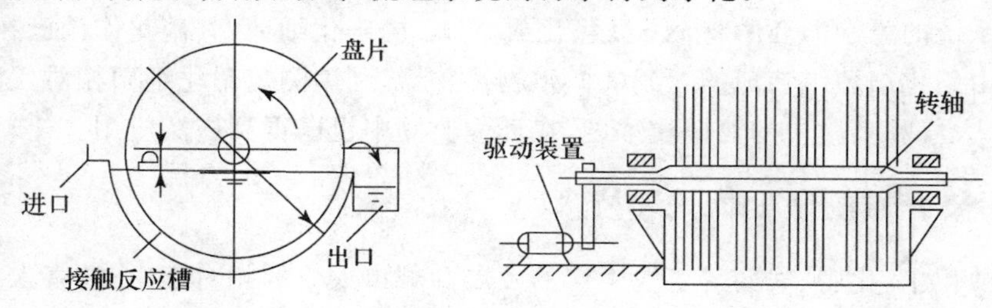

图 11-12　生物转盘构造模式图

(2) 厌氧处理系统

厌氧处理技术(anaerobic technology)又称厌氧消化，是一种有效处理高浓度有机污水的技术。处理过程杀死各种病原微生物，并将有机化合物(糖类、蛋白质、脂类)转变为甲烷、乙酸和 CO_2 等。甲烷发酵即是厌氧处理的典型。厌氧处理的基本工艺流程包括调节池、厌氧反应器、甲烷收集利用系统和污泥处理系统四部分。厌氧处理的核心和关键部位是厌氧反应器，废水处理中所用的厌氧反应器有 6 种类型：① 普通厌氧消化池；② 厌氧接触反应器；③ 厌氧生物滤池；④ 上流式厌氧污泥床；⑤ 厌氧膨胀床和厌氧颗粒污泥膨胀床(expanded granule sludge bed,EGSB);⑥ 其他厌氧的氧化塘(oxidation pond)等。目前,全世界厌氧工艺中绝大多数采用上流式厌氧污泥床(upflow anaerobic sludge bed,UASB)反应器(图 11-13 为厌氧处理工艺 UASB 反应器构造模式图)。

UASB 是一种高效厌氧反应器,为第二代废水厌氧处理反应器,其主要特点是气、液、固三相分离系统和颗粒污泥。UASB 由反应区(悬浮污泥区和颗粒污泥床区)、气-液-固三相分离器和气室三部分组成。废水从厌氧污泥床底部流入,与污泥层中的污泥进行混合接触,微生物分解有机物的同时,不断释放微小的沼气泡,微小气泡上升逐渐形成较大的气泡,在污泥床上部由于沼气搅动,形成一个污泥浓度较小的悬浮层,气泡增大过程夹带着污泥和水上升至三相分离器。沼气穿过水层首先被分离出来,进入气室,经管道引出。固-液混合液经过反射板进入三相分离器的沉淀区进行固液分离。沉淀下来的污泥沿斜壁滑回反应区,使反应区内积累大量的污泥与微生物,继续去除废水中的有机物。与污泥分离后的处理水进入澄清区,澄清水自水堰上部溢出。上流式厌氧污泥床优点:污泥浓度高、水力停留时间短、处理能力强、效率高、成本低及节约设备、填料和能耗等。

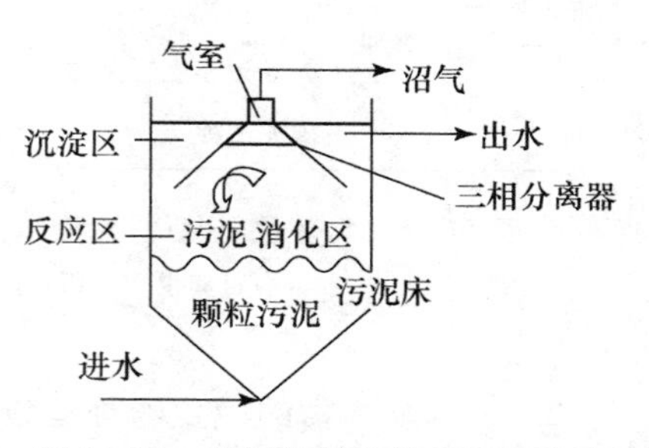

图 11-13 厌氧处理工艺 UASB 反应器构造模式图

(引自周世宁主编,2007)

(3) 水体中氮、磷去除技术

氮、磷是造成水体富营养化的两种主要元素,富营养化所造成的环境污染不仅对藻类、鱼类养殖业带来巨大经济损失,而且危及人类健康,如饮用水中硝态氮(亚硝酸盐)超过 10 mg/L 就会引起婴儿高铁血红蛋白症。脱氮除磷已成为水污染控制工程研究的热点和重点。

① 氮去除。氮的去除有沸石吸附法、氯气处理法和生物脱氮法,其中以生物脱氮法效果最好。微生物脱氮主要是通过细菌的硝化与反硝化作用完成的。微生物脱氮的代表工艺流程是缺氧-好氧系统(anoxic-oxic,A-O)。图 11-14 为生物脱氮 A-O 工艺流程。

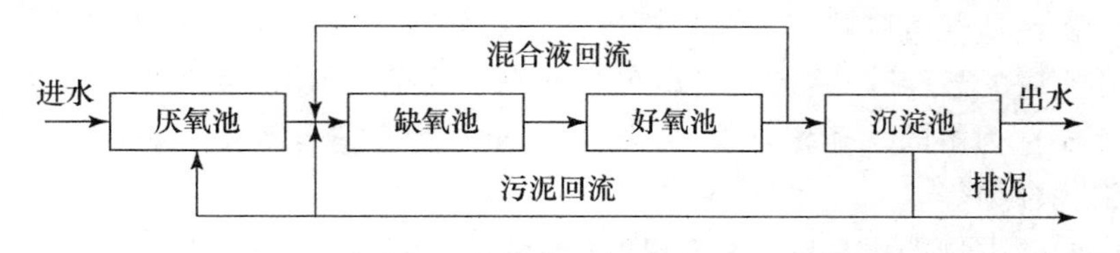

图 11-14 微生物厌氧-好氧脱氮(A-O)工艺流程图

(引自周世宁主编,2007)

污水流经 A-O 系统的缺氧池、好氧池和沉淀池,并将好氧池的混合液和沉淀池的污泥同时回流至缺氧池。废水中的氮化物在厌氧池、好氧池中发生氨化作用,在好氧池中发生硝化作用,回流的混合液把大量的硝酸盐带回厌氧池进行反硝化作用,氮化物被转化成 N_2O 和 N_2,挥发至空气中,达到脱氮目的。由于废水或污水中常含有较高的氮和磷,因脱氮和除磷的生物过程和工艺有许多相似之处,故常采用同步脱氮除磷工艺,即 A_2-O 工艺(即厌氧/缺氧/好氧工艺,anaerobic/anoxic/oxic 工艺)。

② 磷去除。过去采用化学法(絮凝沉淀法)除磷,污泥数量大、处理难、代价高;利用微生物的超量吸磷现象(微生物吸收的磷量超过其正常生长所需要的磷量)吸收的过量磷沉淀在细

胞中,再通过分离含过量磷的污泥而达到除磷目的。目前广泛应用的代表性除磷工艺有 A-O 工艺和 Phostrip 工艺(微生物除磷与化学除磷结合的工艺)。A-O 除磷工艺即厌氧/好氧(anaerobic-oxic 工艺,A-O)系统,工艺流程如图 11-15 所示。脱磷细菌主要是不动杆菌属、气生单胞菌属和假单胞菌属。最合理而有效的脱氮除磷方法是利用含氮、磷较高的污水养殖藻类,再用藻类饲料养殖鱼虾,综合利用,变废为宝。

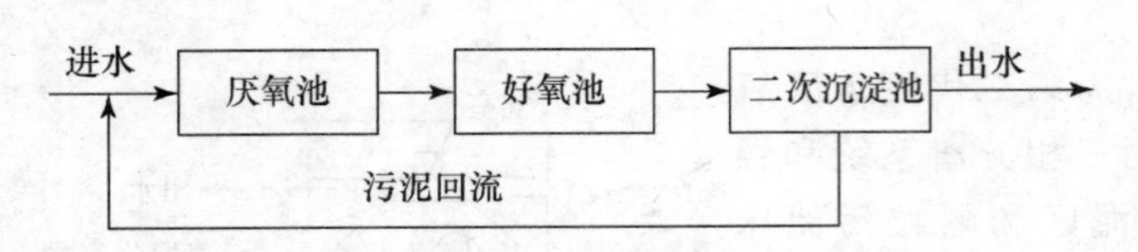

图 11-15 微生物厌氧-好氧除磷(A-O)工艺流程图

(引自周世宁主编,2007)

2. 固体废弃物的微生物处理技术

固体废弃物是指一般不再具有使用价值,而被人们丢弃的固体状和泥状的污染物质。按来源,通常将它们分为工业固体废弃物、农业废弃物、城市垃圾等几类。固体废弃物既可造成环境污染,又可能成为一种再生资源。固体废弃物的处理方法有物理法、化学法和生物法几种。生物法主要是利用微生物分解固体废弃物中的有机物,实现无害化和资源化目的。

(1) 堆肥化处理

根据微生物与氧的关系,可分为好氧堆肥法和厌氧发酵法两大类,后者又包括厌氧堆肥法和沼气发酵两种方式。好氧堆肥法与厌氧堆肥法参见 11.2.2 节,沼气发酵参见 11.5.2 节。

(2) 固体有机废弃物的卫生填埋技术

固体有机废弃物的卫生填埋技术或称生态工程处理法,是利用适当的防渗和阻断材料,将城市垃圾堆进行物理隔离,可采用地下填埋处理模式和堆高填埋处理模式。卫生填埋包括厌氧、好氧和半好氧三种方式。目前,因地下填埋处理模式所用成本低,厌氧填埋法操作简单、投资较低,又可同时回收甲烷,故使用较为广泛。然后,再在隔离的垃圾堆上重建以植物为主的土壤-植物生态系统。

3. 大气污染的微生物净化

大气污染物包括气溶胶状态污染物和气体状态污染物两大类。前者指固体、液体粒子或它们在气体介质中的悬浮体;后者是指以分子状态存在的污染物,大部分为无机气体,常见有五大类:即以 SO_2 为主的含硫化合物、以 NO 和 NO_2 为主的含氮化合物,CO_x(CO_2 等)、碳氢化合物及卤素化合物等。

气态污染的微生物净化与废水处理微生物技术一致,也是对污染物的微生物进行降解与转化,将废气中的有毒、有害物质转化为无害或少害物质。但这种微生物降解过程难以在气相中进行,气态污染物首先要从气相转移到液相或固体表面的液膜中,然后再被液相或固体表面液膜中吸附的微生物降解。降解与转化液化的污染物同样是通过混合的微生物菌群处理,处理过程的反应器也可采用悬浮或附着两种系统。气态污染物可据其分为有机污染物和无机污染物两大类,分别采用不同的处理方式。

(1) 气体有机污染物的微生物处理

根据废气处理工艺中微生物存在的状态,处理方式可分为:生物洗涤法(悬浮态)、生物过滤法(固着态)、生物滴滤法(介于二者之间)。

① 生物洗涤法。生物洗涤器是一个悬浮活性污泥的处理系统,由一个装有惰性填料的传质洗涤器、生物降解反应器和二次沉淀池组成(图 11-16)。先将微生物及其营养物质溶于液

体中，从塔顶喷淋而下，含有机污染物的气体从底部进入，与惰性填料上悬浮的微生物及由降解反应器回流过来的泥水混合物接触，洗涤器中部分有机污染物首先被降解；液相中的大部分有机污染物进入降解反应器，通过悬浮污泥中的微生物作用再被降解；净化后的气体自塔顶排出。降解反应器出来的污水进入二次沉淀池进行泥水分离，上清液排出，污泥回流至降解反应器。

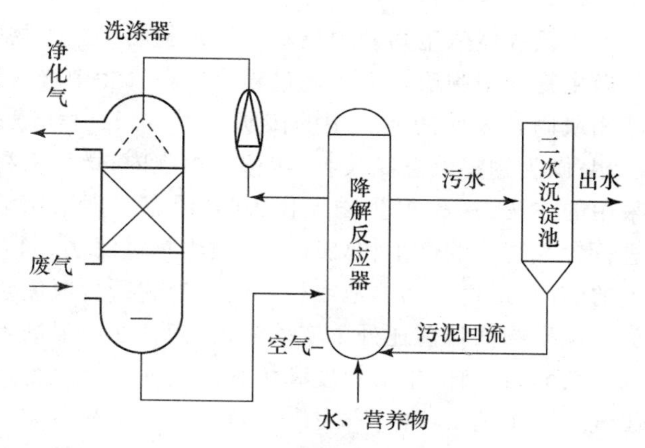

图 11-16 生物洗涤器构造模式图

（引自周世宁主编，2007）

② 生物过滤法。采用含微生物的固体颗粒吸收废气中的有机污染物，再通过微生物的降解作用将其转化为无害物质。许多挥发性有机污染物，包括苯及其衍生物、酚类及其衍生物、醇类、醛类、酯类、脂肪酸等挥发有机污染物，其中许多是“三致物质”，都可采用生物过滤法处理。

③ 生物滴滤法。生物滴滤法是介于生物洗涤法和生物过滤法之间的处理工艺。在生物滤池的上方增设喷淋循环液，便于控制温度和 pH 等反应条件；在生物滴滤塔内增设附着微生物的填料，促进微生物生长，加速有机污染物的降解。该方法适宜卤代烃类及含硫、氮等酸性污染物的处理。

（2）气体无机污染物的微生物处理

大气污染物中的无机污染物为硫化物（SO_2、H_2S）、氮氧化物（NO、NO_2）、碳氧化物（CO_2）、碳氢化合物和含卤素化合物等。其生物的处理方法有：

① 含硫化物气体的微生物处理。目前净化含硫恶臭气体主要采用物理方法。微生物脱硫技术处于开发、研究阶段，但因其去除率高、成本低、能耗少、无二次污染，已成为各国关注的热点。

具有脱硫能力的微生物已发现有 10 余种，主要为化能自养型细菌，如氧化亚铁硫杆菌、氧化硫硫杆菌、酸热硫化叶菌，还有光合硫细菌和某些真菌。

微生物脱硫的主要过程是还原态的无机硫在液相及微生物作用下氧化为硫酸根离子，即

$$S_2 \longrightarrow S^- \longrightarrow S_2O_3^{2-} \longrightarrow S_4O_6^{2-} \longrightarrow S_3O_6^{2-} \longrightarrow S_2O_3^{2-} \longrightarrow SO_4^{2-}$$

氧化态的含硫污染物必须先经过还原生成还原态的硫化物，然后，再经过氧化形成单质硫，才能达到脱硫目的。

含硫化物气体微生物处理技术主要采用生物膜法，包括生物滤池和生物滴滤池两种形式。与气体有机污染物的微生物治理技术相似，该方法也是将微生物在填料表面附着生长的一种生物处理法，其脱硫效果好、稳定性高、成本低。目前需积极研究、开发出耐受更高浓度硫化物，具有更高脱硫率，既脱硫又同时脱氮的微生物菌株或工程菌株。

② 含氮氧化物气体的微生物处理。传统除氮技术采用物理法和化学法。但微生物除氮工艺简单、效率高、能耗低、费用少、无二次污染，是目前各国研究的热点。

除氮微生物主要包括硝化细菌和反硝化细菌等多种细菌，如将 NH_3 溶于水中形成 NH_4^+，通入生物滴滤池，利用硝化作用将其氧化成 NO_2^-、NO_3^-。

含氮气体微生物处理技术实质是利用了微生物的生命活动，将 NO_x 转化为无害的无机物及微生物的细胞质。由于该过程难以在气相中进行，所以气态污染物先要经过从气相转移到液相或固相表面的液膜中的传质过程。该过程分为三个阶段：含氮气体溶解，由气相转移到液相；微生物将液态氮吸收、转移至细胞内；微生物将液态氮转化成硝酸盐，去除气态氮。主要采用的方法为：a. 微生物吸收法（悬浮态），即采用活性污泥法，先将含氮废气转移至水中，再进行含氮废水的微生物处理。b. 微生物过滤法（固着态），即将微生物附着在惰性载体过滤材料的表面，通过生物滤池或生物滴滤池进行含氮废水的微生物处理。

微生物法目前还处于实验阶段，尚存在明显缺点，如填料塔的空塔气速、烟气温度、反硝化菌的培养、细菌的生长速度和填料的堵塞等问题都尚待完善。随着人们对微生物净化含 NO_x 废气处理工艺研究的不断深入，该技术将会从各方面得到全面的发展。

③ 碳氧化物的微生物处理。碳氧化物主要有两种，即 CO 和 CO_2。

CO_2 固定方法主要有物理法、化学法和生物法。生物法中利用微生物分离、固定 CO_2 技术，防治“温室效应”将日益显出威力。

固定 CO_2 的微生物中除藻类和植物进行光合作用同化 CO_2 外，光能自养型微生物和化能自养型微生物生物氧化过程都能同化 CO_2。光能自养型微生物，包括微型藻类、蓝细菌和光合细菌，它们借助叶绿素或菌绿素，以光为能源，CO_2 为碳源，合成菌体或代谢产物（参见 6.1.5 节）；化能自养微生物以氧化 H_2、H_2S、$S_2O_3^-$、NH_4^+、NO_2^-、Fe^+ 等无机物为能源，CO_2 为碳源，合成菌体或代谢产物。微生物固定 CO_2 的主要途径有卡尔文循环、还原性三羧酸循环、厌氧乙酰辅酶 A 途径及甘氨酸途径等。

CO_2 的微生物处理技术尚处于研究、开发阶段。氢细菌因其生长快、适应强，固定 CO_2 研究工作较为深入，既可回收废气，又可制取单细胞蛋白。许多微藻可在高温、高浓度 CO_2 的条件下生长繁殖，同时也可生产各种高营养价值的生物活性物质。目前的研究课题集中在固定 CO_2 的微生物筛选、基因工程菌构建、培养条件优化和应用等方面，预计其在防治“温室效应”的环境工程中将会有广阔的应用前景。

11.4.3 微生物对污染物的降解与转化

生物降解（biodegradation）是指微生物（也包括其他生物）对物质（尤其是环境污染物）的分解作用。生物降解除具有分解代谢的共同特征外，还有共同代谢、降解质粒等新的特征。微生物由于生态、代谢、遗传、变异类型的多样性，几乎能降解与转化自然界所有的有机物，包括烃类化合物、农药、洗涤剂、重金属等。最近的研究工作已从一般地寻找降解、转化污染物的微生物，转入对微生物降解代谢途径、酶系的研究和遗传控制机制的探讨中，特别是已证实降解某些烃类的酶系基因存在于质粒上后，通过导入降解性质粒（degradative plasmid 或 catabolic plasmid），构建具有高效降解能力的遗传工程菌，为降解菌的定向育种，开辟了一个新的途径。

1. 烃类有机污染物的微生物降解

(1) 烃类化合物降解途径

烃类化合物是石油的主要组分，包括烷烃、烯烃、炔烃、芳香烃、脂环烃等。按其存在状态，又分气态烃（甲烷、乙烷、乙烯、乙炔等）、液态烃（苯及其衍生物、汽油等）和固体（石蜡）。

已知微生物中有 28 属细菌、12 属酵母菌、30 属丝状真菌能降解石油，它们已在石油污染的治理中日益发挥更大的作用。

① 烷烃的降解。烷烃经微生物加氧酶催化产生醇，通过脱氢生成醛和脂肪酸(图 11-17)；脂肪酸再通过 β-氧化，降解成乙酸后进入 TCA 循环，最后彻底氧化成 CO_2 和 H_2O。

CH3(CH2)n
单加氧酶
[O]
CH3(CH2)nCH2OH
NAD+
NADH+H+
醇脱氢酶
CH3(CH2)nCHO
NAD+
NADH+H+
醛脱氢酶
CH3(CH2)nCOOH

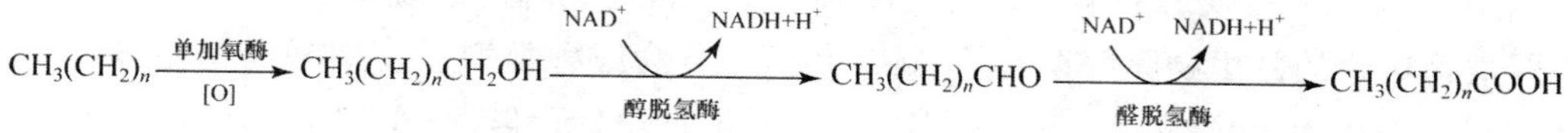

图 11-17 正烷烃的微生物降解

② 芳香烃的降解。芳香烃化合物的微生物分解是在微生物的单加氧酶作用下，直接将分子中环状结构打开，将 O_2 组合至芳香环中，由苯环氧化成环裂底物——儿茶酚(邻苯二酚)。苯环开环有 3 个途径，即邻位裂解途径、间位裂解途径和龙胆酸途径。图 11-18 为苯环的邻位裂解途径，邻苯二酚经 β-酮基己二酸(3-氧己二酸)途径，最后转化为乙酰 CoA 和琥珀酸；再通过 TCA 循环，彻底氧化成 CO_2 和 H_2O。

单加氧酶
OH
OH
COOH
COOH
COOH
O
COOH
苯
邻苯二酚
顺,顺-己二烯
二羧酸
己二烯二羧酸
内酯
O
COOH
COOH
β-酮基己二酸
(3-氧己二酸)
3-氧己二酰 CoA
乙酰CoA
CoA
琥珀酰 CoA
琥珀酸

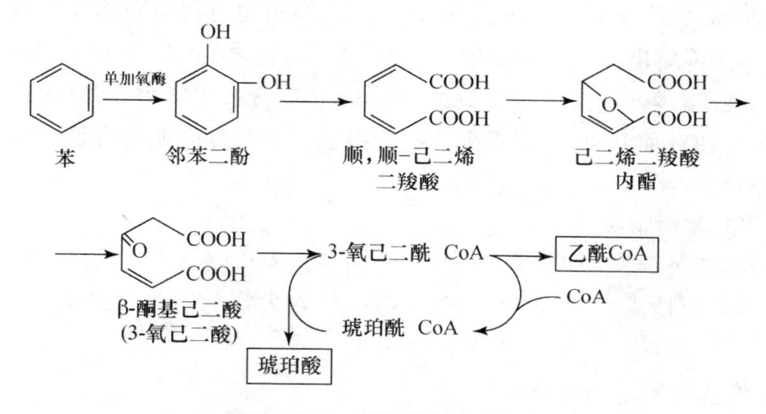

图 11-18 苯的微生物氧化

③ 多环芳香烃裂解。聚氯联苯、苯并芘、多环芳烃、β-萘胺等芳香族化合物是常见的致癌物，过去被认为是不可分解的高分子聚合物。现在发现许多细菌含有降解质粒，可降解联苯类化合物，甚至包括多氯联苯(PCB)、聚溴联苯及聚氯联苯等。微生物对二联苯的降解，首先通过双加氧酶攻击联苯环的 2,3 位开始，随后二羟代谢物经过间位开环被转化，生成苯甲酸和苯丙酮酸，然后继续进行分解。

④ 卤代芳烃的降解。卤代芳烃化合物(常是 2,3,4,5 氟代或氯代苯甲酸盐或苯乙酸盐)是剧毒剂，其毒性主要是由于形成卤代乙酸盐或卤代柠檬酸盐，它们是 TCA 循环的强烈抑制剂。微生物有卤代芳烃的降解质粒，降解卤代芳烃分两条途径：a. 卤代芳烃早期除去 80%以上的氟(氯)，生成儿茶酚，然后进一步降解生成琥珀酸、草酰乙酸、乙酰 CoA，进入 TCA 循环；b. 在生成 β-酮基己二酸前脱氟(氯)，再生成乙酸和琥珀酸，进入 TCA 循环。

(2) 降解烃类的微生物

自 20 世纪 70 年代初 Chakravarty 报道在假单胞菌中发现降解樟脑的质粒以来，相继发现了许多脂肪烃、芳香烃、多环芳烃以及它们的氧化产物、萜烯、生物碱、氯代芳烃和聚氯联苯的降解，其中许多都受质粒编码的基因控制。已报道的有降解质粒的细菌，大多为假单胞菌属，另外，在产碱杆菌属、克氏杆菌属、不动杆菌属、节杆菌属、无色杆菌属、莫拉氏菌属

(*Moraxella*)、黄杆菌属、微球菌属、土壤杆菌属等属中多数都发现有在种内或种间实现转移的降解质粒，分解难降解的有机污染物。此外，分解聚氯联苯的红酵母、降解合成聚酯化合物的青霉14-3也得到证实。打破了高分子聚合物不能被生物降解的观点。

烃类污染物的微生物降解遗传控制较为复杂，分为三种类型：① 质粒与染色体连接方式共同控制降解功能，如降解2,4-D、MCPA、2,4,5-T的争论产碱菌(*Alcaligenes paradoxus*)和异常产碱菌(*Alcaligenes anomala*)一部分酶基因在质粒上，进一步降解的酶则由染色体基因编码。② 质粒和染色体基因分别编码某一化合物不同降解途径的酶，二者互相补充，如降解芳烃的TOL质粒，质粒编码降解甲苯、二甲苯、3-乙基苯和1,2,4—三甲基苯以及它们的醇、醛、酸等衍生物的间位裂解途径，而染色体基因控制的是邻位裂解途径。③ 某些菌株中，某种特殊物质的降解由质粒基因编码；而另外一些种中，同样降解途径由染色体基因编码。

受质粒控制的有机污染物的降解与染色体控制的育种方式不同：降解质粒可以通过接合进行种内、种间转移；或降解基因片段转座造成突变质粒；也可将质粒作为外来基因的载体，按人们的意愿，把不同降解能力的基因克隆，构建新的"杂种质粒"或"多质粒的超级菌"，导入合适的受体。无论是质粒转移、突变质粒筛选，还是遗传工程技术应用，在清除石油污染、农药有毒废物降解的微生物育种方面，均有不少成功的报道。为获得商业上有足够吸引力的工程菌，展现了可喜的前景。

2. 化学农药的微生物降解

化学农药包括杀虫剂、杀菌剂、除草剂等，除为防治农作物病虫害、促进农业增产做出巨大贡献外，同时其本身也造成严重的环境污染。微生物在农药的降解和转化方面也发挥日益重要的作用。

(1) 有机氯农药的微生物降解

如杀虫剂2,4-D(2,4-二氯苯氧基乙酸)和激素除草剂MCPA(4-氯-2-甲基苯氧基乙酸)、666、DDT等为毒性较大、危及人类健康的苯氧基羧酸类化合物。真论产碱菌含降解质粒pJP1及pJP2、9，真养产碱菌含降解质粒pJP3、4、5、7，它们能将2,4-D和MCPA等苯氧基烷基羧酸类化合物彻底降解，先经过氧化脱氯或还原脱氯，使难于脱氯降解的分子脱氯异构化，最后进入TCA循环(图11-19，图11-20)，再进一步分解。

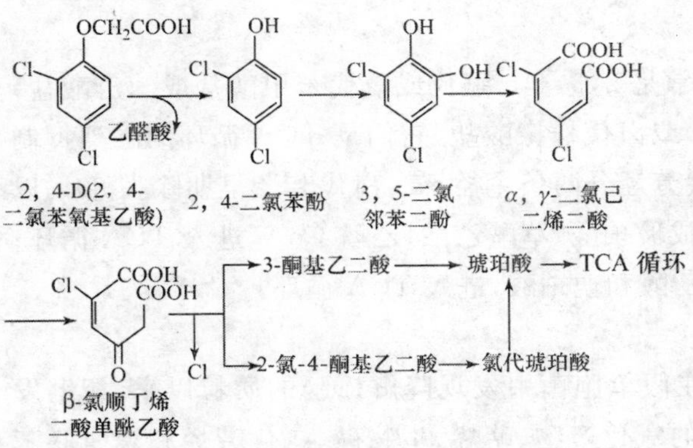

2，4-D(2，4-二氯苯氧基乙酸) →(乙醛酸) 2，4-二氯苯酚 → 3，5-二氯邻苯二酚 → α，γ-二氯己二烯二酸 → β-氯顺丁烯二酸单酰乙酸 → 3-酮基乙二酸 → 琥珀酸 → TCA 循环；→(Cl) 2-氯-4-酮基乙二酸 → 氯代琥珀酸 → 琥珀酸

图 11-19 微生物对杀虫剂 2,4-D 的降解

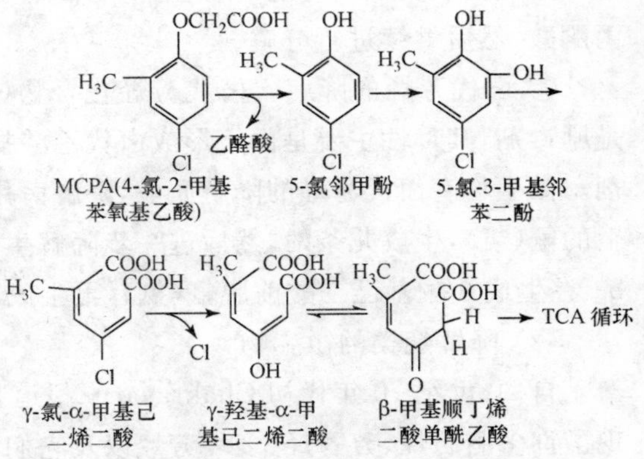

MCPA(4-氯-2-甲基苯氧基乙酸) →(乙醛酸) 5-氯邻甲酚 → 5-氯-3-甲基邻苯二酚 → γ-氯-α-甲基己二烯二酸 →(Cl) γ-羟基-α-甲基己二烯二酸 ⇌ β-甲基顺丁烯二酸单酰乙酸 → TCA 循环

图 11-20 微生物对激素除草剂 MCPA 的降解

(2) 有机磷农药的微生物降解

有机磷农药(organophosphorous pesticide,OPs)大多数属于酯类,绝大多数为磷酸酯类和硫代磷酸酯类,少数为磷酸酯类和磷酰胺酯类,极少数为焦磷酸酯类和硫代焦磷酸酯类,部分有机磷农药属于剧毒、高残留性农药。有机磷农药在土壤中的降解,主要有光化学降解、化学降解、微生物降解三种。微生物对残留农药的降解是治理农药污染的有效途径。环境中的细菌、真菌、藻类和原生动物都是有机磷农药的降解菌。

微生物降解有机磷农药分为两类：一类是微生物直接作用于有机磷农药,通过多酶(加氧酶、脱氢酶、偶氮还原酶和过氧化物酶等)的协同作用,大多数微生物降解有机磷农药属于此类;另一类是通过微生物的活动改变了化学和物理的环境而间接作用于有机磷农药,一般有矿化作用、共代谢作用(指微生物在其有可利用的碳源存在时,对原来不能利用的物质也可分解代谢的现象。但共代谢只能使有机物得到修饰或转化,不能使分子完全分解)、生物浓缩或累积作用及其他的间接作用。通常只有部分有机物被用于合成菌体组成物质,其余部分形成代谢产物,如 CO_2、H_2O、CH_4 等。微生物酶促降解有机磷农药的方式主要有：

① 对硫磷的微生物降解。参与降解对硫磷的微生物有枯草芽孢杆菌、假单胞菌、产碱杆菌、沙雷氏菌、无色杆菌、黄杆菌等。对硫磷的可能降解途径如图 11-21 所示。

② 马拉硫磷的微生物降解。马拉硫磷的微生物降解包括两个不同途径：假单胞菌将马拉硫磷水解生成马拉硫磷单羧酸、马拉硫磷二羧酸途径和绿色木霉使马拉硫磷去甲基化生成甲基马拉硫磷的途径。

③ 甲胺磷的微生物降解。甲基营养型细菌是降解甲胺磷最有效的微生物,降解可能有三种途径(图 11-22)。

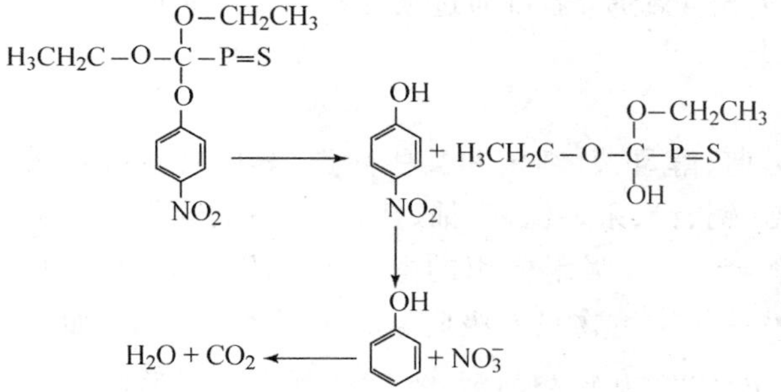

图 11-21　对硫磷的微生物降解

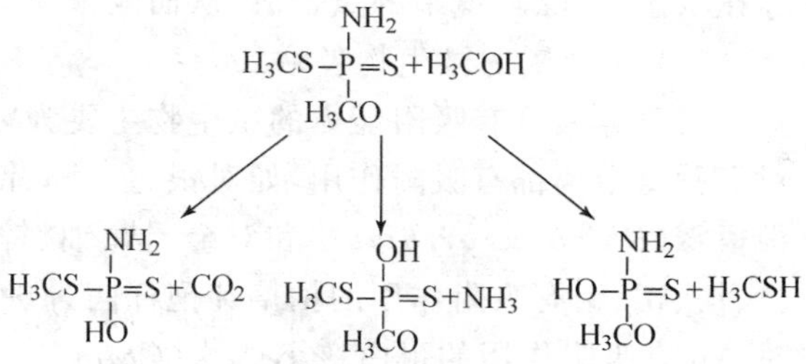

图 11-22　甲胺磷的微生物降解

自然生境中的多种微生物可以单独或通过协同作用降解有机磷农药。现已发现许多土壤中的微生物含有有机磷降解的质粒。

随着现代分子生物技术和基因工程技术的发展,降解有机磷农药微生物的研究已成为当今环境生物技术的研究热点。分离、筛选具有高效降解有机磷农药的菌株,构建高效农药降解工程菌,拓宽降解谱,提高降解能力,积极开展有机磷农药降解酶特性研究,开发固定化酶或酶反应器对有机磷的降解,相信农药微生物降解将会展现广阔的应用前景。

3. 洗涤剂等污染物的微生物降解

生活污水中的洗涤剂、起泡剂、润湿剂、乳化剂和分散剂等表面活性剂等均都难以通过普通活性污泥中的微生物降解、去除,洗涤剂等使用后成为乳化胶体状态废液排入环境,消耗水中的溶解氧，对水生动植物造成一定危害，含磷洗涤剂污水造成水体富营养化，使水资源受到严重污染。

洗涤剂的基本成分是表面活性剂，分为阴离子型、阳离子型、非离子型和两性电解质型四类。其中阴离子型洗涤剂的应用最为普遍，但由于支链结构的烷基苯磺酸钠难以被微生物降解，对环境污染严重，现逐渐被直链烷基苯磺酸钠（LAS 型）取代，原因是假单胞菌、邻单胞菌（*Plesiomonas*）、黄单胞菌、微球菌、产碱杆菌、诺卡氏菌等细菌均能以直链烷基苯磺酸钠（LAS 型）为唯一碳源和能源，在好氧状态下将表面活性剂烷基链苯磺酸钠降解。微生物降解过程包括下面 4 种反应。

① ω-氧化。烷基链上亲油基末端的甲基首先发生 ω-氧化生成羧基。

② β-氧化。羧基被氧化，从羧基上除去 2 碳单位，后者转化成乙酰 CoA。

③ 芳香环的氧化降解。苯、苯酚开环，氧化成“环裂底物”——儿茶酚（邻苯二酚）、原儿茶酸（3,4-二羟基苯甲酸）或间羟基苯甲酸（2,5-二羟基苯甲酸），儿茶酚与原儿茶酸经邻位裂解途径产生乙酰 CoA 及琥珀酸；或经间位裂解途径产生甲酸、乙醛及丙酮酸；而间羟基苯甲酸经龙胆酸途径产生苹果酸、丙酮酸和反丁烯二酸。

④ 脱磺化。脱除 SO_3 或 SO_4 的过程。

4. 重金属污染物的微生物治理

环境中的重金属污染主要指汞、铅、镉、砷、银等，当其积累至一定浓度时，会对生物体产生抑制、致死作用。如汞及其化合物属于剧毒物质，可在体内蓄积，表现为头痛、头晕、肢体麻木和疼痛，甲基汞极易被肝、肾吸收，严重者甚至死亡或遗患终生。又如主要来自汽车尾气的铅及其化合物，进入人体后大部分蓄积在骨骼，损害骨骼造血系统和神经系统，引起贫血、末梢神经炎、运动和感觉异常等。微生物虽不能直接降解重金属，但可通过吸附和转化作用而改变其存在状态，去除环境中的重金属，从而改善环境。

（1）重金属的微生物吸附

对重金属具有吸附能力的微生物主要为霉菌、酵母菌、细菌和某些藻类，其中有些微生物对多种重金属都有吸附作用，如对银、金、镉、铬、铜、铅、汞、锰、镍、铀、钍、锌均有吸附作用的少根根霉（*Rhizopus arrhizus*）和对金、钴、铀、锌、钍、铜有吸附作用的酿酒酵母及对金、镉、铜、铬、铁、钼、铅有吸附作用的枯草芽孢杆菌；但另一些微生物只能吸附某种或某类重金属，如只对 Au 有吸附作用的蛋白核小球藻（*Chlorella pyrenoidosa*），只对 U 有吸附作用的毛壳霉菌（*Chaetomium* sp.）和哈茨木霉（*Trichoderma harzianum*）等。

吸附的第一阶段为金属离子在微生物细胞表面的附着过程，与细胞代谢活动无关，只是金属离子与细胞表面络合、配位、离子交换、吸附和微沉淀的物理和化学过程；第二阶段为生物积累过程，与细胞代谢直接相关，金属离子被吸附至细胞后，通过细胞内被诱导合成的某些结合因子或螯合剂，将有毒的金属离子螯合成复合物，如蓝细菌、酿酒酵母、粗糙脉孢菌中的金属硫蛋白（简称 MT）或类金属硫蛋白（简称类 MT），或粟酒裂殖酵母、光滑球拟酵母（*Torulopsis glabrate*）中的重金属螯合肽（简称 PCs）。但过量重金属离子对活细胞也有毒害作用，抑制细胞对金属离子的积累过程。

（2）重金属的微生物转化

微生物的转化作用是指对重金属的价态进行转化，将有毒物质还原成无毒或低毒的物质。其转化过程包括三方面：

① 沉淀作用。如硫酸盐还原菌可将污水中的重金属离子 Cu、Cd、Zn 等生成微溶于水的硫化物 CuS、CdS、ZnS 沉淀，从水中排除重金属离子。

② 氧化还原作用。某些微生物能氧化或还原各种金属，使其价态发生转化，使原本难溶解或难降解的重金属盐还原成可挥发的或可溶解的状态。以汞的微生物转化（图 11-23）为例说明。汞以元素汞、无机汞、有机汞 3 种形式存在，都具毒性，其中甲基汞的毒性是无机汞的 100 倍。汞的微生物转化包括三种机制：a. 汞离子（Hg^{2+}）的甲基化（如产甲烷菌、荧光假单胞菌、分枝杆菌、产气杆菌、真菌等）；b. 通过汞还原酶将无机汞或有机汞还原成挥发性汞（Hg）（如节杆菌、柠檬酸杆菌、隐球酵母等）；c. 甲基汞和其他无机汞化合物通过汞裂解酶催化碳—汞键断裂，并还原成挥发性汞（Hg）。甲基钴胺素（CH_3B_{12}）是实现金属甲基化转化时提供甲基的供体。

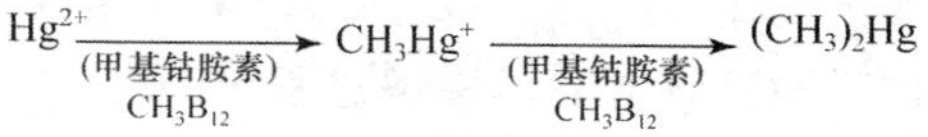

$$Hg^{2+} \xrightarrow[CH_3B_{12}]{\text{(甲基钴胺素)}} CH_3Hg^+ \xrightarrow[CH_3B_{12}]{\text{(甲基钴胺素)}} (CH_3)_2Hg$$

图 11-23 汞离子的甲基化作用

③ 甲基化作用。环境中的汞、砷、镉、铅、铬、银、硒、锡等都可以实现甲基化转化。微生物将金属转化成甲基化金属有机物后，有的金属化合物毒性降低（如二甲基硒、二甲基砷）；有的金属化合物（如甲基汞、甲基镉）虽然毒性增加，但其水溶性增加或沸点降低。甲基汞可继续裂解为挥发性汞（Hg），镉转化为挥发性甲基镉。

重金属污染的防治，首先是应该严格控制含重金属污染物进入水体和土壤；其次才是积极进行重金属污染物的微生物治理。以汞污染物治理为例，利用微生物吸收含汞废液，使汞还原成元素汞，再收集菌体，元素汞一部分挥发，经活性炭吸收；另外，于反应器底部回收沉淀汞，金属汞回收率可达 80%以上。微生物还参与砷、铅、镉、硒、铜、锡等其他金属的转化。

11.4.4 污染环境的微生物修复

生物修复（bioremediation）主要是指通过微生物、动植物的联合作用，将环境中的有机和无机污染物转化为 CO_2 和 H_2O 等无毒或毒性较小物质的过程。其中微生物修复技术是近年来应用最广、最有生命力的污染修复技术。用于修复的微生物分为三大类：土著微生物、外来微生物和基因工程菌。目前，大多数微生物修复工程中应用的多是土著微生物。外来微生物和工程菌在原位污染场地难以保持较高的生物活性。

当前采用的微生物修复技术分为原位微生物修复和异位微生物修复两类：原位微生物修复是指污染物质在其原来的位置治理，通过创造合适的降解条件，依赖微生物完成污染物质的自然降解；异位微生物修复是将被污染物污染的介质，转移至异地，处理完毕后再返送地下。原位微生物修复工程简化、费用低，但修复过程难控制；异位微生物修复工程虽可控制、治理效率高，但工程大、费用高，大规模应用不现实。

1. 水体污染的微生物修复

（1）地表水污染的微生物修复

地表水包括河流、淡水湖泊、池塘、水库等。地表水氮、磷污染物微生物修复与水体中氮、磷去除技术基本一致。地表水有机污染物微生物修复技术较为简单，采用土著微生物，创造合适的降解条件，提高微生物活性，可获得较好的修复效果。

（2）地下水污染的微生物修复

造成地下水污染原因很多，如生活污水渗入；酸雨造成地下水中重金属被活化，污染加重；过量开采地下水，造成海水、苦碱水倒灌；农药过量使用造成的氮素污染；生活垃圾渗滤液渗入

地下水;石油污染物事故排放而造成地下水污染等。地下水污染与地表水污染相比,时间较长久,治理较艰难。目前常采用的方法为:

① 原位微生物修复。即以被污染的场所为反应体系,通过各种方法强化地下水中土著微生物对污染物的自然降解过程,如注入营养盐和供氢体、提升地下水等。地下水的原位微生物修复已在美国、欧洲、日本等许多国家应用,我国也在多地试验。该方法设备费用低、外界气温影响小,但控制地下水流方向困难,因其受地质构造影响大。污染修复对保护地下水资源和农作物增产都具有重要意义。

② 处理厂净化法。分别打钻两口井,一口为抽水井,在抽水井上游再打钻一口注射井。由抽水井将地下污染水抽出,通过生物反应器处理后,再由注射井灌回地下(或排放他处),同时,通过注射井向地下输送氧气和营养液。其修复工程、处理厂生物反应器等设备费用比原位微生物修复法高,但因其反应体系易于控制,稳定性好,目前应用也较多。

2. 海滩及海洋污染的微生物修复

(1) 海洋石油污染的微生物修复

由于战争、海上油轮溢油、海上钻井平台或海滩漏油事故等影响,石油污染严重危害海洋生物,破坏生态平衡。目前已发现有200多种微生物,包括细菌、放线菌、酵母菌和大部分霉菌能在烃类的基质上生长。许多具降解质粒的菌株在自然生态环境中,能在几小时内把原油中60%烃消耗掉,而野生型菌株消耗浮油要一年以上。20世纪90年代对Exxon Aldez号油轮触礁引起的Alaska海域石油污染的清除,是海洋石油污染微生物修复最大的一次成功尝试。一些科学家提出构建"超级菌"(图11-24)降解原油,但海洋中一般缺乏氮、磷。某些学者提出将合适的氮素营养或通过将肺炎克氏杆菌的nif(+)基因引入"超级菌"中,就可增加"超级菌"培养物的生存能力,筛选和构建出具有多效功能的降解菌。此法具有良好的应用前景。

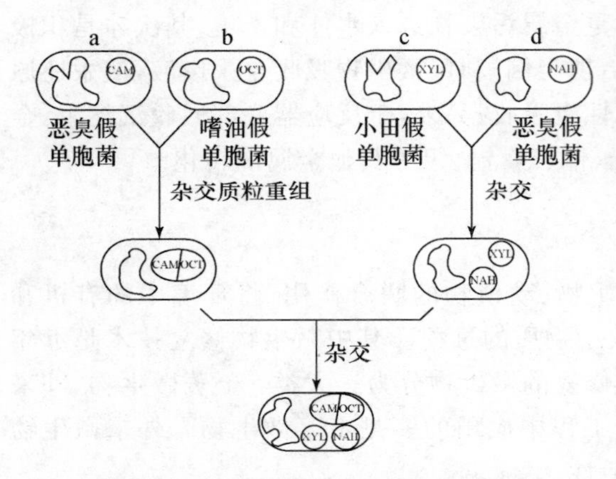

图 11-24 假单胞菌"超级菌"的构建

a. 樟脑,b. 辛烷、乙烷、癸烷,c. 甲苯、二甲苯,d. 萘

(2) 海洋其他有机污染物的微生物修复

海域养殖区的富营养化,海藻大量增殖所造成的赤潮污染,危及鱼类和软体动物的生存。现已分离、筛选出多种有效降解菌,除对赤潮生物有明显抑制作用外,还能有效降解赤潮毒素。但尚缺乏有效控制的成功例子。

3. 土壤污染的微生物修复

(1) 土壤石油污染的微生物修复

石油开采、运输、加工过程也会造成土壤污染。现已成功开发出一种液相/固相处理技术(liquid/solid technique,LST技术),即将石油烃降解菌注入固体废弃物或污染的土壤中,再将废弃物或污染土壤放在LST反应器中;向反应器通入潮湿空气,由于空气流动,使烃类降解菌与污泥充分混合。LST反应器降解石油烃污染物的同时,大多数多环芳香烃也得到降解,其中多环芳香烃降解率可达94%。

（2）土壤其他有机污染物的微生物修复

土壤有机污染物的微生物修复分为原位修复和异位修复两类。

① 土壤原位修复法。此法主要包括生物通风法、生物搅拌法、泵出处理法等。最常用的是生物通风法，即采用真空抽气泵保持抽水井处于低压状态，使空气容易进入相对结实的土壤区域，提高土壤中的溶解氧，增加土壤有机污染物的微生物修复。

② 土壤异位修复法。此法主要包括填埋法、耕作法、堆腐法、生物反应器法等。如生物反应器法，是将遭受污染的土壤挖出，置于反应器中，加水混合后，接种微生物，使水、污染物、微生物、溶解氧和营养物充分混合；控制各种适合的环境条件，其工艺类似污水微生物处理法；处理后的混合物经脱水处理，再返回原地。当前微生物修复技术还有许多局限，选育高效降解菌、构建基因工程菌，选择适用的反应器提高处理效果，都是微生物修复技术亟待深入研究的课题。

11.5 微生物能源的开发与利用

能源是人类赖以生存的重要物质基础，能源的人均占有量与使用量是一个国家现代化水平的重要标志之一。石油危机之后，人们更加清楚地认识到，地球上一次性能源如石油、天然气、煤炭等化石燃料终将枯竭。石油、天然气、煤炭的应用过程也产生大量的CO_2、SO_2、煤灰等废气进入环境，造成空气的严重污染。因而可再生新能源，如生物能、太阳能、风能等的开发利用势在必行。本节重点介绍以乙醇、甲烷、氢气、微生物燃料电池等为代表的微生物能源。

11.5.1 微生物产乙醇

由于乙醇可用作汽车燃料（全世界生产的乙醇约65%作燃料），燃料乙醇的生产日益受到广泛关注。近年来，采用纤维素、半纤维素、木质素及有机废物作为原料生产乙醇，已成为国际上研究的热点，并取得了重大进展。由于这些原料是地球上最丰富、最廉价的可再生生物资源，因此，也预示着燃料乙醇汽油的应用将大有可为。

1. 用于乙醇发酵的微生物

（1）酵母菌

酵母菌可利用EMP途径发酵生产乙醇，其中发酵能力最强的酵母菌是酿酒酵母、卡尔酵母（*Saccharomyces carlsbergergensis*）、粟酒裂殖酵母（*Schizosaccharomyces pombe*）等，它们均属于兼性厌氧菌。最近发现热带假丝酵母、异常毕赤酵母（*Pichia hansenula*，异常汉逊酵母）等能直接利用木糖发酵产生乙醇，是半纤维素发酵乙醇的新菌种资源。

（2）霉菌

霉菌在乙醇发酵中有两个作用：一是由于酵母菌不能直接利用淀粉，需要霉菌产生的高活性的淀粉酶和纤维素酶水解淀粉和纤维素产生单糖；二是有些霉菌本身能利用纤维素为原料直接生产乙醇。生产中常用的菌种为具有高活性淀粉酶和糖化酶的根霉属，如米根霉、匍枝根霉等；具有糖化酶、蛋白酶、果胶酶的曲霉属，如黑曲霉、宇佐美曲霉、米曲霉等；木霉属对纤维素为原料生产乙醇有重要意义，其中绿色木霉用得较多。

（3）细菌

用于乙醇发酵的细菌有：枯草芽孢杆菌将淀粉液化、糖化，供酵母菌发酵生产乙醇；运动发酵单胞菌是唯一通过ED途径进行糖代谢生产乙醇的厌氧菌，但至今没有大规模生产；胃八叠球菌、解淀粉欧文氏菌等亦可用于乙醇发酵。此外,美国麻省理工学院研究人员发现热解纤维梭菌(*Clostridium thermocellulaseum*)能利用纤维素发酵生产乙醇,国内也有一些单位研究用细菌直接发酵纤维素生产乙醇。由于细菌生长快,周期短,可以大大降低乙醇的成本。

2. 乙醇发酵的工艺流程

根据利用的原料不同,发酵工艺包括下列几个流程:① 原料的预处理,糖质原料可直接利用,而淀粉和纤维素原料需先进行酸或酶水解转化成糖质;② 加入氮源和无机盐等成分配制成醪液;③ 灭菌冷却后,再接入酵母菌种子进行发酵;④ 发酵结束后,将发酵液进行蒸馏得到乙醇,从发酵方式来看,有分批发酵、半连续式和连续式 3 种。

(1) 淀粉质原料发酵乙醇

常用的淀粉质原料为玉米和薯干。首先将原料粉碎、蒸煮处理,加入高温淀粉酶和糖化酶,使淀粉液化和糖化,转化为可溶性糖。其技术流程如图 11-25 所示。

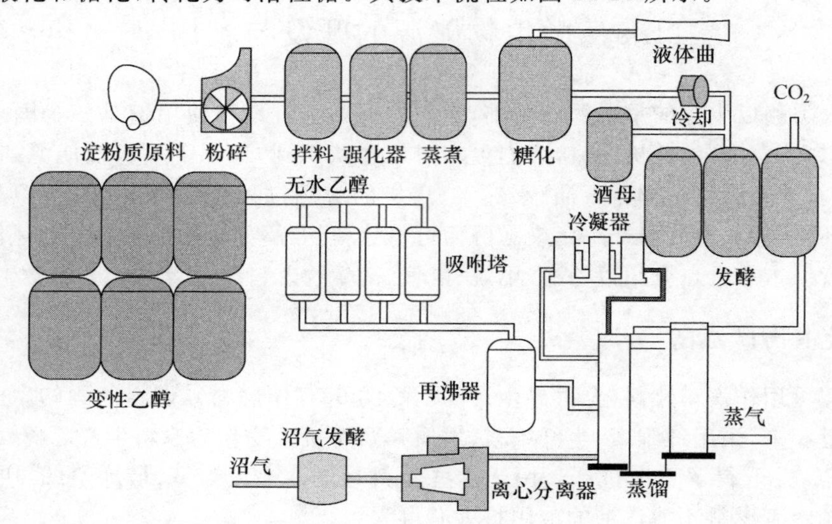

图 11-25 淀粉质原料乙醇发酵工艺流程

(引自余龙江,2003)

乙醇发酵分前发酵、主发酵、后发酵 3 个不同阶段:前发酵温度控制在 28～30℃,时间为 6～8 h;主发酵温度控制在 34℃,时间为 12 h 左右;后发酵温度控制在 30～32℃,时间为 40 h。成熟醪液中,酒精含量在 10%左右。用蒸馏法分离提取,获得乙醇。在乙醇发酵和蒸馏的方法上,近年来新技术不断出现,其目的是为提高乙醇产量,减少能耗和环境污染,降低成本。现可采用的方法有固定化细胞发酵、透析膜发酵、萃取发酵、固体发酵;在蒸馏方法上采用压差蒸馏等。

(2) 纤维素原料发酵乙醇

木质纤维素原料(木质纤维素、半纤维素和木质素等聚合物的复合物)是地球上贮量十分丰富的可再生生物资源,此外,还有城市生活纤维素垃圾及工厂废纤维素垃圾等,这些纤维素具有巨大的开发利用潜力。

纤维素发酵乙醇,首先要对木质纤维素进行预处理,采用的主要方法有物理法(微粉碎、微波辐射、蒸汽爆碎);化学法(臭氧处理,酸、碱、有机溶剂处理);微生物方法(采用酶解法或直接采用可降解纤维素的微生物菌种)。纤维素发酵乙醇生产方式包括直接发酵法、间接发酵法、同步糖化发酵法和固定化细胞发酵法(固态发酵)等。

① 直接发酵法。此法是利用纤维素分解菌直接发酵乙醇。如美国麻省理工学院报道，将两种耐热厌氧菌株进行纤维素混合发酵生产乙醇：一株为厌氧性的热解纤维梭菌，另一株为解糖热厌氧杆菌（*Thermoanaerobacterium thermosaccharolyticum*），或称热解糖梭菌（*Clostridium thermosaccharolyticum*）。前者将纤维素、半纤维素分解产生的六碳糖转化为乙醇、乙酸和乳酸；后者将产生的五碳糖转化为乙醇，从而提高了乙醇产率。

② 间接发酵法。此法是先用纤维素酶糖化分解纤维素，再用糖化液培养酿酒酵母生产乙醇。这种两步工艺间接发酵法生产不太适用，近年来报道较少。

③ 同步糖化发酵法（simultaneous saccharification and fermentation，SSF）。此法是让纤维素酶水解过程和糖的乙醇发酵过程在一个反应器中同时进行。该法优点是解除了酶水解产物葡萄糖对纤维素酶的反馈抑制，同步糖化发酵法提高了糖化和发酵效率，简化工艺，减少设备，降低能耗，因此日益受到重视。

④ 固态发酵。此法是将酵母菌细胞固定在发酵罐的载体上（常用载体有海藻酸钙、卡拉胶、多孔玻璃等），采用连续发酵法，一边流进糖浆，一边排出成熟的发酵醪液，固定化酵母菌细胞浓度大，发酵速度快，发酵液中乙醇浓度高。此外，该法工艺简单，设备利用率高，生产成本降低，且无二次污染，这些优点十分引人注目。现多采用运动发酵单胞菌与纤维二糖酶共同固定化，将纤维二糖基质直接发酵生成乙醇。乙醇固态发酵的研究应是纤维素原料乙醇发酵的一个方向。

在木质纤维素中，半纤维素的含量占一半以上，而半纤维素的水解产物是以*D*-木糖（约占90%）为主的戊糖，因此木糖发酵就成了综合利用可再生生物资源的关键。发酵木糖产生乙醇的细菌主要有：嗜水气单胞菌（*Aeromonas hydrophila*）、多黏芽孢杆菌、产吲哚气杆菌（*Aerobacter indologenes*）和糖解梭菌（嗜热厌氧杆菌）等，由于它们在发酵木糖产生乙醇的同时，还产生2,3-丁二醇和各种有机物，乙醇得率较低。最近有对具有分解半纤维素能力的糖解梭菌 ALK_2（可在50℃生长）进行遗传改造的报道，即通过基因敲除技术，消除其产生乳酸和乙酸的能力，使其只能将半纤维素中的木聚糖转化为乙醇。利用木糖产生乙醇的酵母，目前研究比较多的有管囊酵母（*Pachysolen tannophilus*）、休哈塔假丝酵母（*Candida shehatae*）、纤细假丝酵母（*Candida tenuis*）和树干毕赤酵母（*Pichia stipitis*）。直接发酵法生产乙醇的缺点是发酵速率慢，乙醇浓度低。美国普度大学已将大肠杆菌的异构酶基因转移到粟酒裂殖酵母中，获得了能直接发酵木糖的工程菌株 A221-PDB248-X2，发酵乙醇的体积分数可达4%左右。

11.5.2　微生物产甲烷（又称甲烷发酵）

沼气是一种混合气体，其中主要成分是甲烷。1 m^3 含65%甲烷的沼气相当于0.6 m^3 天然气、1.375 m^3 城市煤气、0.76 kg 原煤和6.4 kWh 电。各种有机质，包括秸秆、人畜粪便、工农业排放的废水中所含的有机物、城市垃圾等，在厌氧及其他适宜条件下，都可通过微生物作用转化成甲烷，产生的沼气直接作为燃料，也能转化为电能输入电网。

1. 甲烷发酵的微生物学过程

甲烷发酵是一个复杂的过程，一般分为液化、产酸和甲烷形成三个阶段。

有机物，如农作物秸秆、人畜粪便、垃圾以及其他各种有机废弃物，必须通过微生物分泌的胞外酶进行酶解，分解成可溶于水的小分子化合物才能进入微生物细胞内，进行一系列的生物化学反应，这个降解的过程称为液化；在细胞内由产氢产乙酸细菌利用第一阶段的发酵产物，形成乙醇和乙酸(约占80%)、氢气、二氧化碳、氨等,故此阶段产酸为第二阶段;随后,这些有机酸、乙醇以及二氧化碳和氨等物质又被产甲烷细菌分解成甲烷和二氧化碳,或通过某些同型产乙酸细菌将二氧化碳还原成乙酸,乙酸再由产甲烷细菌裂解为甲烷和二氧化碳,这个过程为产甲烷阶段,即第三阶段。

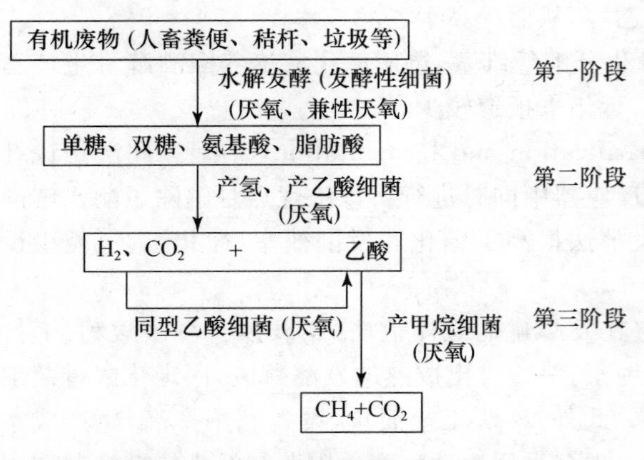

图11-26　甲烷形成过程中各种微生物类群间的关系

参与甲烷发酵的一些微生物是相互依存的,这种关系本质上是氢的种间转移,水解发酵性细菌和产氢产乙酸细菌均能产生氢气,但产生的氢又可抑制它们本身的代谢活动。氢营养型产甲烷细菌则需要氢作为营养基质。后者利用氢还原二氧化碳形成甲烷,不仅满足了自身的需要,也解除了氢对前者的反馈抑制(见图11-26)。

(1) 液化

第一阶段在厌氧或兼性厌氧处理中,复杂大分子有机物降解必须由具有水解酶的微生物参与作用,如梭菌属(*Clostridium*)、乳杆菌属、芽孢杆菌属、双歧杆菌属、链球菌属等,它们都能产生水解α-1,4和α-1,6糖苷键的淀粉酶,因此,能将淀粉及其他多糖降解成单糖,以供这些细菌及其他微生物利用。

纤维素是由葡萄糖β-1,4糖苷键连接而成的大分子,它的水解比淀粉困难得多,是靠纤维素的水解酶和外切酶、内切酶以及β-葡萄糖苷酶共同作用的结果。其中热纤维梭菌是高温菌,能够将纤维素直接转化为乙醇和乙酸。

蛋白质分解需要产生蛋白酶的微生物参与,若废物中的蛋白质浓度较低,蛋白质分解菌的重要性就增加了。产蛋白酶的主要微生物有双酶梭菌(*Clostridium bifermentans*)、丁酸梭菌、产气荚膜梭菌(*Clostridium perfringens*)等。蛋白质的水解产物氨基酸能够被微生物摄入体内进行发酵,主要代谢途径是脱氢反应和还原脱氨反应。脱氢反应可以将有机物氧化分解,产生的氢被甲烷细菌利用合成甲醇。

多糖的水解产物是单糖,能够被许多微生物利用,特别是葡萄糖,几乎能作为所有微生物的碳源,厌氧发酵的主要产物是乙酸、乳酸及氢等。

(2) 产酸

第二阶段是产氢产乙酸细菌的作用,主要包括共养单胞菌属(*Syntrophomonas*)、互营杆菌属(*Syntrophobacter*)等。乙酸的一部分来自于发酵过程,另一部分则来自于产氢产乙酸细菌对脂肪酸的降解。脂肪酶将脂肪水解后得到的脂肪酸能被产氢产乙酸细菌利用,其中脂肪酸为偶数的被降解为乙酸和氢气,而脂肪酸为奇数的则被分解为乙酸、丙酸和氢气。这类菌一般要与氢营养的产甲烷细菌或脱硫弧菌共栖生存。由于产甲烷细菌通常先能利用乙酸,只有极少数才能够利用丙酸,而在发酵中产生的丙酸等会使pH降低产生酸败。因此,在厌氧消化的微生物类群中还应该含有能把丙酸和丁酸等降解为乙酸和氢的微生物,人们将它们称为OHPA菌。沃氏互营杆菌(*Syntrophobacter wolinii*)能将丙酸分解为乙酸和氢气,它们在厌氧消化系统中起着重要作用。但它们对pH非常敏感,必须保证厌氧消化液的 pH 在中性范围内。解决这一问题的办法是在发酵系统中必须有甲烷细菌的存在，虽然产甲烷细菌在厌氧消化系统中处于化合物链的末端，但其在甲烷发酵微生物中起着核心作用。

(3) 甲烷形成

第三阶段是产甲烷阶段。产甲烷细菌利用乙酸、甲酸、甲醇、CO_2、H_2 等形成甲烷，产甲烷细菌是严格厌氧菌，要求环境中绝对无氧，微量氧也会造成甲烷细菌生命受到抑制或死亡。产甲烷细菌主要包括甲烷杆菌属、甲烷八叠球菌属和甲烷球菌属等。甲烷的产生需要一些特殊的酶，例如，辅酶 F_{420}、辅酶 M 及二氧化碳还原因子(CDR)等。辅酶 F_{420} 的功能与铁氧化还原蛋白类似。辅酶 M(CoM—SH)在产甲烷细菌细胞内的含量很高，是一种甲基转移酶的辅酶，即为活性甲基的载体，在产甲烷过程中起着极为重要的作用。CO_2 还原因子(CO_2-reduction factor 或 CDR)，又称甲烷呋喃(methanofuran，MFR)，它参与产甲烷和乙酸的反应，起着甲基载体作用。具体反应如下(图 11-27)：

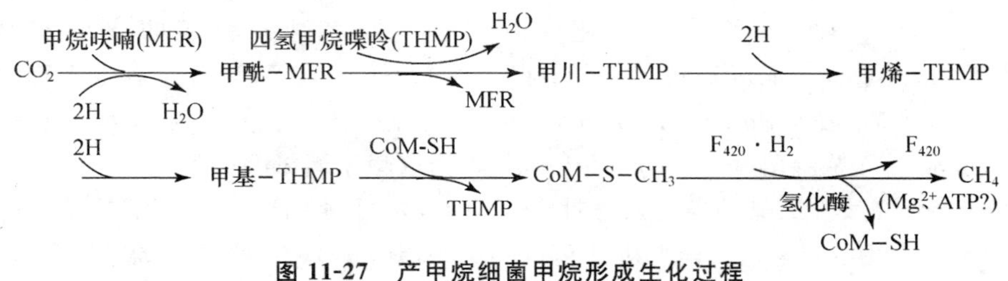

图 11-27　产甲烷细菌甲烷形成生化过程

2. 甲烷发酵工艺

(1) 根据甲烷发酵条件及反应器的结构与性能，甲烷发酵工艺可分为：

① 分批发酵。指废料一次投入反应器，适宜条件下发酵，产甲烷后出料，作下一批发酵准备。

② 连续发酵。指废料投入后，经过适宜条件发酵产生甲烷，然后再继续定量地投加废料，同时相应、等量出料。此法可提高甲烷发酵的效率和稳定性。

③ 半连续发酵。指废料一次投入，甲烷发酵产量到最高阶段，当营养基质不足时，开始定期补料，提高发酵速率，采用定期部分出料和经过一定周期一次大出料的操作方式。目前此法采用较多。

(2) 根据物料的含水量，又可分为液体、固体甲烷发酵两种工艺：

① 液态甲烷发酵。废料呈液体状态的发酵。现普遍应用于工业污水与城市污水厌氧处理。

② 固态甲烷发酵。废料呈固体状态的发酵，如畜禽养殖废物甲烷发酵处理(图 11-28)，秸秆和城市垃圾的发酵。目前广泛应用于农村养殖场中。

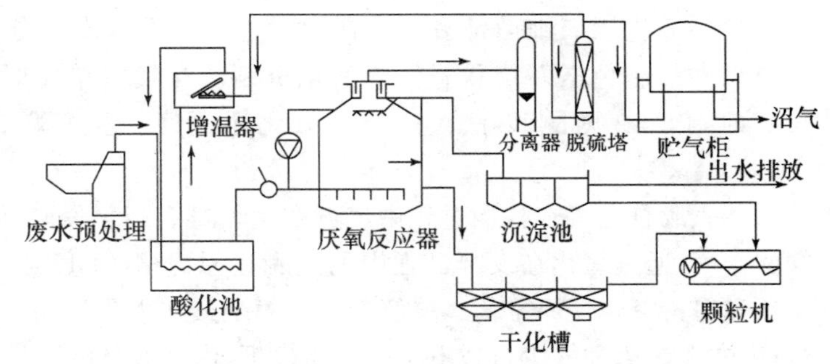

图 11-28　畜禽养殖场沼气发酵工艺流程

(仿沈德中 2003.9)

目前国内甲烷发酵工艺已成功地应用于农村、各类牲畜和禽类养殖场、高浓度有机废水和城市污水回收中。在大幅度去除污染物的同时，所产生的沼气可用于照明和燃料，这不但节约了能源，而且还能保肥，提高有机肥的肥效，同时还能保持环境卫生，防止疾病传染。甲烷发酵相关技术经济指标接近或达到国际水平，甲烷发酵在国内外发展有很大潜力。

11.5.3 微生物产氢

氢气燃烧的产物为水，不产生 CO_2 和 SO_2 等污染物，是一种理想的"绿色"清洁能源。

早在20世纪30～40年代，科学家就发现许多细菌和藻类在厌氧或兼性厌氧条件下能产生氢气，这为氢的生产展示了极好的应用前景。

1. 产氢微生物

已知产氢微生物有3个主要类群：

① 光合微生物，尤其是具有固氮作用的光合细菌、蓝细菌和绿藻。大多数藻类在光照和黑暗下均可产氢。但在光照下产氢速度相对高。目前研究较多的主要有小球藻属(*Chlorella*)、栅藻属(*Scenedesmus*)、衣藻属(*Chlamydomonas*)等；光合产氢微生物除藻类外，主要有深红红螺菌(*Rhodospirillum rubrum* SI)、沼泽红假单胞菌(*Rhodopseudomonas palustris*)、荚膜红假单胞菌(*Rh. capsulatus*)。它们依赖于固氮酶的催化。

② 严格厌氧和兼性厌氧的条件发酵性产氢细菌，如丙酮丁醇梭菌、丁酸梭菌、热解纤维梭菌、大肠埃希氏杆菌、白色瘤胃球菌(*Ruminococcus albus*)、生黄瘤胃球菌(*Ruminococcus flavefaciens*)等。

③ 古菌类群，如嗜热的激烈热球菌依赖独特的硫氢酶(sulhydrogenase)或NADP氧化还原酶(铁氧还蛋白)，它们能利用糖类、肽类、醛类、丙酮酸及α-酮戊二酸等在100℃高温下异养生长产氢。

2. 产氢机理

固氮微生物在有 N_2 等底物存在时，N_2 还原为 NH_3 的过程中，2个 H^+ 被还原成 H_2。

$$N_2 + 8H^+ + 8e + nATP \longrightarrow 2NH_3 + H_2 + n(ADP + Pi)$$

在无 N_2 等合适底物时，固氮酶将电子全部流向放氢反应。

$$2H^+ + 2e + 4ATP \longrightarrow H_2 + 4(ADP + Pi)$$

发酵性兼性厌氧细菌是另一类在代谢过程中可以产生分子氢的微生物。如丁酸梭菌等，缺乏典型的细胞色素系统和氧化磷酸化机制。在发酵单糖时可以通过EMP途径，转化葡萄糖形成丙酮酸，在丙酮酸-铁氧还蛋白氧化还原酶和氢酶联合作用下转变为乙酰CoA、CO_2 和 H_2。

有些大肠杆菌等在代谢过程中也可产生氢气。当于发酵性基质上厌氧性生长时，氢酶起着氢阀的作用，通过氧化在发酵过程中的过剩还原力(NADH或NADPH)形成 H_2 来保证电载体的循环和保持氧化还原平衡。酵解产生的丙酮酸在丙酮酸-甲酸裂解酶作用下形成乙酰CoA和甲酸；甲酸在厌氧和缺少合适电子受体条件下，由甲酸氢解酶复合物裂解生成 CO_2 和 H_2。

3. 发酵产氢工艺

① 固定化技术的应用。1976年日本Karabe等人采用固定化技术利用丁酸梭菌IF03847包埋产氢系统，提高了产氢酶系统稳定性，其最大产氢率为1.61 mL H_2/(g菌体·h)；在厌氧条件下，固定化细胞可连续产氢长达20天以上。国内也有相似的报道。

② 厌氧活性污泥乙醇发酵型产氢技术开发。国内任南琪等通过对反应器工艺条件控制、厌氧活性污泥驯化，主要以乙醇、乙酸、H_2、CO_2 等为终产物的有机物厌氧发酵工艺，培养获得产氢活性较高的厌氧污泥。通过处理糖蜜、淀粉等含碳水化合物废水，H_2 含量可达 45%～49%；含碳水化合物废水发酵产氢形成的主要产物为乙醇、乙酸、H_2、CO_2，且为后续产甲烷过程提供了优质基质。

11.5.4　其他微生物能源的开发与利用

1. 微生物燃料电池

微生物燃料电池（microbial fuel cells，MFC）或微生物电池（microorganism electric cells）的概念提出已近 30 年了。最初英国的研究人员在用碳水化合物培养细菌时发现，将两个电极连接便可检测出微弱的电流。20 世纪 80 年代各国科学家开始关注微生物燃料电池。一般电池由正极、负极、电解质三部分构成，利用微生物的代谢产物（如氢、氨或甲酸、甲醇、甲醛、甲烷等）做电极活性物质，让其在阴极发生化学反应，失去电子；让氧化剂在阳极发生化学反应，得到电子，通过化学能转换成电能，电子在导线中的阴极、阳极间流动获取电能的装置即为微生物电池。根据有无电子传递中间体的参与，微生物燃料电池分为两大类：直接和间接微生物燃料电池。

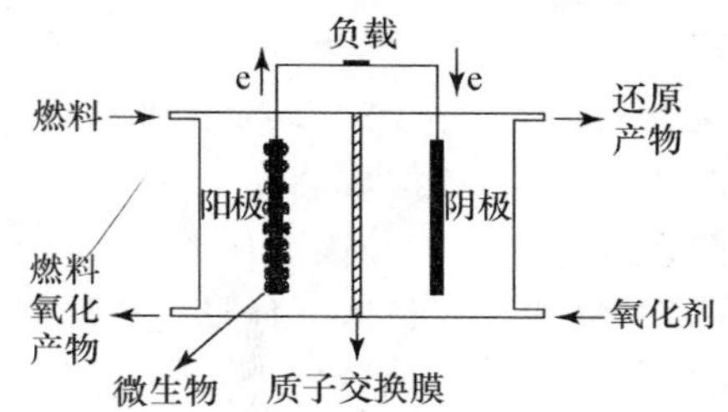

图 11-29　直接微生物燃料电池的原理示意图

① 直接微生物燃料电池。是指利用微生物进行能量转换（如碳水化合物的代谢或光合作用等），把呼吸作用时氧化产生的电子直接转移到电极（图 11-29）。用于构建直接微生物燃料电池的主要是还原金属的细菌，如：腐败希瓦氏菌（*Shewanella putrefaciens*），一种氧化还原铁的细菌，只要提供乳酸盐或氢，无需电子传递中间体就能发电；硫还原地杆菌（*Geobacter sulferreducens*）和金属还原地杆菌（*Geobacter metallireducens*），为异化性金属还原菌，在无电子传递中间体存在下，能将电子传递给 $Fe(OH)_3$ 等固体电子受体进行无氧呼吸；铁还原红螺菌（*Rhodoferax ferrireducens*），也是一种氧化还原铁的细菌，只提供糖类（葡萄糖、果糖、蔗糖甚至木糖），无需催化剂就能发电，产生电能达 9.61×10^4 kW/m^2，这种“细菌电池”可持续供电 25 天，成本便宜，性能稳定。

② 间接微生物燃料电池。是指电子通过电子传递中间体传递到电极上的燃料电池。由于电子传递速率很低，微生物细胞膜的组分不能导电，需要借助电子传递中间体促进电子传递，常用的电子传递中间体为硫堇、Fe(Ⅲ)EDTA 和中性红等；用于构建间接微生物燃料电池的有：产氢细菌的微生物电池，既可净化有机废水中的糖、醇和有机酸，又可产生清洁能源氢气；美国宇航局利用芽孢杆菌研究将处理宇航员的尿液时产出的氨气作为电极活性物质，这种微生物电池既处理了尿液，又得到了电能。一般宇航条件下，每人每天排出 22 g 尿液，能得到 47 W 电力；应用光合细菌处理污水厂的有机废水的大规模微生物燃料电池系统已在研制，该系统既可利用太阳能资源产生电流，又能同时处理废物。

2. 微生物采油技术

微生物采油技术（microbial enhanced oil recovery，MEOR）是指利用微生物及其代谢产物作用于油藏残余油，改善原油的流动性，增加低渗透带的渗透率，提高采收率的一项高新生物技术。该项技术具有适用范围广、工艺简便、投资少、见效快、不污染地层和环境等优点。运用常规采油技术，油层经一次、二次开采后，仍有约 50%黏滞性原油残留在岩石空隙间难以开采。该项技术措施之一是向油层注入微生物代谢产物（生物聚合物或生物表面活性剂如黄原胶、鼠李糖脂等），作为注水增黏剂，驱油、改善油水流度比，提高石油开采率；另一种办法是向生产井或注水井直接注入大量的特殊微生物菌体、生物催化剂与营养液，使其在地层条件下生长繁殖，产生代谢产物，从而将石蜡等重油组分转化为短链分子，改变原油的流动性，或产生生物表面活性剂，降低地层剩余油的饱和度，进而提高石油开采率。

另外，有些微生物能以气态烃为唯一碳源和能源，如甲基单胞菌属（*Methylomonas*）、甲基细菌属（*Methylobacter*）和分枝杆菌属的细菌，它们在土壤中生长繁殖的数量与烃含量有相关性，可以用于微生物石油勘探。

3. 产石油微生物的开发

从化石研究中发现，绿藻类（包括小球藻、盐藻等单胞藻类）在石油矿藏形成中起重大作用。各国均开展了利用藻类制取石油的尝试，其中较有成效的是美国报道的利用单胞藻——丛粒藻（*Botryococcus braunii*，又称葡萄藻）产生碳氢化合物的研究，油烃化合物占其细胞干物质重量的 15%～75%（最高达到 90%），且其组成与原油极为类似，加工处理后可达到真正石油的标准。在“环型玻璃管生物反应器”中通入含有 1% CO_2 的空气，于对数期收集藻体细胞并测定其烃产量。在该项技术中，烃产量可达细胞干重的 16%～44%。此项技术的应用和扩大，不但每天可从藻体生物量中索取大量油烃化合物，还可消除因石油排放 CO_2 造成的温室效应。哈佛大学和斯坦福大学有关专家已组建了公司，继续进行生物炼油新途径的探索。

另外，各国科学家也在尝试寻找能够制造石油的霉菌和细菌。美国蒙大拿州立大学的科学家在巴塔哥尼亚北部雨林的树上偶然分离了一种能释放强烈挥发性物质（一种抗生素）的、略带红色的霉菌——粉红黏帚霉（*Gliocladium roseum*，最初称为 *Muscodor albus*），后惊奇地发现该菌利用纤维素产生的能杀死其他真菌的挥发性物质，竟为大量碳氢化合物和碳氢化合物的衍生物，研究人员将这类生物燃料定名为“微生物柴油（Myco-diesel）”。

加拿大多伦多大学研究人员找到了几种细菌，其体内几乎 80%是含油的碳氢化合物，他们已在实验室中利用细菌制造出 4 kg 类似柴油的油。美国的研究人员也报道了利用一种极端纤细细菌在 60℃高温下催化解离重油，研制出优质的石油产品（将重油中的重质油、高黏油、油沙、天然沥青等中的硫氢化物、重金属物等杂质含量降低 20%～50%，提高“生物石油”的质量）。

11.6 微生物在其他领域中的应用

近年来，微生物在细菌冶金、煤炭脱硫、化学工业（微生物塑料、功能材料、生物制浆等）、微生物功能材料、微生物检测新技术等方面，已显示出新的应用前景。

11.6.1 微生物在其他工业中的应用

1. 细菌冶金

随着现代工业的发展，高品位富矿不断耗尽。对于开采后的大量废矿渣、尾矿、废矿和贫矿，采用一般选、浮矿法无能为力，唯有生物湿法冶金（biohydrometallurgy）可给我们带来新的希望。生物湿法冶金是指利用微生物及其代谢产物作为浸矿剂，将其喷淋在堆放的矿石上，浸矿剂溶解矿石中的有效成分，最后从收集的浸取液中分离、浓缩和提纯有用的金属。因为浸堆的矿石不要求粉碎，只需一个简陋的、可以堆放矿石的浸取池，故称为湿法冶金。利用微生物可浸出金、银、铜、铀、锰、镍、钴、锌、钛、钡、钪等 19 种战略金属和珍贵金属。微生物湿法冶金投资少、成本低、环境污染轻、金属回收率高，特别适用于贫矿、尾矿和废矿渣的处理。

(1) 黄金资源开发

黄金的贮量和产量水平是一个国家经济实力的重要标志。全球几乎处处有黄金，但含量低微，每吨地壳物质含有黄金仅 0.002 836 g，化学提炼法每吨矿石含金量不低于 1～3 g 才有开采价值；此外，全世界 30%以上的黄金矿藏是含有硫、砷矿化物的金矿，不溶于水，难于浸提。生物湿法冶金主要采用的菌种有氧化亚铁硫杆菌、氧化硫硫杆菌、铁氧化钩端螺菌(*Leptospirillum ferrooxidans*)和嗜酸热硫化叶菌(*Sulfolobus acidocaldarius*)等。这类化能自养菌能以 CO_2 为唯一碳源，通过氧化硫矿石中的各种硫化合物获得能量(参见 6.1.4 节)，氧化终产物硫酸和酸性硫酸高铁[$Fe_2(SO_4)_3$]为矿石的最好浸提剂，可将辉铜矿、金矿、铀矿中的铜、金、铀转化为金属硫酸盐(如 $CuSO_4$、UO_2SO_4)溶于水中，再用离子置换法或萃取法将添加石灰制成的金属球(如含铜量 70%～80%的海绵铜)提取出来，最后经过冶炼加工为成品。微生物参与细菌冶金过程的生化反应如图 11-30 所示。可溶解的目的金属从浸提液中置换(如铜、铀)，不溶解的目的金属从矿渣中提取(如金)。

浸矿过程：

$$2S+3O_2+2H_2O \xrightarrow[\text{氧化硫硫杆菌}]{} 2H_2SO_4$$

$$4FeSO_4+2O_2+2H_2SO_4 \xrightarrow[\text{氧化亚铁硫杆菌}]{} 2Fe_2(SO_4)_3$$

辉铜矿 $Cu_2S+2Fe_2(SO_4)_3 \longrightarrow 2CuSO_4+4FeSO_4+S$

铀矿 $UO_2+Fe_2(SO_4)_3 \longrightarrow UO_2SO_4+2FeSO_4$

置换过程：$CuSO_4+Fe \longrightarrow FeSO_4+Cu\downarrow$

图 11-30 细菌冶金过程生化反应

微生物浸矿方法分为池浸、堆浸和原位浸出三种：

① 池浸法。是将细菌制取的硫酸高铁浸矿剂和粉碎的矿石一起置于设置有假底的反应池中，混合，搅拌，通气，最后自浸出液中回收金属，一般品位高的贵金属用此法提取。

② 堆浸法。是将矿石堆积在倾斜的坡地上，再将细菌制取的硫酸高铁浸矿剂不断喷淋到矿石上，然后从流出的浸出液中回收金属。

③ 原位浸出法。是利用自然或人工形成的矿区地面裂缝，将细菌制取的硫酸高铁浸矿剂注入矿床中，最后从矿床中抽出浸出液回收金属。

目前，全世界约有 10 多个细菌浸出法生产黄金的工厂，采用此法几乎得到 100%黄金，而化学提炼法不到 70%。除利用微生物氧化、浸出黄金外，某些微生物(曲霉、藻类等)还有聚集和吸附黄金的能力。目前各国都在研究利用菌体直接吸附金等贵重和稀有金属的方法。

(2) 其他金属浸提

从矿石和矿渣中溶浸有色金属虽有 10 余种，但具规模生产或批量生产的只有铜和铀。世界每年细菌浸铜约 20 余万吨。我国是细菌浸铜的发源地，也有大规模生产。美国细菌浸铜占其铜产量 10%。铀是开发核能的原料，已发现某些微生物有惊人的蓄积铀的能力。据报道，1 g 绿藻能析出 159 mg 铀，1 g 细菌可析出铀 313 mg，其中某种反硝化细菌(denitrifying bacteria)析出铀 100～150 mg/g 干细胞；而铜绿假单胞菌中铀含量竟可达 560 mg/g 干细胞，占细胞重量的 50%。霉菌和酵母菌在矿石溶液中浸提稀有金属研究也有所突破，效率高于离子交换法。据报道，一种酵母菌钪浸提率可达 98.8%，一种少根根霉浸提钼达 170 mg/g 菌体。它们分泌的柠檬酸、琥珀酸等有机酸作为"活性浸矿剂"，与金属结合生成可溶性化合物，从这些化合物中可以再分离、浓缩、纯化出金属。

细菌冶金关键在于选育出对环境有高度适应力、性能稳定的菌株，运用基因工程技术，构建具有多功能（既氧化硫又氧化铁）或多重耐性（如对酸、重金属离子、铀的耐受性）的工程菌株，以使我们能从大自然中获取更多资源。

2. 煤炭脱硫

煤炭中含有一定量的有机硫化物（30%～40%）和无机硫化物（黄铁矿中硫为 60%～70%），燃烧时产生大量 SO_2 等有害气体，形成酸雨，严重污染大气和水体，破坏生态平衡。煤炭脱硫已成为目前国际上亟待解决的重大课题。

煤炭燃烧前脱硫有物理法、化学法和生物法：物理选煤法只能除去黄铁矿中的无机硫，无法去除有机硫；化学法通过氧化剂将硫氧化或置换，虽能同时去除无机硫和有机硫化物，但成本高，无法普遍应用；微生物脱硫是指利用微生物进行有机或无机硫氧化还原反应，去除煤炭中的硫元素。目前，黄铁矿的脱除率达 90%，有机硫脱除率达 40%。该项技术投资少、能耗低、条件温和、煤粉不损失、煤中灰分降低，因而具有诱人前景。

(1) 煤炭脱硫微生物及脱硫机制

① 煤炭中无机硫的微生物去除（图 11-31）。煤炭中无机硫以黄铁矿（FeS_2）为主，用于脱除煤炭中黄铁矿的细菌都属于化能自养型细菌，如氧化亚铁硫杆菌、氧化硫硫杆菌等。微生物脱除无机硫的机制：

a. 直接氧化作用。细菌氧化黄铁矿 FeS_2 生成亚铁 $FeSO_4$；在硫氧化成硫酸的同时，氧化亚铁转变为高铁 $Fe_2(SO_4)_3$。

b. 间接作用。高铁作为氧化剂，再氧化黄铁矿生成更多的硫酸亚铁和单质硫；并将单质硫转变为更多的硫酸。

(1) $2FeS_2 + 7O_2 + 2H_2O \longrightarrow 2FeSO_4 + 2H_2SO_4$

(2) $2FeSO_4 + \frac{1}{2}O_2 + H_2SO_4 \longrightarrow Fe_2(SO_4)_3 + H_2O$

(3) $FeS_2 + Fe_2(SO_4)_3 \longrightarrow 3FeSO_4 + 2S$

(4) $2S + 3O_2 + 2H_2O \longrightarrow 2H_2SO_4$

图 11-31　煤炭中无机硫微生物去除生化过程

② 煤炭中有机硫的微生物去除。煤炭中的有机硫主要为芳香族和脂肪族组分，主要以噻吩基、硫醇类（R—SH）、硫醚类（R—S—R′）和硫蒽类（R—S—S—R′）等形式分散于煤炭中，其中二苯噻吩（dibenzothiophene，简称 DBT）是煤炭中含量最高、较无机硫更难脱除的有机硫化物。目前认为微生物降解 DBT 有两条途径：

a. 苯环开环途径。即不直接作用于 DBT 的硫原子，而是通过氧化分解碳骨架，把不溶于水的 DBT 转化成水溶性的物质；

b. 特定硫途径（4S 途径）。仅对 DBT 的硫原子起作用，而不破坏碳骨架，DBT 经过 4 步氧化反应由硫生成硫酸。此途径由于没有破坏煤的碳架，不损失热量，因而具有很大的经济价值。

脱除有机硫的微生物主要是摄取有机碳生长的异养型细菌，有假单胞菌属、产碱杆菌属和大肠杆菌等。嗜酸、嗜热的兼性自养菌嗜酸热硫化叶菌既能脱除无机硫，又能脱除有机硫。美国煤气技术研究所筛选出一类新的微生物混合菌群(称为 IGTST)，对有机硫有特异的代谢作用，既能与有机硫亲和，又能裂解碳—硫键，却不降低煤的质量，脱除有机硫的效率高达 91%。

(2) 煤炭微生物脱硫工艺

目前世界各国都在积极研究煤炭微生物脱硫技术，但多数还属于基础性工作。实验室脱硫方法大体有以下两种类型：

① 细菌浸出法。利用微生物的氧化作用把煤中不同类型的硫分解成可溶性的铁盐和硫酸，然后滤出煤粉、排除硫酸，即可达到脱硫目的。该法又分为堆浸法和空气搅拌法两种。该方法反应时间短，可提高脱硫效率。

② 浮选脱硫法。又称表面改性法。利用细菌的氧化作用或附着作用改变黄铁矿表面性质，提高其分离能力，从而将黄铁矿从煤中脱除。该方法处理时间较短(仅 30 min)，可同时脱除黄铁矿和灰分。

(3) 煤炭生物液化

作为固体燃料，煤炭具有复杂的结构和不均匀的特性，不可能完全从中去除所含的硫和灰分。将煤液化或气化，使之降解到分子水平，得到纯粹的燃料，总能损失极小，应用范围可进一步扩大。通常的化学液化工艺由于采用高温高压，代价昂贵。正在研究和尝试之中的煤和褐煤的微生物液化反应在常温常压下进行，费用节省。用于煤生物降解的微生物种类很多，主要有卧孔属(*Poria*)、变色多孔菌(*Polyporus versicolor*)、青霉菌、曲霉菌和假丝酵母等。

3. 化学工业

传统的化工生产需要耐高温、高压和耐腐蚀的设备，而微生物技术的发展，不仅可制造其他方法难以生产或价值高的稀有产品，而且有可能改革化学工业面貌，创建能耗低、污染少的新型工艺。有些学者推测，将来会有 50%的化工产品可能由微生物发酵生产。

(1) 生物塑料

传统上以石油为原料生产的塑料制品难以降解，常给农牧渔业、电力设备、河流和生活环境带来严重的危害，造成白色化学塑料环境污染，称之为“白色污染”。目前世界各国均在积极探索可被微生物降解的制品，来替代石油化学塑料制品。培育能生产塑料的生物和细菌，已取得可喜成果。这种完全生物降解塑料(又称为微生物塑料)埋在土壤中 6 周即可完全降解，而普通塑料制品降解竟需 200～300 年。已报道的研制产品有聚羟基丁酸酯(PHB)、聚羟基烷酯(PHA)和乙基侧链聚羟基戊酯(PHV)等。PHB 的主要产生菌为洋葱假单胞菌(*Pseudomonas cepacia*)(利用木糖和少量氮源发酵产生 PHB，菌体积累的 PHB 可达其细胞干重 60%)、真养产碱杆菌(利用碳水化合物、CO_2、H_2 发酵生产 PHB)和甲基营养型嗜甲基菌(*Methylophilus methylotrophus*，此为“工程菌”，可发酵甲醇产生 PHB)。也有利用杆菌发酵甲醇或戊醇，产生 PHB 和 PHV 共聚物；PHA 的主要产生菌有产碱杆菌属、假单胞菌属、固氢菌属、红螺菌属等，它们分别利用不同的碳源产生不同的 PHA。

近年来，运用基因工程技术已创造出生产塑料的植物，1990 年美国的科学家将能产生聚合物的细菌基因移植到芥子系的植物中，首次得到创造产生塑料的植物。科学家还计划将生产聚合物基因移植到玉米、马铃薯和甜菜细胞中去，希望像收获庄稼似地收获塑料。英国利用细菌生产塑料已经形成产业，目前只是成本太高。许多其他国家也在开发研究之中。

(2) 细菌纤维素

纤维素是自然界中最丰富、生物可降解的天然高分子材料，植物和微生物合成的是天然纤维素，体外由纤维二糖的氧化物酶系催化合成和由新戊酰衍生物聚合葡萄糖合成的是人工合成纤维素。人工合成纤维素的液晶聚合度和结晶度低、高规则、向列有序的网络织态结构差。随着分子生物学的发展和在体外无细胞体系的应用，细菌纤维素合成已成为当今国内外生物材料研究的热点之一。

细菌纤维素(bacterial cellulose,BC)生产中常使用的菌种为醋酸杆菌属、土壤杆菌属、根瘤菌属和八叠球菌属等。其中木醋杆菌(*Acetobacter xylinum*)具有最高的纤维素生产能力，是研究纤维素合成、结晶过程和结构性质的模型菌株。所产纤维素是向列有序的纤维素(nematic ordered cellulose,NOC)，与植物纤维素相比，具有许多独特的性质，是一种极好的纳米材料，并已在医用(人造皮肤、人造血管、人造关节软骨等)、食品(成型剂、分散剂、膳食纤维等)、纺织、造纸等行业应用。

在以葡萄糖为碳源的培养液中，采用静态培养或动态培养木醋杆菌，培养液中的木醋杆菌会向三维方向自由运动，通过运动，控制了所分泌的微纤维的堆积和排列方式，形成高度发达的精细网络织态结构的纤维素；最后，可在培养基液体与空气界面之间收集细菌生产出的纤维素。通常在纤维素的生物合成过程中，通过调节培养条件(如在培养液中加入水溶性高分子羧甲基纤维素、半纤维素、壳聚糖、荧光染料或葡聚糖内切酶等)，可以获得化学性质有差异的、不同微结构和聚集行为的细菌纤维素。这是利用木醋杆菌得到高级结构纤维素的方法。

细菌纤维素产业在日、美发达国家已初步形成年产值上亿美元的市场，并进入食品、医药、纺织、造纸、化工、采油、选矿等领域。我国的研究仍处于起步阶段，国内尚无一家企业从事细菌纤维素的生产和应用。预计细菌纤维素也将会在我国有一个大的发展，几千年来人类仅能依赖棉、麻等植物获得纤维素的历史将会改变。

(3) 微生物制浆与漂白

传统化学法制浆造纸排放的BOD、COD、SS负荷高的废水，占全国工业废水排放量的1/6，而且其中含有高毒性和强致癌性的物质，严重污染环境，破坏生态平衡。利用微生物与其产生的酶类进行生物制浆、生物漂白、废液生物处理、基因重组改良造纸原料等，具有很大的优势和潜力，有些已用于生产。

① 生物制浆。生物制浆是指利用微生物，主要是白色腐朽菌(*Ceriporiopsis subvermispora*)或利用其酶(木素过氧化物酶、二价过氧化酶和漆酶)作用，对植物纤维原料进行生物预处理；再进行机械、化学机械或化学法处理，使植物纤维原料分离成纸浆的过程。生物法制浆能耗低、污染少、纸质量高。用于生物制浆的微生物还有黄孢原毛平革菌(*Phanerochaete chrysosporium*)、胶质木朽菌(胶射脉革菌 *Phlebia tremellosa*)、漆酶产生菌朱红密孔菌(*Pycnoporus cinnabrinus*)等。生物制浆法目前尚未实现产业化生产。

② 生物漂白。木聚糖是直接联结纤维素和木素的中间联系物，在纸浆漂白前预处理阶段利用半纤维素酶(包括木聚糖酶和聚甘露糖酶)和木素降解酶(木素过氧化物酶、锰过氧化物酶和漆酶)部分酶解细胞中的联系物半纤维素，使纸浆中的碳水化合物结构改性，木素易被除去，更易与漂白剂反应而被溶出，从而提高漂白后浆液的白度。木聚糖酶是通过降解纸浆表面沉淀的半纤维素来帮助漂白剂漂白的，不能真正代替化学漂白剂。但采用木聚糖酶辅助漂白技术，可节省化学漂白剂二氧化氯用量的30%～40%，废液中的有机氯和毒物含量显著减少。

产木聚糖酶微生物主要有出芽短梗霉、木霉、黑曲霉等。现欧美等国许多制浆造纸厂已经采用木聚糖酶预处理硫酸盐纸浆技术，取得了较为理想的结果。

目前的生物漂白还不能完全消除氯漂白废液所造成的污染，还必须用生物方法除去纸浆中残留的木质素。选育高产木聚糖酶、纤维素酶和多种过氧化物酶的菌种，构建耐高温的、用途广泛的木聚糖酶工程菌株是当前解决完全生物漂白技术的难题。

③ 树脂生物控制。植物纤维原料中的树脂成分，是溶于中性有机溶剂的憎水性物质，在造纸过程中这些憎水性的物质会以多种形式在设备表面沉积，从而造成断纸、停机和纸质下降。现发现一种真菌(*Ophiostoma piliferum*)虽不产生木素降解酶和纤维素酶，但可专一去除纸浆中的树脂。米曲霉中的三酰甘油水解酶，在将大部分三酰甘油水解的同时(pH 4～7，40～60℃)，可使树脂障碍减少。

④ 废液处理。应用微生物技术处理制浆工业废水，达到脱色、脱臭、解毒、除去废水中有机物及有机氯等，效果显著。主要采用的菌种为白腐菌。生物处理制浆工业废水与一般废水处理工艺类似，有好氧处理法(如曝气法、活性污泥法、生物转盘法等)、厌氧处理法(既处理制浆废水，又回收甲烷)或滴滤器法等，废液 BOD、COD 去除率达到 50%以上。目前，一些发达国家采用白腐菌对硫酸盐纸浆漂白废水进行脱色，均已取得明显效果(脱色率 90%以上)。

⑤ 改良造纸原料。基因改良造纸原料的目的在于减少造纸原料中木素含量，增加纤维素含量，以期提高造纸原料的利用率，缩短树木成材的年限。美国科学家通过基因改造技术，构建木素合成基团 *Pt4CL1* 获得转基因杨树，转基因杨树比对照杨树的木素含量降低了 45%，而纤维素含量增加了 15%，并发现转基因杨树生长快(比对照树高出 30%)。英、法、比利时等国都已利用转基因工程研制出更适宜制浆造纸的原料。

(4) 其他产品

长链二元酸是工程塑料原料，自然界中并不存在此物。过去一直采用化学法合成，需高温高压，成本高，产量低，污染环境。中国科学院微生物所从油田附近的土壤中选育出用正烷烃发酵生产长链二元酸的菌种，二元酸生产水平 200 g/L 以上，处于国际领先地位，使我国成为长链二元酸生产和出口大国。

某些细菌可生产 3-羟基丁酸酯(P_3HB)与 4-羟基丁酸酯(P_4HB)共聚物。随着 4-羟基丁酸酯单元的增加，共聚物由结晶性的硬塑料状态转变为富有弹性的橡胶状态，且兼具良好的热稳定性，可加工制成透明的薄膜和强度很高的纤维。

另外，某些微生物细胞表面的糖脂和胞外聚合物，可作为生物表面活性剂，使油脂变性，有乳化、润湿、去污等多种功能。它可被微生物降解，无二次污染，虽处于中试生产阶段，但具有各种潜在的应用价值。

由微生物发酵制取的高分子凝集剂是含氨基糖和蛋白质的复合物。这种生物凝集剂对细菌、酵母菌、藻类或某些工业废液，均有较好的凝集效果。

4. 微生物功能材料

为了促进现代科学技术进步，满足国民经济可持续发展的需求，人们仿微生物细胞组分的生物功能(如能量转换、信息处理、分子识别、抗辐射和氧化、自我装配和修复等)制成的各种材料，称为生物功能材料，这些材料包括单晶材料、非晶态材料、超微粒材料、高性能结构材料和特种功能材料等。利用这些生物大分子，或对其进行修饰、改造，可制成各种能量转换元件、储存器件、信息处理、分子识别和放大器件等。

(1) 极端嗜盐菌的细菌视紫红质

细菌视紫红质(BR)为嗜盐菌细胞质膜上的一种膜蛋白，是一种光能存储与能量转换的生物膜蛋白质分子，也是一个光能驱动质子泵。在光能作用下，BR能产生极为迅速的电荷分离和蛋白质电响应信号，这种光电信号不同于一般无机光电材料的光电响应特征，光学响应极其灵敏。

代表菌种为盐生盐杆菌，BR也是自然界中以晶体形式存在的一种十分稀有的分子。嗜盐菌原生质膜由紫膜碎片与红膜碎片相间组成，紫膜碎片直径大约为0.5 mm，厚度5 nm(10^{-9} m)，碎片中的唯一蛋白质——细菌视紫红质以二维六角形晶格排列在天然紫膜中，蛋白质占紫膜干重的75%，类脂占25%，晶格为14 nm，两个蛋白质中心距离约1.5 nm，每个碎片有10万个BR分子，每个BR分子由248个氨基酸残基的肽链组成，其相对分子质量为26 000。该肽链在空间卷曲折叠形成7条跨膜螺旋柱，N端在细胞质膜外侧，C端在细胞质膜内侧，螺旋柱基本垂直于细胞质膜。每个细菌视紫红质结合一个生色团视黄醛分子，位于216位的赖氨酸上，处于靠近肽链C端细胞质膜内侧。这种晶格结构排列在生物质膜中很独特，增加了膜结构的稳定性。由于BR在紫膜中的独特结构和功能，与现代微电子技术的基本元件硅半导体相比，有密集度高(大10^5倍)、开关速度快(快10^3倍以上)、稳定性好、能耗少，在光能转换机理的研究和作为纳米生物材料的应用上都具有十分重要的意义。现今在国际市场上紫膜的价格约1亿美元/kg，相当于黄金的10 000倍。

由于BR分子优良的特性(如光致变色效应、光电响应、质子传输等)，使其成为构建生物分子器件最佳的材料。将其包埋于聚合物中制成的聚合物功能复合膜，同样具有光学活性，其光色性能和光电性能有望应用于光学信息处理和信息存储等诸多方面，具有广阔的研究和开发前景。某些细菌和真菌产生的黑色素(melanin)也具有能量转换和抗辐射功能，亦可用于功能材料的研究与开发。

目前，全世界有大批科研人员在进行嗜盐菌的紫膜研究工作，以BR作为纳米生物材料研制混合型的生物芯片计算机、海量三维光存储器，一旦有所突破，将会带来革命性的变化。

(2) 趋磁细菌的超微磁粒体

趋磁细菌细胞内磁铁矿Fe_3O_4晶体颗粒构成的磁小体是极好的单畴晶体，具有超常磁性质(参见图2-13c)。这种超磁微粒体制成的磁性记录材料，比现在使用的磁粉小、均匀、真空度高，不仅高磁能积提高数十倍，价格也更便宜，可制成比现在清晰度和真空度更高的新型磁性材料，可作为装备现代化飞机、导弹和卫星的既轻又薄的微型磁部件原材料。

磁小体因其颗粒小而均匀，具有较大的比表面积，且磁小体外有生物膜包被，颗粒间不聚集，也没有细胞毒性，在许多领域具有不可估量的应用价值和开发前景。如制备磁化细胞，利用趋磁细菌综合治理重金属废水；制备酶或吸附剂的超磁载体，采用磁分离技术，进行发酵工业的后处理；医学上可以通过制造磁性细胞，或将不同药物偶联于磁小体之上，利用靶向药物载体在肿瘤治疗和基因治疗等方面探索新的应用领域等。趋磁细菌作为一种微生物资源在电子、化工、医学领域将会有巨大潜力。以趋磁细菌为代表的微生物矿化、基因组学和蛋白组学、生物磁学等已成为创新性研究的新热点。

11.6.2 微生物检测新技术

随着现代科学技术的不断发展，特别是生物化学、分子生物学和免疫学的不断发展，新的、快速准确的微生物检测技术已广泛用于食品、临床、环保、工农业产品的微生物检测和鉴别中，检测、鉴别的微生物包括细菌、真菌、病毒和原生动物等。传统的微生物分离、培养及生化反应，因其特异性和灵敏性较差，已远远不能满足对各种微生物的快速鉴别需求。近年来各国已创建不少快速、简便、特异、敏感、低耗且适用的微生物学检测、鉴别方法。本节仅简要介绍微生物特异性酶反应检测技术、微生物核酸分子检测技术（核酸探针、PCR 技术）、免疫学检测技术、微生物传感器和 DNA 芯片技术和全自动微生物检测系统等。

1. 微生物特异性酶反应技术

特异性酶反应指在配制的相关液体或固体培养基中，加入相应的底物和指示剂（由酶的底物与色原或荧光物质构成），微生物的特异性酶将该底物水解，释放出色原或荧光物质。根据菌落反应后所表现出的明显颜色变化或发出的荧光，即可用肉眼直观判断检测结果。

用于检测的微生物特异性酶主要为糖苷酶（glycosidase）、脂肪酶（lipase）、酯酶（esterase）、DNA 酶（DNase）、肽酶和蛋白酶（peptidase and protease）和磷酸酶（phosphatase）（表 11-21）。

表 11-21　微生物检测中常用的特异性酶及底物[a]

酶	荧光性底物或显色性底物	检测菌	表型变化
Ⅰ 糖苷酶			
β-葡萄糖醛酸酶	PNPG、X-GLUC、MUG	大肠杆菌 O157、H7、大肠菌群	荧光或显色
β-*D*-半乳糖苷酶	ONPG、PNPG、Salmon-Gal、X-Gal 或 BNGAL、8GQ-Gal、CHE-Gal、Aliz-Gal 和荧光底物 MUGal	大肠菌群	荧光或显色（液体）
β-*D*-PGAL	O-硝基酚-β-*D* 半乳糖吡喃糖苷	乳酸链球菌	显色（固体）
α-半乳糖苷酶	4-MU-α-*D*-吡喃半乳糖苷	链球菌和肠球菌	
β-*D*-葡糖苷酶	4-MU-β-*D*-葡糖苷和 PNP-α-*D*-半乳糖苷	链球菌	
神经氨酸酶	ONP 和 4-MU 的 β-GalNAc 的衍生物，β-GalNAc和 α-NeuNAc	蕈状芽孢杆菌、炭疽杆菌	
Ⅱ 酯酶和脂酶	荧光底物：4-甲基伞形酮辛酸酯	沙门氏菌	荧光或显色
辛酸酯酶	显色底物：SLPA-octanoate（C_8 脂肪酸和含酚生色团合成的酯）		
Ⅲ DNA 酶	5-溴-4-氯-3-吲哚胸苷磷酸酯	金黄色葡萄球菌	显色
Ⅳ 肽酶和蛋白酶			
焦谷氨酰基氨肽酶	*L*-pyroglutamyl-*p*-nitroanilide、*L*-pyroglutamyl-7-amino-4-methyl-coumarin，PYR	A 组链球菌和肠球菌的鉴别	显色
丙氨酸氨肽酶	*DL*-丙氨酸-β-萘胺和 *D*-丙氨酸-对-硝基苯胺	单核细胞增生李斯特氏菌和其他李斯特氏菌区分	显色
Ⅴ 磷酸酶	酚酞、酚、α-或 β-萘酚、5-溴-4-氯-3-吲哚、PNP 和 4-MU 的衍生物	鉴别各种微生物	荧光

a. β-*D*-葡萄糖醛酸酶（β-*D*-GUD）；β-*D*-半乳糖苷酶（β-*D*-galactosidase）；β-*D*-PGAL（6-phospho-β-*D*-galactoside-6-phospho-galactohydrolase，6-磷酸-β-*D* 半乳糖苷-6-磷酸半乳糖水解酶）；α-*D*-半乳糖苷酶（α-*D*-galactosides）；β-*D*-葡萄糖苷酶（β-*D*-glucosidase）；神经氨酸酶（NA）；PNPG（*p*-nitrophenol-β-*D*-galactopyranoside，*p*-硝基酚-β-*D*-吡喃型半乳糖苷）；X-GLUC（5-bromo-4-chloro-3-indolyl-β-*D*-glucuronide，5-溴-4-氯-3-吲哚-β-*D*-葡糖苷酸）；4-甲基伞形酮-β-*D*-葡糖苷酸（4-methylumbelliferyl-β-*D*-glucuronide，MUG）；ONPG（O-nitrophenol-β-*D*-galactopyranoside，O-硝基酚-β-*D*-吡喃型半乳糖糖苷）；β-*D*-GalNAc（β-*D*-galactosamine，β-*D*-半乳糖胺）；α-*D*-NeuNAc（α-*D*-N-acetylneuraminic acid，α-*D*-N-乙酰神经氨酸）；4-甲基伞形酮辛酸酯（4-MU-caprylate）；PYR（*L*-pyrrolidonyl-β-naphthylamide，*L*-吡咯烷酮-β-萘胺）

微生物特异性酶反应原理为：

$$色原－底物 \xrightarrow{微生物酶} 底物＋颜色$$

或

$$荧光化合物－底物 \xrightarrow{微生物(紫外线)} 底物＋荧光$$

特异性酶反应底物分为显色性底物和荧光性底物两类：显色性底物是指经酶作用而改变颜色的化合物；荧光性底物是指与特异性酶反应的特定底物，由糖和氨基酸加上荧光物质构成。常用的荧光和显色化合物有四类，即荧光基团染剂、pH 荧光化合物、氧化还原指示剂和酶的底物。在选择、鉴定用培养基中加入特异性生化反应底物、抗体、荧光反应底物、酶反应底物等，使待测微生物选择、分离、鉴定一次完成。如 Merk 公司开发的 chro mocult coliform 琼脂培养基上，大肠杆菌为墨绿色至紫色菌落，沙门氏菌为淡绿色至蓝绿色菌落，柠檬酸杆菌(*Citrobacter* sp.)和克雷伯氏菌为橙红色至红色菌落，其他肠道菌为无色菌落。又如意大利公司开发的 MUCAP(4-甲基伞形酮辛酯)试剂盒，通过用荧光底物 4-甲基伞形酮辛酸酯和显色底物 SLPA-octanate 快速检测沙门氏菌。因沙门氏菌辛酸酯酶可催化 4-甲基伞形酮辛酸酯游离出4-甲基伞形酮，在固体培养基中添加一滴 MUCAP 至菌落上，放置紫外线下观察 1～5 min，沙门氏菌落发出强烈蓝色荧光；加入 SLPA-octanate 于培养基中，沙门氏菌将 SLPA-octanate 的 C_8 酯水解，生成颜色明亮的酚，黏附菌落之上，沙门氏菌菌落呈现葡萄酒似深红色，非沙门氏菌菌落呈现白色、乳白色、黄色或透明的菌落。

特异性酶反应微生物检测是一种简单、灵敏和快速的检测技术，微生物酶作用底物的结果与传统鉴定方法结果一致，培养、检测时间较短，一般数分钟至 3 h，因此，在临床和卫生食品微生物检测中越来越广泛应用。但需注意，若采用的酶特异性不是很高，也会出现假阳性。有时需要用两种酶同时检测，或辅以氧化酶来排除假阳性菌落。另外，也还存在一些问题，如，混合感染的微生物进行鉴别性检测时，待检目标微生物会受到干扰；选择培养基若加入抑制杂菌生长的抑菌剂时，影响待检目标微生物生长；微生物在培养基中生长时间影响荧光强度或显现的颜色；特异性酶反应检测技术还不能检测“活的但难培养的微生物”(VBNC)；显色培养基成本较高等。但这种将传统的细菌分离与生化反应有机结合起来的技术，正成为今后微生物检测的一个主要发展方向。

2. 微生物核酸分子检测技术

微生物特异性酶反应技术虽然使微生物鉴定速度加快，但仍然需要培养微生物和根据表型进行鉴定。随着分子生物学的飞速发展，微生物学鉴定的研究已进入生物大分子阶段，特别是对核酸结构及其组成部分的研究。但并不是说微生物中的所有核酸的序列都可用于作为鉴定微生物的分子指标，目前用得最多的物种进化的分子指标是保守程度适中的核糖体 RNA 的基因(rDNA)，称为“通用标记”，原核生物中的 16S rDNA 和真核生物中的 18S rDNA(参见 2.1.2)。其他“通用标记”中还有热激蛋白(heat shock protein，HSP)、重组蛋白 RecA 的基因等。在已建立的众多的检测技术中，以核酸探针(nucleic acid probe)和 PCR 最为敏感、特异、简便、快速，已逐步应用于临床、食品、环境和其他工农业产品的微生物快速检测中。

(1) 核酸探针检测技术

核酸探针检测技术的原理是两条互补的核酸单链之间可以通过氢键结合成为双链。根据杂交反应所选用的介质，可将其分为固相杂交和液相杂交两类：前者是在固相支持物上完成杂交反应，如常见的印迹法和菌落杂交法。事先破碎细胞使之释放 DNA/RNA，然后把裂解获得的 DNA/RNA 固定在硝基纤维素薄膜上，再加标记探针杂交，依颜色变化确定结果。液相杂交法是指在液相中完成杂交反应，杂交速度比前者快5～10倍，缺点是需除去加入反应体系中的干扰剂。

分离杂交DNA探针常采用两种方法：

① 羟基磷灰石法。由于羟基磷灰石只能与双链DNA结合，因此可使双链DNA在羟基磷灰石柱上与其他杂质相分离，然后从吸附柱上解吸下来的双链DNA可用激活的标记物检测。

② 磁球技术。把探针与小磁球连接，再用多核苷酸尾部连接第二探针，短寡多核苷酸能和磁球连接，也能从磁球上洗脱，不用离心就能分离出双链DNA与未杂交DNA。在以mRNA系统进行靶循环的检测过程中，该法敏感度较高。

探针的标记早期采用同位素法。将已知核苷酸序列DNA片段用同位素方法标记，加入已变性的被检DNA样品中，在一定条件下即可与该样品中有同源序列的DNA区段形成杂交双链，从而达到鉴定样品中DNA的目的。这种能识别有特异性核苷酸序列标记的单链DNA分子，称为核酸探针或基因探针。现在已研制出利用非同位素标记探针（主要有生物素标记、荧光标记、地高辛标记等）和其他检测技术（如生物素标记的酶化学发光检测和地高辛标记的化学显色和荧光显色等）。非同位素标记探针的保存时间长，荧光显色也可用X光片进行曝光检测。

核酸探针检测技术的最大优点是特异性和敏感性。常规的生化检测和免疫学检测方法检测的是微生物或其基因的表达产物（蛋白质、抗原和抗体或检测病毒相关的蛋白质囊膜）。蛋白质由氨基酸组成，而氨基酸的排列顺序则由核苷酸序列确定，因此，检测这类物质受多种因素影响，基因组的改变会引起其表达产物的变化。核酸探针所检测的绝对是特异性微生物基因本身，不受其他因素影响。核酸探针的敏感性极强，甚至可检测出单个病毒和细菌。^{32}P标记物通常可检出10^{-8} mol特异DNA片段，相当于0.5 pg 1000个碱基对的靶系列，或相当于1000～10 000个细菌；用亲和生物素标记探针检测1 h培养物的DNA含量约为110 pg，两者敏感性大致相同，而血清学方法只能达到1 ng的水平。

核酸探针不仅用于食品、医学、工农业和环境样品中微生物的快速鉴定，而且可用于检测无法培养、不可培养样品中微生物的鉴定。另外，亦可检测细菌内抗药基因、病毒病（如肝炎病毒等），目前还用于缺乏抗原的病原体的诊断（如肠毒素）、细菌分型（包括rRNA分型）等。

(2) PCR技术

聚合酶链式反应(PCR)是一种具有选择性的体外DNA或RNA片段的扩增技术，通过选择某一微生物物种的一段特异性基因区域（称“目标序列”）进行体外扩增，再由凝胶电泳等DNA分析技术确定其种类及含量。PCR技术的特异性由人工合成的引物DNA序列确定。

① PCR反应包括目标DNA序列的加热变性、引物退火复性和在DNA聚合酶作用下的引物延伸3个阶段：

a. 通过热处理将双股DNA变性裂解成单股DNA；

b. 退火，使延伸引物（即与待扩增核酸片段两端互补的寡核苷酸，称ssDNA）与待扩增核酸片段互补配对结合；

c. DNA模板-引物结合物在聚合酶作用下，合成一条新的、与模板DNA互补的链。典型扩增经过20～40次循环，使DNA片段达万倍的扩增。

通过PCR反应，可获得目的微生物的特异序列，进而对该微生物进行鉴定。PCR技术自1985年建立以来，以其灵敏、特异和快速的优势在医学、食品、环保及分子生物学等领域得到广泛的应用，它不需培养微生物，检测时间极短(几小时～24 h)。PCR技术也存在不足，如样品易受外源DNA污染，需特殊设备和熟练技术，目前尚不能全自动化。

② 目前，新的核酸扩增模式也不断涌现，已相继建立了许多有新用途的PCR检测技术，新衍生的方法大体可分为两大类：

a. 靶核酸的直接扩增。如聚合酶链式反应衍生的多重PCR技术(multiplex PCR)、链替代扩增反应(strand displacement amplification，SDA)、连接酶链式反应(ligase chain reaction，LCR)、依赖核酸序列的扩增(nucleic acid sequence-based amplification，NASBA)等。

b. 信号放大扩增。如支链核酸信号放大系统(branched chain DNA amplification and probe，bDNA)、杂交捕获(hybrid capture，HC)、侵染检测技术(invader)、通过扩增替代分子来检测靶核酸等方法等。滚环扩增技术(rolling circle DNA amplification，RCA技术)既可进行靶核酸扩增，也可进行信号放大扩增。目前在微生物检测中广泛应用的PCR衍生技术举例见表11-22。

表11-22　微生物检测中常见的PCR衍生技术举例[a]

名　称	特　点	应　用
聚合酶链式反应(PCR)中原位PCR技术和多重PCR技术	在细胞内进行PCR反应，用标记的寡核苷酸探针进行原位杂交，然后显微镜观察结果。在同一个反应管中用多对引物同时扩增几条DNA片段的方法，以期在一个样品中同时检测几种微生物。与其他常规方法相比，多重PCR省时、省力、灵敏性更高，在做很多基因靶点时优势更突出	鉴定带有靶序列的细胞，并可标出靶序列在细胞内的位置： 1. 多种病原微生物的同时检测或鉴定(如肝炎病毒感染检测、肠道致病性细菌检测、性病检测、战伤感染细菌及生物战剂细菌的检测、需特殊培养的无芽孢厌氧菌检测等) 2. 病原微生物的分型鉴定(型别、突变株或缺失部位，多重PCR技术可提高其检出率，并鉴定其型别、突变等，如乙型肝炎病毒分型、乳头瘤病毒分型、单纯疱疹病毒分型等)
链替代扩增反应(SDA)	在靶DNA两端带上被化学修饰的限制性核酸内切酶识别序列，核酸内切酶在其识别位点将链DNA打开缺口，DNA聚合酶继之延伸缺口3′端并替换下一条DNA链。被替换下来的DNA单链可与引物结合并被DNA聚合酶延伸成双链。该过程不断反复进行，使靶序列被高效扩增。与其他的DNA扩增技术相比，SDA有快速、高效、特异的优点，且无需专用设备	用于病原体的检测(如最低可检测到10～15个脑膜炎双球菌或沙眼衣原体，临床上用于检测痰标本中的结核分枝杆菌等)
连接酶链式反应(LCR)	一对寡核苷酸探针杂交到靶DNA的相邻序列上，连接酶连接缺口后，再由连接产物的引物进行温度循环扩增	用于癌基因点突变的研究与检测、微生物病原体的检测及定向诱变等，还可用于单碱基遗传病多态性诊断，微生物的种型鉴定。LCR最近还应用于微阵列芯片

（续表）

名　　称	特　　点	应　　用
依赖性核酸序列的扩增(NASBA)	依赖三种酶(逆转录酶、T7 RNA聚合酶和核酸酶H)合成更多的RNA和cDNA	主要用于扩增RNA,用来检测HIV的病毒载量
支链核酸信号放大系统(bDNA)	通过碱性磷酸酶(AP)标记的探针杂交结合到一树枝状核酸枝状体而实现的。AP的发光底物1,2-二恶二酮(dioxetane),灵敏度大大提高	bDNA技术经常在临床实验室应用。与PCR相比,其最大限制是灵敏度不够高,现改为通过增加ATP量,经过荧光素酶催化,产生荧光信号来定量,灵敏度接近PCR
杂交捕获技术(HC)	将DNA-RNA的杂交信号在固相载体上转化为免疫结合,由标记AP的抗体介导而产生化学发光信号	用于检测淋球菌、沙眼衣原体和巨细胞病毒,其研制的试剂盒是唯一被FDA批准用于检测人类乳头瘤病毒DNA(HPV-DNA)的
侵染检测技术(invader)	依据AFEN1酶的酶切特性来设计上、下游引物,上游引物的全部序列与下游引物(信号探针)的部分序列可与靶核酸的一段连续序列杂交结合,通过分析酶切片段来确定有无靶核酸的存在	为另一种DNA信号放大分析系统,其检测灵敏度可达<1000拷贝(靶核酸),用于单核苷酸多态性分析及基因突变研究
转录介导的扩增技术(TMA)	利用RNA聚合酶和逆转录酶等温和反应条件来扩增RNA或DNA的系统	植物抗病毒基因工程应用
定量实时PCR技术和荧光定量实时PCR技术(RQ-PCR)	标志物SYBR-GreenⅠ和抑制性更小的Exa Green™与DNA结合后荧光增强1000倍,为一种通过测定标志物的量进行PCR产物定量的新技术	主要产品为Gen-Probe,用于检测沙眼衣原体与结核分枝杆菌;用于HIV的定量检测,灵敏度高于RT-PCR和bDNA方法;用于病原体定量检测,如HIV、结核分枝杆菌、大肠杆菌O157;H7、沙眼衣原体等,效果优于bDNA、NASBA扩增技术
反向(逆转录)PCR技术(RT-PCR)	以RNA为模板,反转录获得cDNA后,再以cDNA为模板,通过PCR扩增出目标DNA片段,最后进行鉴定	用以检测活的微生物,如RNA病毒(人类HIV病毒或SARS病毒等),是FDA批准用来定量分析血清HIV的技术
滚环扩增技术(RCA)	有线性与指数两种形式的RCA。线性RCA是引物结合到环状DNA上后,在DNA聚合酶作用下被延伸。产物是具有大量重复序列(与环状DNA完全互补)的线状单链;指数RCA采用与环状DNA序列完全一致的第二种引物,该引物与第一次线性RCA产物结合,并酶促延伸,其产物可在很短的时间内(1 h内)呈指数递增	线性RCA用于靶核酸扩增(限于具有环状核酸的病毒、质粒和环状染色体);指数RCA可用于非环状DNA的扩增。用于突变与SNP的检测,若与荧光实时检测系统结合起来,其应用前景将更广泛

a. 转录介导的扩增技术(transcription mediated amplification,TMA),定量实时PCR技术(real-time quantitative polymerase chain reaction,RQ-PCR),反向(逆转录)PCR技术(reverse/iverse transcription polymerase chain reaction,RT-PCR)

与传统方法相比，PCR 技术具有快速、灵敏、准确和简便等特点，还可以检测出一些依靠培养法不能检测的微生物种类。如检测食品中的单核细胞增生李斯特氏菌（*Listeria monocytogenes*）只需 32～56 h，而传统方法为 10 d；对于生物污染严重污水中的军团菌，若用常规的分离培养法不可检出（检测时间需 7～10 d），而用套式 PCR 法则可极其准确地检出（仅为 4 h）；采用 PCR 方法检测肠道病毒，不仅检测时间从培养法的 3～4 周缩短到 8 h，还大大地提高了灵敏度和选择性；又如，一种在海洋生活的铁氏束毛蓝细菌（*Trichodesmium thiebautii*），目前常规方法无法培养，利用 PCR 技术可直接从海水 DNA 样品中特异性地扩增该菌株的固氮基因（*nif*）片段。当然，随着微生物检测水平要求的日益提高，PCR 技术在 DNA 物质提取方法的改进、样品中 PCR 抑制物的去除、PCR 方法的改进与比较、扩增产物的分析技术等方面均还有待于不断改进和完善。

3. 免疫学检测技术

免疫学技术主要包括血清学技术、免疫标记技术和免疫印迹、免疫电子显微镜技术等。该项技术借助抗原和抗体在体外特异结合后出现的各种现象，对样品中的抗原或抗体进行定性、定量、定位的检测。由于其高度精确、灵敏的特性，简化了微生物的鉴定手续，在医学和生物学等领域得到广泛应用。在病原微生物鉴定中常用的免疫学技术举例见表 11-23。

表 11-23 病原微生物鉴定中常用的免疫学技术举例[a]

名 称	特 点	应 用
Ⅰ血清学技术		
1. 凝集反应	细菌等颗粒性抗原与相应抗体在适宜环境中作用后出现肉眼可见的凝集现象	制备单克隆抗体，提高细菌凝集反应的特异性，广泛用于细菌的分型和鉴定，如沙门氏菌、霍乱弧菌等
2. 乳胶凝集反应	将特异性的抗体包被在乳胶颗粒上，与相应细菌抗原结合后出现肉眼可见的凝集现象	用于鉴定大肠杆菌 O157；H7
3. SPA 协同凝集试验（SPA-CoA）	葡萄球菌 A 蛋白（SPA）与人、哺乳动物 IgG 的 Fc 段结合，而不影响抗体 Fab 段的活性。用抗体致敏的 SPA 检测细菌，即协同凝集试验	用于快速鉴定霍乱弧菌 O1 群
4. 沉淀反应	可溶性抗原与抗体结合，条件适合时在反应体系中生成不溶性免疫复合物	单向免疫扩散试验用于人或动物血清 IgG、IgM、IgA 和 C3 等鉴定
5. 免疫磁珠 PCR 技术（IMS-PCR）	将直径 0.05～4 μm 具有超顺磁性的微粒表面经化学修饰的磁珠，与特异性抗体牢固结合，成为能与特异性抗原结合的免疫磁珠（IMB）。若有相应的抗原存在，IMB 将其捕获，利用磁性将 IMB 聚集，然后进行分离，用于 PCR 检测	用于肠道菌群快速检测
6. 免疫捕捉 PCR 技术（ic-PCR）	通过免疫捕捉结合 PCR 扩增来检测微量抗原的方法，在固相载体（聚苯乙烯）上包被志贺氏菌特异性抗体，捕获志贺氏菌后，用于 PCR 检测	用于肠道菌群快速检测

（续表）

名　称	特　点	应　用
Ⅱ免疫标记技术		
1. 荧光免疫技术(FIA)	将免疫反应的特异性与荧光标记分子结合的方法，用荧光物质标记抗体，再滴加已知特异性荧光标记的抗血清，洗涤后在荧光显微镜下观察；也可用标记第二抗体的间接法检测	标记沙门氏菌荧光抗体，用于沙门氏菌检测，将荧光免疫与光纤传感器结合形成的荧光免疫传感器，用于有机磷和氯农药的检测
2. 放射免疫技术(RIA)	包括以标记抗原为特点的放射免疫分析(RIA)和以标记抗体为特点的免疫放射分析(IRMA)两类。方法的特异性强，灵敏度高，精确，简便	1. 用于快速鉴定沙门氏菌、大肠杆菌O157：H7、单核细胞增生李斯特氏菌，空肠弯曲杆菌和葡萄球菌肠毒素等
3. 酶联免疫技术(EIA)(ELISA)	将抗原、抗体的特异性免疫反应和酶的高效催化作用有机结合起来的一种免疫分析方法。通过测定结合于固相的酶活力来测定被测物的量，酶标试剂(辣根过氧化物酶和碱性磷酸酶)易制备、稳定、价廉，灵敏度接近RIA技术，现发展的酶联免疫吸附法(ELISA)可快速检测半抗原，方法简便，灵敏度高	2. 用于真菌毒素检测，如黄曲霉毒素B1、M1、T-2毒素、脱氧雪腐镰刀菌烯醇(呕吐毒素DON)、二乙酰草镰刀菌烯醇(DAS)、玉米赤霉烯酮、赫曲霉毒素A(OA)

a. 空肠弯曲杆菌(*Campylobacter jejuni*)，葡萄球菌肠毒素(staphylococcal enterotoxin，SE)，葡萄球菌蛋白A-协同凝集试验(staphylococcal protein A co-aggulutination，SPA-CoA)，免疫磁珠PCR技术(immunomagnetic separation PCR，IMS-PCR)，免疫捕捉PCR技术(immunocaptured PCR，ic-PCR)，荧光免疫技术(fluorescence immuno assay，FIA)，放射免疫测定(radio immunoassay，RIA)，酶联免疫技术(enzyme-linked immunosorbent assay，ELISA)

作为抗原进行检测的物质可以是各种微生物及其体内外的各种生物大分子、人和动物细胞表面分子以及各种半抗原物质。如真菌细胞壁成分1，3-β-*D*-葡聚糖(1，3-β-*D*-glucan，BG)抗原、曲霉半乳甘露聚糖(galactomannan，GM)抗原、酵母菌细胞壁的成分之一甘露聚糖抗原的检测，常作为临床疑难病症诊断的微生物学检查依据。临床曲霉或白色念珠菌感染的常规指标滞后，影响对急性白血病或骨髓增生异常综合征患者的诊断，血浆中检测BG极具有临床诊断意义，已在日本应用；采用双夹心酶联免疫吸附(一种ELISA方法)检测GM抗原(检测到样本中0.5～1 ng/mL的GM)，诊断侵袭性肺曲霉病感染的敏感性为80.7%，特异性89.2%，已于2003年5月获得美国FDA批准在临床使用；酵母菌中导致侵袭性感染者主要为念珠菌属，少数为新隐球酵母，但隐球菌的厚荚膜使细胞壁上的甘露聚糖难以在血中检测，现已开发出血清甘露聚糖抗原检测的试剂盒，念珠菌血症的诊断敏感性和特异性分别为82%和96%。近年来，以真菌菌体成分、真菌抗原以及真菌代谢产物检测用于临床诊断也开展了不少研究，如真菌抗原(烯醇化酶抗原、念珠菌热敏抗原、隐球菌荚膜多糖抗原、组织胞浆菌抗原等)和真菌代谢产物(如*D*-阿拉伯糖醇)检测等的应用，但研究结果差异较大，真菌抗原检测的临床应用价值有待进一步评价。

4. 微生物传感器与DNA芯片技术

(1) 微生物传感器

生物传感器是指对生物活性物质的物理化学变化产生感应，然后通过物理、化学换能器捕捉目标物与敏感元件之间的反应，最终将反应的程度用离散或连续的数字电信号表达出来，从而得到被分析物浓度的一种装置。传感器主要由生物敏感元件、转换器和信号数据处理器3部分组成。根据敏感材料的来源和特性不同，可分为酶生物传感器、免疫生物传感器、微生物传感器(microbiosensor)、动物组织传感器、植物组织传感器和细胞器传感器等。根据换能器的属性，又可分为光学传感器、生物发光传感器和压电免疫传感器等。微生物传感器，其敏感元件是固定化微生物细胞，而免疫生物传感器的敏感元件是固定抗原或抗体的元件(抗原或抗体可直接固定在转换器表面或先固定在尼龙膜上，再附着在转换器表面)；转换器件是指将微生物或抗原-抗体反应的信号转变成光或电信号的仪器；信号数据处理器是将信号放大、处理、显示或记录的部分。而微生物传感器就是将固定化的微生物细胞所消耗的溶解氧量或所产生的电极活性物质的量通过转换器(如溶解氧电极、NH_3 电极、CO_2 电极或离子选择电极、pH 电极等)的识别而被检测出来，从而获得被检测物质的量。免疫生物传感器则是利用免疫反应中抗原-抗体的识别与结合反应，根据转换器检测出的显色反应的变化来获得被检测物质的量。即当待测物与分子识别元件(由具有识别能力的生物功能物质如酶、微生物、抗原和抗体等)特异性地结合后，产生光、热、颜色等效应，然后，通过信号转换器转变为可以输出的电信号、光信号等，再由检测器经过电子技术处理，在仪器上显示或记录下来，从而达到分析检测的目的。生物传感器具有特异性和灵敏度高、体积小和成本低、选择性及抗干扰能力强、响应快等优点，已在环境监测、食品、医药等领域得到广泛应用。检测工作中常用的微生物传感器举例列于表11-24中。微生物传感器常被要求既不干扰测定对象，又不受测定对象中的其他相关组分影响，其研究方向大致包括：通用型快速检测平台的建立；多指标和多样品的同时检测；制造小型化、集成化、自动化的仪器，更好地用于现场快速筛选检测。

表 11-24 常用的微生物传感器举例

名　称	特　点	应　用
光学传感器	将细胞固定于传感器表面，由于厚度改变使光发生折射，由光学传感器(单模双电波导、表面等离子体共振镜、光纤波导、干扰仪、椭圆率测量法等)检测出微小变化	用于检测沙门氏菌(检出限为 5×10^8 EFU/mL，检测时间5 min)、金黄色葡萄球菌(检出限为 8×10^6 细胞/mL，检测时间 5 min)、大肠杆菌(检出限为 1.7×10^5 细胞/mL，检测时间 15 min)
生物发光传感器	将标记有荧光素酶的基因转入噬菌体的核酸中，再将噬菌体感染目标细菌，目标细菌具有发光能力得以检测。此传感器应用越来越广泛，能区分活菌和死菌	用于检测结核分枝杆菌(检出限为 10^4 个细胞/mL，检测时间 2 h)、检测沙门氏菌和大肠杆菌(检出限为 10^3 个细胞/mL)、单核细胞增生李斯特氏菌(检出限为 1 个细胞/g，检测时间 24 h)
压电免疫传感器	在石英晶体电极(金或银)表面固定一层抗体或抗原活性物质，在液相中通过免疫反应固定的抗体(或抗原)分子能识别其相应的抗原(抗体)，并特异性结合形成免疫复合物，沉积于电极表面，造成电极表面质量负载的改变。根据石英晶体振荡频率的变化量，可计算出被测物质的量	用于检测沙门氏菌(检出限为 $10^6\sim10^8$ 细胞/mL，检测时间 45 min)、肠道致病菌(以其细胞壁外侧的磷脂糖作为抗原制备单克隆抗体，并组装压电免疫传感器，检出限为 $10^6\sim10^9$ 细胞/mL)、大肠杆菌 O157：H7(检出限为 10 CFU/mL，检测时间 10 min)、假单胞菌、白假丝酵母等

（2）DNA 芯片技术

DNA 芯片（DNA chip），又称基因芯片（gene chip）、DNA 微阵列（DNA microarray）或寡核苷酸微芯片（oligonucleotide microchip）等。其实质是一种大规模集成的固相杂交，是指在固相支持物上利用原位合成法合成寡核苷酸或者直接将大量预先制备的 DNA 探针以显微点样的方式有序地固化于支持物表面，形成高密度的寡核苷酸微点阵的阵列，然后与标记的探针杂交，杂交结果采用同位素法、荧光法、化学发光法或酶标法显示，通过特殊的装置对杂交信号进行检测分析，再由计算机分析得出样品的遗传信息（基因序列及表达的信息）。由于常用计算机硅芯片作为固相支持物，所以称为 DNA 芯片。芯片制备有两种方式：原位合成芯片和 DNA 微集阵列。芯片上固定的探针除了 DNA，也可以是 cDNA、寡核苷酸或来自基因组的基因片段。由于这些探针固定于芯片上形成基因探针阵列，因此，DNA 芯片又被称为基因芯片、cDNA 芯片、寡核苷酸阵列等。

目前已用于基因重复测序、基因表达分析、新基因的发现、基因单核苷酸多态性（SNPs）研究、基因诊断、药物筛选等领域。作为新一代基因诊断技术，DNA 芯片具有快速、高效、敏感、经济、平行化、自动化等特点，其显著优势为：a. 基因诊断速度快，一般 30 min，杂交时间可缩至 1 min 至数秒钟；b. 检测效率高，每次可同时检测成百上千个基因序列；c. 基因诊断成本低；d. 芯片的自动化程度提高，通过显微加工技术，可将核酸样品的分离、扩增、标记、杂交、检测等过程显微安排在同一块芯片内部，构建成缩微芯片实验室；e. 实验全封闭，避免交叉感染，基因诊断的假阳性率、假阴性率显著降低。

根据固定在芯片载体上核酸片段的不同，基因芯片又分为 cDNA 芯片和寡核苷酸芯片两类。微生物 DNA 芯片（microbial DNA chip）是寡核苷酸芯片中的一种，是指用主要来源于微生物的寡核苷酸制成的芯片。目前已经获得一些微生物的全部基因序列，包括几种细菌（如流感嗜血杆菌、甲烷球菌属、生殖道支原体及大肠杆菌）、一种酵母菌（如酿酒酵母）和 141 种病毒。微生物物种的多样性源于其基因的多样性，由此可制成种类繁多的 DNA 芯片，存储空前规模的微生物生命信息。微生物 DNA 芯片技术在肿瘤基因表达谱差异研究、基因突变、基因测序、基因多态性分析、微生物筛选鉴定、遗传病产前诊断等方面应用广泛，而且在食品、环保以及转基因食品中的微生物检测也有广泛应用。

随着科学技术的不断发展，根据研究对象的不同，目前业已研制出的产品除基因芯片外，还有一系列新的技术：

① 蛋白芯片（protein chip）。可分析同一种细胞中成千上万个蛋白质分子变化的情况。

② 组织芯片（组织微阵 tissue microarray，TMA）。可将数十个甚至数千个不同个体的组织标本集成在一张固相载体上所形成的组织微阵列生物芯片，这是 DNA 芯片技术的发展和延伸。

③ 全细胞微阵列（whole-cell microarray analysis）。将一种或几种病原微生物的全部或部分特异的保守序列集成在一块芯片上，可快速、简便地检测出病原体，从而对疾病作出诊断及鉴别诊断。

DNA 芯片日益显示出重要的理论和实际应用价值，现已成为各国科学界及工业界的一个研究热点。虽然目前 DNA 芯片分析还不是微生物检测分析的主要手段，随着微生物宏基因组技术的发展及制作技术的改进，DNA 芯片产品的市场和应用范围将展现可喜的前景。

5. 全自动微生物检测系统

全自动微生物检测系统(automatic microbial system,AMS)是一种由传统生化反应、微生物检测技术与现代计算机技术相结合的,运用概率最大近似值模型法进行自动微生物检测的技术。AMS可鉴定由环境、原料及产品中分离的微生物,仅需4～18 h即可报告出结果(直接报告鉴定的菌种名称)。

AMS为美国VITEK厂产品,是自动化程度较高的仪器,它由7个部件组成,带有一系列小的多孔的聚苯乙烯卡片。每种卡片含有不同的干燥的抗菌药物和生化基质,可用于不同的测试,卡片用后弃去。法国生物梅里埃集团公司出品的Vitek AMS自动微生物检测系统是当今世上最为先进、自动化程度最高的细菌鉴定仪器之一。Vitek对细菌的鉴定是以每种细菌的微量生化反应为基础,不同种类的Vitek检测卡含有多种生化反应孔(多者达30种),可鉴定405种细菌,并能明显缩短肠道菌生化鉴定的时间(如鉴定沙门氏菌属只需4 h,鉴定志贺氏菌属只需6 h,鉴定霍乱弧菌等致病性弧菌亦只需4～13 h),但其价格非常昂贵。

随着现代科技的发展,传统的微生物检测技术将逐渐被各种新型简便的微生物快速诊断技术所取代。近年来兴起的基因探针技术及全自动微生物检测系统,将从根本上改变微生物的检测方法。

复习思考题

1. 微生物工业发酵可生产哪些产品?以生产一种产品为例,简述一般工艺流程。

2. 选择工业生产菌种的原则和要求是什么?怎样保持菌种的优良特性?

3. 大规模工业发酵需注意控制哪些条件?营养条件、温度、溶解氧、pH、泡沫等对发酵过程有哪些影响?怎样控制?

4. 发酵过程中生理、生化检验包括哪些内容?

5. 杂菌和噬菌体污染是发酵的大敌,你如何将其检测出来?怎样防治?

6. 发酵过程中空气如何处理才能保证无杂菌?

7. 微生物发酵的后处理有哪些工作?发酵产品分离、提取、精制主要采取哪些方法?重点阐述溶媒萃取法。

8. 日常使用的微生物肥料有哪些种类?施用微生物肥料后对农作物各有哪些影响?

9. 日常使用的微生物农药有哪些种类?对农业生产有什么影响?使用过程中应注意哪些问题?

10. 微生物饲料包括哪些种类?分别简述其加工原理。

11. 根据抗生素化学结构的特点,常用抗生素(包括天然的与半合成的)有哪些种类?指出每类有代表性的抗生素名称及其产生菌来源。

12. 微生物发酵生产的天然抗生素有哪些缺点?应如何补救?

13. 微生物生产的非抗生素生理活性物质有哪些?举例说明。

14. 日常使用的微生物生物制品有哪几类?菌苗、疫苗各有何特点?目前开发的新型疫苗有哪几类?各有何特点?

15. 微生物还可生产哪些其他类药物?举例说明微生物多糖、维生素、甾体转化及多不饱和脂肪酸的应用价值。

16. 微生物生产的基因工程药物有哪两类?各有何特点?我们还可以从哪些方面利用微生物为人类健康服务?

17. 微生物在环境监测中有什么特殊作用?根据常选用的菌种生理特性列表比较,并举例说明。

18. 常用的废水微生物处理包括哪两种系统？好氧微生物菌群和厌氧微生物菌群治理废水各有何特点？各采用哪些工艺？

19. 简述微生物脱氮除磷技术的基本原理和工艺流程。

20. 固体废弃物的微生物处理有哪几种技术？

21. 气体污染物的微生物处理有哪几种方法？

22. 简述烃类有机污染物降解与转化过程参与的微生物、特点和相应污染物降解的生化途径。

23. 化学农药的微生物降解可分几类？简述参与降解的微生物和降解的生化途径。

24. 简述参与洗涤剂等污染物降解的微生物及其生化降解过程。

25. 简述参与重金属污染物治理的微生物及吸附、转化过程。

26. 简述污染环境的微生物修复技术类型和治理方法。

27. 根据你所学习和掌握的微生物学知识，请设计一个利用微生物促进人类可持续发展的科学研究方案。

28. 你认为当前世界关注能源的迫切原因是什么？微生物能源的利用与开发前景如何？

29. 微生物能源生产乙醇发酵法有哪几种工艺？参与的主要微生物有哪些？简述用淀粉质原料发酵生产乙醇的工艺流程和纤维素发酵生产乙醇的前景。

30. 参与甲烷发酵的微生物有哪些？甲烷发酵的三阶段主要内容是什么？甲烷发酵工艺分为几类？

31. 目前国内外制氢主要有哪些微生物类群？简述微生物产氢的生化过程及工艺。

32. 什么叫微生物燃料电池？分哪两种类型？各有何优点？

33. 用微生物采油、制取生物石油主要用什么方法？其优越性是什么？

34. 列表小结微生物在其他工业中的应用情况（提示：类型、名称、参与的微生物、优越性）。根据你所学知识设想微生物在哪些领域还有利用和开发的前景？

35. 列表小结目前新发展的微生物检测技术（提示：特异性酶反应检测技术、核酸探针技术、PCR技术、免疫学检测技术、微生物传感器和DNA芯片技术），表中需简要说明技术原理、优缺点及其在微生物检测中的应用。

主要参考书目

1. Alexopoulos C J,et al. Introductory Mycology. 4th. New York: John Wiley & Sons Inc,1996.
2. Batzing B L. Microbiology An Introduction. Pacific Grave: Brooks/Cole Thomson Learning, 2002.
3. Blank C E, Cady S L, Pace N R. Applied and Envirmental Microbiology,68(10):512～5135,2002.
4. Campbell N A, Mitchell L G, Reece J B. Biology: Concept and Connections. 2th. Menlo Park: Benjamin/Cummings Publishing Company, Inc. 1997.
5. Edward A L. 微生物学(全美经典学习指导系列). 林稚兰等译. 北京：科学出版社,2004.
6. Gerald T A. Biology Life on Eartt. 4th. New Jersey:Preutice Hall,1996.
7. Madigan M T, et al. Brock Biology of Microorganisms. 10th. New Jersey: Prentice-Hall, 2006.
8. Michael T, Madigan, John M. Martinko. Brock Biology of Microorganisms. 11th. New Jersey: Prentice-Hall, 2006.
9. Nicklin J, Graeme-Cook K, Killington R. 微生物学(精要速览系列). 林稚兰译. 2 版. 北京：科学出版社,2004.
10. Pommerville J C. Alcamo′s Fundamentals of Microbiology. 7th. Sudbury Massachusetts : Jones and Bartlett Publishers,2004.
11. Prescott L M, Harley J P, Klein D A. Microbiology. 5th. NY: McGraw Hill, 2002.
12. Prescott L M, Harley J P, Klein D A. Microbiology. 6th. NY: McGraw Hill, 2005.
13. Ronald M A. Microbiology Fundamentals and Applications. UK: Macmillan Publishing Company,1984.
14. Starr C. Biology Concepts and Applications. Florence: Wadsworth Publishing Company,1991.
15. Strauss J H, Strauss E G. 病毒与人类疾病. 祁国荣编译. 北京：科学出版社,2006.
16. Tortora G J, Funke B R, Case C L. Microbiology An Intordution. New York: Bengamin/Cummings Publishing Company, 1989.
17. Turner P C, et al. Instant Notes in Moleular Biology. London:BIOS Scientific Publishers Limited, 2000.
18. 蔡信之,黄君红主编. 微生物学. 北京:高等教育出版社,2002.
19. 岑沛霖,蔡谨编著. 工业微生物学. 北京：化学工业出版社,2001.
20. 陈声明主编. 微生物生态学导论. 北京：高等教育出版社,2007.
21. 东秀珠,蔡妙英等编著. 常见细菌系统鉴定手册. 北京：科学出版社,2001.
22. 格拉泽 AN,二介堂弘著. 微生物生物技术. 陈守文,喻子牛等译. 北京：科学出版社,2002.
23. 葛诚,李俊等. 微生物肥料生产及其产业化. 北京：化学工业出版社,2007.
24. 郭继烈编著. 实用微生物技术. 北京：科学技术文献出版社,1991.
25. 郭勇主编. 生物制药技术. 北京：中国轻工业出版社,2003.
26. 黄秀梨主编. 微生物学. 2 版. 北京：高等教育出版社,2003.
27. 贾盘兴等编著. 噬菌体分子生物学. 北京：科学出版社,2001.
28. 姜成林,徐丽华主编. 微生物资源开发利用. 北京：中国轻工业出版社,2001.
29. 乐毅全,王士芬. 环境微生物. 北京：化学工业出版社,2005.
30. 李阜棣,胡正嘉主编. 微生物学. 5 版. 北京：中国农业出版社,2000.
31. 李莉主编. 应用微生物学. 武汉：武汉理工大学出版社,2006.
32. 李艳主编. 发酵工业概论. 北京：中国轻工业出版社,1999.

33. 李亦德主编.走进微生态世界.上海：上海科学技术出版社,2002.
34. 林海,李天昕.环境工程微生物学.北京：冶金工业出版社,2008.
35. 林万明主编.细菌分子遗传学分类鉴定法.上海：上海科学技术出版社,1989.
36. 伦世仪,陈坚等.环境生物工程.北京：化学工业出版社,2002.
37. 罗大珍,林稚兰主编.现代微生物发酵及技术教程.北京：北京大学出版社,2006.
38. 梅尔(美).环境微生物学(上下册).张甲耀等译.北京：科学出版社,2004.
39. 闵航主编.微生物学.杭州：浙江大学出版社,2005.
40. 阮继生.放线菌分类基础.北京:科学出版社,1977.
41. 沈德中主编.环境和资源微生物学.北京：中国环境科学出版社,2003.
42. 沈萍,陈向东主编.微生物学.北京：高等教育出版社,2006.
43. 王家铃主编.环境微生物学.北京：高等教育出版社,2004.
44. 吴启堂,陈同斌主编.环境生物修复技术.北京：化学工业出版社,2007.
45. 刑来君,李明春编著.普通真菌学.北京：高等教育出版社,1999.
46. 杨汝德主编.现代工业微生物学教程.北京：高等教育出版社,2006.
47. 杨苏声,周俊初主编.微生物生物学.北京：科学出版社,2004.
48. 余龙江主编.发酵工程原理与技术应用.北京：化学工业出版社,2006.
49. 张胜华,郭一飞等.水处理微生物学.北京：化学工业出版社,2005.
50. 张昀编著.生物进化.北京：北京大学出版社,1998.
51. 周德庆主编.微生物学教程.2版.北京：高等教育出版社,2002.
52. 周凤霞,白京生主编.环境微生物.2版.北京：化学工业出版社,2008.
53. 周世宁主编.现代微生物生物技术.北京：高等教育出版社,2007.
54. 诸葛健,李华钟主编.微生物学.北京:科学出版社,2004.

附录一　常用微生物名称索引

附录二　微生物学名词索引

彩图1 金黄色葡萄球菌菌落

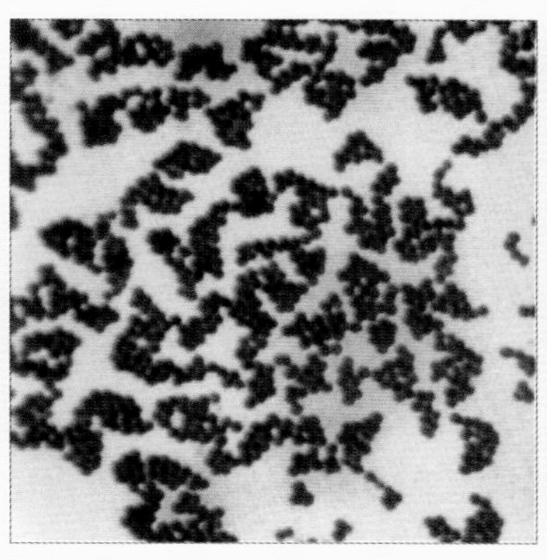

彩图2 金黄色葡萄球菌
（光学显微镜，G^+菌）

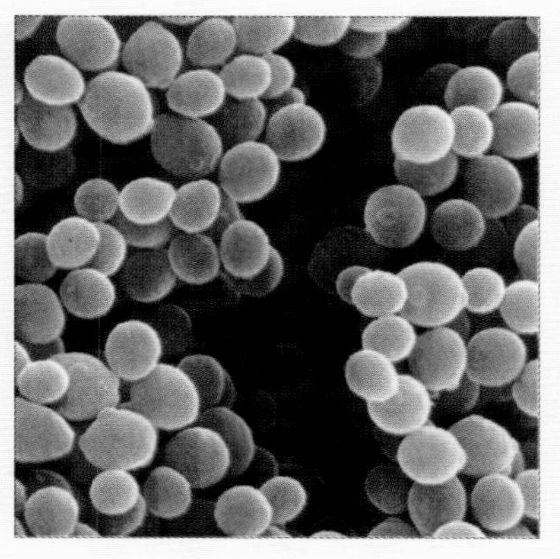

彩图3 金黄色葡萄球菌
（扫描电镜，引自Prescott et al, 2005）

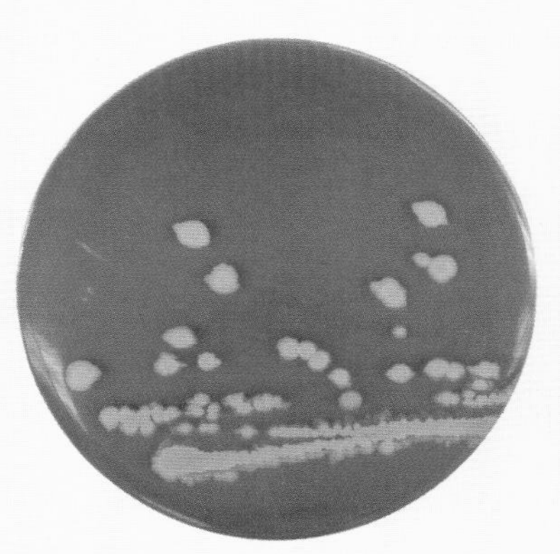

彩图4 枯草芽孢杆菌菌落

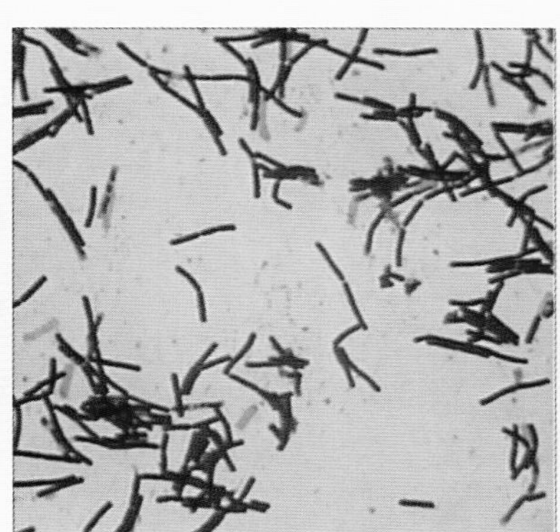

彩图5 枯草芽孢杆菌
（光学显微镜，G^-菌）

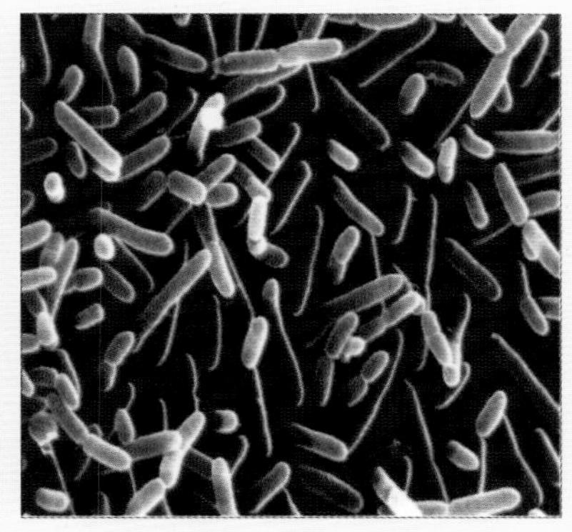

彩图6 枯草芽孢杆菌
（扫描电镜，引自Prescott et al, 2005）

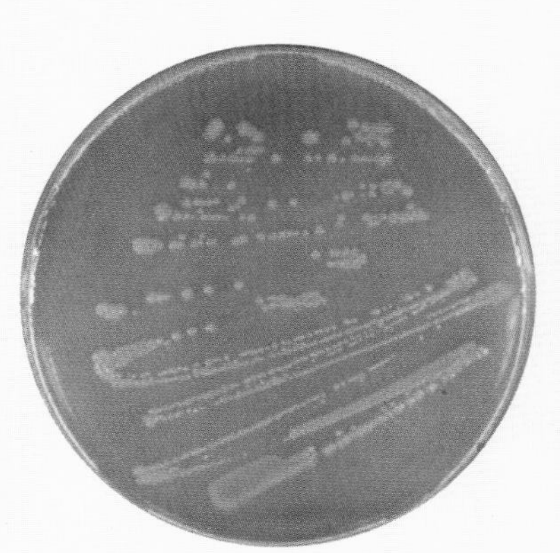

彩图7 大肠杆菌菌落

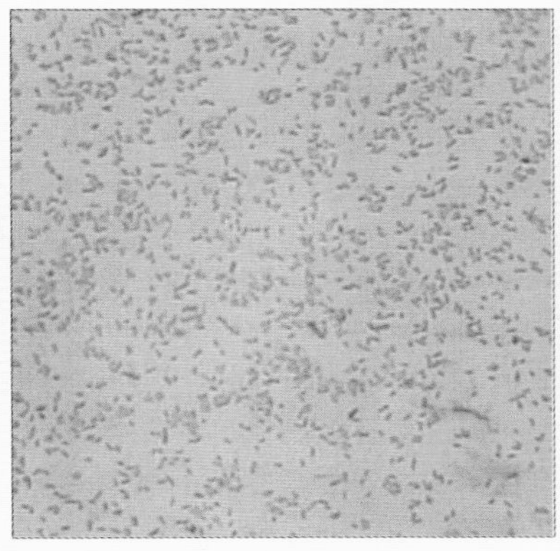

彩图8 大肠杆菌
（光学显微镜，G^-菌）

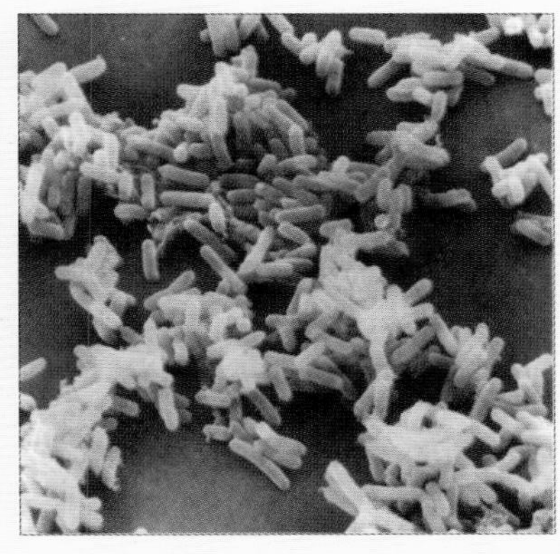

彩图9 大肠杆菌
（扫描电镜，引自Prescott et al, 2005）

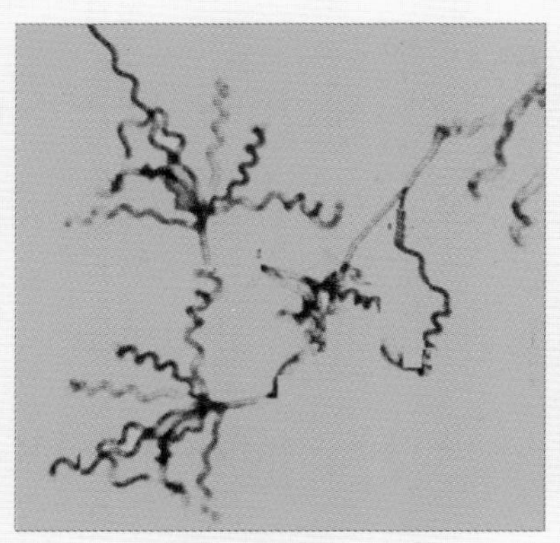

彩图10 灰色链霉菌
(光学显微镜)

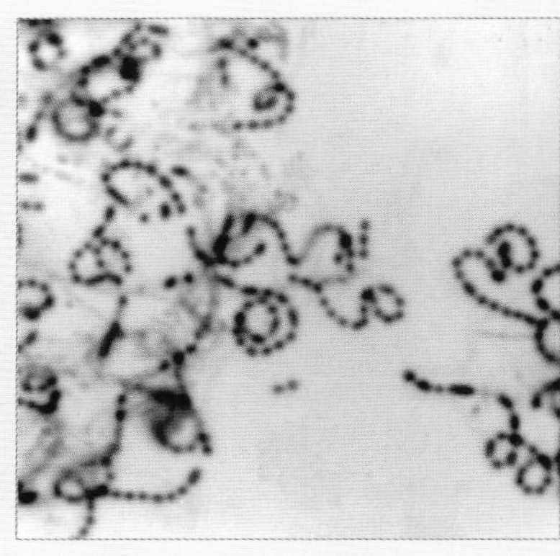

彩图11 淡紫灰链霉菌孢子丝
(光学显微镜)

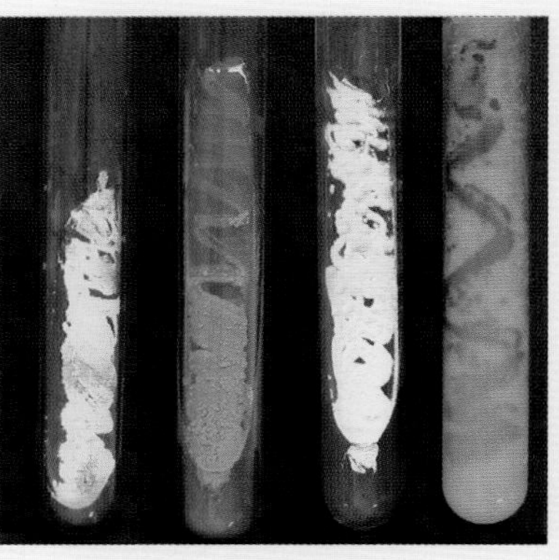

彩图12 各种放线菌菌苔（斜面）
(注意: 菌苔正面及培养基中颜色)
1. 灰色链霉菌（正面）, 2.诺卡氏菌（正面）,
3. 淡紫灰链霉菌（正面）, 4.（背面）

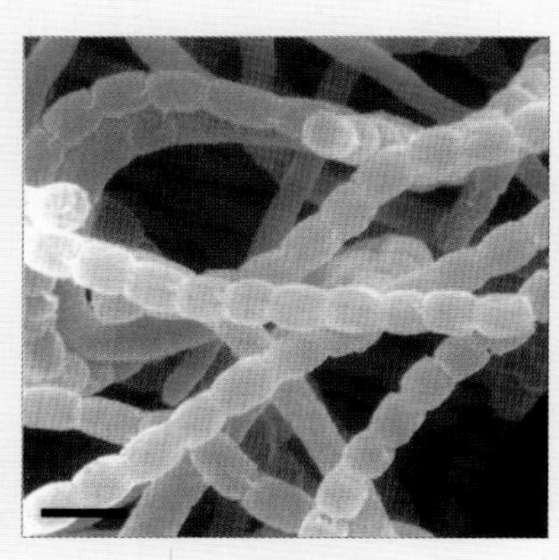

彩图13 灰色链霉菌孢子丝
(扫描电镜，引自Pommeville J C,2004)

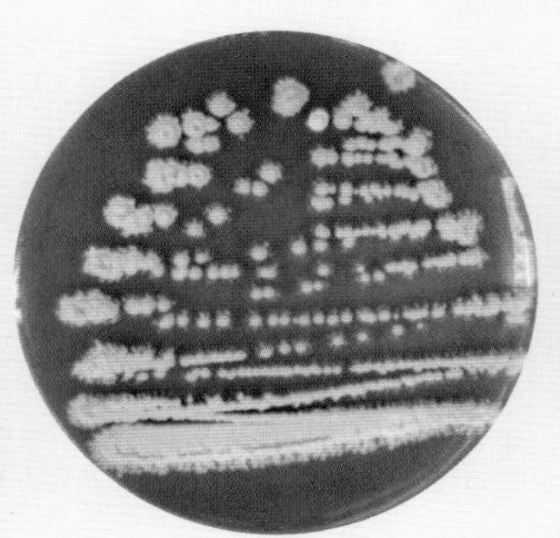

彩图14 灰色链霉菌菌落
(菌落表面辐射状皱褶)

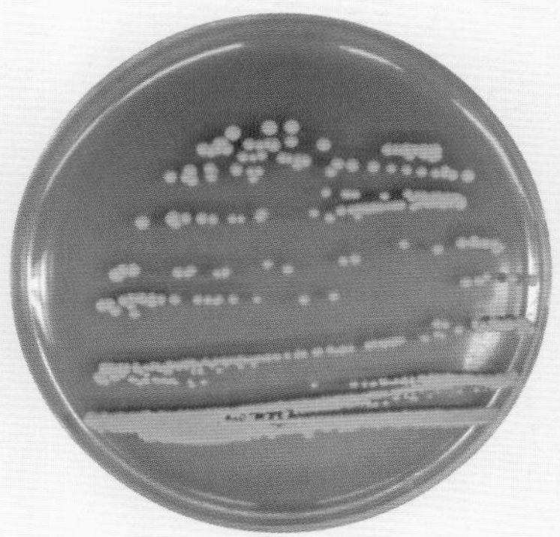

彩图15 诺卡氏菌菌落
(菌落表面质地粉状)

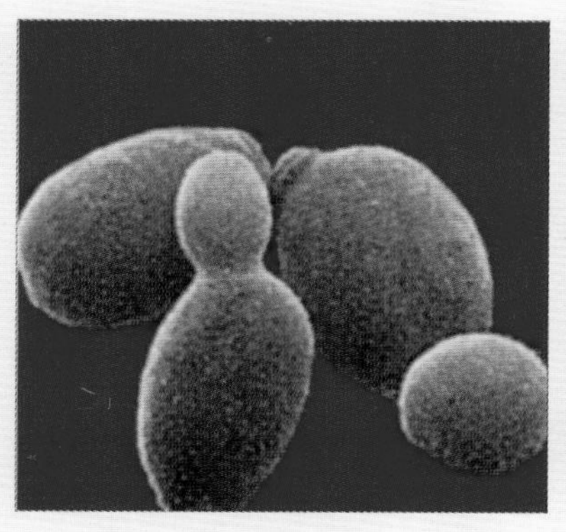

彩图16 酿酒酵母出芽生殖
(扫描电镜)

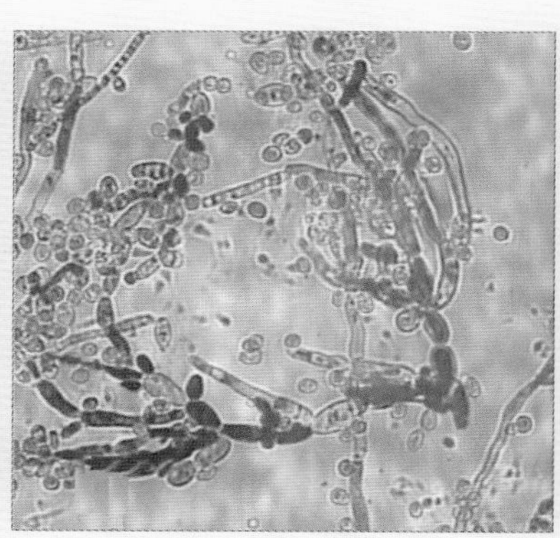

彩图17 热带假丝酵母
(光学显微镜)

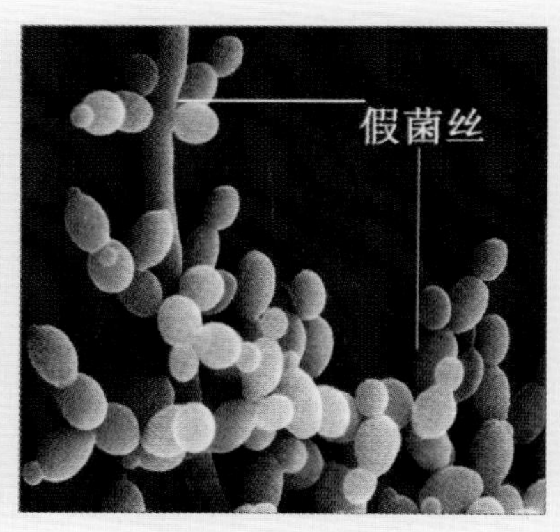

彩图18 白假丝酵母
(扫描电镜，引自Ronald M A,1984)

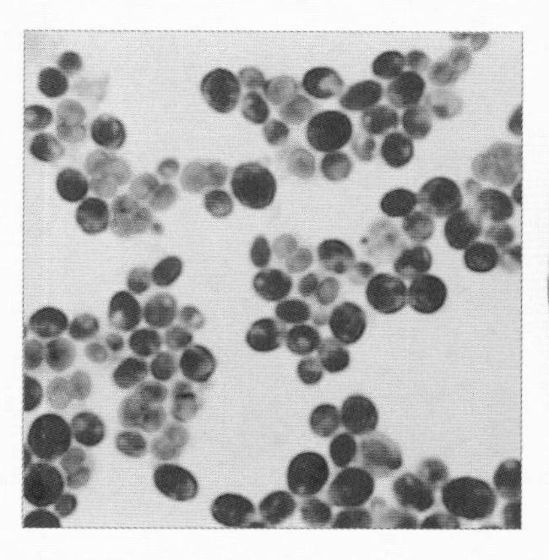

彩图19 酿酒酵母子囊、子囊孢子（光学显微镜）

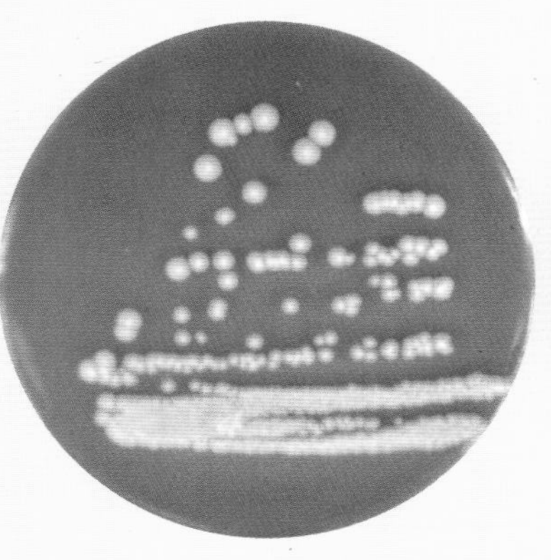

彩图20 酿酒酵母菌落

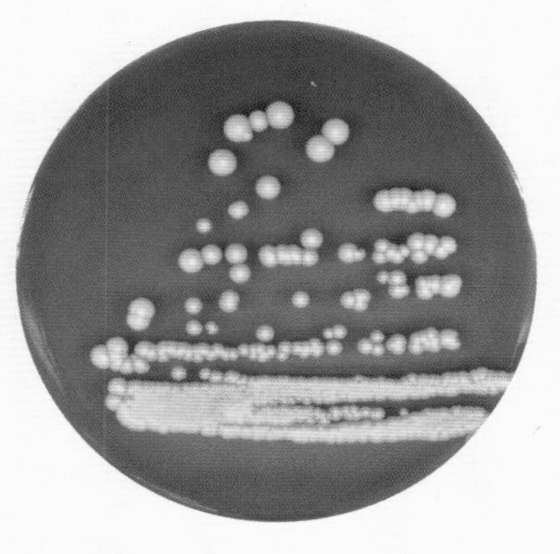

彩图21 异常汉逊酵母菌落（有假菌丝的酵母菌）

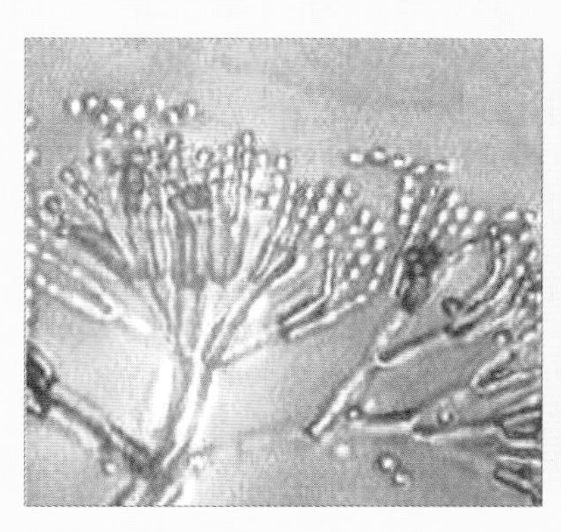

彩图22 产黄青霉分生孢子梗、小梗、分生孢子（光学显微镜）

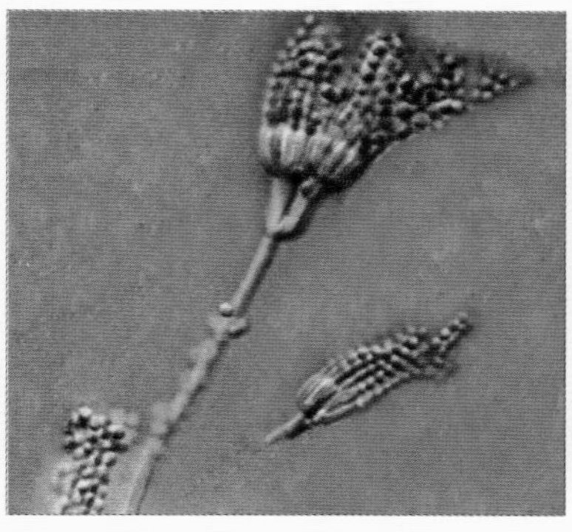

彩图23 产黄青霉分生孢子梗、小梗、分生孢子（相差显微镜）

彩图24 黄曲霉分生孢子梗、顶囊、小梗、分生孢子 （扫描电镜）

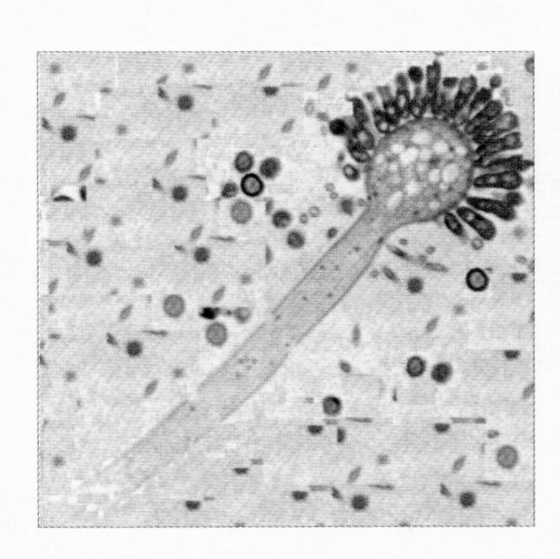

彩图25 黄曲霉分生孢子梗、顶囊、小梗、分生孢子 （光学显微镜）

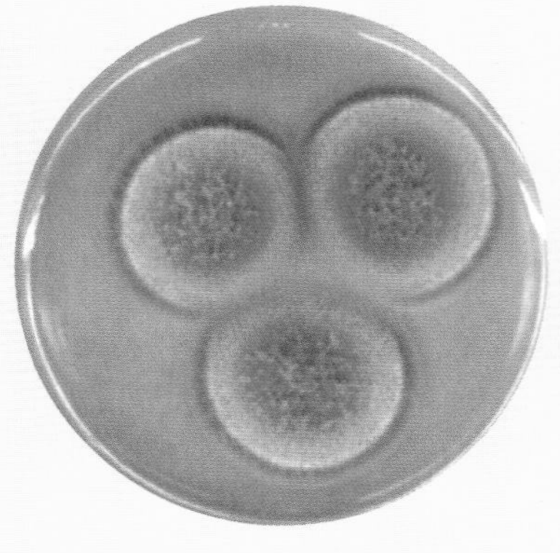

彩图26 黄曲霉菌落

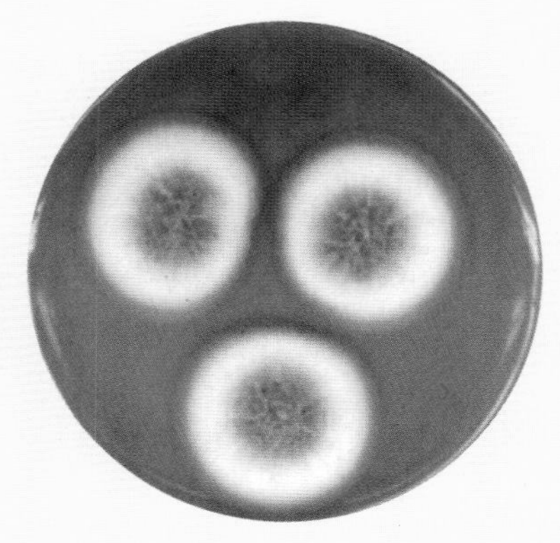

彩图27 产黄青霉菌落

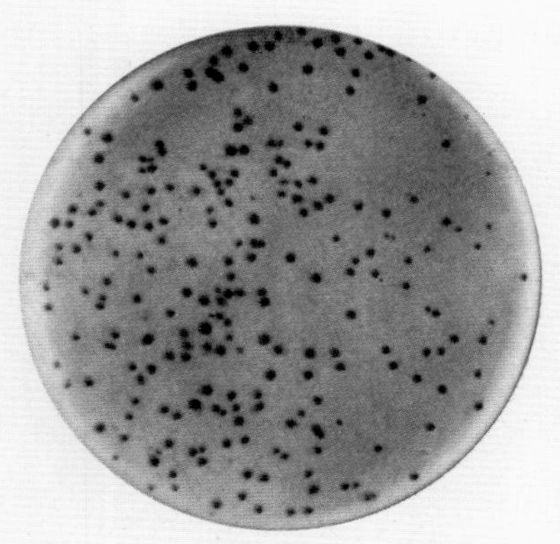

彩图28 多黏芽孢杆菌噬菌体
(示噬菌斑)

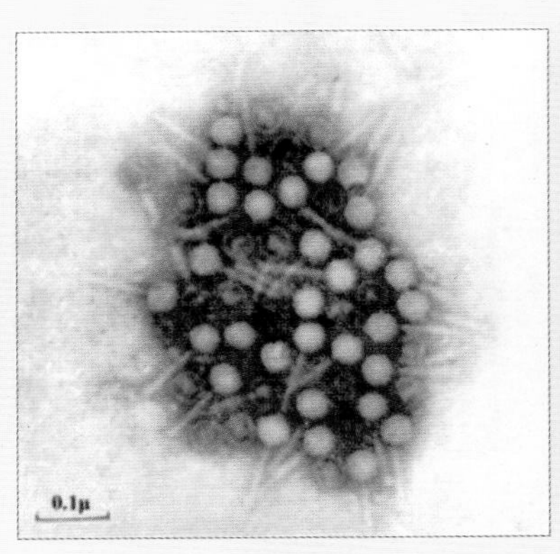

彩图29 多黏芽孢杆菌噬菌体
(透射电镜照片)

彩图30 多黏芽孢杆菌噬菌体
(透射电镜照片)

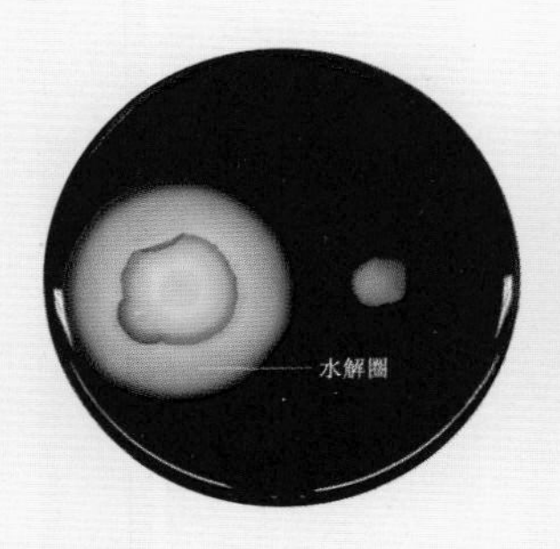

彩图31 淀粉水解试验
左: 枯草芽孢杆菌
(阳性，透明圈)
右: 试验菌（阴性）
(阴性，无透明圈)

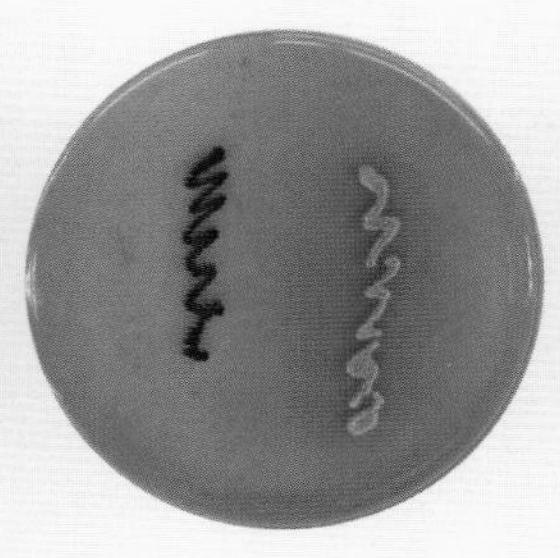

彩图32 伊红美蓝（EMB）试验
左: 大肠杆菌菌苔
(阳性，金属光泽)
右: 产气肠杆菌菌苔
(阴性，红棕色)

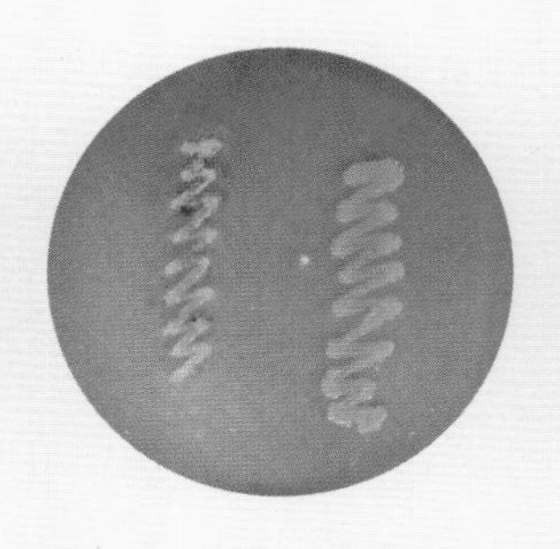

彩图33 油脂水解试验
左: 金黄色葡萄球菌菌苔
(阳性，红色斑点)
右: 大肠杆菌菌苔
(阴性，淡红色)

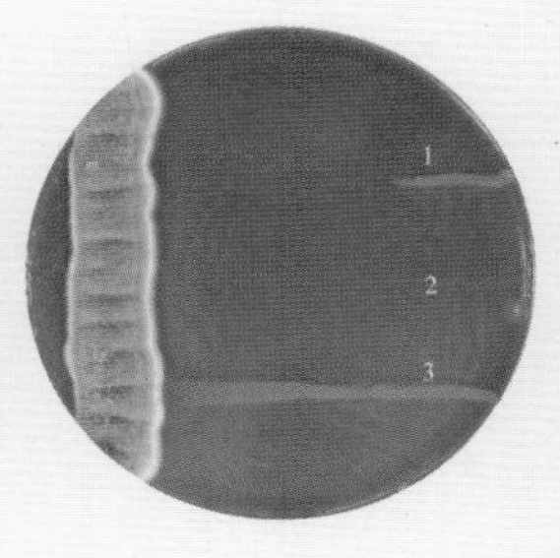

彩图34 青霉菌（抗菌谱试验）
1, 2. G^+细菌
3. G^-细菌

彩图35 甲基红试验
(MR试验)
左: 阳性（红色）
右: 阴性（黄色）

彩图36 普-伏试验
(VP试验)
左: 阳性（橘红色）
右: 阴性（黄色）

彩图37 吲哚试验
左: 阳性（红色）
右: 阴性（无色）

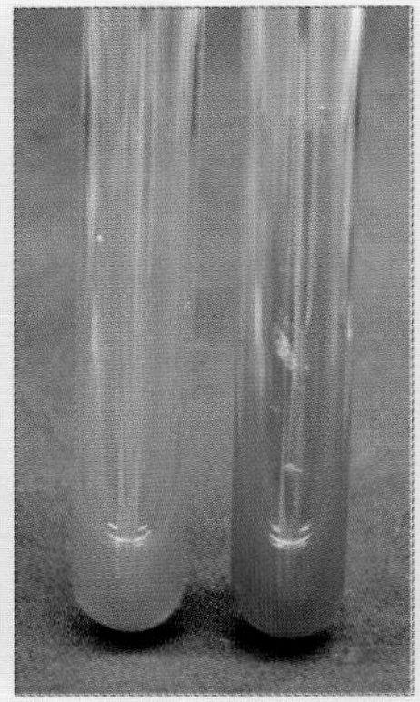

彩图38 柠檬酸盐试验
左: 阴性（pH6～7.6绿色）
右: 阳性（pH>7.6蓝色）

彩图39 H_2S试验
左: 阴性（无色）